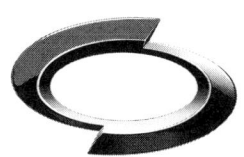

SM3
바디 리페어 매뉴얼
(MR446)

SAMSUNG 르노삼성자동차

머리말

르노삼성자동차를 사랑해 주시는 고객 여러분께 감사드립니다.

본 리페어 매뉴얼은 르노삼성자동차 SM3 차량에 대한 정비 지침서입니다. 본 정비 지침서에는 차량의 제원, 부품의 탈거 및 장착방법이 수록되어 있어 정비 작업 시 빠르고 정확하게 작업을 할 수 있도록 도와줍니다. 필요시 본 정비 지침서와 더불어 아래의 관련자료를 활용하여 주십시오.

본 매뉴얼은 2009년 07월을 기준으로 제작 및 발간되었습니다. 발간 이후, 르노삼성자동차의 지속적인 품질향상 정책에 따른 설계변경에 관한 정보는 르노삼성자동차 정비 포털 사이트에서 확인하실 수 있습니다.

끝으로 르노삼성자동차의 신차인 SM3 차량에 대한 성원과 사랑 부탁드립니다.

2009 년 07 월
르노삼성자동차주식회사
서 비 스 기 술 팀

★ 관련자료

1. 리페어 매뉴얼 (MR445)
2. 바디 리페어 매뉴얼 (MR446)
3. 오버홀 매뉴얼 [H4M 엔진 (TN6049E) / JH3 수동변속기 (TN6029A)]
4. 와이어링 리페어 매뉴얼 (TN6015A)
5. 차체 구조 수리 매뉴얼 (MR400)

★ 르노삼성자동차 리페어 매뉴얼의 구입은 도서출판 골든벨 (전화 : 02-713-7452) 로 문의 하시기 바랍니다 .

르노삼성자동차를 선택하는 또 하나의 이유 !

매뉴얼 구성

※MR445/446은 르노삼성자동차와 다르게 르노가 공통으로 관리하는 문서 번호임.

매뉴얼명	Chapter 명	Sub-chapter 명 및 번호
리페어 매뉴얼 (MR445)	0. 일반 정보	01A 차량 기계적 사양
		01D 기계적인 소개
		04B 소모품 - 제품
	1. 엔진	10A 엔진 및 실린더 블록 어셈블리
		11A 엔진 탑 및 프론트 시스템
		12A 흡기 및 배기 시스템
		13A 연료공급 시스템
		14A 공해 방지 시스템
		16A 시동 및 충전 시스템
		17A 이그니션 시스템
		17B 가솔린 인젝션 시스템
		19A 냉각 시스템
		19B 배기 시스템
		19C 연료 탱크
		19D 엔진 마운팅 시스템
	2. 변속기	20A 클러치
		21A 수동변속기
		23A 자동변속기 (CVT)
		29A 드라이브샤프트
	3. 샤시	30A 일반 정보
		31A 프론트 액슬 어셈블리
		33A 리어 액슬 어셈블리
		35A 휠 및 타이어
		36A 스티어링 기어 어셈블리
		37A 샤시 컨트롤 장치
		38C ABS
	6. 에어컨	61A 히팅 시스템
		62A 에어 컨디셔닝 시스템

매뉴얼 구성

매뉴얼명	Chapter 명	Sub-chapter 명 및 번호
리페어 매뉴얼 (MR445)	8. 전장	80A 배터리
		80B 프론트 라이팅 시스템
		81A 리어 라이팅 시스템
		81B 실내 라이팅
		81C 퓨즈
		82A 이모빌라이저 시스템
		82B 혼
		83A 컴비네이션 미터
		83C 내비게이션 시스템
		84A 스위치 장치
		85A 와이퍼 및 워셔
		86A 오디오 시스템
		86B 핸즈프리 시스템
		87B 바디 컨트롤 시스템
		87C 오프닝 시스템
		87D 윈도우 및 선루프 시스템
		87F 파킹 에이드 시스템
		87G IPDM
		88A 컴퓨터 장치
		88C 에어백 및 프리텐셔너
		88D 시가잭
	첨부판 (기술공지 : TN3857A)	냉각수 마스터 사용 매뉴얼 (19A 냉각 시스템)

매뉴얼 구성

매뉴얼명	Chapter 명	Sub-chapter 명 및 번호
바디 리페어 매뉴얼 (MR446)	0. 일반 정보	01C 바디 제원
		02A 리프팅
		03B 차량 파손 정도 판단
	4. 판금 작업	40A 일반 사항
		41A 프론트 로어 스트럭쳐
		41B 센터 로어 스트럭쳐
		41C 사이드 로어 스트럭쳐
		41D 리어 로어 스트럭쳐
		42A 프론트 어퍼 스트럭쳐
		43A 사이드 어퍼 스트럭쳐
		44A 리어 어퍼 스트럭쳐
		45A 바디 어퍼 스트럭쳐
		47A 사이드 도어 패널
		48A 사이드 도어 이외 패널
	5. 메커니즘과 액세서리	51A 사이드 도어 메커니즘
		52A 사이드 도어 이외 메커니즘
		54A 윈도우
		55A 외장 보호 트림
		56A 외장 장착 부품
		57A 내장 장착 부품
		59A 안전 장치
	6. 실링과 방음재	65A 도어 실링
		66A 윈도우 실링
		68A 방음재
	7. 내·외장 트림	71A 인테리어 트림
		72A 사이드 도어 트림
		73A 사이드 도어 이외 트림
		75A 프론트 시트 프레임과 러너
		76A 리어 시트 프레임과 러너
		77A 프론트 시트 트림
		78A 리어 시트 트림
		79A 시트 액세서리

매뉴얼 구성

매뉴얼명	Chapter 명	Sub-chapter 명 및 번호
바디 리페어 매뉴얼 (MR446)	첨부판 (판금 작업 데이터)	1 재질 변환표 및 고장력 강판 (HSS) 작업 방법 : 일반 설명
		2 바디 얼라인먼트 : 일반 설명
		3 차체 용접점 : 설명
		4 바디 실링 : 설명
		5 언더 바디 코팅 : 설명

매뉴얼명	Chapter 명	Sub-chapter 명 및 번호
오버홀 매뉴얼	H4M 엔진 오버홀 (TN6049E)	10A 엔진 및 실린더 블록 어셈블리
	JH3 수동변속기 오버홀 (TN6029A)	21A 수동변속기

사양 구분

카테고리	적용 사양
차종	L38
엔진 / 변속기	H4M
	CVT
	JH3
파킹 에이드 시스템	파킹 에이드 센서 적용
	파킹 에이드 센서 미적용
에어컨	수동 에어컨
	자동 에어컨
와이퍼 시스템	레인 센싱 와이퍼 적용
	레인 센싱 와이퍼 미적용
브레이크	VDC 적용
	VDC 미적용
AV 시스템	네비게이션 적용
시트	일반 시트
	접이식 시트
히팅 시트	히팅 시트 적용
	히팅 시트 미적용
조정식 시트	전동 시트 적용
	전동 시트 미적용
선루프	선루프 미적용
	선루프 적용
오디오	(MR 445 리페어 매뉴얼, 86A, 오디오 시스템, 오디오 시스템 : 사양 조합 참조)
스마트 키	스마트 키 적용
	스마트 키 미적용
트림 레벨	EA 1
	EA 2
	EA 3
	EA 4
에어백	프론트 사이드 에어백 + 사이드 커튼 에어백 적용

참조 사용 방법

참조 사용 방법

1. 다른 매뉴얼로 참조시
   - 작업내용 (**매뉴얼명**, Sub-chapter 번호, Sub-chapter 명, 작업명 참조)
2. 같은 매뉴얼, 다른 Sub-chapter로 참조시
   - 작업내용 (Sub-chapter 번호, Sub-chapter 명, 작업명 참조)
3. 같은 매뉴얼, 같은 Sub-chapter로 참조시 (리페어/바디 매뉴얼)
   - 작업내용 (Sub-chapter 번호, Sub-chapter 명, 작업명 참조)

사용 예)

- 리어 범퍼를 탈거한다 (MR 446 바디 리페어 매뉴얼, 55A, 외장 보호 트림, 리어 범퍼 : 탈거 - 장착 참조).

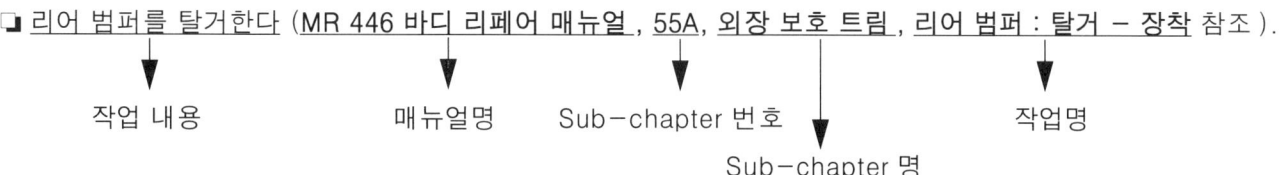

작업 내용   매뉴얼명   Sub-chapter 번호   작업명

Sub-chapter 명

사양 구분 및 참조 사용 예

엔진 및 실린더 블록 어셈블리
엔진 및 변속기 어셈블리 : 탈거 – 장착

10A

L38/H4M ← (가)

- 프론트 펜더 프로텍터 (MR 446 바디 리페어 매뉴얼, 55A, 외장 보호 트림, 프론트 펜더 프로텍터 : 탈거 – 장착 참조),
- IPDM 커버 (87G, IPDM E/R, IPDM : 탈거 – 장착 참조).

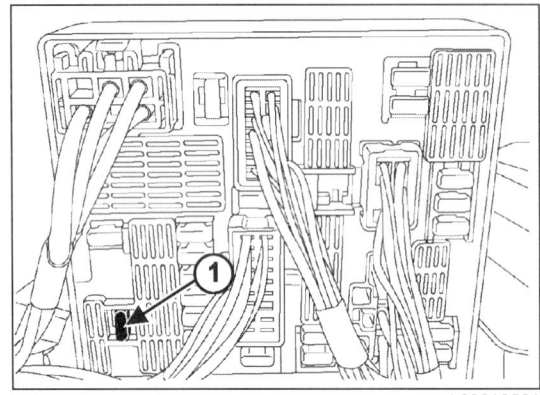

- 연료 펌프 퓨즈 (1) (F21) (20A) 를 탈거한다.
- 엔진을 시동하여 연료 라인에서 연료 압력을 제거한다.

참고 :
- 엔진 정지 후에도 잔여 연료 압력을 해제하기 위해 2~3 회 시동을 반복한다.
- 시동 스위치를 OFF 한다.

- 연료 펌프 퓨즈 (1) (F21) (20A) 를 장착한다.
- 다음을 탈거한다 :
  - 배터리 (80A, 배터리, 배터리 : 탈거 – 장착 참조),
  - 배터리 트레이 (80A, 배터리, 배터리 트레이 : 탈거 – 장착 참조), ← (다)
  - 엔진 커버.

- 다음을 분리한다 :
  - 연료 공급 퀵 커넥터 (2),
  - 흡기 CVTC 솔레노이드 밸브 커넥터 (3),
  - 흡기 온도 센서 커넥터 (4).
- 다음을 탈거한다 :
  - EVAP 호스를 클립 (5) 에서,
  - 와이어링 하네스 클립 (6),
  - 엔진 커버 브라켓 마운팅 볼트 (7), (8),
  - 엔진 커버 브라켓 (9), (10).

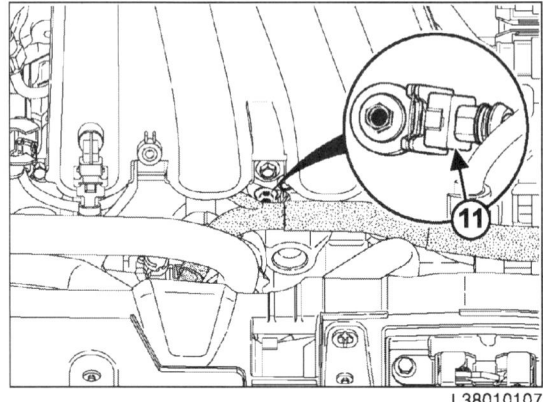

- 노킹 센서 커넥터 (11) 를 분리한다.
- 냉각수를 배출한다 (19A, 냉각 시스템, 냉각 회로 : 배출 – 주입 참조).
- 에어 컨디셔닝 회수 충전기를 사용하여 냉매를 회수한다 (62A, 에어 컨디셔닝 시스템, 냉매 시스템 : 회수 – 충전 참조). ← (나)

JH3
- 수동변속기 오일을 배출한다 (21A, 수동변속기, 수동변속기 오일 : 배출 – 주입 참조).

㉮ 작업 전체에 적용되는 사양을 표시.
㉯ 작업 일부분에 적용되는 사양을 표시.
㉰ 참조 사용 예.

르노삼성자동차

0	일반 정보
4	판금 작업
5	메커니즘과 액세서리
6	실링과 방음재
7	내·외장 트림
	첨부판 (판금 작업 데이터)

르노삼성자동차

0 일반 정보

01C 바디 제원

02A 리프팅

03B 차량 파손 정도 판단

L38

2009. 07

본 리페어 매뉴얼은 2009 년 07 월의 양산 차량을 기준으로 작성하였으며, 향후 차량의 설계 변경에 따라 실차와 다른 내용이 있을 수 있으므로, 양해를 구합니다.
주 : 설계 변경에 대한 정보는 www.rsmservice.com 을 참조하여 주시기 바랍니다.
이 문서의 모든 권리는 르노삼성자동차에 있습니다.

ⓒ 르노삼성자동차 (주), 2009

L38-Section 0

목차

페이지

01C	바디 제원

  차량 : 인증　　　　　　01C-1

  차량 틈새 : 조정 값　　01C-2

02A	리프팅

  차량 : 견인 및 리프팅　02A-1

03B	차량 파손 정도 판단

  손상 차량 : 손상 부위 찾기　　　03B-1

  차량 앞 부분의 손상 : 일반 설명　03B-4

  차량 옆 부분의 손상 : 일반 설명　03B-6

  차량 뒷 부분의 손상 : 일반 설명　03B-9

바디 제원
차량 : 인증

01C

L38

I - 차대 번호판 위치 (A)

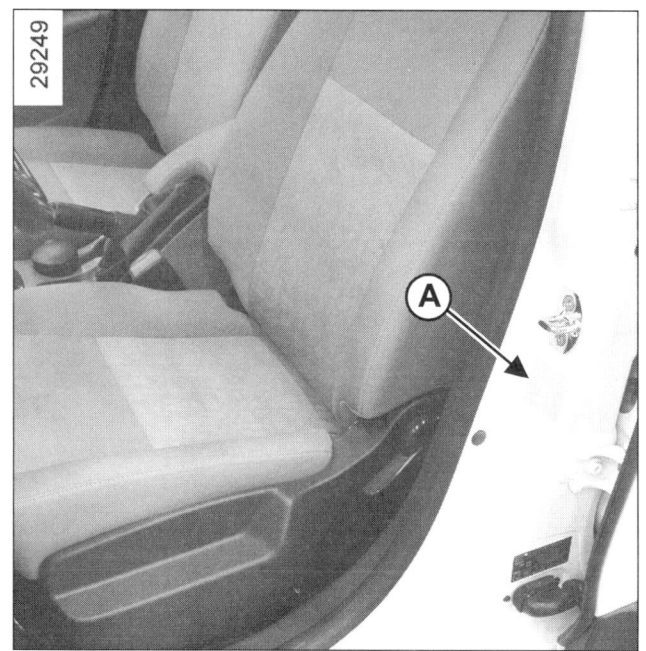

II - 차량 인식 번호판 위치 (B)

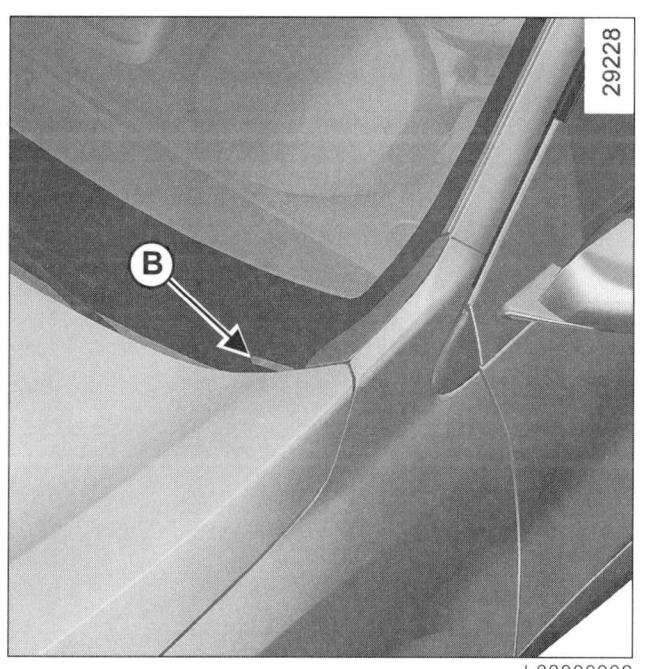

III - 차대 번호판의 설명

플레이트 (A)

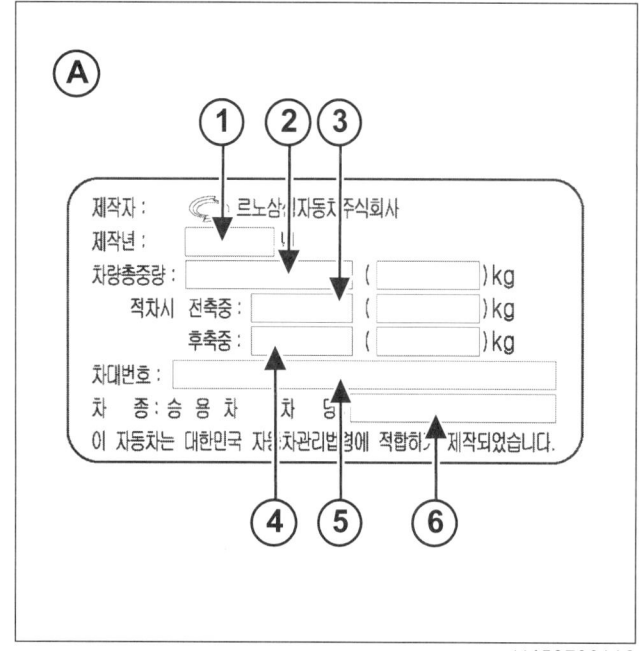

(1)   제작년도

(2)   차량 총 중량 (kg)

(3)   적차 시 차량의 전축중량 (kg)

(4)   적차 시 차량의 후축중량 (kg)

(5)   차대번호

(6)   차명

01C

바디 제원
차량 틈새 : 조정 값

L38

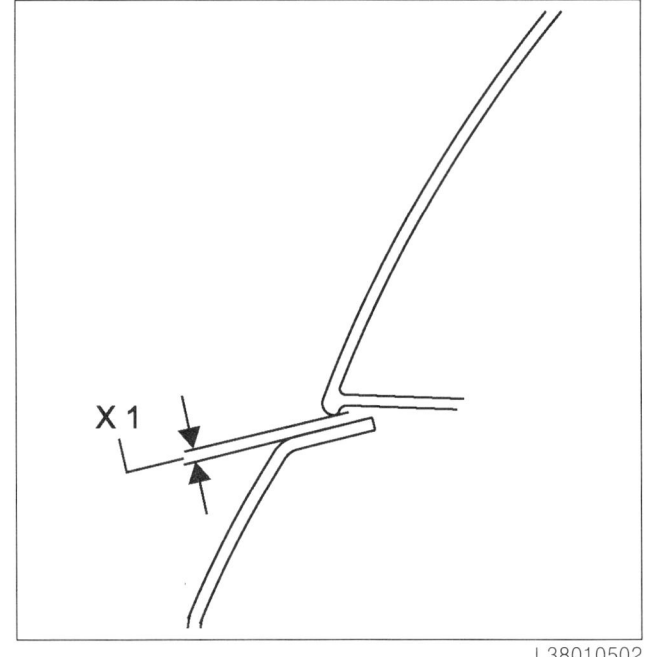

주의

간극 값은 작업에 필요한 정보를 제공한다.

간극을 조정하는 경우 다음과 같은 규칙을 준수해야 한다 :

- 반대편과의 대칭을 유지한다,
- 주위 부품과의 단차를 확인한다,
- 차량의 누수와 풍절음을 방지하기 위해 틈새 간격이 올바른지 확인한다.

모든 값은 (mm) 로 제공된다.

섹션 1

$(X1) = 3.5\ mm \pm 1.6$

바디 제원
차량 틈새 : 조정 값

01C

L38

섹션 2

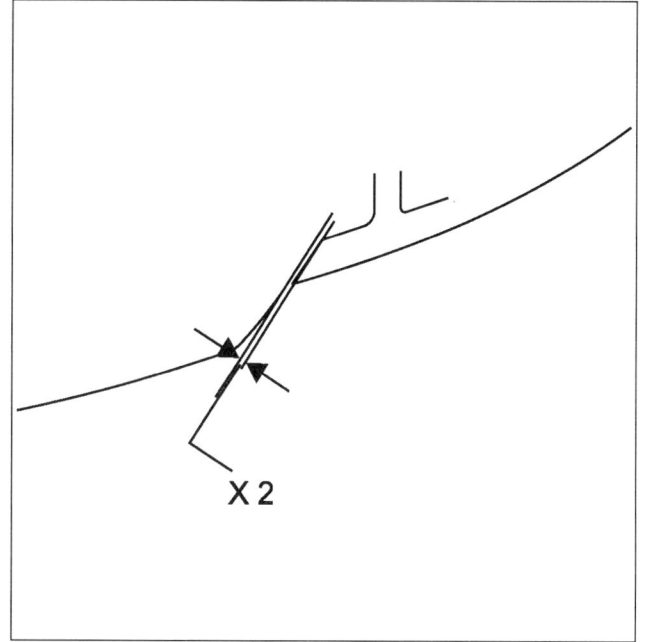

(X2) = 3.5 mm ± 2.8

섹션 3

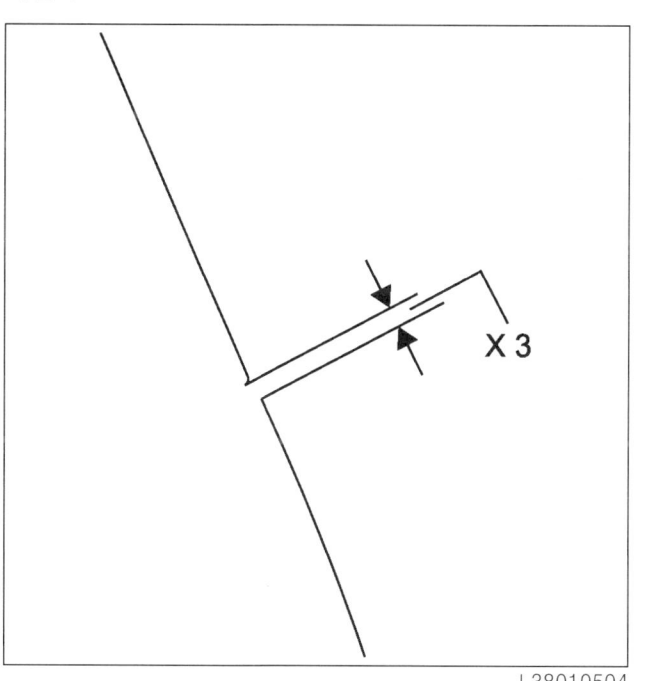

(X3) = 3 mm ± 1.9

섹션 4

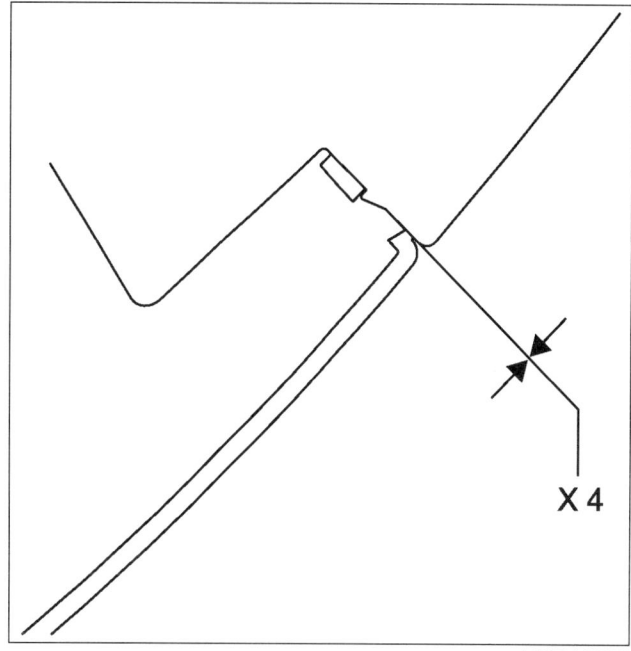

(X4) = 0 mm ± 1

섹션 5

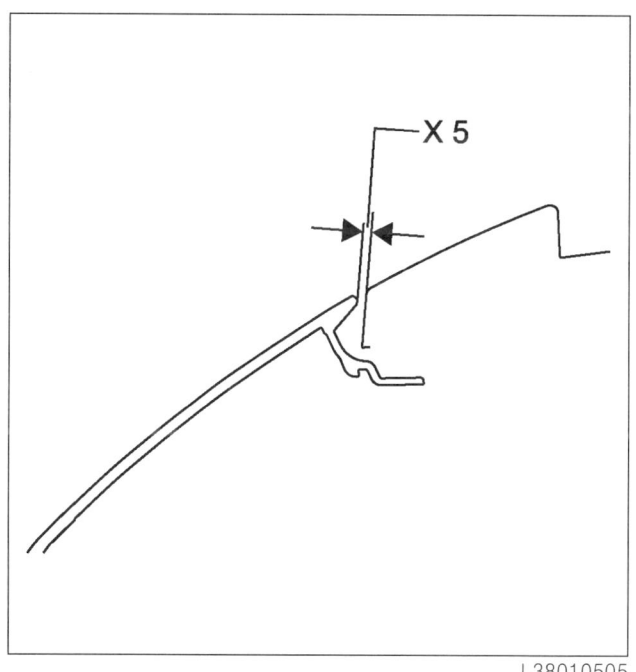

(X5) = 2 mm ± 1.6

바디 제원
차량 틈새 : 조정 값

01C

L38

섹션 6

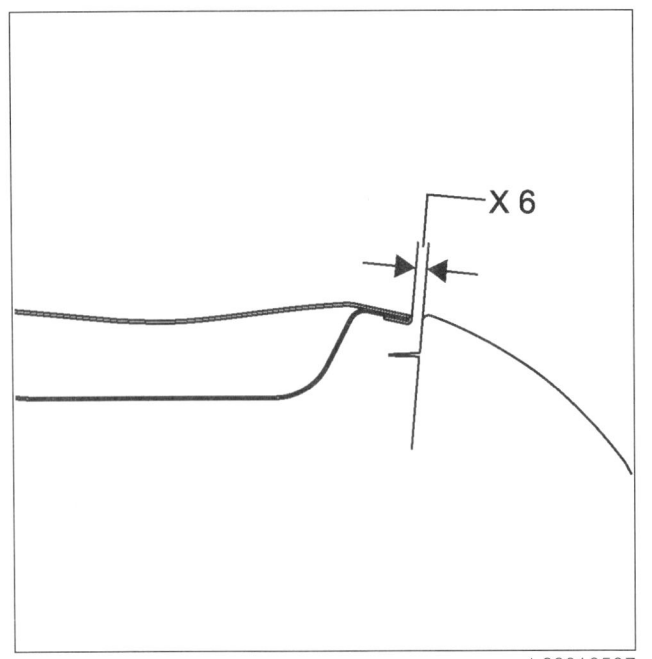

(X6) = 3.5 mm ± 1.5

섹션 7

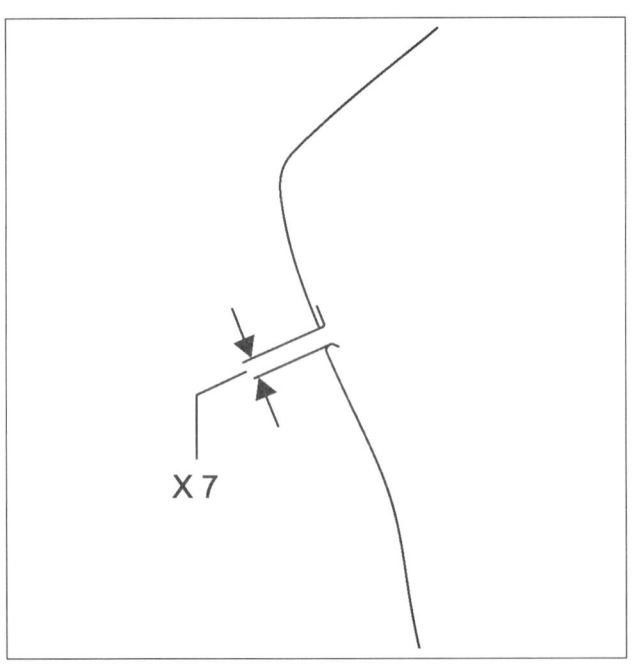

(X7) = 3.5 mm ± 1.5

섹션 8

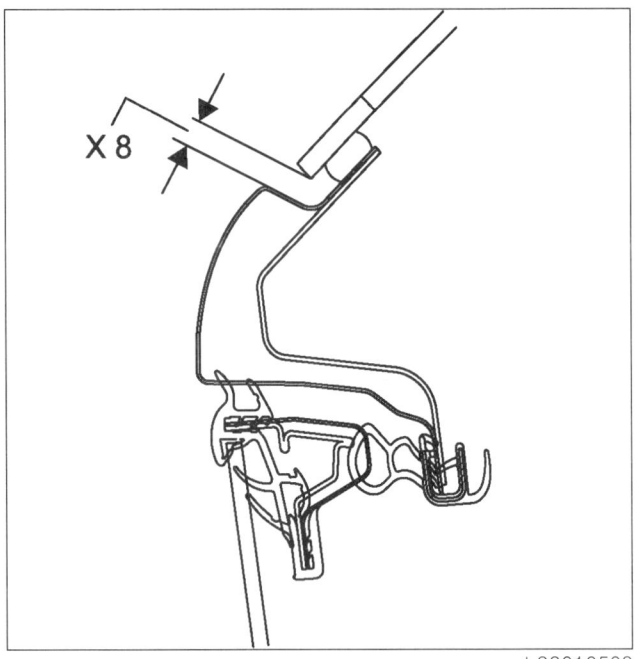

(X8) = 4 mm ± 1.6

섹션 9

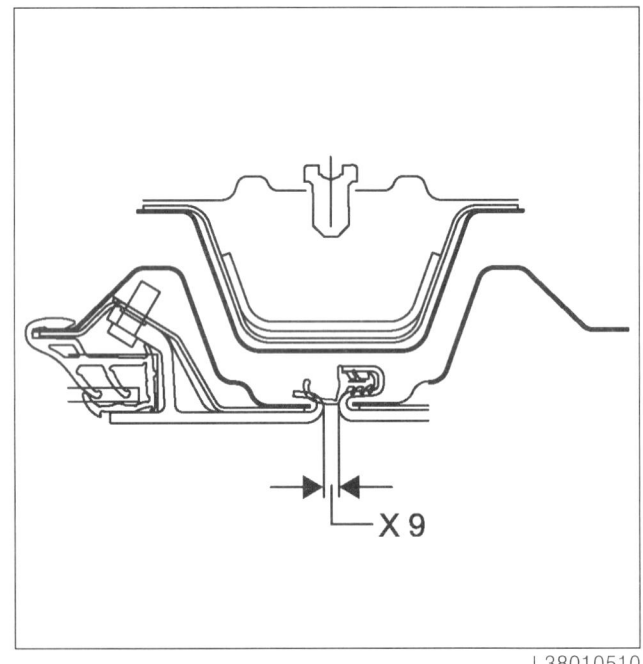

(X9) = 4.5 mm ± 1.7

바디 제원
차량 틈새 : 조정 값

01C

L38

섹션 10

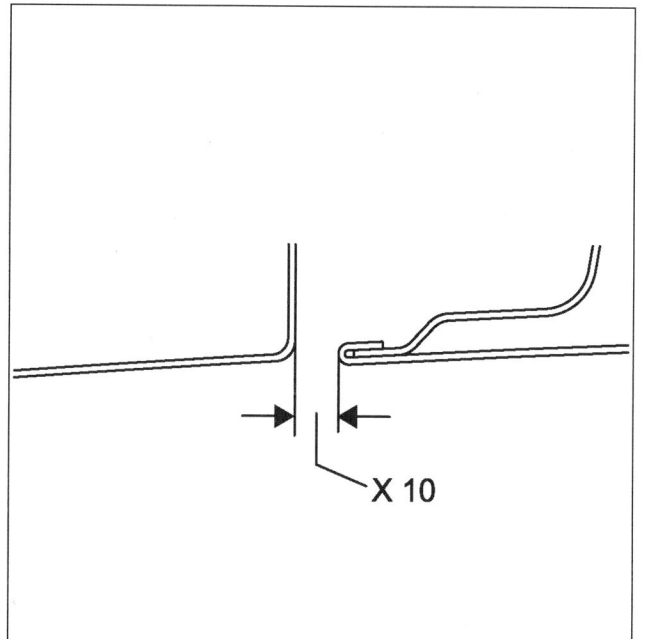

(X10) = 4 mm ± 1

섹션 11

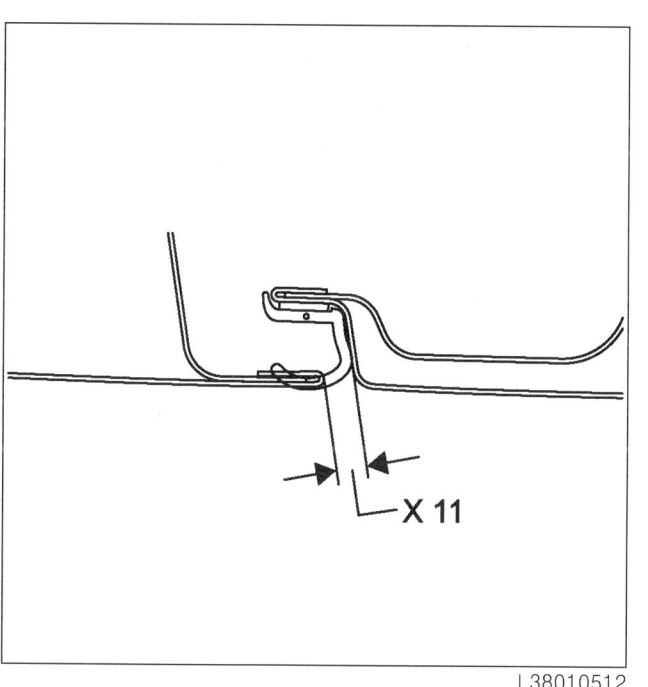

(X11) = 4.5 mm ± 1.2

섹션 12

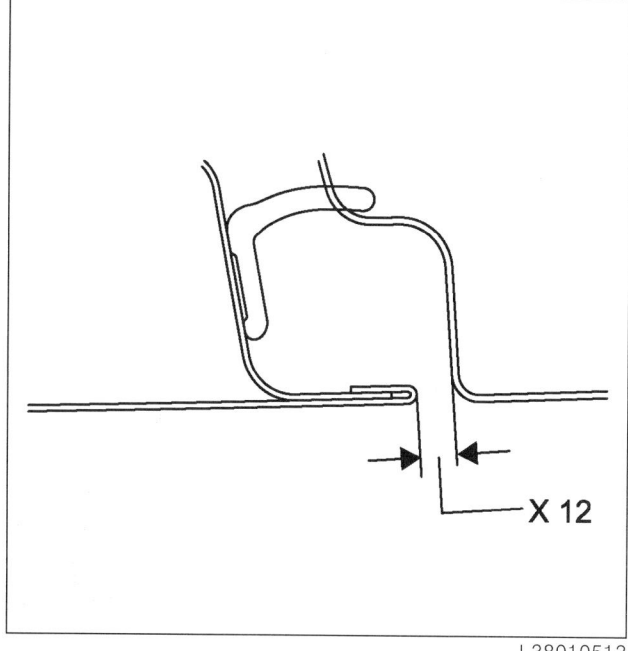

(X12) = 4 mm ± 0.8

바디 제원
차량 틈새 : 조정 값

01C

L38

섹션 13

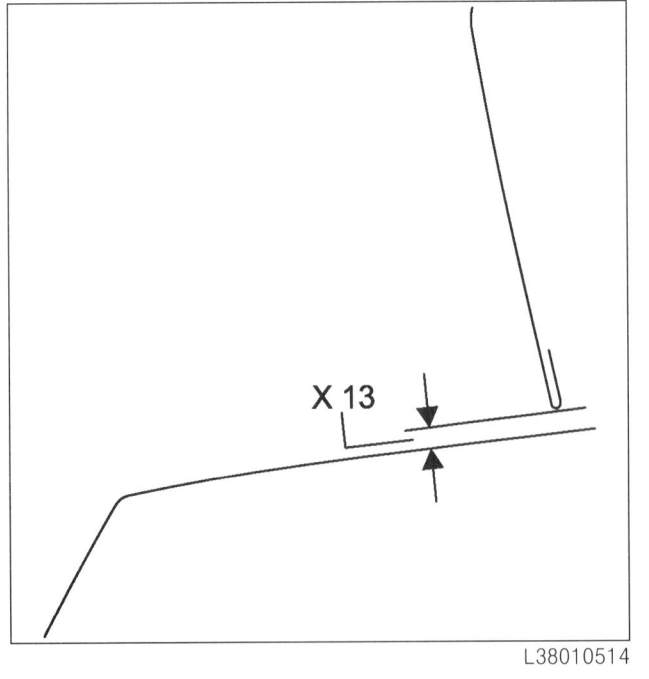

(X13) = 6 mm ± 2.2

섹션 14

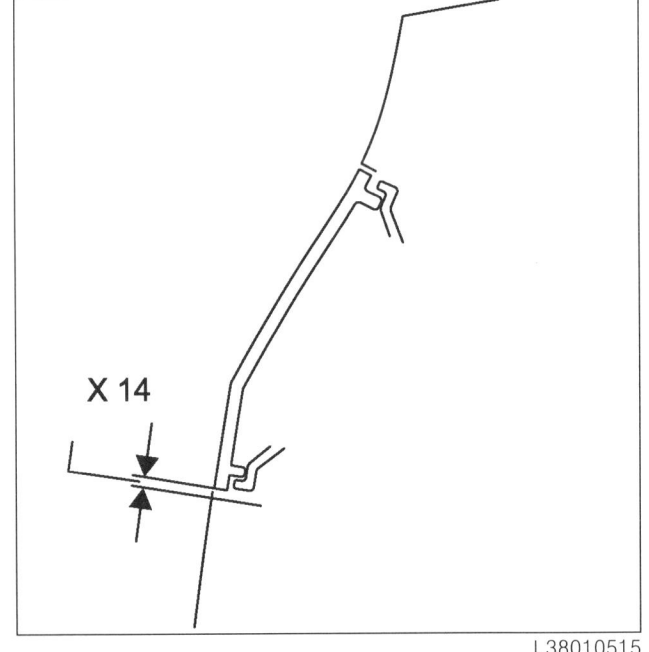

(X14) = 2 mm ± 1.2

바디 제원
차량 틈새 : 조정 값

01C

L38

섹션 15

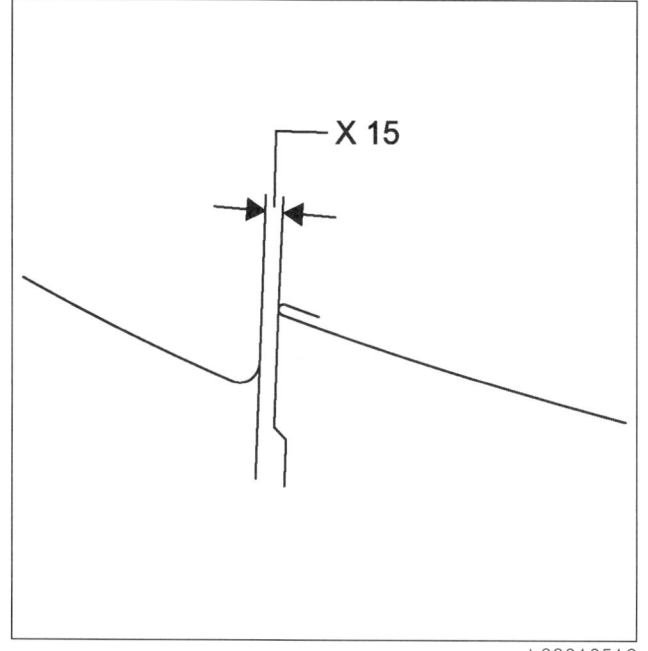

(X15) = 4 mm ± 1.9

섹션 16

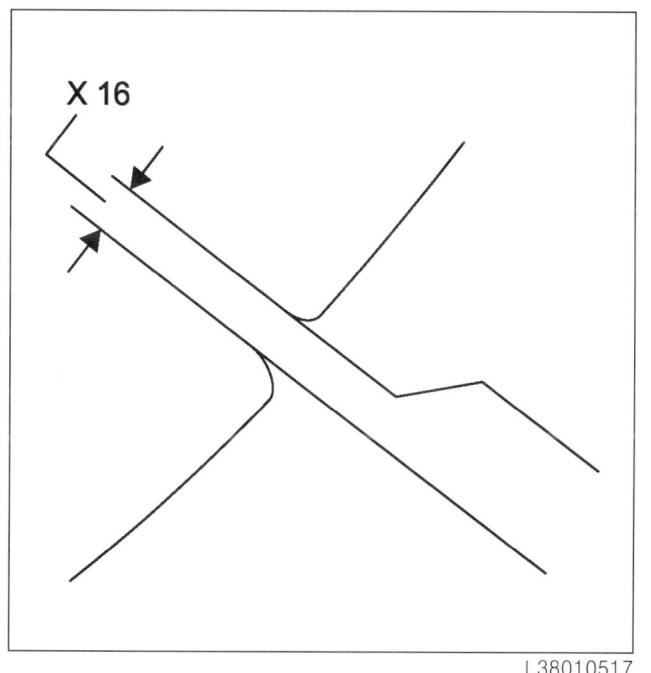

(X16) = 3.5 mm ± 1.9

섹션 17

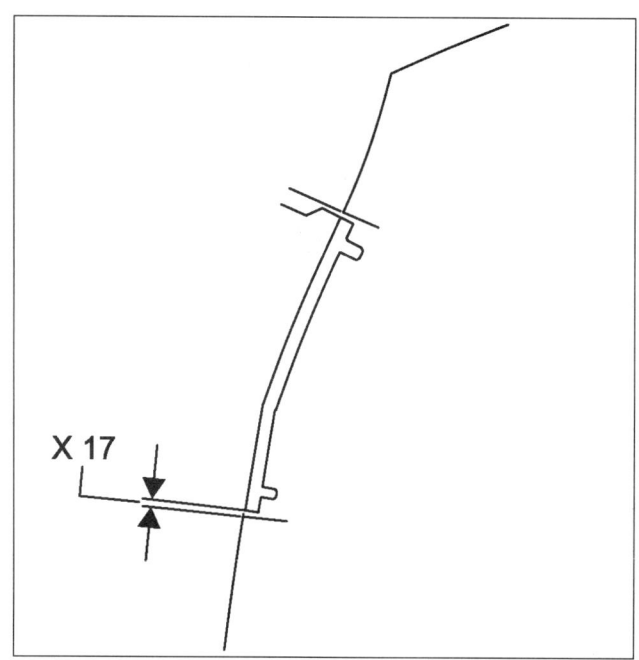

(X17) = 2 mm ± 1.8

섹션 18

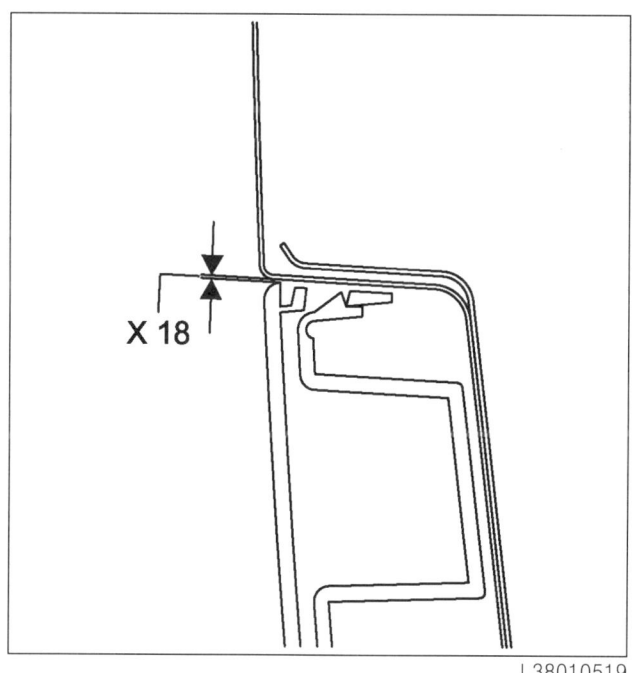

(X18) = 0.4 mm ± 0.4

바디 제원
차량 틈새 : 조정 값

01C

L38

섹션 19

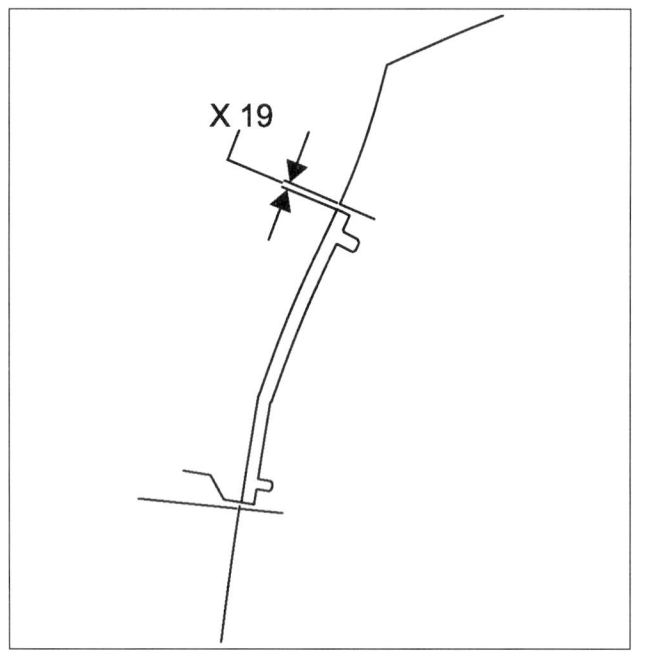

(X19) = 1.5 mm ± 1.2

섹션 20

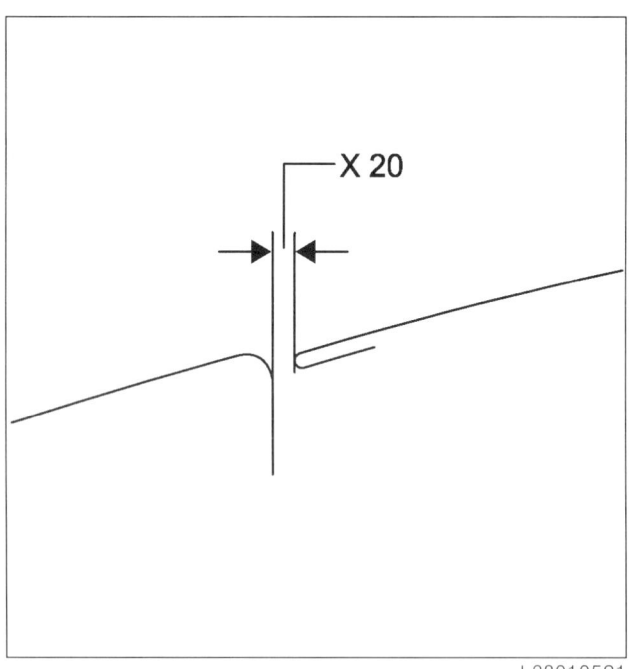

(X20) = 1.5 mm ± 1.5

섹션 21

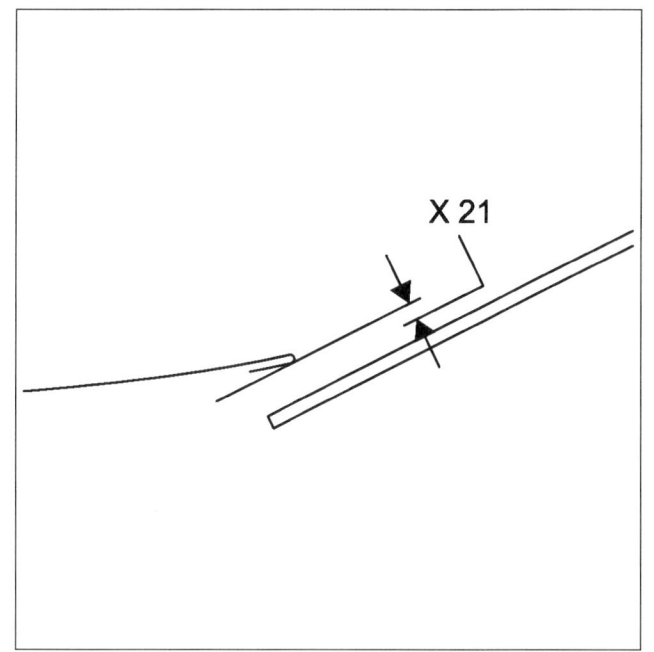

(X21) = 8.5 mm ± 2

섹션 22

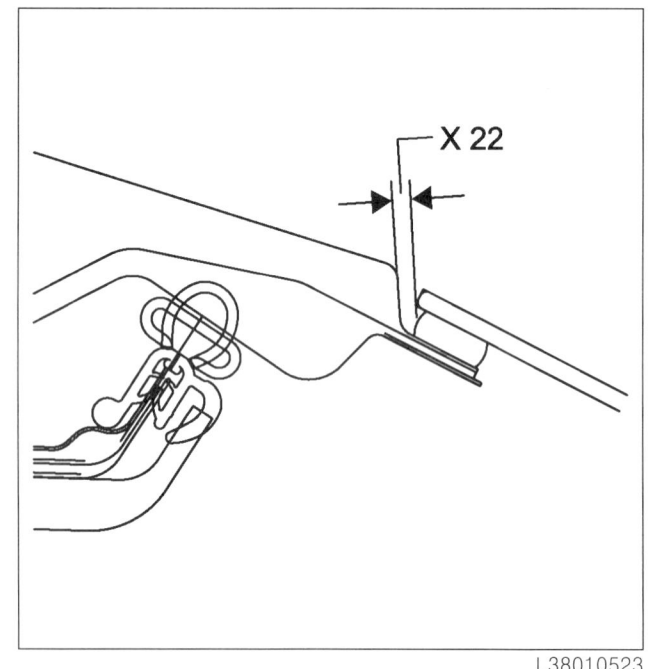

(X22) = 4 mm ± 1.4

L38

섹션 23

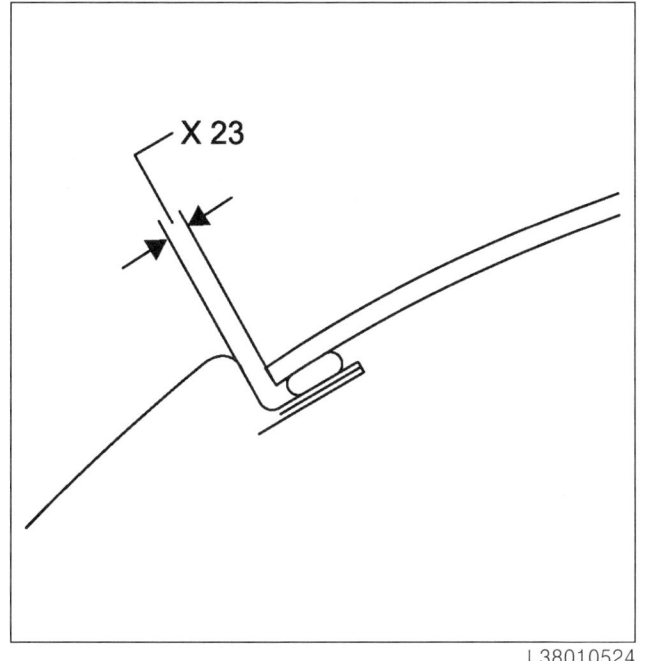

(X23) = 3 mm ± 2

섹션 24

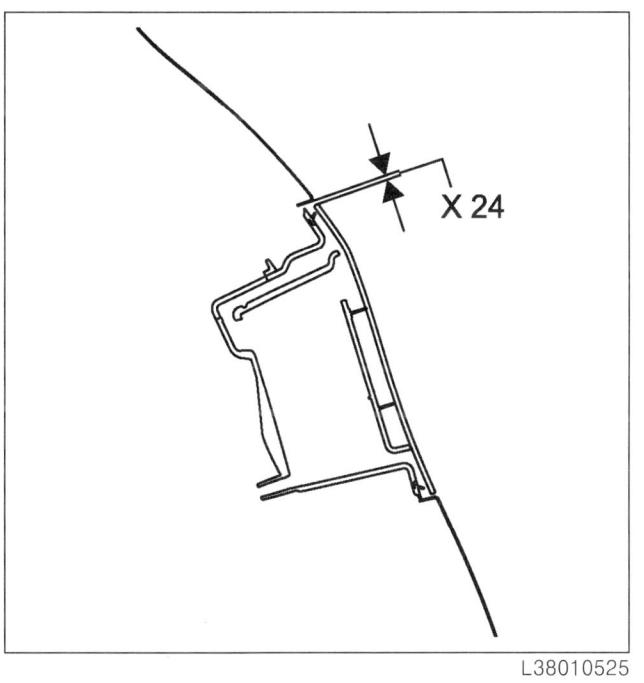

(X24) = 2.5 mm ± 1

리프팅
차량 : 견인 및 리프팅

02A

L38

필요 장비
안전 스트랩

I - 견인

주의

구동축을 연결 포인트로 사용하지 않는다.

견인 포인트는 도로에서 견인 시에만 사용한다.

배수로에 빠진 차량을 꺼내거나 차량을 들어 올리기 위해 견인 포인트를 직·간접적으로 사용하지 않는다.

견인하기 전에 견인 링을 돌려 장착한다.

- 자동 변속기가 장착된 차량은 평대형 트럭에 차량을 싣거나 프론트 휠을 들어 견인하는 것이 바람직하다. 예외적으로 차량의 휠이 지면에 닿은 채 견인할 수 있지만, 기어 레버 중립 상태에서 최대 거리 30km 내에서 20km/h 미만의 속도로 견인해야 한다.
- 차량 배터리가 방전될 경우 스티어링 컬럼이 잠긴 상태가 된다. 이 경우 새 배터리를 장착하거나 전원 공급 장치를 연결하여 이그니션 스위치를 "ON" 상태로 한다. 이때 스티어링 컬럼은 잠금이 해제된다.

1 - 프론트 연결 포인트 위치

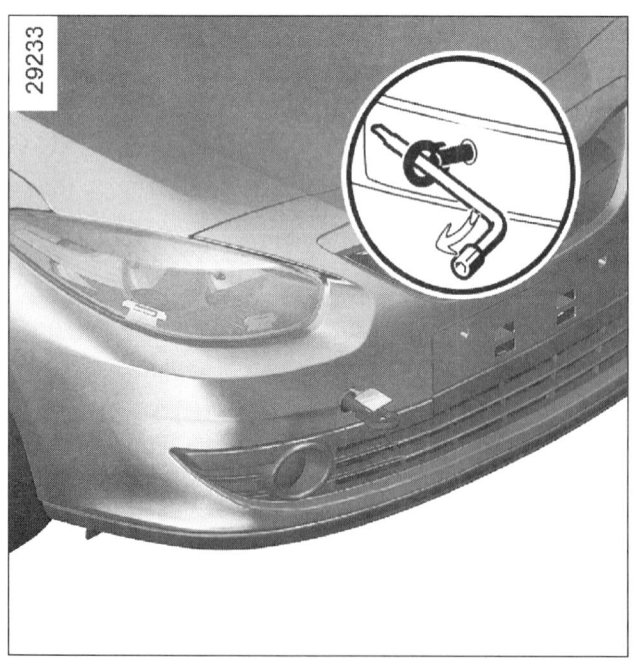

2 - 리어 연결 포인트 위치

트렁크 안에 있는 견인 고리를 돌려 완전히 장착한다.

II - 개러지 잭을 사용한 리프팅

경고

사고 방지를 위해, 개러지 잭은 차량을 들어 올리거나 이동하기 위해서만 사용되어야 한다. 차량의 높이는 안전스탠드가 차량 무게를 충분히 지지할 수 있어야 한다.

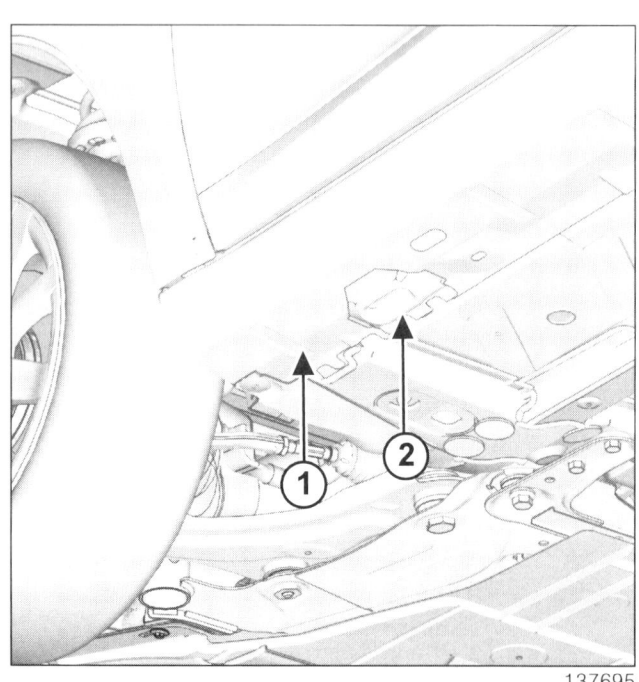

02A-1

리프팅
차량 : 견인 및 리프팅

02A

L38

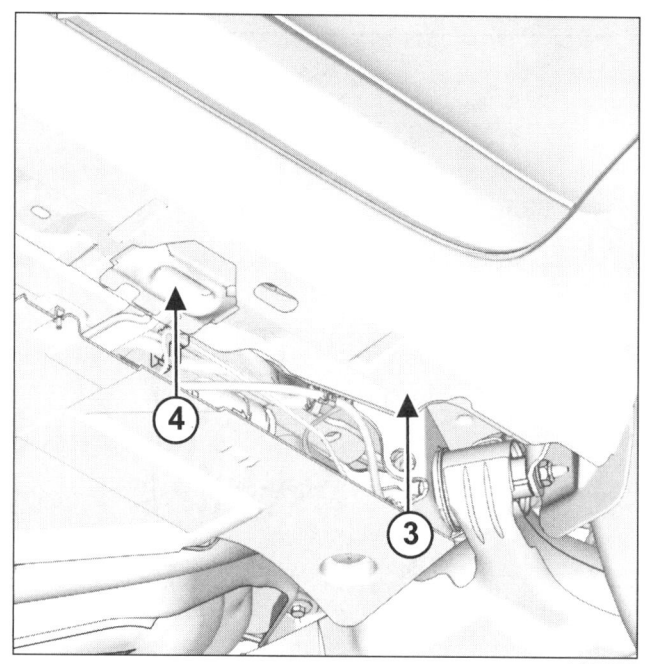

안전 스탠드에 차량을 고정하기 위해, 차량은 (3), (1) 포인트에 위치해야 하고, 차량의 리프트 포인트로 지정된 (4), (2) 의 리인포스먼트에 위치해야 한다.

III - 리프트에 의한 리프팅

1 - 안전 관련 권장 사항

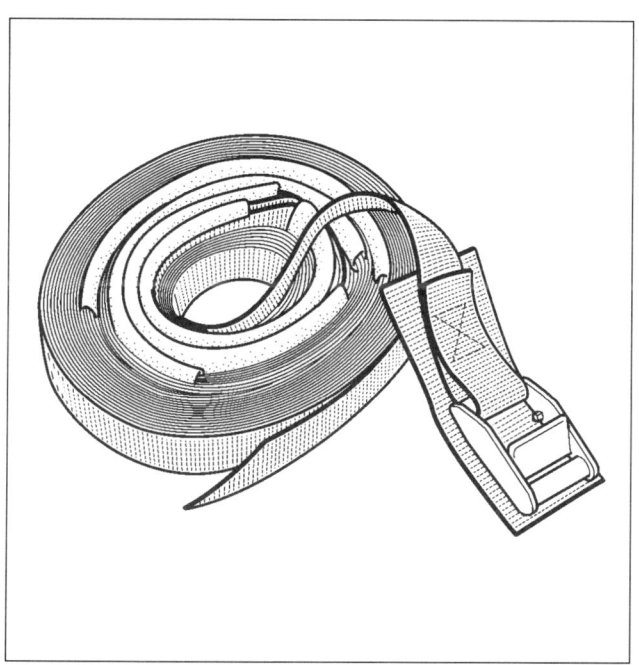

안전 관련 권장 사항 :

차량에서 무거운 구성품을 탈거해야 하는 경우 4 주식 리프트를 사용하는 것이 바람직하다.

2 주식 리프트의 경우 특정 구성품을 탈거할 경우 차량이 기울어질 위험이 있다 (예 : 엔진 및 변속기 어셈블리, 리어 액슬, 변속기 등). 그러므로 이 경우에는 안전 스트랩을 장착하여 차량을 고정시켜야 한다.

2 - 스트랩 장착

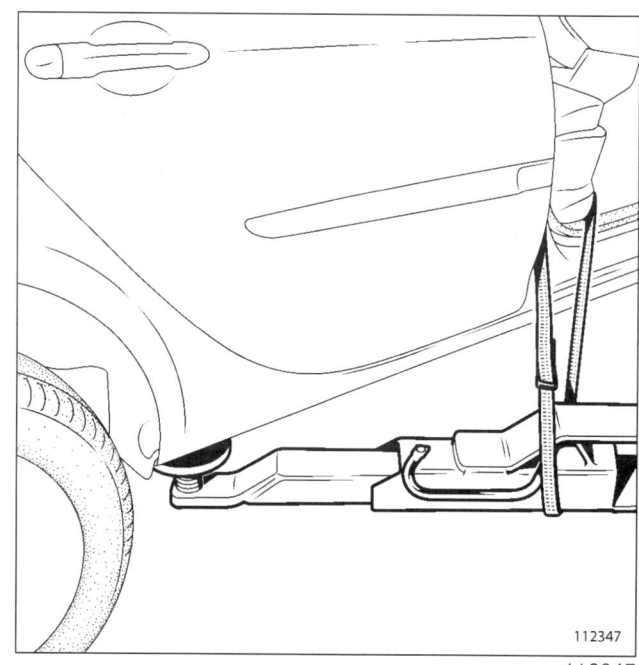

스트랩 장착 :

안전상의 이유로 안전 스트랩은 항상 온전한 상태를 유지해야 한다. 마모 흔적이 있는 경우 즉시 교체한다.

스트랩을 장착하는 경우, 차량의 시트 및 손상되기 쉬운 부품이 제대로 보호되고 있는지 점검한다.

a - 앞쪽이 무거운 경우

- 리어 우측 암 밑으로 안전 스트랩을 통과시킨다.
- 벨트를 차량 안쪽으로 통과시킨다.
- 리어 좌측 암 밑으로 안전 스트랩을 통과시킨다.
- 벨트를 차량 안쪽으로 다시 통과시킨다.
- 스트랩을 조인다.

b - 뒤쪽이 무거운 경우

- 프론트 우측 암 밑으로 안전 스트랩을 통과시킨다.
- 벨트를 차량 안쪽으로 통과시킨다.
- 프론트 좌측 암 밑으로 안전 스트랩을 통과시킨다.
- 벨트를 차량 안쪽으로 다시 통과시킨다.
- 스트랩을 조인다.

리프팅
차량 : 견인 및 리프팅

L38

3 - 허용된 잭 포인트

차량을 올리기 위해 아래 설명된 대로 리프트 암 패드를 위치시키고, 사이드 실 패널이 손상되지 않도록 주의한다.

경고

지시된 잭 포인트를 사용하는 경우에만 차량을 안전하게 들어 올릴 수 있다.

설명된 포인트 이외의 포인트를 사용하여 차량을 들어 올리지 않는다.

프론트 리프팅 포인트

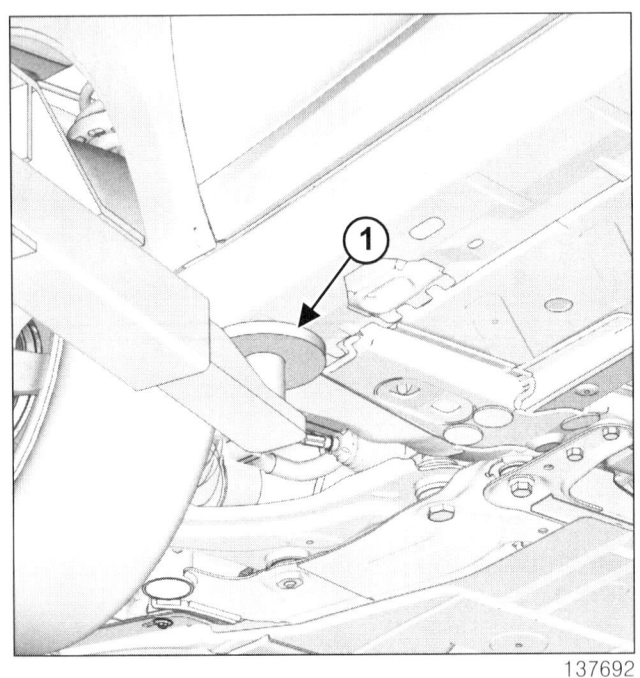

리프팅 암을 사이드 크로스 멤버 (1) 에 위치한다.

리어 리프팅 포인트

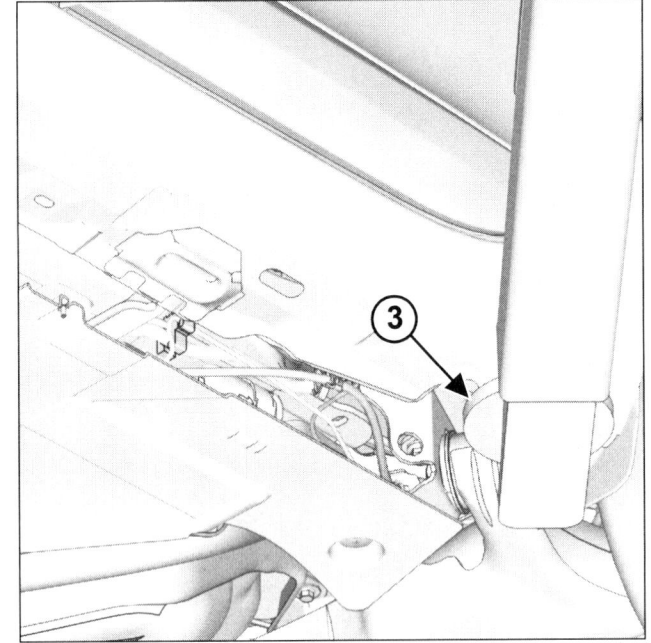

리프팅 암을 실 패널 바디 플렌지 (3) 부위에 위치한다.

리프팅
차량 : 견인 및 리프팅

02A

L38

IV - 리프팅 포인트 해제

1 - 프론트 사이드 크로스 멤버의 해체

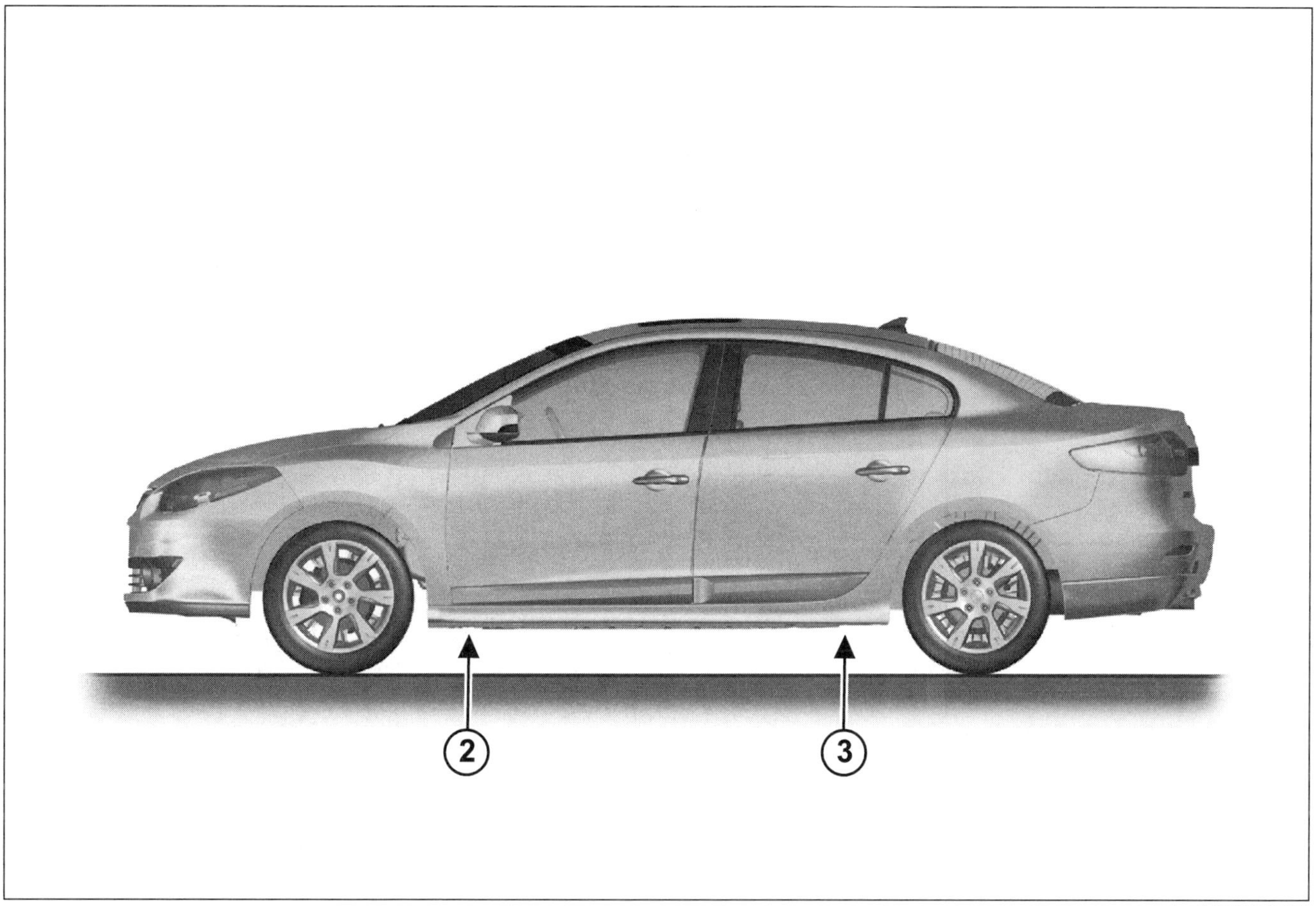

차량을 지지하는 리프팅 포인트는 프론트 (2) 와 리어 (3) 의 실 패널 바디 플렌지 하단에 위치한다.

프론트 리프팅 포인트 (2)

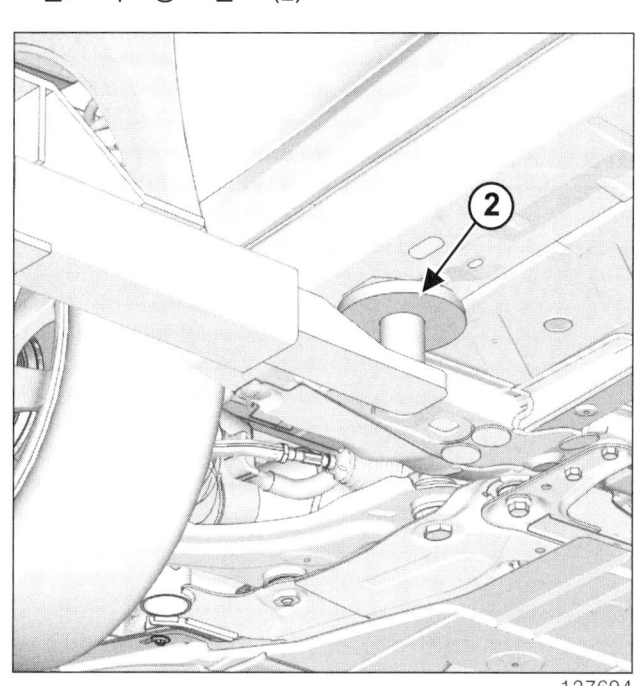

리프팅
차량 : 견인 및 리프팅

02A

L38

경고

사고 방지를 위해, 개러지 잭은 차량을 들어 올리거나 이동하기 위해서만 사용되어야 한다. 차량의 높이는 안전스탠드가 차량 무게를 충분히 지지할 수 있어야 한다.

2 - 프론트 사이드 크로스 멤버의 해체

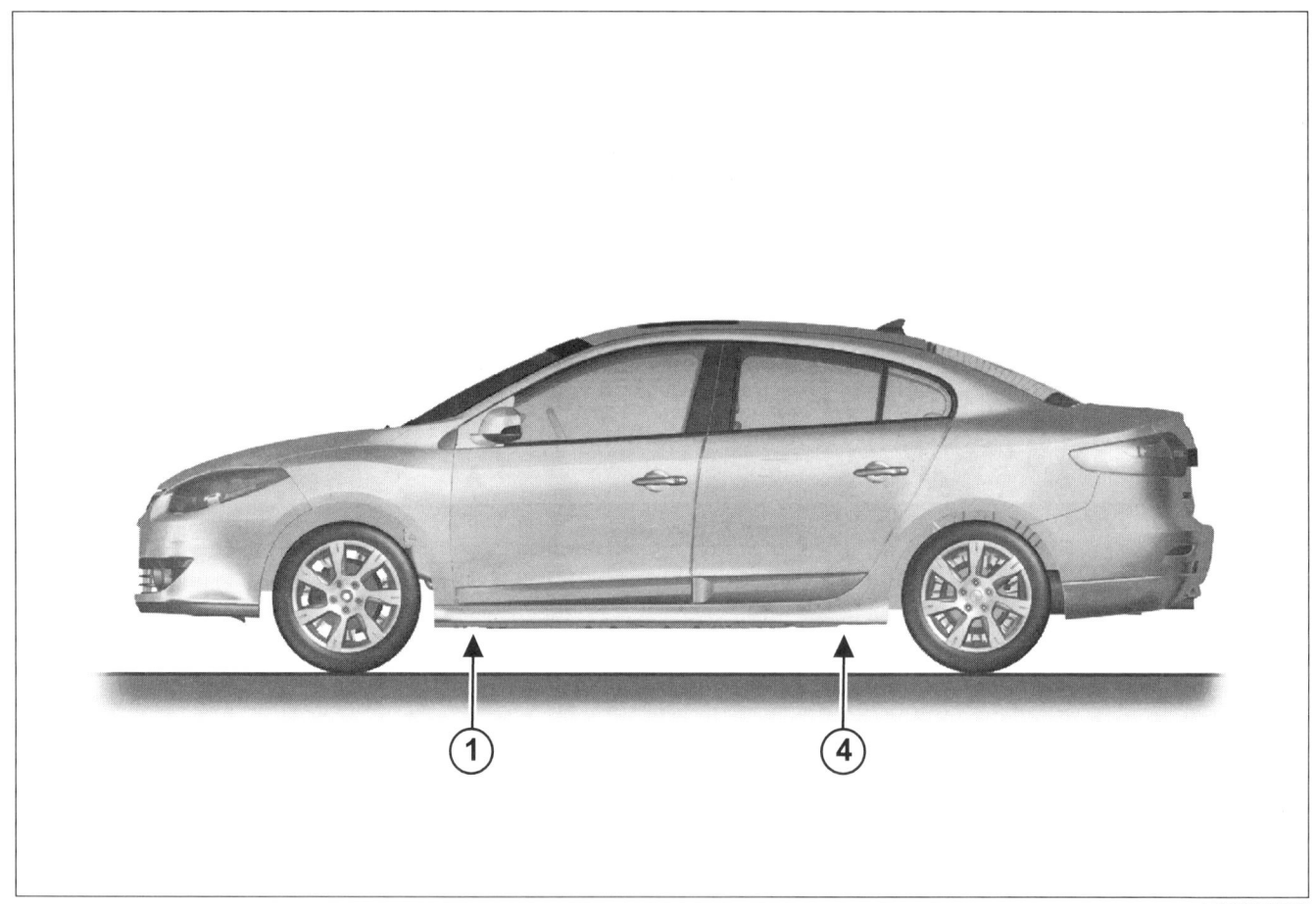

차량을 지지하는 리프팅 포인트는 프론트 (1) 와 리어 (4) 에 위치한다.

리프팅
차량 : 견인 및 리프팅

02A

L38

리어 리프팅 포인트 (4)

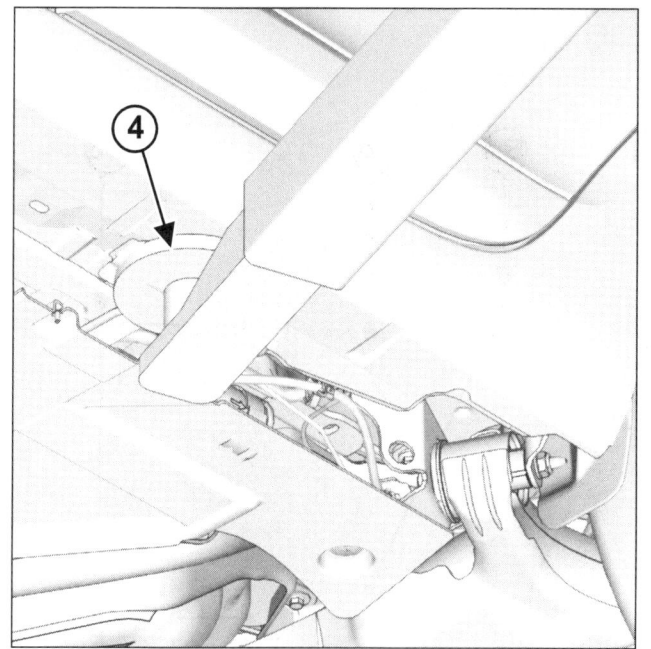

137697

경고

이 경우 차량이 뒤로 기울어질 가능성이 커지므로 차량의 앞 부분의 구성품을 탈거하는 것은 금지된다.

차량 파손 정도 판단
손상 차량 : 손상 부위 찾기

03B

L38

I – 서브프레임 확인

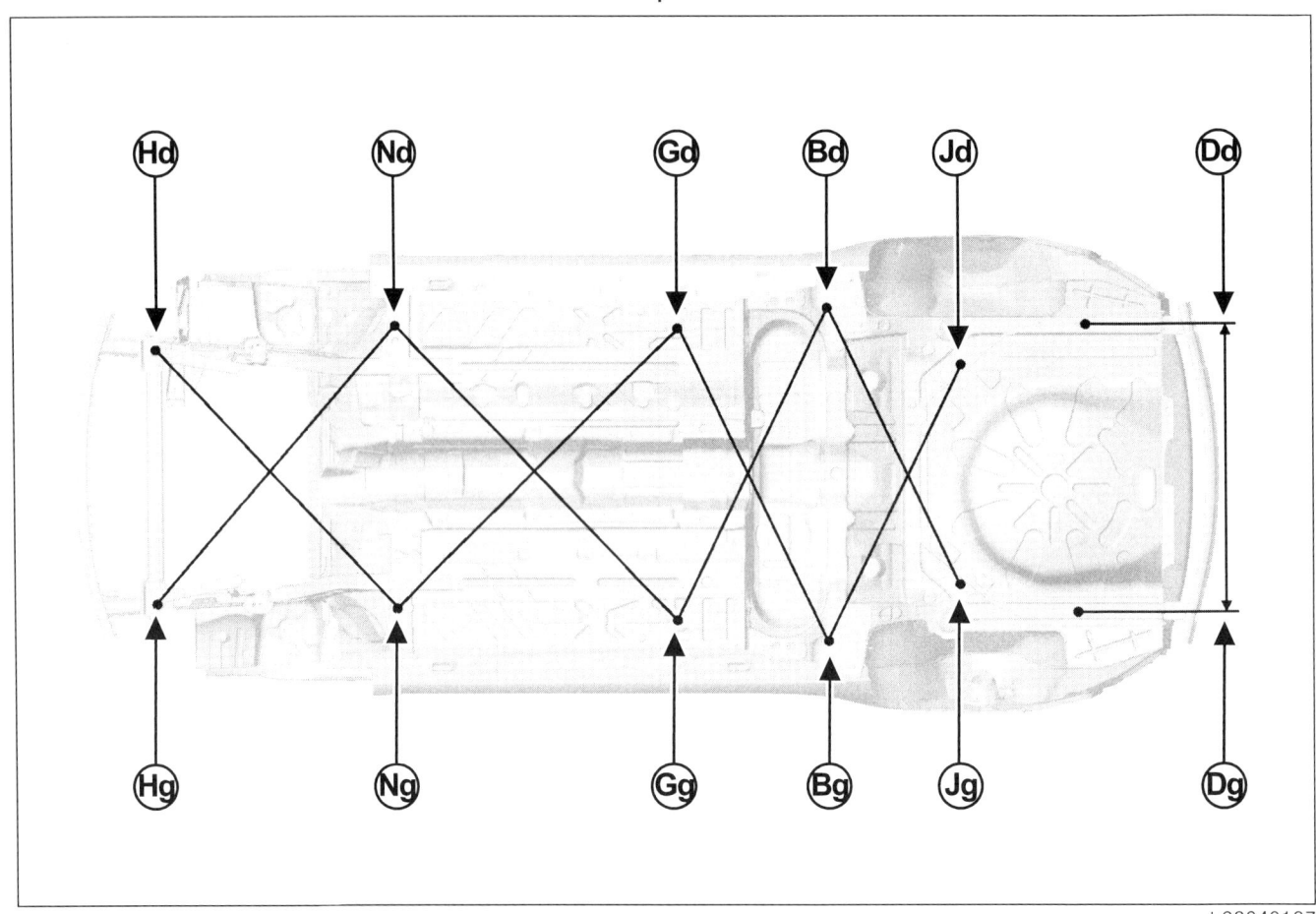

L38040187

(Xd: 차량의 왼쪽, Xg: 차량의 오른쪽)

❏ 점검 순서 :

– 정면 충격 :

- (Gd) – (Ng) = (Gg) – (Nd)
- (Nd) – (Hg) = (Ng) – (Hd)

– 후면 충격 :

- (Gd) – (Bg) = (Gg) – (Bd)
- (Bd) – (Jg) = (Bg) – (Jd)
- (Dd) – (Dg) = 1087 mm

차량 파손 정도 판단
손상 차량 : 손상 부위 찾기

03B

L38

II - 검사 포인트의 세부도

포인트 Hd, Hg 프론트 사이드 멤버의 라디에이터 크로스 멤버 마운팅

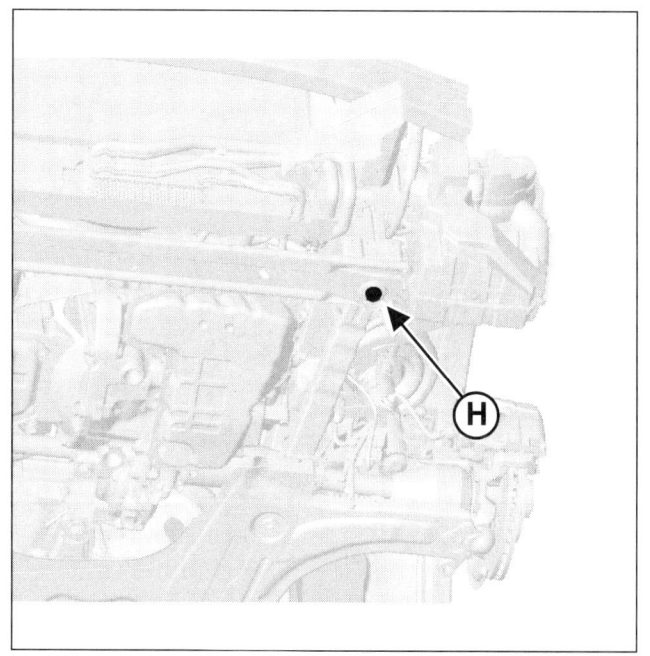

포인트 Gd, Gg

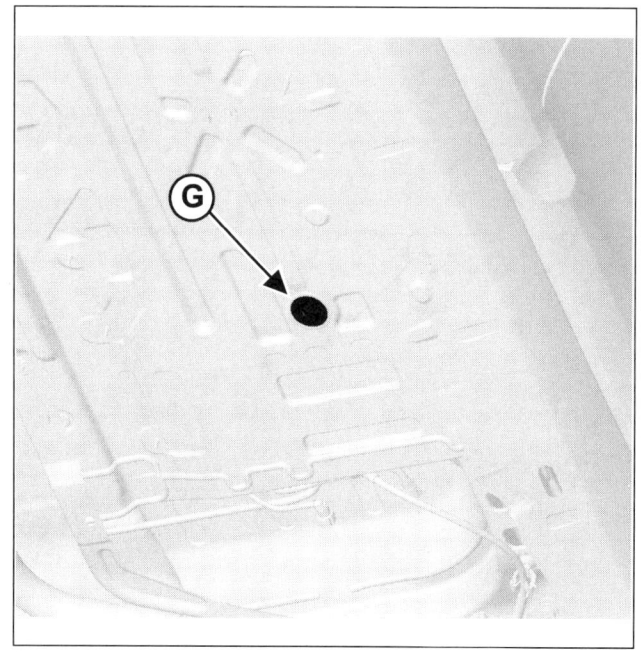

포인트 Nd, Ng

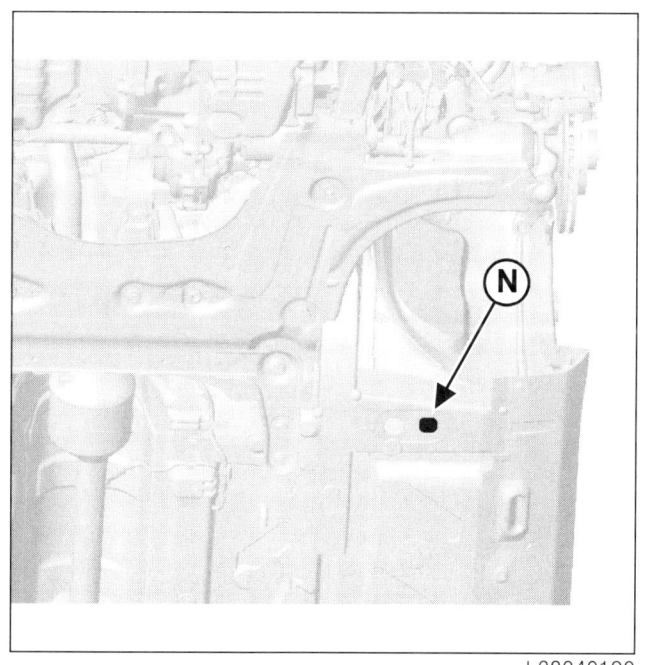

포인트 Bd, Bg 리어 액슬 가이드

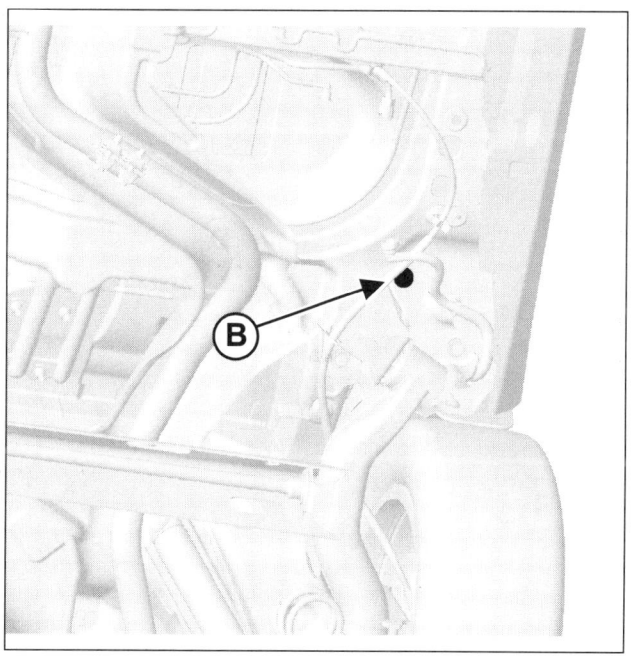

차량 파손 정도 판단
손상 차량 : 손상 부위 찾기

03B

L38

포인트 Jd, Jg

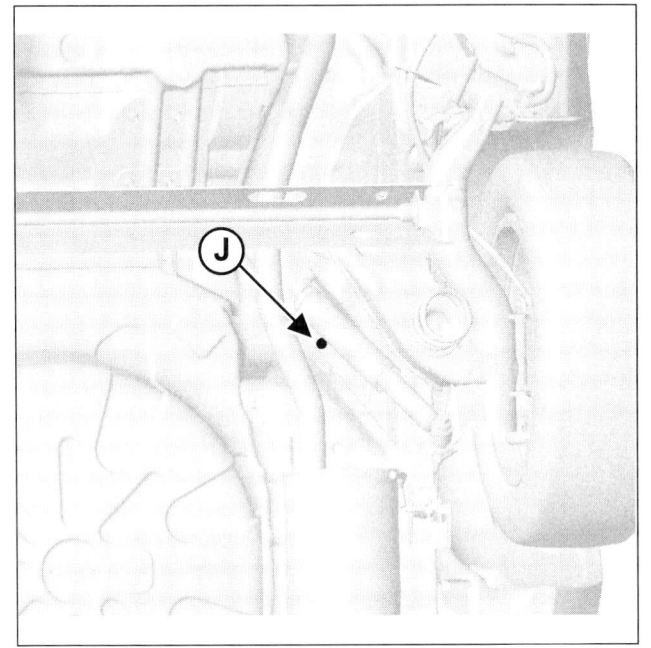

L38040194

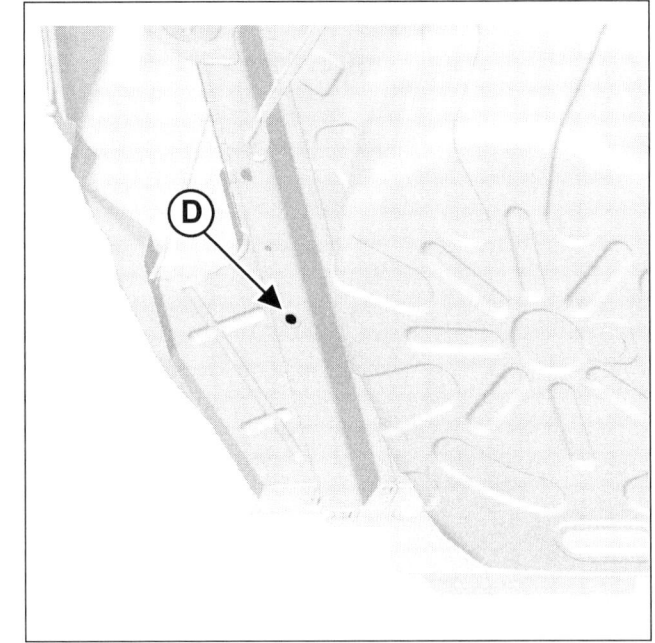

L38040195

포인트 Dd, Dg 리어 사이드 멤버

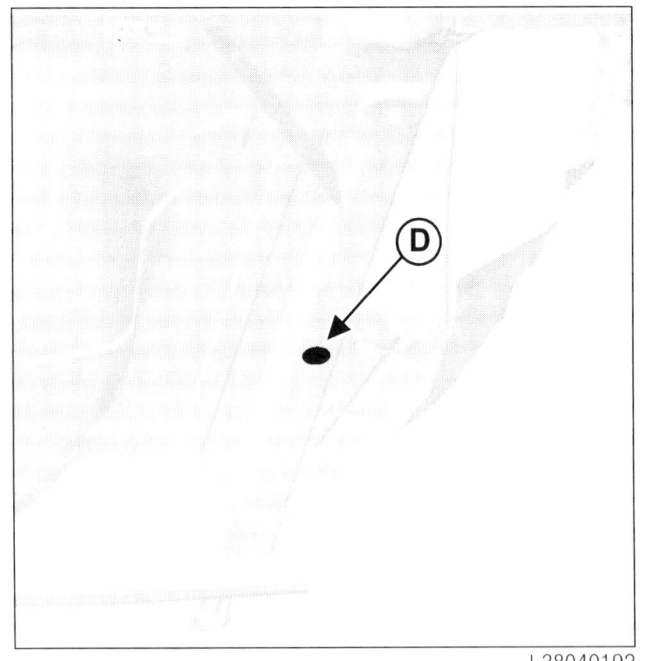

L38040192

차량 파손 정도 판단
차량 앞 부분의 손상 : 일반 설명

03B

L38

1 단계

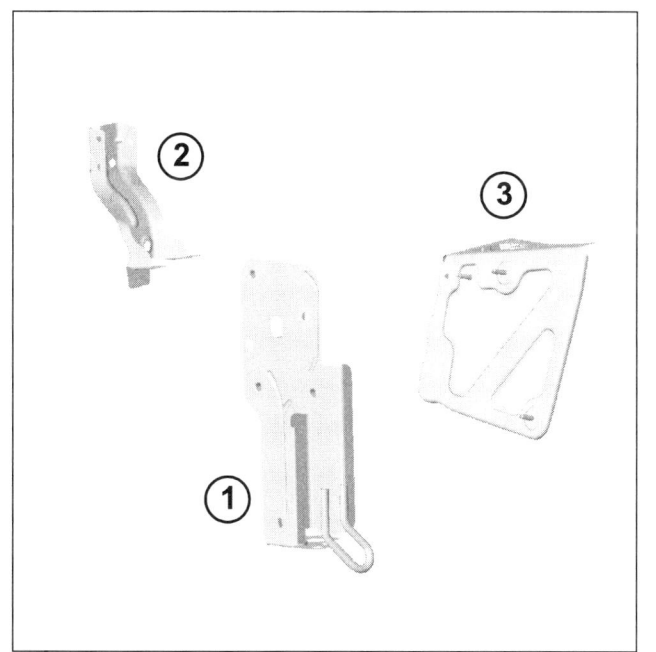

- (1) 프론트 페이스 어퍼 크로스 멤버,
- (2) 라디에이터 크로스 멤버 마운팅,
- (3) 프론트 패널 마운팅 브라켓.

차량 파손 정도 판단
차량 앞 부분의 손상 : 일반 설명

03B

L38

2 단계

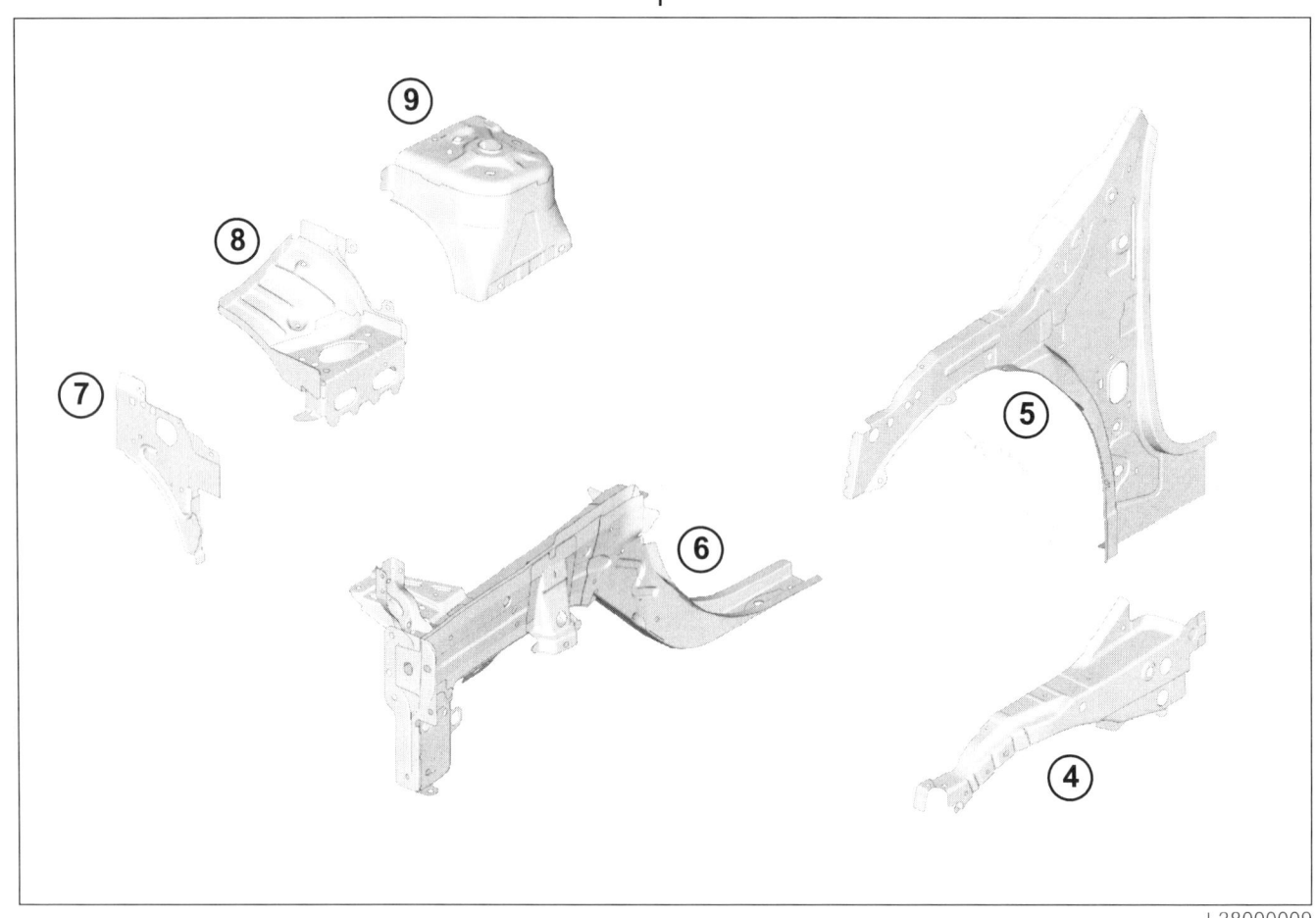

- (4) 대시 사이드 어퍼 리인포스먼트,
- (5) 대시 사이드,
- (6) 프론트 사이드 멤버의 앞 부분,
- (7) 프론트 엔드 사이드 크로스 멤버,
- (8) 엔진 서포트,
- (9) 프론트 스트러트 하우징.

차량 파손 정도 판단
차량 옆 부분의 손상 : 일반 설명

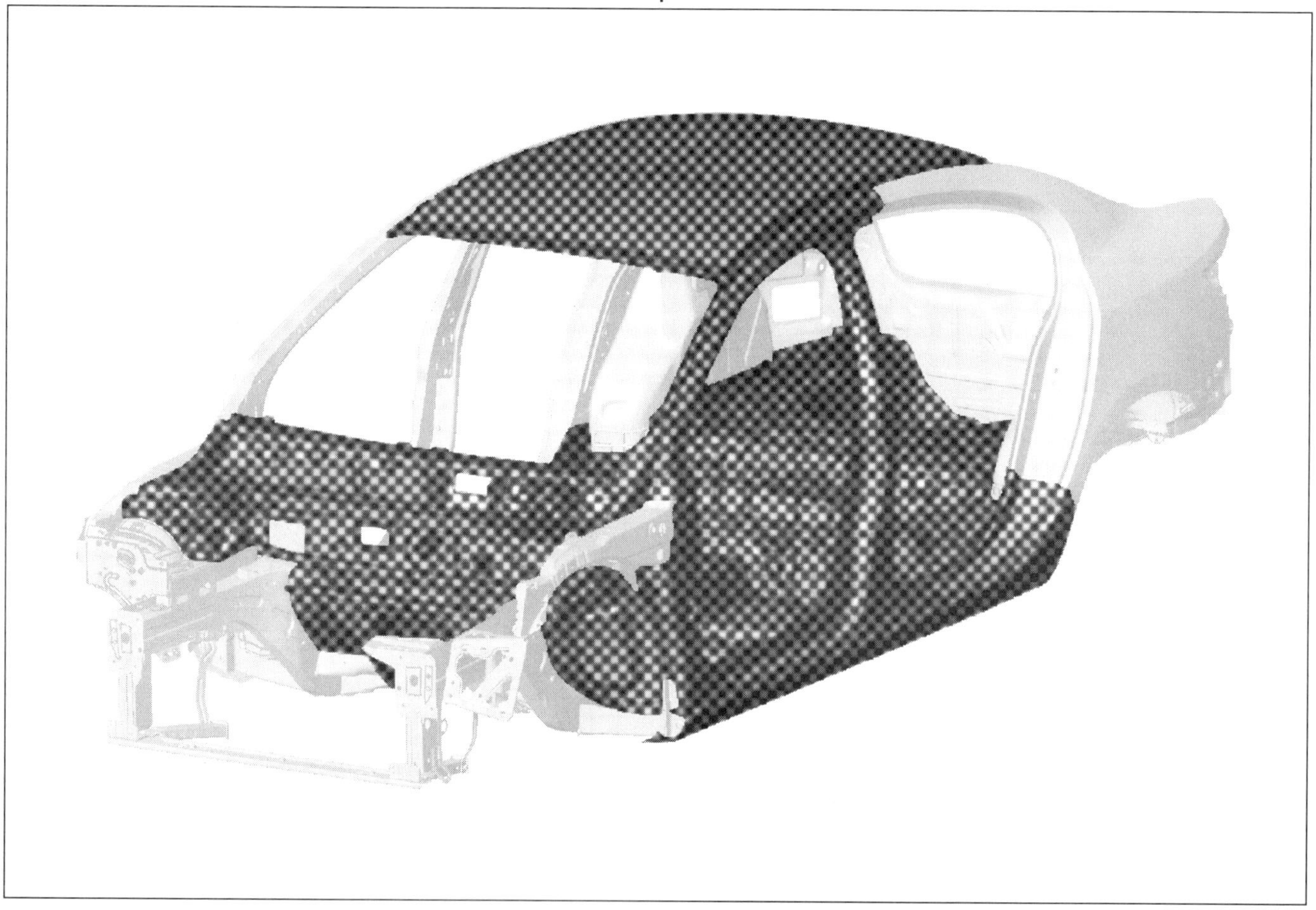

03B

L38

1 단계

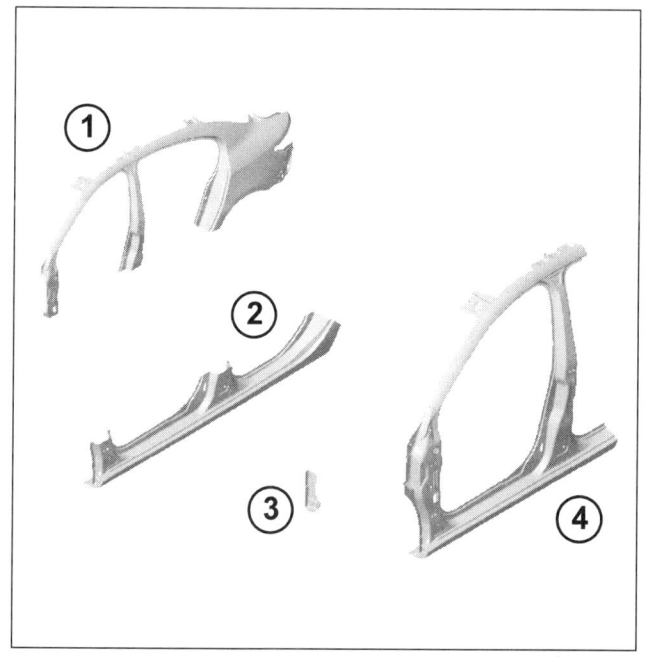

- (1) 어퍼 바디,
- (2) 사이드 실 패널,
- (3) 바디 사이드 클로져 패널,
- (4) 바디 사이드, 앞 부분.

차량 파손 정도 판단
차량 옆 부분의 손상 : 일반 설명

03B

L38

2 단계

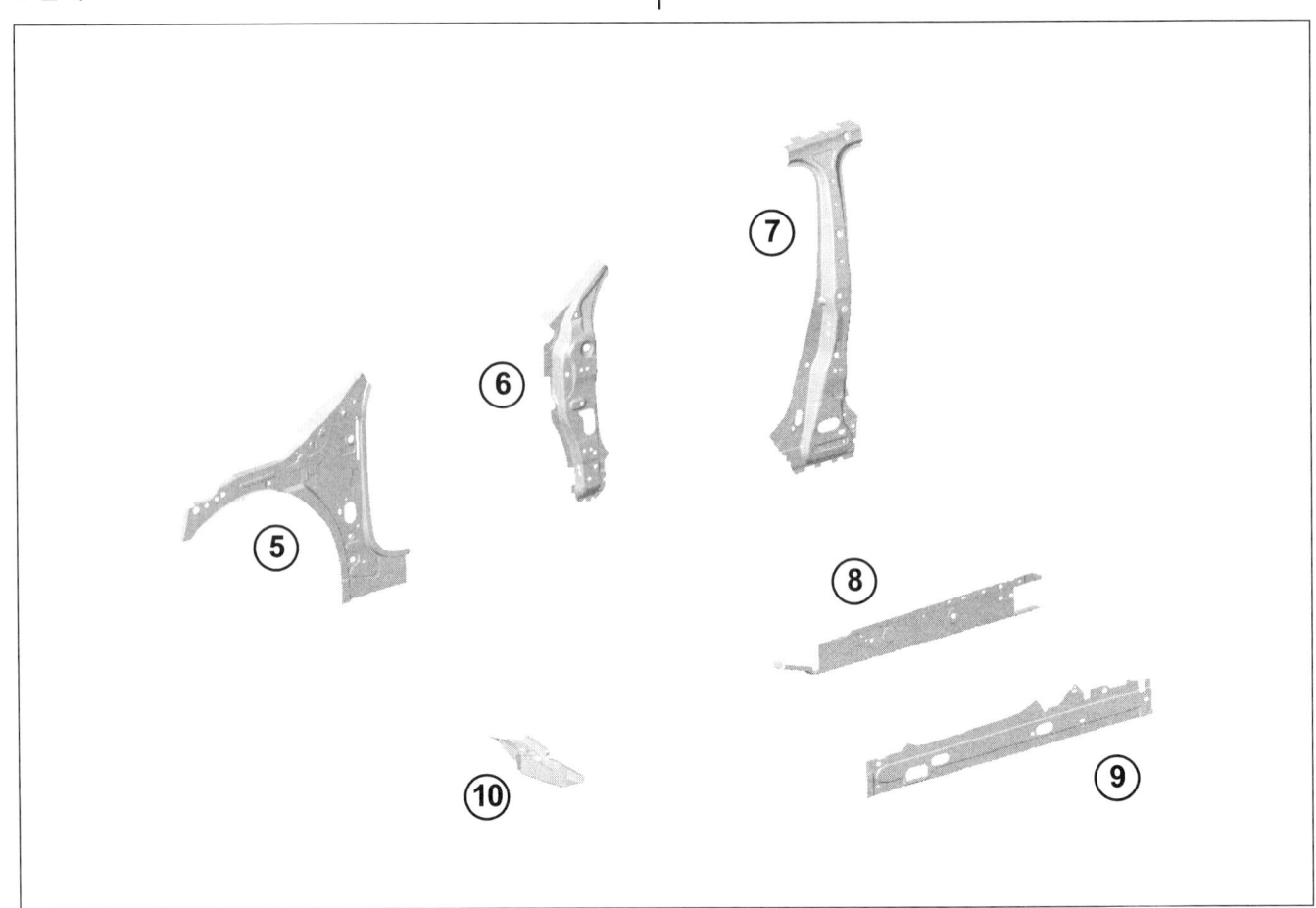

L38040181

- (5) 대시 사이드,
- (6) A- 필러 리인포스먼트,
- (7) B- 필러 리인포스먼트,
- (8) 실 패널 클로져 패널,
- (9) 실 패널 리인포스먼트,
- (10) 프론트 크로스 사이드 멤버.

03B

차량 파손 정도 판단
차량 옆 부분의 손상 : 일반 설명

L38

3 단계

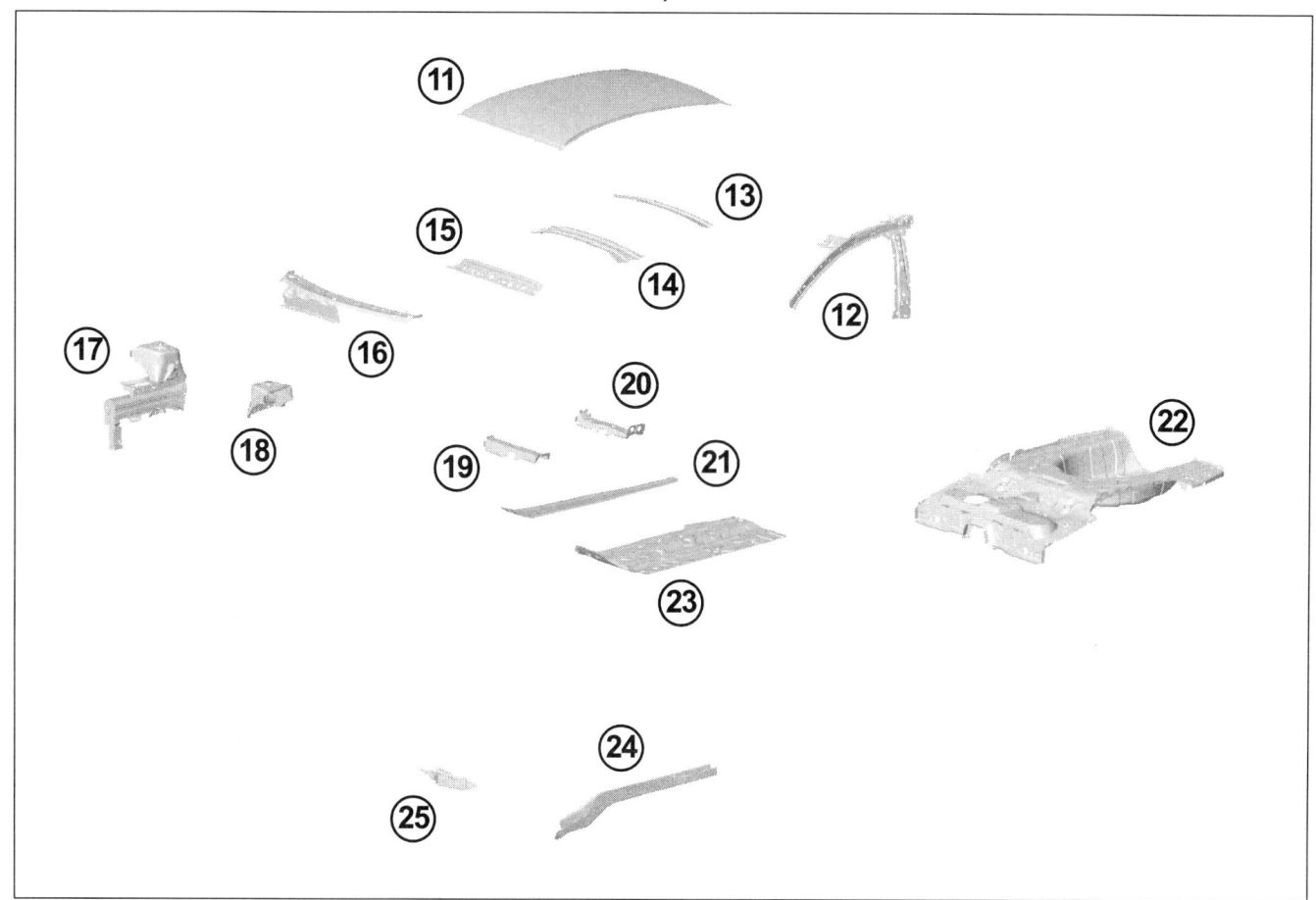

- (11) 루프 ,
- (12) 프론트 이너 어퍼 필러 ,
- (13) 루프 리어 크로스 멤버 ,
- (14) 루프 센터 크로스 멤버 ,
- (15) 루프 프론트 크로스 멤버 ,
- (16) 윈드실드 로어 크로스 멤버 ,
- (17) 프론트 스트러트 하우징 ,
- (18) 휠 아치 , 리어 섹션 ,
- (19) 프론트 시트 언더 프론트 크로스 멤버 ,
- (20) 프론트 시트 언더 리어 크로스 멤버 ,
- (21) 센터 사이드 멤버 ,
- (22) 리어 플로어 ,
- (23) 센터 플로어 , 사이드 섹션 ,
- (24) 리어 사이드 멤버 ,
- (25) 프론트 크로스 사이드 멤버 .

차량 파손 정도 판단
차량 뒷 부분의 손상 : 일반 설명

03B

L38

1 단계

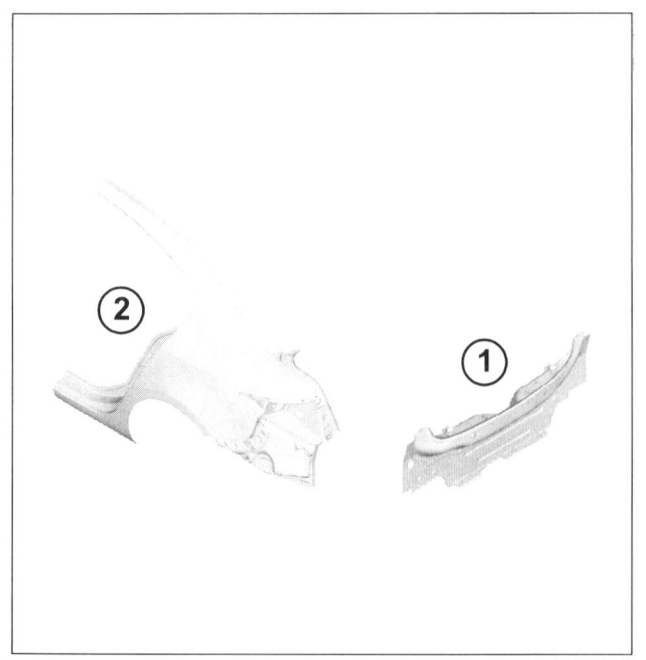

- (1) 리어 에이프런 패널 어셈블리,
- (2) 리어 펜더.

차량 파손 정도 판단
차량 뒷 부분의 손상 : 일반 설명

03B

L38

2 단계

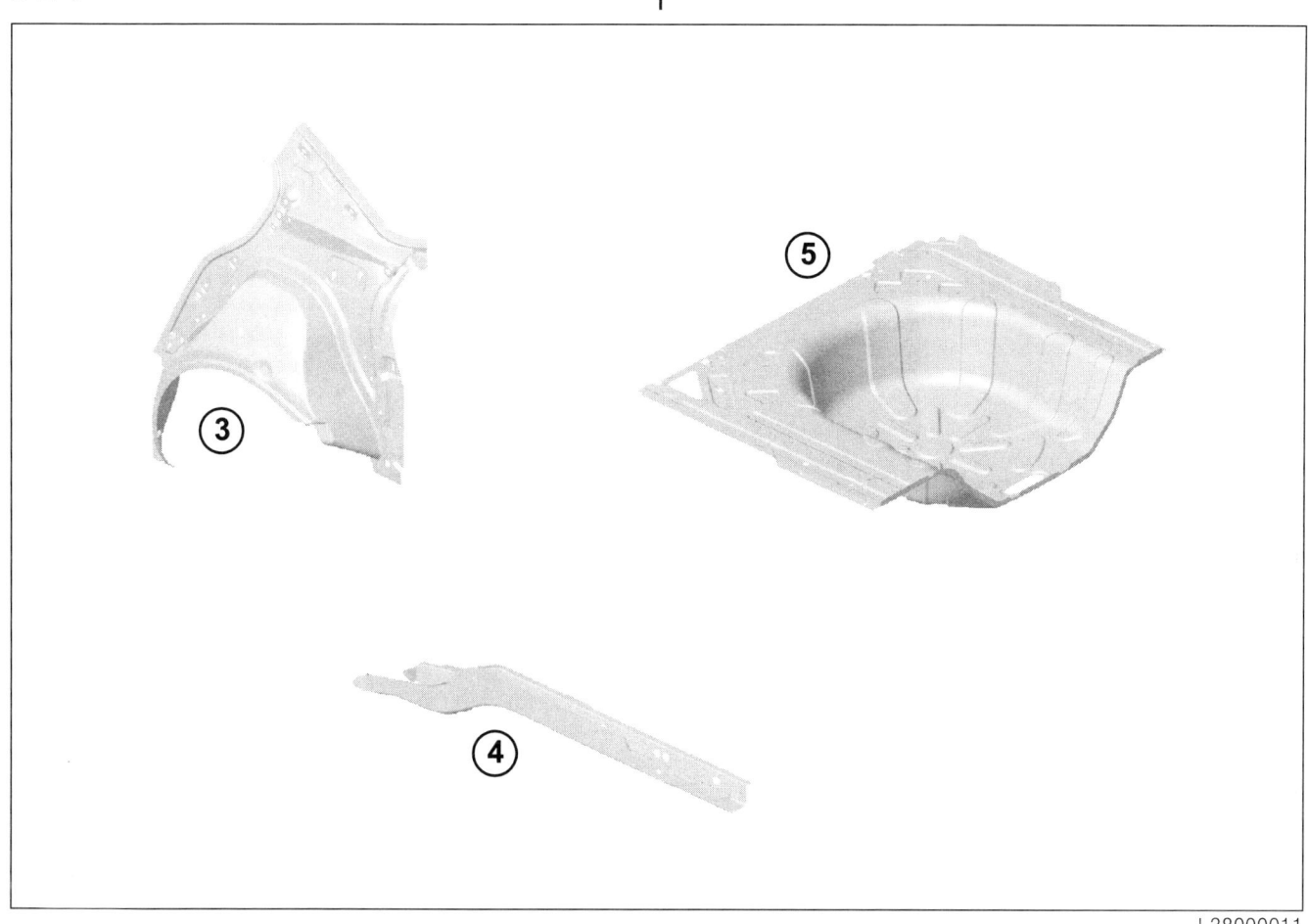

- (3) 이너 쿼터 패널 ,
- (4) 리어 사이드 멤버 ,
- (5) 리어 플로어 리어 섹션 .

차량 파손 정도 판단
차량 뒷 부분의 손상 : 일반 설명

03B

L38

3 단계

- (6) 루프 드립 몰딩 라이닝,
- (7) 리어 이너 휠 아치,
- (8) 리어 플로어,
- (9) 리어 사이드 멤버 어셈블리.

르노삼성자동차

4 판금작업

- **40A** 일반 사항
- **41A** 프론트 로어 스트럭쳐
- **41B** 센터 로어 스트럭쳐
- **41C** 사이드 로어 스트럭쳐
- **41D** 리어 로어 스트럭쳐
- **42A** 프론트 어퍼 스트럭쳐
- **43A** 사이드 어퍼 스트럭쳐
- **44A** 리어 어퍼 스트럭쳐
- **45A** 바디 어퍼 스트럭쳐
- **47A** 사이드 도어 패널
- **48A** 사이드 도어 이외 패널

L38

2009. 07

본 리페어 매뉴얼은 2009년 07월의 양산 차량을 기준으로 작성하였으며, 향후 차량의 설계 변경에 따라 실차와 다른 내용이 있을 수 있으므로, 양해를 구합니다.
주 : 설계 변경에 대한 정보는 www.rsmservice.com 을 참조하여 주시기 바랍니다.
이 문서의 모든 권리는 르노삼성자동차에 있습니다.

ⓒ 르노삼성자동차 (주), 2009

L38-Section 4

목차

		페이지			페이지

40A 일반 사항

- 지그 장착 : 작업 설명 — 40A-1
- 서브 프레임 : 제원 — 40A-4
- 방음재의 위치와 관련 설명 — 40A-9
- 접지 위치 : 일반 설명 — 40A-11
- 차량 앞 부분 스트럭쳐 : 일반 설명 — 40A-14
- 차량 옆 부분 스트럭쳐 : 일반 설명 — 40A-16
- 차량 중앙 부분 스트럭쳐 : 일반 설명 — 40A-18
- 차량 뒷 부분 스트럭쳐 : 일반 설명 — 40A-20
- 탈거 가능한 스트럭쳐 : 일반 설명 — 40A-21
- 지그 장착 시 스트럭쳐에 장착할 위치 : 일반 설명 — 40A-22

41A 프론트 로어 스트럭쳐

- 프론트 엔드 사이드 크로스 멤버 : 교환 — 41A-1
- 라디에이터 크로스 멤버 마운팅 : 교환 — 41A-3
- 프론트 사이드 멤버 : 교환 — 41A-5
- 프론트 사이드 멤버 크로져 패널 : 교환 — 41A-10
- 배터리 트레이 마운팅 : 교환 — 41A-13
- 프론트 서브프레임 마운팅 하우징 : 교환 — 41A-15
- 서브 프레임 마운팅 하우징 : 교환 — 41A-16

41A 프론트 로어 스트럭쳐

- 엔진 서포트 : 교환 — 41A-17
- 프론트 범퍼 리인포스먼트 : 탈거 – 장착 — 41A-18

41B 센터 로어 스트럭쳐

- 센터 플로어 사이드 섹션 : 교환 — 41B-1
- 센터 사이드 멤버 : 교환 — 41B-3
- 터널 : 교환 — 41B-5
- 프론트 크로스 사이드 멤버 : 교환 — 41B-6
- 프론트 시트 언더 프론트 크로스 멤버 : 교환 — 41B-8
- 프론트 시트 언더 리어 크로스 멤버 : 교환 — 41B-10

41C 사이드 로어 스트럭쳐

- 사이드 실 패널 : 교환 — 41C-1
- 사이드 실 패널 리인포스먼트 : 교환 — 41C-9
- 바디 사이드 리어 크로싱 멤버 : 교환 — 41C-12

41D 리어 로어 스트럭쳐

- 리어 플로어 프론트 섹션 : 교환 — 41D-1
- 리어 플로어 리어 섹션 : 교환 — 41D-3
- 리어 사이드 멤버 어셈블리 : 교환 — 41D-5

목차

페이지 페이지

41D	리어 로어 스트럭쳐

리어 사이드 멤버 : 교환	41D-7
리어 시트 크로스 멤버 : 교환	41D-10
센트럴 리어 크로스 멤버 : 교환	41D-12
스페어 휠 록 마운팅 : 교환	41D-14
리어 범퍼 리인포스먼트 : 탈거 – 장착	41D-15

42A	프론트 어퍼 스트럭쳐

프론트 범퍼 서포트 : 탈거 – 장착	42A-1
프론트 펜더 어퍼 마운팅 서포트 : 탈거 – 장착	42A-2
프론트 펜더 : 탈거 – 장착	42A-3
대시 사이드 : 교환	42A-5
대시 사이드 어퍼 리인포스먼트 : 교환	42A-8
프론트 스트러트 하우징 : 교환	42A-9
윈드실드 로어 크로스 멤버 : 교환	42A-11
프론트 필러 트림 사이드 커넥션 멤버 : 교환	42A-14
대시 크로스 멤버 : 교환	42A-15
프론트 페이스 어퍼 크로스 멤버 서포트 : 교환	42A-16
어퍼 프론트 엔드 크로스 멤버 : 탈거 – 장착	42A-17
프론트 엔드 사이드 서포트 : 탈거 – 장착	42A-18
인스트루먼트 패널 크로스 멤버 : 탈거 – 장착	42A-20

43A	사이드 어퍼 스트럭쳐

| A-필러 : 교환 | 43A-1 |
| A-필러 리인포스먼트 : 교환 | 43A-6 |

43A	사이드 어퍼 스트럭쳐

프론트 이너 어퍼 필러 : 교환	43A-8
B-필러 : 교환	43A-10
B-필러 리인포스먼트 : 교환	43A-13
루프 드립 몰딩 라이닝 : 교환	43A-15

44A	리어 어퍼 스트럭쳐

리어 펜더 : 교환	44A-1
이너 리어 휠 아치 : 교환	44A-6
이너 쿼터 패널 : 교환	44A-8
리어 파셜 셀프 : 교환	44A-11
리어 파셜 셀프 사이드 섹션 : 교환	44A-13
리어 에이프런 패널 어셈블리 : 교환	44A-14
백라이트 로어 크로스 멤버 : 교환	44A-15

45A	바디 어퍼 스트럭쳐

루프 : 교환	45A-1
루프 프론트 크로스 멤버 : 교환	45A-3
루프 센터 크로스 멤버 : 교환	45A-5
루프 리어 크로스 멤버 : 교환	45A-6

47A	사이드 도어 패널

프론트 사이드 도어 : 탈거 – 장착	47A-1
프론트 사이드 도어 : 분해 – 재조립	47A-4
프론트 사이드 도어 : 조정	47A-6
리어 사이드 도어 : 탈거 – 장착	47A-9
리어 사이드 도어 : 분해 – 재조립	47A-11

목차

페이지　　　　　　　　　　　　　　　　　　페이지

| 47A | 사이드 도어 패널 |

　　리어 사이드 도어 : 조정　　47A-13
　　연료 주입 캡 : 탈거 - 장착　　47A-15

| 48A | 사이드 도어 이외 패널 |

　　후드 : 탈거 - 장착　　48A-1
　　후드 : 분해 - 재조립　　48A-3
　　후드 : 조정　　48A-4
　　트렁크 리드 : 탈거 - 장착　　48A-6
　　트렁크 리드 : 분해 - 재조립　　48A-8
　　트렁크 리드 : 조정　　48A-9

일반 사항
지그 장착 : 작업 설명

40A

L38

I – 장비 세팅 전 기본 참조 위치

1 – 프론트 메커니컬 구성품 장착 상태

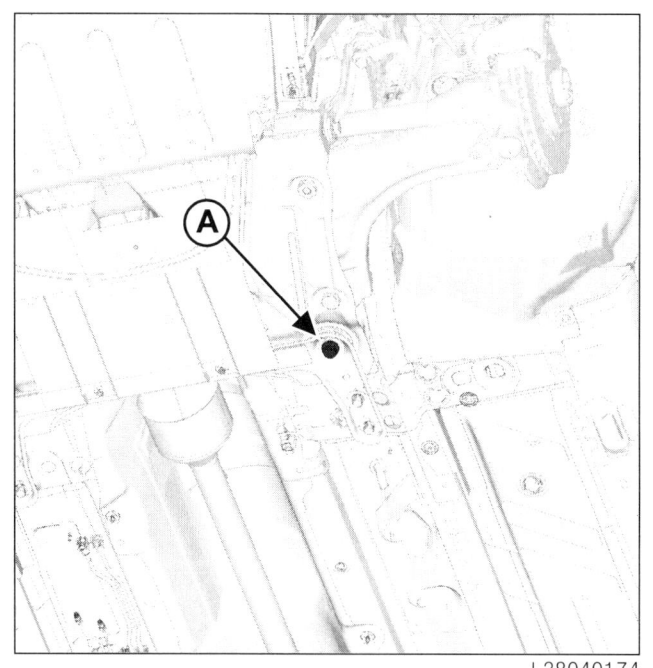

지그가 프론트 서브프레임의 리어 볼트 (A) 를 덮도록 한다.

후면 충격 또는 가벼운 정면 충격이 가해진 경우 메커니컬 구성품을 탈거하지 않고 이와 같이 처리한다.

2 – 프론트 메커니컬 구성품 탈거 상태

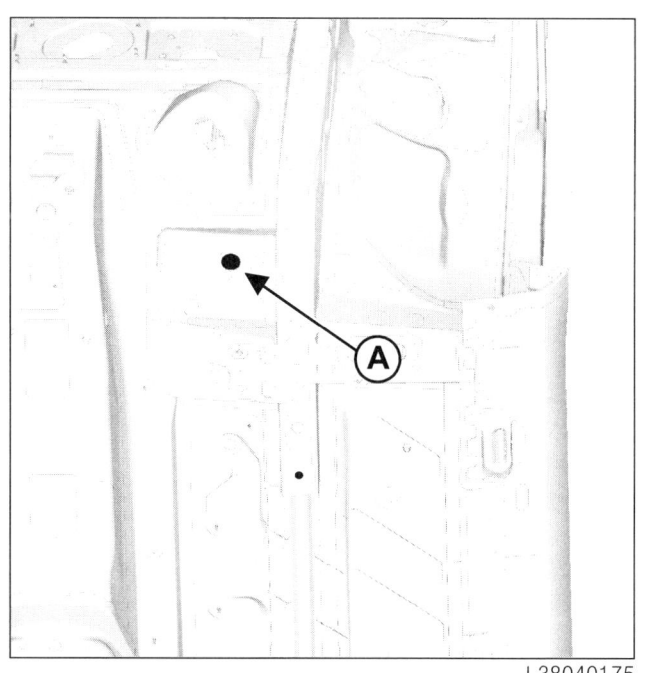

지그는 서브프레임 마운팅 유닛 아래에 위치시키고, 나사 구멍 (A) 을 통해 센터를 맞춘다.

발생할 수 있는 경우는 아래와 같음.

- 차량 뒤쪽을 재조립하려는 경우 이 두 위치만 사용하여 차량 앞쪽을 정렬하고 지지할 수 있다.
- 프론트에 가벼운 충격을 받았을 경우, 프론트 액슬 서브프레임을 탈거하지 않아도 된다.

참고 :
이러한 위치 중 하나가 변형될 우려가 있는 경우에는 충격의 영향을 받지 않는 영역에 있는 두 위치를 추가로 사용하여 장비 세팅 위치를 확보한다.

II – 보조 프론트 장비 세팅 참조 위치

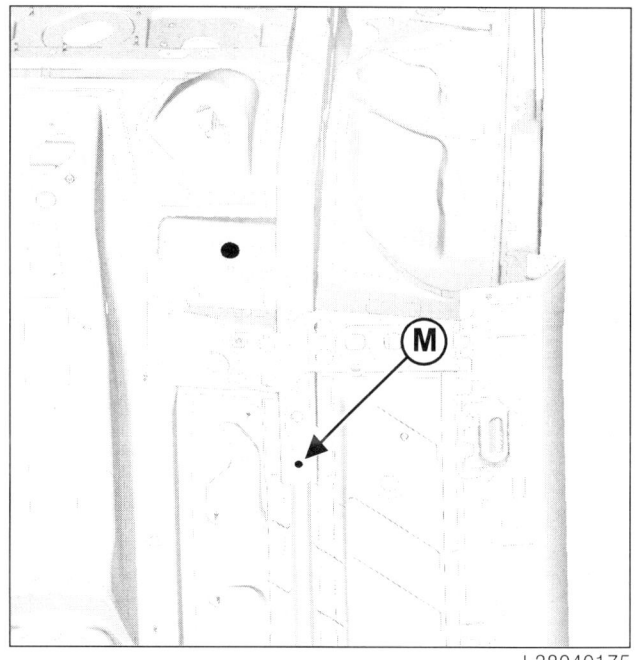

지그는 프론트 사이드 멤버 아래와 센터 섹션 아래에 위치시키고, 구멍 (M) 을 통해 센터를 맞춘다.

정면 충격으로 상당한 손상을 입은 경우에는 프론트 서브프레임 리어 마운팅 유닛을 교환한다.

일반 사항
지그 장착 : 작업 설명

40A

L38

III - 기본 리어 장비 세팅 참조 위치

1 - 리어 메커니컬 구성품 장착 위치

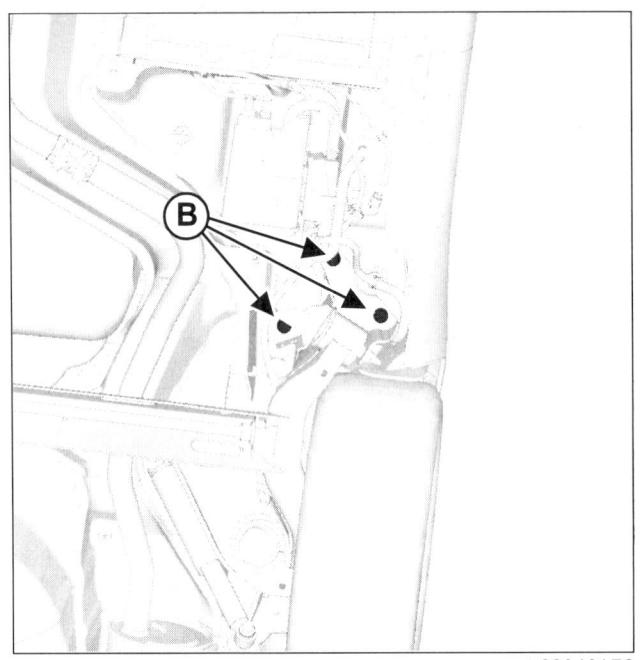

L38040176

지그는 리어 액슬 포크 아래에 위치시키고 리어 액슬 어셈블리 파일럿 구멍 (B) 을 통해 센터를 맞춘다.

정면 충격 또는 가벼운 후면 충격이 가해진 경우 이와 같이 처리한다.

2 - 프론트 메커니컬 구성품 탈거 상태

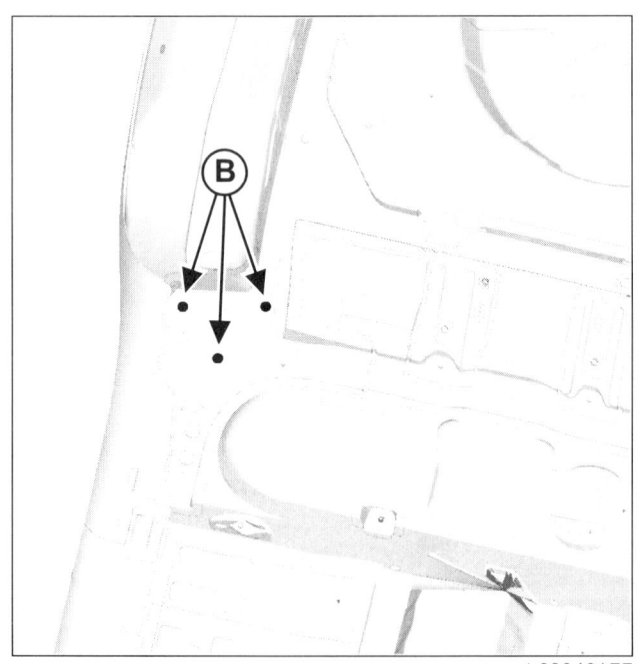

L38040177

지그는 리어 액슬 어셈블리 마운팅 유닛을 지지하며 파일럿 구멍 (B) 을 통해 센터를 맞춘다.

메커니컬 구성품을 탈거하지 않고 후면 충격이 가해진 경우 이와 같이 처리한다.

> 참고 :
> 이러한 위치 중 하나가 변형될 우려가 있는 경우에는 충격의 영향을 받지 않는 영역에 있는 두 위치를 추가로 사용하여 장비 세팅 위치를 확보한다.

IV - 보조 리어 장비 세팅 참조 위치

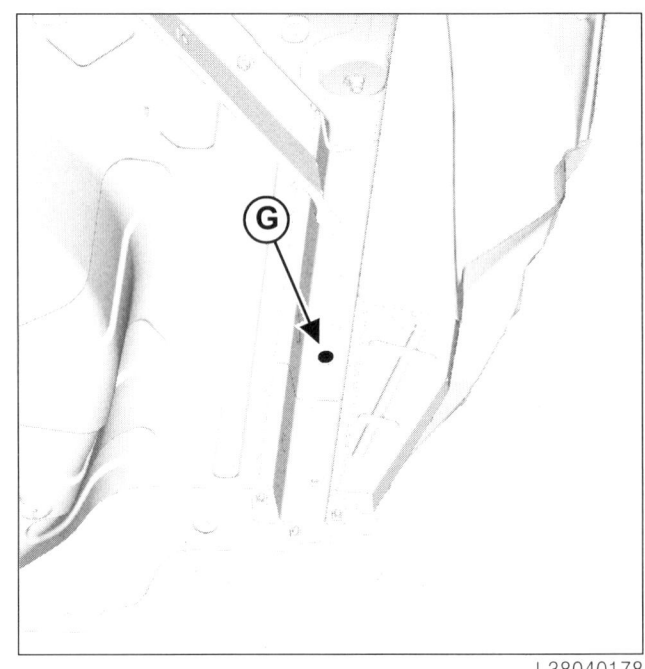

L38040178

지그는 프론트 사이드 멤버 리어 섹션 아래에 위치시키고, 구멍 (G) 을 통해 장착한다.

리어 사이드 멤버 어셈블리를 교환해야 하는 상당한 후면 충격이 가해진 경우 이와 같이 처리한다.

기본 리어 참조 위치의 변형이 우려되는 경우 차량의 파손 정도를 판단하기 위해 사용된다.

일반 사항
지그 장착 : 작업 설명

40A

L38

V – 차량에 앵커 키트 장착

프론트

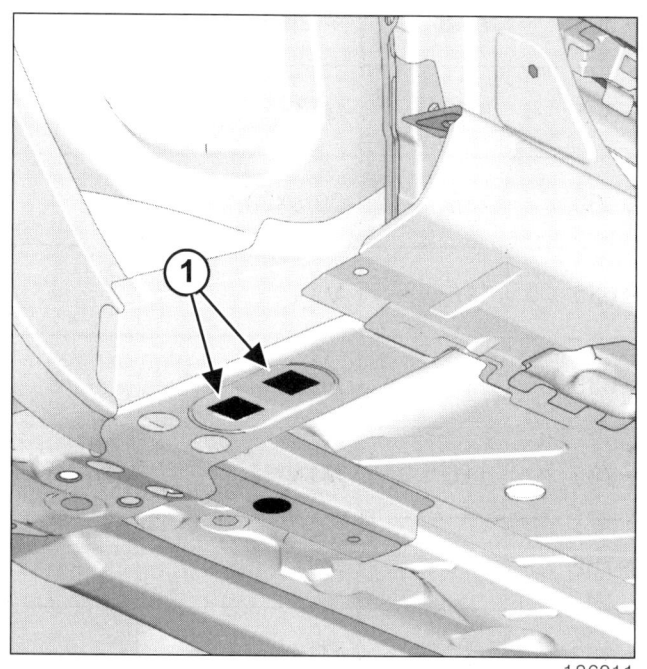

센터 플로어 프론트 사이드 크로스 멤버의 사각형 구멍 (1) 에 앵커 키트를 장착한다.

리어

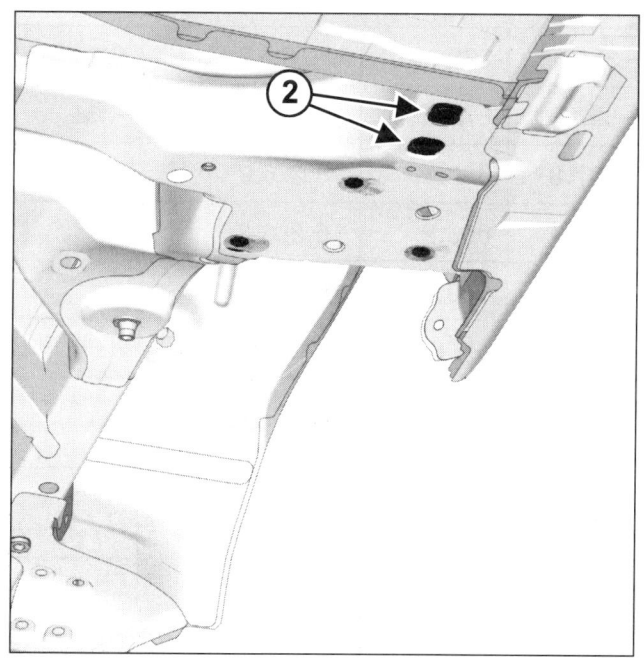

리어 사이드 크로스 멤버의 사각형 구멍 (2) 에 앵커 키트를 장착한다.

일반 사항
서브 프레임 : 제원

L38

	설명	X(mm)	Y(mm)	Z(mm)	직경 (mm)	각도
(A)	프론트 서브프레임 리어 마운팅 (메커니컬 구성품 탈거)	301	−305	77.8	Φ 26.5 / M14	
(A)	프론트 서브프레임 리어 마운팅 (메커니컬 구성품 탈거)	301	−305	6.8	M14	
(B)	리어 액슬 리더 핀 (메커니컬 구성품 탈거)	2148.2	−650	116	20.5X20.5	
(B1)	리어 액슬 마운팅 (메커니컬 구성품 탈거)	2040	−635	116	M14	
(B1)	리어 액슬 마운팅 (메커니컬 구성품 장착)	2040	−635	111	M14	
(B2)	리어 액슬 마운팅 (메커니컬 구성품 탈거)	2131	−732	116	M14	
(B2)	리어 액슬 마운팅 (메커니컬 구성품 장착)	2131	−732	111	M14	
(B3)	리어 액슬 마운팅 (메커니컬 구성품 탈거)	2169	−563	111	M14	
(C)	프론트 서브프레임 프론트 마운팅 (메커니컬 구성품 탈거)	152	−489	258	M12	
(C)	프론트 서브프레임 프론트 마운팅 (메커니컬 구성품 장착)	152	−489	199	M12	
(E)	리어 쇽업소버 어퍼 마운팅	2518	−368	238	Φ 26.5 / M14	90°
(F)	프론트 쇽업소버 어퍼 서포트	−5.7	−591.3	672.5	Φ 47	
(F1)	프론트 쇽업소버 어퍼 서포트	−62.6	−537.8	662.1	16.2x6.2	
(F2)	프론트 쇽업소버 어퍼 서포트	−62.6	−645.4	666.2	16.2x6.2	
(F3)	프론트 쇽업소버 어퍼 서포트	70.2	−592.1	650.7	16.2x6.2	
(G)	프론트 사이드 멤버 리어 리더 핀	547	−408.7	−9.8	Φ 20.5	
(Hg)	프론트 사이드 멤버 프론트 파일럿 핀 (메커니컬 구성품 탈거)	−525	−476	84.5	M14	
(Hg)	프론트 사이드 멤버 프론트 파일럿 핀 (메커니컬 구성품 장착)	−525	−476	65	M14	
(Hd)	프론트 사이드 멤버 프론트 파일럿 핀 (메커니컬 구성품 탈거)	−525	492	84.5	M14	
(Hd)	프론트 사이드 멤버 프론트 파일럿 핀 (메커니컬 구성품 장착)	−525	492	65	M14	

일반 사항
서브 프레임 : 제원

L38

	설명	X(mm)	Y(mm)	Z(mm)	직경 (mm)	각도
(Jg)	리어 사이드 멤버 리어 리더 핀	3065	-563.5	228	20.5x20.5	
(Jd)	리어 사이드 멤버 리어 리더 핀	3095	523.5	235	20.5x20.5	
(K1g)	프론트 크로스 멤버 마운팅	-552.9	-439.3	410.9	M10	90°
(K1d)	프론트 크로스 멤버 마운팅	-522.3	447.6	409	M10	90°
(K2g)	프론트 크로스 멤버 마운팅	-546.2	-535.1	276	M10	90°
(K2d)	프론트 크로스 멤버 마운팅	-546.3	533.6	276	M10	90°
(L1g)	리어 엔드 크로스 멤버 마운팅	3090.3	-911.5	294.4	M8	90°
(L1d)	리어 엔드 크로스 멤버 마운팅	3098	571	254.3	M8	90°
(L2g)	리어 엔드 크로스 멤버 마운팅	3098	-511	278.3	M8	90°
(L2d)	리어 엔드 크로스 멤버 마운팅	3098	470.7	278.4	M8	90°
(P1)	엔진 마운팅	-179	512	475.4	M10	
(P2)	엔진 마운팅	-334	480	475.4	M10	
(R)	보조 마운팅 (타이로드)	-344	544	475.1	M10	

일반 사항
서브 프레임 : 제원

40A

L38

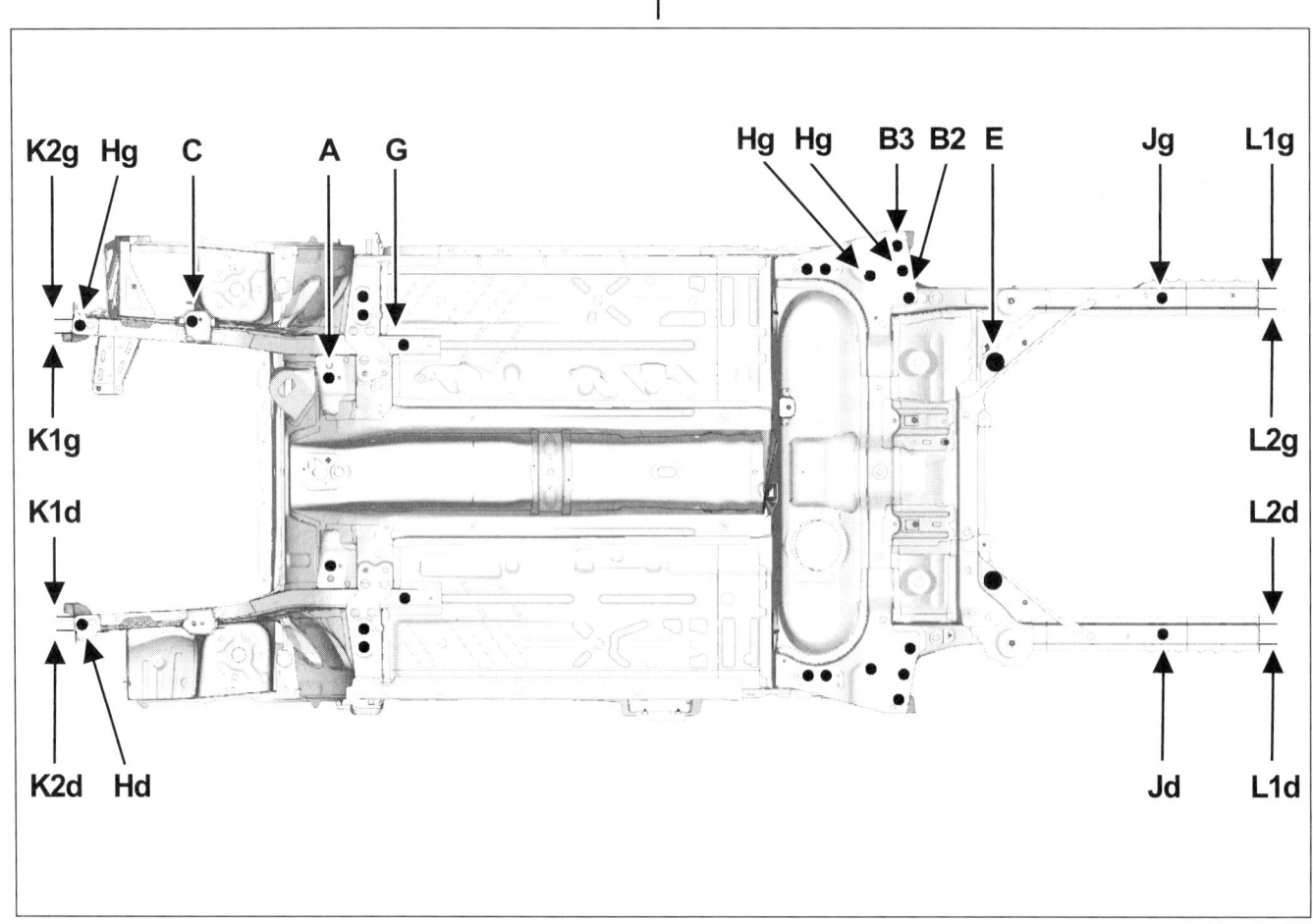

일반 사항
서브 프레임 : 제원

40A

L38

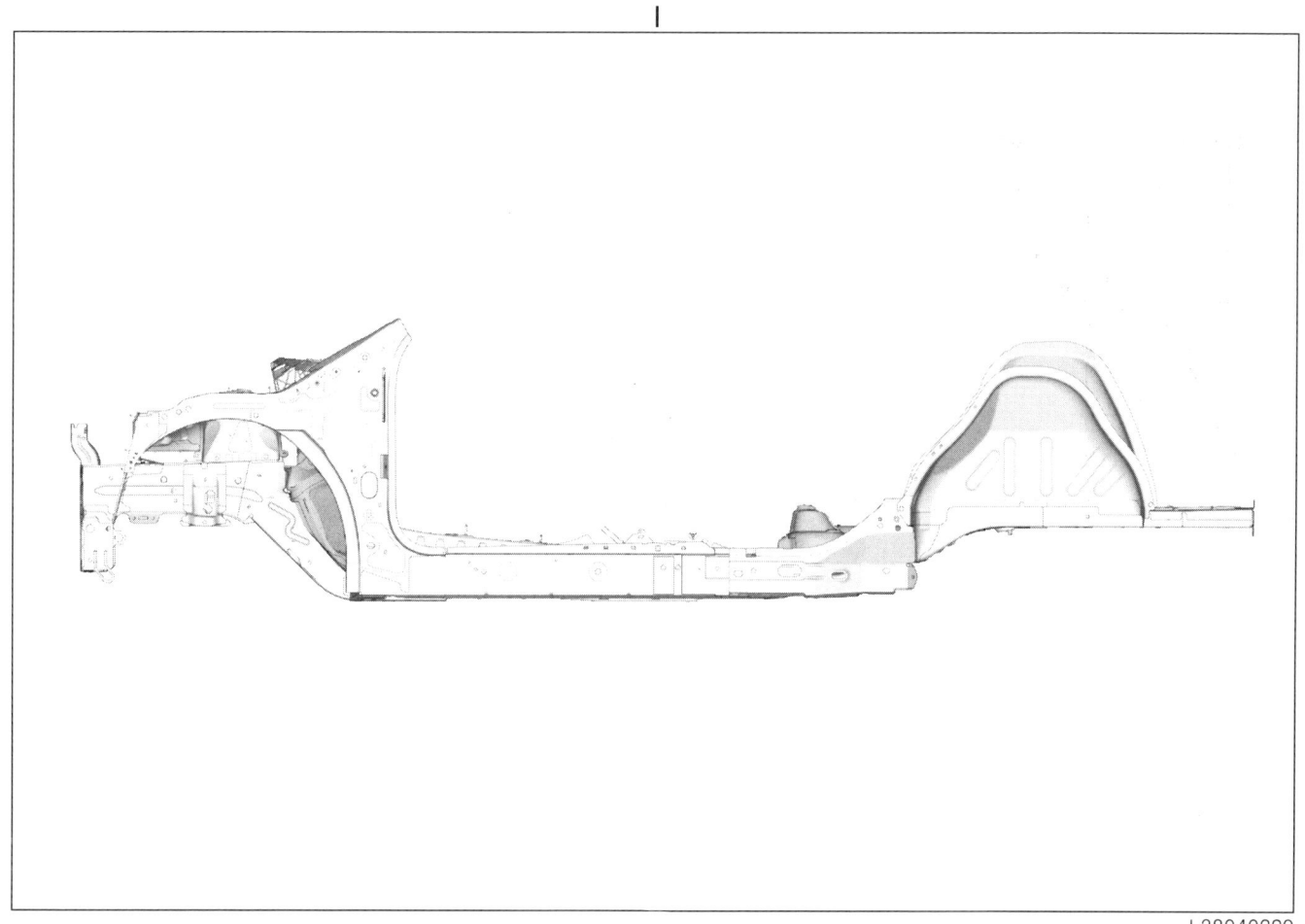

일반 사항
서브 프레임 : 제원

40A

L38

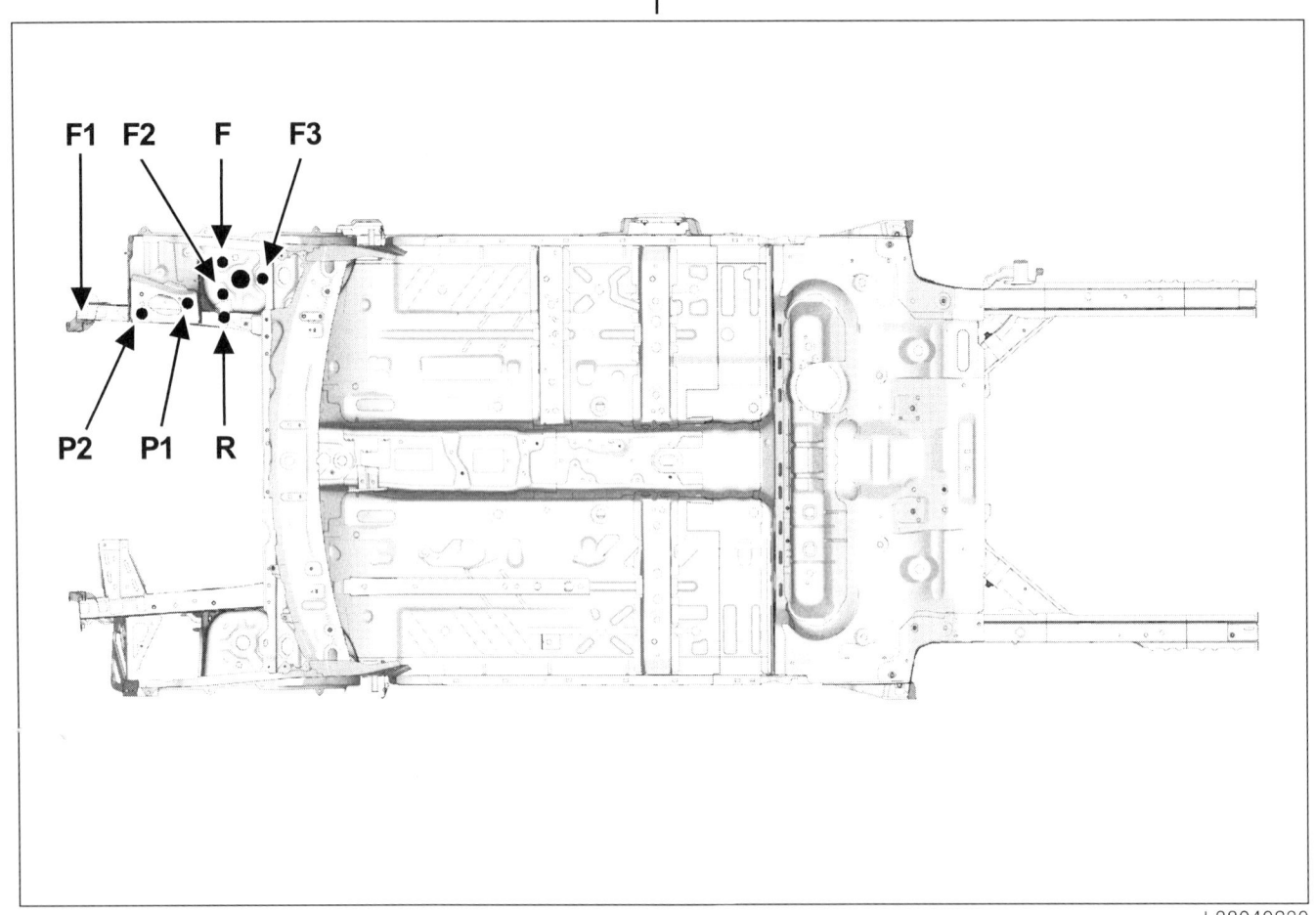

일반 사항
방음재의 위치와 관련 설명

40A

L38

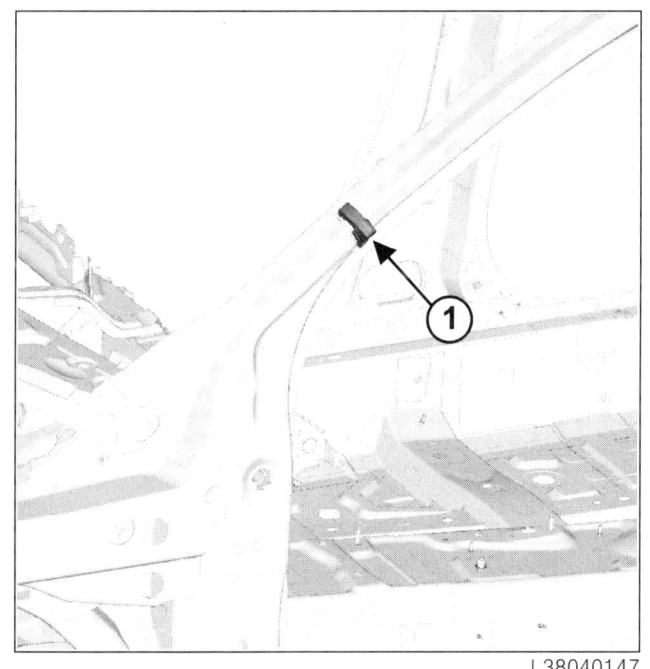

프론트 필러 인서트 (1).

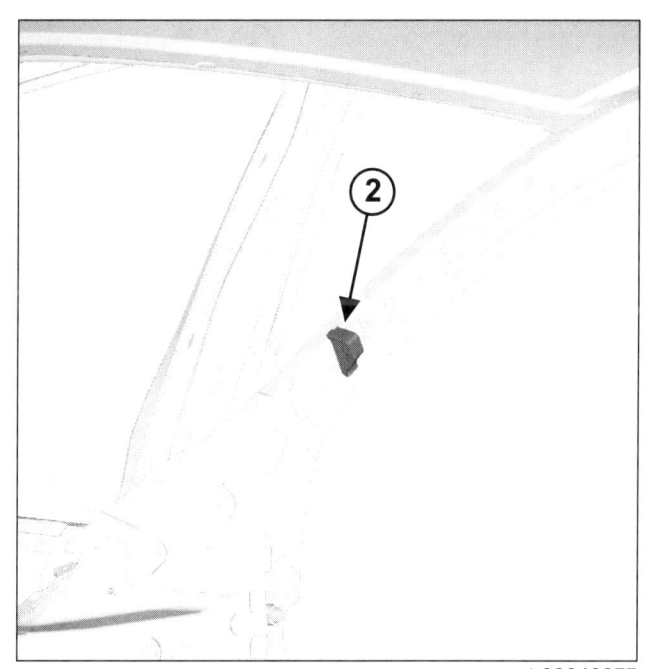

프론트 이너 어퍼 필러 (2).

일반 사항
방음재의 위치와 관련 설명

40A

L38

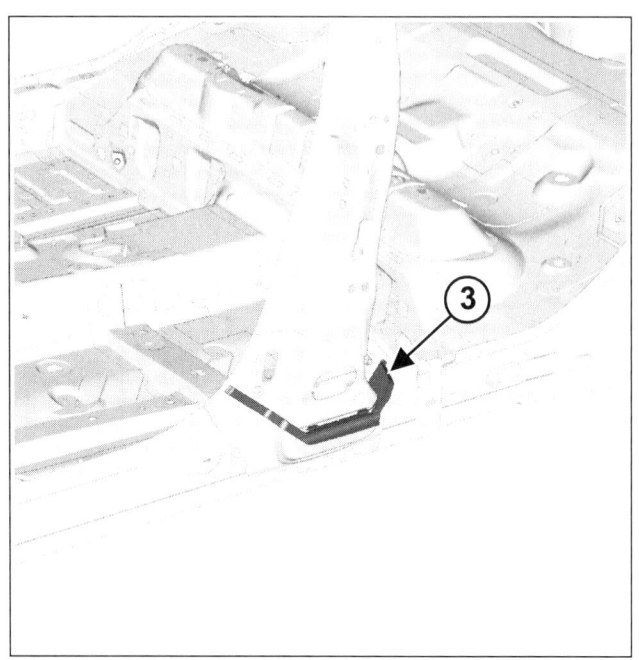

센터 필러 인서트 (3).

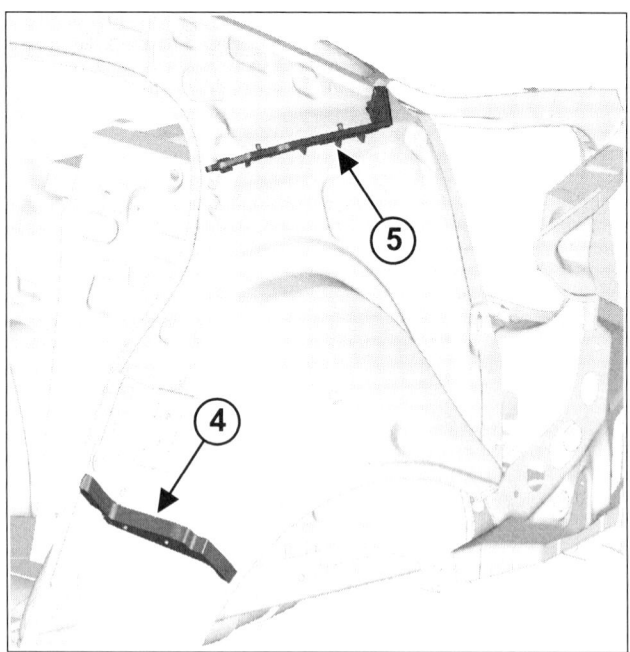

리어 휠 아치 인서트 (4).
리어 펜더 인서트 (5).

일반 사항
접지 위치 : 일반 설명

L38

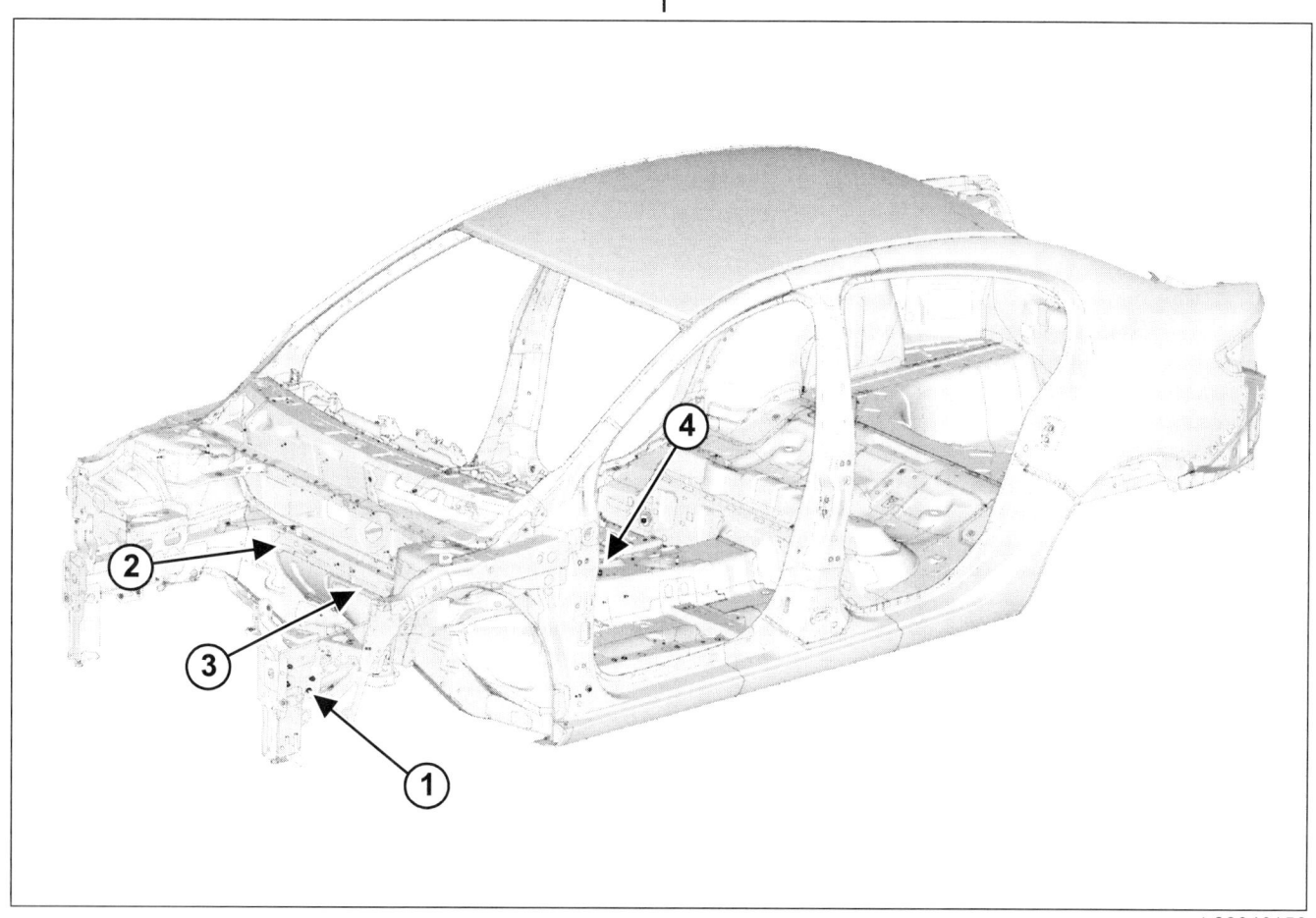

L38

I

L38040154

차량의 접지 위치 세부도

L38040155

프론트 좌측 사이드 멤버의 접지 스터드 볼트 (1).

L38040156

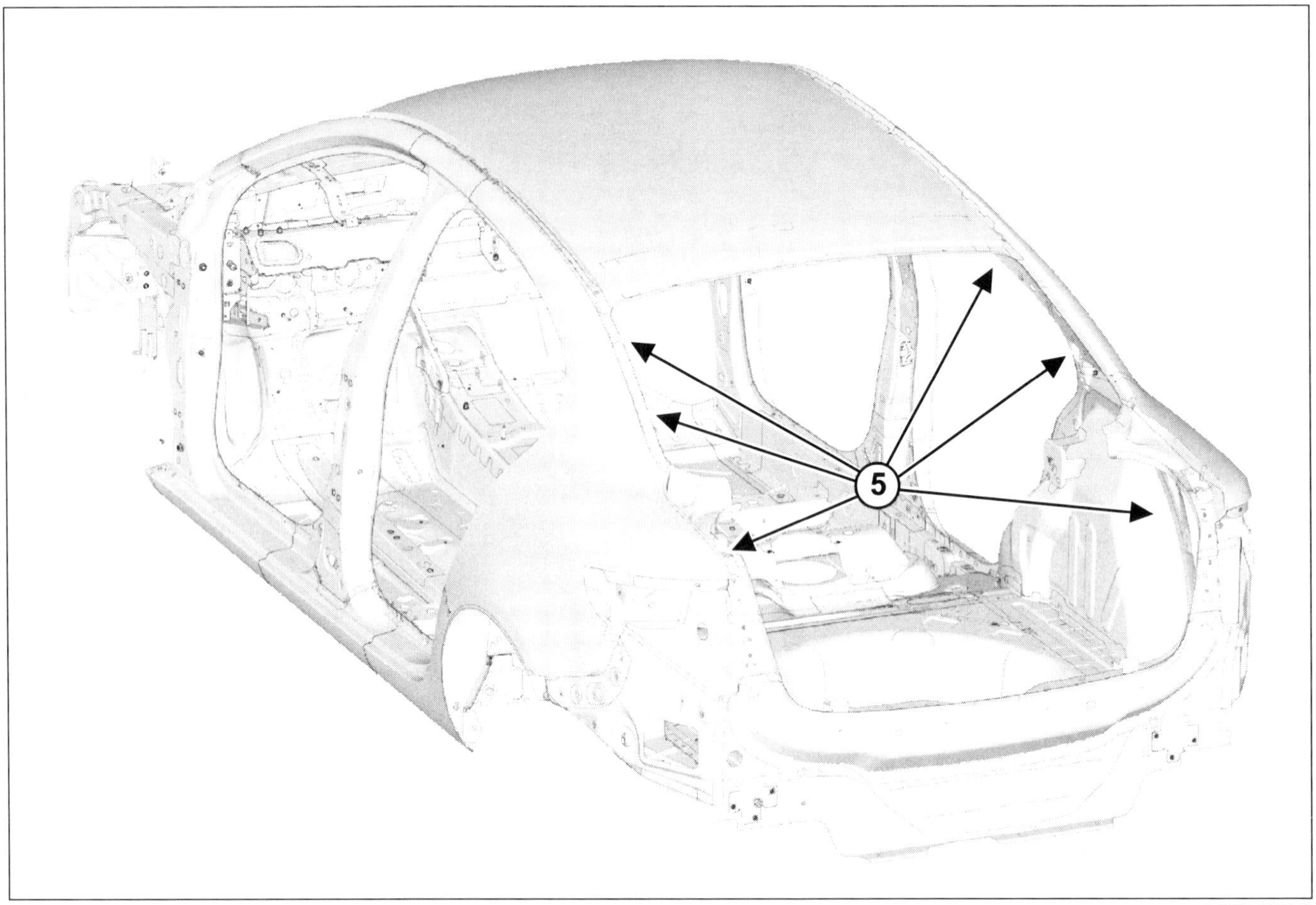

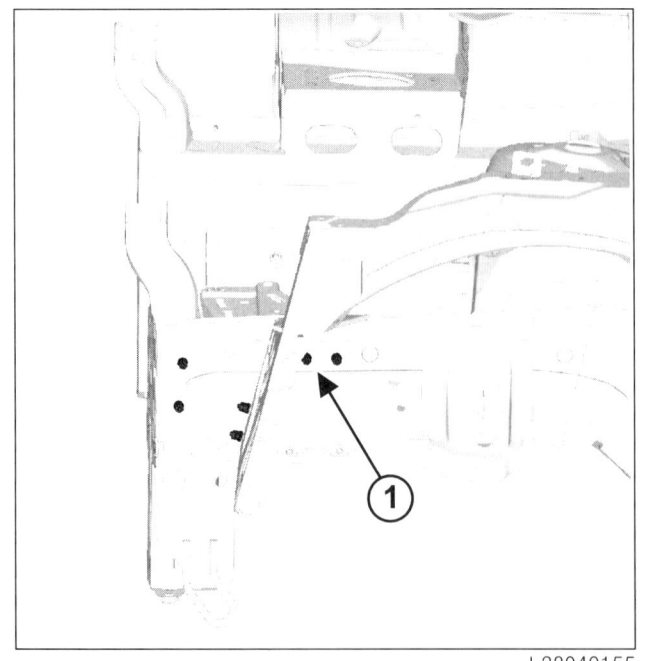

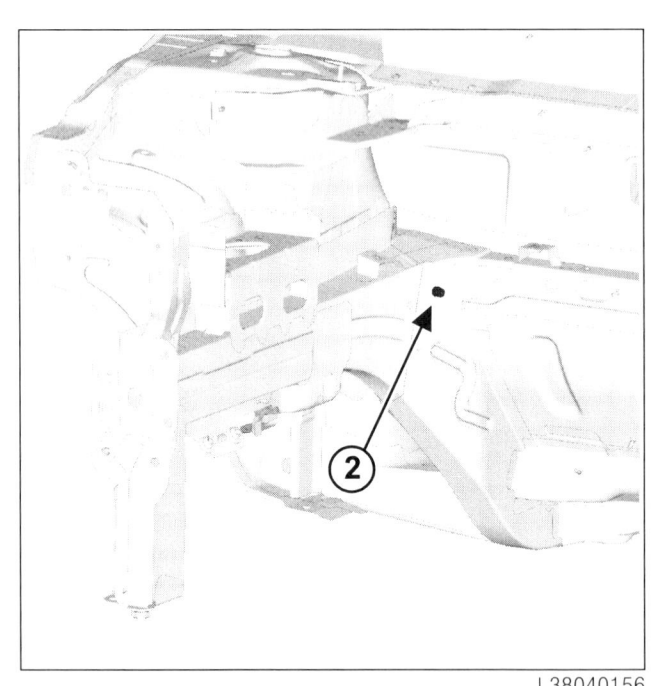

프론트 우측 사이드 멤버의 접지 스터드 볼트 (2).

일반 사항
접지 위치 : 일반 설명

40A

L38

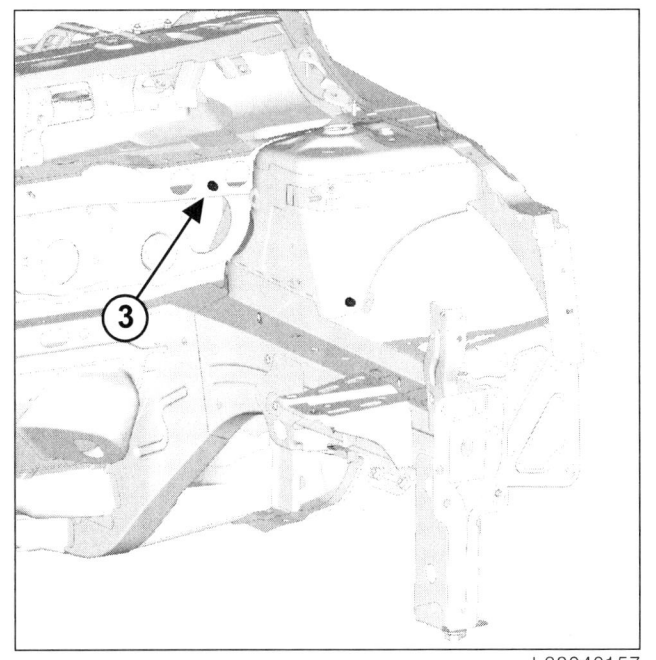

대시보드 어퍼 크로스 멤버의 접지 스터드 볼트 (3).

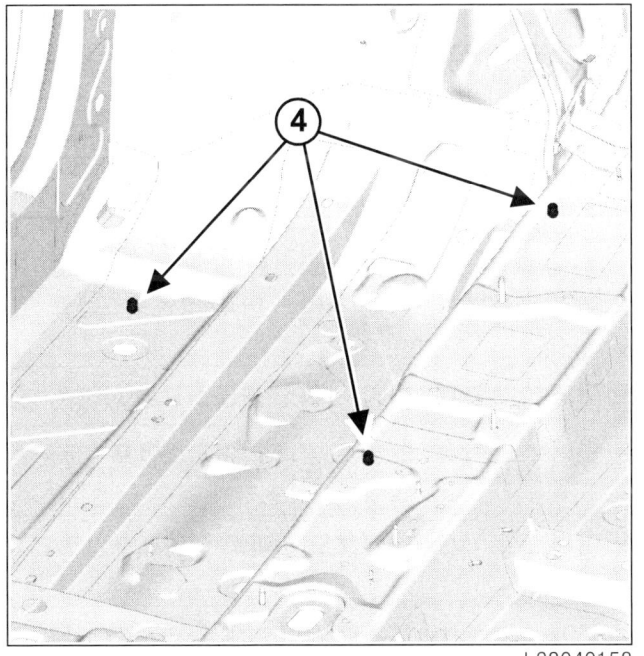

센터 플로어, 사이드 섹션 및 프론트 센터 플로어의 접지 스터드 볼트 (4).

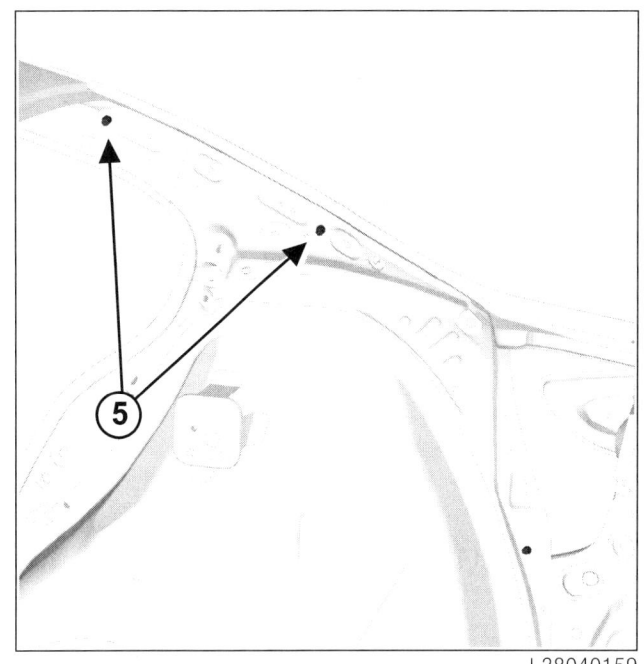

쿼터 패널 이너 패널의 접지 스터드 볼트 (5).

일반 사항
차량 앞 부분 스트럭쳐 : 일반 설명

40A

L38

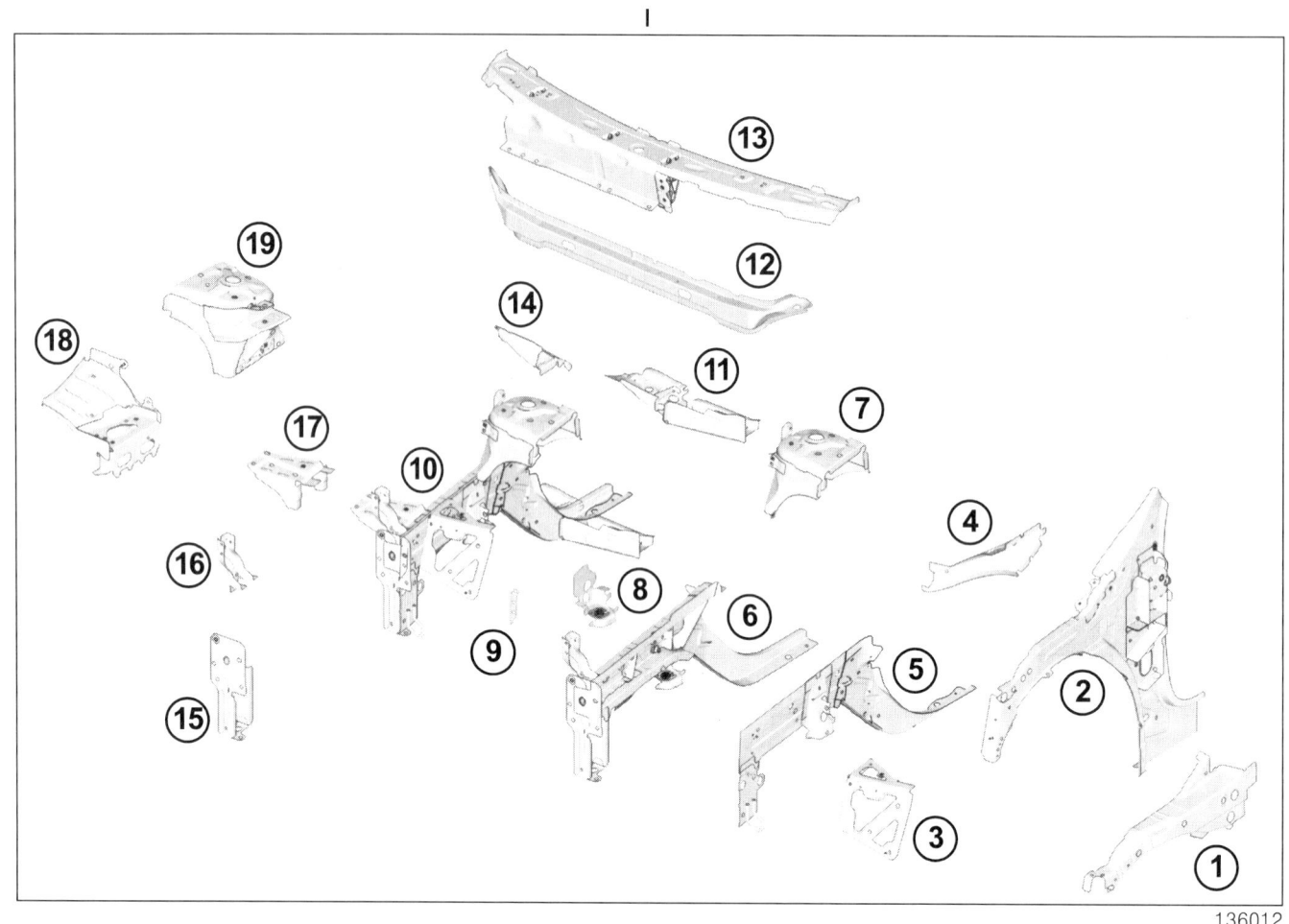

번호	설명	분류	재질	두께 (mm)
(1)	대시 사이드 어퍼 리인포스먼트	(42A, 프론트 어퍼 스트럭쳐, 대시 사이드 어퍼 리인포스먼트 : 교환 참조)		
(2)	대시 사이드 패널	(42A, 프론트 어퍼 스트럭쳐, 대시 사이드 패널 : 교환 참조)		
(3)	프론트 사이드 엔드 크로스 멤버	(41A, 프론트 로어 스트럭쳐, 프론트 범퍼 리인포스먼트 : 교환 참조)		
(4)	대시보드 사이드 스티프너	(42A, 프론트 어퍼 스트럭쳐, 대시보드 사이드 리인포스먼트 : 교환 참조)		
(5)	프론트 사이드 멤버 크로져 패널	(41A, 프론트 로어 스트럭쳐, 프론트 사이드 멤버 크로져 패널 : 교환 참조)		
(6)	프론트 사이드 멤버	(41A, 프론트 로어 스트럭쳐, 프론트 사이드 멤버 : 교환 참조)		
(7)	프론트 좌측 휠 아치	(42A, 프론트 어퍼 스트럭쳐, 프론트 스트러트 하우징 : 교환 참조)		
(8)	프론트 서브프레임 프론트 서포트	(41A, 프론트 로어 스트럭쳐, 프론트 서브프레임 마운팅 하우징 : 교환 참조)		
(9)	프론트 서브프레임 마운팅 하우징		HE620M	1.8

일반 사항
차량 앞 부분 스트럭쳐 : 일반 설명

40A

L38

번호	설명	분류	재질	두께 (mm)
(10)	프론트 하프 유닛	(41A, 프론트 로어 스트럭쳐, 프론트 하프 유닛 : 교환 참조)		
(11)	센터 플로어 프론트 사이드 크로스 멤버	(41B, 센터 로어 스트럭쳐, 센터 플로어 프론트 사이드 크로스 멤버 : 교환 참조)		
(12)	대시 크로스 멤버	(42A, 프론트 어퍼 스트럭쳐, 대시 크로스 멤버 : 교환 참조)		
(13)	윈드실드 로어 크로스 멤버	(42A, 프론트 어퍼 스트럭쳐, 윈드실드 로어 크로스 멤버 : 교환 참조)		
(14)	서브 프레임 마운팅 하우징	(41A, 프론트 로어 스트럭쳐, 서브 프레임 마운팅 하우징 : 교환 참조)		
(15)	라디에이터 크로스 멤버 서포트	(41A, 프론트 로어 스트럭쳐, 라디에이터 크로스 멤버 마운팅 : 교환 참조)		
(16)	프론트 엔드 사이드 서포트	(42A, 프론트 어퍼 스트럭쳐, 프론트 엔드 사이드 서포트 : 교환 참조)		
(17)	배터리 트레이 서포트	(41A, 프론트 로어 스트럭쳐, 배터리 트레이 마운팅 : 교환 참조)		
(18)	엔진 스탠드	(41A, 프론트 로어 스트럭쳐, 엔진 서포트 : 교환 참조)		
(19)	프론트 우측 휠 아치	(42A, 프론트 어퍼 스트럭쳐, 프론트 스트러트 하우징 : 교환 참조)		

일반 사항
차량 옆 부분 스트럭쳐 : 일반 설명

40A

L38

번호	설명	분류	재질	두께 (mm)
(1)	사이드 실 패널	(41C, 사이드 로어 스트럭쳐, 사이드 실 패널 : 교환 참조)		
(2)	바디 사이드 프론트 섹션	(43A, 사이드 어퍼 스트럭쳐, 바디 사이드 프론트 섹션 : 교환 참조)		
(3)	B- 필러 리인포스먼트	(43A, 사이드 어퍼 스트럭쳐, B- 필러 리인포스먼트 : 교환 참조)		
(4)	센터 필러 가니쉬	(43A, 사이드 어퍼 스트럭쳐, 센터 필러 가니쉬 : 교환 참조)		
(5)	사이드 실 패널 리인포스먼트, 프론트 섹션	(41C, 사이드 로어 스트럭쳐, 사이드 실 패널 리인포스먼트, 프론트 섹션 : 교환 참조)		
(6)	바디 사이드 프론트 크로싱 멤버	(41C, 사이드 로어 스트럭쳐, 바디 사이드 프론트 크로싱 멤버 : 교환 참조)		
(7)	프론트 이너 어퍼 필러	(43A, 사이드 어퍼 스트럭쳐, 프론트 이너 어퍼 필러 : 교환 참조)		
(8)	프론트 필러 가니쉬	(43A, 사이드 어퍼 스트럭쳐, 프론트 필러 가니쉬 : 교환 참조)		
(9)	프론트 필러 리인포스먼트	(43A, 사이드 어퍼 스트럭쳐, A- 필러 리인포스먼트 : 교환 참조)		

일반 사항
차량 옆 부분 스트럭쳐 : 일반 설명

| L38 | | | | |

번호	설명	분류	재질	두께 (mm)
(10)	루프의 뒷 부분	(45A, 바디 어퍼 스트럭쳐, 루프의 뒷 부분 : 교환 참조)		
(11)	루프 리어 크로스 멤버	(45A, 바디 어퍼 스트럭쳐, 루프 리어 크로스 멤버 : 교환 참조)		
(12)	루프 센터 크로스 멤버	(45A, 바디 어퍼 스트럭쳐, 루프 센터 크로스 멤버 : 교환 참조)		
(13)	루프의 앞 부분	(45A, 바디 어퍼 스트럭쳐, 루프의 앞 부분 : 교환 참조)		
(14)	루프 프론트 크로스 멤버	(45A, 바디 어퍼 스트럭쳐, 루프 프론트 크로스 멤버 : 교환 참조)		
(15)	루프	(45A, 바디 어퍼 스트럭쳐, 루프 : 교환 참조)		

일반 사항
차량 중앙 부분 스트럭쳐 : 일반 설명

40A

L38

번호	설명	분류	재질	두께 (mm)
(1)	실 패널 리인포스먼트	(41C, 사이드 로어 스트럭쳐, 실 패널 리인포스먼트 : 교환 참조)		
(2)	이너 실 리어 섹션	(41C, 사이드 로어 스트럭쳐, 이너 실 리어 섹션 : 교환 참조)		
(3)	센터 플로어, 사이드 섹션	(41B, 센터 로어 스트럭쳐, 센터 플로어 사이드 섹션 : 교환 참조)		
(4)	시트 마운팅 사이드 리인포스먼트	(41D, 리어 로어 스트럭쳐, 리어 플로어 프론트 섹션 : 교환 참조)		
(5)	리어 플로어 프론트 크로스 멤버, 센터 섹션	(41D, 리어 로어 스트럭쳐, 리어 플로어 프론트 크로스 멤버 센터 섹션 : 교환 참조)		
(6)	리어 플로어 프론트 섹션	(41D, 리어 로어 스트럭쳐, 리어 플로어 프론트 섹션 : 교환 참조)		
(7)	슬리브 스톱 서포트	(41D, 리어 로어 스트럭쳐, 리어 플로어 프론트 섹션 : 교환 참조)		
(8)	리어 플로어 사이드 크로스 멤버	(41B, 센터 로어 스트럭쳐, 리어 플로어 사이드 크로스 멤버 : 교환 참조)		
(9)	프론트 시트 언더 프론트 크로스 멤버	(41B, 센터 로어 스트럭쳐, 프론트 시트 언더 프론트 크로스 멤버 : 교환 참조)		

일반 사항
차량 중앙 부분 스트럭쳐 : 일반 설명

40A

L38

번호	설명	분류	재질	두께 (mm)
(10)	센터 사이드 멤버	(41B, 센터 로어 스트럭쳐, 센터 사이드 멤버 : 교환 참조)		
(11)	탑승석 리테이닝 크로스 멤버	(41D, 리어 로어 스트럭쳐, 탑승석 리테이닝 크로스 멤버 : 교환 참조)		
(12)	리어 액슬 크로스 멤버	(41D, 리어 로어 스트럭쳐, 리어 액슬 크로스 멤버 : 교환 참조)		

일반 사항
차량 뒷 부분 스트럭쳐 : 일반 설명

40A

L38

번호	설명	분류	재질	두께 (mm)
(1)	리어 펜더	(44A, 리어 어퍼 스트럭쳐, 리어 펜더 : 교환 참조)		
(2)	쿼터 패널 이너 패널	(44A, 리어 어퍼 스트럭쳐, 쿼터 패널 이너 패널 : 교환 참조)		
(3)	리어 루프 드립 몰딩 라이닝	(44A, 리어 어퍼 스트럭쳐, 리어 루프 드립 몰딩 라이닝 : 교환 참조)		
(4)	리어 에이프런 패널 어셈블리	(44A, 리어 어퍼 스트럭쳐, 리어 에이프런 패널 어셈블리 : 교환 참조)		
(5)	리어 사이드 멤버	(41D, 리어 로어 스트럭쳐, 리어 사이드 멤버 : 교환 참조)		
(6)	이너 리어 휠 아치	(44A, 리어 어퍼 스트럭쳐, 이너 리어 휠 아치 참조)		
(7)	리어 사이드 멤버 어셈블리	(41D, 리어 로어 스트럭쳐, 리어 사이드 멤버 어셈블리 : 교환 참조)		
(8)	센트럴 리어 크로스 멤버	(41D, 리어 로어 스트럭쳐, 센트럴 리어 크로스 멤버 : 교환 참조)		

일반 사항
탈거 가능한 스트럭쳐 : 일반 설명

40A

L38

번호	설명	분류	재질
(1)	라디에이터 마운팅 크로스 멤버	(41A, 프론트 로어 스트럭쳐, 라디에이터 서포트 크로스 멤버 : 탈거 – 장착 참조)	스틸
(2)	프론트 범퍼 리인포스먼트	(41A, 프론트 로어 스트럭쳐, 프론트 범퍼 리인포스먼트 : 탈거 – 장착 참조)	스틸
(3)	프론트 엔드 패널	(42A, 프론트 어퍼 스트럭쳐, 어퍼 프론트 엔드 크로스 멤버 : 탈거 – 장착 참조)	폴리프로필렌
(4)	후드	(48A, 사이드 도어 이외 패널, 후드 : 탈거 – 장착 참조)	스틸
(5)	콕핏 크로스 멤버	(42A, 프론트 어퍼 스트럭쳐, 콕핏 크로스 멤버 : 탈거 – 장착 참조)	스틸
(6)	프론트 펜더	(42A, 프론트 어퍼 스트럭쳐, 프론트 펜더 : 탈거 – 장착 참조)	스틸
(7)	프론트 사이드 도어	(47A, 사이드 도어 패널, 프론트 사이드 도어 : 탈거 – 장착 참조)	스틸
(8)	리어 사이드 도어	(47A, 사이드 도어 패널, 리어 사이드 도어 : 탈거 – 장착 참조)	스틸
(9)	트렁크 리드	(48A, 사이드 도어 이외 패널, 트렁크 리드 : 탈거 – 장착 참조)	스틸

일반 사항
지그 장착 시 스트럭쳐에 장착할 위치 : 일반 설명

L38

I - 지그 벤치를 사용해야 하는 부품

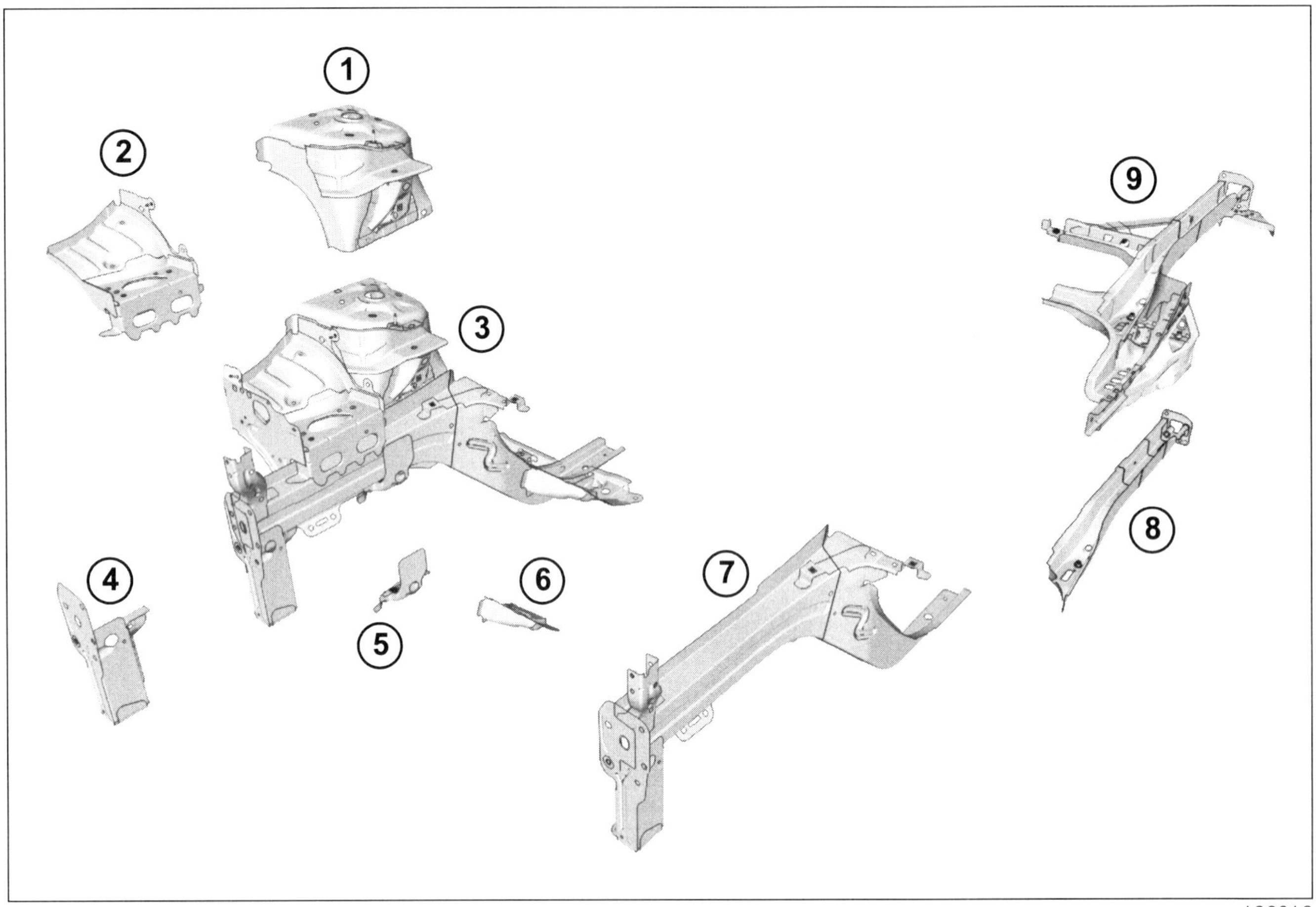

- (1) 프론트 휠 아치
- (2) 엔진 스탠드
- (3) 프론트 하프 유닛
- (4) 라디에이터 크로스 멤버 서포트
- (5) 프론트 서브프레임 프론트 마운팅 유닛
- (6) 프론트 서브프레임 리어 마운팅 유닛
- (7) 프론트 사이드 멤버
- (8) 리어 사이드 멤버
- (9) 리어 사이드 멤버 어셈블리

일반 사항
지그 장착 시 스트럭쳐에 장착할 위치 : 일반 설명

40A

L38

II - 교환할 부품을 위치시키는 참조 위치

1 - 프론트 쇽업소버 어퍼 마운팅

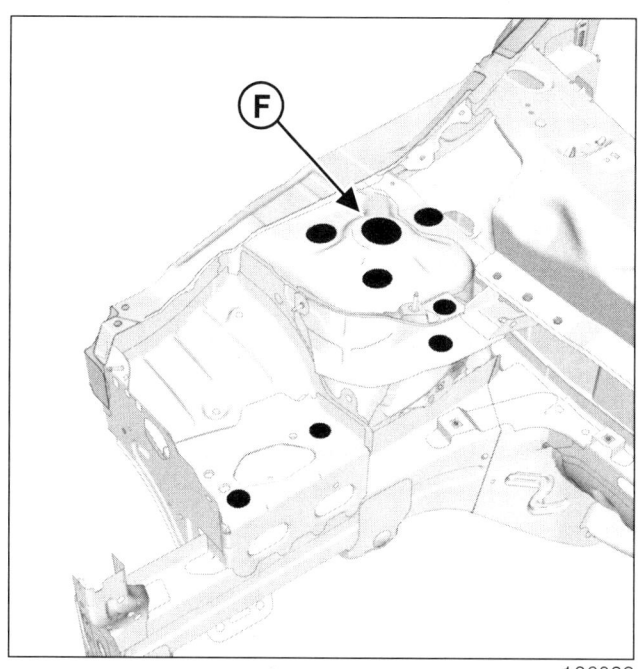

지그는 쇽업소버 컵 아래에 위치시키고, 쇽업소버 컵에 있는 구멍 (F) 을 통해 센터를 맞춘다.

이 위치는 다음의 메커니컬 구성품을 교환하기 위해 탈거한 경우에 사용된다.

- 프론트 휠 아치
- 프론트 하프 유닛

이 위치는 지그를 이용한 교정 작업에도 사용된다.

경고

이 포인트들은 올바른 액슬 어셈블리의 위치를 파악하는데도 사용된다.

2 - 프론트 사이드 멤버의 끝단

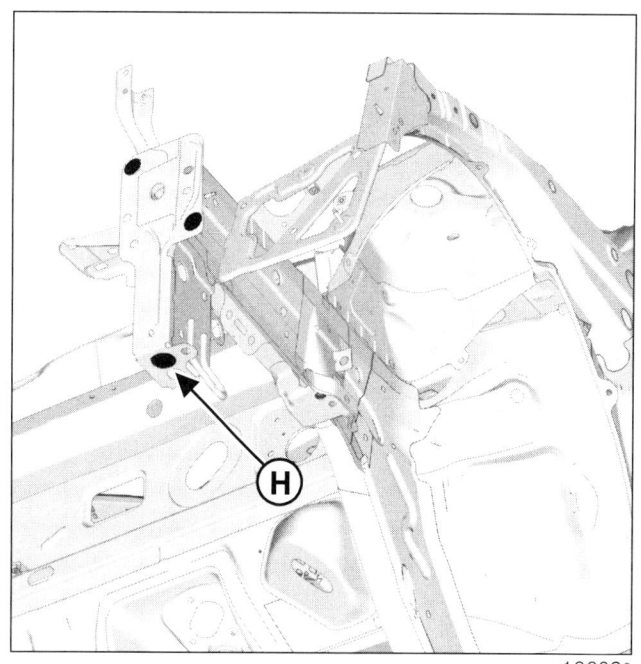

지그는 프론트 사이드 멤버 아래에 위치시키고, 라디에이터 크로스 멤버 서포트의 나사 구멍 (H) 을 통해 센터를 맞춘다.

이 위치는 다음의 메커니컬 구성품을 교환하기 위해 탈거한 경우에 사용된다.

- 프론트 사이드 멤버
- 프론트 하프 유닛
- 라디에이터 크로스 멤버 서포트

이 위치는 지그를 이용한 교정 작업에도 사용된다.

일반 사항
지그 장착 시 스트럭쳐에 장착할 위치 : 일반 설명

40A

L38

3 - 프론트 임팩트 크로스 멤버 마운팅

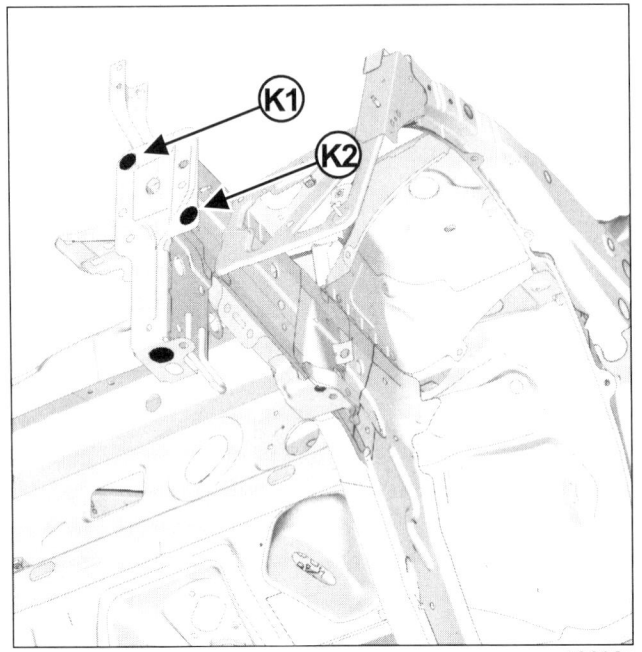

지그는 라디에이터 크로스 멤버 서포트에 대해 수직으로 위치시키고, 프론트 임팩트 크로스 멤버의 나사 마운팅 구멍 (K1) 및 (K2) 를 통해 센터를 맞춘다.

이 위치는 다음의 메커니컬 구성품을 교환하기 위해 탈거한 경우에 사용된다.

- 프론트 사이드 멤버
- 프론트 하프 유닛
- 라디에이터 크로스 멤버 서포트

4 - 엔진 마운팅

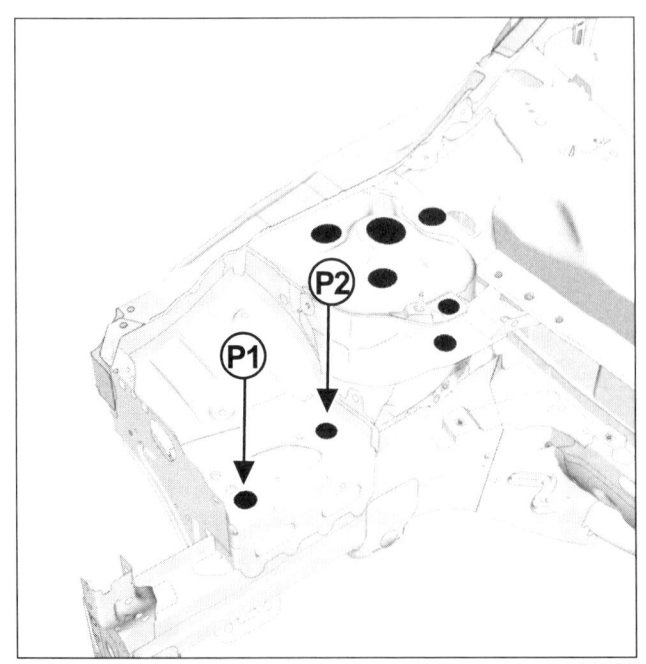

지그는 엔진 마운팅에 위치시키고 엔진 마운팅의 나사 구멍 (P1) 및 (P2) 를 통해 센터를 맞춘다.

이 위치는 다음의 메커니컬 구성품을 교환하기 위해 탈거한 경우에 사용된다.

- 엔진 마운팅
- 프론트 하프 유닛

5 - 프론트 서브프레임 프론트 마운팅

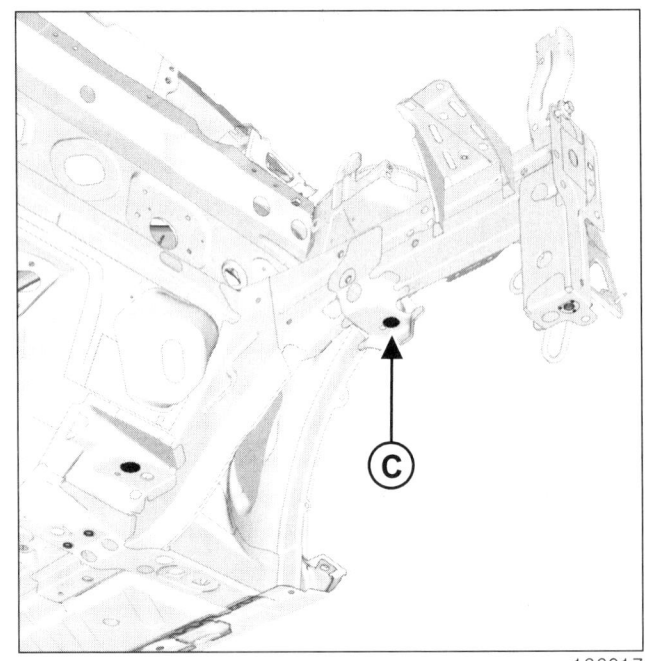

지그는 프론트 서브프레임 샌드의 프론트 마운팅 유닛 바로 아래에 장착되며 프론트 서브프레임 마운팅의 나사 구멍 (C) 을 통해 센터를 맞춘다.

이 위치는 다음의 메커니컬 구성품을 교환하기 위해 탈거한 경우에 사용된다.

- 프론트 사이드 멤버
- 프론트 하프 유닛

> **경고**
>
> 이 포인트들은 올바른 액슬 어셈블리의 위치를 파악하는데도 사용된다.

일반 사항
지그 장착 시 스트럭쳐에 장착할 위치 : 일반 설명

L38

6 - 서브프레임 리어 마운팅

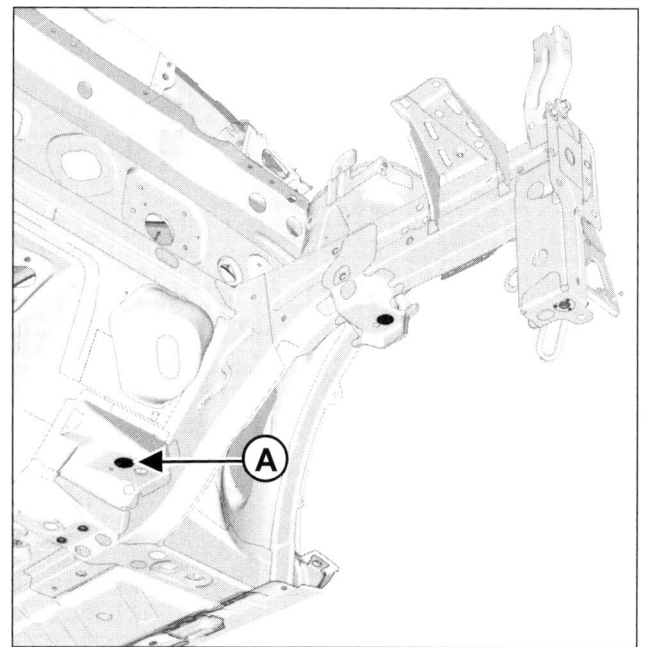

지그는 프론트 서브프레임 리어 마운팅 유닛에 위치시키고 구멍 (A) 을 통해 센터를 맞춘다.

이 위치는 다음의 메커니컬 구성품을 교환하기 위해 탈거한 경우에 사용된다.

- 프론트 서브프레임 리어 마운팅 유닛

경고
이 포인트들은 올바른 액슬 어셈블리의 위치를 파악하는데도 사용된다.

7 - 리어 쇽업소버 마운팅

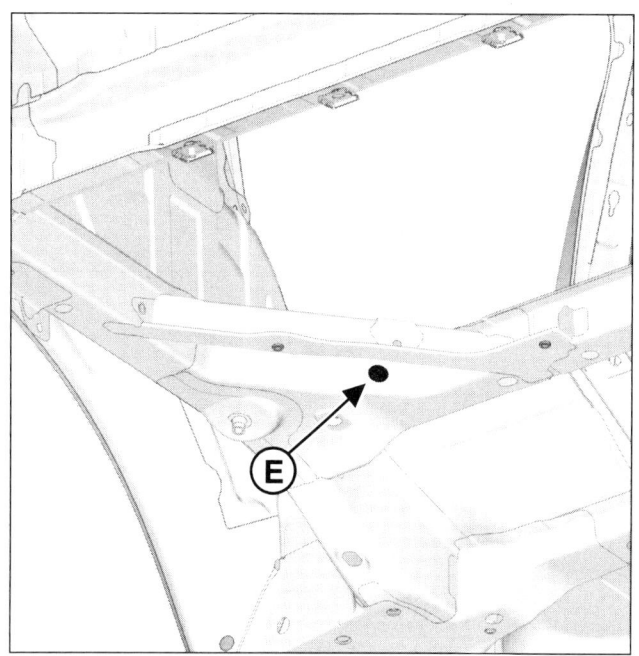

지그는 쇽업소버 샤프트 (E) 내부에 센터를 맞춰 장착한다.

이 위치는 다음의 메커니컬 구성품을 교환하기 위해 탈거한 경우에 사용된다.

- 리어 사이드 멤버 어셈블리

8 - 리어 사이드 멤버의 엔드

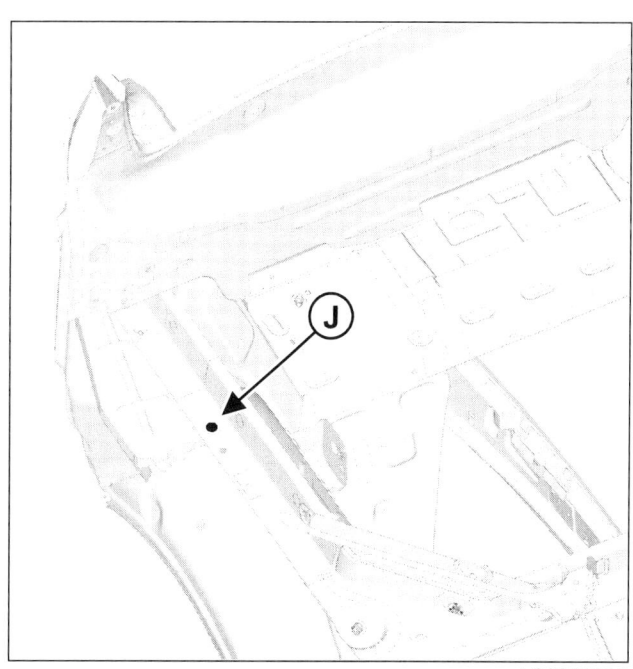

지그는 리어 사이드 멤버 아래에 위치시키고, 가이드 구멍 (J) 을 통해 센터를 맞춘다.

일반 사항
지그 장착 시 스트럭쳐에 장착할 위치 : 일반 설명

40A

L38

이 위치는 다음의 메커니컬 구성품을 교환하기 위해 탈거한 경우에 사용된다 .

- 리어 사이드 멤버
- 리어 사이드 멤버 어셈블리

이 위치는 지그를 이용한 교정 작업에도 사용된다 .

9 – 리어 임팩트 크로스 멤버 마운팅

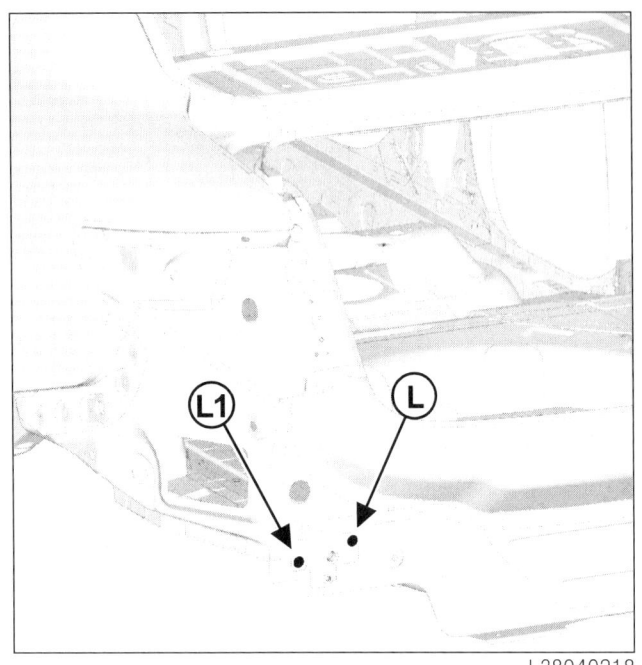

지그는 리어 엔드 패널의 사이드 라이닝에 대해 수직으로 위치시키고 , 리어 임팩트 크로스 멤버 마운팅 스터드 (L) 및 (L1) 을 통해 센터를 맞춘다 .

이 위치는 다음의 부품의 교환 시에도 사용된다 .

- 리어 사이드 멤버
- 리어 사이드 멤버 어셈블리

10 – 리어 액슬 마운팅

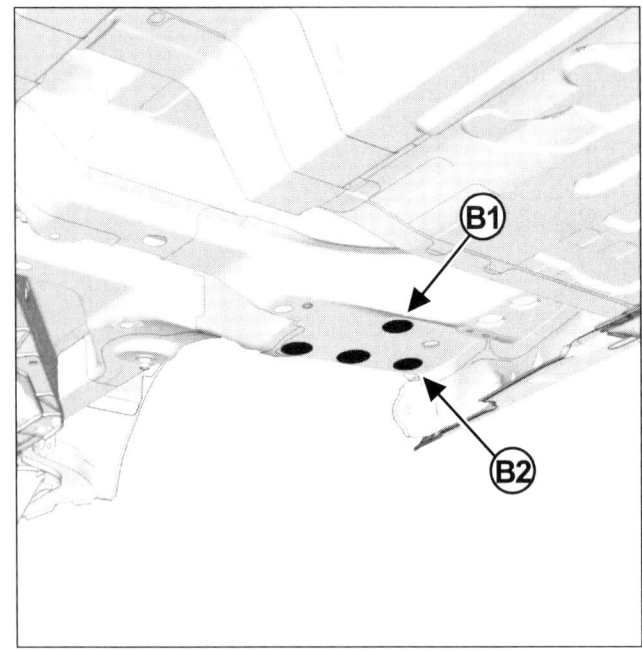

지그는 리어 액슬 마운팅 유닛 아래에 위치시키고 ,

리어 액슬 베어링 마운팅의 나사 구멍 (B1) 및 (B2) 를 통해 센터를 맞춘다 .

이 위치는 다음의 메커니컬 구성품을 교환하기 위해 탈거한 경우에 사용된다 .

- 리어 사이드 멤버 어셈블리

경고

이 포인트들은 올바른 액슬 어셈블리의 위치를 파악하는데도 사용된다 .

프론트 로어 스트럭쳐
프론트 엔드 사이드 크로스 멤버 : 교환

41A

L38

I - 서비스 부품의 구성

1 - 우측

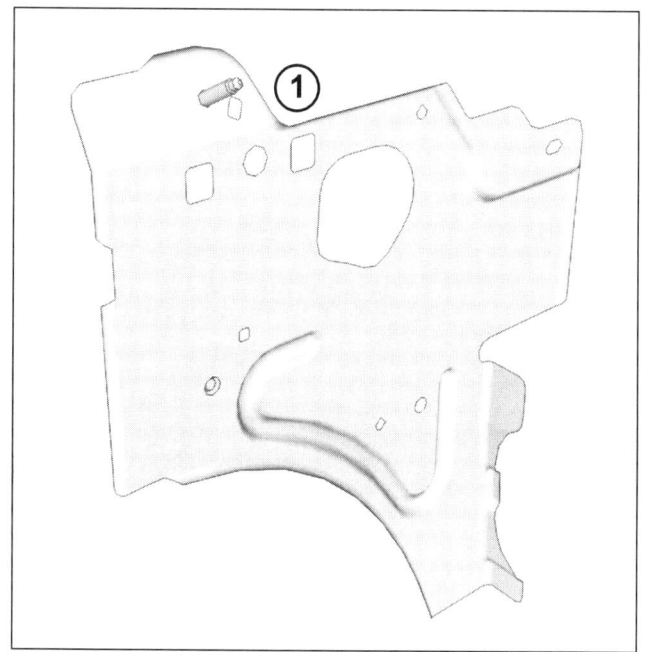

번호	설명	재질	두께 (mm)
(1)	엔진 사이드 파워 트레인 프론트 파트 서포트	XE280P	1.5

2 - 좌측

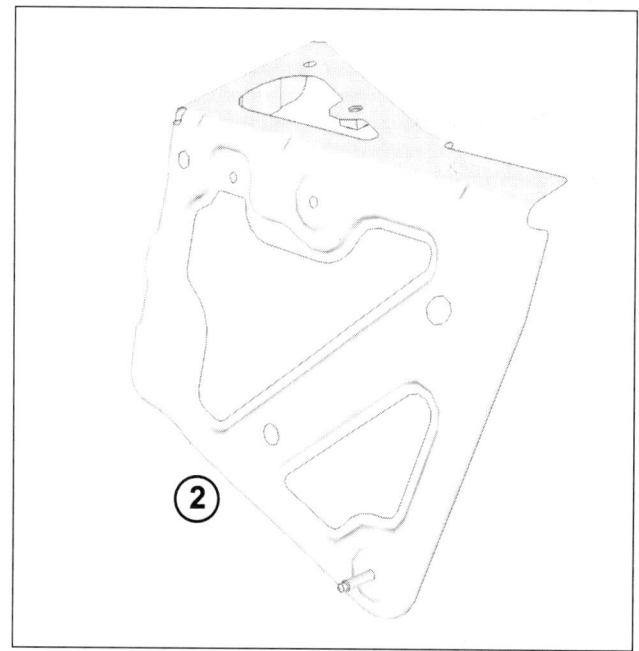

번호	설명	재질	두께 (mm)
(2)	프론트 이너 필러 커넥션 및 프론트 좌측 사이드 멤버	SPCC	1

프론트 로어 스트럭쳐
프론트 엔드 사이드 크로스 멤버 : 교환

41A

L38

II - 교환 작업

부품 교환 방법 :

- 전체 교환

1 - 좌측 전체 교환

부품의 장착 위치

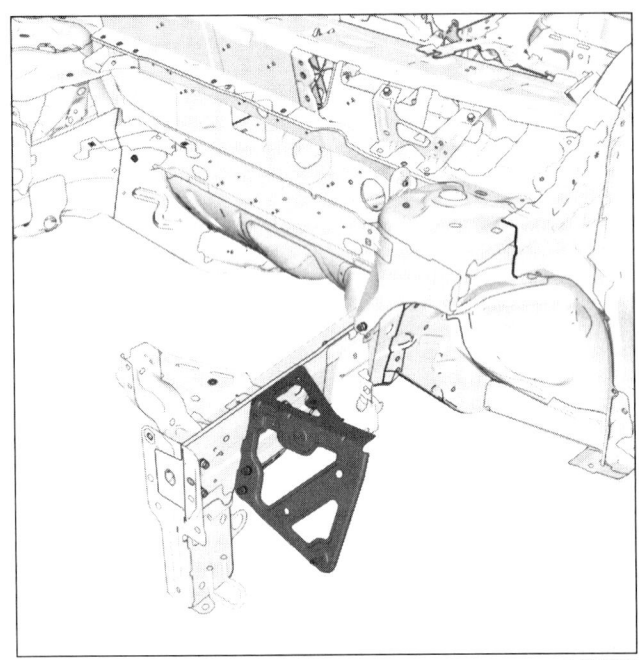

136092

2 - 우측 전체 교환

부품의 장착 위치

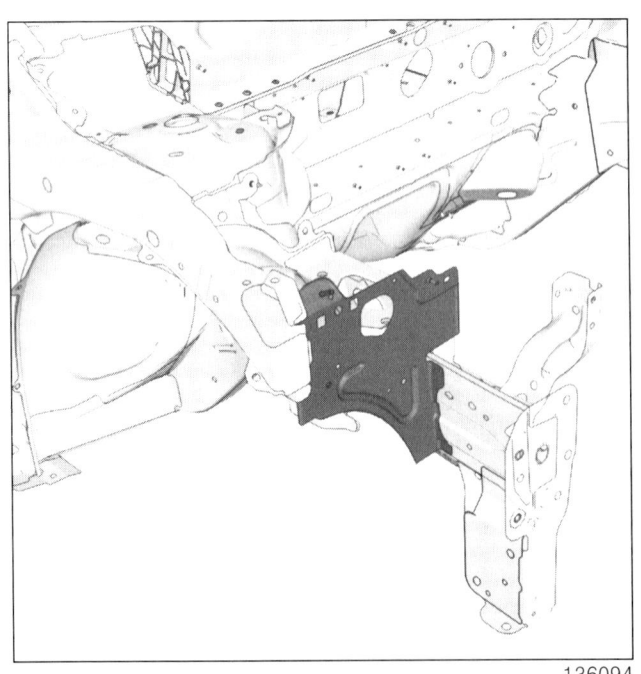

136094

프론트 로어 스트럭쳐
라디에이터 크로스 멤버 마운팅 : 교환

41A

L38

I - 서비스 부품의 구성

좌측

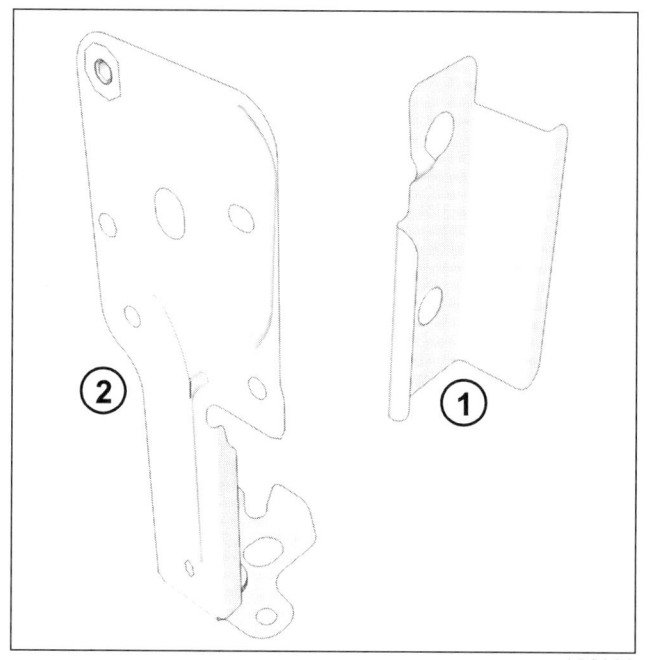

136088

번호	설명	재질	두께 (mm)
(1)	프론트 좌측유닛용 보조마운팅 / 프론트 좌측 서브프레임 마운팅 하우징	XE280P	1.2
(2)	프론트 좌측사이드 멤버연결플레이트 / 프론트 좌측 사이드 멤버 하우징 연결 플레이트	APFH540	3

II - 교환 작업

부품 교환 방법 :

- 전체 교환

우측

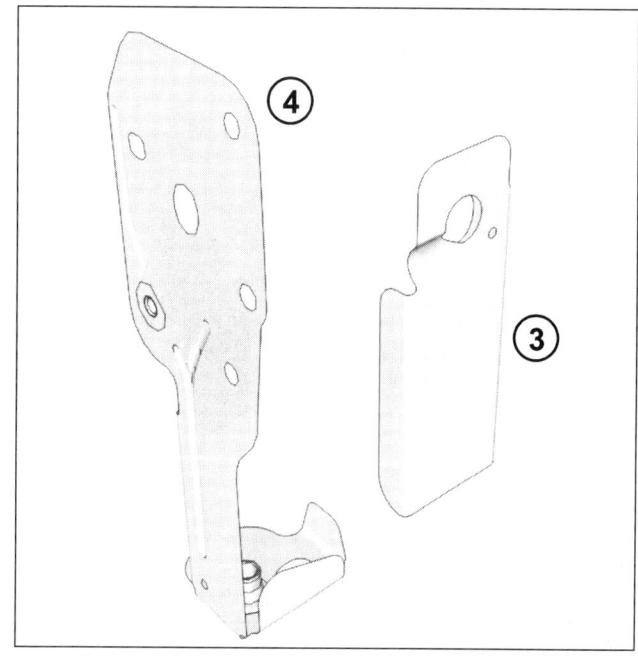

L38040267

번호	설명	재질	두께 (mm)
(3)	보조 마운팅프론트 유닛 / 프론트 우측 사이드 멤버 하우징 연결 플레이트	XE280P	1.2
(4)	프론트 우측사이드 멤버연결플레이트 / 프론트 우측 사이드 멤버 하우징 연결 플레이트	APFH540	3

III - 교환 작업

부품 교환 방법 :

- 전체 교환

> **경고**
>
> 지그 벤치를 사용하여 포인트 및 액슬 어셈블리의 정확한 위치를 지정한다.

프론트 로어 스트럭쳐
라디에이터 크로스 멤버 마운팅 : 교환

41A

L38

a – 부품의 장착 위치

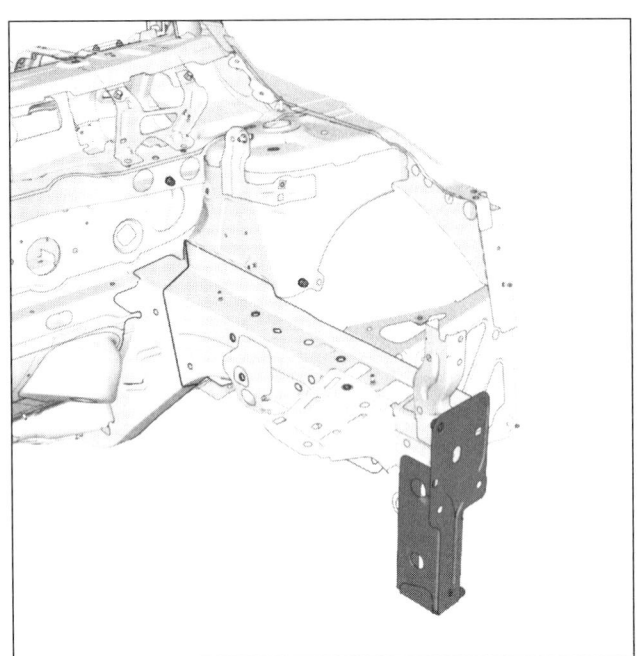
136759

b – 전기 접지의 위치

> **주의**
>
> 차량의 전기 및 전자 구성부품 손상을 방지하기 위해 용접 부위 근처에 있는 와이어링 하네스의 접지를 분리해야 한다.
>
> 용접기의 접지는 용접 부위에서 최대한 가까운 위치에 있어야 한다 (MR 400 차체 구조 수리 매뉴얼, 40H, 볼트 결합, 접지를 위한 볼트 결합: 장착 참조).

용접 부위 근처의 접지를 찾는다 (40A, 일반 정보, 접지 위치 : 일반 설명 참조).

c – 용접 작업에 대한 설명

> **주의**
>
> 용접할 부품의 접촉면에 접근할 수 없는 경우 스폿 용접 (전기 저항 용접) 대신 플러그 용접 (아크 용접) 을 사용한다 (MR 400 차체 구조 수리 매뉴얼, 40C, 가스 메탈 아크 용접 결합, 가스 쉴드 아크 용접 비드 조인트 : 설명 참조).

프론트 로어 스트럭쳐
프론트 사이드 멤버 : 교환

41A

L38

I - 서비스 부품의 구성

1 - 우측

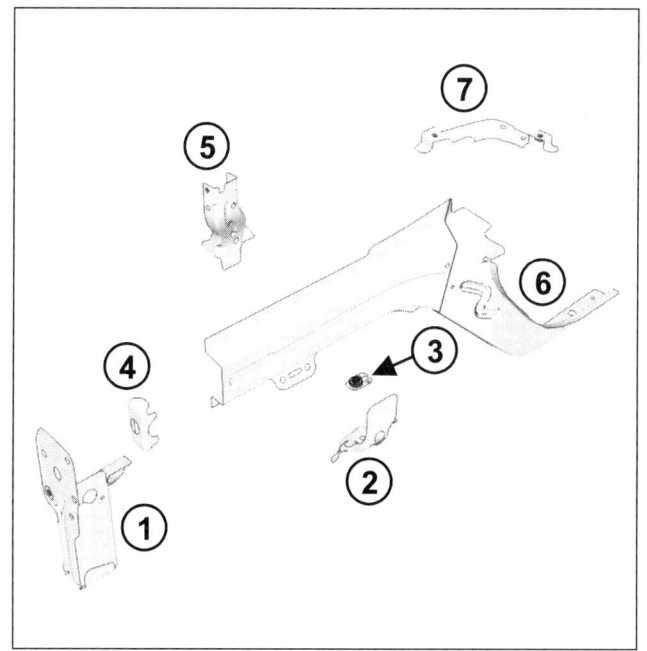

2 - 좌측

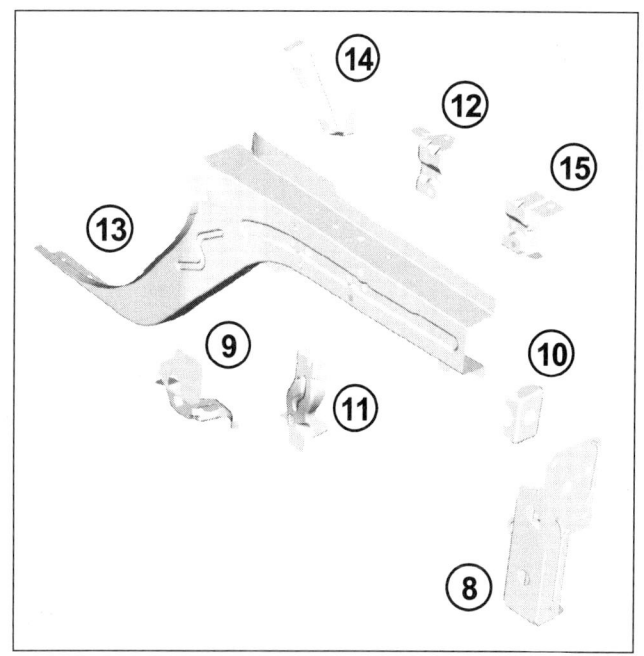

번호	설명	재질	두께 (mm)
(1)	오른쪽 라디에이터 크로스 멤버 서포트 하우징	XE280P	1.2
(2)	서브 프레임 프론트 마운팅 유닛 크로져 패널	APFH440	1.8
(3)	프론트 서포트 서브 프레임 마운팅 플레이트	HE	3
(4)	프론트 사이드 멤버 리인포스먼트	HE450M	1.8
(5)	프론트 페이스 어퍼 크로스 멤버 서포트	DX54D	1.5
(6)	오른쪽 프론트 사이드 멤버	APFC390/ APFH540	1.7/ 2.5
(7)	ABS 유닛 서포트 리인포스먼트	SPHC	1.5

번호	설명	재질	두께 (mm)
(8)	왼쪽 라디에이터 크로스 멤버 서포트 하우징	XE280P	1.2
(9)	서브 프레임 프론트 마운팅 유닛 크로져 패널	APFH440	1.8
(10)	프론트 사이드 멤버 리인포스먼트	HE450M	1.8
(11)	프론트 페이스 어퍼 크로스 멤버 서포트	DX54D	1.5
(12)	왼쪽 사이드 멤버 기어박스 리어 리인포스먼트	XES	1.5
(13)	왼쪽 프론트 사이드 멤버	APFC390/ APFH540	1.7/ 2.5
(14)	왼쪽 프론트 사이드 멤버 리인포스먼트	APFCY380	1.5
(15)	프론트 기어박스 리인포스먼트	XES	1.5

프론트 로어 스트럭쳐
프론트 사이드 멤버 : 교환

41A

L38

II - 교환 작업

부품 교환 방법 :

- 앞쪽 부분 교환 AB,
- 뒤쪽 부분 교환 AC.

1 - 왼쪽 사이드 AB 의 앞쪽 부분 교환

a - 부품 장착 위치

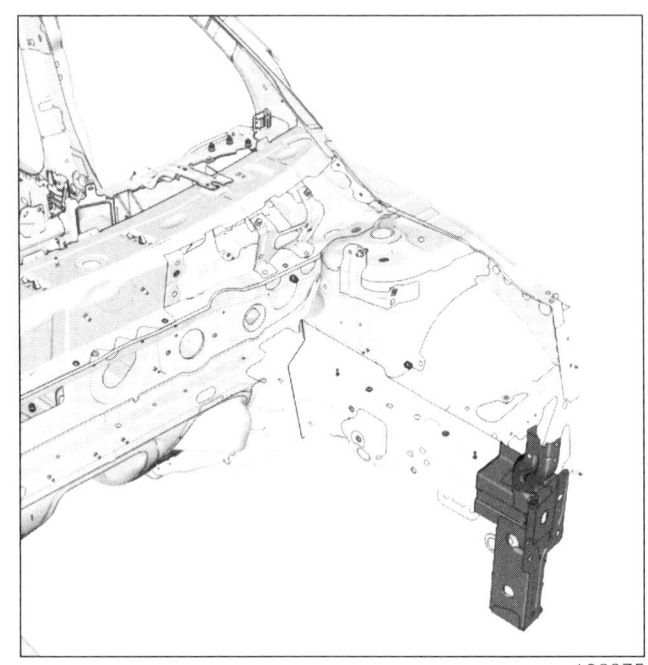

세부도 B

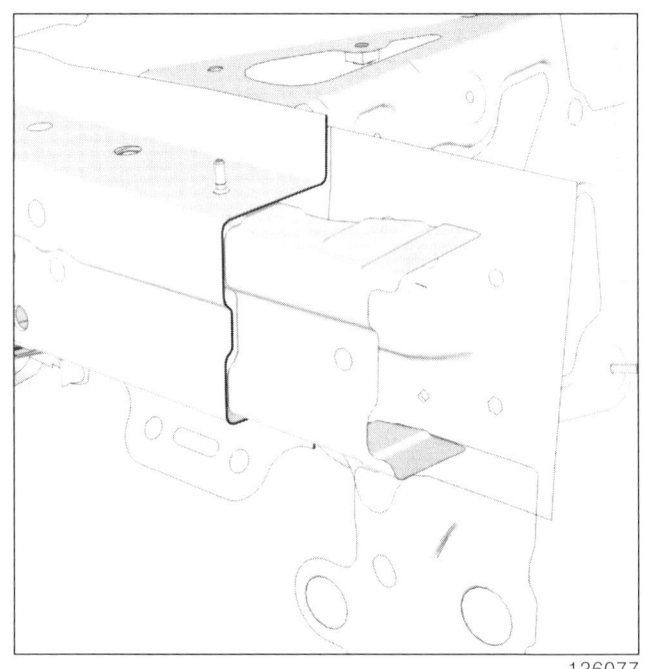

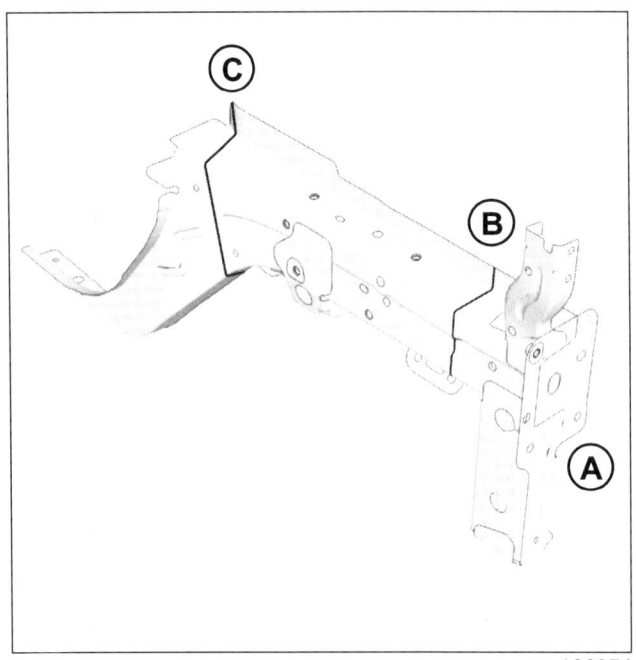

경고

지그 벤치를 사용하여 포인트 및 액슬 어셈블리의 정확한 위치를 지정한다.

프론트 로어 스트럭쳐
프론트 사이드 멤버 : 교환

41A

L38

b - 전기 접지의 위치

> **주의**
> 차량의 전기 및 전자 구성부품 손상을 방지하기 위해 용접 부위 근처에 있는 와이어링 하네스의 접지를 분리해야 한다.
>
> 용접기의 접지는 용접 부위에서 최대한 가까운 위치에 있어야 한다 (MR 400 차체 구조 수리 매뉴얼, 40H, 볼트 결합, 접지를 위한 볼트 결합: 장착 참조).

용접 부위 근처의 접지를 찾는다 (40A, 일반 정보, 접지 위치 : 일반 설명 참조).

c - 신품으로 교환해야 하는 부품

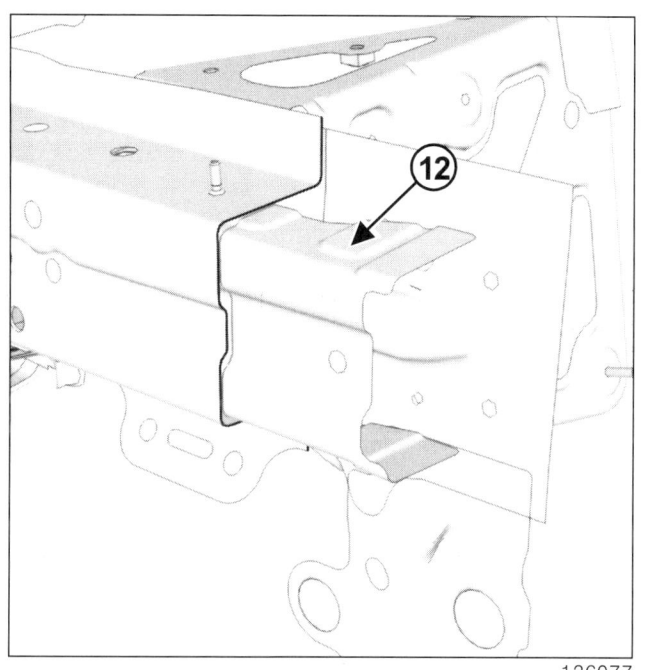

참고 :
사이드 멤버 리인포스먼트 (12) 를 주문한다.

d - 용접에 대한 설명

> **주의**
> 용접할 부품의 접촉면에 접근할 수 없는 경우 스폿 용접 (전기 저항 용접) 대신 플러그 용접 (아크 용접) 을 사용한다 (MR 400 차체 구조 수리 매뉴얼, 40C, 가스 메탈 아크 용접 결합, 가스 쉴드 아크 용접 비드 조인트 : 설명 참조).

2 - 오른쪽 사이드 AB 의 앞쪽 부분 교환

a - 부품 장착 위치

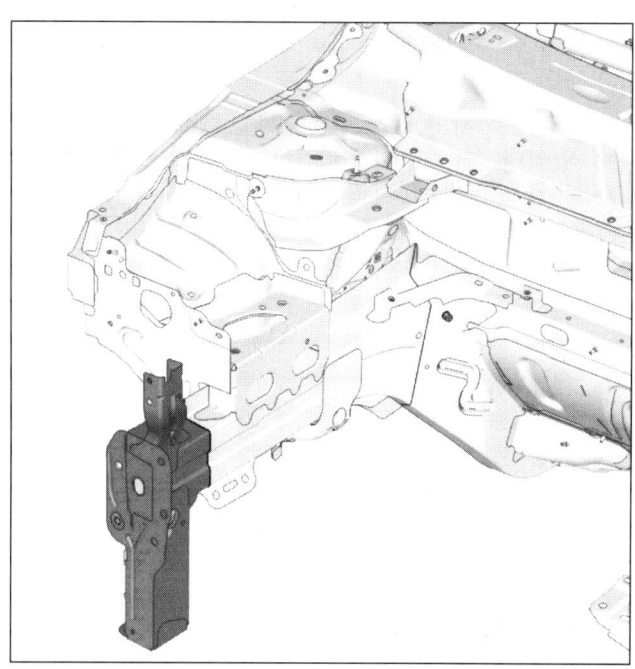

세부도 B

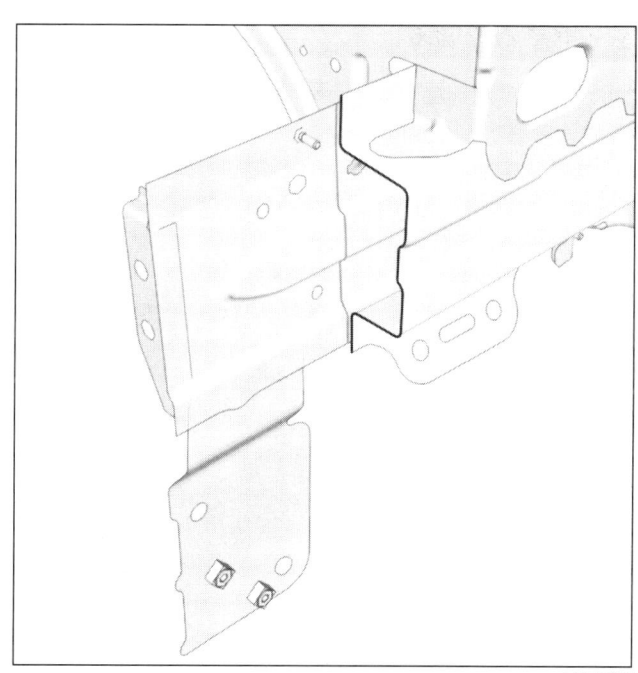

프론트 로어 스트럭쳐
프론트 사이드 멤버 : 교환

41A

L38

b - 전기 접지의 위치

주의

차량의 전기 및 전자 구성부품 손상을 방지하기 위해 용접 부위 근처에 있는 와이어링 하네스의 접지를 분리해야 한다.

용접기의 접지는 용접 부위에서 최대한 가까운 위치에 있어야 한다 (MR 400 차체 구조 수리 매뉴얼, 40H, 볼트 결합, 접지를 위한 볼트 결합: 장착 참조).

용접 부위 근처의 접지를 찾는다 (40A, 일반 사항, 접지 위치 : 일반 설명 참조).

c - 용접 작업에 대한 설명

주의

용접할 부품의 접촉면에 접근할 수 없는 경우 스폿 용접 (전기 저항 용접) 대신 플러그 용접 (아크 용접) 을 사용한다 (MR 400 차체 구조 수리 매뉴얼, 40C, 가스 메탈 아크 용접 결합, 가스 쉴드 아크 용접 비드 조인트 : 설명 참조).

3 - 왼쪽 AC 의 뒷 부분 교환

a - 부품 장착 위치

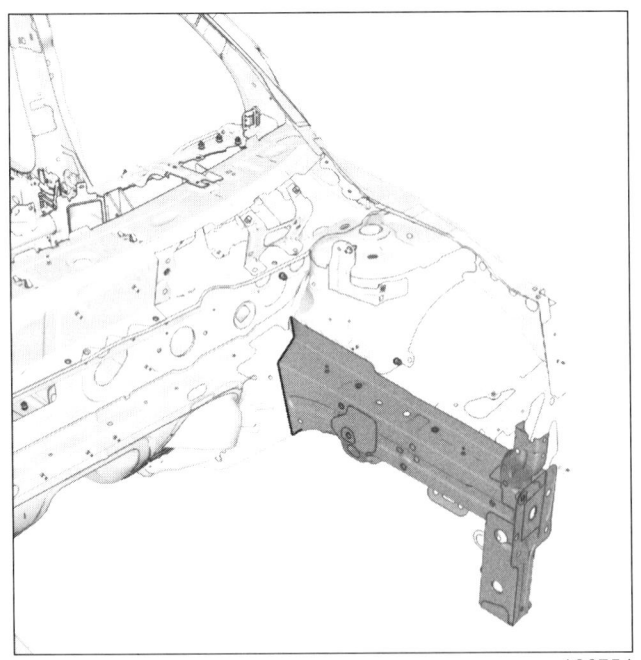

136754

세부도 C

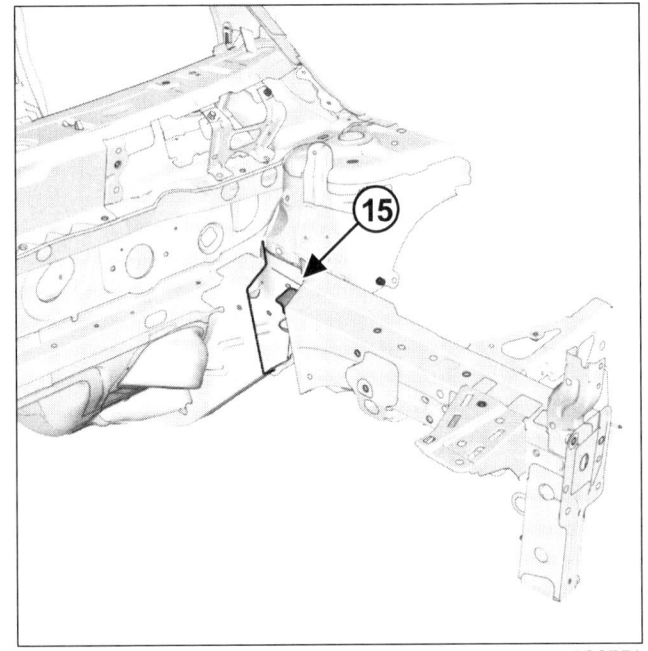

136751

참고 :

커팅 시, 이너 리인포스먼트 (15) 가 손상되지 않도록 주의하여 작업한다.

b - 전기 접지의 위치

주의

차량의 전기 및 전자 구성부품 손상을 방지하기 위해 용접 부위 근처에 있는 와이어링 하네스의 접지를 분리해야 한다.

용접기의 접지는 용접 부위에서 최대한 가까운 위치에 있어야 한다 (MR 400 차체 구조 수리 매뉴얼, 40H, 볼트 결합, 접지를 위한 볼트 결합: 장착 참조).

용접 부위 근처의 접지를 찾는다 (40A, 일반 사항, 접지 위치 : 일반 설명 참조).

c - 용접 작업에 대한 설명

주의

용접할 부품의 접촉면에 접근할 수 없는 경우 스폿 용접 (전기 저항 용접) 대신 플러그 용접 (아크 용접) 을 사용한다 (MR 400 차체 구조 수리 매뉴얼, 40C, 가스 메탈 아크 용접 결합, 가스 쉴드 아크 용접 비드 조인트 : 설명 참조).

프론트 로어 스트럭쳐
프론트 사이드 멤버 : 교환

41A

L38

4 - 오른쪽 AC 의 뒷 부분 교환

a - 부품 장착 위치

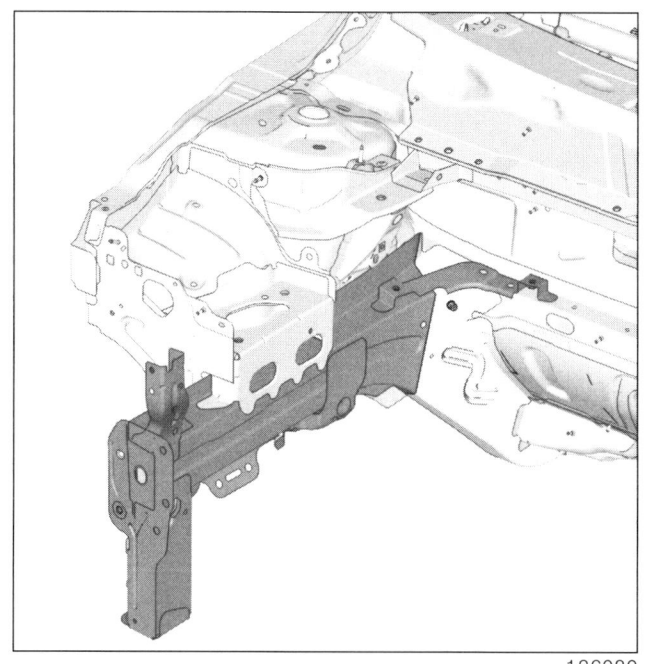

세부도 C

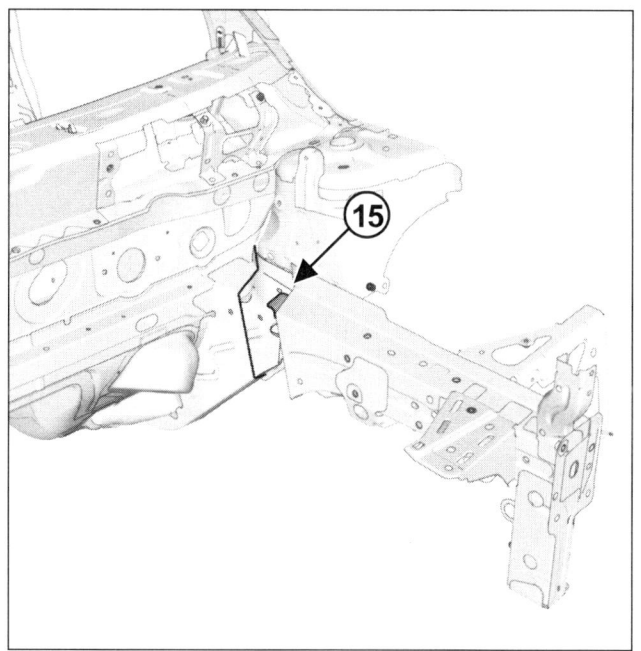

참고 :
커팅 시, 이너 리인포스먼트 (15) 가 손상되지 않도록 주의하여 작업한다.

b - 전기 접지의 위치

주의

차량의 전기 및 전자 구성부품 손상을 방지하기 위해 용접 부위 근처에 있는 와이어링 하네스의 접지를 분리해야 한다.

용접기의 접지는 용접 부위에서 최대한 가까운 위치에 있어야 한다 (MR 400 차체 구조 수리 매뉴얼, 40H, 볼트 결합, 접지를 위한 볼트 결합: 장착 참조).

용접 부위 근처의 접지를 찾는다 (40A, 일반 사항, 접지 위치 : 일반 설명 참조).

c - 탈거해야 하는 차체 구성부품 - 교환 작업을 실시하기 위해 탈거해야 하는 스트럭쳐

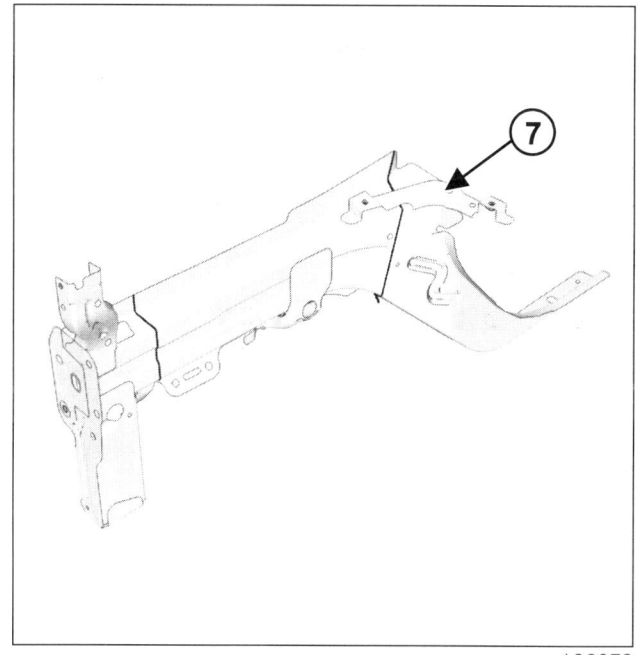

참고 :
브라켓 (7) 을 분리한다.

d - 용접 작업에 대한 설명

주의

용접할 부품의 접촉면에 접근할 수 없는 경우 스폿 용접 (전기 저항 용접) 대신 플러그 용접 (아크 용접) 을 사용한다 (MR 400 차체 구조 수리 매뉴얼, 40C, 가스 메탈 아크 용접 결합, 가스 쉴드 아크 용접 비드 조인트 : 설명 참조).

프론트 로어 스트럭쳐
프론트 사이드 멤버 크로져 패널 : 교환

41A

L38

I - 서비스 부품의 구성

1 - 우측

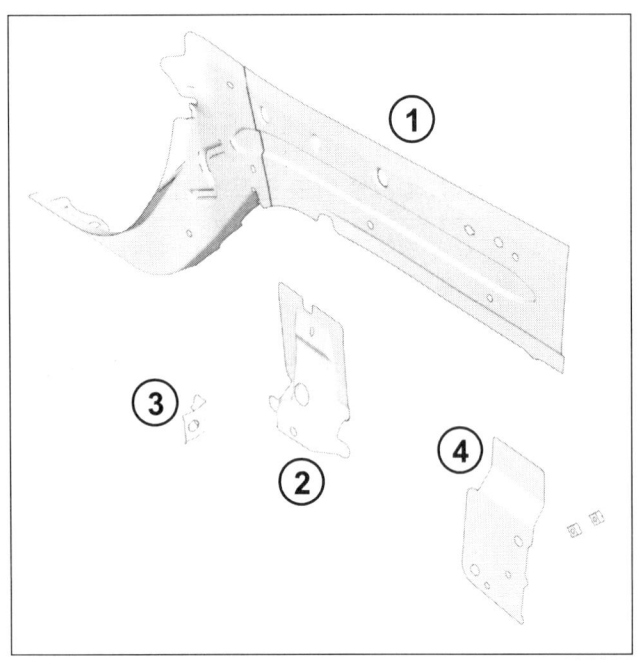

번호	설명	재질	두께 (mm)
(1)	프론트사이드 멤버 클로징 멤버	APFC390/ APFH540	1.7/ 2.5
(2)	서브프레임 프론트마운팅 유닛의 크로져 패널	APFH440	1.8
(3)	우측 브레이크 호스 스톱 마운팅	HE	2
(4)	프론트 서브프레임 클로징 멤버	SPHC	1.5

2 - 좌측

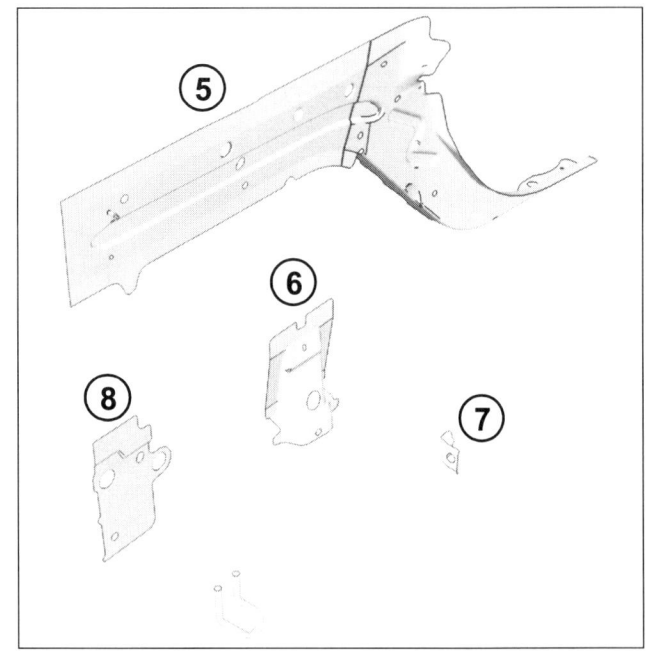

번호	설명	재질	두께 (mm)
(5)	프론트사이드 멤버 클로징 멤버	APFC390/ APFH540	1.7/ 2.5
(6)	서브프레임 프론트마운팅 유닛의 크로져 패널	APFH440	1.8
(7)	좌측 브레이크 호스 스톱 마운팅	HE	2
(8)	프론트 서브프레임 클로징 멤버	SPHC	1.5

프론트 로어 스트럭쳐
프론트 사이드 멤버 크로져 패널 : 교환

41A

L38

II - 교환 작업

부품 교환 방법 :

- 프론트 부분 교환 AB
- 리어 부분 교환 AC

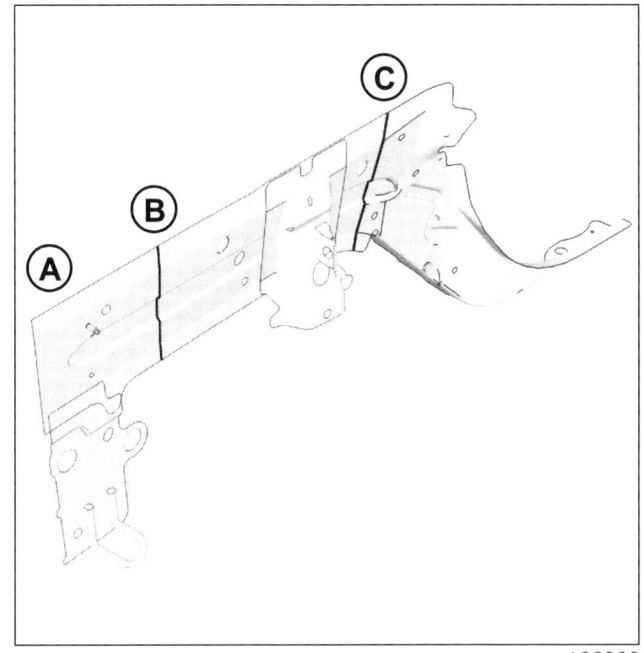

1 - 프론트 부분 교환 AB

a - 부품 장착 위치

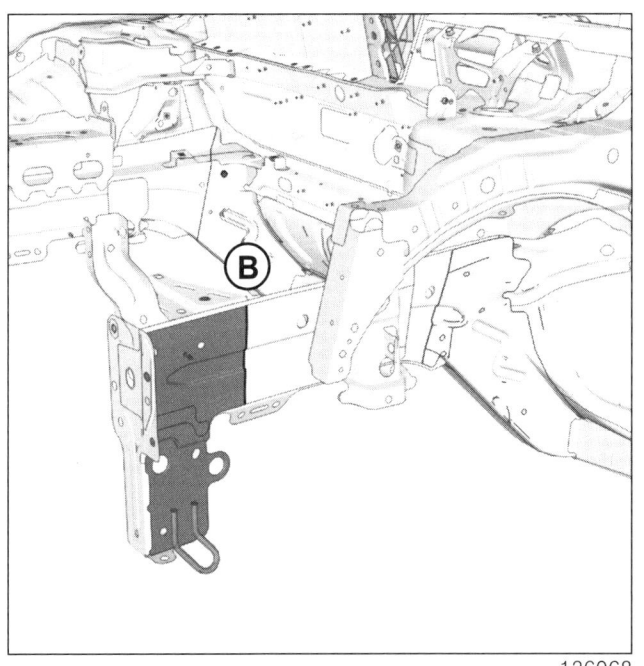

B 단면 세부도 B

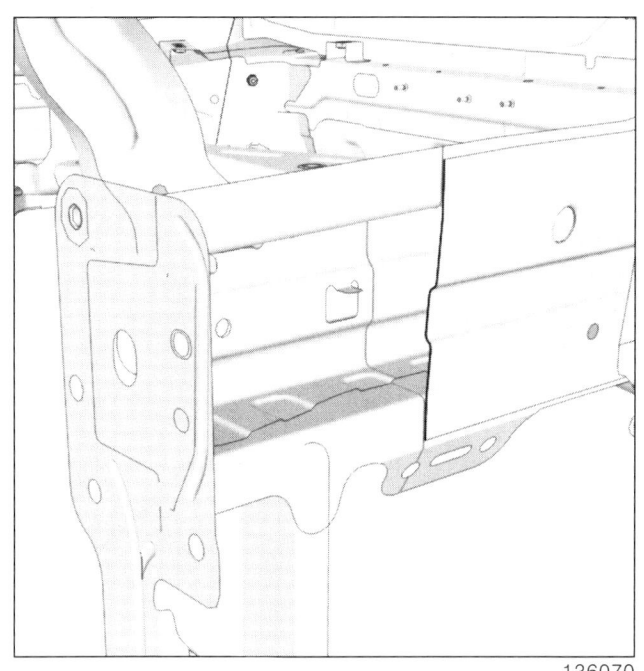

b - 전기 접지의 위치

주의

차량의 전기 및 전자 구성부품 손상을 방지하기 위해 용접 부위 근처에 있는 와이어링 하네스의 접지를 분리해야 한다 .

용접기의 접지는 용접 부위에서 최대한 가까운 위치에 있어야 한다 (MR 400 차체 구조 수리 매뉴얼 , 40H, 볼트 결합, 접지를 위한 볼트 결합: 장착 참조).

용접 부위 근처의 접지를 찾는다 (40A, 일반 정보 , 접지 위치 : 일반 설명 참조).

c - 항상 교환해야 하는 부품 :

참고 :
연결 브라켓도 신품으로 교환한다 .

d - 용접 작업에 대한 설명

주의

용접할 부품의 접촉면에 접근할 수 없는 경우 스폿 용접 (전기 저항 용접) 대신 플러그 용접 (아크 용접) 을 사용한다 (MR 400 차체 구조 수리 매뉴얼 , 40C, 가스 메탈 아크 용접 결합 , 가스 쉴드 아크 용접 비드 조인트 : 설명 참조).

프론트 로어 스트럭쳐
프론트 사이드 멤버 크로져 패널 : 교환

41A

L38

2 - 리어 부분 교환 AC

a - 부품의 장착 위치

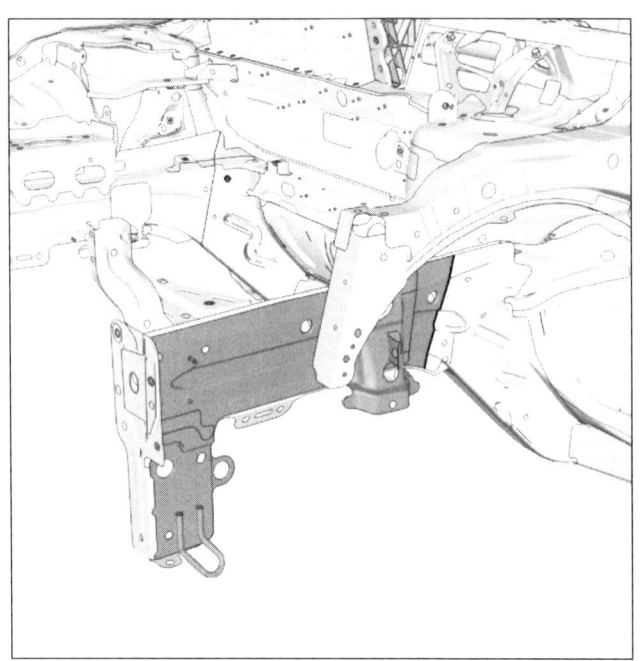

136067

b - 전기 접지의 위치

> **주의**
>
> 차량의 전기 및 전자 구성부품 손상을 방지하기 위해 용접 부위 근처에 있는 와이어링 하네스의 접지를 분리해야 한다.
>
> 용접기의 접지는 용접 부위에서 최대한 가까운 위치에 있어야 한다 (MR 400 차체 구조 수리 매뉴얼, 40H, 볼트 결합, 접지를 위한 볼트 결합: 장착 참조).

용접 부위 근처의 접지를 찾는다 (40A, 일반 사항, 접지 위치 : 일반 설명 참조).

c - 항상 교환해야 하는 부품 :

> **참고 :**
>
> 연결 브라켓도 신품으로 교환한다.

d - 용접 작업에 대한 설명

> **주의**
>
> 용접할 부품의 접촉면에 접근할 수 없는 경우 스폿 용접 (전기 저항 용접) 대신 플러그 용접 (아크 용접) 을 사용한다 (MR 400 차체 구조 수리 매뉴얼, 40C, 가스 메탈 아크 용접 결합, 가스 쉴드 아크 용접 비드 조인트 : 설명 참조).

프론트 로어 스트럭쳐
배터리 트레이 마운팅 : 교환

41A

L38

I – 서비스 부품의 구성

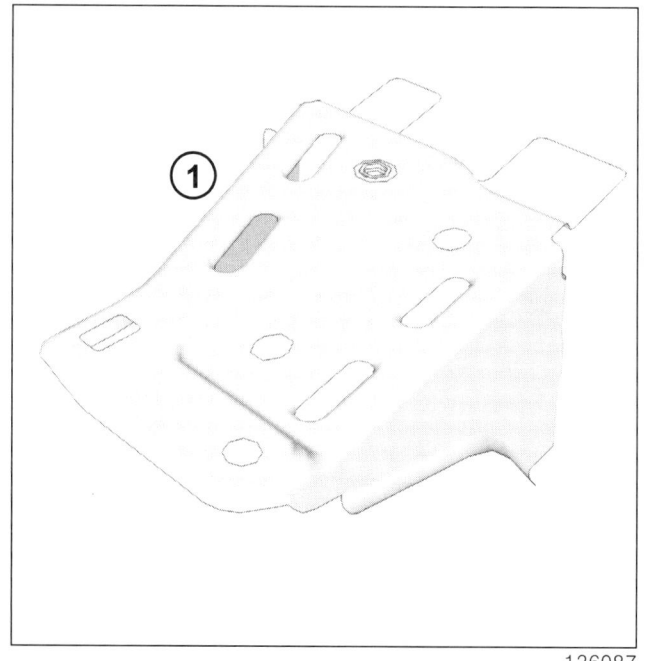

번호	설명	재질	두께 (mm)
(1)	배터리 트레이 마운팅	SPHC	2

II – 교환 작업

부품 교환 방법 :

– 전체 교환

1 – 전체 교환

a – 부품의 장착 위치

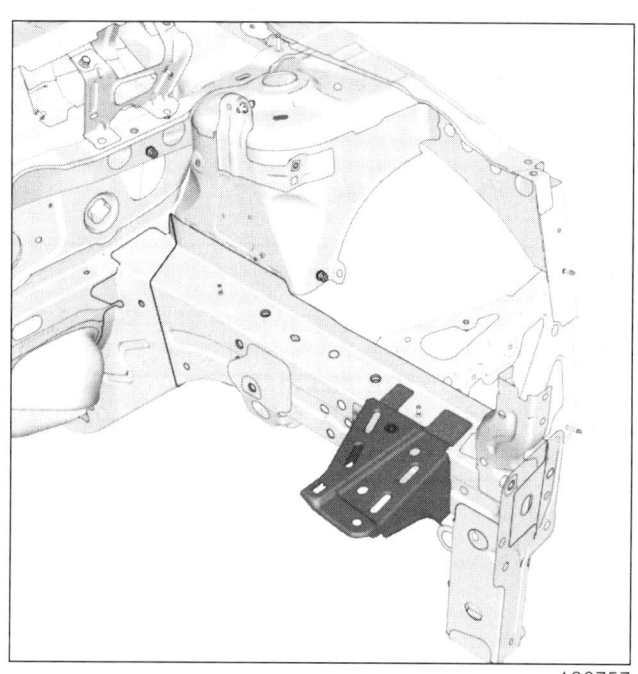

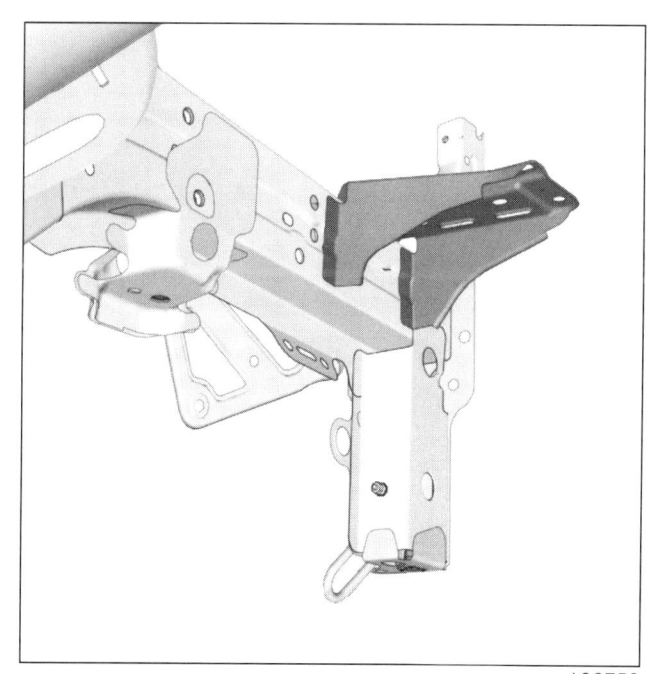

프론트 로어 스트럭쳐
배터리 트레이 마운팅 : 교환

41A

L38

b – 전기 접지의 위치

> **주의**
>
> 차량의 전기 및 전자 구성부품 손상을 방지하기 위해 용접 부위 근처에 있는 와이어링 하네스의 접지를 분리해야 한다.
>
> 용접기의 접지는 용접 부위에서 최대한 가까운 위치에 있어야 한다 (MR 400 차체 구조 수리 매뉴얼, 40H, 볼트 결합, 접지를 위한 볼트 결합: 장착 참조).

용접 부위 근처의 접지를 찾는다 (40A, 일반 정보, 접지 위치 : 일반 설명 참조).

c – 용접 작업에 대한 설명

> **주의**
>
> 용접할 부품의 접촉면에 접근할 수 없는 경우 스폿 용접 (전기 저항 용접) 대신 플러그 용접 (아크 용접) 을 사용한다 (MR 400 차체 구조 수리 매뉴얼, 40C, 가스 메탈 아크 용접 결합, 가스 쉴드 아크 용접 비드 조인트 : 설명 참조).

프론트 로어 스트럭쳐
프론트 서브프레임 마운팅 하우징 : 교환

41A

L38

I – 서비스 부품의 구성

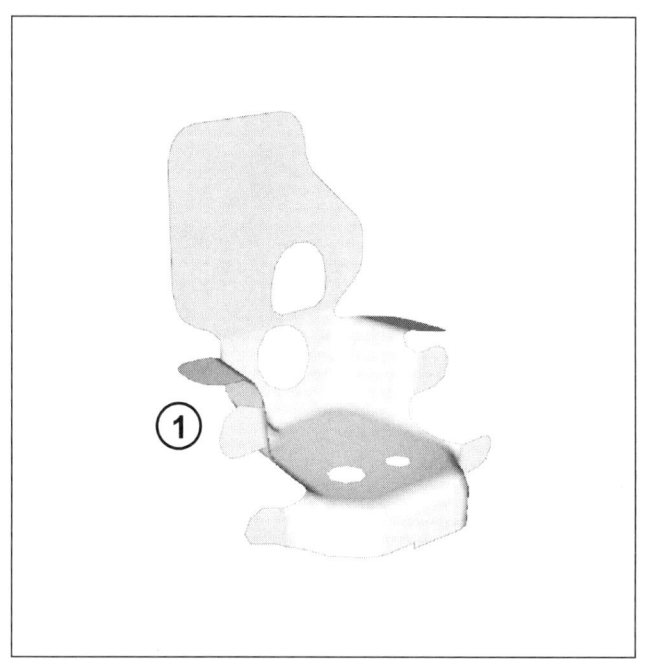

L38040030

번호	설명	재질	두께 (mm)
(1)	프론트 서브프레임 마운팅 하우징	HE280M	1.8

II – 교환 작업

부품 교환 방법 :

- 전체 교환

1 - 전체 교환

경고

지그 벤치를 사용하여 포인트 및 액슬 어셈블리의 정확한 위치를 지정한다.

a – 부품의 장착 위치

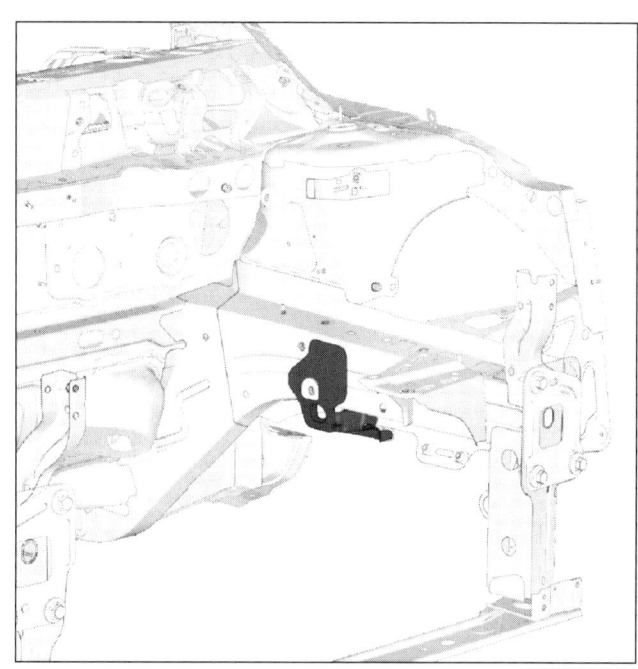

L38040031

b – 전기 접지의 위치

주의

차량의 전기 및 전자 구성부품 손상을 방지하기 위해 용접 부위 근처에 있는 와이어링 하네스의 접지를 분리해야 한다.

용접기의 접지는 용접 부위에서 최대한 가까운 위치에 있어야 한다 (MR 400 차체 구조 수리 매뉴얼, 40H, 볼트 결합, 접지를 위한 볼트 결합: 장착 참조).

용접 부위 근처의 접지를 찾는다 (40A, 일반 사항, 접지 위치 : 일반 설명 참조).

c – 용접 작업에 대한 설명

주의

용접할 부품의 접촉면에 접근할 수 없는 경우 스폿 용접 (전기 저항 용접) 대신 플러그 용접 (아크 용접)을 사용한다 (MR 400 차체 구조 수리 매뉴얼, 40C, 가스 메탈 아크 용접 결합, 가스 쉴드 아크 용접 비드 조인트 : 설명 참조).

프론트 로어 스트럭쳐
서브프레임 마운팅 하우징 : 교환

41A

L38

I - 서비스 부품의 구성

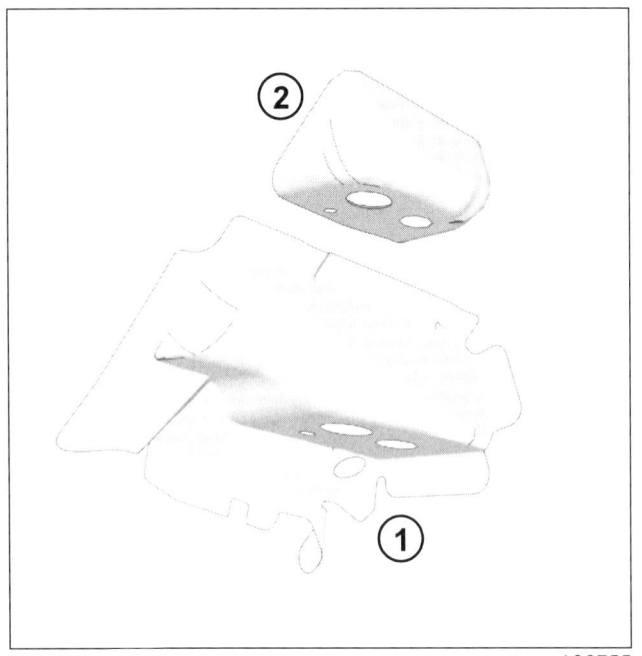

번호	설명	재질	두께 (mm)
(1)	서브프레임마운팅 리어 하우징	APFH440	2
(2)	서브프레임 리어 마운팅리인포스먼트	APFH540	3

II - 교환 작업

부품 교환 방법 :

- 전체 교환

> **경고**
>
> 지그 벤치를 사용하여 포인트 및 액슬 어셈블리의 정확한 위치를 지정한다.

1 - 전체 교환

a - 부품의 장착 위치

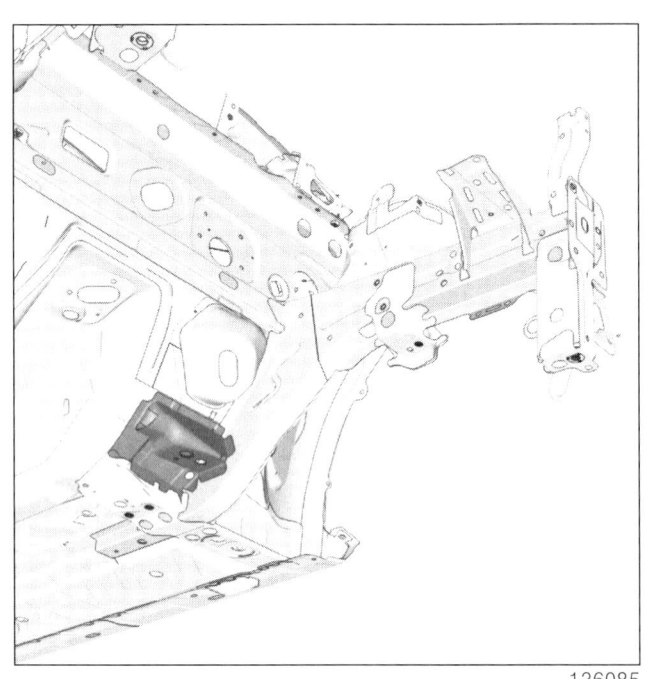

b - 전기 접지의 위치

> **주의**
>
> 차량의 전기 및 전자 구성부품 손상을 방지하기 위해 용접 부위 근처에 있는 와이어링 하네스의 접지를 분리해야 한다.
>
> 용접기의 접지는 용접 부위에서 최대한 가까운 위치에 있어야 한다 (MR 400 차체 구조 수리 매뉴얼, 40H, 볼트 결합, 접지를 위한 볼트 결합: 장착 참조).

용접 부위 근처의 접지를 찾는다 (40A, 일반 사항, 접지 위치 : 일반 설명 참조).

c - 용접 작업에 대한 설명

> **주의**
>
> 용접할 부품의 접촉면에 접근할 수 없는 경우 스폿 용접 (전기 저항 용접) 대신 플러그 용접 (아크 용접) 을 사용한다 (MR 400 차체 구조 수리 매뉴얼, 40C, 가스 메탈 아크 용접 결합, 가스 쉴드 아크 용접 비드 조인트 : 설명 참조).

프론트 로어 스트럭쳐
엔진 서포트 : 교환

41A

L38

I - 서비스 부품의 구성

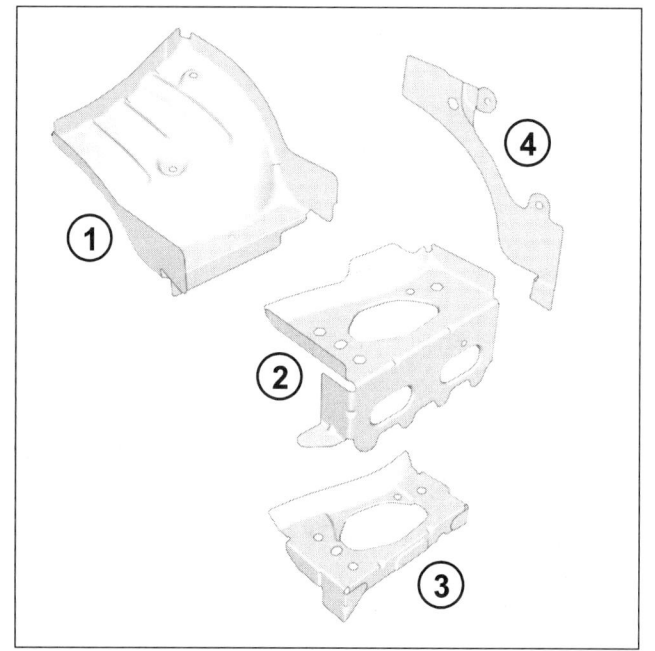

136760

번호	설명	재질	두께 (mm)
(1)	엔진 로어 서포트	XES	1.1
(2)	엔진 서포트 센터 섹션	HE280M	2.2
(3)	엔진 서포트 높이 조정스위치 리인포스먼트	SGACC	1.8
(4)	리어 엔진 서포트	XE280P	1.6

II - 교환 작업

부품 교환 방법 :

- 전체 교환

경고

지그 벤치를 사용하여 포인트 및 액슬 어셈블리의 정확한 위치를 지정한다.

1 - 전체 교환

a - 부품의 장착 위치

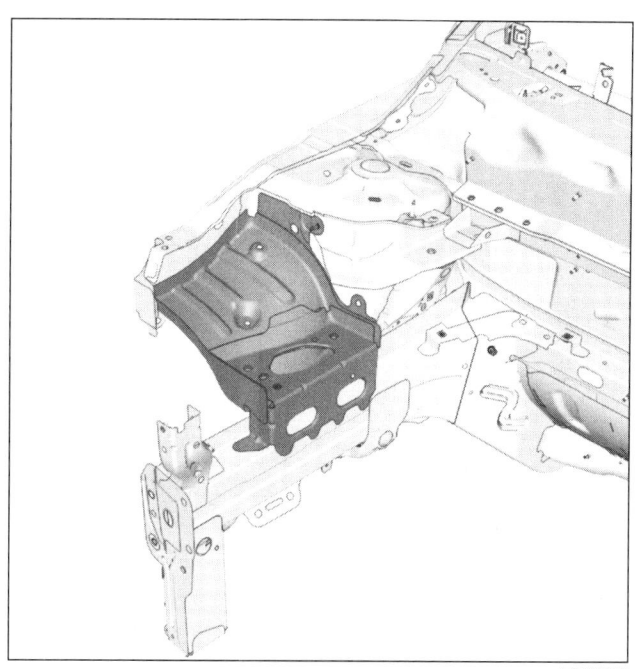

136090

b - 전기 접지의 위치

주의

차량의 전기 및 전자 구성부품 손상을 방지하기 위해 용접 부위 근처에 있는 와이어링 하네스의 접지를 분리해야 한다.

용접기의 접지는 용접 부위에서 최대한 가까운 위치에 있어야 한다 (MR 400 차체 구조 수리 매뉴얼, 40H, 볼트 결합, 접지를 위한 볼트 결합: 장착 참조).

용접 부위 근처의 접지를 찾는다 (40A, 일반 사항, 접지 위치 : 일반 설명 참조).

c - 용접 작업에 대한 설명

주의

용접할 부품의 접촉면에 접근할 수 없는 경우 스폿 용접 (전기 저항 용접) 대신 플러그 용접 (아크 용접) 을 사용한다 (MR 400 차체 구조 수리 매뉴얼, 40C, 가스 메탈 아크 용접 결합, 가스 쉴드 아크 용접 비드 조인트 : 설명 참조).

프론트 로어 스트럭쳐
프론트 범퍼 리인포스먼트 : 탈거 - 장착

41A

L38

탈거

I - 탈거 준비 작업

- 프론트 펜더 프로텍터를 탈거한다 (55A, 외장 보호 트림 , 프론트 펜더 프로텍터 : 탈거 - 장착 참조).

- 다음을 탈거한다 :
  - 프론트 범퍼 (55A, 외장 보호 트림 , 프론트 범퍼 : 탈거 - 장착 참조),
  - 부저 (MR 445 리페어 매뉴얼 , 82B, 혼 , 혼 : 탈거 - 장착 참조).

- 와이어링을 탈거한다 .

II - 탈거

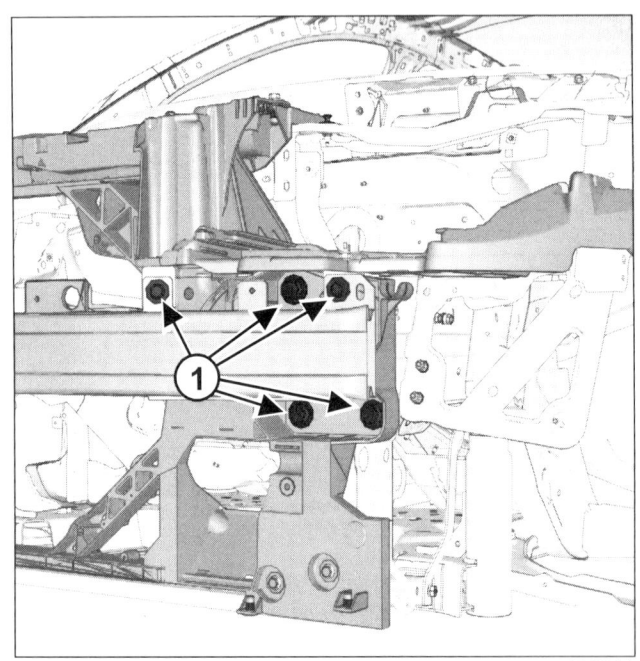

- 다음을 탈거한다 :
  - 볼트 (1),
  - 프론트 범퍼 리인포스먼트 .

장착

I - 관련 부품 장착 작업

- 다음을 장착한다 :
  - 프론트 범퍼 리인포스먼트 ,
  - 볼트 .

II - 최종 작업

- 와이어링을 제 위치에 장착한다 .

- 다음을 장착한다 :
  - 부저 (MR 445 리페어 매뉴얼 , 82B, 혼 , 혼 : 탈거 - 장착 참조),
  - 프론트 범퍼 (55A, 외장 보호 트림 , 프론트 범퍼 : 탈거 - 장착 참조),
  - 프론트 펜더 프로텍터 (55A, 외장 보호 트림 , 프론트 펜더 프로텍터 : 탈거 - 장착 참조).

센터 로어 스트럭쳐
센터 플로어 사이드 섹션 : 교환

41B

L38

I – 서비스 부품의 구성

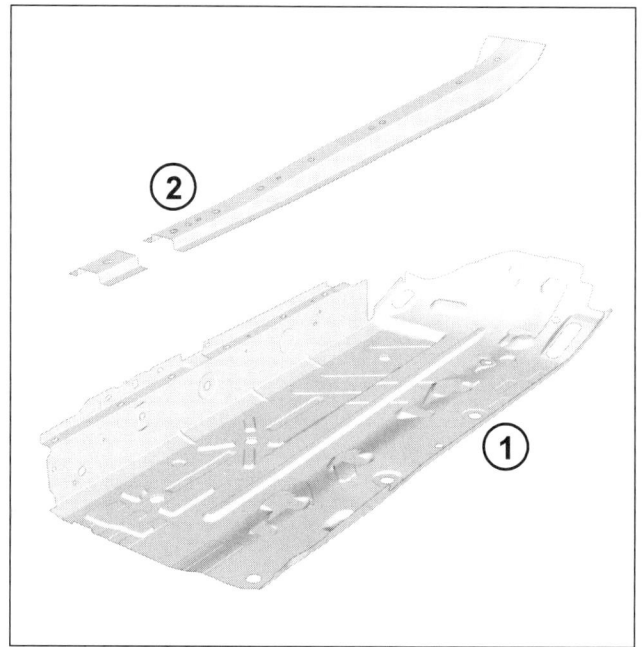

번호	설명	재질	두께 (mm)
(1)	센터 플로어, 사이드 섹션	SPCC/ APFCY380	0.65/ 1.2
(2)	센터 사이드 멤버	APFH540	2

II – 교환 작업

부품 교환 방법 :

- 전체 교환 A.

1 – 전체 교환

a – 부품의 장착 위치

b – 전기 접지의 위치

주의

차량의 전기 및 전자 구성부품 손상을 방지하기 위해 용접 부위 근처에 있는 와이어링 하네스의 접지를 분리해야 한다.

용접기의 접지는 용접 부위에서 최대한 가까운 위치에 있어야 한다 (MR 400 차체 구조 수리 매뉴얼, 40H, 볼트 결합, 접지를 위한 볼트 결합: 장착 참조).

용접 부위 근처의 접지를 찾는다 (40A, 일반 사항, 접지 위치 : 일반 정보 참조).

c – 탈거해야 하는 차체 구성부품 – 교환 작업을 실시하기 위해 탈거해야 하는 스트럭쳐

다음을 탈거한다 :

- 사이드 실 패널 (41C, 사이드 로어 스트럭쳐, 사이드 실 패널 : 교환 참조),
- 사이드 실 패널 리인포스먼트 (41C, 사이드 실 패널 리인포스먼트 : 교환 참조),
- 아우터 리어 휠 아치 (44A, 리어 어퍼 스트럭쳐, 아우터 리어 휠 아치 : 교환 참조).

센터 로어 스트럭쳐
센터 플로어 사이드 섹션 : 교환

41B

L38

d – 용접 작업에 대한 설명

> **주의**
> 용접할 부품의 접촉면에 접근할 수 없는 경우 스폿 용접 (전기 저항 용접) 대신 플러그 용접 (아크 용접) 을 사용한다 (MR 400 차체 구조 수리 매뉴얼 , 40C, 가스 메탈 아크 용접 결합 , 가스 쉴드 아크 용접 비드 조인트 : 설명 참조).

센터 로어 스트럭쳐
센터 사이드 멤버 : 교환

41B

L38

I – 서비스 부품의 구성

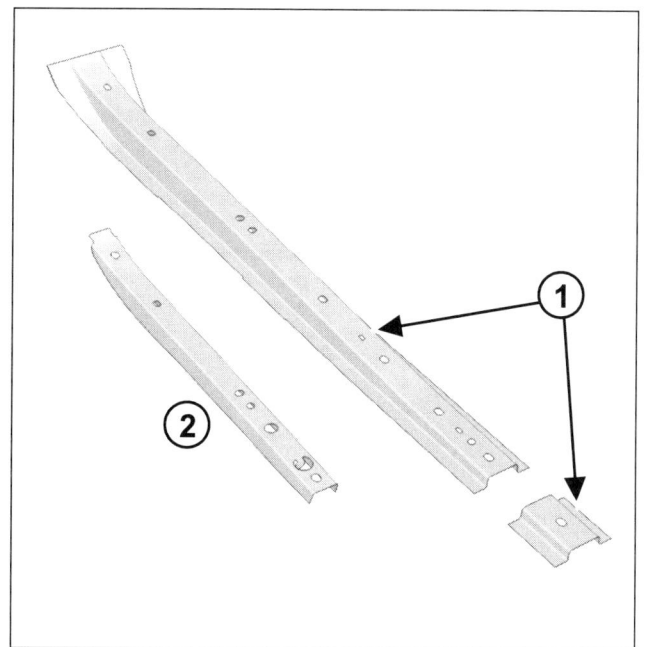

번호	설명	재질	두께 (mm)
(1)	센터 사이드 멤버	APFH540	2
(2)	프론트 사이드멤버 리어 리인포스먼트	HE660M	2.5

II – 교환 작업

부품 교환 방법 :

- 전체 교환.

1 – 전체 교환 A

a – 부품의 장착 위치

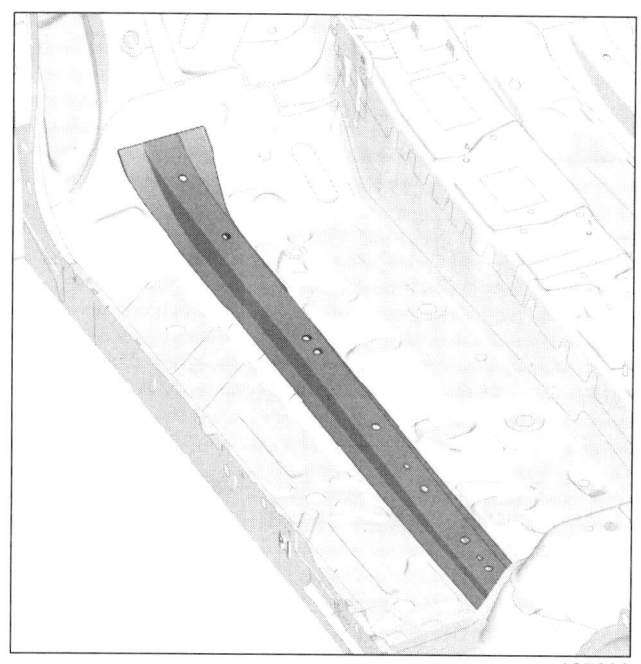

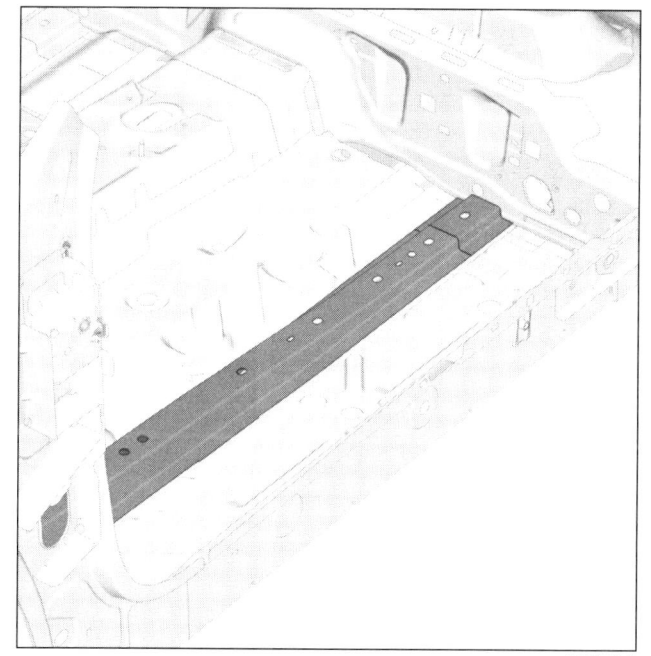

센터 로어 스트럭쳐
센터 사이드 멤버 : 교환

41B

L38

b – 전기 접지의 위치

주의

차량의 전기 및 전자 구성부품 손상을 방지하기 위해 용접 부위 근처에 있는 와이어링 하네스의 접지를 분리해야 한다.

용접기의 접지는 용접 부위에서 최대한 가까운 위치에 있어야 한다 (MR 400 차체 구조 수리 매뉴얼, 40H, 볼트 결합, 접지를 위한 볼트 결합: 장착 참조).

용접 부위 근처의 접지를 찾는다 (40A, 일반 사항, 접지 위치 : 일반 정보 참조).

c – 탈거해야 하는 차체 구성부품 – 수리 작업을 실시하기 위해 탈거해야 하는 스트럭쳐

다음을 탈거한다 :

- 프론트 시트 언더 프론트 크로스 멤버 (41B, 센터 로어 스트럭쳐, 프론트 시트 언더 프론트 크로스 멤버 : 교환 참조),

- 리어 플로어 사이드 크로스 멤버 (41B, 센터 로어 스트럭쳐, 리어 플로어 사이드 크로스 멤버 : 교환 참조).

d – 용접 작업에 대한 설명

주의

용접할 부품의 접촉면에 접근할 수 없는 경우 스폿 용접 (전기 저항 용접) 대신 플러그 용접 (아크 용접) 을 사용한다 (MR 400 차체 구조 수리 매뉴얼, 40C, 가스 메탈 아크 용접 결합, 가스 쉴드 아크 용접 비드 조인트 : 설명 참조).

센터 로어 스트럭쳐
터널 : 교환

41B

L38

I - 서비스 부품의 구성

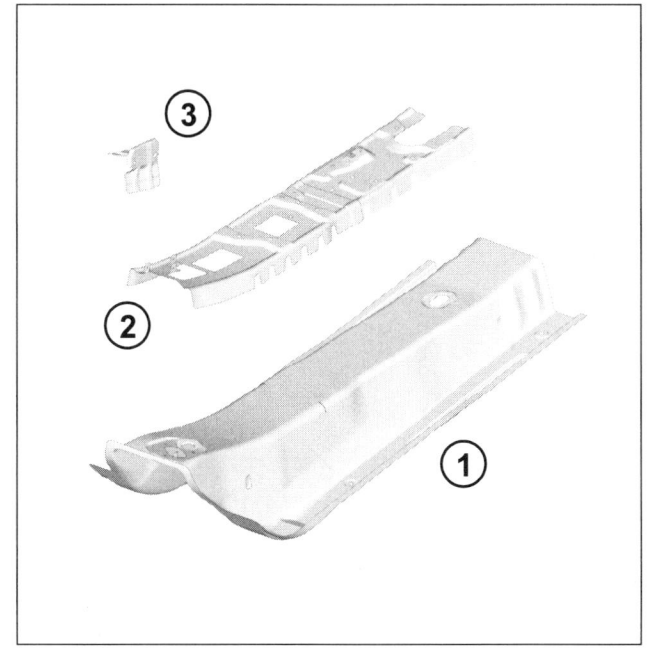

번호	설명	재질	두께 (mm)
(1)	터널	APFC390	0.9
(2)	터널 리인포스먼트	HE620M/ APFH540	1.6/ 1.8
(3)	스티어링 칼럼 크로스 멤버 서포트 플렌지	SPCC	1.2/ 1.3

II - 교환 작업

부품 교환 방법 :

- 전체 교환 .

1 - 전체 교환

a - 부품의 장착 위치

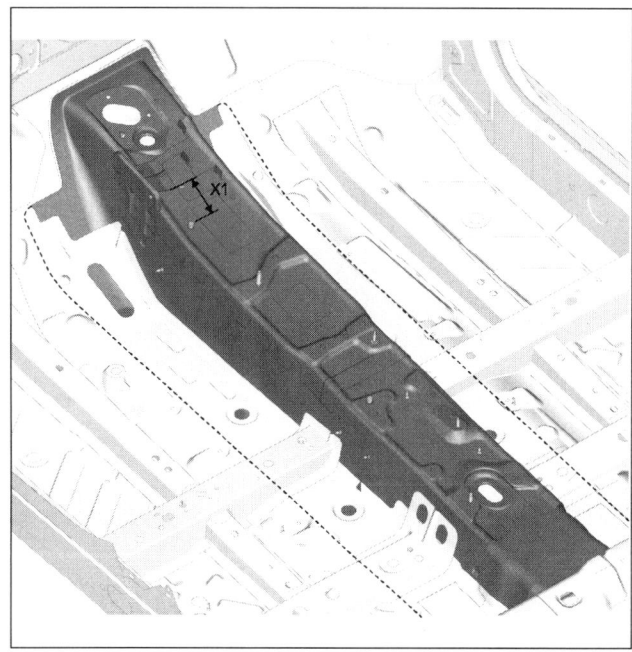

(**X1**) = 90 mm

b - 전기 접지의 위치

> **주의**
>
> 차량의 전기 및 전자 구성부품 손상을 방지하기 위해 용접 부위 근처에 있는 와이어링 하네스의 접지를 분리해야 한다 .
>
> 용접기의 접지는 용접 부위에서 최대한 가까운 위치에 있어야 한다 (MR 400 차체 구조 수리 매뉴얼 , 40H, 볼트 결합,접지를 위한 볼트 결합: 장착 참조).

용접 부위 근처의 접지를 찾는다 (40A, 일반 사항 , 접지 위치 : 일반 정보 참조).

c - 용접 작업에 대한 설명

> **주의**
>
> 용접할 부품의 접촉면에 접근할 수 없는 경우 스폿 용접 (전기 저항 용접) 대신 플러그 용접 (아크 용접) 을 사용한다 (MR 400 차체 구조 수리 매뉴얼 , 40C, 가스 메탈 아크 용접 결합 , 가스 쉴드 아크 용접 비드 조인트 : 설명 참조).

센터 로어 스트럭쳐
프론트 크로스 사이드 멤버 : 교환

41B

L38

I – 서비스 부품의 구성

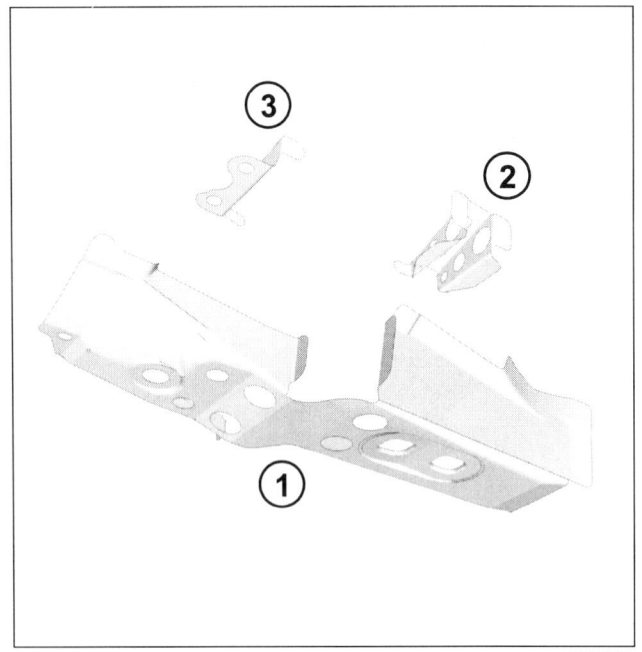

번호	설명	재질	두께 (mm)
(1)	프론트 사이드 크로스 멤버	APFCY380	1.2
(2)	사이드 크로스 멤버 리인포스먼트	HC	1.47
(3)	사이드 크로스 멤버 임팩트 리인포스먼트	APFH540	3

II – 교환 작업

부품 교환 방법 :
- 전체 교환 AC,
- 부분 교환 AB.

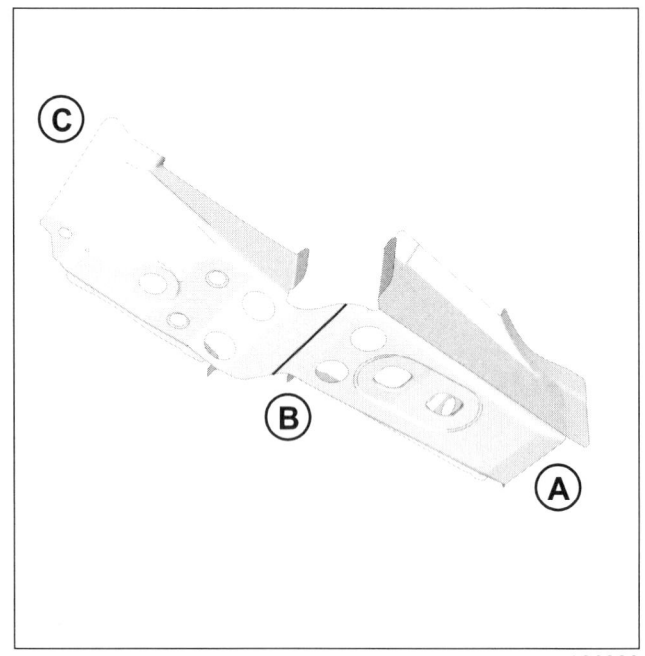

1 – 전체 교환 AC

a – 부품의 장착 위치

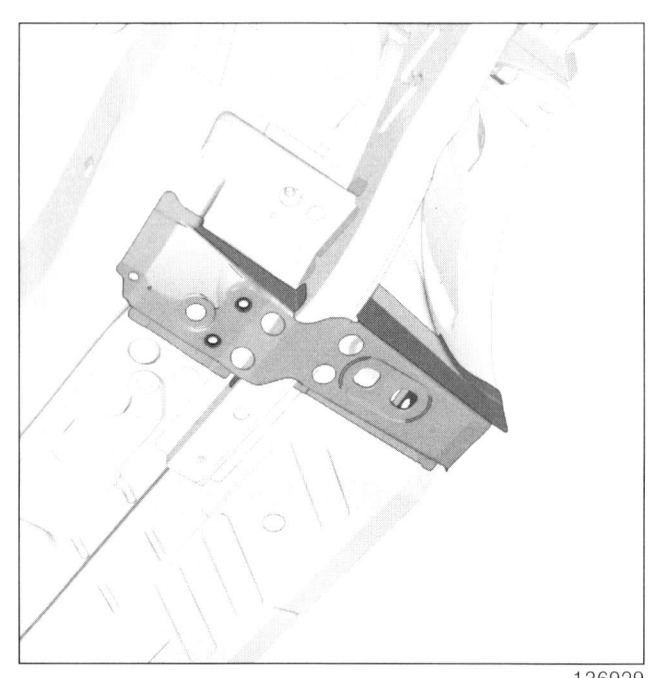

41B-6

센터 로어 스트럭쳐
프론트 크로스 사이드 멤버 : 교환

41B

L38

b - 전기 접지의 위치

주의

차량의 전기 및 전자 구성부품 손상을 방지하기 위해 용접 부위 근처에 있는 와이어링 하네스의 접지를 분리해야 한다.

용접기의 접지는 용접 부위에서 최대한 가까운 위치에 있어야 한다 (MR 400 차체 구조 수리 매뉴얼, 40H, 볼트 결합, 접지를 위한 볼트 결합: 장착 참조).

용접 부위 근처의 접지를 찾는다 (40A, 일반 사항, 접지 위치 : 일반 정보 참조).

c - 용접 작업에 대한 설명

주의

용접할 부품의 접촉면에 접근할 수 없는 경우 스폿 용접 (전기 저항 용접) 대신 플러그 용접 (아크 용접) 을 사용한다 (MR 400 차체 구조 수리 매뉴얼, 40C, 가스 메탈 아크 용접 결합, 가스 쉴드 아크 용접 비드 조인트 : 설명 참조).

2 - 부분 교환 AB

a - 부품의 장착 위치

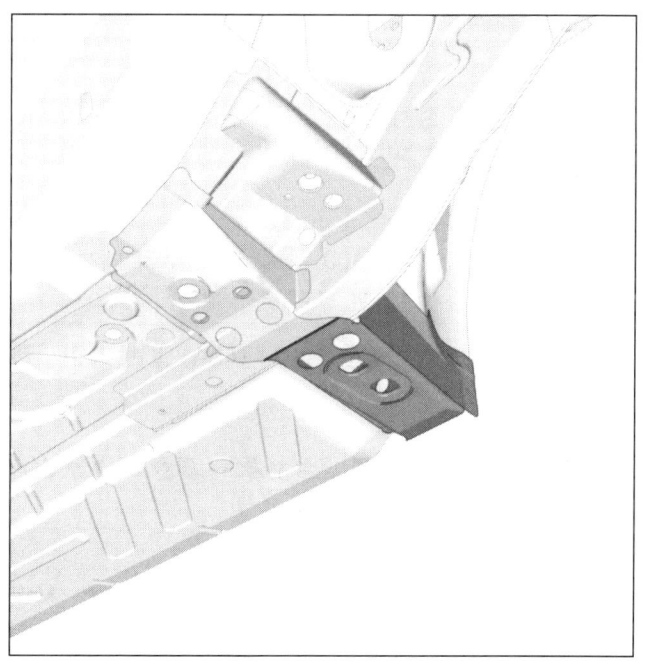

136931

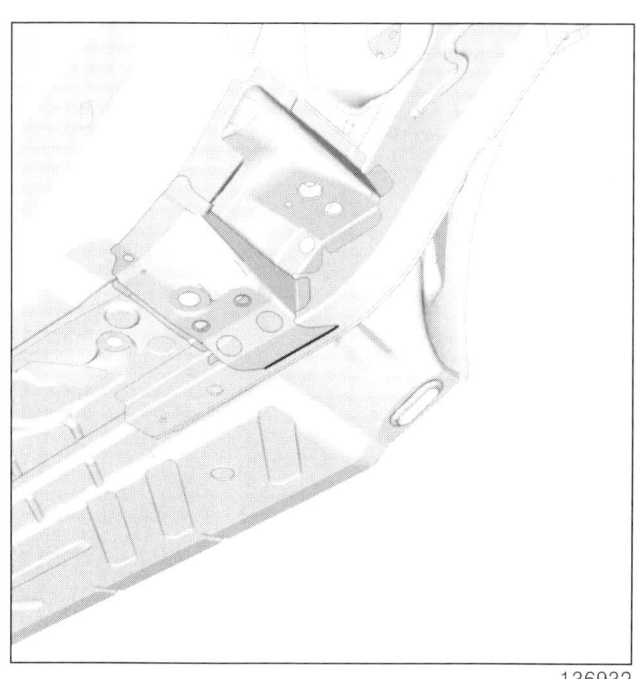

136932

b - 전기 접지의 위치

주의

차량의 전기 및 전자 구성부품 손상을 방지하기 위해 용접 부위 근처에 있는 와이어링 하네스의 접지를 분리해야 한다.

용접기의 접지는 용접 부위에서 최대한 가까운 위치에 있어야 한다 (MR 400 차체 구조 수리 매뉴얼, 40H, 볼트 결합, 접지를 위한 볼트 결합: 장착 참조).

용접 부위 근처의 접지를 찾는다 (40A, 일반 사항, 접지 위치 : 일반 정보 참조).

c - 용접 작업에 대한 설명

주의

용접할 부품의 접촉면에 접근할 수 없는 경우 스폿 용접 (전기 저항 용접) 대신 플러그 용접 (아크 용접) 을 사용한다 (MR 400 차체 구조 수리 매뉴얼, 40C, 가스 메탈 아크 용접 결합, 가스 쉴드 아크 용접 비드 조인트 : 설명 참조).

센터 로어 스트럭쳐
프론트 시트 언더 프론트 크로스 멤버 : 교환

41B

L38

I – 서비스 부품의 구성

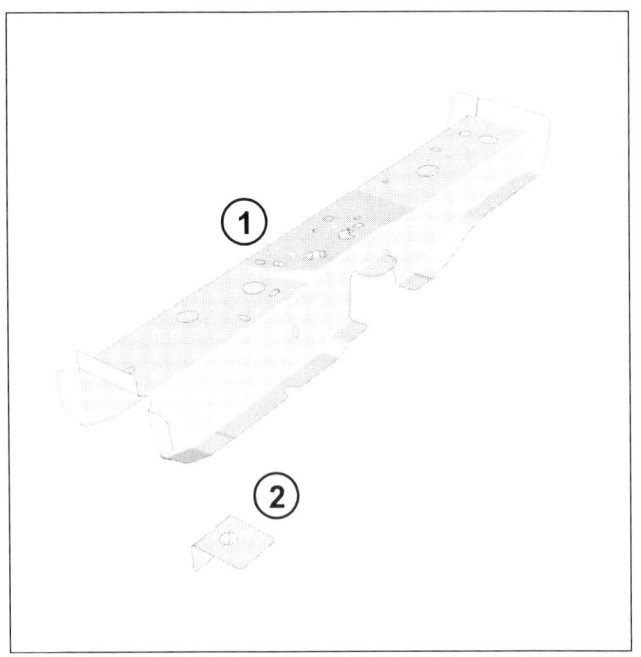

번호	설명	재질	두께 (mm)
(1)	프론트 시트 언더 프론트 크로스 멤버	APFC390	1.5
(2)	시트 마운팅 리인포스먼트	XE280P	1.47

II – 교환 작업

부품 교환 방법 :

- 전체 교환.

전체 교환

a – 부품의 장착 위치

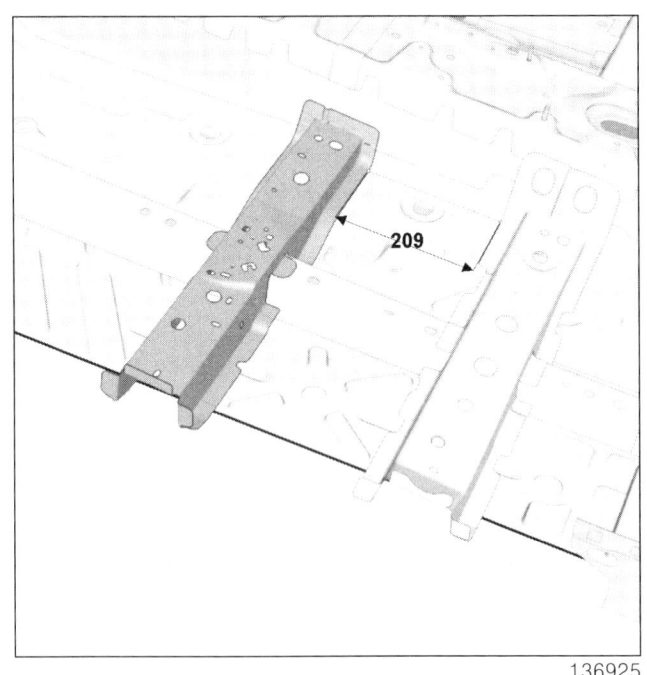

프론트 시트 언더 프론트 크로스 멤버와 리어 플로어 사이드 크로스 멤버 사이의 거리 = 209 mm.

b – 전기 접지의 위치

주의

차량의 전기 및 전자 구성부품 손상을 방지하기 위해 용접 부위 근처에 있는 와이어링 하네스의 접지를 분리해야 한다.

용접기의 접지는 용접 부위에서 최대한 가까운 위치에 있어야 한다 (MR 400 차체 구조 수리 매뉴얼, 40H, 볼트 결합, 접지를 위한 볼트 결합: 장착 참조).

용접 부위 근처의 접지를 찾는다 (40A, 일반 사항, 접지 위치 : 일반 정보 참조).

c – 탈거해야 하는 차체 구성부품 – 교환 작업을 실시하기 위해 탈거해야 하는 스트럭쳐

다음을 탈거한다 :

- 사이드 실 패널 (41C, 사이드 로어 스트럭쳐, 사이드 실 패널 : 교환 참조),
- 사이드 실 패널 리인포스먼트 (41C, 사이드 실 패널 리인포스먼트 : 교환 참조).

센터 로어 스트럭쳐
프론트 시트 언더 프론트 크로스 멤버 : 교환

41B

L38

d – 용접 작업에 대한 설명

> **주의**
>
> 용접할 부품의 접촉면에 접근할 수 없는 경우 스폿 용접 (전기 저항 용접) 대신 플러그 용접 (아크 용접) 을 사용한다 (MR 400 차체 구조 수리 매뉴얼 , 40C, 가스 메탈 아크 용접 결합 , 가스 쉴드 아크 용접 비드 조인트 : 설명 참조).

d – 용접 작업에 대한 설명

센터 로어 스트럭쳐
프론트 시트 언더 리어 크로스 멤버 : 교환

41B

L38

I – 서비스 부품의 구성

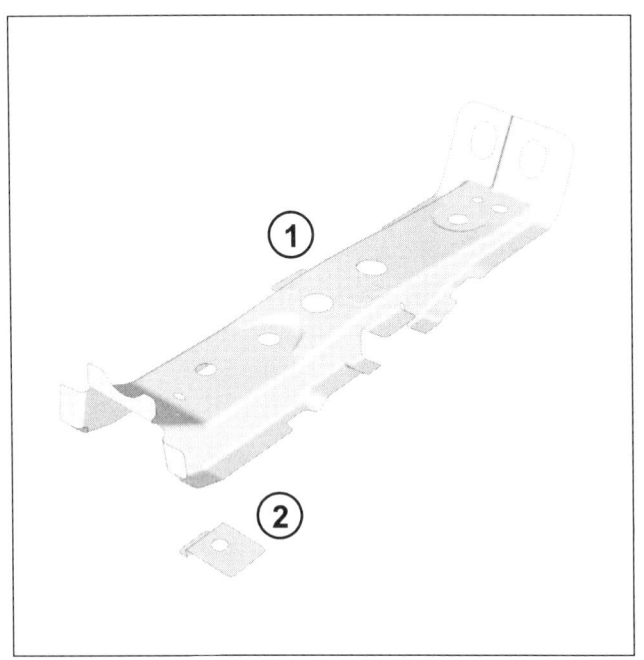

136922

번호	설명	재질	두께 (mm)
(1)	프론트 시트 언더 리어 크로스 멤버	APFC390	1.5
(2)	시트 마운팅 리인 포스먼트	XE280P	1.47

II – 교환 작업

부품 교환 방법 :

- 전체 교환.

a – 부품의 장착 위치

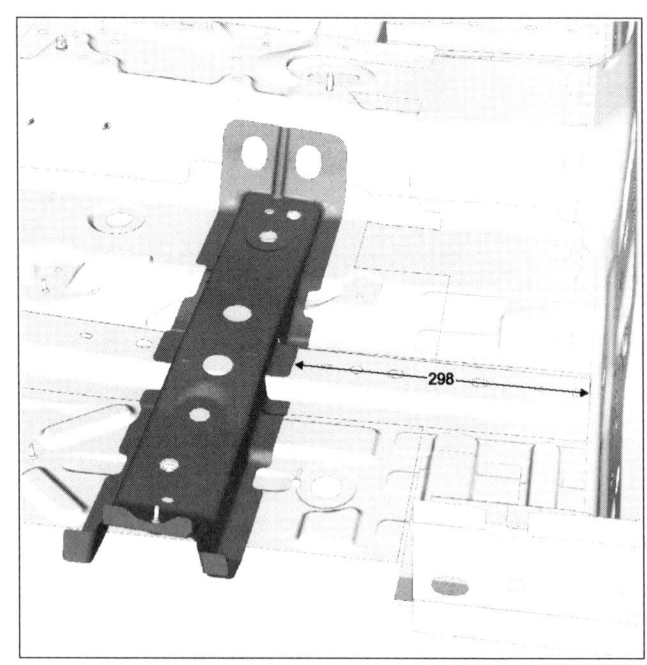

L38040265

프론트 시트 언더 리어 크로스 멤버와 리어 플로어 프론트 섹션 사이의 거리 = 298 mm.

b – 전기 접지의 위치

> **주의**
>
> 차량의 전기 및 전자 구성부품 손상을 방지하기 위해 용접 부위 근처에 있는 와이어링 하네스의 접지를 분리해야 한다.
>
> 용접기의 접지는 용접 부위에서 최대한 가까운 위치에 있어야 한다 (MR 400 차체 구조 수리 매뉴얼, 40H, 볼트 결합, 접지를 위한 볼트 결합: 장착 참조).

용접 부위 근처의 접지를 찾는다 (40A, 일반 사항, 접지 위치 : 일반 정보 참조).

c – 탈거해야 하는 차체 구성부품 – 교환 작업을 실시하기 위해 탈거해야 하는 스트럭쳐

다음을 탈거한다 :

- 사이드 실 패널 (41C, 사이드 로어 스트럭쳐, 사이드 실 패널 : 교환 참조),
- 사이드 실 패널 리인포스먼트 (41C, 사이드 실 패널 리인포스먼트 : 교환 참조).

센터 로어 스트럭쳐
프론트 시트 언더 리어 크로스 멤버 : 교환

L38

d – 용접 작업에 대한 설명

> **주의**
> 용접할 부품의 접촉면에 접근할 수 없는 경우 스폿 용접 (전기 저항 용접) 대신 플러그 용접 (아크 용접) 을 사용한다 (MR 400 차체 구조 수리 매뉴얼, 40C, 가스 메탈 아크 용접 결합, 가스 쉴드 아크 용접 비드 조인트 : 설명 참조).

d – 용접 작업에 대한 설명

사이드 로어 스트럭쳐
사이드 실 패널 : 교환

41C

L38

I – 서비스 부품의 구성

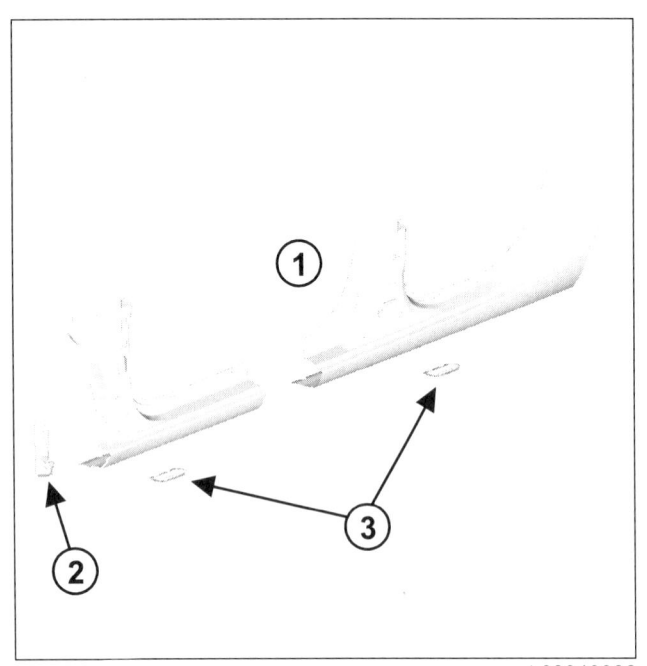

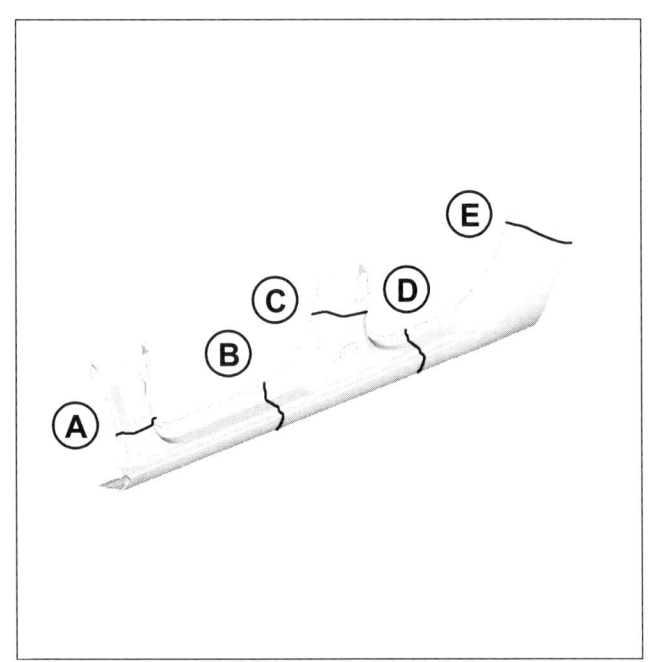

1 – 전체 교환 A-C-E

a – 부품의 장착 위치

번호	설명	재질	두께 (mm)
(1)	바디 사이드	SGACE	0.65
(2)	실 프론트 블랭킹 커버	SPCC	0.65
(3)	리프팅 포인트 서포트	HE450M	2

II – 교환 작업

부품 교환 방법 :

– 전체 교환 A-C-E,

– 프론트 엔드 부분 교환 A-B,

– 프론트 섹션 부분 교환 A-C-D,

– 리어 섹션 부분 교환 B-C-E,

– 리어 엔드 섹션 부분 교환 D-E.

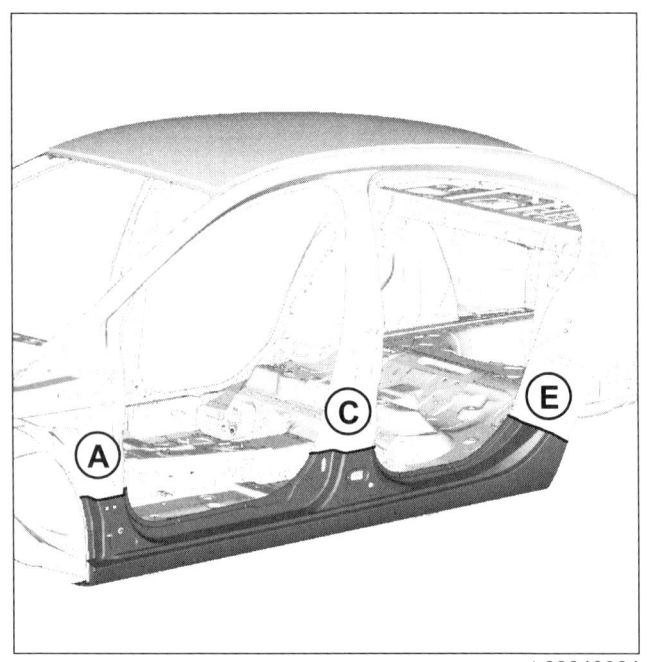

사이드 로어 스트럭쳐
사이드 실 패널 : 교환

41C

L38

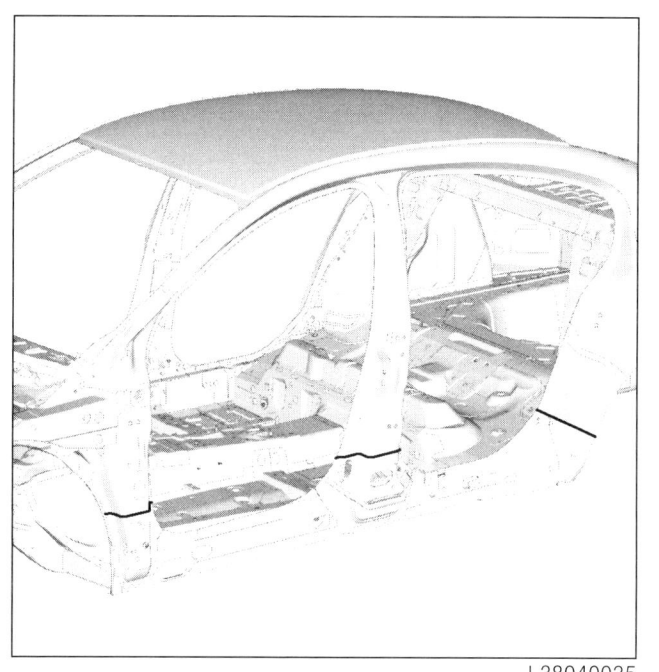

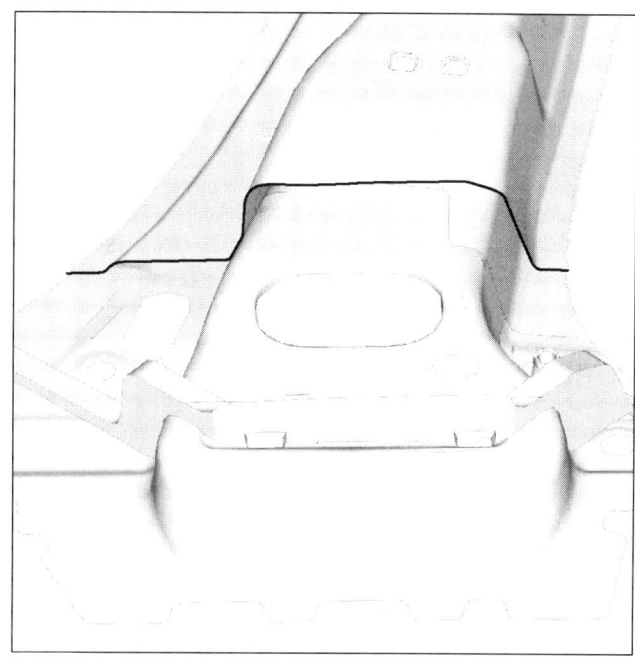

세부도 C

세부도 A

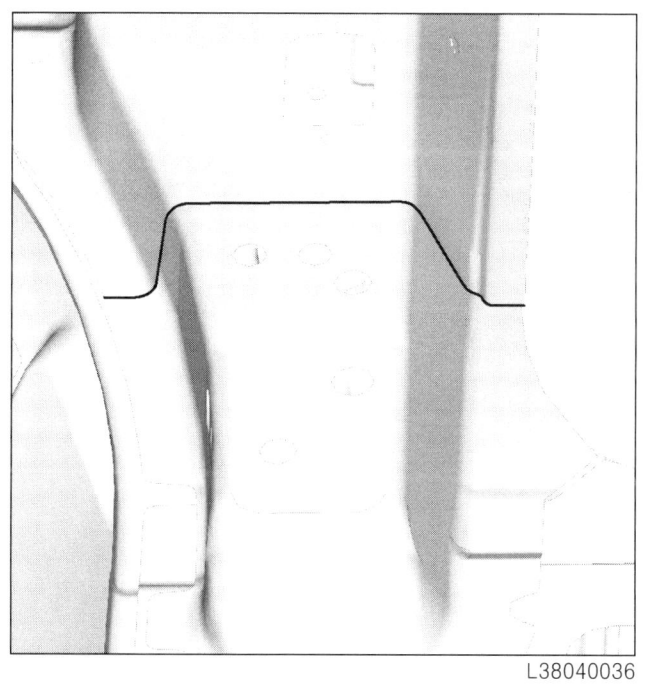

세부도 E

사이드 로어 스트럭쳐
사이드 실 패널 : 교환

41C

L38

b - 전기 접지의 위치

주의

차량의 전기 및 전자 구성부품 손상을 방지하기 위해 용접 부위 근처에 있는 와이어링 하네스의 접지를 분리해야 한다.

용접기의 접지는 용접 부위에서 최대한 가까운 위치에 있어야 한다 (MR 400 차체 구조 수리 매뉴얼, 40H, 볼트 결합, 접지를 위한 볼트 결합: 장착 참조).

용접 부위 근처의 접지를 찾는다 (40A, 일반 사항, 접지 위치 : 일반 설명 참조).

c - 용접 작업에 대한 설명

주의

용접할 부품의 접촉면에 접근할 수 없는 경우 스폿 용접 (전기 저항 용접) 대신 플러그 용접 (아크 용접) 을 사용한다 (MR 400 차체 구조 수리 매뉴얼, 40C, 가스 메탈 아크 용접 결합, 가스 쉴드 아크 용접 비드 조인트 : 설명 참조).

2 - 프론트 엔드 부분 교환 A-B

a - 부품의 장착 위치

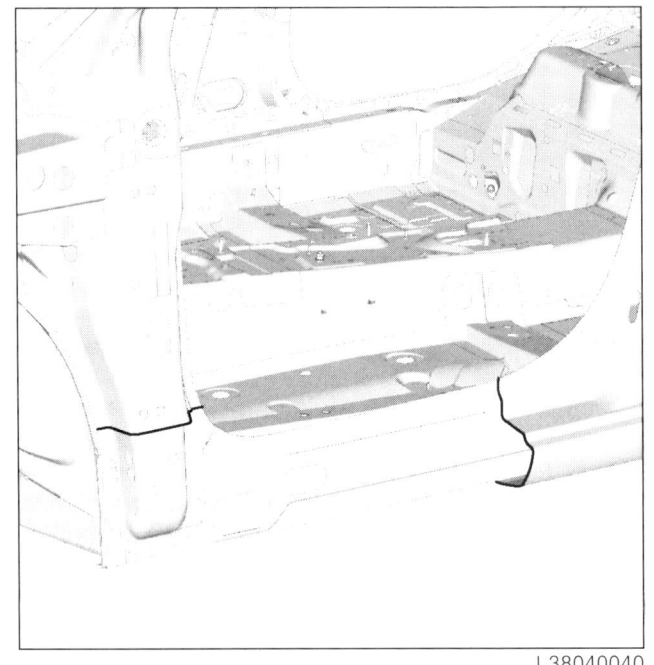

세부도 A

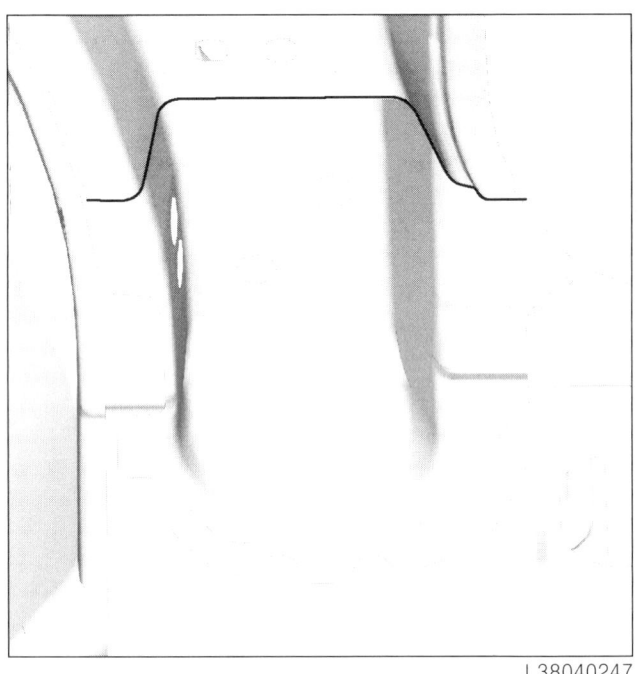

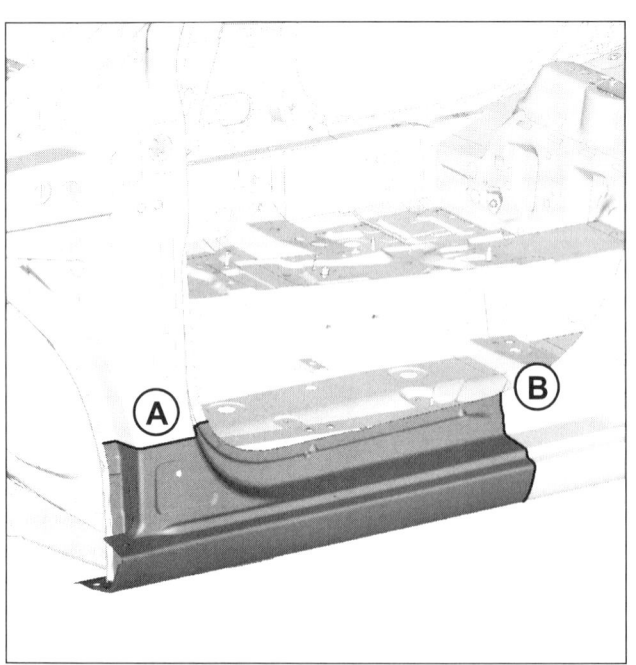

41C-3

사이드 로어 스트럭쳐
사이드 실 패널 : 교환

41C

L38

세부도 B

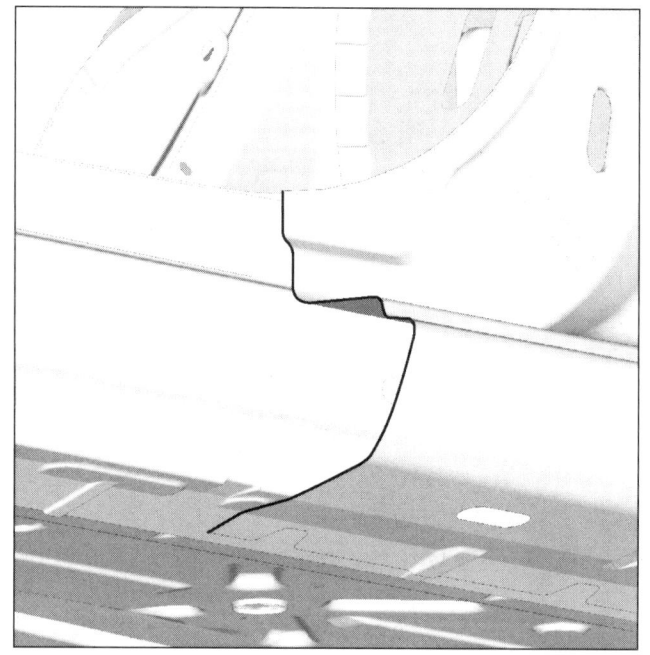

b - 전기 접지의 위치

> **주의**
>
> 차량의 전기 및 전자 구성부품 손상을 방지하기 위해 용접 부위 근처에 있는 와이어링 하네스의 접지를 분리해야 한다.
>
> 용접기의 접지는 용접 부위에서 최대한 가까운 위치에 있어야 한다 (MR 400 차체 구조 수리 매뉴얼, 40H, 볼트 결합, 접지를 위한 볼트 결합: 장착 참조).

용접 부위 근처의 접지를 찾는다 (40A, 일반 사항, 접지 위치 : 일반 설명 참조).

c - 용접 작업에 대한 설명

> **주의**
>
> 용접할 부품의 접촉면에 접근할 수 없는 경우 스폿 용접 (전기 저항 용접) 대신 플러그 용접 (아크 용접) 을 사용한다 (MR 400 차체 구조 수리 매뉴얼, 40C, 가스 메탈 아크 용접 결합, 가스 쉴드 아크 용접 비드 조인트 : 설명 참조).

3 - 프론트 섹션 부분 교환 A-C-D

a - 부품의 장착 위치

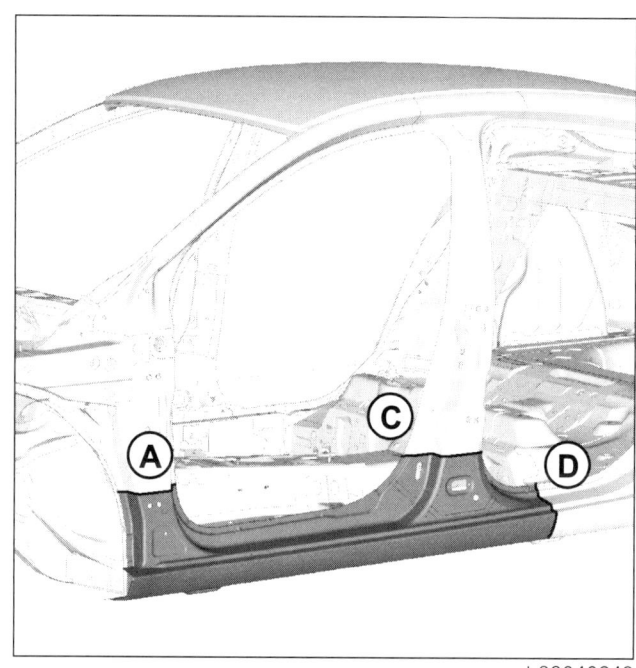

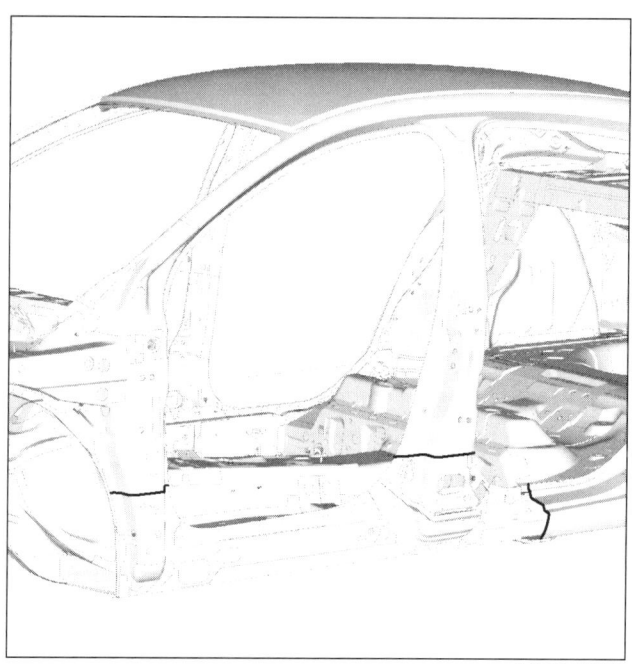

사이드 로어 스트럭쳐
사이드 실 패널 : 교환

41C

L38

세부도 A

L38040251

세부도 C

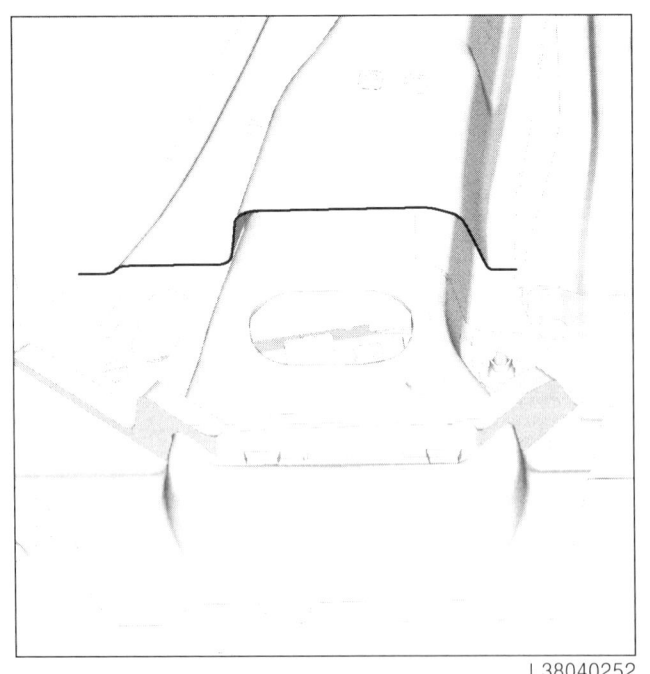

L38040252

세부도 D

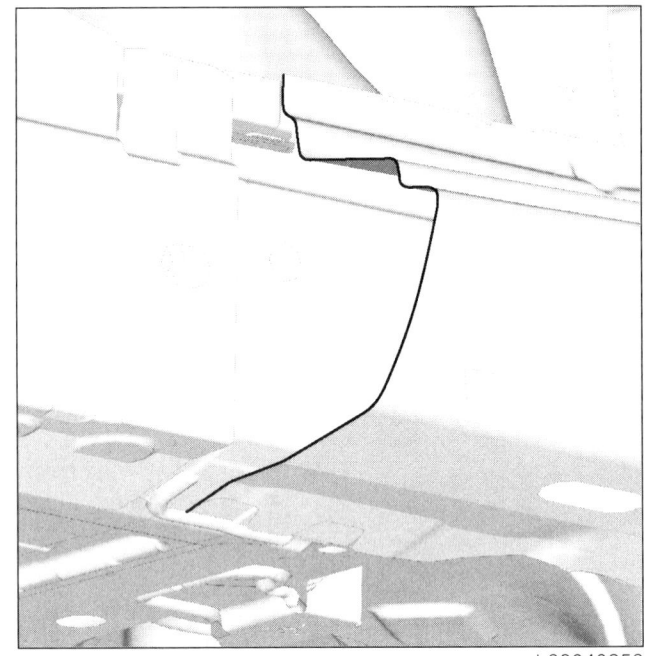

L38040253

b - 전기 접지의 위치

주의

차량의 전기 및 전자 구성부품 손상을 방지하기 위해 용접 부위 근처에 있는 와이어링 하네스의 접지를 분리해야 한다.

용접기의 접지는 용접 부위에서 최대한 가까운 위치에 있어야 한다 (MR 400 차체 구조 수리 매뉴얼, 40H, 볼트 결합, 접지를 위한 볼트 결합: 장착 참조).

용접 부위 근처의 접지를 찾는다 (40A, 일반 사항, 접지 위치 : 일반 설명 참조).

c - 용접 작업에 대한 설명

주의

용접할 부품의 접촉면에 접근할 수 없는 경우 스폿 용접 (전기 저항 용접) 대신 플러그 용접 (아크 용접) 을 사용한다 (MR 400 차체 구조 수리 매뉴얼, 40C, 가스 메탈 아크 용접 결합, 가스 쉴드 아크 용접 비드 조인트 : 설명 참조).

사이드 로어 스트럭쳐
사이드 실 패널 : 교환

41C

L38

4 - 리어 섹션 부분 교환 B-C-E

a - 부품의 장착 위치

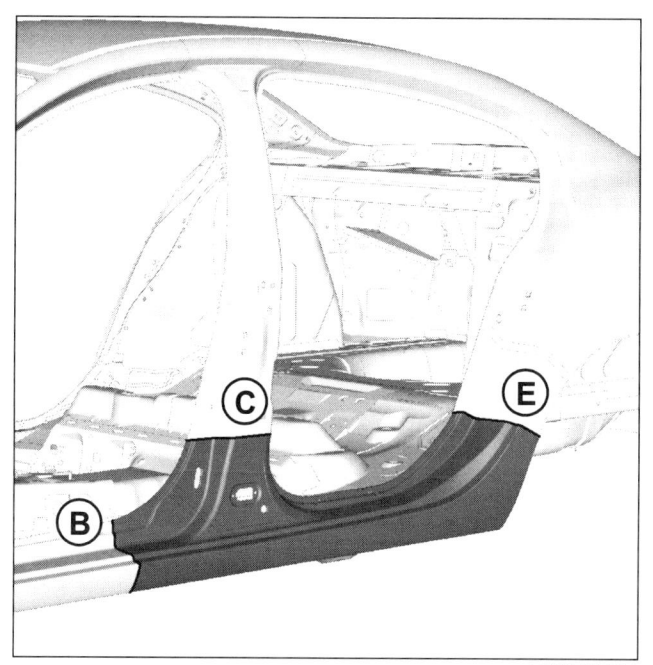

세부도 B

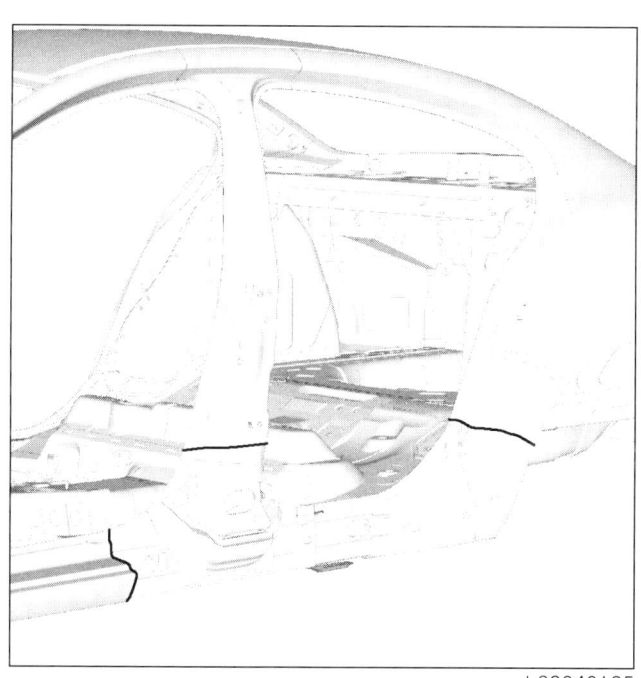

세부도 C

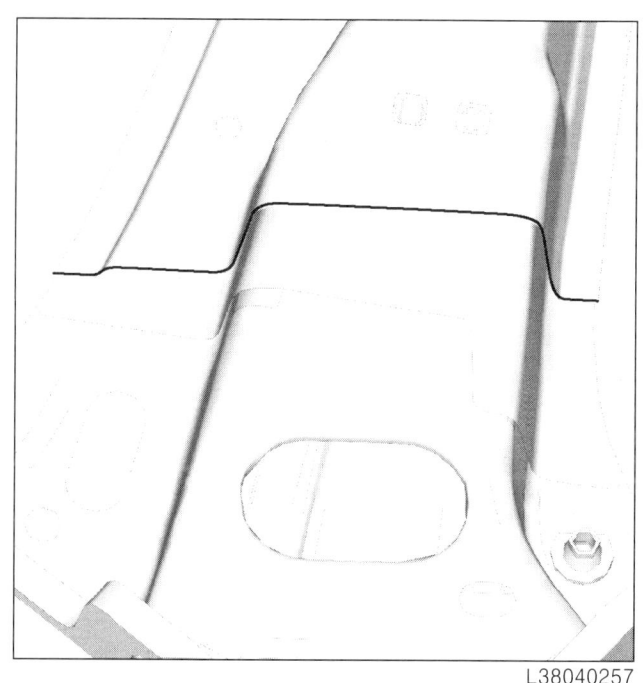

사이드 로어 스트럭쳐
사이드 실 패널 : 교환

41C

L38

세부도 E

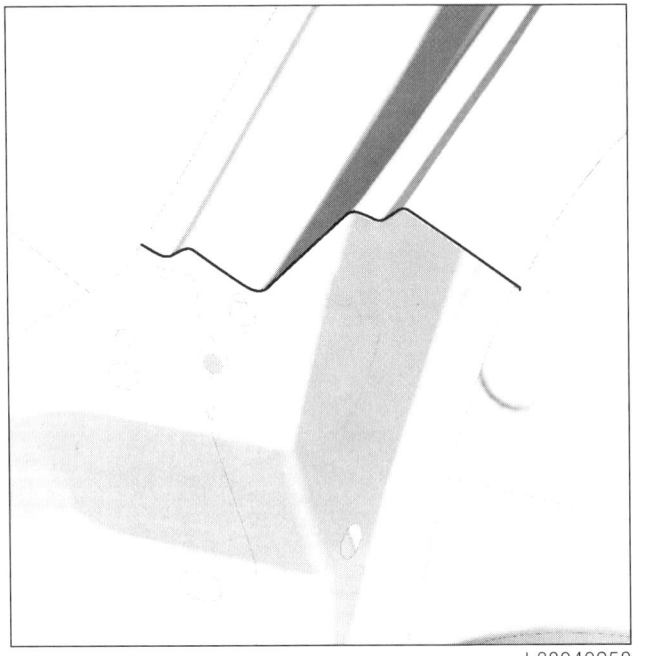

b - 전기 접지의 위치

주의

차량의 전기 및 전자 구성부품 손상을 방지하기 위해 용접 부위 근처에 있는 와이어링 하네스의 접지를 분리해야 한다.

용접기의 접지는 용접 부위에서 최대한 가까운 위치에 있어야 한다 (MR 400 차체 구조 수리 매뉴얼, 40H, 볼트 결합, 접지를 위한 볼트 결합: 장착 참조).

용접 부위 근처의 접지를 찾는다 (40A, 일반 사항, 접지 위치 : 일반 사항 참조).

c - 용접 작업에 대한 설명

주의

용접할 부품의 접촉면에 접근할 수 없는 경우 스폿 용접 (전기 저항 용접) 대신 플러그 용접 (아크 용접) 을 사용한다 (MR 400 차체 구조 수리 매뉴얼, 40C, 가스 메탈 아크 용접 결합, 가스 쉴드 아크 용접 비드 조인트 : 설명 참조).

5 - 리어 엔드 섹션 부분 교환 D-E

a - 부품의 장착 위치

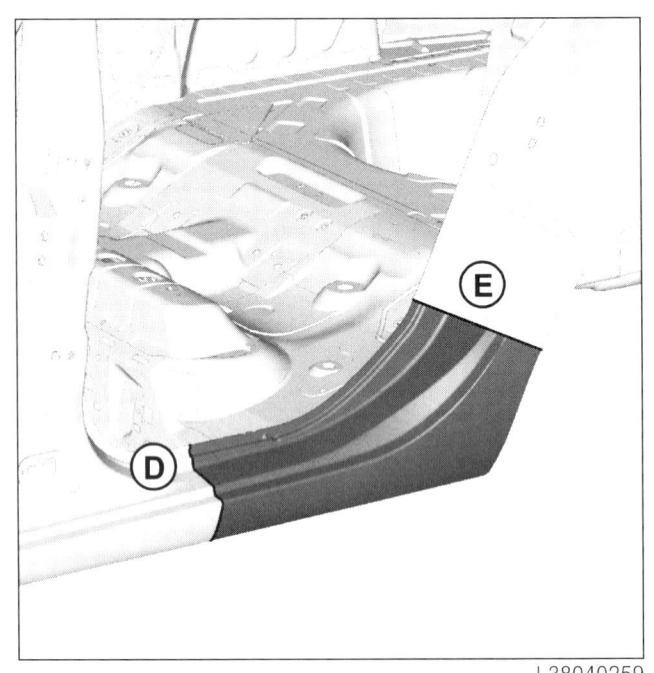

사이드 로어 스트럭쳐
사이드 실 패널 : 교환

41C

L38

세부도 D

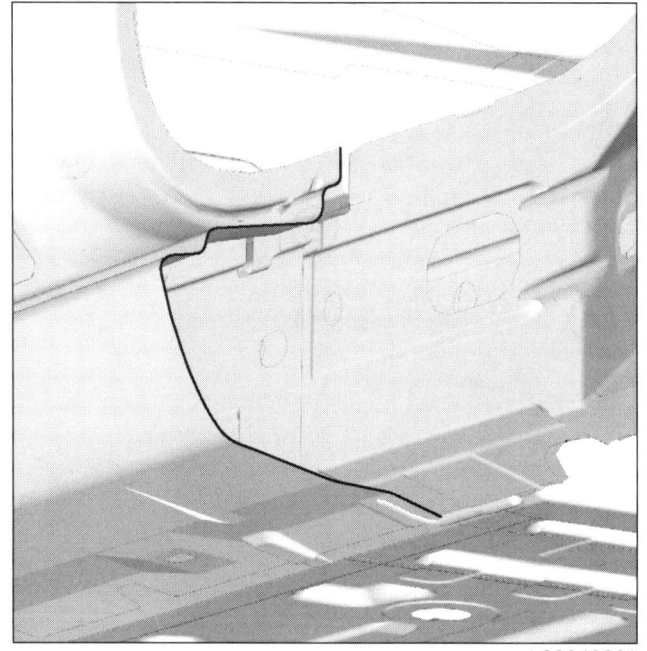

L38040261

세부도 E

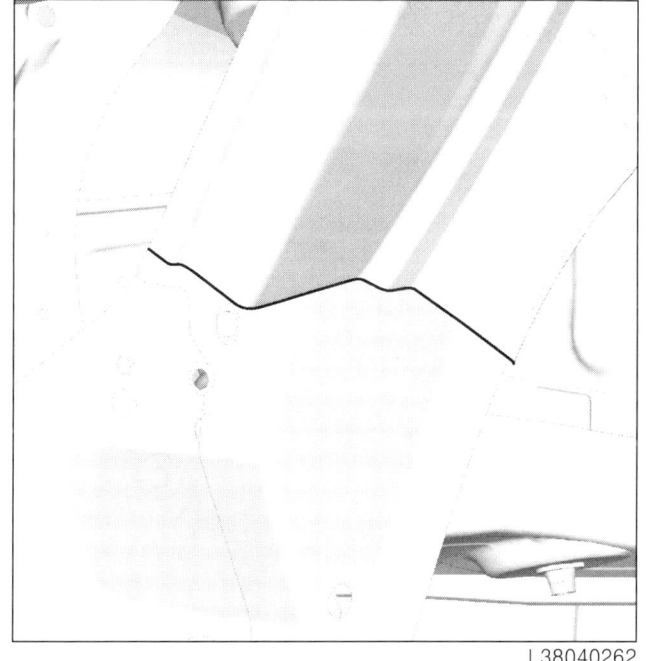

L38040262

b - 전기 접지의 위치

주의

차량의 전기 및 전자 구성부품 손상을 방지하기 위해 용접 부위 근처에 있는 와이어링 하네스의 접지를 분리해야 한다.

용접기의 접지는 용접 부위에서 최대한 가까운 위치에 있어야 한다 (MR 400 차체 구조 수리 매뉴얼, 40H, 볼트 결합, 접지를 위한 볼트 결합: 장착 참조).

용접 부위 근처의 접지를 찾는다 (40A, 일반 사항, 접지 위치 : 일반 사항 참조).

c - 용접 작업에 대한 설명

주의

용접할 부품의 접촉면에 접근할 수 없는 경우 스폿 용접 (전기 저항 용접) 대신 플러그 용접 (아크 용접) 을 사용한다 (MR 400 차체 구조 수리 매뉴얼, 40C, 가스 메탈 아크 용접 결합, 가스 쉴드 아크 용접 비드 조인트 : 설명 참조).

사이드 로어 스트럭쳐
사이드 실 패널 리인포스먼트 : 교환

41C

L38

I - 서비스 부품의 구성

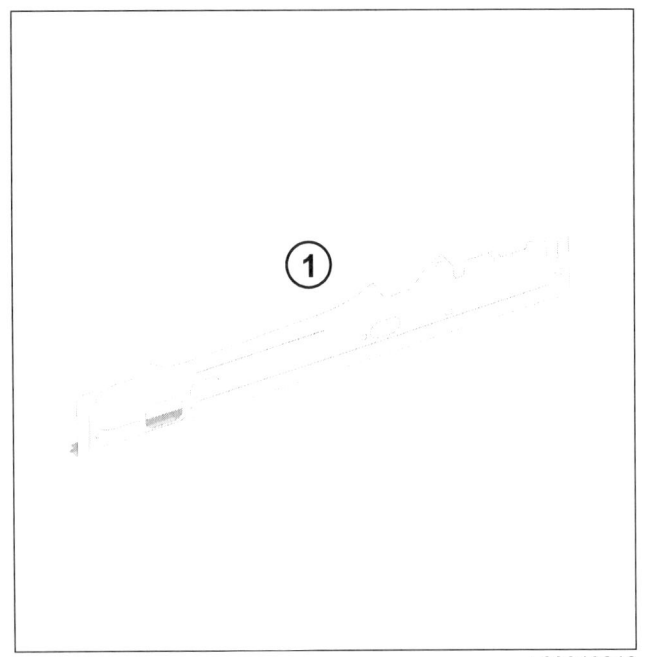

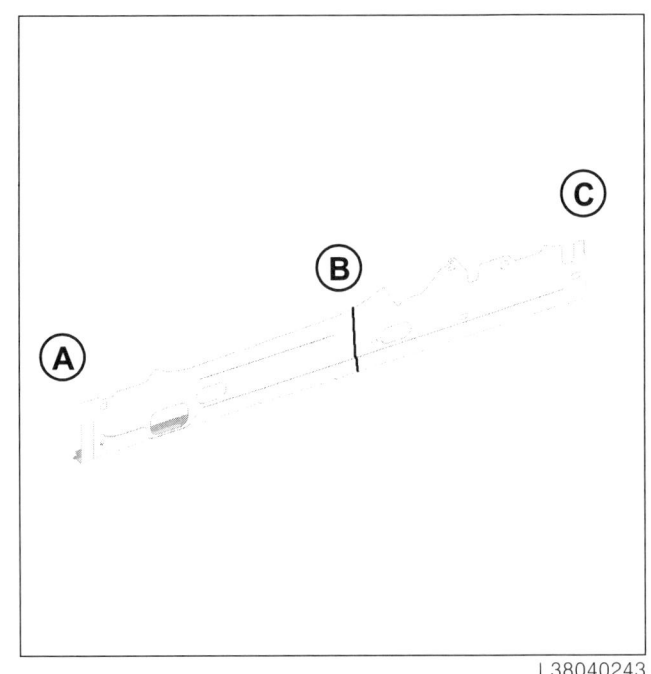

번호	설명	재질	두께 (mm)
(1)	사이드 실 패널 리인포스먼트	XE360D	0.9
(2)	실 스티프너	XE360D	1.5

II - 교환 작업

부품 교환 방법 :
- 전체 교환 A-C,
- 부분 교환 B-C.

1 - 전체 교환 A-C

a - 부품의 장착 위치

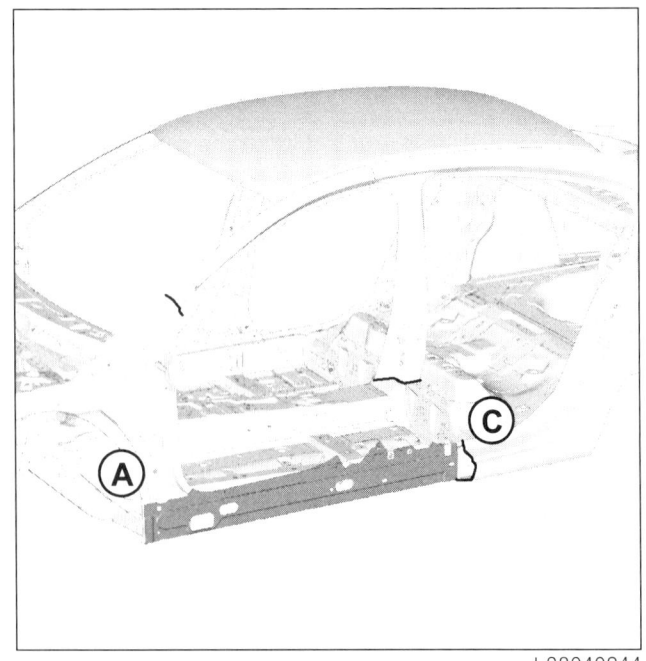

사이드 로어 스트럭쳐
사이드 실 패널 리인포스먼트 : 교환

41C

L38

b – 전기 접지의 위치

> **주의**
>
> 차량의 전기 및 전자 구성부품 손상을 방지하기 위해 용접 부위 근처에 있는 와이어링 하네스의 접지를 분리해야 한다.
>
> 용접기의 접지는 용접 부위에서 최대한 가까운 위치에 있어야 한다 (MR 400 차체 구조 수리 매뉴얼, 40H, 볼트 결합, 접지를 위한 볼트 결합: 장착 참조).

용접 부위 근처의 접지를 찾는다 (40A, 일반 사항, 접지 위치 : 일반 설명 참조).

c – 신품으로 교환해야 하는 부품

다음을 교환한다 :

- 중공 부분 인서트 (40A, 일반 사항, 방음재의 위치와 관련 설명 참조).

d – 탈거해야 하는 차체 구성부품 – 교환 작업을 실시하기 위해 탈거해야 하는 스트럭쳐

사이드 실 패널을 탈거한다 (41C, 사이드 로어 스트럭쳐, 사이드 실 패널 : 교환 참조).

e – 용접 작업에 대한 설명

> **주의**
>
> 용접할 부품의 접촉면에 접근할 수 없는 경우 스폿 용접 (전기 저항 용접) 대신 플러그 용접 (아크 용접) 을 사용한다 (MR 400 차체 구조 수리 매뉴얼, 40C, 가스 메탈 아크 용접 결합, 가스 쉴드 아크 용접 비드 조인트 : 설명 참조).

2 – 부분 교환 B-C

a – 부품의 장착 위치

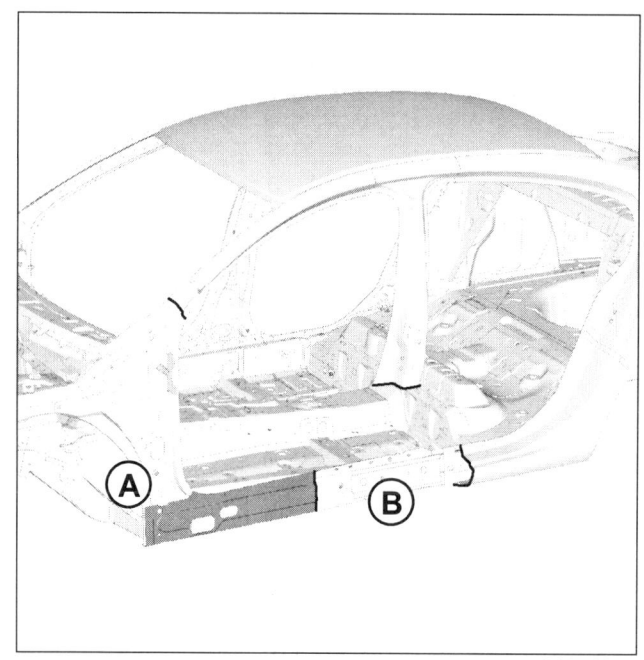

L38040245

세부도 A

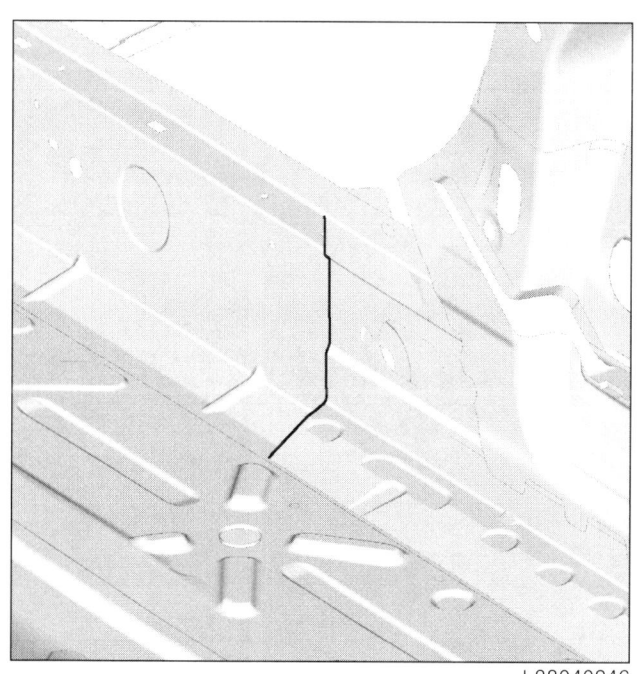

L38040246

사이드 로어 스트럭쳐
사이드 실 패널 리인포스먼트 : 교환

41C

L38

b – 전기 접지의 위치

> **주의**
>
> 차량의 전기 및 전자 구성부품 손상을 방지하기 위해 용접 부위 근처에 있는 와이어링 하네스의 접지를 분리해야 한다.
>
> 용접기의 접지는 용접 부위에서 최대한 가까운 위치에 있어야 한다 (MR 400 차체 구조 수리 매뉴얼 , 40H, 볼트 결합, 접지를 위한 볼트 결합: 장착 참조).

용접 부위 근처의 접지를 찾는다 (40A, 일반 사항 , 접지 위치 : 일반 설명 참조).

c – 신품으로 교환해야 하는 부품

다음을 교환한다 :

– 중공 부분 인서트 (40A, 일반 사항 , 방음재의 위치와 관련 설명 참조).

d – 탈거해야 하는 차체 구성부품 – 교환 작업을 실시하기 위해 탈거해야 하는 스트럭쳐

사이드 실 패널을 탈거한다 (41C, 사이드 로어 스트럭쳐 , 사이드 실 패널 : 교환 참조).

사이드 로어 스트럭쳐
바디 사이드 리어 크로싱 멤버 : 교환

41C

L38

I - 서비스 부품의 구성

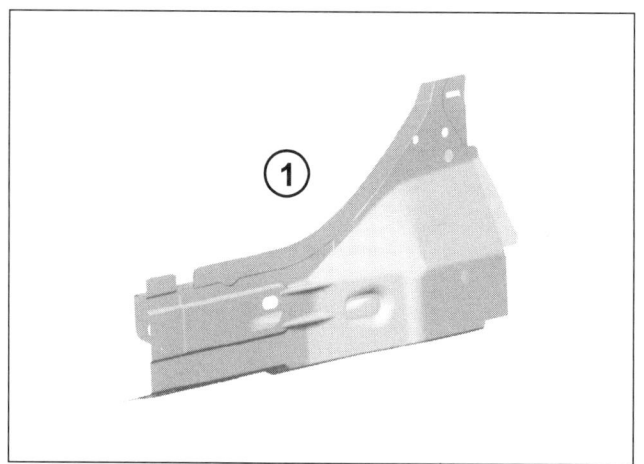

L38040041

번호	설명	재질	두께 (mm)
(1)	사이드 실 패널 리어 이너 패널	XE360D	0.9

II - 교환 작업

부품 교환 방법 :

- 전체 교환 .

1 - 전체 교환

a - 부품의 장착 위치

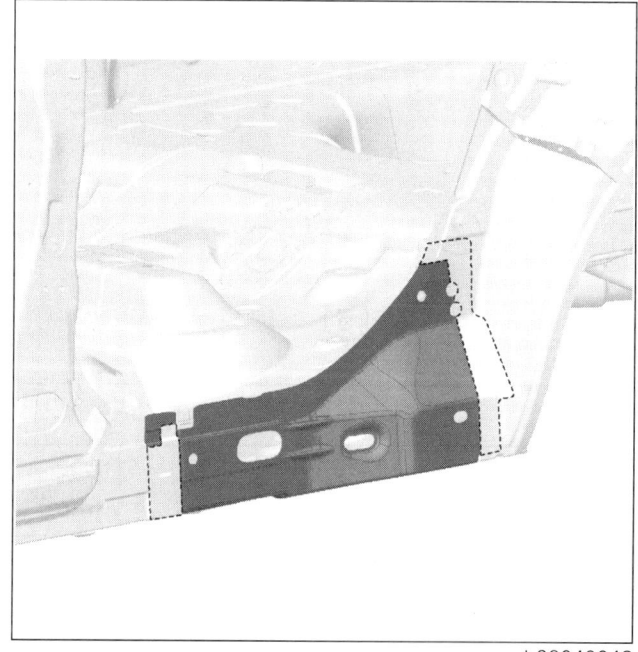

L38040042

b - 전기 접지의 위치

> **주의**
>
> 차량의 전기 및 전자 구성부품 손상을 방지하기 위해 용접 부위 근처에 있는 와이어링 하네스의 접지를 분리해야 한다 .
>
> 용접기의 접지는 용접 부위에서 최대한 가까운 위치에 있어야 한다 (MR 400 차체 구조 수리 매뉴얼 , 40H, 볼트 결합, 접지를 위한 볼트 결합: 장착 참조).

용접 부위 근처의 접지를 찾는다 (40A, 일반 사항 , 접지 위치 : 일반 설명 참조).

c - 탈거해야 하는 차체 구성부품 - 교환 작업을 실시하기 위해 탈거해야 하는 스트럭쳐

사이드 실 패널을 탈거한다 (41C, 사이드 로어 스트럭쳐 , 사이드 실 패널 : 교환 참조).

리어 로어 스트럭쳐
리어 플로어 프론트 섹션 : 교환

41D

L38

I - 서비스 부품의 구성

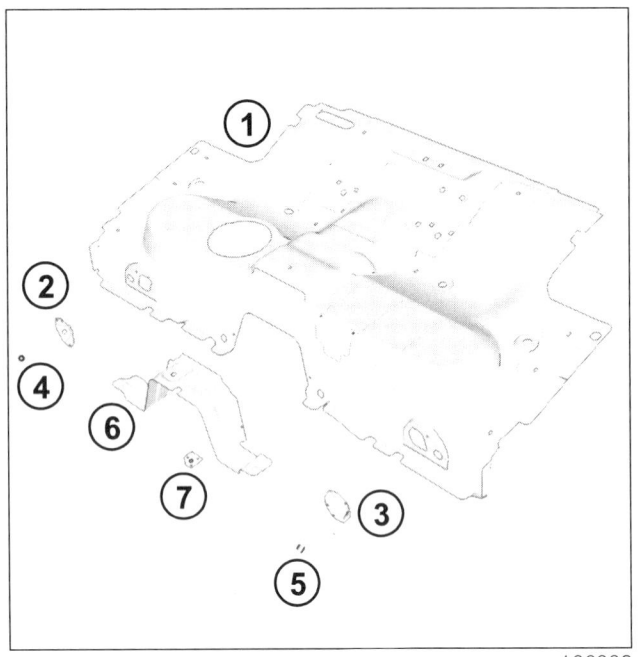

번호	설명	재질	두께 (mm)
(1)	리어 플로어 프론트 섹션	–	0.65
(2)	핸드브레이크 리어 슬리브 스톱의 서포트	–	1.17
(3)	핸드브레이크 리어 슬리브 스톱의 서포트	–	1.5
(4)	핸드브레이크 케이블 라이너	–	–
(5)	핸드브레이크 케이블 라이너	–	–
(6)	배기 시스템 프론트 마운팅 서포트	–	–
(7)	배기 시스템 프론트 마운팅 리인포스먼트	–	–

II - 교환 작업

- 전체 교환 AC,
- 부분 교환 .

리어 로어 스트럭쳐
리어 플로어 프론트 섹션 : 교환

41D

L38

1 - 전체 교환 AC

a - 부품의 장착 위치

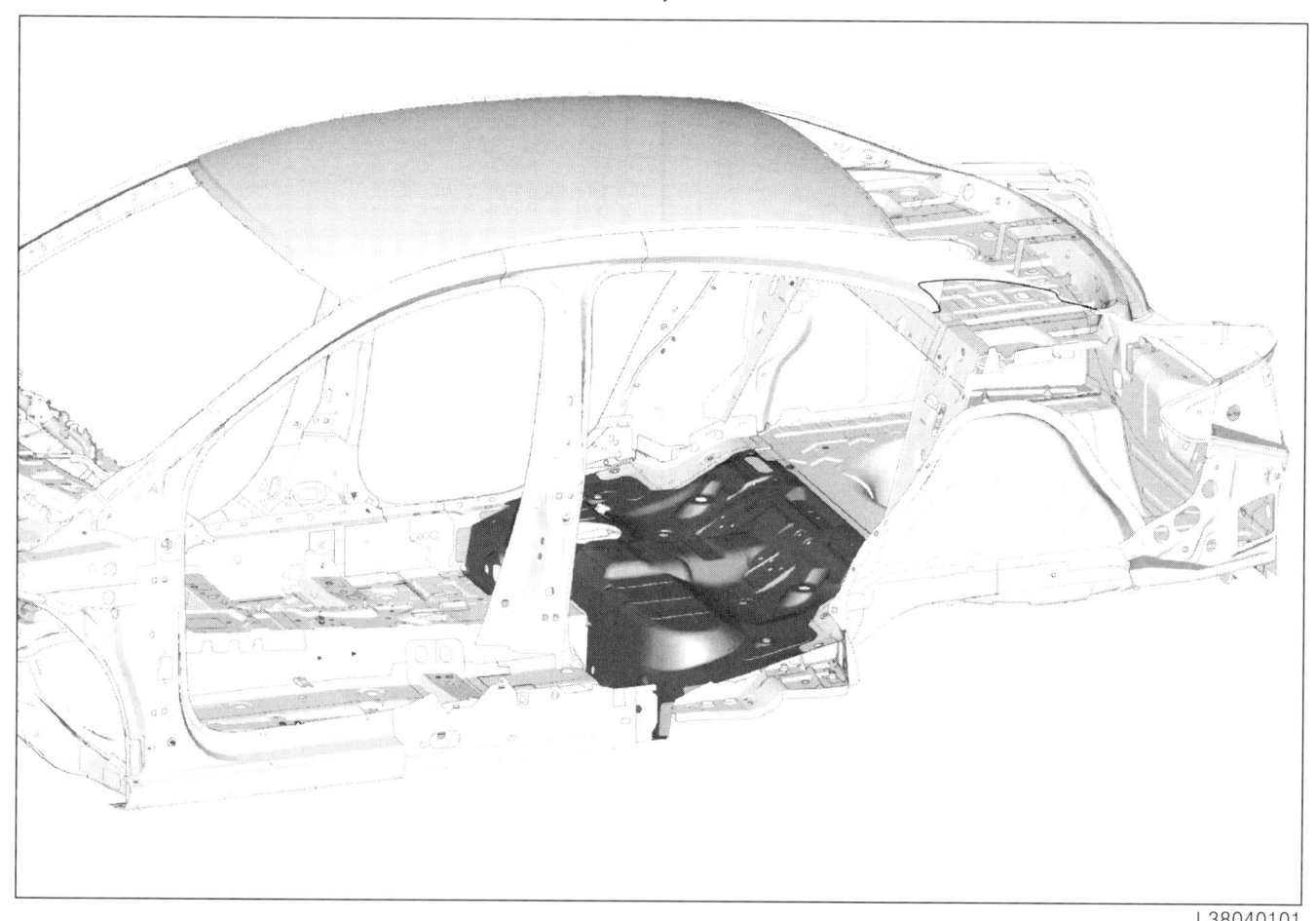

b - 전기 접지의 위치

주의

차량의 전기 및 전자 구성부품 손상을 방지하기 위해 용접 부위 근처에 있는 와이어링 하네스의 접지를 분리해야 한다.

용접기의 접지는 용접 부위에서 최대한 가까운 위치에 있어야 한다 (MR 400 차체 구조 수리 매뉴얼, 40H, 볼트 결합, 접지를 위한 볼트 결합: 장착 참조).

용접 부위 근처의 접지를 찾는다 (40A, 일반 사항, 접지 위치 : 일반 정보 참조).

c - 탈거해야 하는 차체 구성부품 - 교환 작업을 실시하기 위해 탈거해야 하는 스트럭쳐

다음을 탈거한다 :

- 사이드 실 패널 (41C, 사이드 로어 스트럭쳐, 사이드 실 패널 : 교환 참조),

- 사이드 실 패널 리인포스먼트 (41C, 사이드 로어 스트럭쳐, 사이드 실 패널 리인포스먼트 : 교환 참조).

d - 용접 작업에 대한 설명

주의

용접할 부품의 접촉면에 접근할 수 없는 경우 스폿 용접 (전기 저항 용접) 대신 플러그 용접 (아크 용접) 을 사용한다 (MR 400 차체 구조 수리 매뉴얼, 40C, 가스 메탈 아크 용접 결합, 가스 쉴드 아크 용접 비드 조인트 : 설명 참조).

리어 로어 스트럭쳐
리어 플로어 리어 섹션 : 교환

41D

L38

I – 서비스 부품의 구성

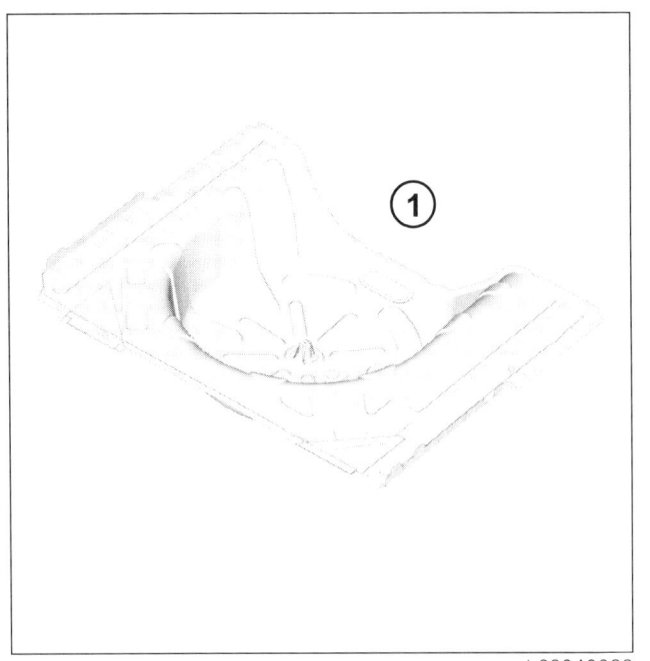

L38040089

번호	설명	재질	두께 (mm)
(1)	리어 플로어 리어 섹션	SPCE	0.65

II – 교환 작업

부품 교환 방법 :

– 전체 교환 AC.

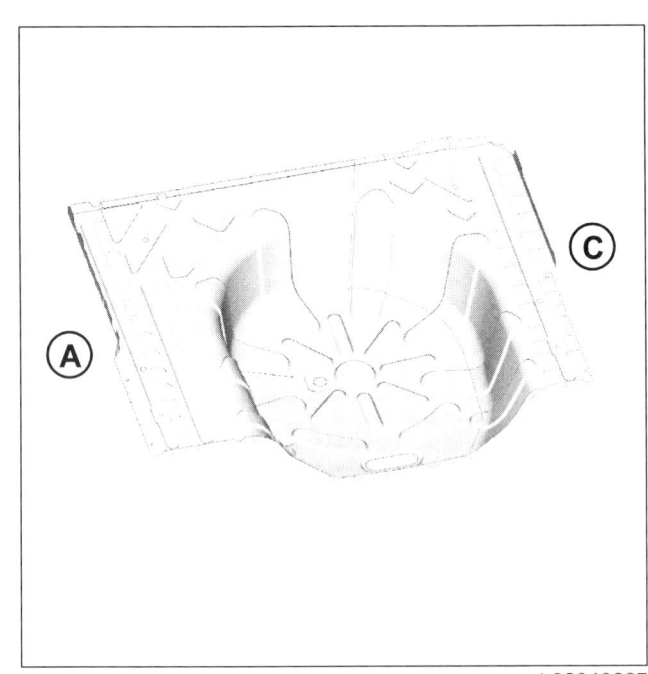

L38040227

리어 로워 스트럭쳐
리어 플로어 리어 섹션 : 교환

41D

L38

1 - 전체 교환 AC

a - 부품의 장착 위치

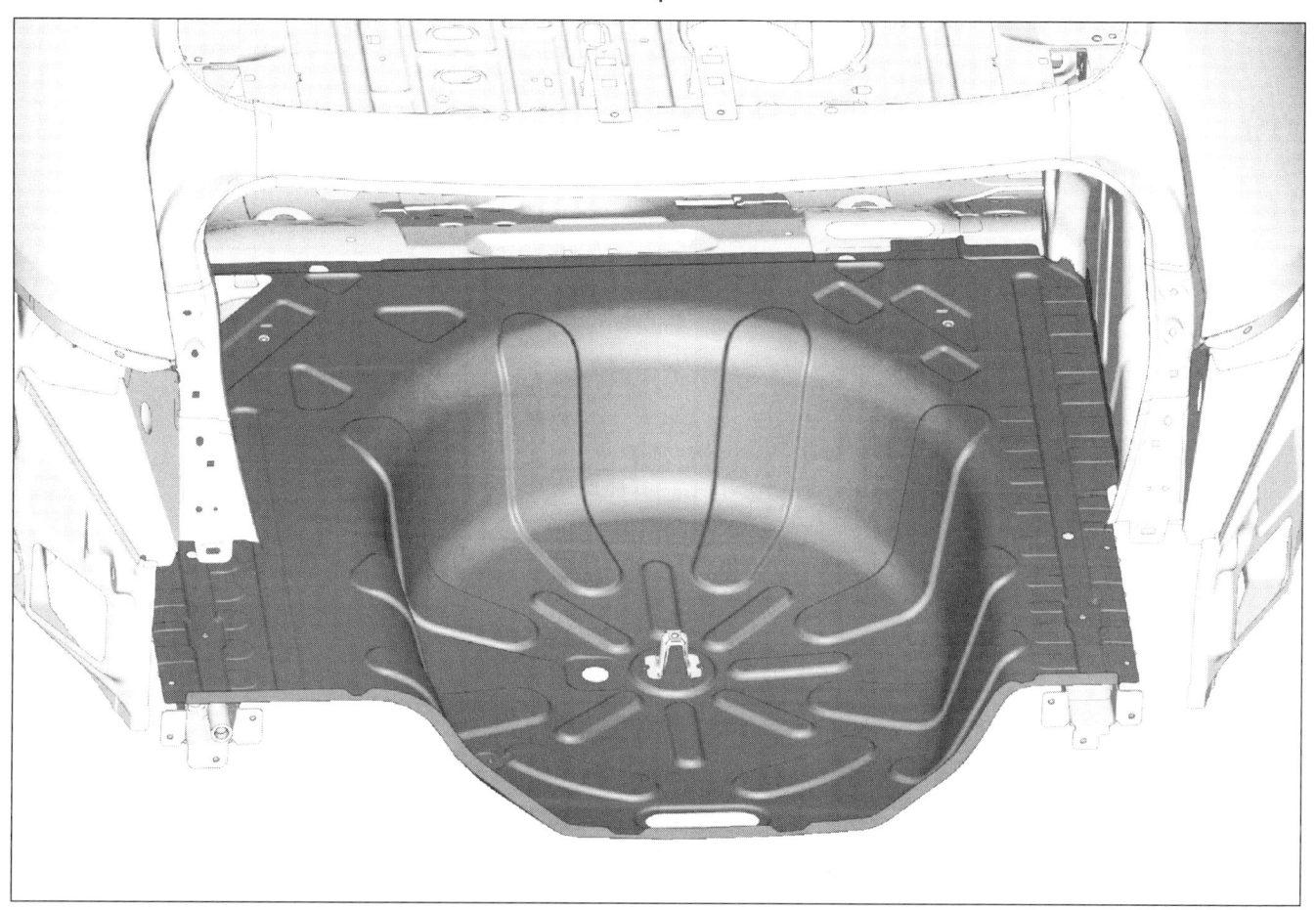

L38040090

b - 전기 접지의 위치

주의

차량의 전기 및 전자 구성부품 손상을 방지하기 위해 용접 부위 근처에 있는 와이어링 하네스의 접지를 분리해야 한다.

용접기의 접지는 용접 부위에서 최대한 가까운 위치에 있어야 한다 (MR 400 차체 구조 수리 매뉴얼, 40H, 볼트 결합, 접지를 위한 볼트 결합: 장착 참조).

용접 부위 근처의 접지를 찾는다 (40A, 일반 사항, 접지 위치 : 일반 정보 참조).

c - 탈거해야 하는 차체 구성부품 - 교환 작업을 실시하기 위해 탈거해야 하는 스트럭쳐

다음을 탈거한다 :

- 사이드 실 패널 (41C, 사이드 로워 스트럭쳐, 사이드 실 패널 : 교환 참조),

- 사이드 실 패널 리인포스먼트 (41C, 사이드 로워 스트럭쳐, 사이드 실 패널 리인포스먼트 : 교환 참조).

d - 용접 작업에 대한 설명

주의

용접할 부품의 접촉면에 접근할 수 없는 경우 스폿 용접 (전기 저항 용접) 대신 플러그 용접 (아크 용접) 을 사용한다 (MR 400 차체 구조 수리 매뉴얼, 40C, 가스 메탈 아크 용접 결합, 가스 쉴드 아크 용접 비드 조인트 : 설명 참조).

리어 로어 스트럭쳐
리어 사이드 멤버 어셈블리 : 교환

41D

L38

I - 서비스 부품의 구성

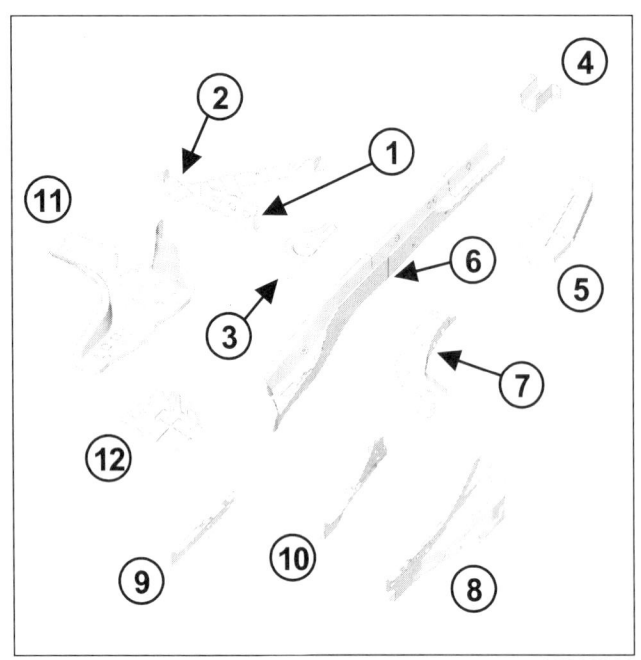

L38040238

번호	설명	재질	두께 (mm)
(1)	리어 센터 크로스 멤버 및 리어 사이드 멤버의 연결부	APFC440	1.4
(2)	리어 쇽업소버 마운팅 요크	APFCY380	1.2
(3)	리어 쇽업소버 컵	APFH540	2.0
(4)	리어 임팩트 크로스 멤버 사이드 멤버 연결부	XE280P	2
(5)	리어 휠아치 이너 - 크로싱 패널	SPCC	0.95
(6)	리어 사이드 멤버	APFCY380 /APFC440	2/1.6
(7)	시트 백 마운팅 사이드 리인포스먼트	APFC440	1.65
(8)	리어 실 이너 패널	XE360B	1.37
(9)	리어 실 이너 패널 리인포스먼트	HE540M	1.8
(10)	리어 실	XE360B	1.37

번호	설명	재질	두께 (mm)
(11)	리어 액슬 마운팅 하우징	APFH440	1.8
(12)	리어 액슬 마운팅 리인포스먼트	APFH440	2

II - 교환 작업

부품 교환 방법 :

- 전체 교환 .

1 - 전체 교환

경고

지그 벤치를 사용하여 포인트 및 액슬 어셈블리의 정확한 위치를 지정한다 .

a - 부품의 장착 위치

위에서 본 모습

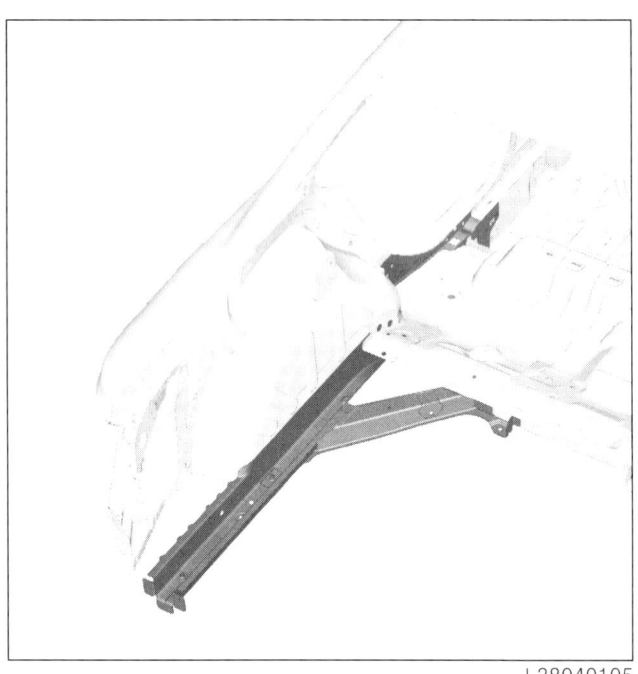

L38040105

리어 로어 스트럭쳐
리어 사이드 멤버 어셈블리 : 교환

41D

L38

아래에서 본 모습

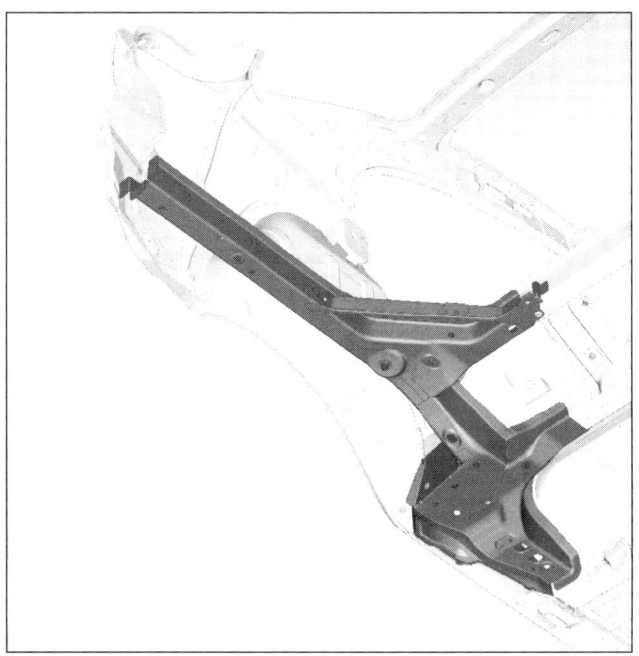

L38040106

b - 전기 접지의 위치

주의

차량의 전기 및 전자 구성부품 손상을 방지하기 위해 용접 부위 근처에 있는 와이어링 하네스의 접지를 분리해야 한다.

용접기의 접지는 용접 부위에서 최대한 가까운 위치에 있어야 한다 (MR 400 차체 구조 수리 매뉴얼, 40H, 볼트 결합, 접지를 위한 볼트 결합: 장착 참조).

용접 부위 근처의 접지를 찾는다 (40A, 일반 사항, 접지 위치 : 일반 설명 참조).

c - 탈거해야 하는 차체 구성부품 - 교환 작업을 실시하기 위해 탈거해야 하는 스트럭쳐

다음을 탈거한다 :

- 리어 에이프런 패널 어셈블리 (44A, 리어 어퍼 스트럭쳐, 리어 에이프런 패널 어셈블리 : 교환 참조).

d - 용접 작업에 대한 설명

주의

용접할 부품의 접촉면에 접근할 수 없는 경우 스폿 용접 (전기 저항 용접) 대신 플러그 용접 (아크 용접) 을 사용한다 (MR 400 차체 구조 수리 매뉴얼, 40C, 가스 메탈 아크 용접 결합, 가스 쉴드 아크 용접 비드 조인트 : 설명 참조).

리어 로어 스트럭쳐
리어 사이드 멤버 : 교환

41D

L38

I - 서비스 부품의 구성

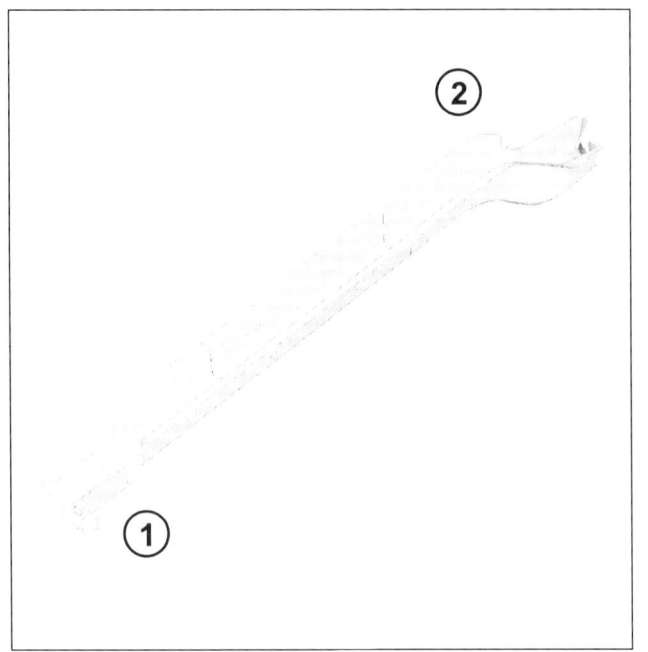

L38040108

번호	설명	재질	두께 (mm)
(1)	리어 임팩트 크로스 멤버 사이드 멤버 연결부	XE280P	2
(2)	리어 사이드 멤버	APFCY380 /APFC440	2/1.6

II - 교환 작업

부품 교환 방법 :

- 부분 교환 A-B.

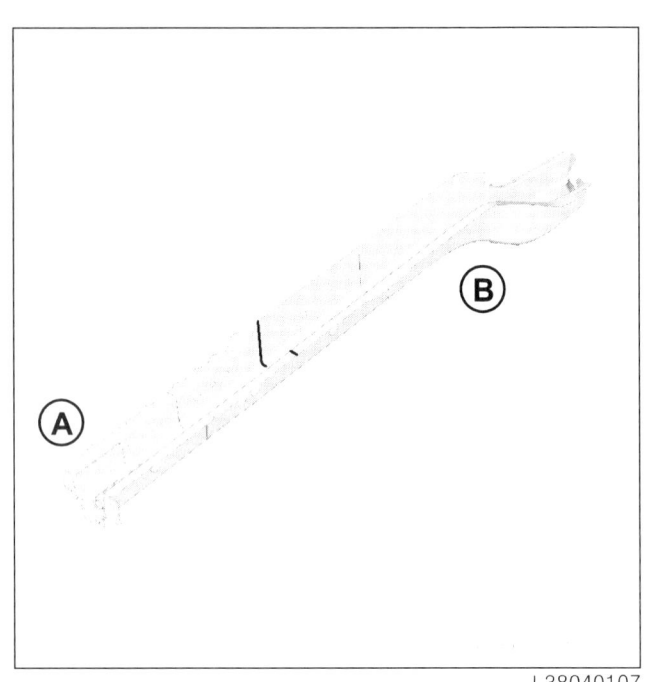

L38040107

경고

지그 벤치를 사용하여 포인트 및 액슬 어셈블리의 정확한 위치를 지정한다.

리어 로어 스트럭쳐
리어 사이드 멤버 : 교환

41D

L38

1 - 부분 교환 A-B

a - 부품의 장착 위치

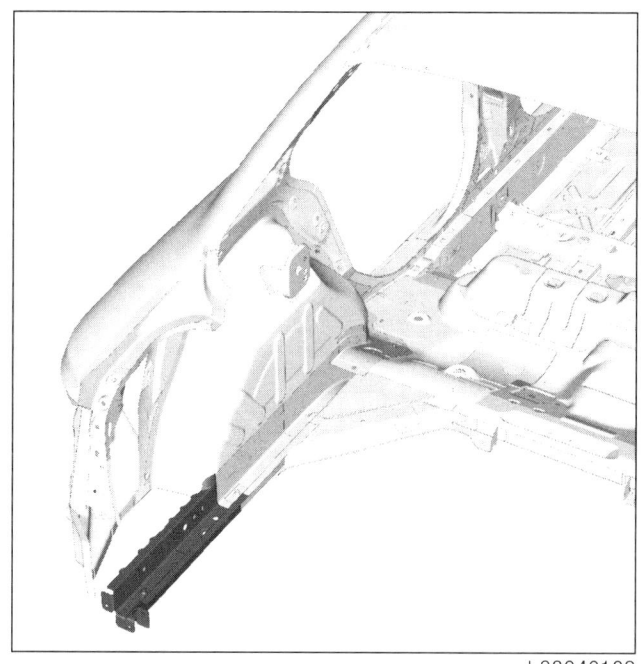

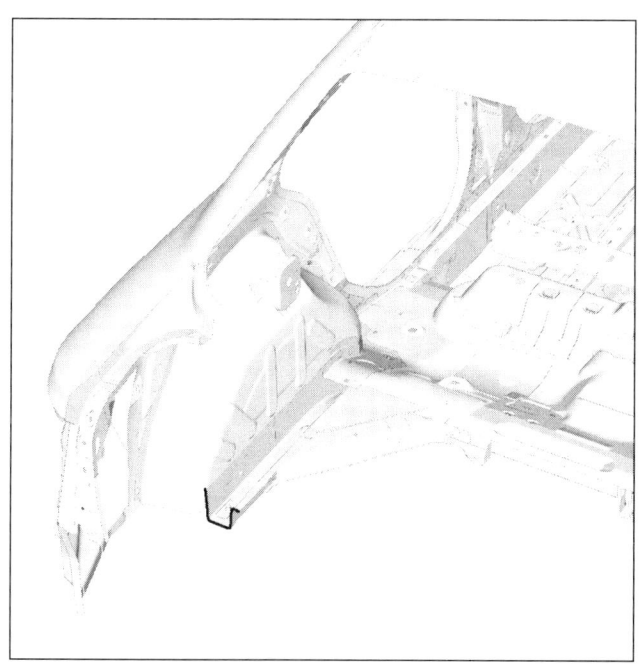

세부도

b - 전기 접지의 위치

주의

차량의 전기 및 전자 구성부품 손상을 방지하기 위해 용접 부위 근처에 있는 와이어링 하네스의 접지를 분리해야 한다.

용접기의 접지는 용접 부위에서 최대한 가까운 위치에 있어야 한다 (MR 400 차체 구조 수리 매뉴얼, 40H, 볼트 결합, 접지를 위한 볼트 결합: 장착 참조).

용접 부위 근처의 접지를 찾는다 (40A, 일반 사항, 접지 위치 : 일반 설명 참조).

c - 탈거해야 하는 차체 구성부품 - 교환 작업을 실시하기 위해 탈거해야 하는 스트럭쳐

다음을 탈거한다 :

- 리어 엔드 패널 (44A, 리어 어퍼 스트럭쳐, 리어 엔드 패널 : 교환 참조),

- 리어 휠아치 이너 - 클로징 패널 (44A, 리어 어퍼 스트럭쳐, 리어 휠아치 이너-클로징 패널: 교환 참조).

리어 로어 스트럭쳐
리어 사이드 멤버 : 교환

41D

L38

d – 용접 작업에 대한 설명

> **주의**
> 용접할 부품의 접촉면에 접근할 수 없는 경우 스폿 용접 (전기 저항 용접) 대신 플러그 용접 (아크 용접) 을 사용한다 (MR 400 차체 구조 수리 매뉴얼, 40C, 가스 메탈 아크 용접 결합, 가스 쉴드 아크 용접 비드 조인트 : 설명 참조).

d – 용접 작업에 대한 설명

리어 로어 스트럭쳐
리어 시트 크로스 멤버 : 교환

41D

L38

I – 서비스 부품의 구성

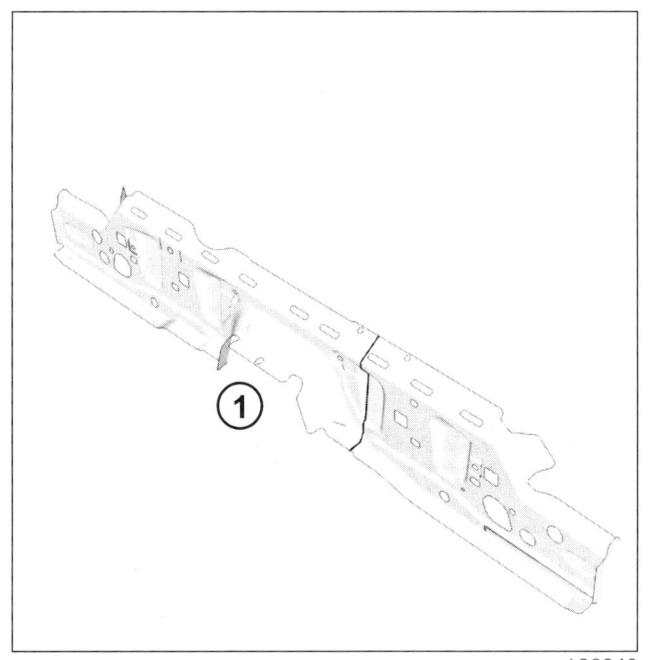

번호	설명	재질	두께 (mm)
(1)	리어 시트 크로스 멤버 리인포스먼트	APFC440	0.9

II – 교환 작업

부품 교환 방법 :

– 부분 교환 A-B.

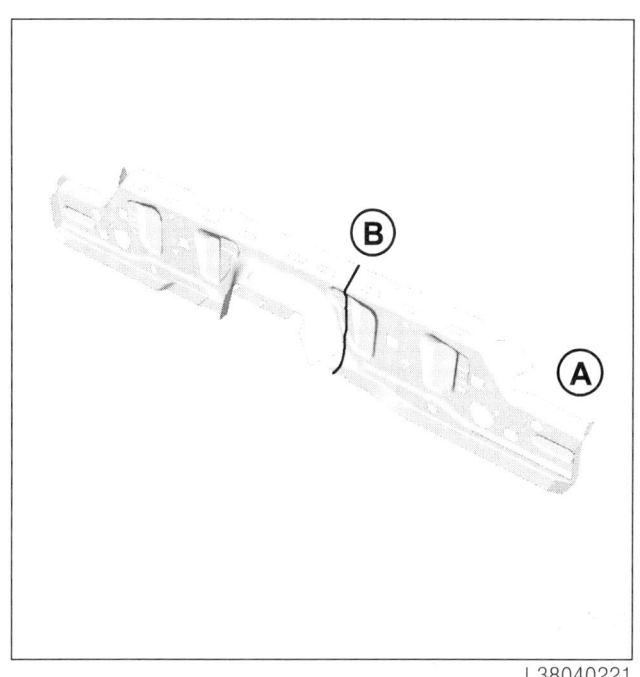

1 – 부분 교환 A-B

a – 부품의 장착 위치

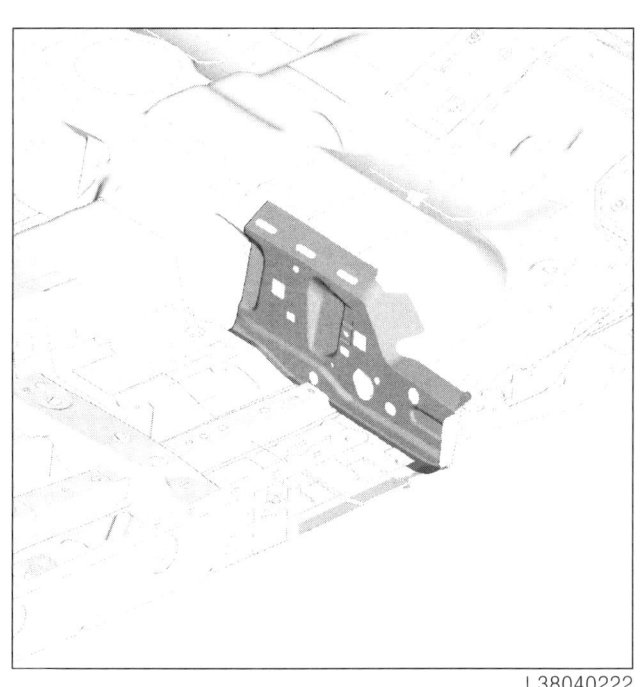

41D-10

리어 로어 스트럭쳐
리어 시트 크로스 멤버 : 교환

41D

L38

L38040223

세부도

L38040224

b - 전기 접지의 위치

주의

차량의 전기 및 전자 구성부품 손상을 방지하기 위해 용접 부위 근처에 있는 와이어링 하네스의 접지를 분리해야 한다.

용접기의 접지는 용접 부위에서 최대한 가까운 위치에 있어야 한다 (MR 400 차체 구조 수리 매뉴얼, 40H, 볼트 결합, 접지를 위한 볼트 결합: 장착 참조).

용접 부위 근처의 접지를 찾는다 (40A, 일반 사항, 접지 위치 : 일반 설명 참조).

c - 탈거해야 하는 차체 구성부품 - 교환 작업을 실시하기 위해 탈거해야 하는 스트럭쳐

다음을 탈거한다 :

- 사이드 실 패널 (41C, 사이드 로어 스트럭쳐, 사이드 실 패널 : 교환 참조),
- 사이드 실 패널 리인포스먼트 (41C, 사이드 로어 스트럭쳐, 사이드 실 패널 리인포스먼트 : 교환 참조).

d - 용접 작업에 대한 설명

주의

용접할 부품의 접촉면에 접근할 수 없는 경우 스폿 용접 (전기 저항 용접) 대신 플러그 용접 (아크 용접) 을 사용한다 (MR 400 차체 구조 수리 매뉴얼, 40C, 가스 메탈 아크 용접 결합, 가스 쉴드 아크 용접 비드 조인트 : 설명 참조).

리어 로어 스트럭쳐
센트럴 리어 크로스 멤버 : 교환

41D

L38

I - 서비스 부품의 구성

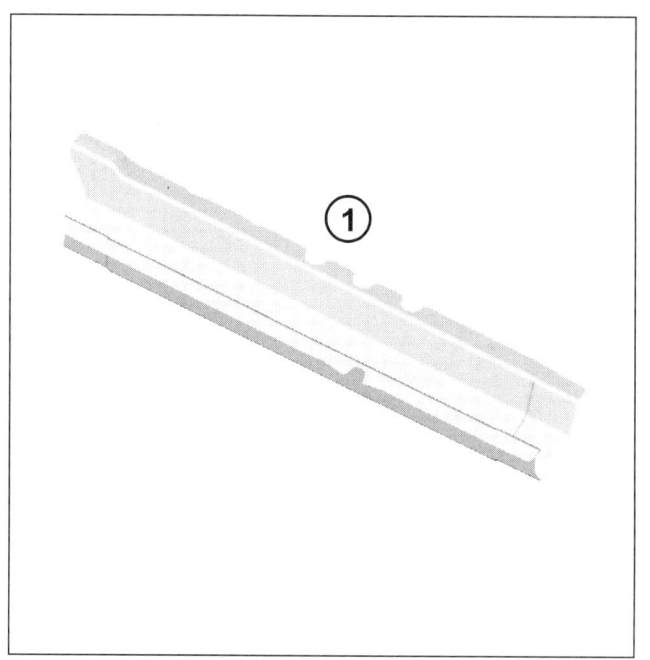

L38040079

번호	설명	재질	두께 (mm)
(1)	센트럴 리어 크로스 멤버	XE360D	1

II - 부품의 장착 위치

부품 교환 방법 :

- 전체 교환

1 - 전체 교환

a - 부품의 장착 위치

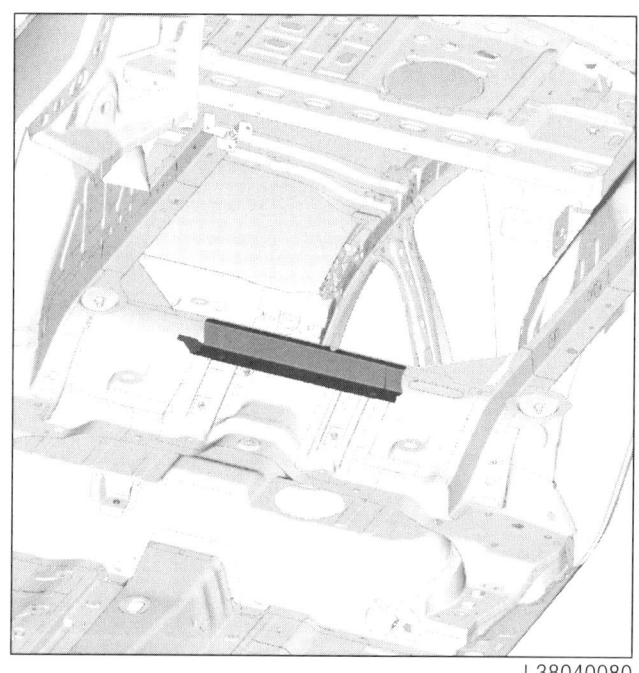

L38040080

b - 전기 접지의 위치

> **주의**
>
> 차량의 전기 및 전자 구성부품 손상을 방지하기 위해 용접 부위 근처에 있는 와이어링 하네스의 접지를 분리해야 한다.
>
> 용접기의 접지는 용접 부위에서 최대한 가까운 위치에 있어야 한다 (MR 400 차체 구조 수리 매뉴얼, 40H, 볼트 결합, 접지를 위한 볼트 결합: 장착 참조).

용접 부위 근처의 접지를 찾는다 (40A, 일반 사항, 접지 위치 : 일반 설명 참조).

c - 탈거해야 하는 차체 구성부품 - 교환 작업을 실시하기 위해 탈거해야 하는 스트럭쳐

리어 사이드 멤버 어셈블리를 탈거한다 (41D, 리어 로어 스트럭쳐, 리어 사이드 멤버 어셈블리 : 교환 참조).

리어 로어 스트럭쳐
센트럴 리어 크로스 멤버 : 교환

41D

L38

d – 용접 작업에 대한 설명

주의

용접할 부품의 접촉면에 접근할 수 없는 경우 스폿 용접 (전기 저항 용접) 대신 플러그 용접 (아크 용접) 을 사용한다 (MR 400 차체 구조 수리 매뉴얼, 40C, 가스 메탈 아크 용접 결합, 가스 쉴드 아크 용접 비드 조인트 : 설명 참조).

리어 로어 스트럭쳐
스페어 휠 록 마운팅 : 교환

41D

L38

I – 서비스 부품의 구성

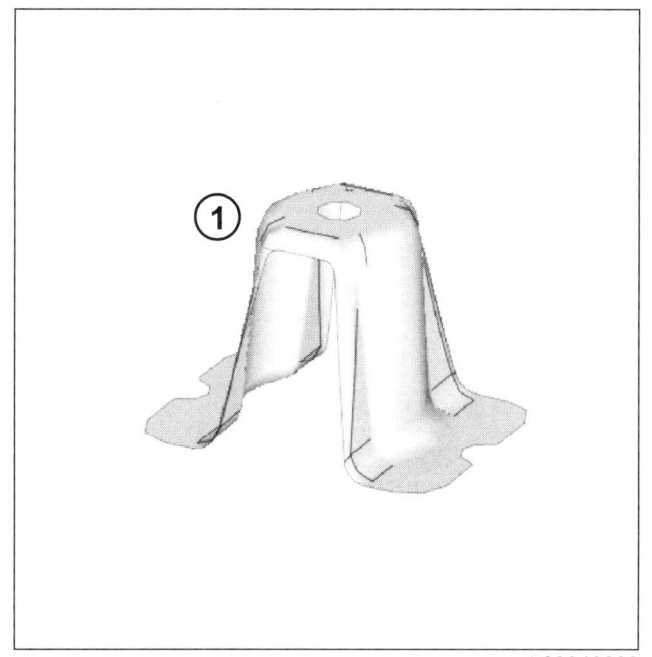

L38040203

번호	설명	재질	두께 (mm)
(1)	스페어 휠 록 마운팅	SPCC	1.0

II – 교환 작업

부품 교환 방법 :

– 전체 교환

a – 부품의 장착 위치

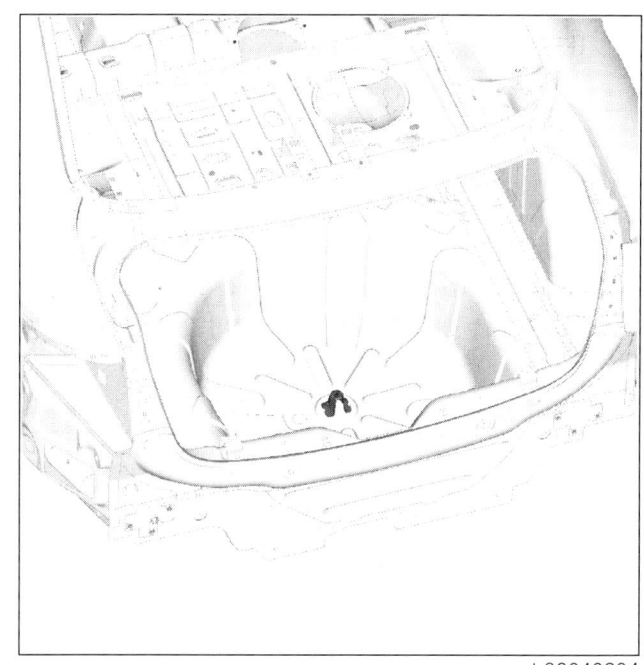

L38040204

b – 전기 접지의 위치

> **주의**
>
> 차량의 전기 및 전자 구성부품 손상을 방지하기 위해 용접 부위 근처에 있는 와이어링 하네스의 접지를 분리해야 한다.
>
> 용접기의 접지는 용접 부위에서 최대한 가까운 위치에 있어야 한다 (MR 400 차체 구조 수리 매뉴얼, 40H, 볼트 결합, 접지를 위한 볼트 결합: 장착 참조).

용접 부위 근처의 접지를 찾는다 (40A, 일반 사항, 접지 위치 : 일반 설명 참조).

c – 용접 작업에 대한 설명

> **주의**
>
> 용접할 부품의 접촉면에 접근할 수 없는 경우 스폿 용접 (전기 저항 용접) 대신 플러그 용접 (아크 용접) 을 사용한다 (MR 400 차체 구조 수리 매뉴얼, 40C, 가스 메탈 아크 용접 결합, 가스 쉴드 아크 용접 비드 조인트 : 설명 참조).

리어 로어 스트럭쳐
리어 범퍼 리인포스먼트 : 탈거 – 장착

41D

L38

규정 토크 ⊽	
리어 범퍼 리인포스먼트 너트	21N.m

탈거

I – 탈거 준비 작업

- 차량을 2주식 리프트에 위치시킨다 (02A, 리프팅, 차량 : 견인 및 리프팅 참조).
- 다음을 탈거한다 :
    - 리어 램프 (MR 445 리페어 매뉴얼, 81A, 리어 라이팅 시스템, 펜더 측 리어 컴비네이션 램프 : 탈거 – 장착 참조),
    - 리어 범퍼 (55A, 외장 보호 트림, 리어 범퍼 : 탈거 – 장착 참조),
    - 와이어링 클립.

II – 관련 부품 탈거 작업

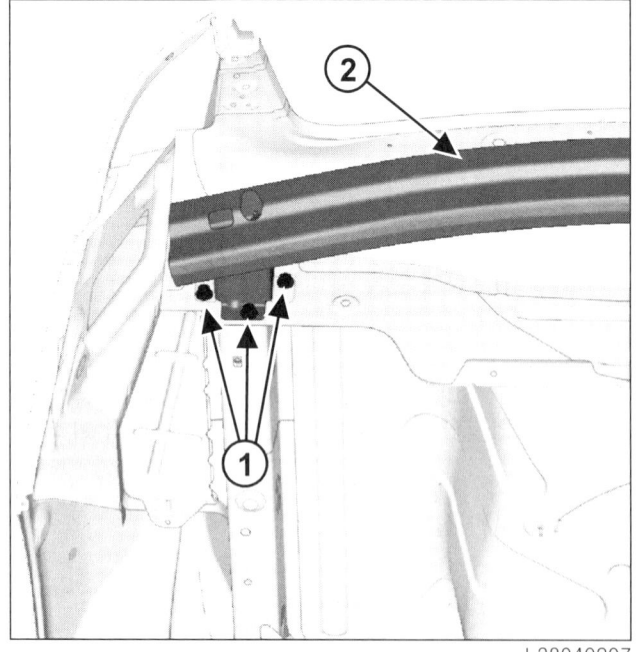

L38040207

- 다음을 탈거한다 :
    - 리어 범퍼 리인포스먼트의 볼트 (1),
    - 리어 범퍼 리인포스먼트 (2).

장착

I – 장착 준비 작업

> 참고 :
> 크로스 멤버 장착 시 폼의 상태가 양호한지 점검한다.

II – 관련 부품 장착 작업

- 다음을 장착한다 :
    - 리어 범퍼 리인포스먼트 (2),
    - 리어 범퍼 리인포스먼트의 볼트 (1).
- 리어 범퍼 리인포스먼트 볼트 (21 N.m) 를 규정 토크로 조인다.

III – 최종 작업

- 다음을 장착한다 :
    - 와이어링 클립,
    - 리어 범퍼 (55A, 외장 보호 트림, 리어 범퍼 : 탈거 – 장착 참조),
    - 리어 램프 (MR 445 리페어 매뉴얼, 81A, 리어 라이팅 시스템, 펜더 측 리어 컴비네이션 램프 : 탈거 – 장착 참조).

프론트 어퍼 스트럭쳐
프론트 범퍼 서포트 : 탈거 – 장착

42A

L38

탈거

I – 탈거 준비 작업

- 차량을 2 주식 리프트에 위치시킨다 (02A, 리프팅, 차량 : 견인 및 리프팅 참조).

- 다음을 탈거한다 :
  - 프론트 펜더 프로텍터 (55A, 외장 보호 트림, 프론트 펜더 프로텍터 : 탈거 – 장착 참조),
  - 프론트 범퍼 (55A, 외장 보호 트림, 프론트 범퍼 : 탈거 – 장착 참조),
  - 프론트 헤드램프 (MR 445 리페어 매뉴얼, 80B, 프론트 라이팅 시스템, 프론트 헤드램프 : 탈거 – 장착 참조).

II – 관련 부품 탈거 작업

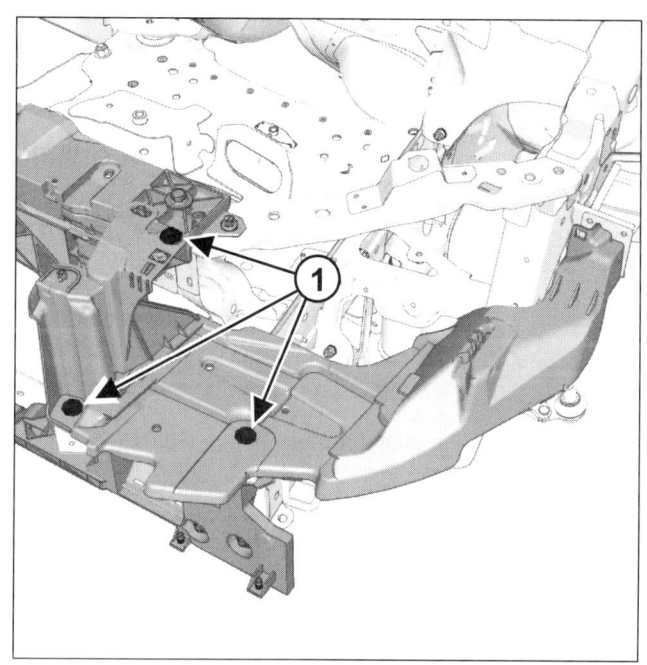

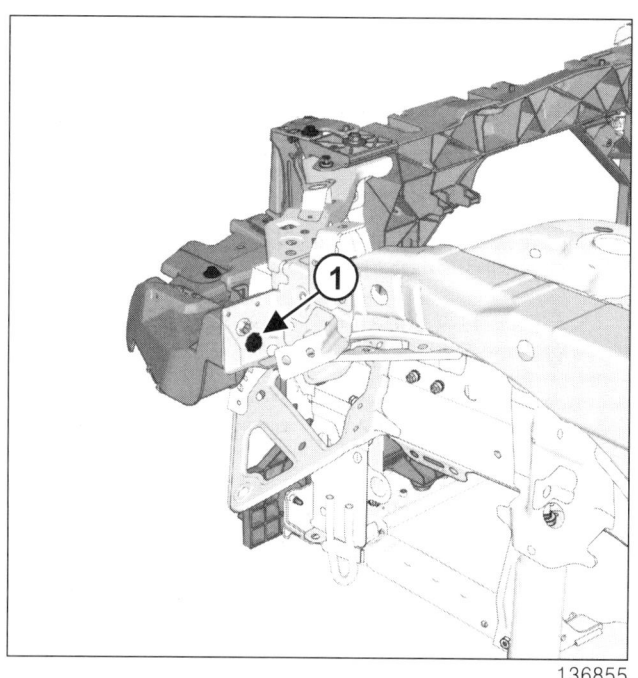

- 다음을 탈거한다 :
  - 볼트 (1),
  - 프론트 범퍼 서포트.

장착

I – 관련 부품 장착 작업

- 다음을 장착한다 :
  - 프론트 범퍼 서포트,
  - 볼트 (1).

II – 최종 작업

- 다음을 장착한다 :
  - 헤드램프 (MR 445 리페어 매뉴얼, 80B, 프론트 라이팅 시스템, 프론트 헤드램프 : 탈거 – 장착 참조),
  - 프론트 범퍼 (55A, 외장 보호 트림, 프론트 범퍼 : 탈거 – 장착 참조),
  - 프론트 펜더 프로텍터 (55A, 외장 보호 트림, 프론트 펜더 프로텍터 : 탈거 – 장착 참조).

프론트 어퍼 스트럭쳐
프론트 펜더 어퍼 마운팅 서포트 : 탈거 – 장착

42A

L38

탈거

I – 탈거 준비 작업

- 차량을 2 주식 리프트에 위치시킨다 (02A, 리프팅, 차량 : 견인 및 리프팅 참조).

- 다음을 탈거한다 :
  - 프론트 펜더 프로텍터 (55A, 외장 보호 트림, 프론트 펜더 프로텍터 : 탈거 – 장착 참조),
  - 프론트 범퍼 (55A, 외장 보호 트림, 프론트 범퍼 : 탈거 – 장착 참조),
  - 프론트 헤드램프 (MR 445 리페어 매뉴얼, 80B, 프론트 라이팅 시스템, 프론트 헤드램프 : 탈거 – 장착 참조),
  - 범퍼 서포트 (42A, 프론트 어퍼 스트럭쳐, 프론트 범퍼 서포트 : 탈거 – 장착 참조),
  - 프론트 펜더 (42A, 프론트 어퍼 스트럭쳐, 프론트 펜더 : 탈거 – 장착 참조).

II – 관련 부품 탈거 작업

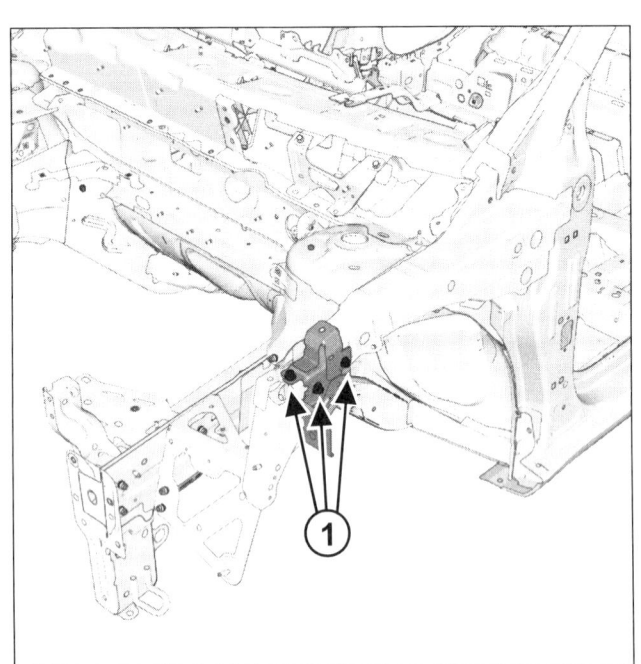

- 다음을 탈거한다 :
  - 볼트 (1),
  - 프론트 펜더 어퍼 마운팅 서포트 .

장착

I – 관련 부품 장착 작업

- 다음을 장착한다 :
  - 프론트 펜더 어퍼 마운팅 서포트 ,
  - 볼트 (1).

- 프론트 펜더를 제 위치에 놓고 프론트 펜더 어퍼 마운팅 서포트를 조정한다 .

II – 최종 작업

- 다음을 장착한다 :
  - 프론트 펜더 (42A, 프론트 어퍼 스트럭쳐, 프론트 펜더 : 탈거 – 장착 참조),
  - 범퍼 서포트 (42A, 프론트 어퍼 스트럭쳐, 프론트 범퍼 서포트 : 탈거 – 장착 참조),
  - 프론트 헤드램프 (MR 445 리페어 매뉴얼, 80B, 프론트 라이팅 시스템, 프론트 헤드램프 : 탈거 – 장착 참조),
  - 프론트 범퍼 (55A, 외장 보호 트림, 프론트 범퍼 : 탈거 – 장착 참조),
  - 프론트 펜더 프로텍터 (55A, 외장 보호 트림, 프론트 펜더 프로텍터 : 탈거 – 장착 참조).

프론트 어퍼 스트럭쳐
프론트 펜더 : 탈거 – 장착

42A

L38

탈거

I - 탈거 준비 작업

- 차량을 2 주식 리프트에 위치시킨다 (02A, 리프팅, 차량 : 견인 및 리프팅 참조).
- 다음을 탈거한다 :
  - 프론트 펜더 프로텍터 (55A, 외장 보호 트림 , 프론트 펜더 프로텍터 : 탈거 – 장착 참조),
  - 헤드램프 부분적으로 (MR 445 리페어 매뉴얼 , 80B, 프론트 라이팅 시스템 , 헤드램프 : 탈거 – 장착 참조),
  - 윈드실드 로어 가니쉬 (56A, 외장 장착 부품 , 카울 탑 커버 : 탈거 – 장착 참조).

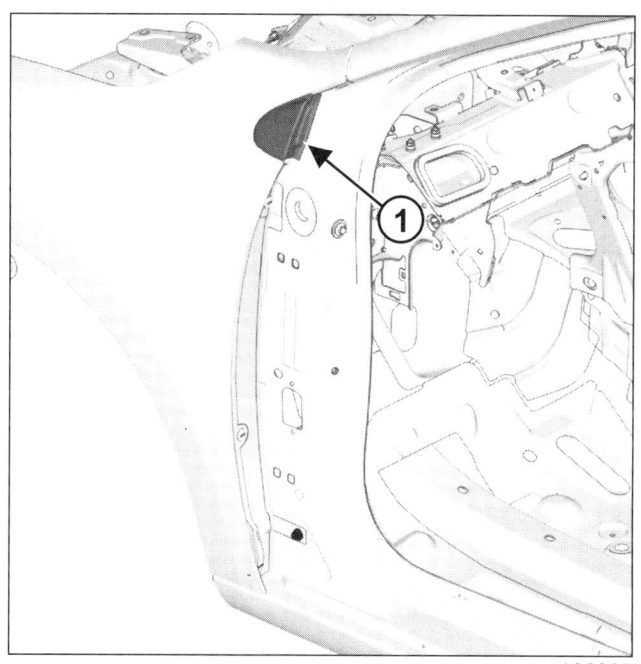

- 프론트 펜더 트림 (1) 을 탈거한다 .

II – 관련 부품 탈거 작업

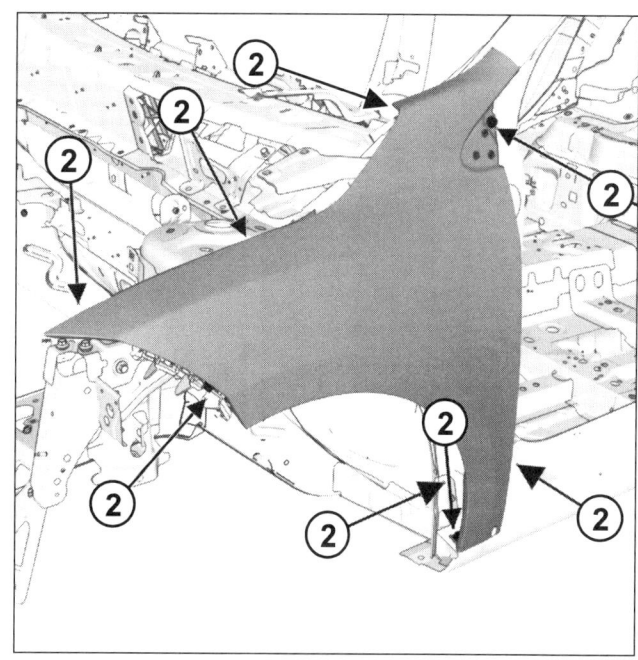

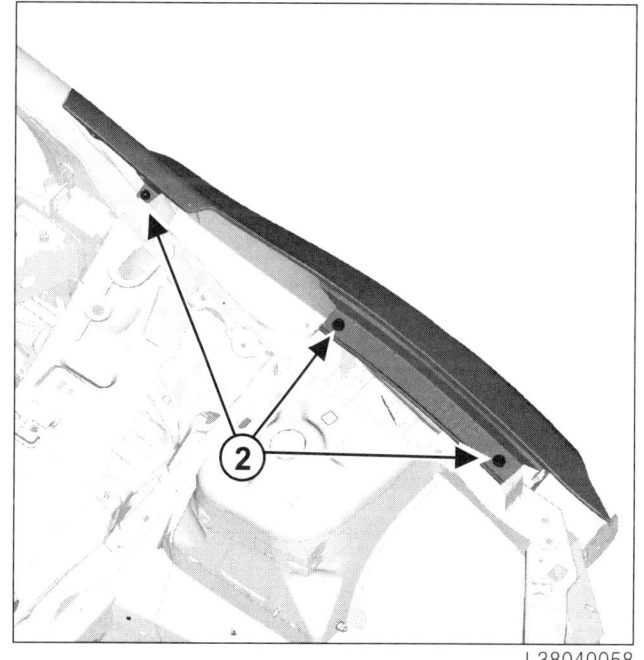

42A-3

프론트 어퍼 스트럭쳐
프론트 펜더 : 탈거 – 장착

42A

L38

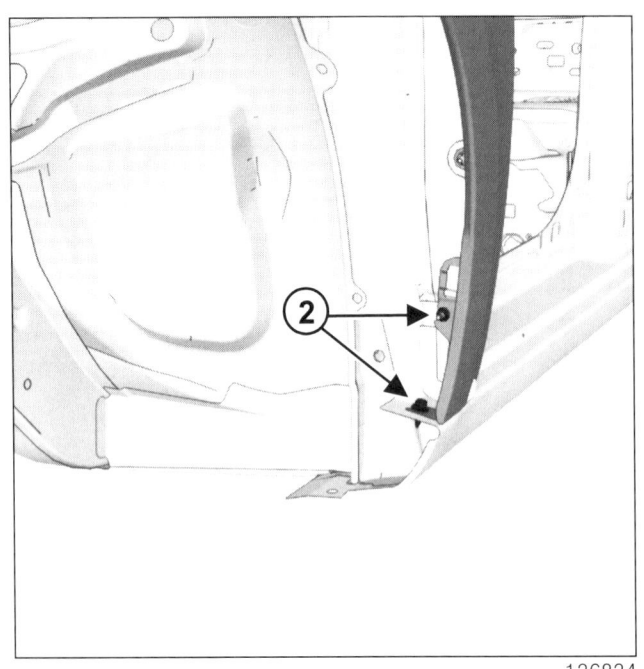

136834

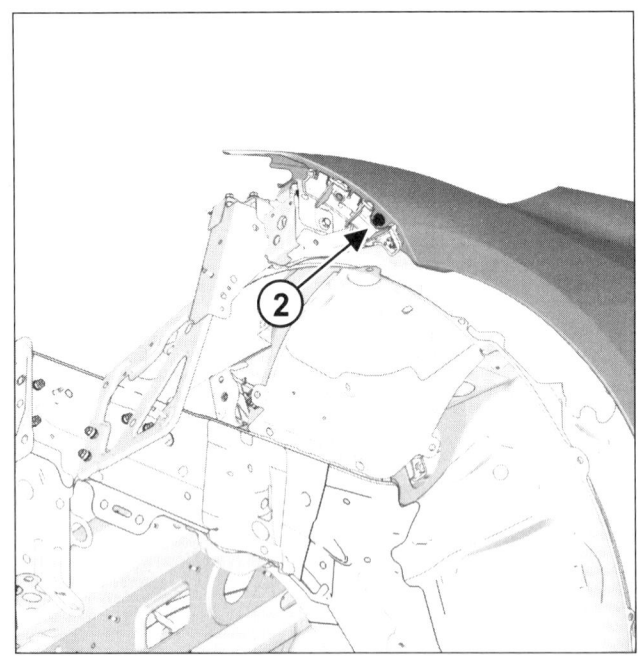

136835

❏ 다음을 탈거한다 :
- 너트와 볼트 (2),
- 프론트 펜더 .

장착

I – 관련 부품 장착 작업

❏ 다음을 장착한다 :
- 프론트 펜더 ,
- 너트와 볼트 (2).

II – 최종 작업

❏ 다음을 장착한다 :
- 윈드실드 로어 가니쉬 (56A, 외장 장착 부품 , 카울 탑 커버 : 탈거 – 장착 참조),
- 헤드램프 (MR 445 리페어 매뉴얼 , 80B, 프론트 라이팅 시스템 , 헤드램프 : 탈거 – 장착 참조),
- 프론트 펜더 프로텍터 (55A, 외장보호 트림 , 프론트 펜더 프로텍터 : 탈거 – 장착 참조).

❏ 부품간의 간극 및 단차를 조정한다 .

프론트 어퍼 스트럭쳐 대시 사이드 : 교환

42A

L38

I – 서비스 부품의 구성

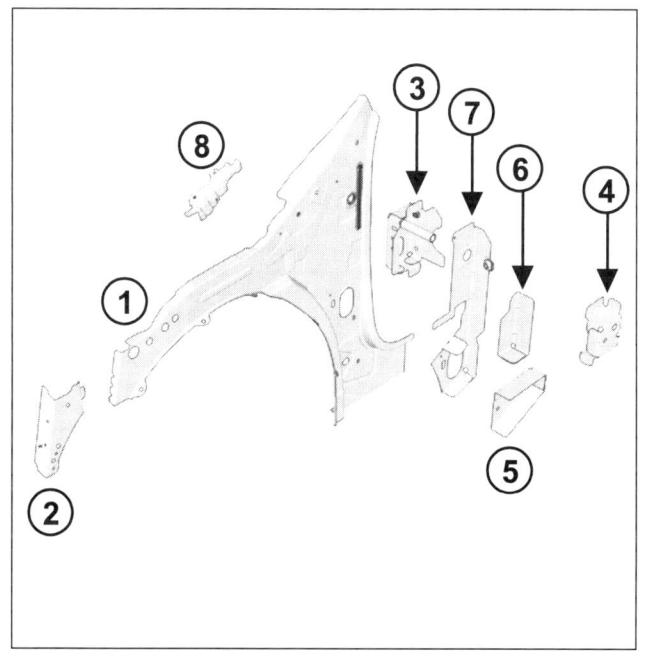

번호	설명	재질	두께 (mm)
(1)	프론트 필러 트림	APFC440	0.95
(2)	프론트 이너 필러 사이드 멤버 어퍼 섹션 연결부	XES	1.2
(3)	인스트루먼트 패널 크로스 멤버 마운팅 하우징	APFH440	2
(4)	프론트 필러 어퍼 리인포스먼트	APFC440	2
(5)	프론트 필러 로어 리인포스먼트	APFH540	2.5
(6)	프론트 필러 트림 커넥팅 브라켓	APFH380	2
(7)	프론트 필러 이너 패널리인포스먼트 멤버	APFC390	1.5
(8)	와이퍼 마운팅 커넥션 아치	XES	2

II – 교환 작업

부품 교환 방법 :

- 전체 교환 AC,
- 프론트 부분 교환 AB,
- 리어 부분 교환 AC.

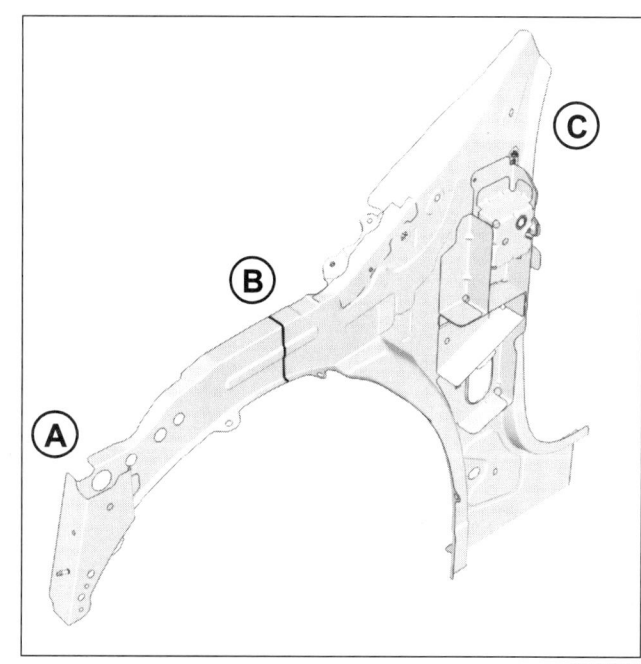

1 – 전체 교환 AC

a – 부품의 장착 위치

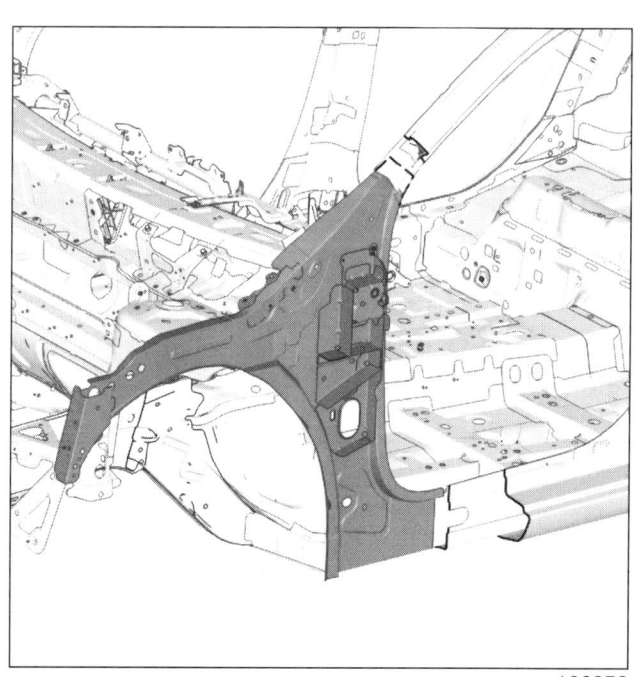

프론트 어퍼 스트럭쳐
대시 사이드 : 교환

42A

L38

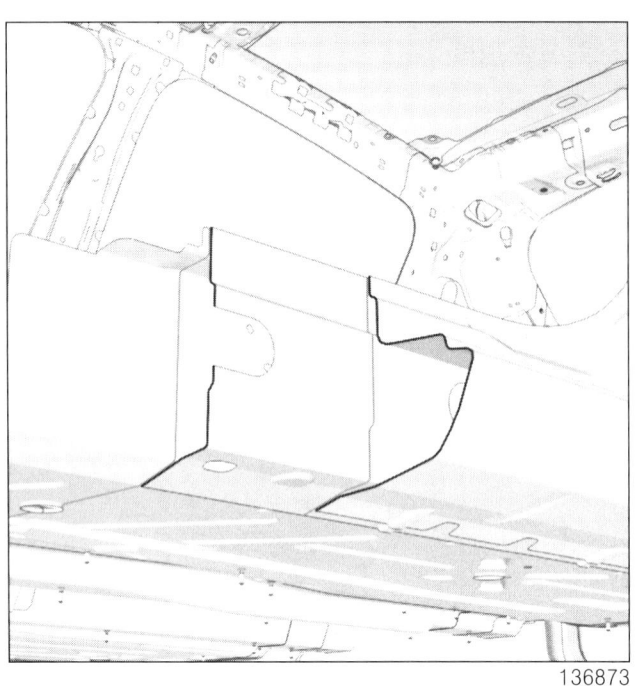

b - 전기 접지의 위치

> **주의**
>
> 차량의 전기 및 전자 구성부품 손상을 방지하기 위해 용접 부위 근처에 있는 와이어링 하네스의 접지를 분리해야 한다.
>
> 용접기의 접지는 용접 장소에서 최대한 가까운 위치에 있어야 한다 (MR 400 차체 구조 수리 매뉴얼, 40H, 볼트 결합, 접지를 위한 볼트 결합: 장착 참조).

용접 부위 근처의 접지를 찾는다 (40A, 일반 사항, 접지 위치 : 일반 정보 참조).

c - 탈거해야 하는 차체 구성부품 - 교환 작업을 실시하기 위해 탈거해야 하는 스트럭쳐 구성부품

다음을 부분적으로 탈거한다 :

- 사이드 실 패널 (41C, 사이드 로어 스트럭쳐, 사이드 실 패널 : 교환 참조).

d - 용접 작업에 대한 설명

> **주의**
>
> 용접할 부품의 접촉면에 접근할 수 없는 경우 스폿 용접 (전기 저항 용접) 대신 플러그 용접 (아크 용접) 을 사용한다 (MR 400 차체 구조 수리 매뉴얼, 40C, 가스 메탈 아크 용접 결합, 가스 쉴드 아크 용접 비드 조인트 : 설명 참조).

2 - 프론트 부분 교환 AB

a - 부품의 장착 위치

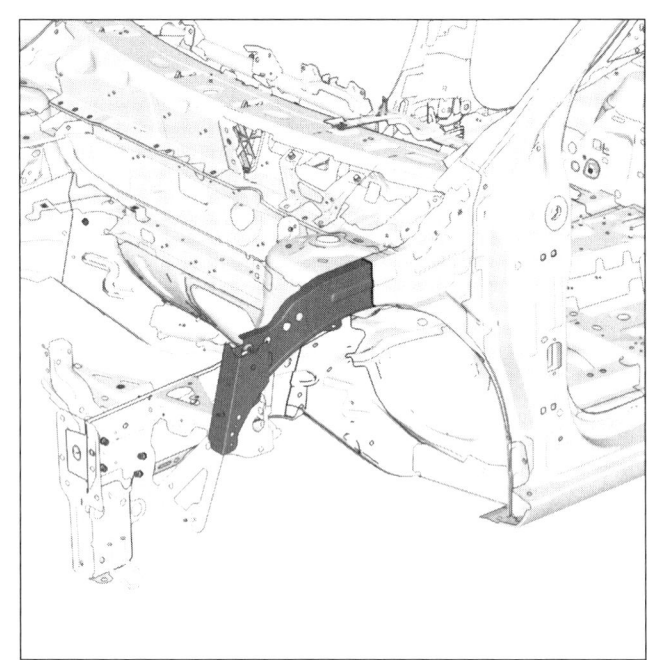

B 단면 세부도

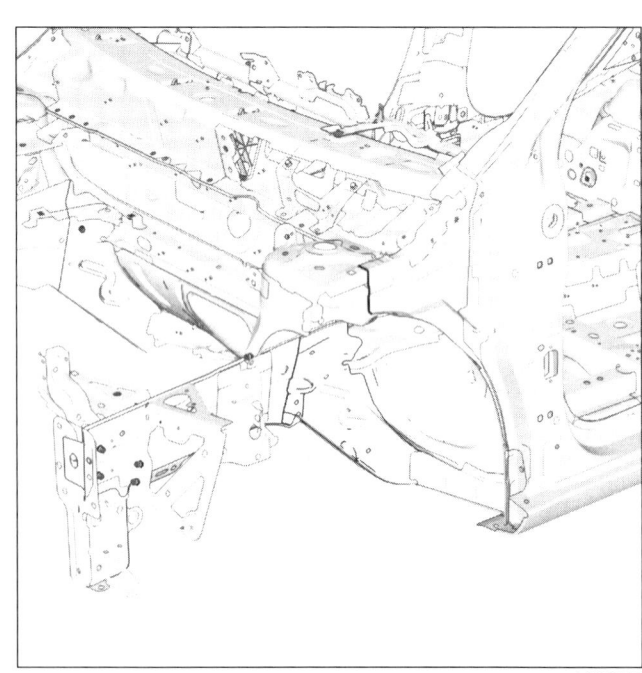

프론트 어퍼 스트럭쳐
대시 사이드 : 교환

42A

L38

b - 전기 접지의 위치

주의

차량의 전기 및 전자 구성부품 손상을 방지하기 위해 용접 부위 근처에 있는 와이어링 하네스의 접지를 분리해야 한다.

용접기의 접지는 용접 장소에서 최대한 가까운 위치에 있어야 한다 (MR 400 차체 구조 수리 매뉴얼, 40H, 볼트 결합, 접지를 위한 볼트 결합: 장착 참조).

용접 부위 근처의 접지를 찾는다 (40A, 일반 사항, 접지 위치 : 일반 정보 참조).

c - 용접 작업에 대한 설명

주의

용접할 부품의 접촉면에 접근할 수 없는 경우 스폿 용접 (전기 저항 용접) 대신 플러그 용접 (아크 용접) 을 사용한다 (MR 400 차체 구조 수리 매뉴얼, 40C, 가스 메탈 아크 용접 결합, 가스 쉴드 아크 용접 비드 조인트 : 설명 참조).

3 - 리어 부분 교환 BC

a - 부품의 장착 위치

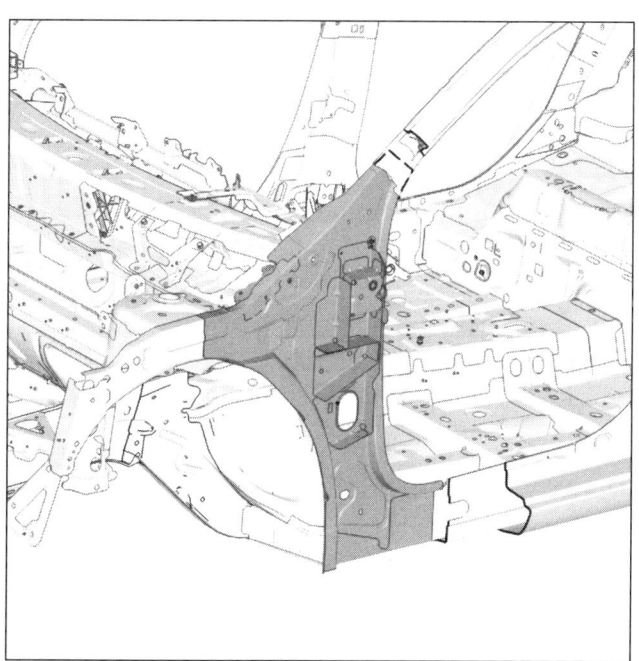

136877

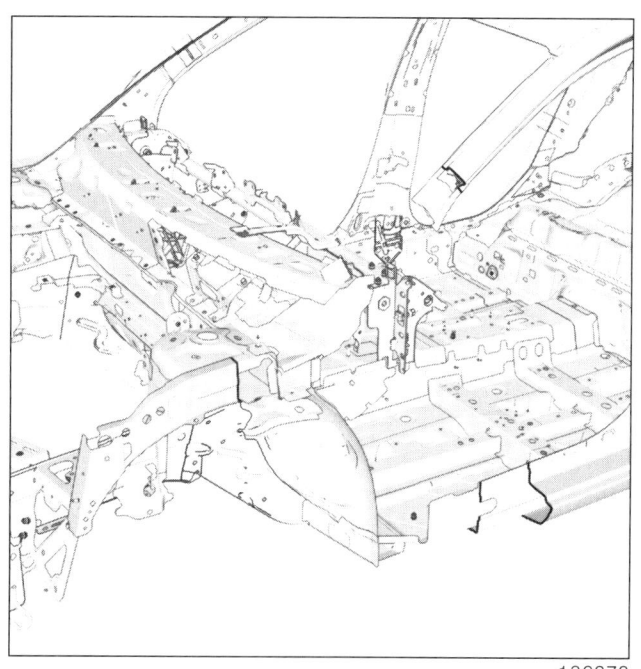

136878

b - 전기 접지의 위치

주의

차량의 전기 및 전자 구성부품 손상을 방지하기 위해 용접 부위 근처에 있는 와이어링 하네스의 접지를 분리해야 한다.

용접기의 접지는 용접 장소에서 최대한 가까운 위치에 있어야 한다 (MR 400 차체 구조 수리 매뉴얼, 40H, 볼트 결합, 접지를 위한 볼트 결합: 장착 참조).

용접 부위 근처의 접지를 찾는다 (40A, 일반 사항, 접지 위치 : 일반 정보 참조).

c - 용접 작업에 대한 설명

주의

용접할 부품의 접촉면에 접근할 수 없는 경우 스폿 용접 (전기 저항 용접) 대신 플러그 용접 (아크 용접) 을 사용한다 (MR 400 차체 구조 수리 매뉴얼, 40C, 가스 메탈 아크 용접 결합, 가스 쉴드 아크 용접 비드 조인트 : 설명 참조).

프론트 어퍼 스트럭쳐
대시 사이드 어퍼 리인포스먼트 : 교환

42A

L38

I - 서비스 부품의 구성

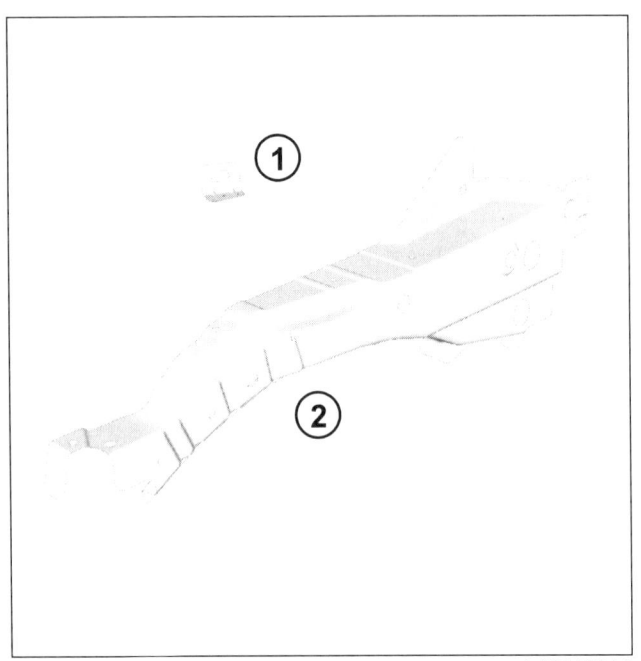

L38040212

번호	설명	재질	두께 (mm)
(1)	후드 서포트 브라켓	XE280D	1.2
(2)	대시 사이드 어퍼 리인포스먼트	SPCC	1

II - 교환 작업

부품 교환 방법 :

- 전체 교환 .

1 - 전체 교환

a - 부품의 장착 위치

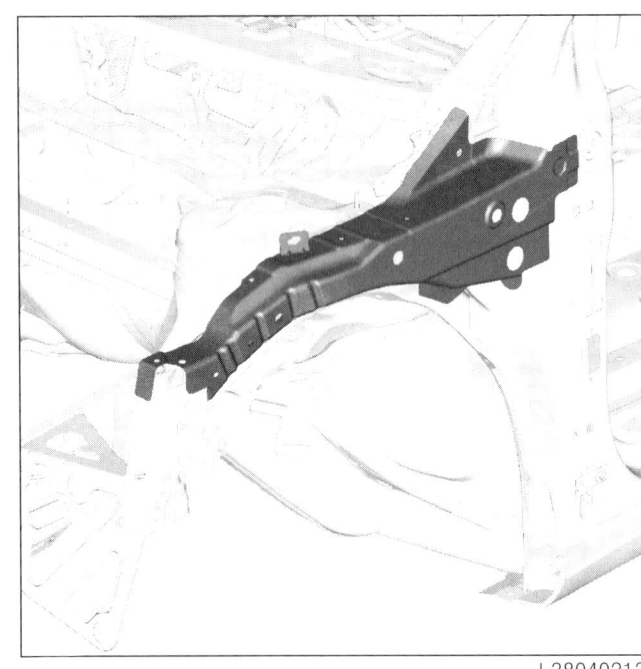

L38040213

b - 전기 접지의 위치

> **주의**
>
> 차량의 전기 및 전자 구성부품 손상을 방지하기 위해 용접 부위 근처에 있는 와이어링 하네스의 접지를 분리해야 한다 .
>
> 용접기의 접지는 용접 장소에서 최대한 가까운 위치에 있어야 한다 (MR 400 차체 구조 수리 매뉴얼 , 40H, 볼트 결합, 접지를 위한 볼트 결합: 장착 참조).

용접 부위 근처의 접지를 찾는다 (40A, 일반 사항 , 접지 위치 : 일반 정보 참조).

c - 용접 작업에 대한 설명

> **주의**
>
> 용접할 부품의 접촉면에 접근할 수 없는 경우 스폿 용접 (전기 저항 용접) 대신 플러그 용접 (아크 용접) 을 사용한다 (MR 400 차체 구조 수리 매뉴얼 , 40C, 가스 메탈 아크 용접 결합 , 가스 쉴드 아크 용접 비드 조인트 : 설명 참조).

프론트 어퍼 스트럭쳐
프론트 스트러트 하우징 : 교환

42A

L38

I – 서비스 부품의 구성

1 – 좌측

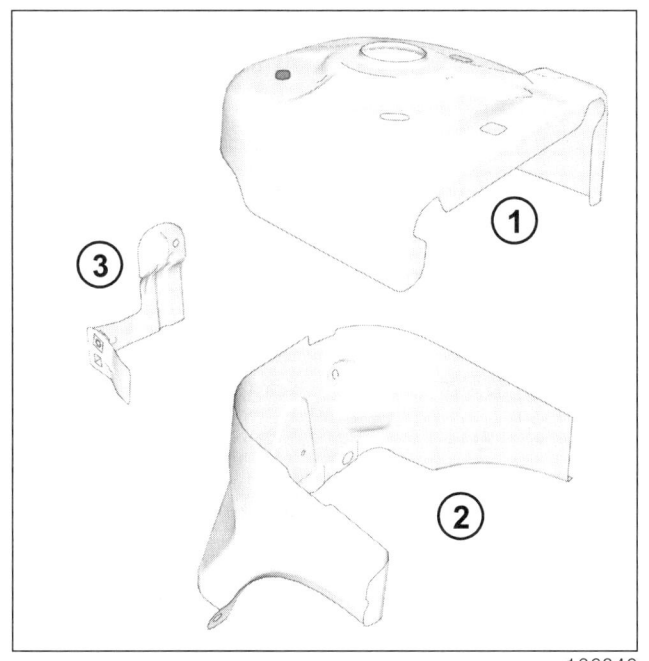

번호	설명	재질	두께 (mm)
(1)	프론트 좌측 쇽업소버 컵	APFC440X	2
(2)	프론트 좌측 컵 높이 조정 터렛	SPCC	1.2
(3)	에어 클리너 브라켓	XES	1.5

2 – 우측

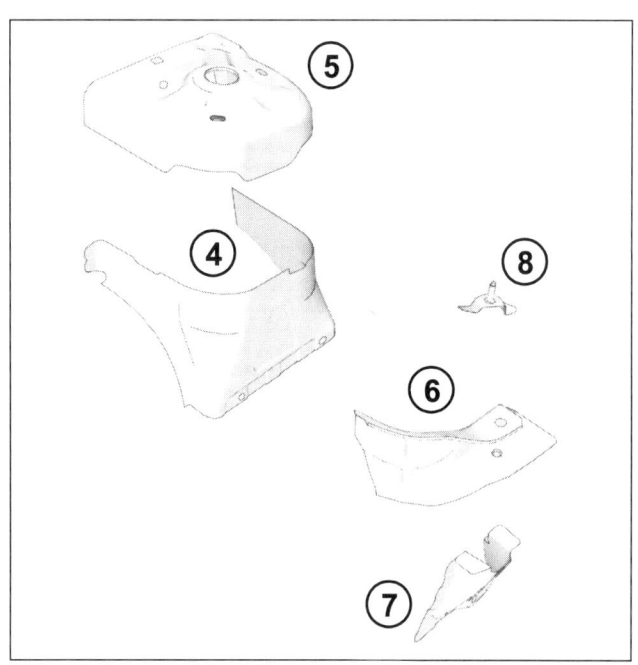

번호	설명	재질	두께 (mm)
(4)	프론트 우측 컵 높이 조정 스위치	SPCC	1.2
(5)	프론트 우측 쇽업소버 컵	APFC440X	2
(6)	어퍼 타이로드 마운팅 (디젤)	HE280M	2.5
(7)	컴프레서 팽창 밸브 서포트	APFH440	2
(8)	로어 링키지 서포트 (디젤)	SPCC	1.2

II – 교환 작업

경고

지그 벤치를 사용하여 포인트 및 액슬 어셈블리의 정확한 위치를 지정한다 .

부품 교환 방법 :

- 전체 교환 .

프론트 어퍼 스트럭쳐
프론트 스트러트 하우징 : 교환

42A

L38

1 - 전체 교환

a - 부품의 장착 위치

좌측

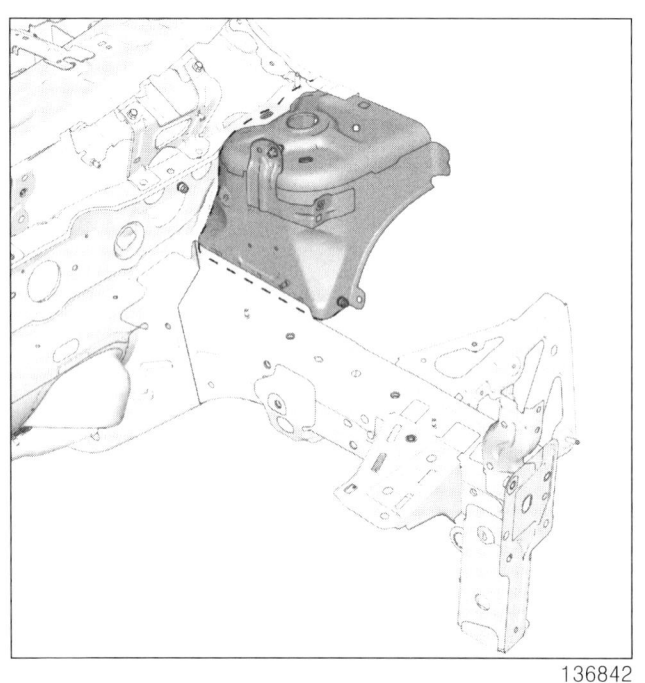
136842

우측

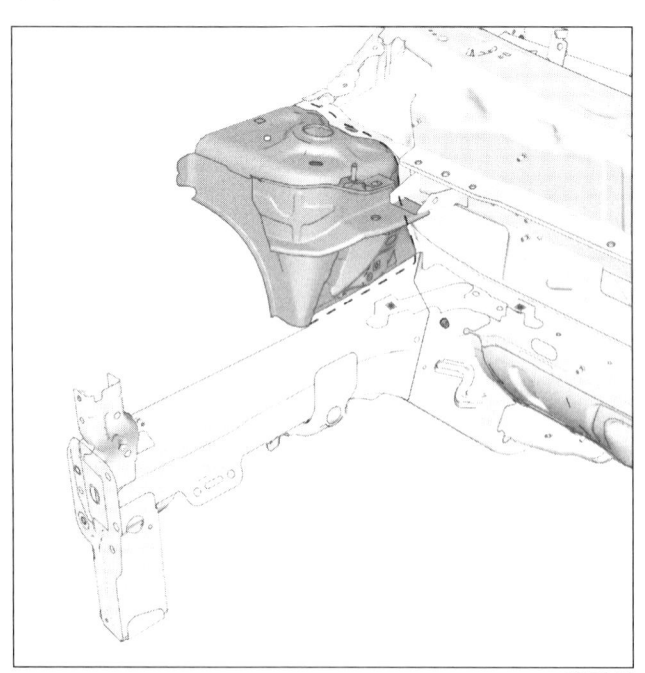
136843

b - 전기 접지의 위치

> 주의
>
> 차량의 전기 및 전자 구성부품 손상을 방지하기 위해 용접 부위 근처에 있는 와이어링 하네스의 접지를 분리해야 한다.
>
> 용접기의 접지는 용접 장소에서 최대한 가까운 위치에 있어야 한다 (MR 400 차체 구조 수리 매뉴얼, 40H, 볼트 결합, 접지를 위한 볼트 결합: 장착 참조).

용접 부위 근처의 접지를 찾는다 (40A, 일반 사항, 접지 위치 : 일반 정보 참조).

c - 탈거해야 하는 차체 구성부품 – 교환 작업을 실시하기 위해 탈거해야 하는 스트럭쳐

다음을 탈거한다 :

- 대시 사이드 어퍼 리인포스먼트 (42A, 프론트 어퍼 스트럭쳐, 대시 사이드 어퍼 리인포스먼트 : 교환 참조),
- 대시 사이드 (42A, 프론트 어퍼 스트럭쳐, 대시 사이드 : 교환 참조).

d - 용접 작업에 대한 설명

> 주의
>
> 용접할 부품의 접촉면에 접근할 수 없는 경우 스폿 용접 (전기 저항 용접) 대신 플러그 용접 (아크 용접) 을 사용한다 (MR 400 차체 구조 수리 매뉴얼, 40C, 가스 메탈 아크 용접 결합, 가스 쉴드 아크 용접 비드 조인트 : 설명 참조).

프론트 어퍼 스트럭쳐
윈드실드 로어 크로스 멤버 : 교환

42A

L38

I – 서비스 부품의 구성

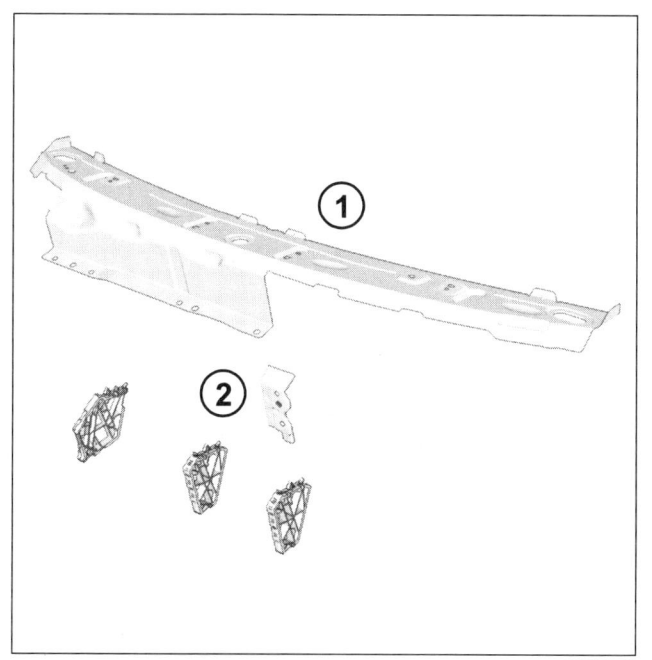

136879

번호	설명	재질	두께 (mm)
(1)	윈드실드 로어 크로스 멤버	SPCC	0.65
(2)	와이퍼 센터 마운팅 서포트	XES	2

II – 교환 작업

부품 교환 방법 :
- 전체 교환 AC,
- 부분 교환 AB.

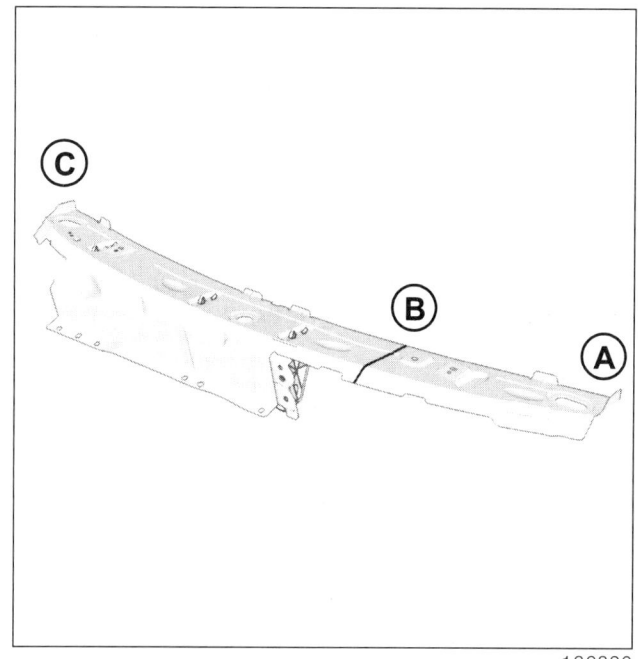

136880

1 – 전체 교환

a – 부품의 장착 위치

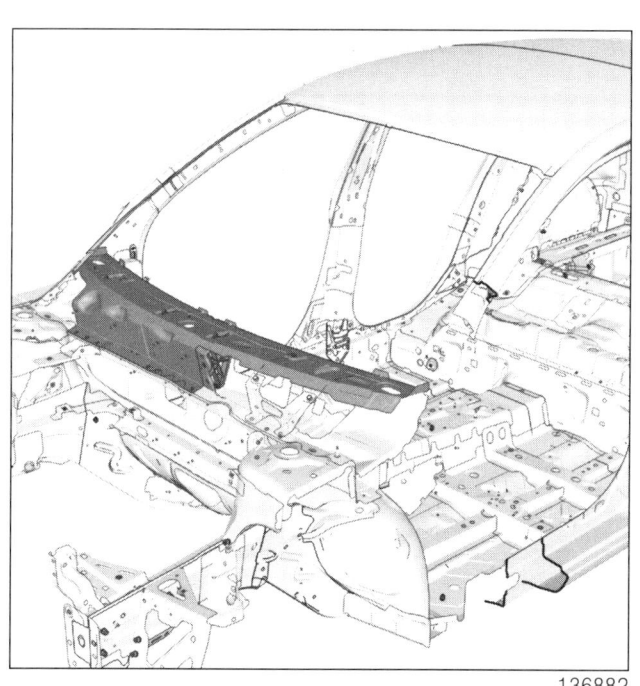

136882

42A-11

프론트 어퍼 스트럭쳐
윈드실드 로어 크로스 멤버 : 교환

42A

L38

b - 전기 접지의 위치

> **주의**
> 차량의 전기 및 전자 구성부품 손상을 방지하기 위해 용접 부위 근처에 있는 와이어링 하네스의 접지를 분리해야 한다.
>
> 용접기의 접지는 용접 장소에서 최대한 가까운 위치에 있어야 한다 (MR 400 차체 구조 수리 매뉴얼, 40H, 볼트 결합, 접지를 위한 볼트 결합: 장착 참조).

용접 부위 근처의 접지를 찾는다 (40A, 일반 사항, 접지 위치 : 일반 정보 참조).

c - 탈거해야 하는 차체 구성부품 - 교환 작업을 실시하기 위해 탈거해야 하는 스트럭쳐

다음을 탈거한다 :

- 대시 사이드의 리어 어퍼 리인포스먼트 (대시 사이드의 리어 어퍼 리인포스먼트 참조),
- 대시 사이드 어퍼 리인포스먼트 (42A, 프론트 어퍼 스트럭쳐, 대시 사이드 어퍼 리인포스먼트 : 교환 참조),
- 바디 사이드 프론트 섹션 (43A, 사이드 어퍼 스트럭쳐, 바디 사이드 프론트 섹션 : 교환 참조),
- 대시 사이드 (42A, 프론트 어퍼 스트럭쳐, 대시 사이드 : 교환 참조),
- 프론트 필러 가니쉬 (43A, 사이드 어퍼 스트럭쳐, 프론트 필러 가니쉬 : 교환 참조).

d - 용접 작업에 대한 설명

> **주의**
> 용접할 부품의 접촉면에 접근할 수 없는 경우 스폿 용접 (전기 저항 용접) 대신 플러그 용접 (아크 용접) 을 사용한다 (MR 400 차체 구조 수리 매뉴얼, 40C, 가스 메탈 아크 용접 결합, 가스 쉴드 아크 용접 비드 조인트 : 설명 참조).

2 - 부분 교환 AB

a - 부품의 장착 위치

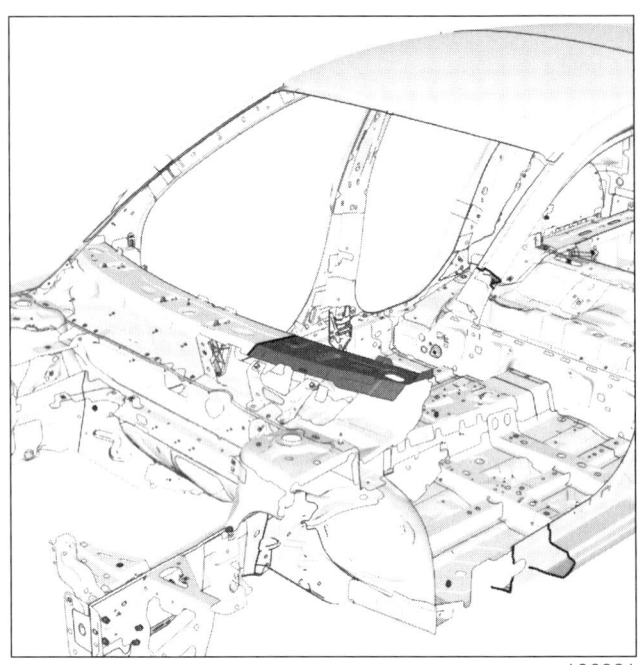

136881

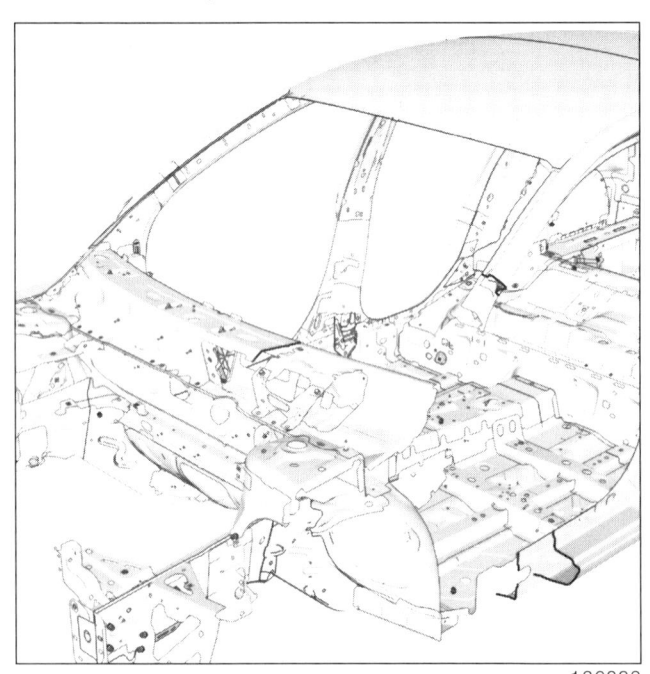

136883

프론트 어퍼 스트럭쳐
윈드실드 로어 크로스 멤버 : 교환

42A

L38

B 단면 세부도

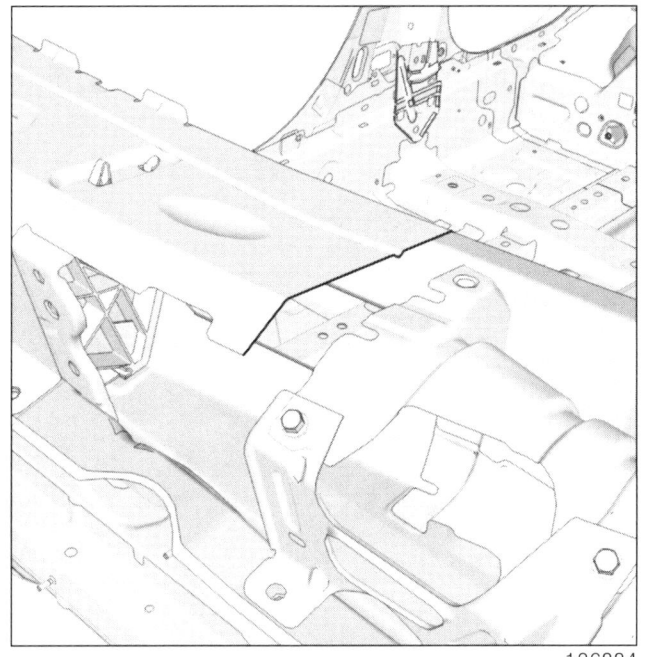

136884

b – 전기 접지의 위치

주의

차량의 전기 및 전자 구성부품 손상을 방지하기 위해 용접 부위 근처에 있는 와이어링 하네스의 접지를 분리해야 한다.

용접기의 접지는 용접 부위에서 최대한 가까운 위치에 있어야 한다 (MR 400 차체 구조 수리 매뉴얼, 40H, 볼트 결합, 접지를 위한 볼트 결합: 장착 참조).

용접 부위 근처의 접지를 찾는다 (40A, 일반 사항, 접지 위치 : 일반 정보 참조).

c – 탈거해야 하는 차체 구성부품 – 교환 작업을 실시하기 위해 탈거해야 하는 스트럭쳐

다음을 탈거한다 :

- 대시 사이드 어퍼 리인포스먼트 (42A, 프론트 어퍼 스트럭쳐, 대시 사이드 어퍼 리인포스먼트 : 교환 참조),

- 바디 사이드 프론트 섹션 (43A, 사이드 어퍼 스트럭쳐, 바디 사이드 프론트 섹션 : 교환 참조),

- 대시 사이드 (42A, 프론트 어퍼 스트럭쳐, 대시 사이드 : 교환 참조),

- 프론트 필러 가니쉬 (43A, 사이드 어퍼 스트럭쳐, 프론트 필러 가니쉬 : 교환 참조).

d – 용접 작업에 대한 설명

주의

용접할 부품의 접촉면에 접근할 수 없는 경우 스폿 용접 (전기 저항 용접) 대신 플러그 용접 (아크 용접) 을 사용한다 (MR 400 차체 구조 수리 매뉴얼, 40C, 가스 메탈 아크 용접 결합, 가스 쉴드 아크 용접 비드 조인트 : 설명 참조).

프론트 어퍼 스트럭쳐
프론트 필러 트림 사이드 커넥션 멤버 : 교환

42A

L38

I – 서비스 부품의 구성

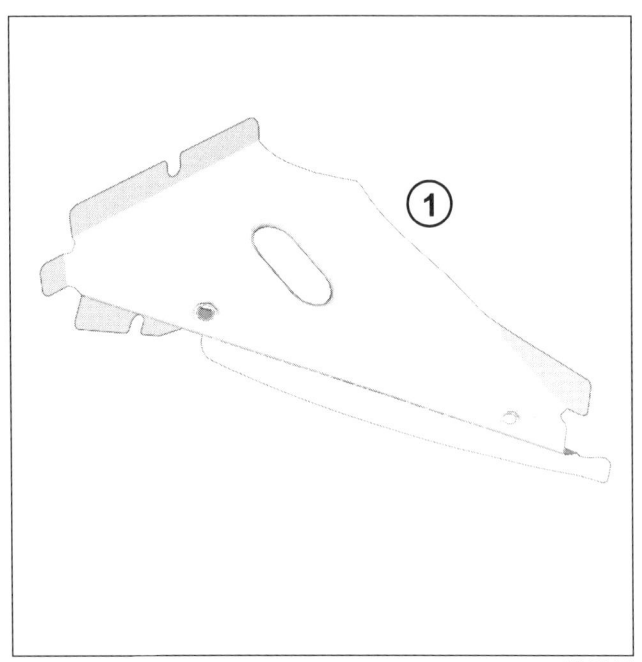

136844

번호	설명	재질	두께 (mm)
(1)	프론트 필러 트림 사이드 커넥션 멤버	APFCY380	1.5

II – 교환 작업

부품 교환 방법 :

– 전체 교환 .

1 – 전체 교환

a – 부품의 장착 위치

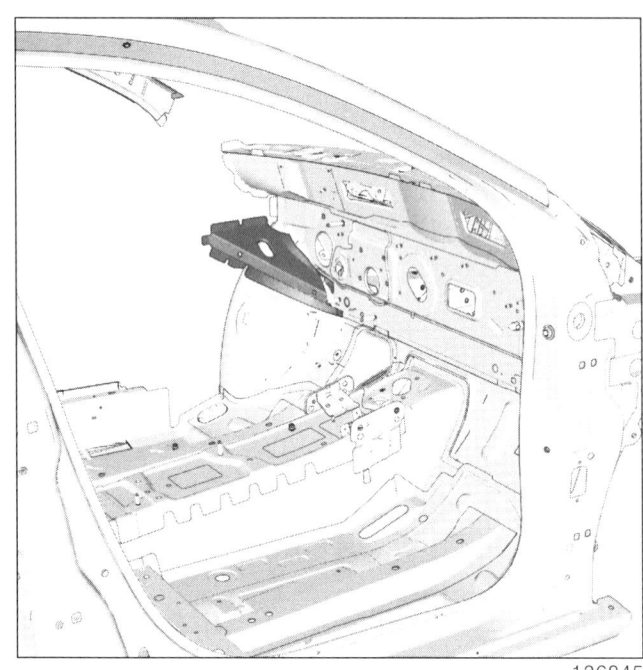

136845

b – 전기 접지의 위치

> **주의**
>
> 차량의 전기 및 전자 구성부품 손상을 방지하기 위해 용접 부위 근처에 있는 와이어링 하네스의 접지를 분리해야 한다 .
>
> 용접기의 접지는 용접 장소에서 최대한 가까운 위치에 있어야 한다 (MR 400 차체 구조 수리 매뉴얼 , 40H, 볼트 결합, 접지를 위한 볼트 결합: 장착 참조).

용접 부위 근처의 접지를 찾는다 (40A, 일반 사항 , 접지 위치 : 일반 정보 참조).

c – 용접 작업에 대한 설명

> **주의**
>
> 용접할 부품의 접촉면에 접근할 수 없는 경우 스폿 용접 (전기 저항 용접) 대신 플러그 용접 (아크 용접) 을 사용한다 (MR 400 차체 구조 수리 매뉴얼 , 40C, 가스 메탈 아크 용접 결합 , 가스 쉴드 아크 용접 비드 조인트 : 설명 참조).

프론트 어퍼 스트럭쳐
대시 크로스 멤버 : 교환

42A

L38

I – 서비스 부품의 구성

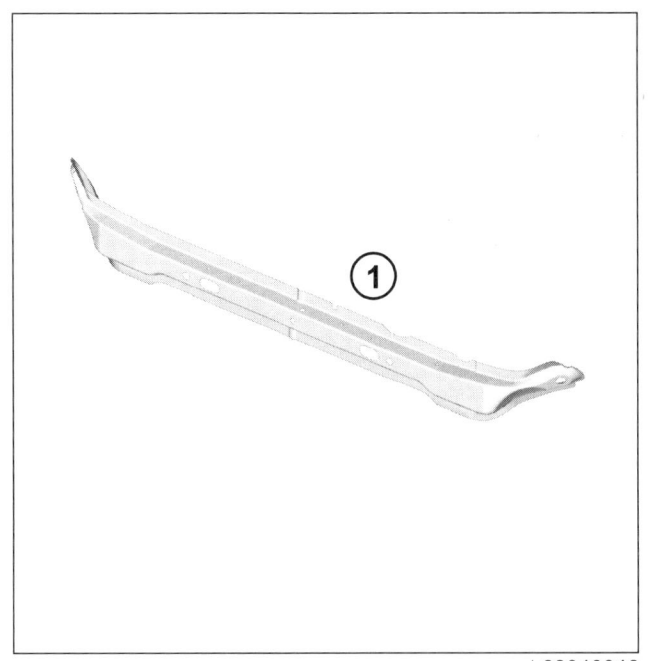

L38040046

번호	설명	재질	두께 (mm)
(1)	대시 크로스 멤버	APFH540	2.5

II – 교환 작업

부품 교환 방법 :

– 전체 교환 .

1 – 전체 교환

a – 부품의 장착 위치

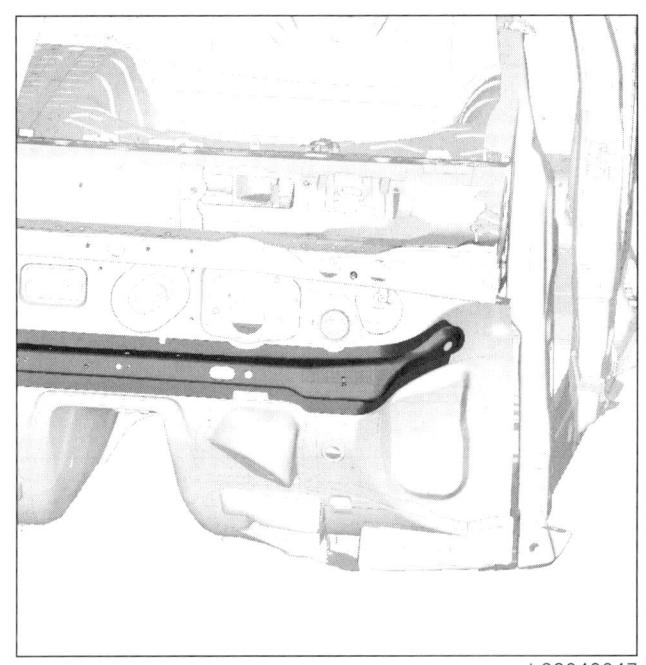

L38040047

b – 전기 접지의 위치

> **주의**
>
> 차량의 전기 및 전자 구성부품 손상을 방지하기 위해 용접 부위 근처에 있는 와이어링 하네스의 접지를 분리해야 한다 .
>
> 용접기의 접지는 용접 장소에서 최대한 가까운 위치에 있어야 한다 (MR 400 차체 구조 수리 매뉴얼 , 40H, 볼트 결합, 접지를 위한 볼트 결합: 장착 참조).

용접 부위 근처의 접지를 찾는다 (40A, 일반 사항 , 접지 위치 : 일반 정보 참조).

c – 용접 작업에 대한 설명

> **주의**
>
> 용접할 부품의 접촉면에 접근할 수 없는 경우 스폿 용접 (전기 저항 용접) 대신 플러그 용접 (아크 용접) 을 사용한다 (MR 400 차체 구조 수리 매뉴얼 , 40C, 가스 메탈 아크 용접 결합 , 가스 쉴드 아크 용접 비드 조인트 : 설명 참조).

프론트 어퍼 스트럭쳐
프론트 페이스 어퍼 크로스 멤버 서포트 : 교환

42A

L38

I - 서비스 부품의 구성

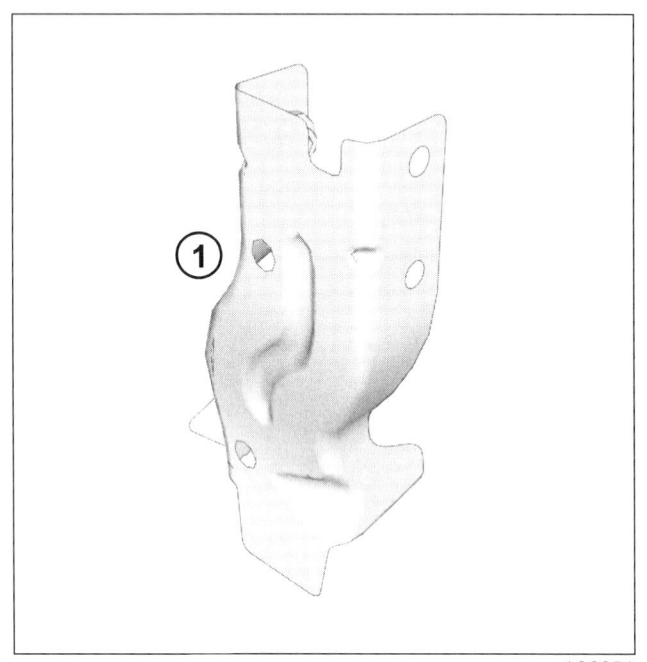

136851

번호	설명	재질	두께 (mm)
(1)	프론트 페이스 어퍼 크로스 멤버 서포트	DX54D	1.5

II - 교환 작업

부품 교환 방법 :

- 전체 교환 .

1 - 전체 교환

a - 부품의 장착 위치

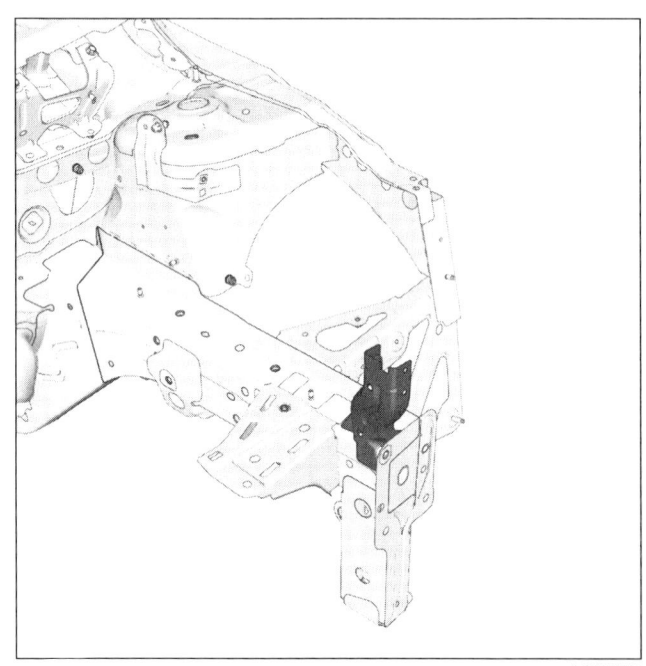

136852

b - 전기 접지의 위치

> **주의**
>
> 차량의 전기 및 전자 구성부품 손상을 방지하기 위해 용접 부위 근처에 있는 와이어링 하네스의 접지를 분리해야 한다 .
>
> 용접기의 접지는 용접 장소에서 최대한 가까운 위치에 있어야 한다 (MR 400 차체 구조 수리 매뉴얼 , 40H, 볼트 결합, 접지를 위한 볼트 결합: 장착 참조).

용접 부위 근처의 접지를 찾는다 (40A, 일반 사항 , 접지 위치 : 일반 정보 참조).

c - 용접 작업에 대한 설명

> **주의**
>
> 용접할 부품의 접촉면에 접근할 수 없는 경우 스폿 용접 (전기 저항 용접) 대신 플러그 용접 (아크 용접) 을 사용한다 (MR 400 차체 구조 수리 매뉴얼 , 40C, 가스 메탈 아크 용접 결합 , 가스 쉴드 아크 용접 비드 조인트 : 설명 참조).

프론트 어퍼 스트럭쳐
어퍼 프론트 엔드 크로스 멤버 : 탈거 – 장착

42A

L38

탈거

I – 탈거 준비 작업

❑ 차량을 2 주식 리프트에 위치시킨다 (02A, 리프팅, 차량 : 견인 및 리프팅 참조).

❑ 다음을 탈거한다 :
- 프론트 펜더 프로텍터 (55A, 외장 보호 트림 , 프론트 펜더 프로텍터 : 탈거 – 장착 참조),
- 프론트 범퍼 (55A, 외장 보호 트림 , 프론트 범퍼 : 탈거 – 장착 참조),
- 프론트 범퍼 리인포스먼트 (41A, 프론트 로어 스트럭쳐 , 프론트 범퍼 리인포스먼트 : 탈거 – 장착 참조),
- 헤드램프 (MR 445 리페어 매뉴얼 , 80B, 프론트 라이팅 시스템 , 프론트 헤드램프 : 탈거 – 장착 참조),
- 프론트 범퍼 서포트 (42A, 프론트 어퍼 스트럭쳐 , 프론트 범퍼 서포트 : 탈거 – 장착 참조),
- 콘덴서 (MR 445 리페어 매뉴얼 , 62A, 에어 컨디셔닝 시스템 , 콘덴서 : 탈거 – 장착 참조),
- 라디에이터 (MR 445 리페어 매뉴얼 , 19A, 냉각 , 냉각 라디에이터 : 탈거 – 장착 참조).

❑ 엔진 냉각 팬을 분리한다 .

❑ 후드 록을 탈거한다 (52A, 사이드 도어 이외 메커니즘 , 후드 록 : 탈거 – 장착 참조).

II – 관련 부품 탈거 작업

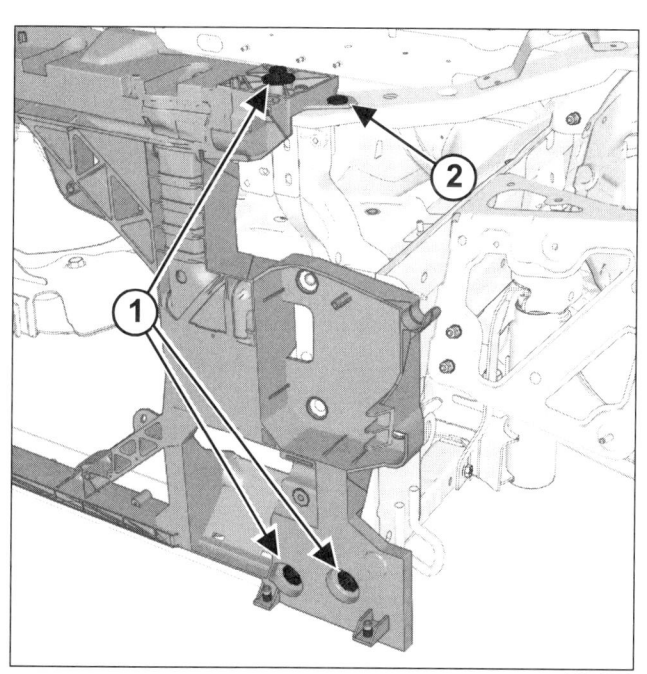

136839

❑ 다음을 탈거한다 :
- 볼트 (1),
- 클립 (2),
- 어퍼 프론트 엔드 크로스 멤버 .

❑ 엔진 냉각 팬을 탈거한다 (MR 445 리페어 매뉴얼 , 19A, 냉각 , 엔진 냉각 팬 어셈블리 : 탈거 – 장착 참조).

장착

I – 관련 부품 장착 작업

❑ 엔진 냉각 팬을 장착한다 (MR 445 리페어 매뉴얼 , 19A, 냉각 , 엔진 냉각 팬 어셈블리 : 탈거 – 장착 참조).

❑ 다음을 장착한다 :
- 어퍼 프론트 엔드 크로스 멤버 ,
- 클립 (2),
- 볼트 (1).

II – 최종 작업

❑ 후드 록을 장착한다 (52A, 사이드 도어 이외 메커니즘 , 후드 록 : 탈거 – 장착 참조).

❑ 엔진 냉각 팬을 연결한다 .

❑ 다음을 장착한다 :
- 라디에이터 (MR 445 리페어 매뉴얼 , 19A, 냉각 , 냉각 라디에이터 : 탈거 – 장착 참조),
- 콘덴서 (MR 445 리페어 매뉴얼 , 62A, 에어 컨디셔닝 시스템 , 콘덴서 : 탈거 – 장착 참조),
- 프론트 범퍼 서포트 (42A, 프론트 어퍼 스트럭쳐 , 프론트 범퍼 서포트 : 탈거 – 장착 참조),
- 헤드램프 (MR 445 리페어 매뉴얼 , 80B, 프론트 라이팅 시스템 , 프론트 헤드램프 : 탈거 – 장착 참조),
- 프론트 범퍼 리인포스먼트 (41A, 프론트 로어 스트럭쳐 , 프론트 범퍼 리인포스먼트 : 탈거 – 장착 참조),
- 프론트 범퍼 (55A, 외장 보호 트림 , 프론트 범퍼 : 탈거 – 장착 참조),
- 프론트 펜더 프로텍터 (55A, 외장 보호 트림 , 프론트 펜더 프로텍터 : 탈거 – 장착 참조).

프론트 어퍼 스트럭쳐
프론트 엔드 사이드 서포트 : 탈거 – 장착

42A

L38

탈거

I – 탈거 준비 작업

- 차량을 2 주식 리프트에 위치시킨다 (02A, 리프팅 , 차량 : 견인 및 리프팅 참조).
- 다음을 탈거한다 :
    - 프론트 펜더 프로텍터 (55A, 외장 보호 트림 , 프론트 펜더 프로텍터 : 탈거 – 장착 참조),
    - 프론트 범퍼 (55A, 외장 보호 트림 , 프론트 범퍼 : 탈거 – 장착 참조),
    - 헤드램프 (MR 445 리페어 매뉴얼 , 80B, 프론트 라이팅 시스템 , 헤드램프 : 탈거 – 장착 참조),
    - 프론트 범퍼 리인포스먼트 (41A, 프론트 로어 스트럭쳐 , 프론트 범퍼 리인포스먼트 : 탈거 – 장착 참조),
    - 프론트 범퍼 서포트 (42A, 프론트 어퍼 스트럭쳐 , 프론트 범퍼 서포트 : 탈거 – 장착 참조),
    - 어퍼 프론트 엔드 크로스 멤버 (42A, 프론트 어퍼 스트럭쳐 , 어퍼 프론트 엔드 크로스 멤버 : 탈거 – 장착 참조).

II – 관련 부품 탈거 작업

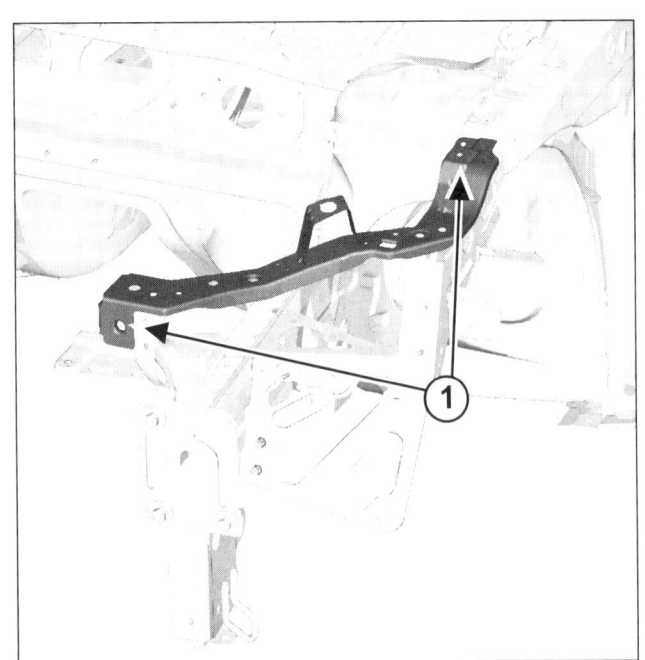

L38040201

- 다음을 탈거한다 :
    - 볼트 (1),
    - 프론트 엔드 사이드 서포트 .

장착

I – 관련 부품 장착 작업

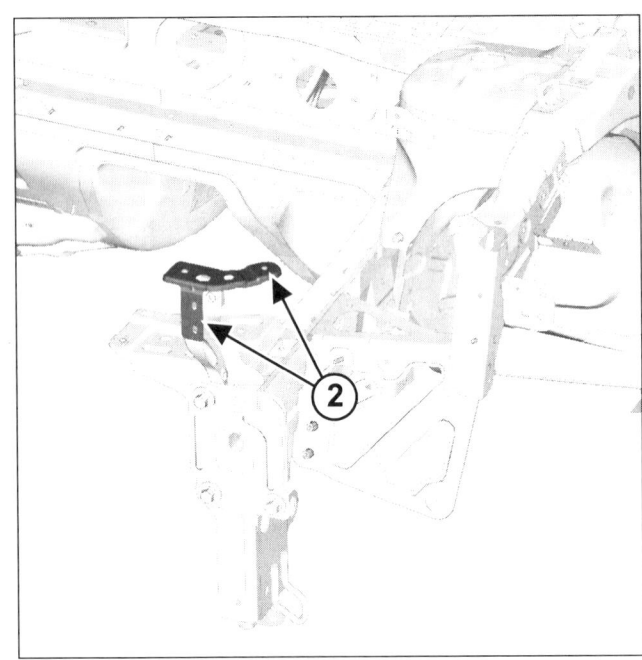

L38040202

-

> 참고 :
> 추가로 프론트 패널 마운팅과 프론트 패널 마운팅 브라켓 (2) 을 주문한다 .

- 다음을 장착한다 :
    - 프론트 엔드 사이드 서포트 ,
    - 볼트 (1).

프론트 어퍼 스트럭쳐
프론트 엔드 사이드 서포트 : 탈거 – 장착

42A

| L38 |

II – 최종 작업

❏ 다음을 장착한다 :

- 어퍼 프론트 엔드 크로스 멤버 (42A, 프론트 어퍼 스트럭쳐 , 어퍼 프론트 엔드 크로스 멤버 : 탈거 – 장착 참조),

- 프론트 범퍼 서포트 (42A, 프론트 어퍼 스트럭쳐 , 프론트 범퍼 서포트 : 탈거 – 장착 참조),

- 헤드램프 (MR 445 리페어 매뉴얼 , 80B, 프론트 라이팅 시스템 , 헤드램프 : 탈거 – 장착 참조),

- 프론트 범퍼 리인포스먼트 (41A, 프론트 로어 스트럭쳐 , 프론트 범퍼 리인포스먼트 : 탈거 – 장착 참조),

- 프론트 범퍼 (55A, 외장 보호 트림 , 프론트 범퍼 : 탈거 – 장착 참조),

- 프론트 펜더 프로텍터 (55A, 외장 보호 트림 , 프론트 펜더 프로텍터 : 탈거 – 장착 참조).

프론트 어퍼 스트럭쳐
인스트루먼트 패널 크로스 멤버 : 탈거 – 장착

42A

L38

필요 장비
진단 장비

경고

점화 구성부품 (에어백 또는 프리텐셔너) 위 또는 근처에서 작업할 때 해당 구성부품이 작동되는 위험을 방지하기 위해 진단 장비를 사용하여 에어백 컨트롤 유닛을 잠근다 .

이 기능이 작동할 경우 모든 작동 라인이 금지되고 컴비네이션 미터의 에어백 경고등이 지속적으로 켜진다 (이그니션 스위치 ON).

경고

에어백 또는 프리텐셔너의 오작동을 방지하기 위해 열원 또는 화염 근처에서 관련 부품을 취급하지 않도록 한다 .

경고

수리 작업 전 안전 , 청결지침 및 작업에 대한 가이드 라인을 확인한다 (88C, 에어백 및 프리텐셔너 , 에어백 및 프리텐셔너 : 사전 주의사항 참조).

탈거

I – 탈거 준비 작업

❏ 진단 장비를 사용해 다음 절차를 수행하여 에어백 컨트롤 유닛을 잠근다 :

- 진단 장비를 연결한다 ,
- " 에어백 컨트롤 유닛 " 을 선택한다 ,
- 수리 모드로 이동한다 ,
- 선택한 컨트롤 유닛에 대해 " 정비 이전 절차 " 를 적용한다 ,
- " 정비 이전 절차 " 섹션의 작업 과정을 수행한다 .

❏ 배터리를 분리한다 (MR 445 리페어 매뉴얼 , 80A, 배터리 , 배터리 : 탈거 – 장착 참조).

❏ 다음을 탈거한다 :

- 프론트 사이드 도어 (47A, 사이드 도어 패널 , 프론트 사이드 도어 : 탈거 – 장착 참조),
- 인스트루먼트 패널 (57A, 내장 장착 부품 , 인스트루먼트 패널 : 탈거 – 장착 참조),
- 프론트 풋 덕트 (MR 445 리페어 매뉴얼 , 61A, 히팅 시스템 , 프론트 풋 덕트 : 탈거 – 장착 참조),
- BCM (MR 445 리페어 매뉴얼 , 87B, 바디 컨트롤 시스템 , BCM: 탈거 – 장착 참조).

❏ 다음을 부분적으로 탈거한다 :

- 릴레이 박스 ,
- 스티어링 칼럼 (MR 445 리페어 매뉴얼 , 36A, 스티어링 어셈블리 , 스티어링 칼럼 : 탈거 – 장착 참조),
- 프론트 센터 에어 덕트 (MR 445 리페어 매뉴얼 , 61A, 히팅 시스템 , 프론트 센터 에어 덕트 : 탈거 – 장착 참조).

❏ 인스트루먼트 패널 와이어링의 라우팅과 마운팅 위치를 표시한다 .

❏ 인스트루먼트 패널 와이어링을 탈거한다 .

주의

장착 작업 후 소음 발생 , 심각한 마모 , 회로 단락 등을 방지하기 위해 와이어링 경로 및 커넥터 연결 방법을 표시한다 .

II – 관련 부품 탈거 작업

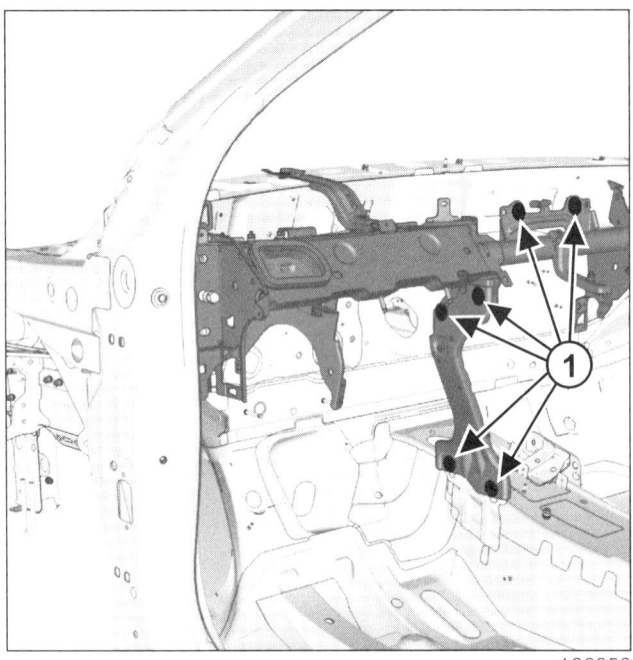

❏ 다음을 탈거한다 :

- 볼트 (1),
- 인스트루먼트 패널 플랜지 .

프론트 어퍼 스트럭쳐
인스트루먼트 패널 크로스 멤버 : 탈거 – 장착

42A

L38

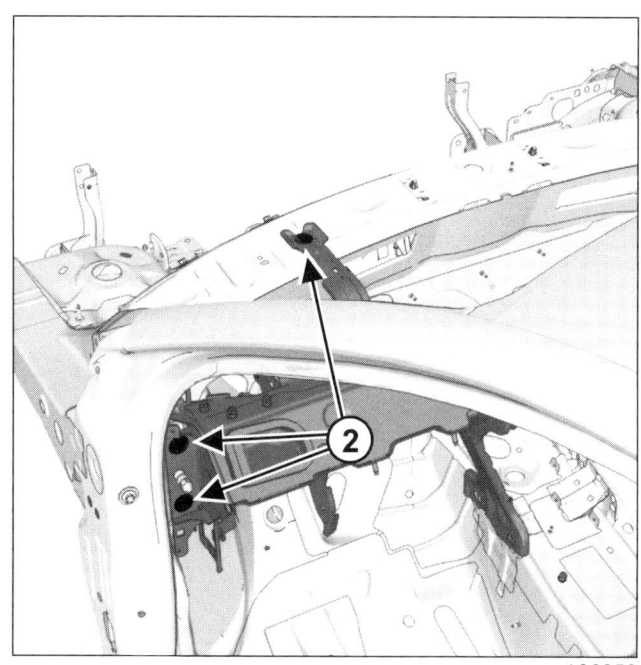

❏ 크로스 멤버 (2) 에서 볼트를 탈거한다.

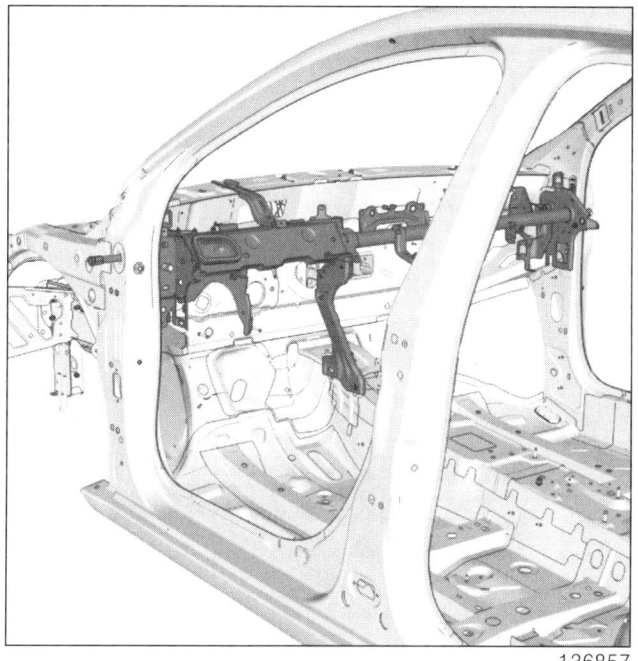

❏ 다음을 탈거한다 :
  - 사이드 볼트,
  - 인스트루먼트 패널 크로스 멤버 (이 작업은 두 사람이 작업한다).

장착

I – 관련 부품 장착 작업

❏ 다음을 장착한다 :
  - 인스트루먼트 패널 크로스멤버 (이 작업은 두 사람이 작업한다),
  - 사이드 볼트,
  - 크로스 멤버 볼트,
  - 인스트루먼트 패널 플랜지,
  - 볼트 (1).

II – 최종 작업

❏ 다음을 장착한다 :
  - 인스트루먼트 패널 와이어링,
  - 프론트 센터 에어 덕트 (MR 445 리페어 매뉴얼, 61A, 히팅 시스템, 프론트 센터 에어 덕트 : 탈거 – 장착 참조),
  - 스티어링 칼럼 (MR 445 리페어 매뉴얼, 36A, 스티어링 어셈블리, 스티어링 칼럼 : 탈거 – 장착 참조),
  - 릴레이 박스,
  - BCM (MR 445 리페어 매뉴얼, 87B, 바디 컨트롤 시스템, BCM: 탈거 – 장착 참조),
  - 프론트 풋 덕트 (MR 445 리페어 매뉴얼, 61A, 히팅 시스템, 프론트 풋 덕트 : 탈거 – 장착 참조),
  - 인스트루먼트 패널 (57A, 내장 장착 부품, 인스트루먼트 패널 : 탈거 – 장착 참조),
  - 프론트 사이드 도어 (47A, 사이드 도어 패널, 프론트 사이드 도어 : 탈거 – 장착 참조).

❏ 진단 장비를 사용해 " 정비 이후 절차 " 를 수행한다 :
  - 진단 장비를 연결한다,
  - " 에어백 컨트롤 유닛 " 을 선택한다,
  - 수리 모드로 이동한다,
  - 선택한 컨트롤 유닛에 대해 " 정비 이후 절차 " 를 적용한다,
  - " 정비 이후 절차 " 섹션의 작업 과정을 수행한다.

사이드 어퍼 스트럭쳐
A- 필러 : 교환

43A

L38

I - 서비스 부품의 구성

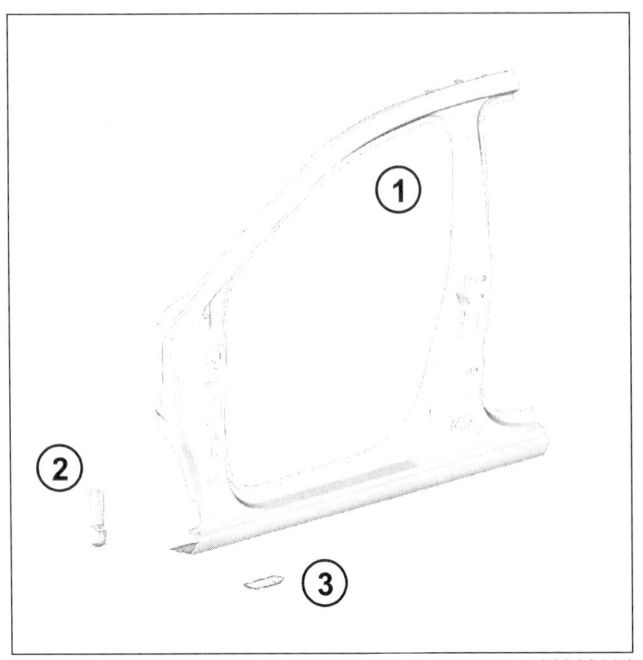

L38040114

번호	설명	재질	두께 (mm)
(1)	바디 사이드	SGACE	0.65
(2)	실 프론트 블랭킹 커버	SPCC	0.65
(3)	리프팅 포인트 서포트	HE450M	2

II - 교환 작업

부품 교환 방법 :

- 전체 교환 A-E,
- 부분 교환 B-C,
- 부분 교환 B-D.

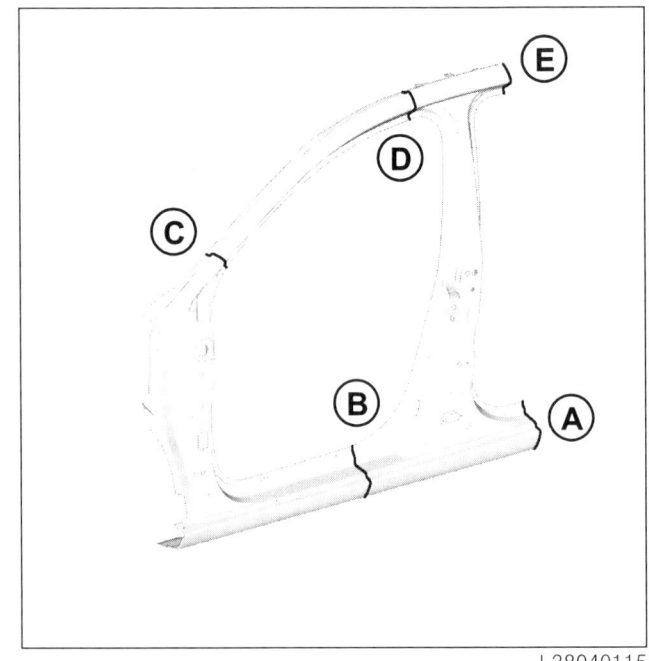

L38040115

1 - 전체 교환 A-E

a - 부품의 장착 위치

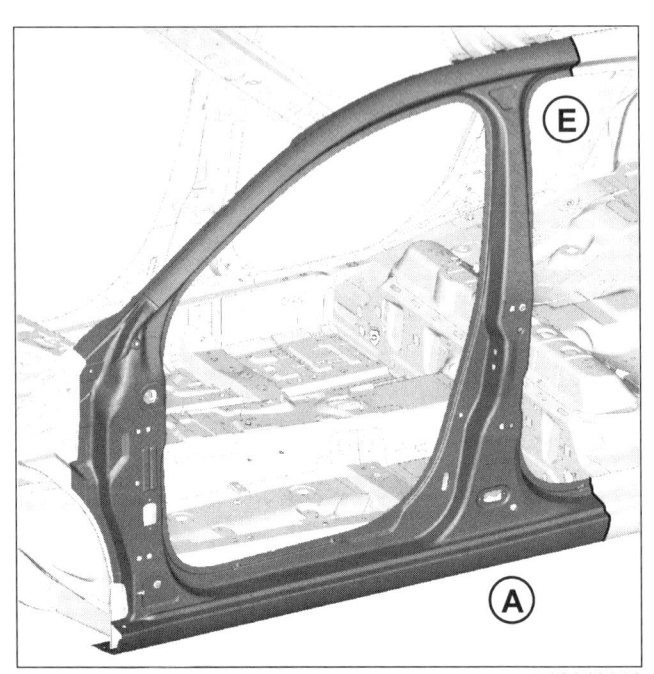

L38040116

사이드 어퍼 스트럭쳐
A- 필러 : 교환

43A

L38

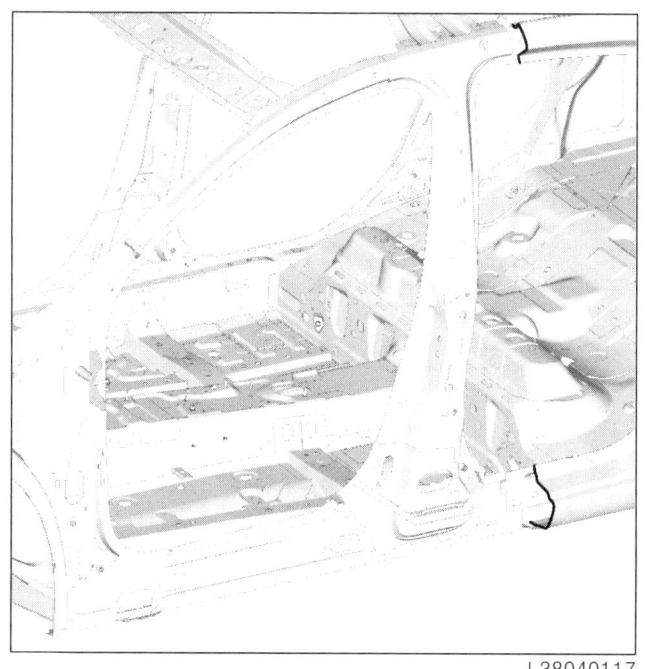

세부도 A

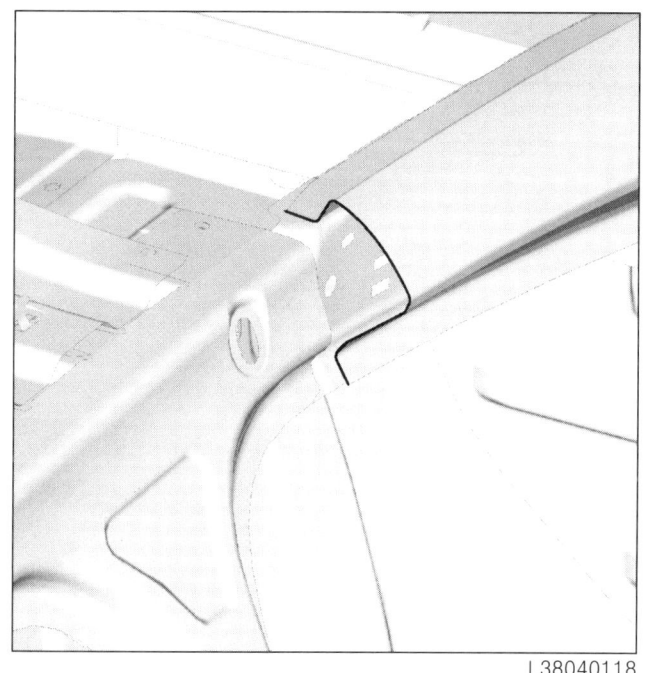

세부도 E

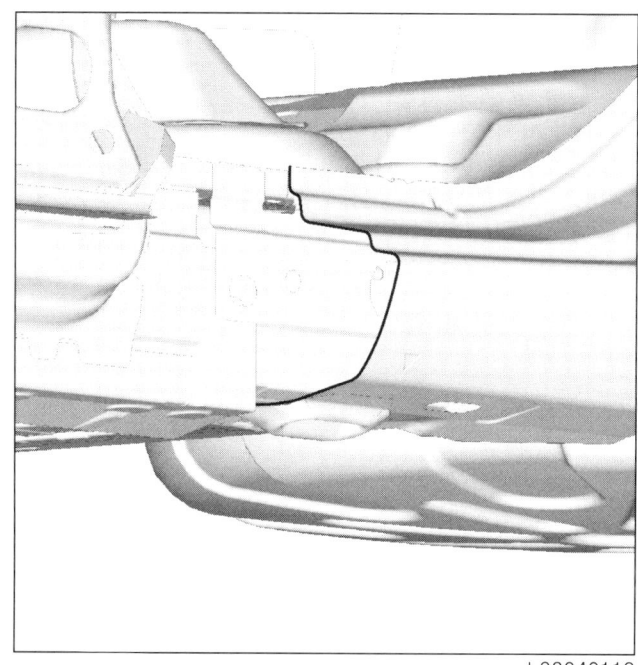

b - 전기 접지의 위치

경고

차량의 전기 및 전자 구성부품 손상을 방지하기 위해 용접 부위 근처에 있는 와이어링 하네스의 접지를 분리해야 한다.

용접기의 접지는 용접 부위에서 최대한 가까운 위치에 있어야 한다 (MR 400 차체 구조 수리 매뉴얼 , 40H, 볼트 결합, 접지를 위한 볼트 결합: 장착 참조).

용접 부위 근처의 접지를 찾는다 (40A, 일반 사항 , 접지 위치 : 일반 설명 참조).

c - 신품으로 교환해야 하는 부품

다음을 교환한다 :

- 중공 부분 인서트 (40A, 일반 사항 , 방음재의 위치와 관련 설명 참조) 및 (방음재 : 사전 주의사항 참조).

d - 탈거해야 하는 차체 구성부품 - 교환 작업을 실시하기 위해 탈거해야 하는 스트럭쳐

루프를 탈거한다 (45A, 바디 어퍼 스트럭쳐 , 루프 : 교환 참조).

사이드 어퍼 스트럭쳐
A- 필러 : 교환

43A

L38

e - 용접 작업에 대한 설명

> **경고**
>
> 용접할 부품의 접촉면에 접근할 수 없는 경우 스폿 용접 (전기 저항 용접) 대신 플러그 용접 (아크 용접) 을 사용한다 (MR 400 차체 구조 수리 매뉴얼 , 40C, 가스 메탈 아크 용접 결합 , 가스 쉴드 아크 용접 비드 조인트 : 설명 참조).

2 - 부분 교환 B-C

a - 부품의 장착 위치

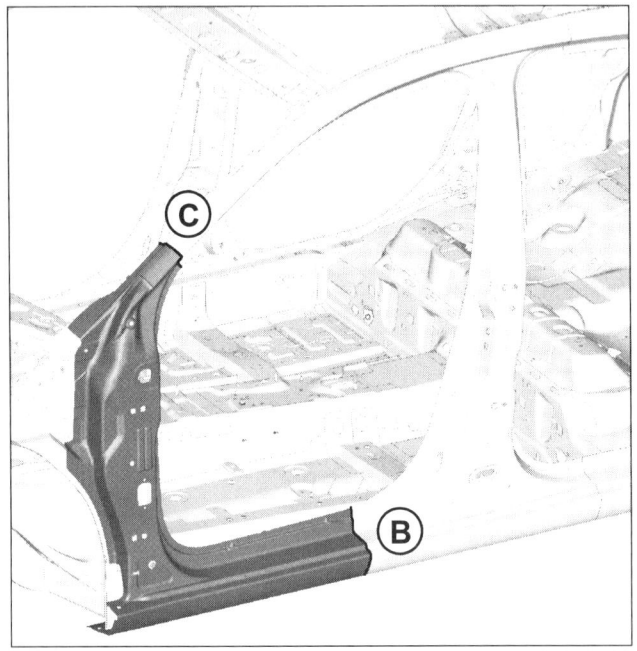

세부도 B

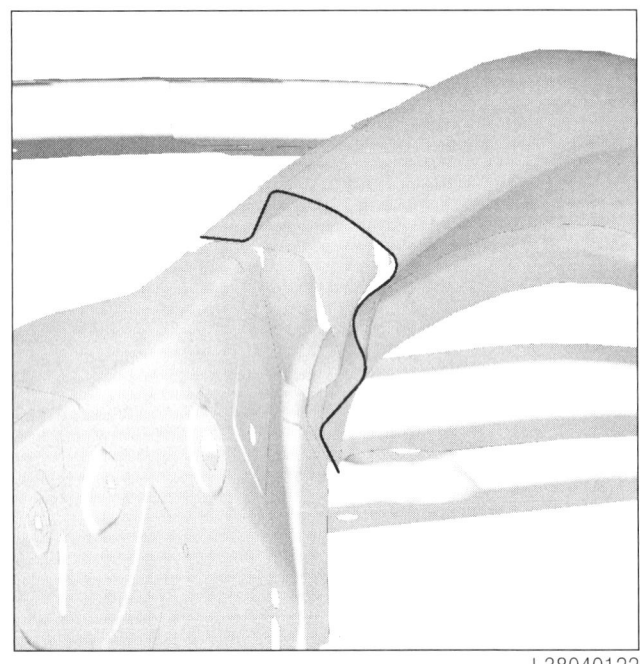

사이드 어퍼 스트럭쳐
A- 필러 : 교환

43A

L38

세부도 C

b - 전기 접지의 위치

> **경고**
> 차량의 전기 및 전자 구성부품 손상을 방지하기 위해 용접 부위 근처에 있는 와이어링 하네스의 접지를 분리해야 한다.
>
> 용접기의 접지는 용접 부위에서 최대한 가까운 위치에 있어야 한다 (MR 400 차체 구조 수리 매뉴얼, 40H, 볼트 결합, 접지를 위한 볼트 결합: 장착 참조).

용접 부위 근처의 접지를 찾는다 (40A, 일반 사항, 접지 위치 : 일반 설명 참조).

c - 신품으로 교환해야 하는 부품

다음을 교환한다 :

- 중공 부분 인서트 (40A, 일반 사항, 방음재의 위치와 관련 설명 참조) 및 (방음재 : 사전 주의사항 참조).

d - 용접 작업에 대한 설명

> **경고**
> 용접할 부품의 접촉면에 접근할 수 없는 경우 스폿 용접 (전기 저항 용접) 대신 플러그 용접 (아크 용접) 을 사용한다 (MR 400 차체 구조 수리 매뉴얼, 40C, 가스 메탈 아크 용접 결합, 가스 쉴드 아크 용접 비드 조인트 : 설명 참조).

3 - 부분 교환 B-D

a - 부품의 장착 위치

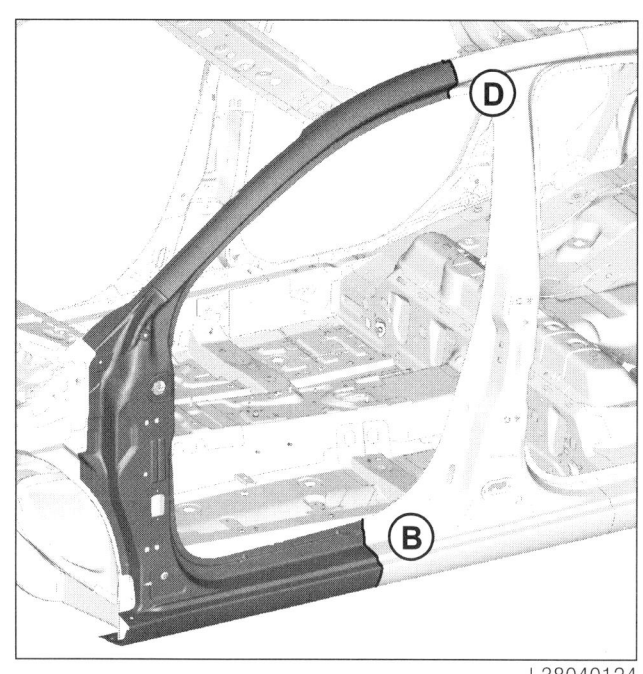

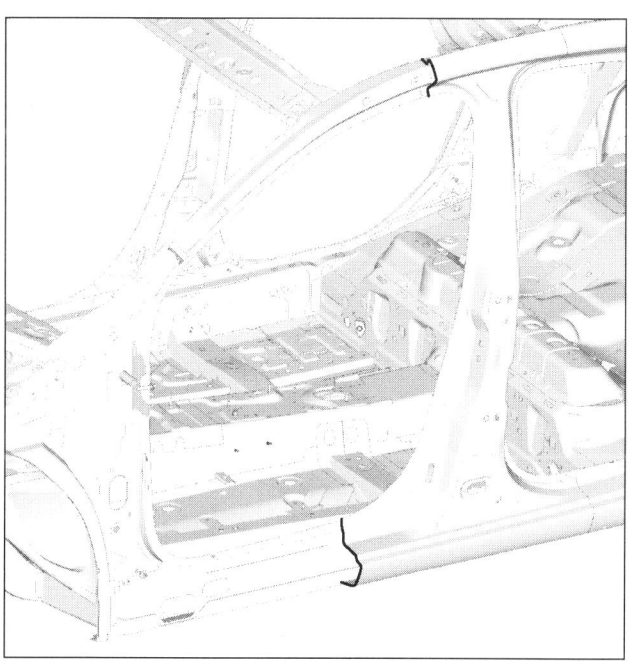

사이드 어퍼 스트럭쳐
A- 필러 : 교환

43A

L38

세부도 B

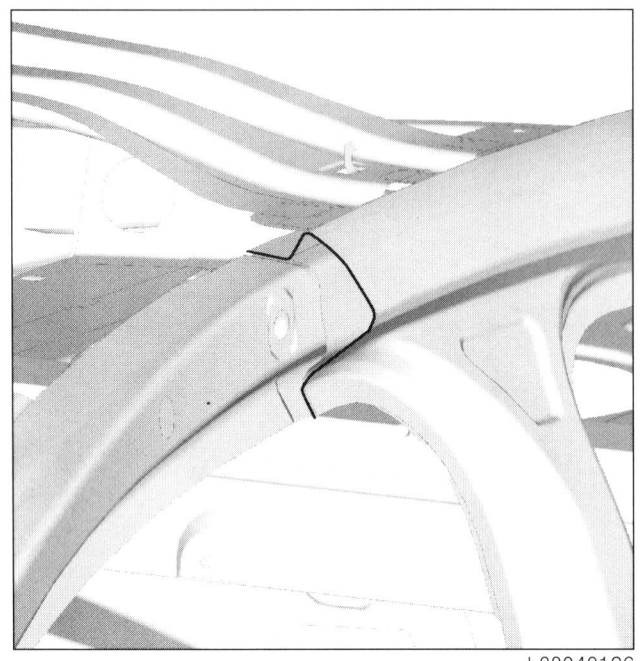

세부도 D

b - 전기 접지의 위치

경고

차량의 전기 및 전자 구성부품 손상을 방지하기 위해 용접 부위 근처에 있는 와이어링 하네스의 접지를 분리해야 한다.

용접기의 접지는 용접 부위에서 최대한 가까운 위치에 있어야 한다 (MR 400 차체 구조 수리 매뉴얼, 40H, 볼트 결합, 접지를 위한 볼트 결합: 장착 참조).

용접 부위 근처의 접지를 찾는다 (40A, 일반 사항, 접지 위치 : 일반 설명 참조).

c - 용접 작업에 대한 설명

경고

용접할 부품의 접촉면에 접근할 수 없는 경우 스폿 용접 (전기 저항 용접) 대신 플러그 용접 (아크 용접) 을 사용한다 (MR 400 차체 구조 수리 매뉴얼, 40C, 가스 메탈 아크 용접 결합, 가스 쉴드 아크 용접 비드 조인트 : 설명 참조).

사이드 어퍼 스트럭쳐
A- 필러 리인포스먼트 : 교환

43A

L38

I – 서비스 부품의 구성

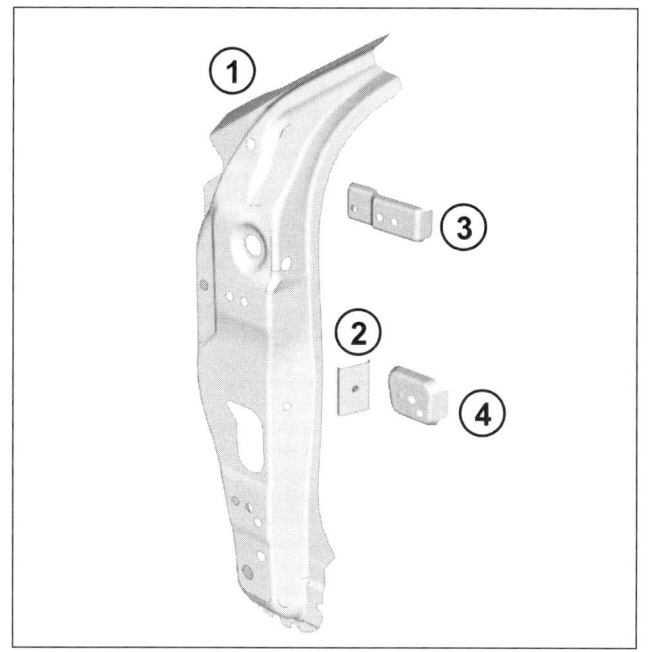

136794

번호	설명	재질	두께 (mm)
(1)	프론트 필러 리인 포스먼트	SPCC	1.0
(2)	프론트 도어 스톱 리인포스먼트	XE360D	1.97
(3)	프론트 필러 어퍼 힌지 리인포스먼트	HE280M	2
(3)	프론트 필러 로어 힌지 리인포스먼트	HE450M	2

II – 교환 작업

부품 교환 방법 :

– 전체 교환 .

1 – 전체 교환

a – 부품의 장착 위치

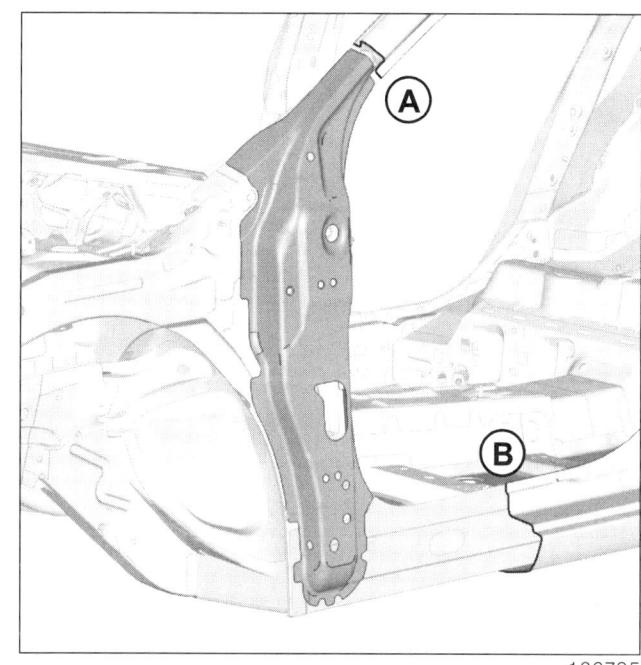

136795

세부도 A

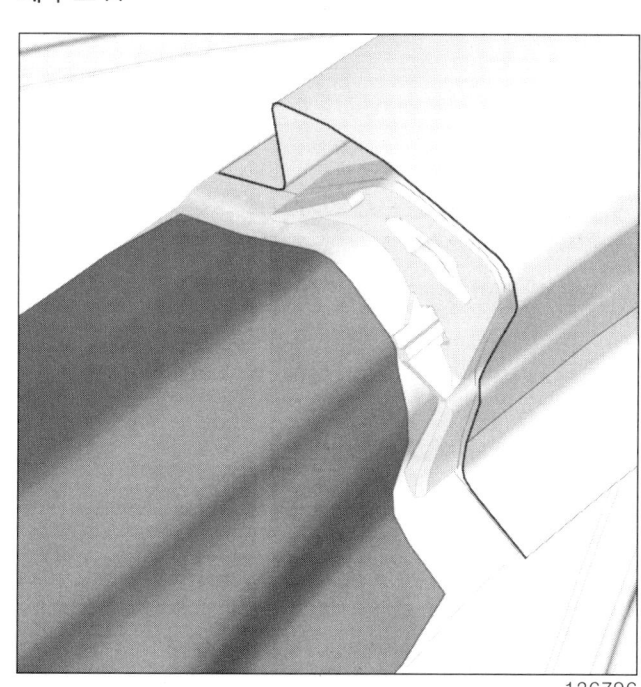

136796

43A-6

사이드 어퍼 스트럭쳐
A-필러 리인포스먼트 : 교환

L38

세부도 B

b - 전기 접지의 위치

주의

차량의 전기 및 전자 구성부품 손상을 방지하기 위해 용접 부위 근처에 있는 와이어링 하네스의 접지를 분리해야 한다.

용접기의 접지는 용접 부위에서 최대한 가까운 위치에 있어야 한다 (MR 400 차체 구조 수리 매뉴얼, 40H, 볼트 결합, 접지를 위한 볼트 결합: 장착 참조).

용접 부위 근처의 접지를 찾는다 (40A, 일반 사항, 접지 위치 : 일반 설명 참조).

c - 탈거해야 하는 차체 구성부품 - 수리 작업을 실시하기 위해 탈거해야 하는 스트럭쳐

다음을 탈거한다 :

- 바디 사이드 프론트 섹션 일부 (43A, 사이드 어퍼 스트럭쳐, 바디 사이드 프론트 섹션 : 교환 참조).

d - 용접 작업에 대한 설명

주의

용접할 부품의 접촉면에 접근할 수 없는 경우 스폿 용접 (전기 저항 용접) 대신 플러그 용접 (아크 용접) 을 사용한다 (MR 400 차체 구조 수리 매뉴얼, 40C, 가스 메탈 아크 용접 결합, 가스 쉴드 아크 용접 비드 조인트 : 설명 참조).

사이드 어퍼 스트럭쳐
프론트 이너 어퍼 필러 : 교환

43A

L38

I – 서비스 부품의 구성

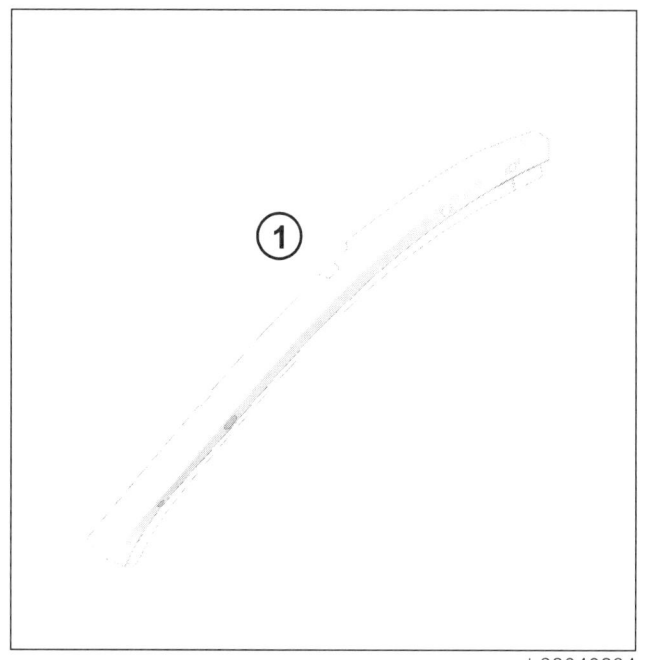

번호	설명	재질	두께 (mm)
(1)	프론트 이너 어퍼 필러	XE320D	1.2

II – 교환 작업

부품 교환 방법 :

– 전체 교환.

1 – 전체 교환

a – 부품의 장착 위치

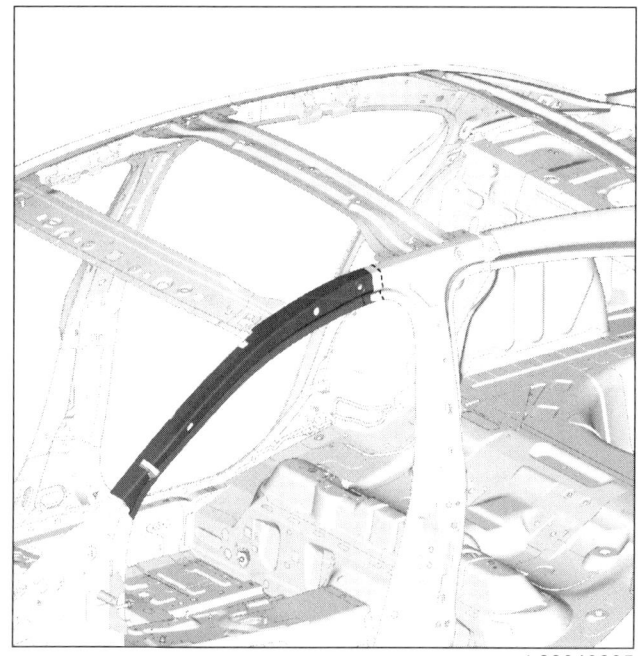

b – 전기 접지의 위치

> **주의**
>
> 차량의 전기 및 전자 구성부품 손상을 방지하기 위해 용접 부위 근처에 있는 와이어링 하네스의 접지를 분리해야 한다.
>
> 용접기의 접지는 용접 부위에서 최대한 가까운 위치에 있어야 한다 (MR 400 차체 구조 수리 매뉴얼, 40H, 볼트 결합, 접지를 위한 볼트 결합: 장착 참조).

용접 부위 근처의 접지를 찾는다 (40A, 일반 사항, 접지 위치 : 일반 설명 참조).

c – 신품으로 교환해야 하는 부품

중공 부분 인서트를 교환한다 (40A, 일반 사항, 방음재의 위치와 관련 설명 참조) 및 (방음재 : 사전 주의사항 참조).

사이드 어퍼 스트럭쳐
프론트 이너 어퍼 필러 : 교환

43A

L38

d – 탈거해야 하는 차체 구성부품 – 교환 작업을 실시하기 위해 탈거해야 하는 스트럭쳐

다음을 탈거한다 :

- 루프 (45A, 바디 어퍼 스트럭쳐 , 루프 : 교환 참조),
- A- 필러 (43A, 사이드 어퍼 스트럭쳐 , A- 필러 : 교환 참조).

e – 용접 작업에 대한 설명

> **주의**
>
> 용접할 부품의 접촉면에 접근할 수 없는 경우 스폿 용접 (전기 저항 용접) 대신 플러그 용접 (아크 용접) 을 사용한다 (MR 400 차체 구조 수리 매뉴얼 , 40C, 가스 메탈 아크 용접 결합 , 가스 쉴드 아크 용접 비드 조인트 : 설명 참조).

사이드 어퍼 스트럭쳐
B- 필러 : 교환

43A

L38

I - 서비스 부품의 구성

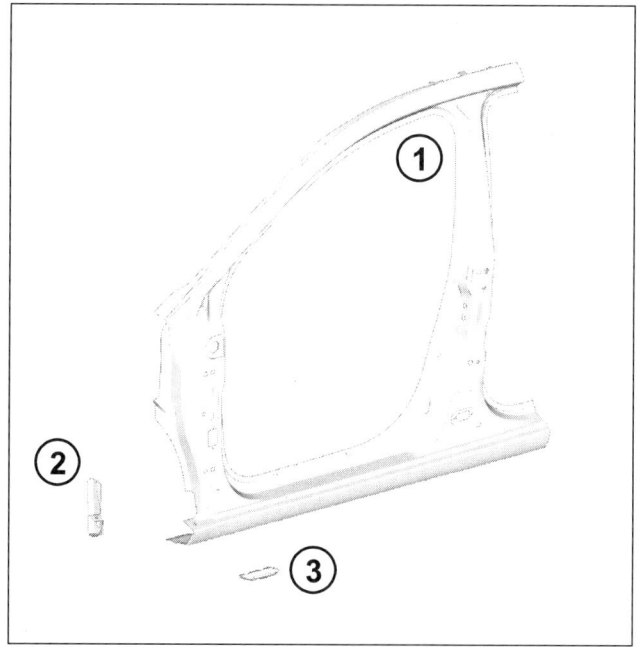

L38040114

번호	설명	재질	두께 (mm)
(1)	바디 사이드	SGACE	0.65
(2)	실 프론트 블랭킹 커버	SPCC	0.65
(3)	리프팅 포인트 서 포트	HE450M	2

II - 교환 작업

부품 교환 방법 :

- 전체 교환 B-C.

1 - 전체 교환

a - 부품의 장착 위치

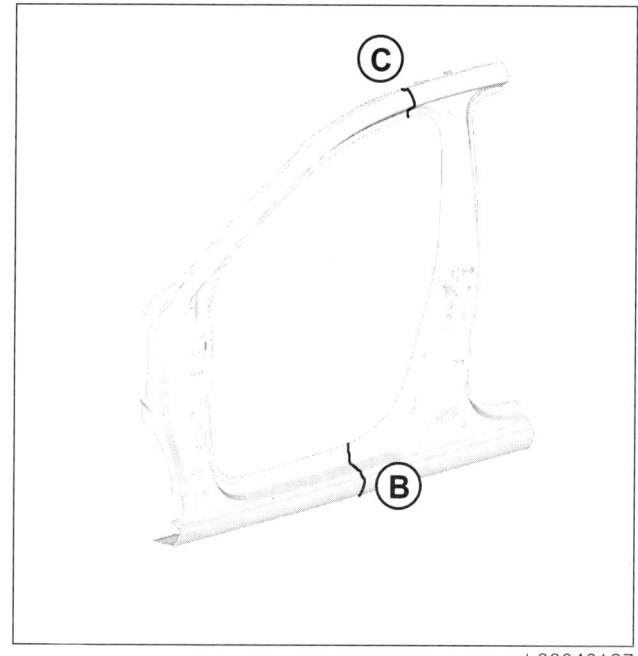

L38040127

2 - 전체 교환 B-C

a - 부품의 장착 위치

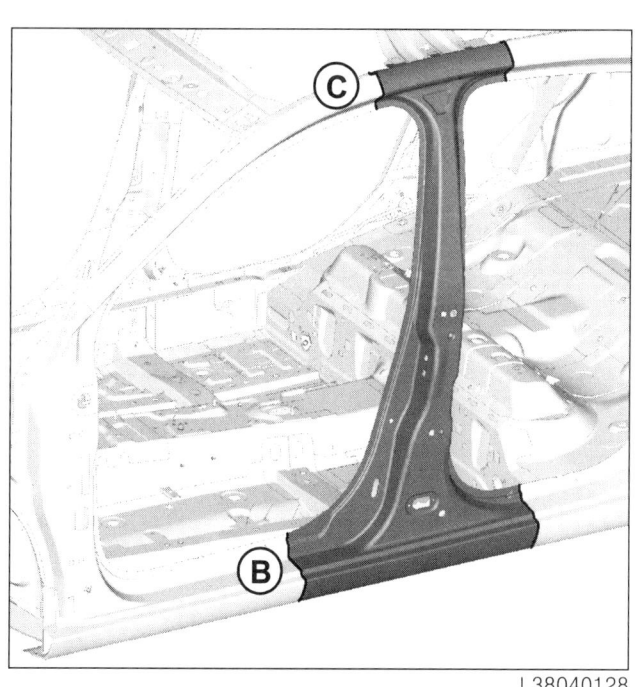

L38040128

43A-10

사이드 어퍼 스트럭쳐
B- 필러 : 교환

43A

L38

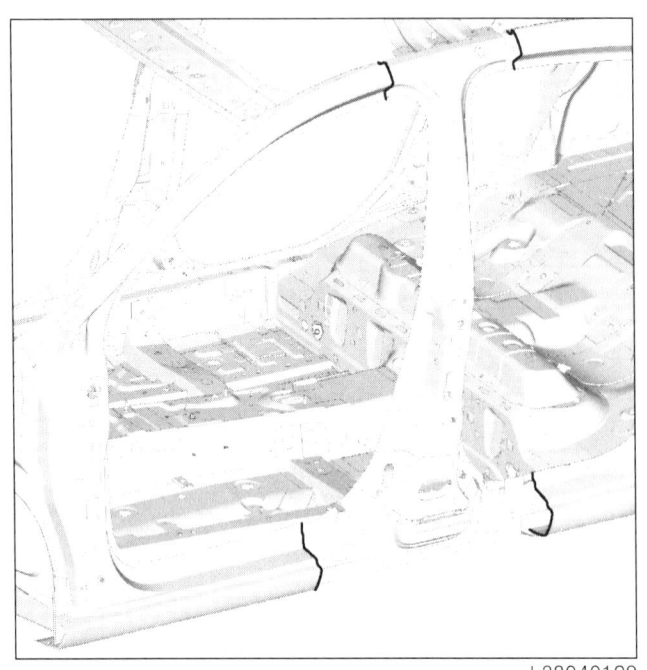

세부도 A

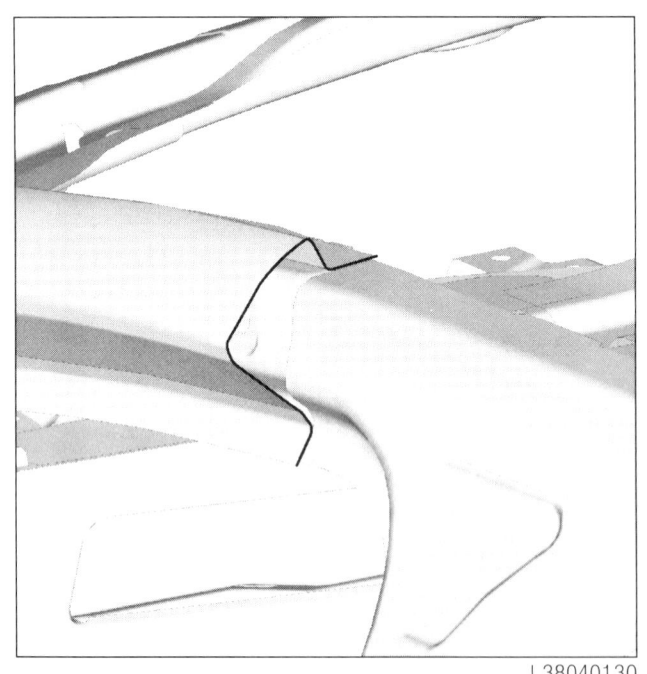

세부도 E

b - 전기 접지의 위치

주의

차량의 전기 및 전자 구성부품 손상을 방지하기 위해 용접 부위 근처에 있는 와이어링 하네스의 접지를 분리해야 한다.

용접기의 접지는 용접 부위에서 최대한 가까운 위치에 있어야 한다 (MR 400 차체 구조 수리 매뉴얼, 40H, 볼트 결합, 접지를 위한 볼트 결합: 장착 참조).

용접 부위 근처의 접지를 찾는다 (40A, 일반 사항, 접지 위치 : 일반 설명 참조).

c - 신품으로 교환해야 하는 부품

다음을 교환한다 :

- 중공 부분 인서트 (40A, 일반 사항, 방음재의 위치와 관련 설명 참조) 및 (방음재 : 사전 주의사항 참조).

d - 탈거해야 하는 차체 구성부품 - 교환 작업을 실시하기 위해 탈거해야 하는 스트럭쳐

- 루프를 탈거한다 (45A, 바디 어퍼 스트럭쳐, 루프 : 교환 참조).

사이드 어퍼 스트럭쳐
B- 필러 : 교환

43A

L38

e – 용접 작업에 대한 설명

주의

용접할 부품의 접촉면에 접근할 수 없는 경우 스폿 용접 (전기 저항 용접) 대신 플러그 용접 (아크 용접) 을 사용한다 (MR 400 차체 구조 수리 매뉴얼 , 40C, 가스 메탈 아크 용접 결합 , 가스 쉴드 아크 용접 비드 조인트 : 설명 참조).

사이드 어퍼 스트럭쳐
B- 필러 리인포스먼트 : 교환

43A

L38

I - 서비스 부품의 구성

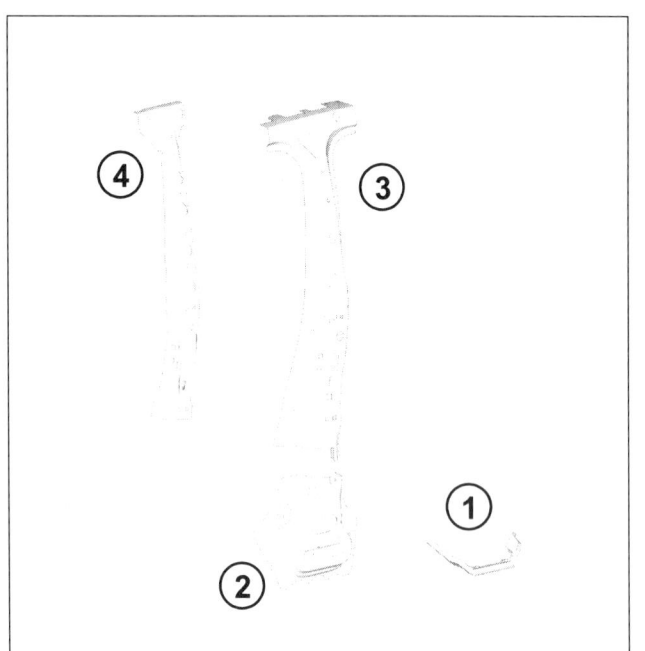

L38040236

번호	설명	재질	두께 (mm)
(1)	확장 인서트	–	–
(2)	B- 필러 리인포스먼트 로어 섹션	XE360D	1.5
(3)	B 필러 리인포스먼트	APFH540	1.8
(4)	B- 필러 임팩트 리인포스먼트	APFH540	1.8

II - 교환 작업

부품 교환 방법 :

- 전체 교환 .

1 - 전체 교환

a - 부품의 장착 위치

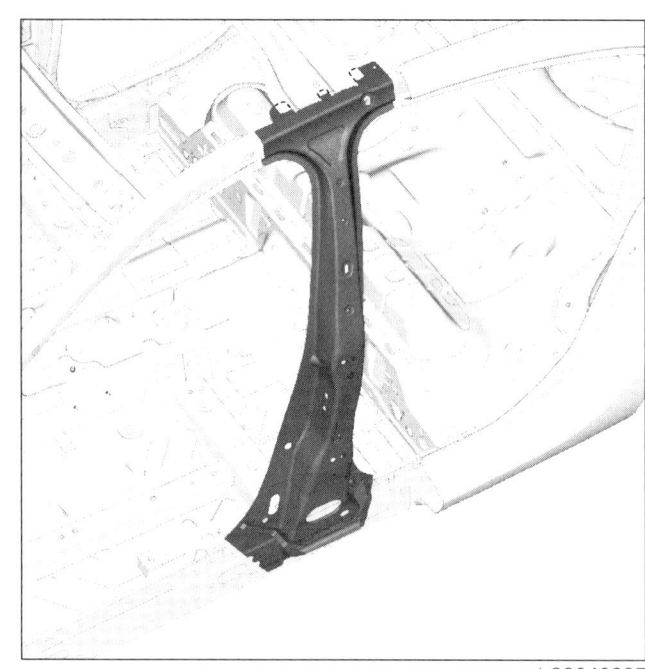

L38040237

b - 전기 접지의 위치

주의

차량의 전기 및 전자 구성부품 손상을 방지하기 위해 용접 부위 근처에 있는 와이어링 하네스의 접지를 분리해야 한다 .

용접기의 접지는 용접 부위에서 최대한 가까운 위치에 있어야 한다 (MR 400 차체 구조 수리 매뉴얼 , 40H, 볼트 결합, 접지를 위한 볼트 결합: 장착 참조).

용접 부위 근처의 접지를 찾는다 (40A, 일반 사항 , 접지 위치 : 일반 설명 참조).

c - 신품으로 교환해야 하는 부품

중공 부분 인서트를 교환한다 (40A, 일반 사항 , 방음재의 위치와 관련 설명 참조) 및 (방음재 : 사전 주의사항 참조).

사이드 어퍼 스트럭쳐
B- 필러 리인포스먼트 : 교환

43A

L38

d – 탈거해야 하는 차체 구성부품 – 교환 작업을 실시하기 위해 탈거해야 하는 스트럭쳐

다음을 탈거한다 :

- 루프 (45A, 바디 어퍼 스트럭쳐, 루프 : 교환 참조)
- A – 필러 (43A, 사이드 어퍼 스트럭쳐, A- 필러 : 교환 참조).

e – 용접 작업에 대한 설명

> **주의**
>
> 용접할 부품의 접촉면에 접근할 수 없는 경우 스폿 용접 (전기 저항 용접) 대신 플러그 용접 (아크 용접) 을 사용한다 (MR 400 차체 구조 수리 매뉴얼, 40C, 가스 메탈 아크 용접 결합, 가스 쉴드 아크 용접 비드 조인트 : 설명 참조).

사이드 어퍼 스트럭쳐
루프 드립 몰딩 라이닝 : 교환

43A

L38

I – 서비스 부품의 구성

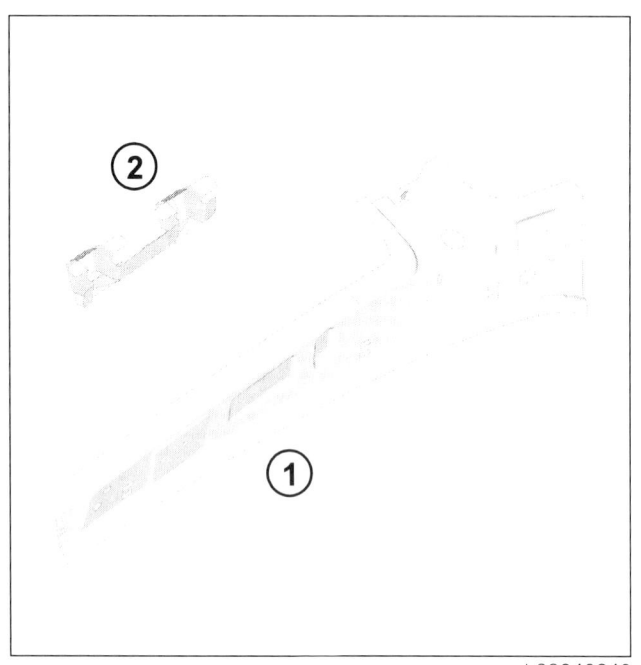

번호	설명	재질	두께 (mm)
(1)	루프 드립 몰딩 라이닝	SPCC	0.9
(2)	그립 핸들 마운팅	XE280P	1.3

II – 교환 작업

부품 교환 방법 :

– 전체 교환 .

1 – 전체 교환

a – 부품의 장착 위치

b – 전기 접지의 위치

> **주의**
>
> 차량의 전기 및 전자 구성부품 손상을 방지하기 위해 용접 부위 근처에 있는 와이어링 하네스의 접지를 분리해야 한다 .
>
> 용접기의 접지는 용접 부위에서 최대한 가까운 위치에 있어야 한다 (MR 400 차체 구조 수리 매뉴얼 , 40H, 볼트 결합, 접지를 위한 볼트 결합: 장착 참조).

용접 부위 근처의 접지를 찾는다 (40A, 일반 사항 , 접지 위치 : 일반 설명 참조).

c – 신품으로 교환해야 하는 부품

중공 부분 인서트를 교환한다 (40A, 일반 사항 , 방음재의 위치와 관련 설명 참조) 및 (방음재 : 사전 주의사항 참조).

사이드 어퍼 스트럭쳐
루프 드립 몰딩 라이닝 : 교환

43A

L38

d - 탈거해야 하는 차체 구성부품 – 교환 작업을 실시하기 위해 탈거해야 하는 스트럭쳐

다음을 탈거한다 :

- 루프 (45A, 바디 어퍼 스트럭쳐 , 루프 : 교환 참조),
- 리어 펜더 (44A, 리어 어퍼 스트럭쳐 , 리어 펜더 : 교환 참조).

e - 용접 작업에 대한 설명

주의

용접할 부품의 접촉면에 접근할 수 없는 경우 스폿 용접 (전기 저항 용접) 대신 플러그 용접 (아크 용접) 을 사용한다 (MR 400 차체 구조 수리 매뉴얼 , 40C, 가스 메탈 아크 용접 결합 , 가스 쉴드 아크 용접 비드 조인트 : 설명 참조).

리어 어퍼 스트럭쳐
리어 펜더 : 교환

44A

L38

I - 서비스 부품의 구성

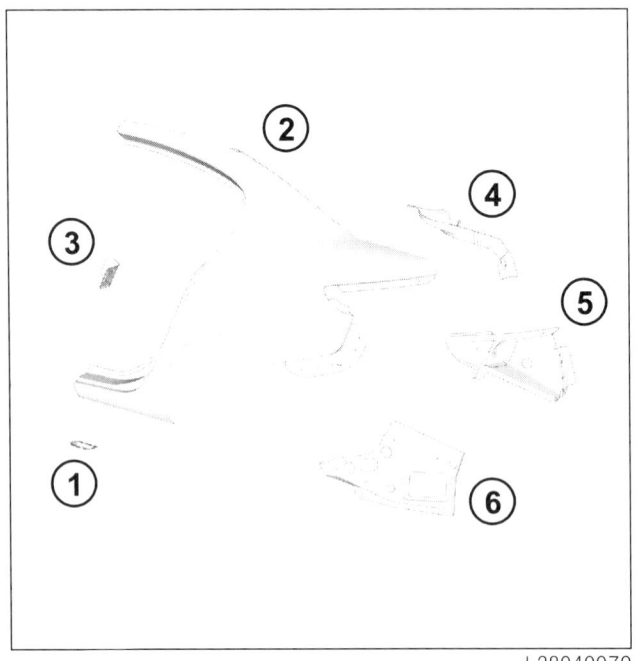

번호	설명	재질	두께 (mm)
(1)	리프팅 포인트 서포트	HE450M	2
(2)	바디 사이드	SGACE	0.65
(3)	리어 사이드 도어 스트라이커 패널 스티프너	SPCC	1.5
(4)	리어 사이드 드립	SPCC	0.65
(5)	리어 램프 사이드 서포트	SPCC	0.75
(6)	리어 펜더 익스텐션	DX54DBM	0.65

II - 교환 작업

부품 교환 방법 :
- 전체 교환 A-D,
- 부분 교환 B-C,
- 부분 교환 B-D.

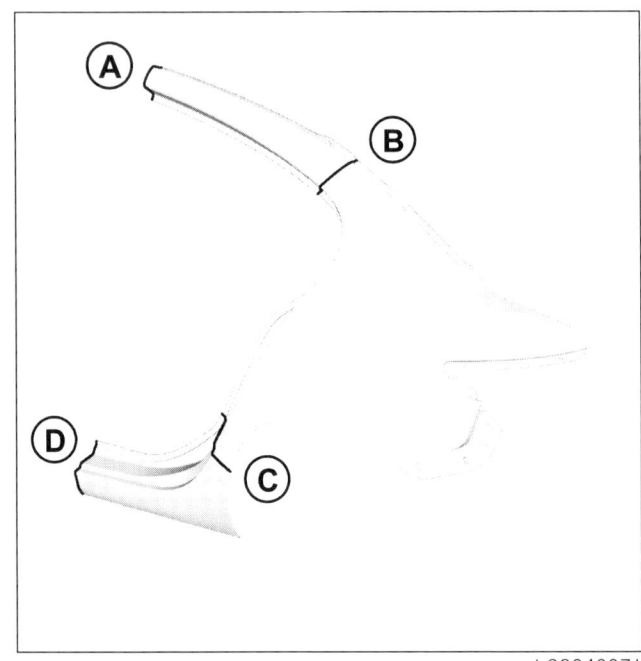

1 - 전체 교환 A-D

a - 부품의 장착 위치

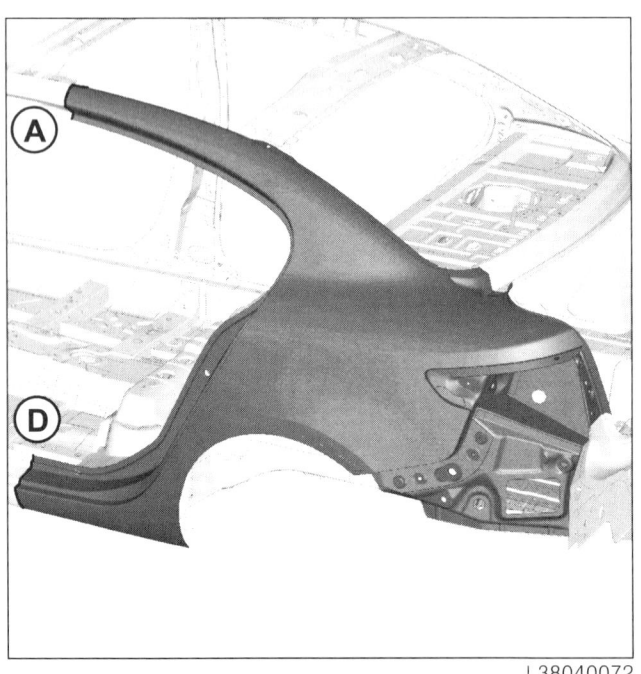

44A-1

리어 어퍼 스트럭쳐
리어 펜더 : 교환

44A

L38

세부도 A

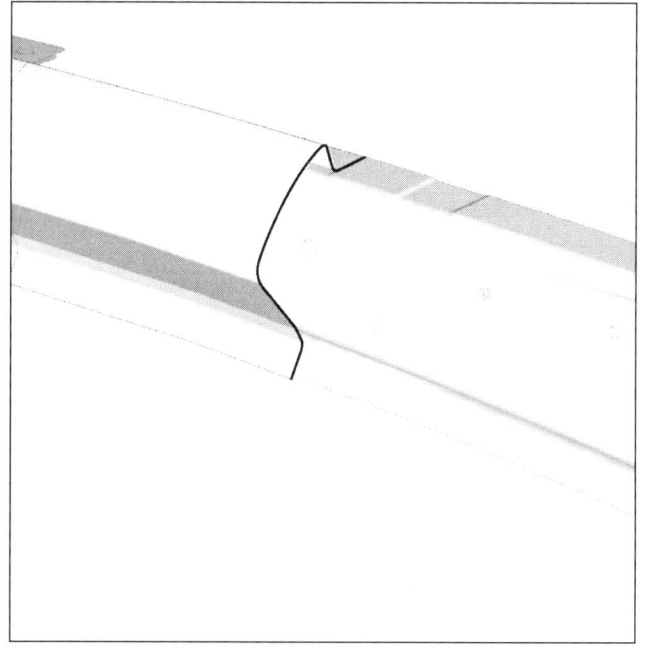

L38040073

세부도 D

L38040074

b - 전기 접지의 위치

주의

차량의 전기 및 전자 구성부품 손상을 방지하기 위해 용접 부위 근처에 있는 와이어링 하네스의 접지를 분리해야 한다.

용접기의 접지는 용접 부위에서 최대한 가까운 위치에 있어야 한다 (MR 400 차체 구조 수리 매뉴얼, 40H, 볼트 결합, 접지를 위한 볼트 결합: 장착 참조).

용접 부위 근처의 접지를 찾는다 (40A, 일반 사항, 접지 위치 : 일반 설명 참조).

c - 신품으로 교환해야 하는 부품

다음을 교환한다 :

- 중공 부분 인서트 (40A, 일반 사항, 방음재의 위치와 관련 설명 참조) 및 (방음재 : 사전 주의사항 참조).

d - 탈거해야 하는 차체 구성부품 - 교환 작업을 실시하기 위해 탈거해야 하는 스트럭쳐

다음을 탈거한다 :

- 루프를 탈거한다 (45A, 바디 어퍼 스트럭쳐, 루프 : 교환 참조).

e - 용접 작업에 대한 설명

주의

용접할 부품의 접촉면에 접근할 수 없는 경우 스폿 용접 (전기 저항 용접) 대신 플러그 용접 (아크 용접) 을 사용한다 (MR 400 차체 구조 수리 매뉴얼, 40C, 가스 메탈 아크 용접 결합, 가스 쉴드 아크 용접 비드 조인트 : 설명 참조).

리어 어퍼 스트럭쳐
리어 펜더 : 교환

44A

L38

2 - 부분 교환 B-C

a - 부품의 장착 위치

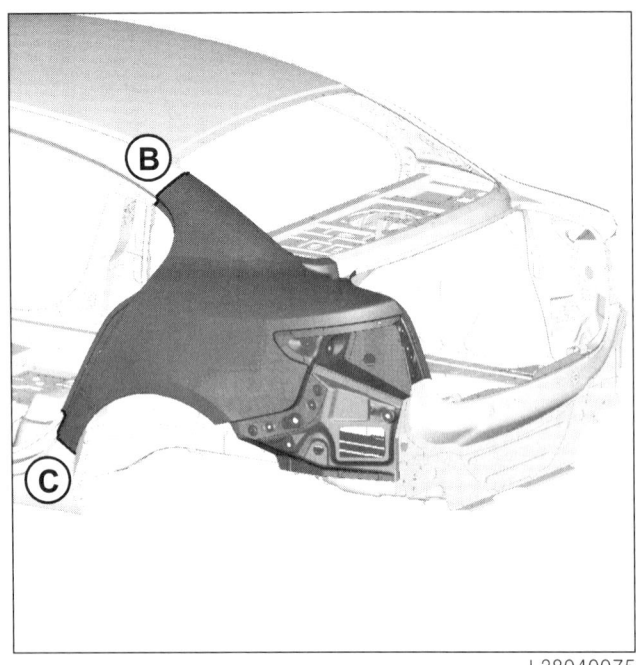

세부도 B

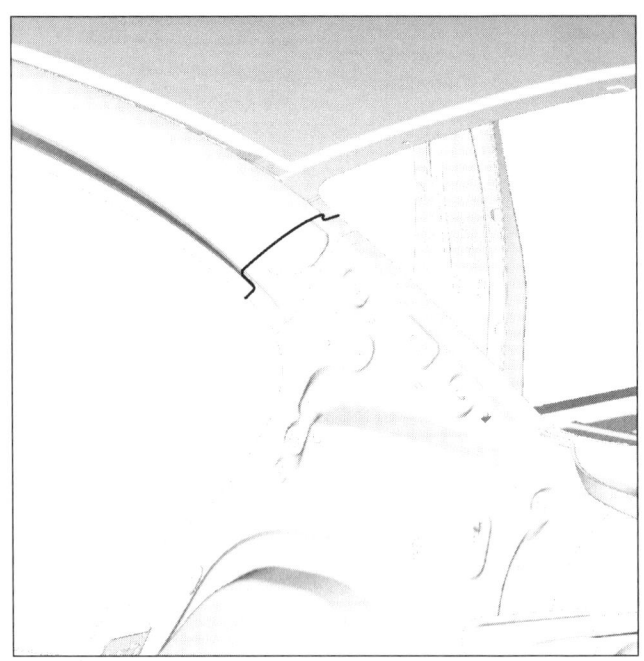

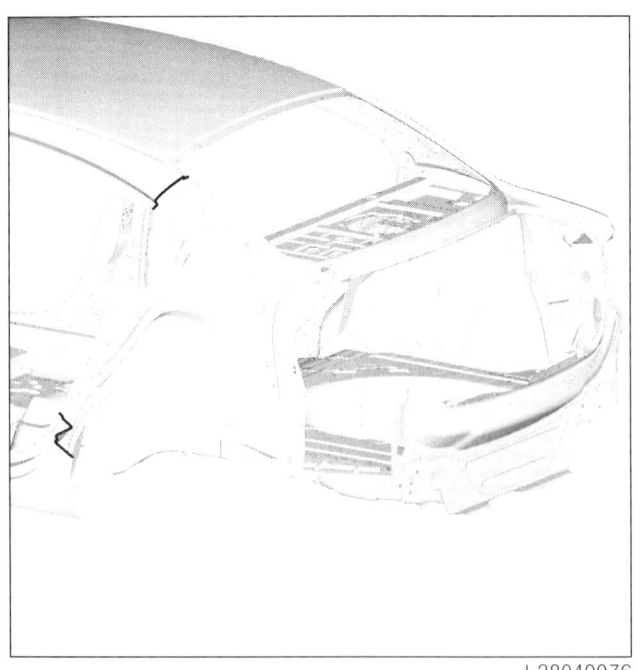

세부도 C

리어 어퍼 스트럭쳐
리어 펜더 : 교환

44A

L38

b - 전기 접지의 위치

> **주의**
> 차량의 전기 및 전자 구성부품 손상을 방지하기 위해 용접 부위 근처에 있는 와이어링 하네스의 접지를 분리해야 한다.
>
> 용접기의 접지는 용접 부위에서 최대한 가까운 위치에 있어야 한다 (MR 400 차체 구조 수리 매뉴얼, 40H, 볼트 결합, 접지를 위한 볼트 결합: 장착 참조).

용접 부위 근처의 접지를 찾는다 (40A, 일반 사항, 접지 위치 : 일반 설명 참조).

c - 신품으로 교환해야 하는 부품

다음을 교환한다 :

- 중공 부분 인서트 (40A, 일반 사항, 방음재의 위치와 관련 설명 참조) 및 (방음재 : 사전 주의사항 참조).

d - 용접 작업에 대한 설명

> **주의**
> 용접할 부품의 접촉면에 접근할 수 없는 경우 스폿 용접 (전기 저항 용접) 대신 플러그 용접 (아크 용접) 을 사용한다 (MR 400 차체 구조 수리 매뉴얼, 40C, 가스 메탈 아크 용접 결합, 가스 쉴드 아크 용접 비드 조인트 : 설명 참조).

3 - 부분 교환 B-D

a - 부품의 장착 위치

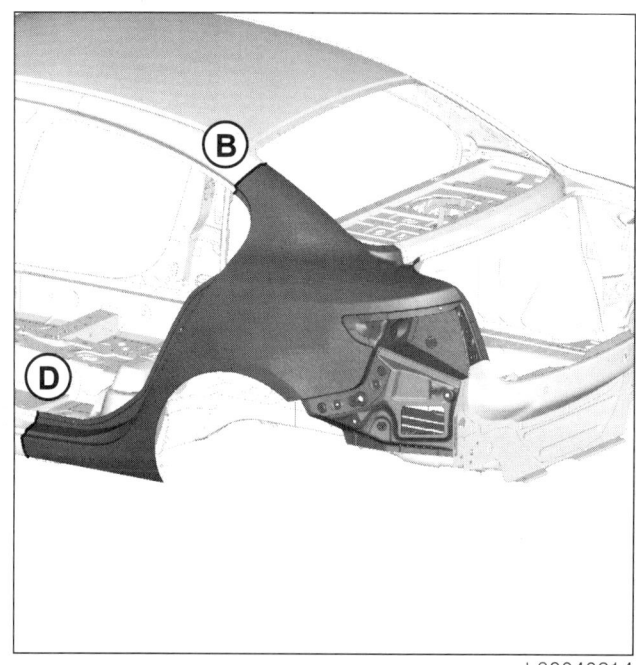

L38040214

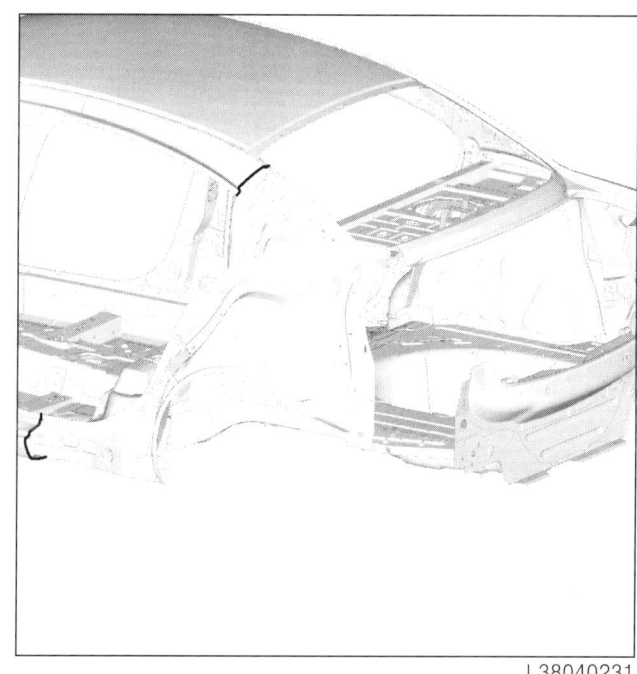

L38040231

44A-4

리어 어퍼 스트럭쳐
리어 펜더 : 교환

44A

L38

세부도 B

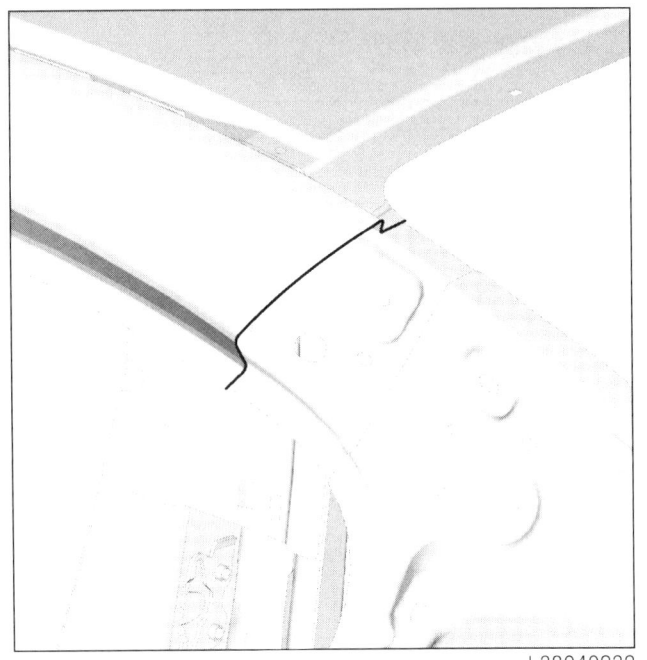

L38040232

세부도 D

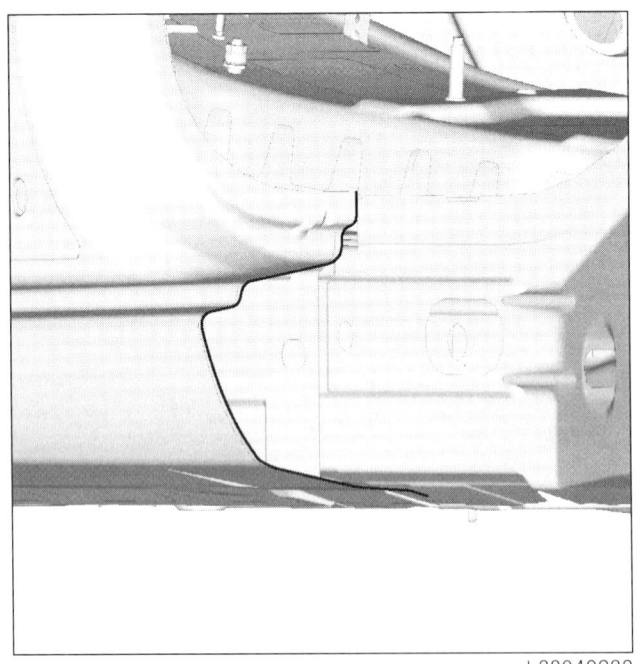

L38040233

b - 전기 접지의 위치

주의

차량의 전기 및 전자 구성부품 손상을 방지하기 위해 용접 부위 근처에 있는 와이어링 하네스의 접지를 분리해야 한다.

용접기의 접지는 용접 부위에서 최대한 가까운 위치에 있어야 한다 (MR 400 차체 구조 수리 매뉴얼, 40H, 볼트 결합, 접지를 위한 볼트 결합: 장착 참조).

용접 부위 근처의 접지를 찾는다 (40A, 일반 사항, 접지 위치 : 일반 설명 참조).

c - 용접 작업에 대한 설명

주의

용접할 부품의 접촉면에 접근할 수 없는 경우 스폿 용접 (전기 저항 용접) 대신 플러그 용접 (아크 용접) 을 사용한다 (MR 400 차체 구조 수리 매뉴얼, 40C, 가스 메탈 아크 용접 결합, 가스 쉴드 아크 용접 비드 조인트 : 설명 참조).

리어 어퍼 스트럭쳐
이너 리어 휠 아치 : 교환

44A

L38

I - 서비스 부품의 구성

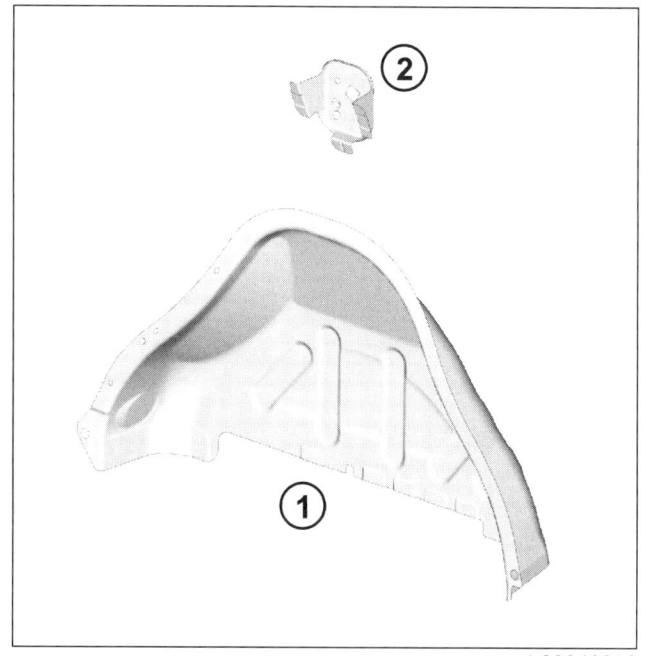

번호	설명	재질	두께 (mm)
(1)	리어 이너 휠 하우스	SPCC	0.8
(2)	2열 시트 백레스트 마운팅 브라켓	H360LA	1.5

II - 교환 작업

부품 교환 방법 :

- 전체 교환 .

1 - 전체 교환

a - 부품의 장착 위치

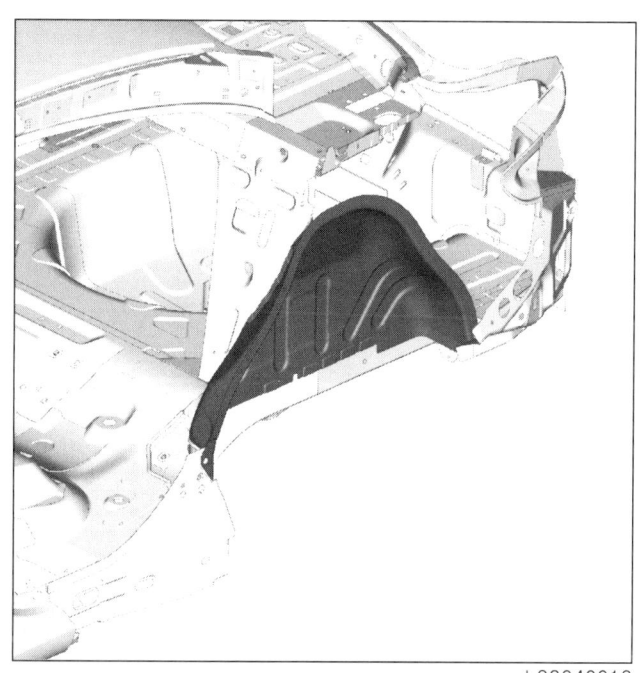

b - 전기 접지의 위치

> **주의**
>
> 차량의 전기 및 전자 구성부품 손상을 방지하기 위해 용접 부위 근처에 있는 와이어링 하네스의 접지를 분리해야 한다 .
>
> 용접기의 접지는 용접 부위에서 최대한 가까운 위치에 있어야 한다 (MR 400 차체 구조 수리 매뉴얼 , 40H, 볼트 결합, 접지를 위한 볼트 결합: 장착 참조).

용접 부위 근처의 접지를 찾는다 (40A, 일반 사항, 접지 위치 : 일반 설명 참조).

c - 탈거해야 하는 차체 구성부품 - 교환 작업을 실시하기 위해 탈거해야 하는 스트럭쳐

- 리어 펜더를 탈거한다 (44A, 리어 어퍼 스트럭쳐 , 리어 펜더 : 교환 참조),

- 쿼터 패널 이너 패널을 탈거한다 (44A, 리어 어퍼 스트럭쳐 , 쿼터 패널 이너 패널 : 교환 참조).

리어 어퍼 스트럭쳐
이너 리어 휠 아치 : 교환

44A

L38

d – 용접 작업에 대한 설명

> **주의**
>
> 용접할 부품의 접촉면에 접근할 수 없는 경우 스폿 용접 (전기 저항 용접) 대신 플러그 용접 (아크 용접) 을 사용한다 (MR 400 차체 구조 수리 매뉴얼 , 40C, 가스 메탈 아크 용접 결합 , 가스 쉴드 아크 용접 비드 조인트 : 설명 참조).

리어 어퍼 스트럭쳐
이너 쿼터 패널 : 교환

44A

L38

I – 서비스 부품의 구성

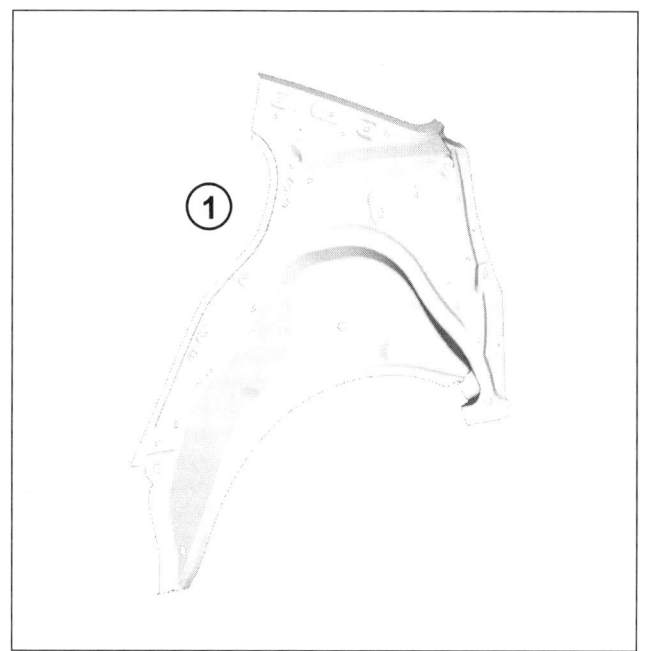

L38040085

번호	설명	재질	두께 (mm)
(1)	이너 쿼터 패널	SPCE	0.65

II – 교환 작업

부품 교환 방법 :

– 전체 교환 ,

– 부분 교환 .

1 – 전체 교환

a – 부품의 장착 위치

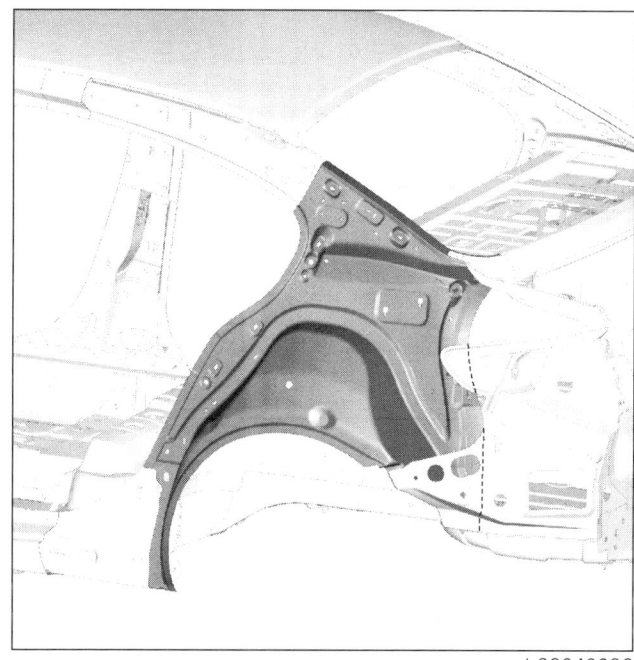

L38040086

b – 전기 접지의 위치

> **주의**
>
> 차량의 전기 및 전자 구성부품 손상을 방지하기 위해 용접 부위 근처에 있는 와이어링 하네스의 접지를 분리해야 한다 .
>
> 용접기의 접지는 용접 부위에서 최대한 가까운 위치에 있어야 한다 (MR 400 차체 구조 수리 매뉴얼 , 40H, 볼트 결합, 접지를 위한 볼트 결합: 장착 참조).

용접 부위 근처의 접지를 찾는다 (40A, 일반 사항 , 접지 위치 : 일반 설명 참조).

c – 항상 교환해야 하는 부품

다음을 교환한다 :

– 중공 부분 인서트 (40A, 일반 사항 , 방음재의 위치 와 관련 설명 참조).

리어 어퍼 스트럭쳐
이너 쿼터 패널 : 교환

44A

L38

d - 탈거해야 하는 차체 구성부품 - 교환 작업을 실시하기 위해 탈거해야 하는 스트럭쳐

- 리어 펜더를 탈거한다 (44A, 리어 어퍼 스트럭쳐, 리어 펜더 : 교환 참조),
- 리어 램프 사이드 서포트를 탈거한다 (44A, 리어 어퍼 스트럭쳐, 리어 램프 사이드 서포트 : 교환).

e - 용접 작업에 대한 설명

주의

용접할 부품의 접촉면에 접근할 수 없는 경우 스폿 용접 (전기 저항 용접) 대신 플러그 용접 (아크 용접) 을 사용한다 (MR 400 차체 구조 수리 매뉴얼, 40C, 가스 메탈 아크 용접 결합, 가스 쉴드 아크 용접 비드 조인트 : 설명 참조).

2 - 부분 교환

a - 부품의 장착 위치

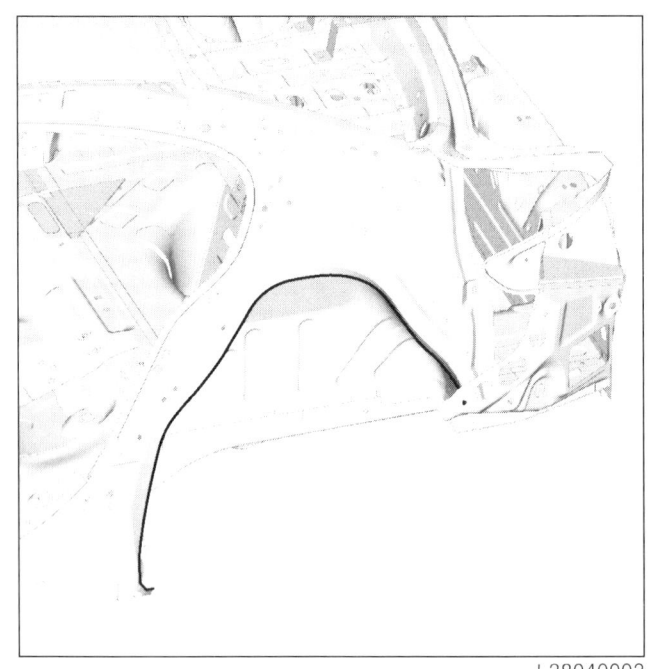

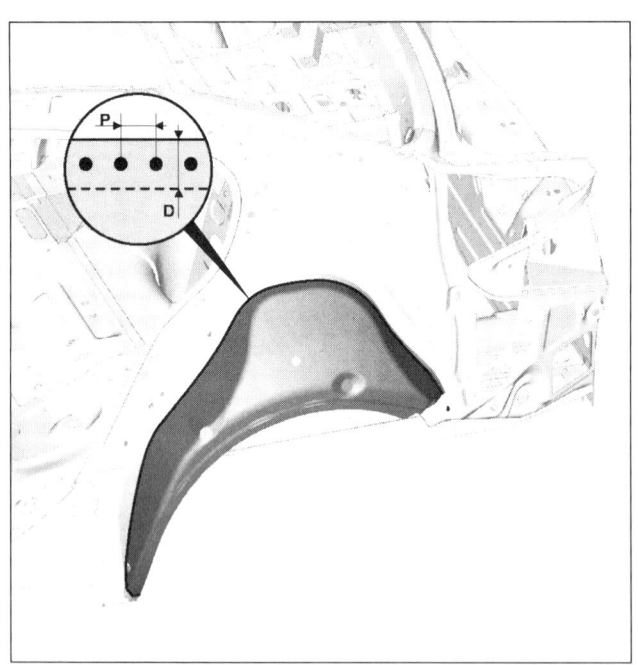

P (피치) = 25 mm

D = 30 mm

b - 전기 접지의 위치

주의

차량의 전기 및 전자 구성부품 손상을 방지하기 위해 용접 부위 근처에 있는 와이어링 하네스의 접지를 분리해야 한다.

용접기의 접지는 용접 부위에서 최대한 가까운 위치에 있어야 한다 (MR 400 차체 구조 수리 매뉴얼, 40H, 볼트 결합, 접지를 위한 볼트 결합: 장착 참조).

용접 부위 근처의 접지를 찾는다 (40A, 일반 사항, 접지 위치 : 일반 설명 참조).

c - 항상 교환해야 하는 부품

다음을 교환한다 :

- 중공 부분 인서트 (40A, 일반 사항, 방음재의 위치와 관련 설명 참조).

d - 탈거해야 하는 차체 구성부품 - 교환 작업을 실시하기 위해 탈거해야 하는 스트럭쳐

- 리어 펜더를 탈거한다 (44A, 리어 어퍼 스트럭쳐, 리어 펜더 : 교환 참조),
- 리어 램프 사이드 서포트를 탈거한다 (44A, 리어 어퍼 스트럭쳐, 리어 램프 사이드 서포트 : 교환).

리어 어퍼 스트럭쳐
이너 쿼터 패널 : 교환

44A

L38

e – 용접 작업에 대한 설명

주의

용접할 부품의 접촉면에 접근할 수 없는 경우 스폿 용접 (전기 저항 용접) 대신 플러그 용접 (아크 용접) 을 사용한다 (MR 400 차체 구조 수리 매뉴얼 , 40C, 가스 메탈 아크 용접 결합 , 가스 쉴드 아크 용접 비드 조인트 : 설명 참조).

리어 어퍼 스트럭쳐
리어 파셜 셸프 : 교환

44A

L38

I - 서비스 부품의 구성

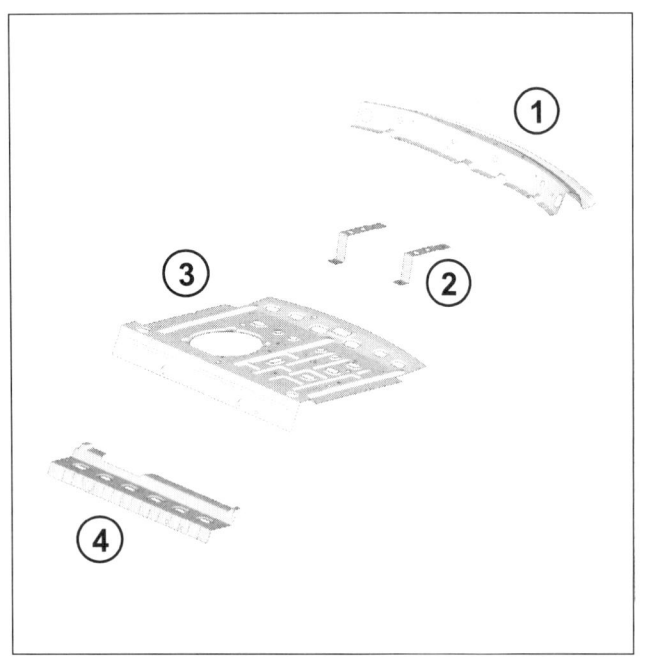

L38040015

번호	설명	재질	두께 (mm)
(1)	백라이트 로어 크로스 멤버	SPCC	0.65
(2)	스톱 램프 서포트	DC04AM	0.65
(3)	리어 파셜 셸프	SPCC	0.8
(4)	리어 파셜 셸프 센터 리인포스먼트	SPCC	0.95

II - 교환 작업

부품 교환 방법 :

- 전체 교환.

1 - 전체 교환

a - 부품의 장착 위치

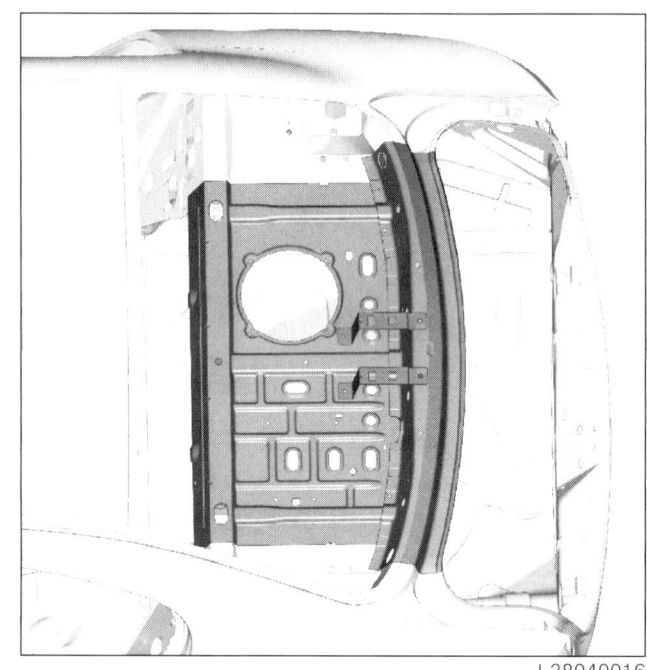

L38040016

주의

기존에 스폿 용접을 하였으나, 스폿 용접을 할 수 없는 부분은 첫 번째 패널에 구멍을 뚫은 후 CO_2 용접으로 대신해야 한다.

b - 전기 접지의 위치

주의

차량의 전기 및 전자 구성부품 손상을 방지하기 위해 용접 부위 근처에 있는 와이어링 하네스의 접지를 분리해야 한다.

용접기의 접지는 용접 부위에서 최대한 가까운 위치에 있어야 한다 (MR 400 차체 구조 수리 매뉴얼, 40H, 볼트 결합, 접지를 위한 볼트 결합: 장착 참조).

용접 부위 근처의 접지를 찾는다 (40A, 일반 사항, 접지 위치 : 일반 설명 참조).

리어 어퍼 스트럭쳐
리어 파셜 셸프 : 교환

L38

c - 용접 작업에 대한 설명

> **주의**
>
> 용접할 부품의 접촉면에 접근할 수 없는 경우 스폿 용접 (전기 저항 용접) 대신 플러그 용접 (아크 용접) 을 사용한다 (MR 400 차체 구조 수리 매뉴얼, 40C, 가스 메탈 아크 용접 결합, 가스 쉴드 아크 용접 비드 조인트 : 설명 참조).

리어 어퍼 스트럭쳐
리어 파셜 셸프 사이드 섹션 : 교환

44A

L38

I - 서비스 부품의 구성

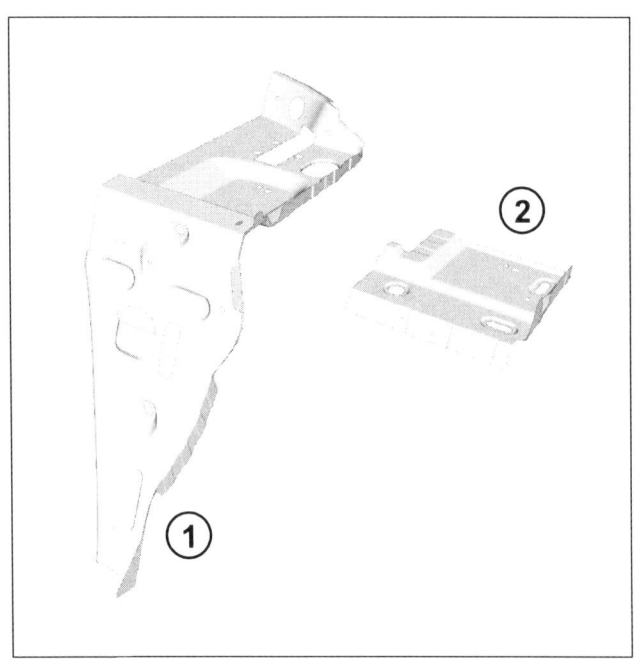

L38040028

번호	설명	재질	두께 (mm)
(1)	리어 파셜 셸프 사이드 섹션	SPCC	1.2
(2)	리어 시트 벨트 브라켓	SPCC	1.45

II - 교환 작업

부품 교환 방법 :

- 전체 교환.

1 - 전체 교환

a - 부품의 장착 위치

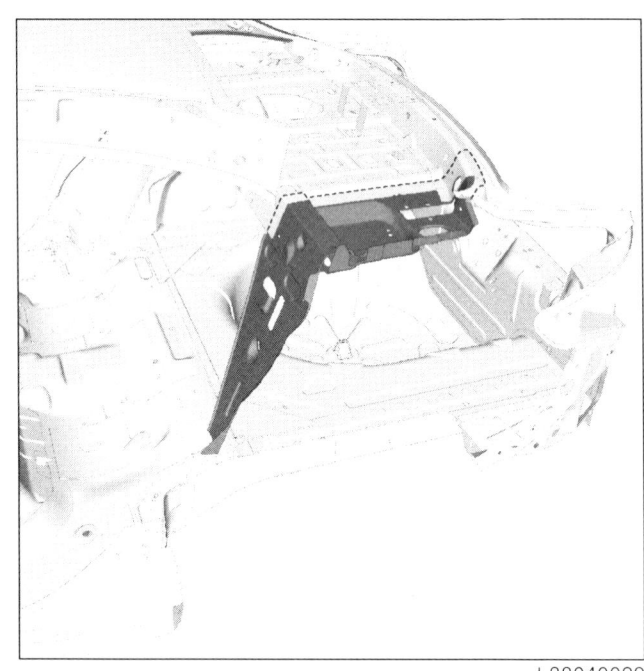

L38040029

b - 전기 접지의 위치

> **주의**
>
> 차량의 전기 및 전자 구성부품 손상을 방지하기 위해 용접 부위 근처에 있는 와이어링 하네스의 접지를 분리해야 한다.
>
> 용접기의 접지는 용접 부위에서 최대한 가까운 위치에 있어야 한다 (MR 400 차체 구조 수리 매뉴얼, 40H, 볼트 결합, 접지를 위한 볼트 결합: 장착 참조).

용접 부위 근처의 접지를 찾는다 (40A, 일반 사항, 접지 위치 : 일반 설명 참조).

c - 용접 작업에 대한 설명

> **주의**
>
> 용접할 부품의 접촉면에 접근할 수 없는 경우 스폿 용접 (전기 저항 용접) 대신 플러그 용접 (아크 용접) 을 사용한다 (MR 400 차체 구조 수리 매뉴얼, 40C, 가스 메탈 아크 용접 결합, 가스 쉴드 아크 용접 비드 조인트 : 설명 참조).

리어 어퍼 스트럭쳐
리어 에이프런 패널 어셈블리 : 교환

44A

L38

I – 서비스 부품의 구성

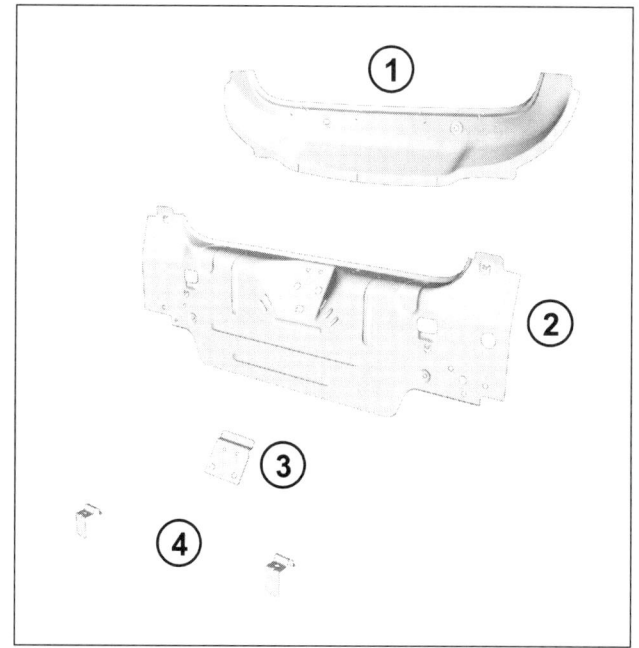

L38040020

번호	설명	재질	두께 (mm)
(1)	리어 에이프런	SPCC	0.65
(2)	리어 에이프런 이너 패널	SPCC	0.65
(3)	스트라이커 플레이트 서포트	SPCC	1.0
(4)	트렁크 리드 스톱 브라켓	SPCC	1.0

II – 교환 작업

부품 교환 방법 :

– 전체 교환 .

1 – 전체 교환

a – 부품의 장착 위치

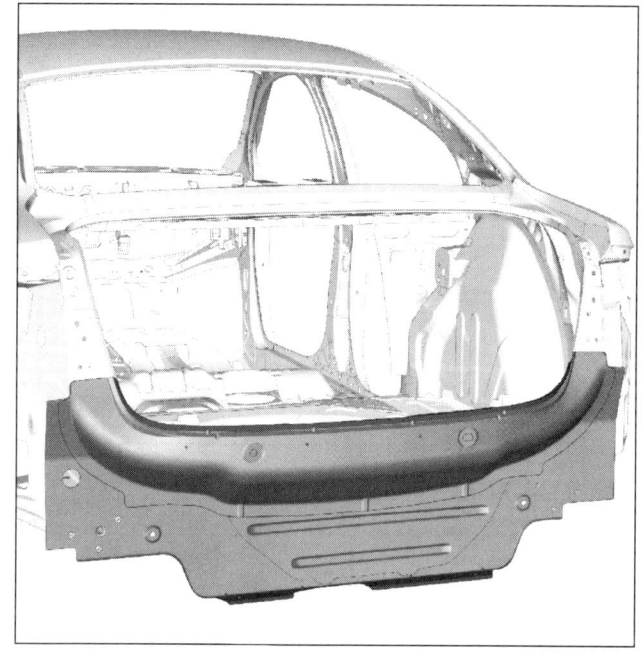

L38040021

b – 전기 접지의 위치

> **주의**
>
> 차량의 전기 및 전자 구성부품 손상을 방지하기 위해 용접 부위 근처에 있는 와이어링 하네스의 접지를 분리해야 한다 .
>
> 용접기의 접지는 용접 부위에서 최대한 가까운 위치에 있어야 한다 (MR 400 차체 구조 수리 매뉴얼 , 40H, 볼트 결합, 접지를 위한 볼트 결합: 장착 참조).

용접 부위 근처의 접지를 찾는다 (40A, 일반 사항 , 접지 위치 : 일반 설명 참조).

c – 용접 작업에 대한 설명

> **주의**
>
> 용접할 부품의 접촉면에 접근할 수 없는 경우 스폿 용접 (전기 저항 용접) 대신 플러그 용접 (아크 용접)을 사용한다 (MR 400 차체 구조 수리 매뉴얼 , 40C, 가스 메탈 아크 용접 결합 , 가스 쉴드 아크 용접 비드 조인트 : 설명 참조).

리어 어퍼 스트럭쳐
백라이트 로어 크로스 멤버 : 교환

44A

L38

I – 서비스 부품의 구성

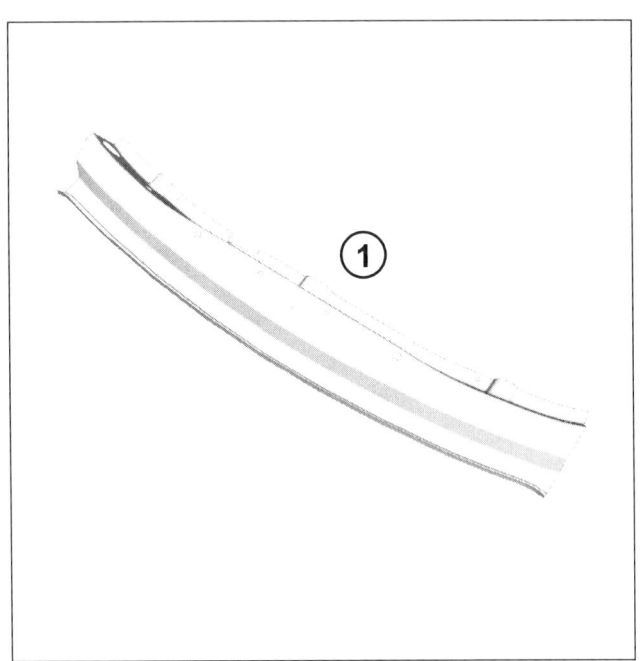

L38040022

번호	설명	재질	두께 (mm)
(1)	백라이트 로어 크로스 멤버	SPCC	0.65

II – 교환 작업

부품 교환 방법 :

– 전체 교환 .

1 – 전체 교환

a – 부품의 장착 위치

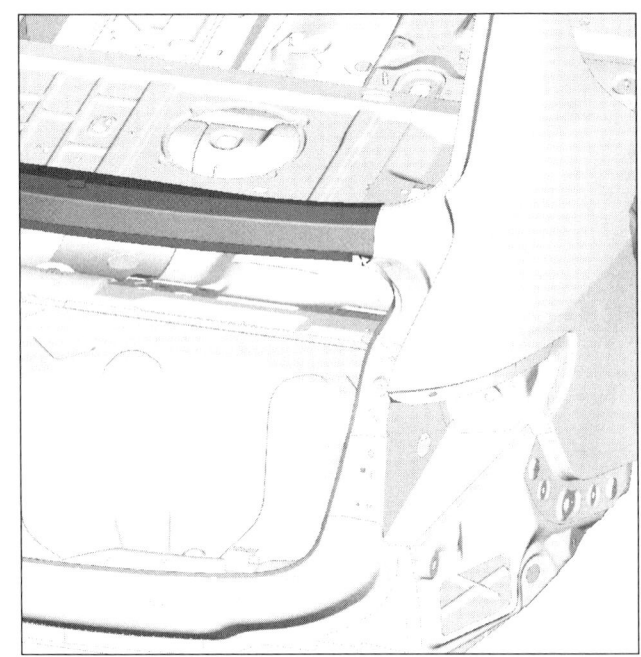

L38040023

b – 전기 접지의 위치

주의

차량의 전기 및 전자 구성부품 손상을 방지하기 위해 용접 부위 근처에 있는 와이어링 하네스의 접지를 분리해야 한다 .

용접기의 접지는 용접 부위에서 최대한 가까운 위치에 있어야 한다 (MR 400 차체 구조 수리 매뉴얼 , 40H, 볼트 결합, 접지를 위한 볼트 결합: 장착 참조).

용접 부위 근처의 접지를 찾는다 (40A, 일반 사항 , 접지 위치 : 일반 설명 참조).

c – 용접 작업에 대한 설명

주의

용접할 부품의 접촉면에 접근할 수 없는 경우 스폿 용접 (전기 저항 용접) 대신 플러그 용접 (아크 용접) 을 사용한다 (MR 400 차체 구조 수리 매뉴얼 , 40C, 가스 메탈 아크 용접 결합 , 가스 쉴드 아크 용접 비드 조인트 : 설명 참조).

바디 어퍼 스트럭쳐
루프 : 교환

45A

L38

I - 서비스 부품의 구성

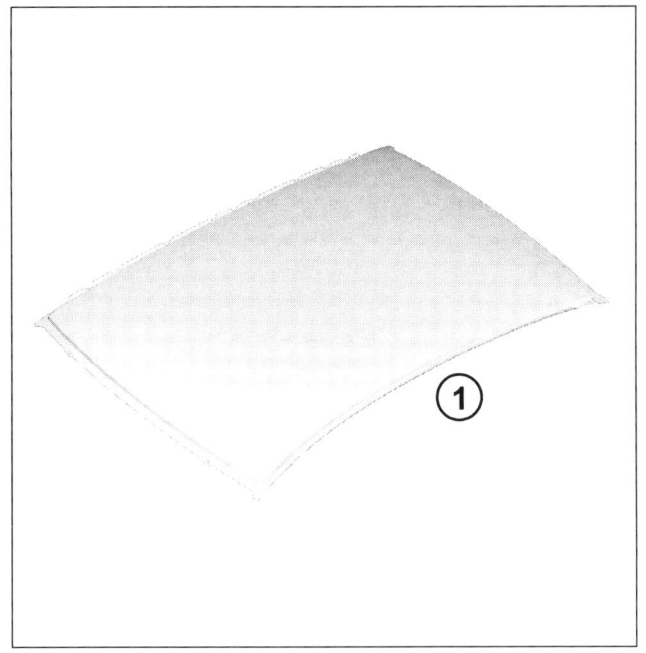

번호	설명	재질	두께 (mm)
(1)	루프	SPCC	0.75

II - 교환 작업

부품 교환 방법 :

- 전체 교환.

1 - 전체 교환

a - 부품의 장착 위치

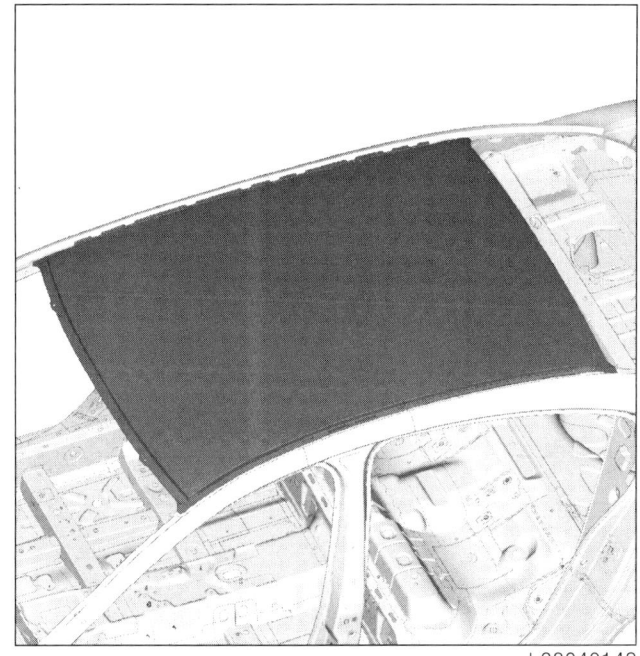

b - 접착 부위

앞 부분

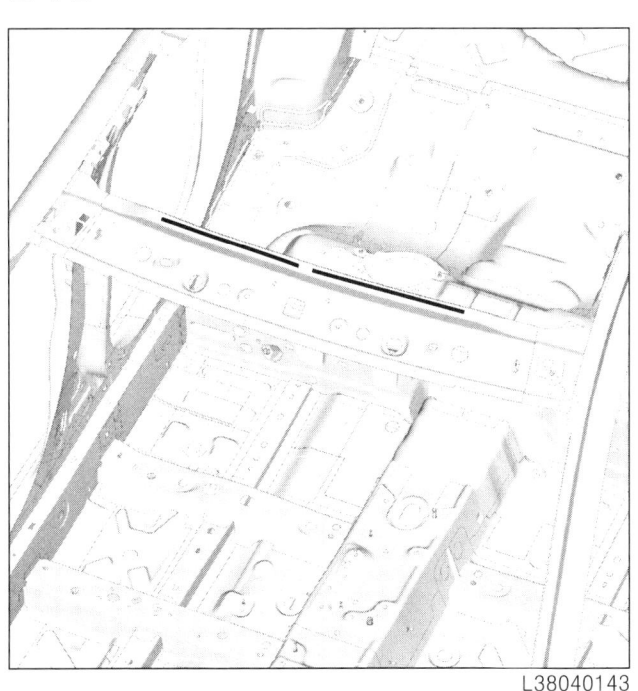

바디 어퍼 스트럭쳐
루프 : 교환

45A

L38

가운데 부분

L38040144

뒷 부분

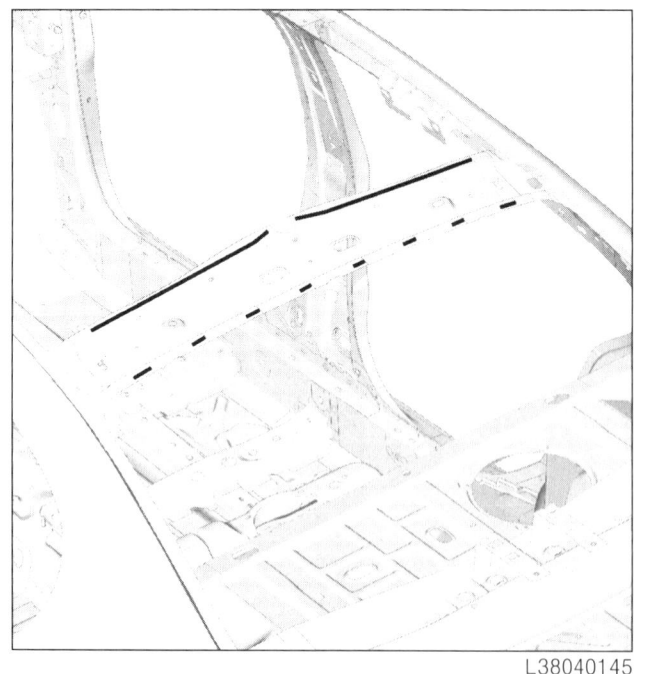

L38040145

c - 용접 작업에 대한 설명

주의

용접할 부품의 접촉면에 접근할 수 없는 경우 스폿 용접 (전기 저항 용접) 대신 플러그 용접 (아크 용접) 을 사용한다 (MR 400 차체 구조 수리 매뉴얼, 40C, 가스 메탈 아크 용접 결합, 가스 쉴드 아크 용접 비드 조인트 : 설명 참조).

바디 어퍼 스트럭쳐
루프 프론트 크로스 멤버 : 교환

45A

L38

I – 서비스 부품의 구성

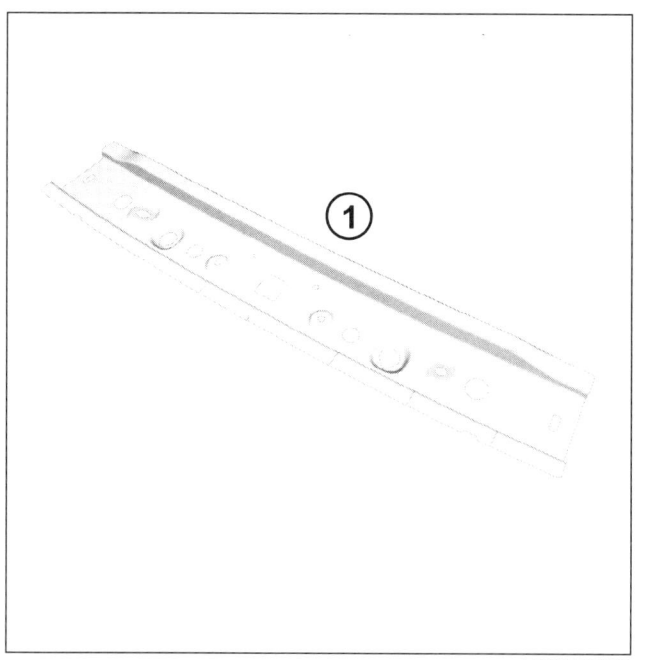

번호	설명	재질	두께 (mm)
(1)	루프 프론트 크로스 멤버	DX54DBM	0.65

II – 교환 작업

부품 교환 방법 :

– 전체 교환 .

1 – 전체 교환

a – 부품의 장착 위치

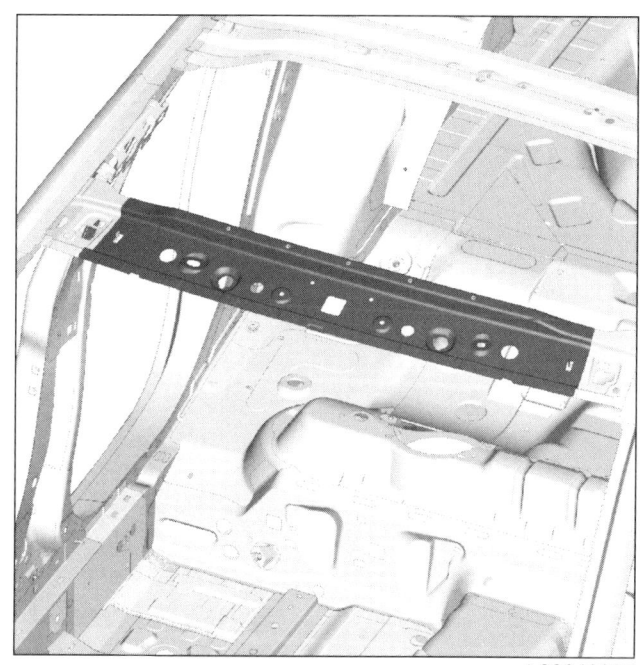

b – 전기 접지의 위치

> **주의**
>
> 차량의 전기 및 전자 구성부품 손상을 방지하기 위해 용접 부위 근처에 있는 와이어링 하네스의 접지를 분리해야 한다 .
>
> 용접기의 접지는 용접 부위에서 최대한 가까운 위치에 있어야 한다 (MR 400 차체 구조 수리 매뉴얼 , 40H, 볼트 결합, 접지를 위한 볼트 결합: 장착 참조).

용접 부위 근처의 접지를 찾는다 (40A, 일반 사항 , 접지 위치 : 일반 설명 참조).

c – 탈거해야 하는 차체 구성부품 – 교환 작업을 실시하기 위해 탈거해야 하는 스트럭쳐

– 루프의 앞 부분을 탈거한다 (45A, 바디 어퍼 스트럭쳐 , 루프의 앞 부분 : 교환 참조).

바디 어퍼 스트럭쳐
루프 프론트 크로스 멤버 : 교환

45A

L38

d - 용접 작업에 대한 설명

> **주의**
>
> 용접할 부품의 접촉면에 접근할 수 없는 경우 스폿 용접 (전기 저항 용접) 대신 플러그 용접 (아크 용접) 을 사용한다 (MR 400 차체 구조 수리 매뉴얼, 40C, 가스 메탈 아크 용접 결합, 가스 쉴드 아크 용접 비드 조인트 : 설명 참조).

바디 어퍼 스트럭쳐
루프 센터 크로스 멤버 : 교환

45A

L38

I – 서비스 부품의 구성

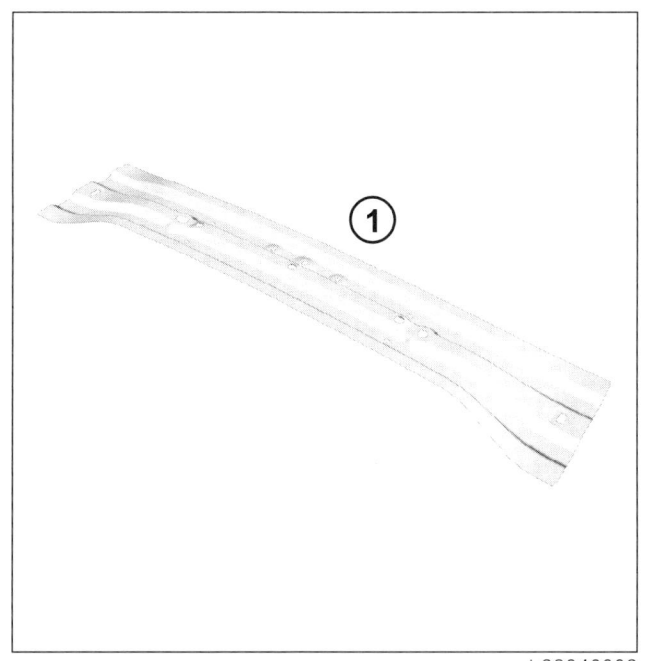

번호	설명	재질	두께 (mm)
(1)	루프 센터 크로스 멤버	APFH540	1.8

II – 교환 작업

부품 교환 방법 :

– 전체 교환 .

1 – 전체 교환

a – 부품의 장착 위치

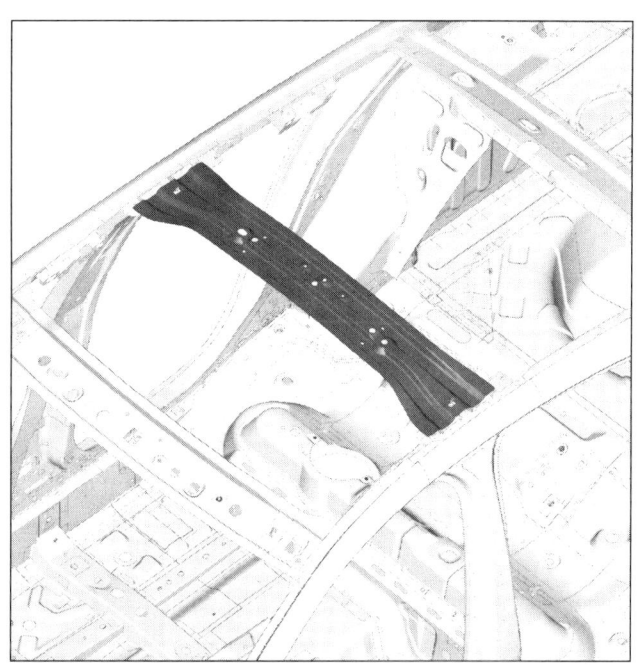

b – 전기 접지의 위치

> **주의**
>
> 차량의 전기 및 전자 구성부품 손상을 방지하기 위해 용접 부위 근처에 있는 와이어링 하네스의 접지를 분리해야 한다 .
>
> 용접기의 접지는 용접 부위에서 최대한 가까운 위치에 있어야 한다 (MR 400 차체 구조 수리 매뉴얼 , 40H, 볼트 결합, 접지를 위한 볼트 결합: 장착 참조).

용접 부위 근처의 접지를 찾는다 (40A, 일반 사항 , 접지 위치 : 일반 설명 참조).

c – 용접 작업에 대한 설명

> **주의**
>
> 용접할 부품의 접촉면에 접근할 수 없는 경우 스폿 용접 (전기 저항 용접) 대신 플러그 용접 (아크 용접) 을 사용한다 (MR 400 차체 구조 수리 매뉴얼, 40C, 가스 메탈 아크 용접 결합 , 가스 쉴드 아크 용접 비드 조인트 : 설명 참조).

바디 어퍼 스트럭쳐
루프 리어 크로스 멤버 : 교환

45A

L38

I - 서비스 부품의 구성

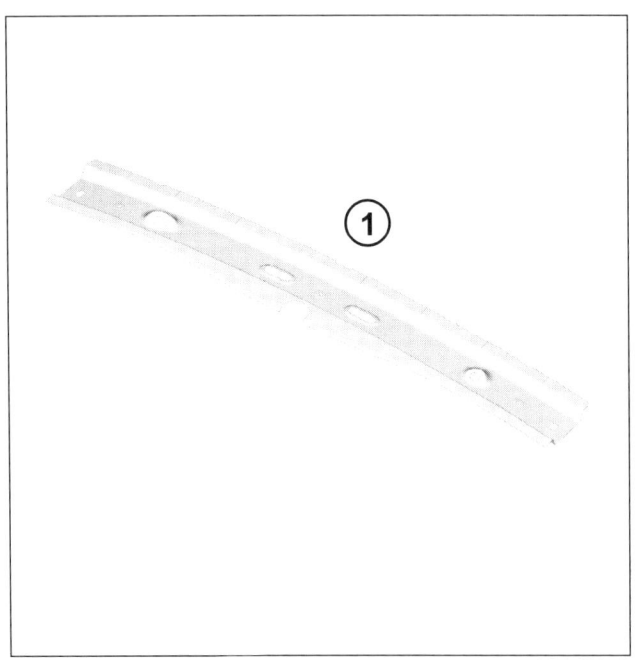

L38040010

번호	설명	재질	두께 (mm)
(1)	루프 리어 크로스 멤버	SPCC	0.65

II - 교환 작업

부품 교환 방법 :

- 전체 교환 .

1 - 전체 교환

a - 부품의 장착 위치

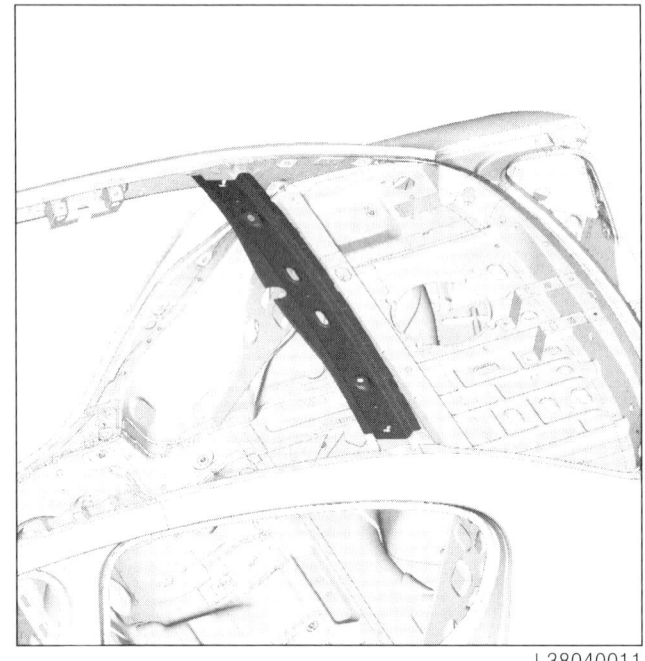

L38040011

b - 전기 접지의 위치

주의

차량의 전기 및 전자 구성부품 손상을 방지하기 위해 용접 부위 근처에 있는 와이어링 하네스의 접지를 분리해야 한다 .

용접기의 접지는 용접 부위에서 최대한 가까운 위치에 있어야 한다 (MR 400 차체 구조 수리 매뉴얼 , 40H, 볼트 결합, 접지를 위한 볼트 결합: 장착 참조).

용접 부위 근처의 접지를 찾는다 (40A, 일반 사항 , 접지 위치 : 일반 설명 참조).

c - 탈거해야 하는 차체 구성부품 - 교환 작업을 실시하기 위해 탈거해야 하는 스트럭쳐

- 루프 뒷 부분을 탈거한다 (45A, 바디 어퍼 스트럭쳐 , 루프의 뒷 부분 : 교환 참조).

바디 어퍼 스트럭쳐
루프 리어 크로스 멤버 : 교환

45A

L38

d - 용접 작업에 대한 설명

> **주의**
> 용접할 부품의 접촉면에 접근할 수 없는 경우 스폿 용접 (전기 저항 용접) 대신 플러그 용접 (아크 용접) 을 사용한다 (MR 400 차체 구조 수리 매뉴얼, 40C, 가스 메탈 아크 용접 결합, 가스 쉴드 아크 용접 비드 조인트 : 설명 참조).

사이드 도어 패널
프론트 사이드 도어 : 탈거 - 장착

47A

L38

이 작업은 다음 두 가지 방법으로 수행할 수 있다 :

- 탈거 (힌지 포함): 초기 조정 유지 가능 ,
- 탈거 (힌지 제외): 도어 교환 시 사용 .

I - 탈거 (힌지 제외)

1 - 탈거 준비 작업

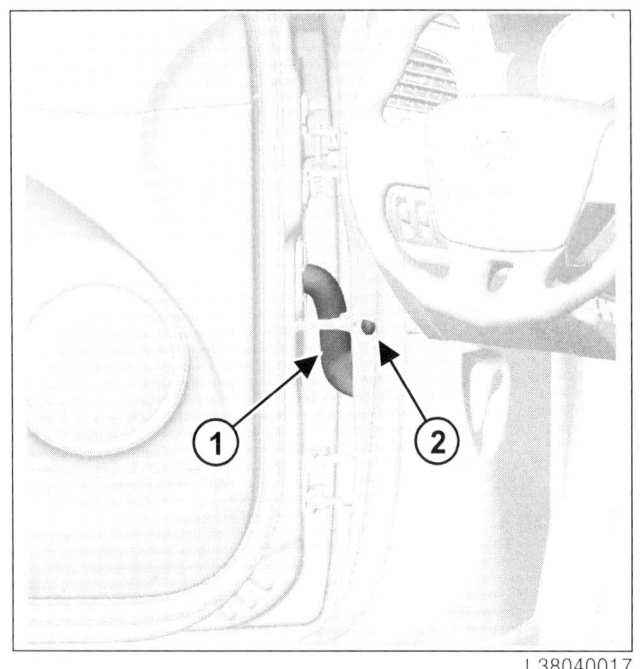

- 프론트 사이드 도어 와이어링 하네스 커넥터 (1) 를 분리한다 .
- 프론트 사이드 도어 체크 링크 볼트 (2) 를 탈거한다 .

2 - 관련 부품 탈거 작업

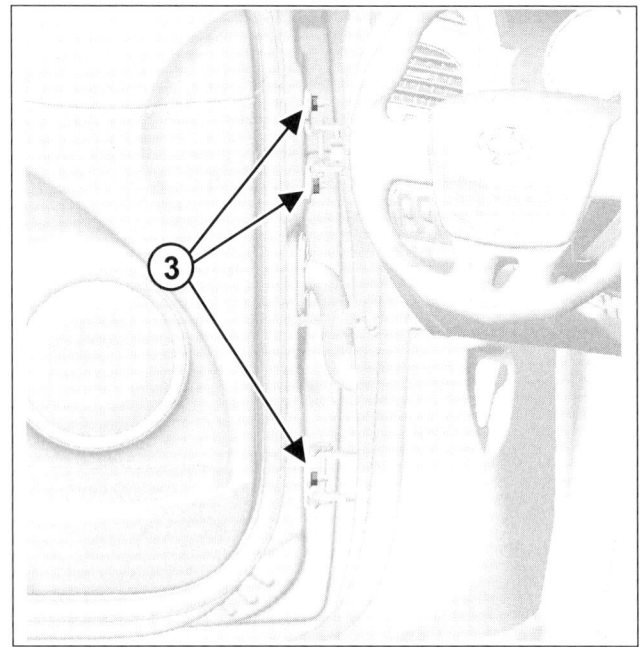

- 다음을 탈거한다 :
  - 프론트 사이드 도어 마운팅 너트 (3),
  - 프론트 사이드 도어 (이 작업은 두 사람이 작업한 다).

47A-1

사이드 도어 패널
프론트 사이드 도어 : 탈거 - 장착

47A

L38

II - 장착 (힌지 제외)

1 - 관련 부품 장착 작업

❏ 다음을 장착한다 :
- 프론트 사이드 도어 (이 작업은 두 사람이 작업한다),
- 프론트 사이드 도어 마운팅 너트 (3).

❏ 프론트 사이드 도어 체크 링크 볼트 (2) 를 장착한다.

❏ 리어 사이드 도어 사이의 간극 및 단차를 조정한다 (47A, 사이드 도어 패널 , 프론트 사이드 도어 : 조정 참조).

❏ 기능 테스트를 수행한다.

2 - 최종 작업

❏ 프론트 사이드 도어 와이어링 하네스 커넥터 (1) 를 연결한다.

❏ 모든 기능 테스트를 수행한다.

III - 탈거 (힌지 포함)

1 - 탈거 준비 작업

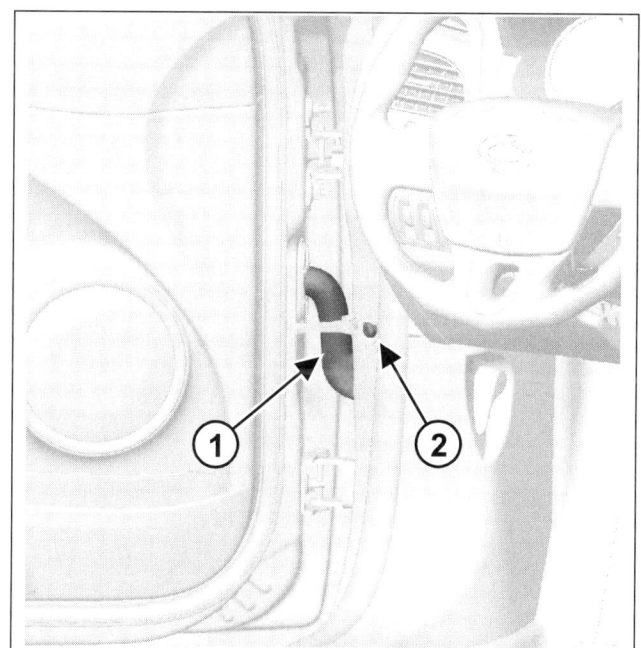

L38040017

❏ 프론트 사이드 도어 와이어링 하네스 커넥터 (1) 를 분리한다.

❏ 프론트 사이드 도어 체크 링크 볼트 (2) 를 탈거한다.

❏ 차량을 2 주식 리프트에 위치시킨다 (02A, 리프팅 , 차량 : 견인 및 리프팅 참조).

❏ 다음을 탈거한다 :
- 프론트 펜더 프로텍터 (55A, 외장 보호 트림 , 프론트 펜더 프로텍터 : 탈거 - 장착 참조),
- 프론트 펜더 (42A, 프론트 어퍼 스트럭쳐 , 프론트 펜더 : 탈거 - 장착 참조).

2 - 관련 부품 탈거 작업

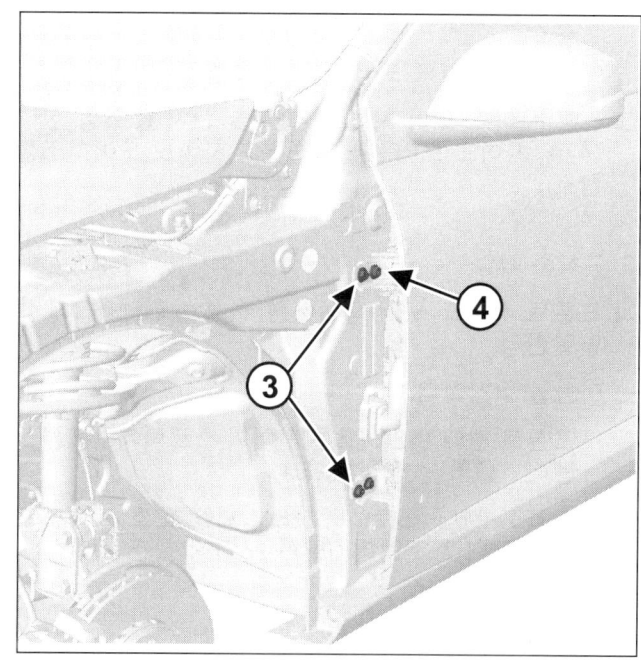

L38040019

❏ 다음을 탈거한다 :
- 프론트 사이드 도어 마운팅 볼트 (3),
- 프론트 사이드 도어 마운팅 너트 (4),
- 프론트 사이드 도어 (이 작업은 두 사람이 작업한다).

사이드 도어 패널
프론트 사이드 도어 : 탈거 – 장착

47A

L38

IV – 장착 (힌지 포함)

1 – 관련 부품 장착 작업

❏ 다음을 장착한다 :
- 프론트 사이드 도어 (이 작업은 두 사람이 작업한다),
- 프론트 사이드 도어 마운팅 너트 (4),
- 프론트 사이드 도어 마운팅 볼트 (3),
- 프론트 사이드 도어 체크 링크 볼트 (2).

❏ 리어 사이드 도어 사이의 간극 및 단차를 조정 한다 (47A, 사이드 도어 패널 , 프론트 사이드 도어 : 조정 참조).

2 – 최종 작업

❏ 프론트 사이드 도어 와이어링 하네스 커넥터 (1) 를 연결한다 .

❏ 다음을 장착한다 :
- 프론트 펜더 (42A, 프론트 어퍼 스트럭쳐 , 프론트 펜더 : 탈거 – 장착 참조),
- 프론트 펜더 프로텍터 (55A, 외장 보호 트림 , 프론트 펜더 프로텍터 : 탈거 – 장착 참조).

사이드 도어 패널
프론트 사이드 도어 : 분해 – 재조립

47A

L38

> 참고 :
> 아래에서 설명하는 작업 순서는 프론트 사이드 도어를 교환하기 위한 작업 순서이다.
> 아래에서 설명하는 절차는 차량의 프론트 사이드 도어에 적용된다.

분해

I – 분해 준비 작업

❏ 다음을 분리한다 :

- 배터리 (MR 445 리페어 매뉴얼, 80A, 배터리, 배터리 : 탈거 – 장착 참조),
- 프론트 사이드 도어 와이어링 하네스의 커넥터.

II – 관련 부품 분해 작업

❏ 다음을 탈거한다 :

- 도어 미러 (56A, 외장 장착 부품, 도어 미러 : 탈거 – 장착 참조),
- 프론트 사이드 도어 아웃사이드 몰딩 (66A, 윈도우 실링, 프론트 사이드 도어 아웃사이드 몰딩 : 탈거 – 장착 참조),
- 프론트 사이드 도어 피니셔 (72A, 사이드 도어 트림, 프론트 사이드 도어 피니셔 : 탈거 – 장착 참조),
- 프론트 사이드 도어 실링 스크린 (65A, 도어 실링, 도어 실링 스크린 : 탈거 – 장착 참조),
- 프론트 사이드 도어 로어 몰딩 (55A, 외장 보호 트림, 프론트 사이드 도어 로어 몰딩 : 탈거 – 장착 참조),
- 프론트 사이드 도어 글라스 런 (66A, 윈도우 실링, 프론트 사이드 도어 글라스 런 : 탈거 – 장착 참조),
- 프론트 스피커 (MR 445 리페어 매뉴얼, 86A, 오디오 시스템, 프론트 스피커 : 탈거 – 장착 참조),
- 프론트 사이드 도어 슬라이딩 윈도우 글라스 (54A, 윈도우, 프론트 사이드 도어 슬라이딩 윈도우 글라스 : 탈거 – 장착 참조),
- 프론트 사이드 도어 필러 트림 (55A, 외장 보호 트림, 프론트 사이드 도어 필러 트림 : 탈거 – 장착 참조),
- 윈도우 모터 (MR 445 리페어 매뉴얼, 87D, 윈도우 및 선루프 시스템, 윈도우 모터 : 탈거 – 장착 참조),
- 프론트 사이드 도어 일렉트릭 윈도우 메커니즘 (51A, 사이드 도어 메커니즘, 프론트 사이드 도어 일렉트릭 윈도우 메커니즘 : 탈거 – 장착 참조),
- 프론트 사이드 도어 록 배럴 (51A, 사이드 도어 메커니즘, 프론트 사이드 도어 록 배럴 : 탈거 – 장착 참조),
- 프론트 사이드 도어 익스테리어 핸들 (51A, 사이드 도어 메커니즘, 도어 익스테리어 핸들 : 탈거 – 장착 참조),
- 프론트 사이드 도어 록 (51A, 사이드 도어 메커니즘, 프론트 사이드 도어 록 : 탈거 – 장착 참조),
- 프론트 사이드 도어 체크 링크 (51A, 사이드 도어 메커니즘, 프론트 사이드 도어 체크 링크 : 탈거 – 장착 참조),
- 운전석 또는 조수석 프론트 사이드 도어 와이어링.

재조립

I – 재조립 준비 작업

❏ 항상 교환해야 하는 부품 :

- 도어 실링 스크린,
- 각종 스티커 라벨.

II – 관련 부품 재조립 작업

❏ 다음을 장착한다 :

- 운전석 또는 조수석 프론트 사이드 도어 와이어링,
- 프론트 사이드 도어 체크 링크 (51A, 사이드 도어 메커니즘, 프론트 사이드 도어 체크 링크 : 탈거 – 장착 참조),
- 프론트 사이드 도어 록 (51A, 사이드 도어 메커니즘, 프론트 사이드 도어 록 : 탈거 – 장착 참조),
- 프론트 사이드 도어 익스테리어 핸들 (51A, 사이드 도어 메커니즘, 도어 익스테리어 핸들 : 탈거 – 장착 참조),
- 프론트 사이드 도어 록 배럴 (51A, 사이드 도어 메커니즘, 프론트 사이드 도어 록 배럴 : 탈거 – 장착 참조),
- 프론트 사이드 도어 일렉트릭 윈도우 메커니즘 (51A, 사이드 도어 메커니즘, 프론트 사이드 도어 일렉트릭 윈도우 메커니즘 : 탈거 – 장착 참조),
- 윈도우 모터 (MR 445 리페어 매뉴얼, 87D, 윈도우 및 선루프 시스템, 윈도우 모터 : 탈거 – 장착 참조),
- 프론트 사이드 도어 슬라이딩 윈도우 글라스 (54A, 윈도우, 프론트 사이드 도어 슬라이딩 윈도우 글라스 : 탈거 – 장착 참조),

사이드 도어 패널
프론트 사이드 도어 : 분해 – 재조립

47A

L38

- 프론트 사이드 도어 필러 트림 (55A, 외장 보호 트림, 프론트 사이드 도어 필러 트림 : 탈거 – 장착 참조),

- 프론트 스피커 (MR 445 리페어 매뉴얼, 86A, 오디오 시스템, 프론트 스피커 : 탈거 – 장착 참조),

- 프론트 사이드 도어 글라스 런 (66A, 윈도우 실링, 프론트 사이드 도어 글라스 런 : 탈거 – 장착 참조),

- 프론트 사이드 도어 로어 몰딩 (55A, 외장 보호 트림, 프론트 사이드 도어 로어 몰딩 : 탈거 – 장착 참조),

- 프론트 사이드 도어 실링 스크린 (65A, 도어 실링, 도어 실링 스크린 : 탈거 – 장착 참조),

- 프론트 사이드 도어 피니셔 (72A, 사이드 도어 트림, 프론트 사이드 도어 피니셔 : 탈거 – 장착 참조),

- 프론트 사이드 도어 아웃사이드 몰딩 (66A, 윈도우 실링, 프론트 사이드 도어 아웃사이드 몰딩 : 탈거 – 장착 참조),

- 도어 미러 (56A, 외장 장착 부품, 도어 미러 : 탈거 – 장착 참조).

III – 최종 작업

❏ 다음을 연결한다 :

- 프론트 사이드 도어 와이어링 하네스의 커넥터,

- 배터리 (MR 445 리페어 매뉴얼, 80A, 배터리, 배터리 : 탈거 – 장착 참조).

사이드 도어 패널
프론트 사이드 도어 : 조정

47A

L38

조정 값

- 프론트 사이드 도어 조정 값에 관한 모든 정보는 01C, 바디 제원, 차량 틈새 : 조정 값을 참조한다.

조정

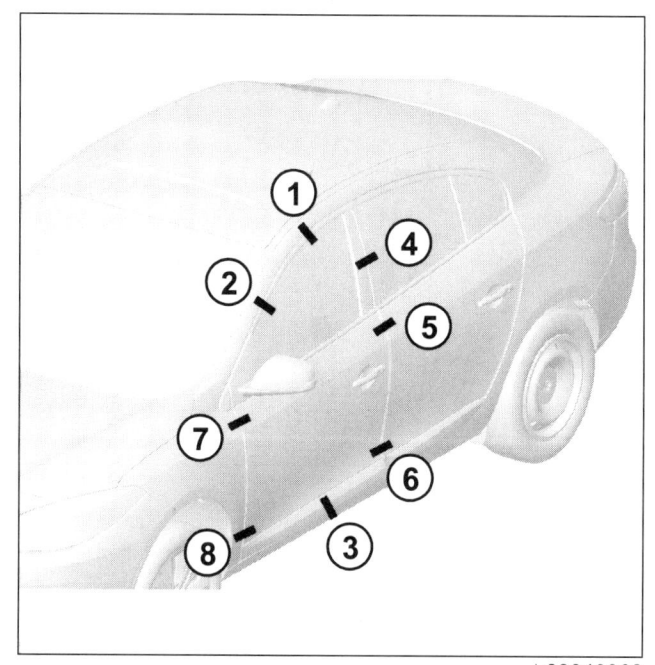

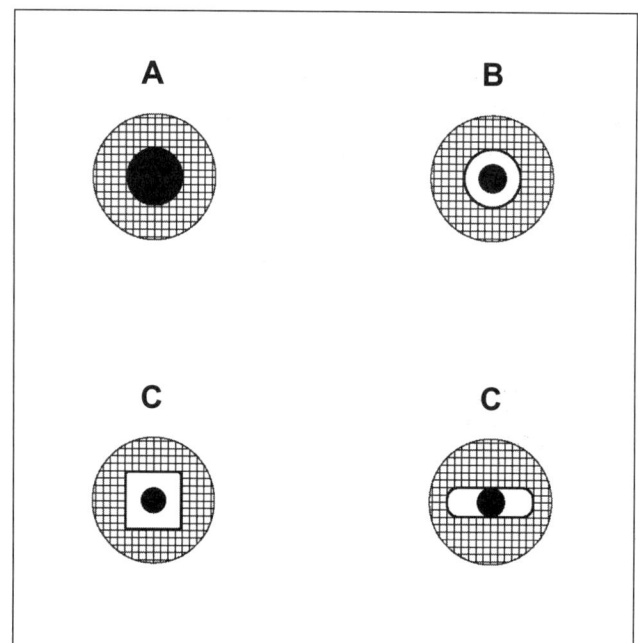

- 각 부위는 (1), (2), (3), (4), (5), (6), (7) 및 (8) 의 순서대로 조정한다.

참고 :
(4), (5) 및 (6) 부위는 리어 도어를 올바르게 조정한 경우에만 조정할 수 있다.

- A, B, C 및 D 표시는 조정 옵션을 나타낸다.
중앙의 검은색 점은 볼트의 바디를 나타낸다.
회색 부분은 조정할 부품을 나타낸다.
흰색 부분은 조정 부위를 나타낸다.

사이드 도어 패널
프론트 사이드 도어 : 조정

47A

L38

I - 높이 및 길이 조정

1 - 높이 및 길이 조정을 위한 준비 작업

- 프론트 펜더를 탈거한다 (42A, 프론트 어퍼 스트럭쳐, 프론트 펜더 : 탈거 - 장착 참조).

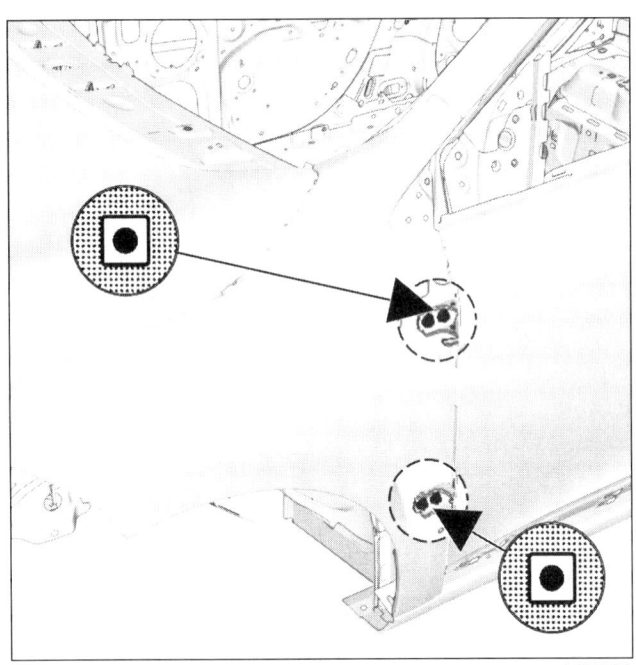

- 다음 순서대로 조정한다 :
  - (1), (2) 및 (3) 부위의 높이,
  - (4), (5), (6), (7) 및 (8) 부위의 길이.

II - 깊이 조정

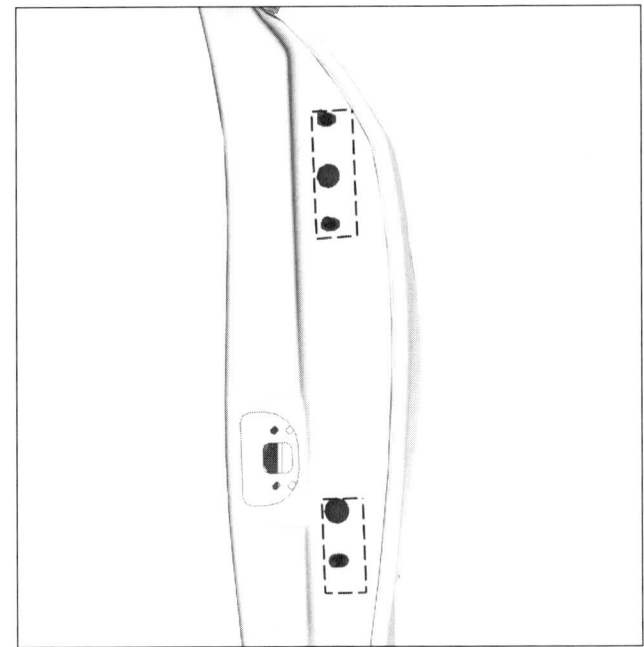

참고 :
원래 힌지 마운팅 플레이트는 도어 박스 섹션에 접착되어 있다.
조정하려면 나무 받침목과 해머를 사용하여 플레이트를 제거해야 한다.

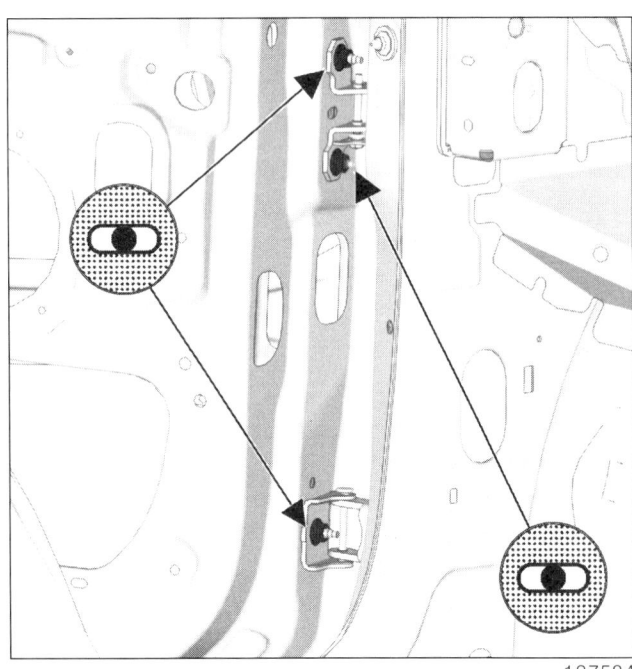

- (1), (2), (3), (7) 및 (8) 부위의 깊이를 조정한다.

사이드 도어 패널
프론트 사이드 도어 : 조정

47A

L38

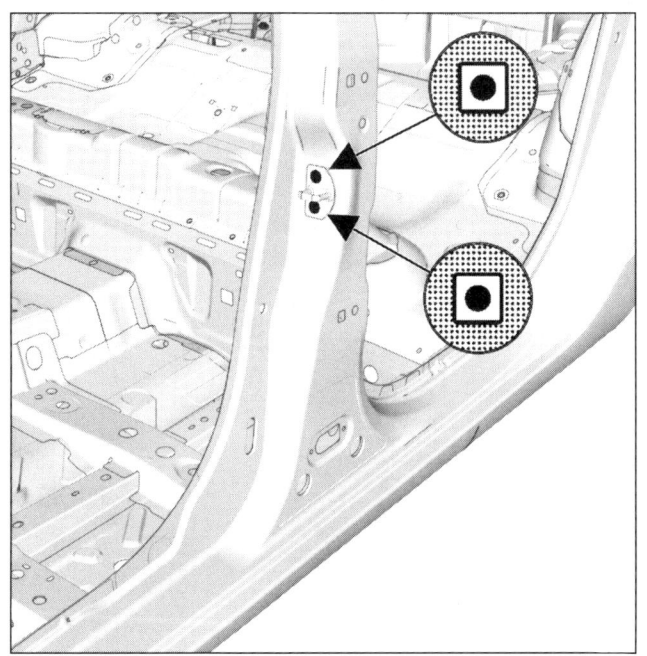

137581

❏ 다음 조정 순서를 준수한다 :

- 록을 기준으로 스트라이커 패널을 조정하여 서로 닿지 않게 한다.
- (4), (5) 및 (6) 부위의 깊이를 조정한다.

참고 :

스트라이커 플레이트는 B- 필러 내부의 리인포스먼트에 스폿 용접으로 고정되어 있다.

조정하려면 플레이트의 퓨즈 브라켓을 변형시켜야 한다.

참고 :

(4), (5) 및 (6) 부위의 조정은 리어 도어 조정에 따라 달라진다 (47A, 사이드 도어 패널, 리어 사이드 도어 : 조정 참조).

47A-8

사이드 도어 패널
리어 사이드 도어 : 탈거 - 장착

47A

L38

이 작업은 다음 두 가지 방법으로 수행할 수 있다 :
- 탈거 (힌지 포함): 초기 조정 유지 가능 ,
- 탈거 (힌지 제외): 도어 교환 시 사용 .

I - 탈거 (힌지 제외)

1 - 탈거 준비 작업

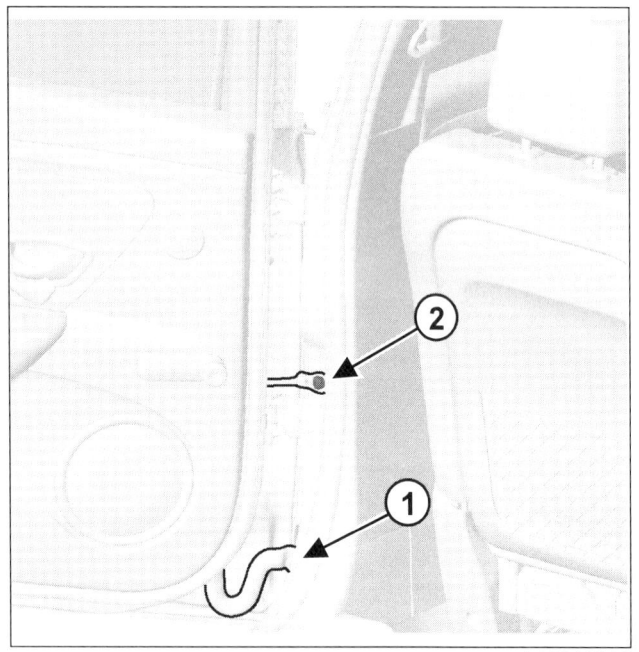

❏ 리어 사이드 도어 와이어링 하네스 커넥터 (1) 를 분리한다 .
❏ 리어 사이드 도어 체크 링크 볼트 (2) 를 탈거한다 .

2 - 관련 부품 탈거 작업

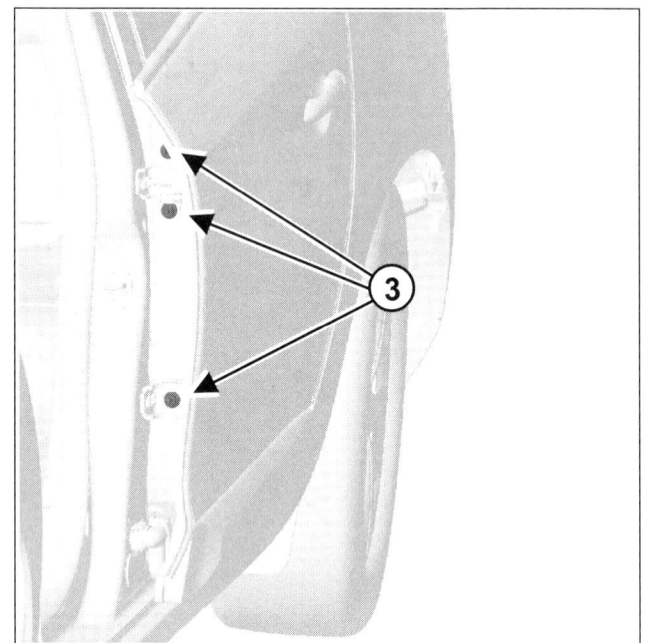

❏ 다음을 탈거한다 :
 - 너트 (3),
 - 리어 사이드 도어 (이 작업은 두 사람이 작업한다).

II - 장착 (힌지 제외)

1 - 장착

❏ 다음을 장착한다 :
 - 리어 사이드 도어 (이 작업은 두 사람이 작업한다),
 - 너트 (3),
 - 리어 사이드 도어 체크 링크 볼트 (2).

❏ 리어 사이드 도어 사이의 간극 및 단차를 조정한다 (**47A, 사이드 도어 패널 , 리어 사이드 도어 : 조정** 참조).

❏ 기능 테스트를 수행한다 .

2 - 최종 작업

❏ 리어 사이드 도어 와이어링 하네스 커넥터 (1) 를 연결한다 .
❏ 모든 기능 테스트를 수행한다 .

사이드 도어 패널
리어 사이드 도어 : 탈거 - 장착

47A

L38

III - 탈거 (힌지 포함)

1 - 탈거 준비 작업

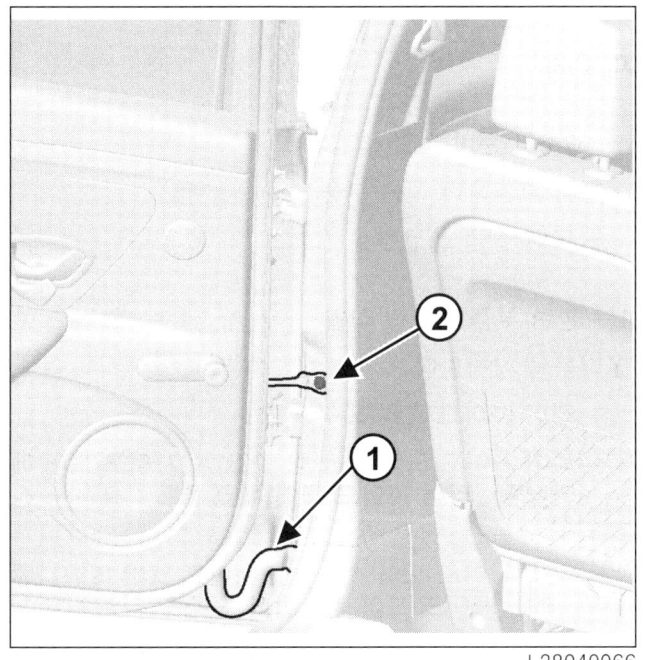

L38040066

- 리어 사이드 도어 와이어링 하네스 커넥터 (1) 를 분리한다 .
- 리어 사이드 도어 체크 링크 볼트 (2) 를 탈거한다 .

2 - 관련 부품 탈거 작업

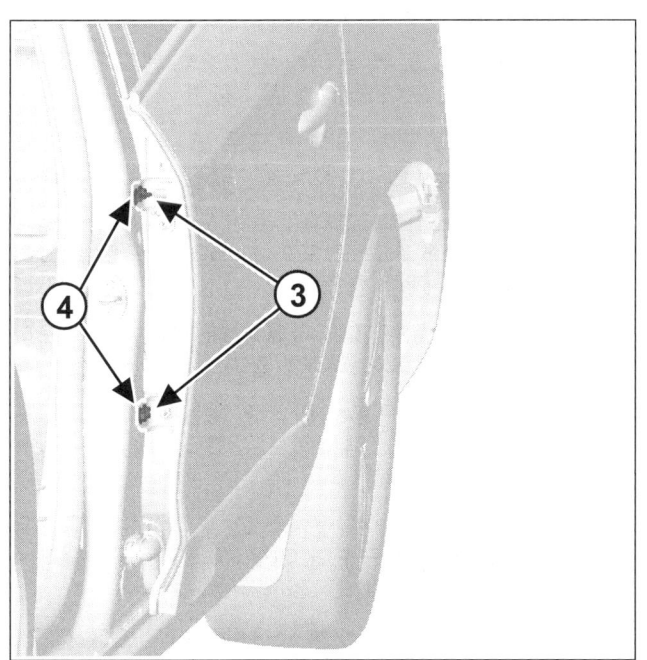

L38040068

- 다음을 탈거한다 :
  - 너트 (3),
  - 볼트 (4),
  - 리어 사이드 도어 (이 작업은 두 사람이 작업한다).

IV - 장착 (힌지 포함)

1 - 장착

- 다음을 장착한다 :
  - 리어 사이드 도어 (이 작업은 두 사람이 작업한다),
  - 볼트 (4),
  - 너트 (3).
- 도어 간극 및 단차를 조정한다 (47A, 사이드 도어 패널 , 리어 사이드 도어 : 조정 참조).
- 기능 테스트를 수행한다 .

2 - 최종 작업

- 리어 사이드 도어 체크 링크 볼트 (2) 를 장착한다 .
- 리어 사이드 도어 와이어링 하네스 커넥터 (1) 를 연결한다 .
- 모든 기능 테스트를 수행한다 .

사이드 도어 패널
리어 사이드 도어 : 분해 – 재조립

47A

L38

참고 :
아래에서 설명하는 작업 순서는 리어 사이드 도어를 교환하기 위한 작업 순서이다.
다음 절차는 차량의 리어 사이드 도어에 적용된다.

분해

I – 분해 준비 작업

❏ 다음을 분리한다 :

- 배터리 (MR 445 리페어 매뉴얼, 80A, 배터리, 배터리 : 탈거 – 장착 참조),
- 리어 사이드 도어 와이어링 하네스의 커넥터.

II – 관련 부품 분해 작업

❏ 다음을 탈거한다 :

- 리어 사이드 도어 피니셔 (72A, 사이드 도어 트림, 리어 사이드 도어 피니셔 : 탈거 – 장착 참조),
- 리어 사이드 도어 실링 스크린 (65A, 도어 실링, 도어 실링 스크린 : 탈거 – 장착 참조),
- 리어 사이드 도어 아웃사이드 몰딩 (66A, 윈도우 실링, 리어 사이드 도어 아웃사이드 몰딩 : 탈거 – 장착 참조),
- 윈도우 모터 (MR 445 리페어 매뉴얼, 87D, 윈도우 및 선루프 시스템, 윈도우 모터 : 탈거 – 장착 참조),
- 리어 스피커 (MR 445 리페어 매뉴얼, 86A, 오디오 시스템, 리어 스피커 : 탈거 – 장착 참조),
- 리어 사이드 도어 슬라이딩 윈도우 글라스 (54A, 윈도우, 리어 사이드 도어 슬라이딩 윈도우 글라스 : 탈거 – 장착 참조),
- 리어 사이드 도어 고정 윈도우 (54A, 윈도우, 리어 사이드 도어 고정 윈도우 : 탈거 – 장착 참조),
- 리어 사이드 도어 글라스 런 (66A, 윈도우 실링, 리어 사이드 도어 글라스 런 : 탈거 – 장착 참조),
- 리어 사이드 도어 필러 트림 (55A, 외장 보호 트림, 리어 사이드 도어 필러 트림 : 탈거 – 장착 참조),
- 리어 사이드 도어 일렉트릭 윈도우 메커니즘 (51A, 사이드 도어 메커니즘, 리어 사이드 도어 일렉트릭 윈도우 메커니즘 : 탈거 – 장착 참조),
- 리어 사이드 도어 익스테리어 핸들 (51A, 사이드 도어 메커니즘, 도어 익스테리어 핸들 : 탈거 – 장착 참조),
- 리어 사이드 도어 록 (51A, 사이드 도어 메커니즘, 리어 사이드 도어 록 : 탈거 – 장착 참조),
- 리어 사이드 도어 체크 링크 (51A, 사이드 도어 메커니즘, 리어 사이드 도어 체크 링크 : 탈거 – 장착 참조),
- 리어 사이드 도어 와이어링.

재조립

I – 재조립 준비 작업

❏ 항상 교환해야 하는 부품 :

- 도어 실링 스크린.

II – 관련 부품 재조립 작업

❏ 다음을 장착한다 :

- 리어 사이드 도어 와이어링,
- 리어 사이드 도어 체크 링크 (51A, 사이드 도어 메커니즘, 리어 사이드 도어 체크 링크 : 탈거 – 장착 참조),
- 리어 사이드 도어 록 (51A, 사이드 도어 메커니즘, 리어 사이드 도어 록 : 탈거 – 장착 참조),
- 리어 사이드 도어 익스테리어 핸들 (51A, 사이드 도어 메커니즘, 도어 익스테리어 핸들 : 탈거 – 장착 참조),
- 리어 사이드 도어 일렉트릭 윈도우 메커니즘 (51A, 사이드 도어 메커니즘, 리어 사이드 도어 일렉트릭 윈도우 메커니즘 : 탈거 – 장착 참조),
- 리어 사이드 도어 필러 트림 (55A, 외장 보호 트림, 리어 사이드 도어 필러 트림 : 탈거 – 장착 참조),
- 리어 사이드 도어 글라스 런 (66A, 윈도우 실링, 리어 사이드 도어 글라스 런 : 탈거 – 장착 참조),
- 리어 사이드 도어 고정 윈도우 (54A, 윈도우, 리어 사이드 도어 고정 윈도우 : 탈거 – 장착 참조),
- 리어 사이드 도어 슬라이딩 윈도우 글라스 (54A, 윈도우, 리어 사이드 도어 슬라이딩 윈도우 글라스 : 탈거 – 장착 참조),
- 리어 스피커 (MR 445 리페어 매뉴얼, 86A, 오디오 시스템, 리어 스피커 : 탈거 – 장착 참조),
- 윈도우 모터 (MR 445 리페어 매뉴얼, 87D, 윈도우 및 선루프 시스템, 윈도우 모터 : 탈거 – 장착 참조),
- 리어 사이드 도어 아웃사이드 몰딩 (66A, 윈도우 실링, 리어 사이드 도어 아웃사이드 몰딩 : 탈거 – 장착 참조),
- 리어 사이드 도어 실링 스크린 (65A, 도어 실링, 도어 실링 스크린 : 탈거 – 장착 참조),
- 리어 사이드 도어 피니셔 (72A, 사이드 도어 트림, 리어 사이드 도어 피니셔 : 탈거 – 장착 참조).

사이드 도어 패널
리어 사이드 도어 : 분해 – 재조립

47A

L38

III – 최종 작업

❏ 다음을 연결한다 :

- 리어 사이드 도어 와이어링 하네스의 커넥터 ,
- 배터리 (MR 445 리페어 매뉴얼 , 80A, 배터리 , 배터리 : 탈거 – 장착 참조).

사이드 도어 패널
리어 사이드 도어 : 조정

47A

L38

조정 값

- 리어 사이드 도어 조정 값에 관한 모든 정보는 01C, 바디 제원, 차량 틈새 : 조정 값을 참조한다.

조정

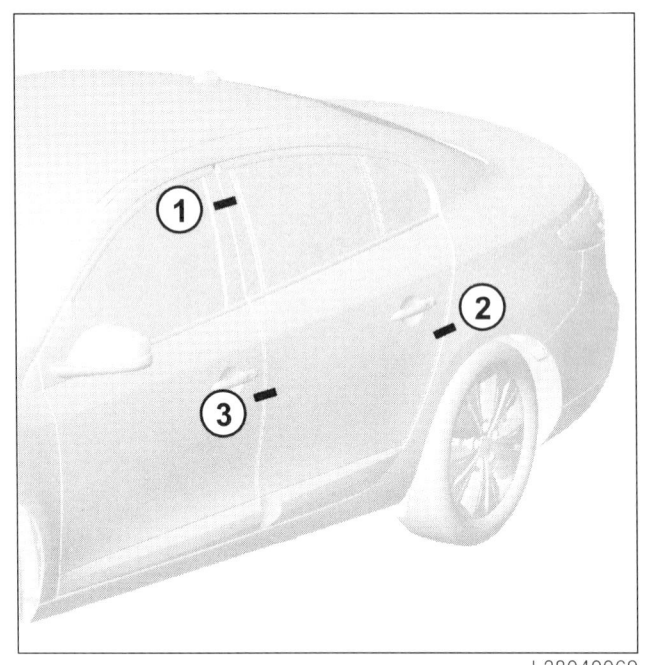

- 각 부위는 (1), (2) 및 (3) 의 순서대로 조정한다.

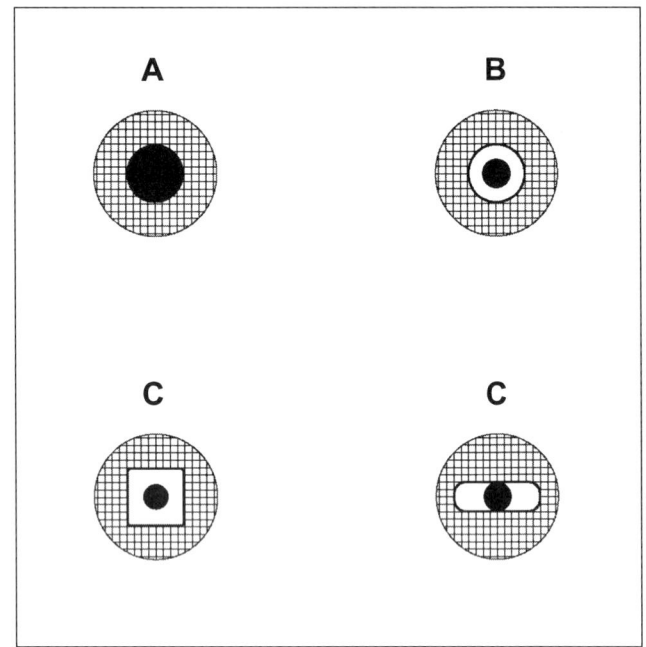

참고 :

A, B, C 및 D 표시는 조정 옵션을 나타낸다.

중앙의 검은색 점은 볼트의 바디를 나타낸다.

회색 부분은 조정할 부품을 나타낸다.

흰색 부분은 조정 부위를 나타낸다.

47A-13

사이드 도어 패널
리어 사이드 도어 : 조정

47A

L38

I – 높이 및 길이 조정

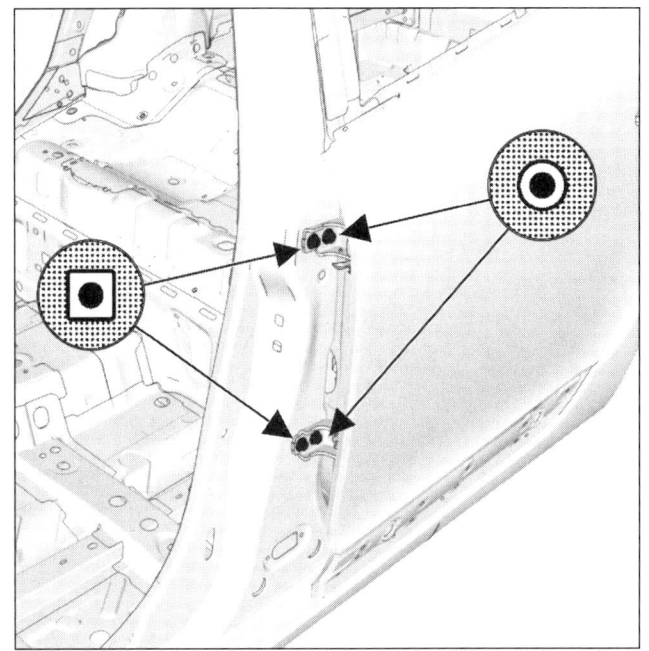

- 다음 순서대로 조정한다 :
  - (1) 부위의 높이 ,
  - (2) 및 (3) 부위의 길이 .

II – 깊이 조정

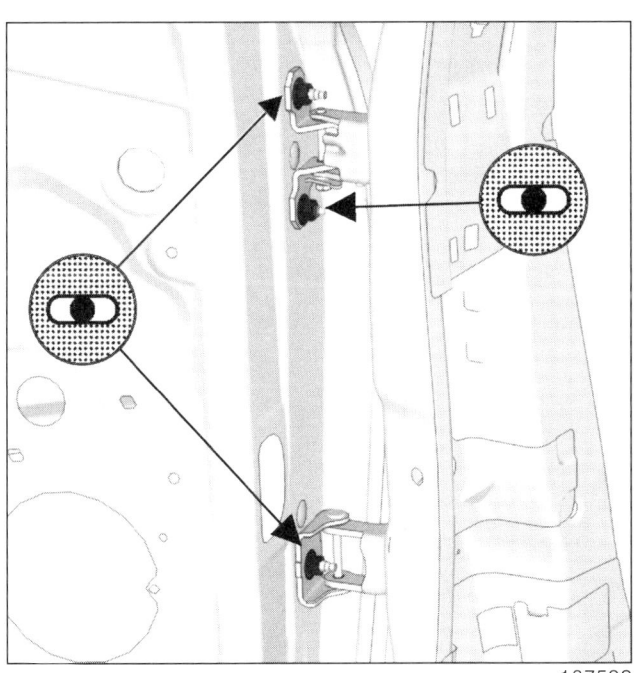

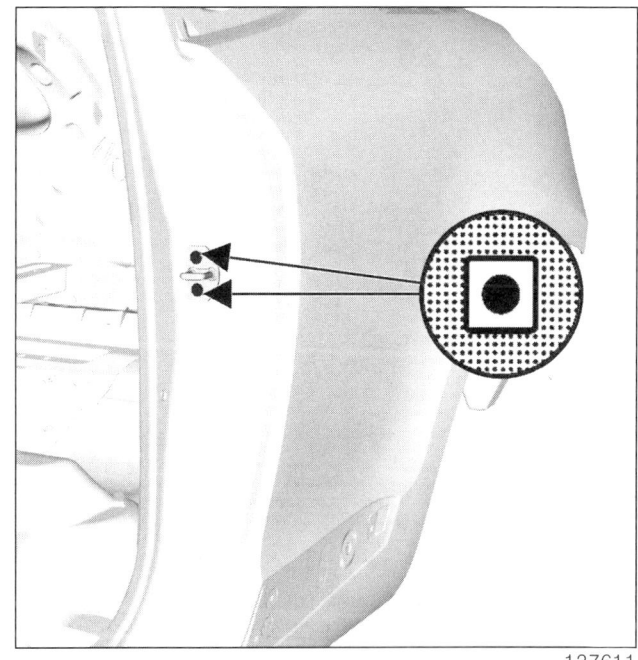

참고 :
원래 힌지 마운팅 플레이트는 도어 박스 섹션에 접착되어 있다 .
조정하려면 나무 받침목과 해머를 사용하여 플레이트를 제거해야 한다 .

- (1) 부위의 깊이를 조정한다 .

- 다음 조정 순서를 준수한다 :
  - 록을 기준으로 스트라이커 패널을 조정하여 서로 닿지 않게 한다 .
  - (2) 및 (3) 부위의 깊이를 조정한다 .

참고 :
스트라이커 플레이트는 리어 펜더 내부의 리인포스먼트에 스폿 용접으로 고정되어 있다 .
조정하려면 플레이트의 퓨즈 브라켓을 변형시켜야 한다 .

참고 :
(3) 부위의 조정은 프론트 도어 조정에 따라 달라진다 (47A, 사이드 도어 패널 , 프론트 사이드 도어 : 조정 참조).

사이드 도어 패널
연료 주입 캡 : 탈거 - 장착

47A

L38

탈거

I - 관련 부품 탈거 작업

참고 :
연료 주입 캡 탈거 시, 클립이 손상되지 않도록 주의하여 작업한다.

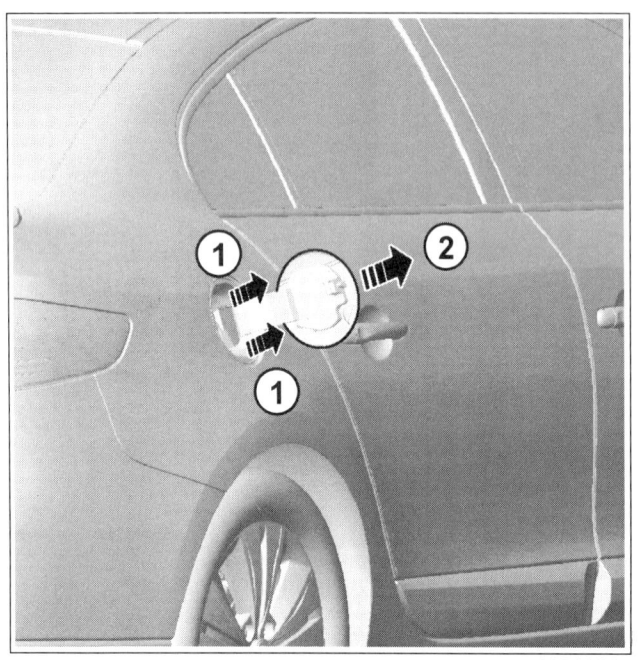

- 표시된 방향 (1) 및 (2) 방향으로 연료 주입 캡을 분리한다.

장착

I - 관련 부품 장착 작업

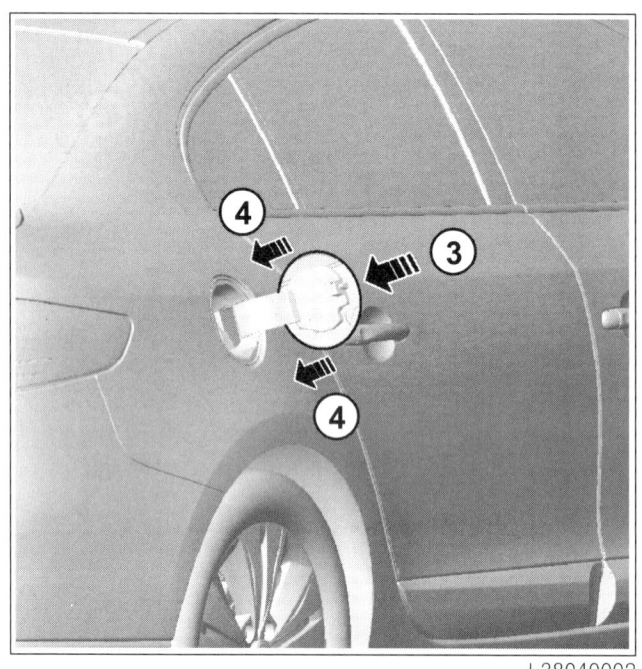

- (3) 과 (4) 의 방향으로 연료 주입 캡의 클립을 장착한다.

사이드 도어 이외 패널
후드 : 탈거 - 장착

48A

L38

이 작업은 다음 두 가지 방법으로 수행할 수 있다 :

- 탈거 (힌지 제외) : 후드 교환에 사용된다 .
- 탈거 (힌지 포함) : 초기 조정을 유지할 수 있으며 힌지와 후드 라이닝 사이의 원래 도장면이 벗겨지지 않도록 한다 .

I - 탈거 (후드 힌지 제외)

1 - 탈거 준비 작업

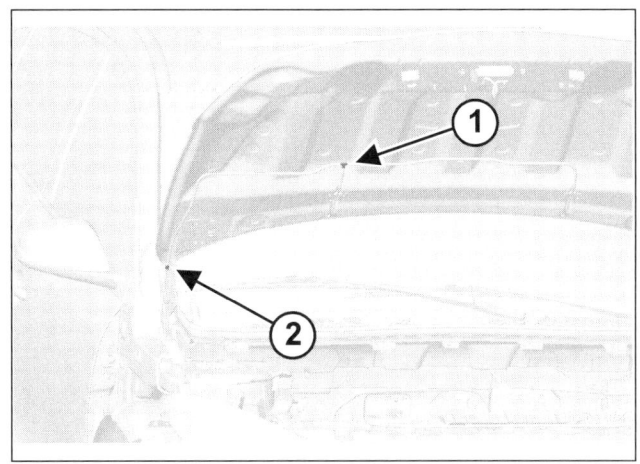

L38040050

- 후드 인슐레이터를 탈거한다 (68A, 방음재 , 후드 인슐레이터 : 탈거 - 장착 참조).
- 파이프 (1) 를 분리한다 .
- (2) 에서 파이프 클립을 탈거한다 .
- 와셔 파이프를 탈거한다 .

2 - 관련 부품 탈거 작업

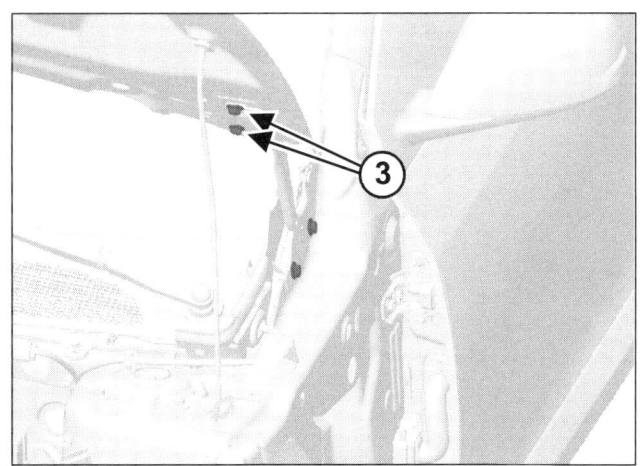

L38040060

- 다음을 탈거한다 :
  - 볼트 (3),
  - 후드 (이 작업은 두 사람이 작업한다).

II - 장착 (후드 힌지 제외)

1 - 관련 부품 장착 작업

- 다음을 장착한다 :
  - 후드 (이 작업은 두 사람이 작업한다),
  - 볼트 (3).
- 후드의 틈새 및 단차를 조정한다 (48A, 사이드 도어 이외 패널 , 후드 : 조정 참조).

2 - 최종 작업

- 와셔 파이프를 장착한다 .
- (2) 에 파이프 클립을 장착한다 .
- 파이프 (1) 를 연결한다 .
- 후드 인슐레이터를 장착한다 (68A, 방음재 , 후드 인슐레이터 : 탈거 - 장착 참조).

III - 탈거 (후드 힌지 포함)

1 - 탈거 준비 작업

- 다음을 탈거한다 :
  - 프론트 펜더 프로텍터 (55A, 외장 보호 트림 , 프론트 펜더 프로텍터 : 탈거 - 장착 참조),
  - 프론트 범퍼 (55A, 외장 보호 트림 , 프론트 범퍼 : 탈거 - 장착 참조),
  - 헤드램프 (MR 445 리페어 매뉴얼 , 80B, 프론트 라이팅 시스템 , 프론트 헤드램프 : 탈거 - 장착 참조),
  - 프론트 펜더 (42A, 프론트 어퍼 스트럭쳐 , 프론트 펜더 : 탈거 - 장착 참조),
  - 윈드실드 로어 트림 (56A, 외장 장착 부품 , 카울 탑 커버 : 탈거 - 장착 참조),
  - 후드 인슐레이터 (68A, 방음재 , 후드 인슐레이터 : 탈거 - 장착 참조).
- 파이프 (1) 를 분리한다 .
- (2) 에서 파이프 클립을 탈거한다 .
- 와셔 파이프를 탈거한다 .

사이드 도어 이외 패널
후드 : 탈거 - 장착

48A

L38

2 - 관련 부품 탈거 작업

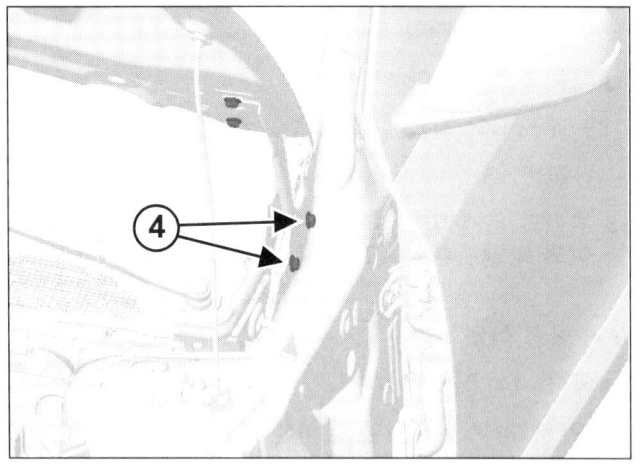

L38040060

❏ 다음을 탈거한다 :
  - 볼트 (4),
  - 후드 (이 작업은 두 사람이 작업한다).

IV - 장착 (후드 힌지 포함)

1 - 관련 부품 장착 작업

❏ 다음을 장착한다 :
  - 후드 (이 작업은 두 사람이 작업한다),
  - 볼트 (4).

❏ 후드의 틈새 및 단차를 조정한다 (48A, 사이드 도어 이외 패널 , 후드 : 조정 참조).

2 - 최종 작업

❏ 와셔 파이프를 장착한다 .

❏ (2) 에 파이프 클립을 장착한다 .

❏ 파이프 (1) 를 연결한다 .

❏ 다음을 장착한다 :
  - 후드 인슐레이터 (68A, 방음재 , 후드 인슐레이터 : 탈거 - 장착 참조),
  - 윈드실드 로어 트림 (56A, 외장 장착 부품 , 카울 탑 커버 : 탈거 - 장착 참조),
  - 프론트 펜더 (42A, 프론트 어퍼 스트럭쳐 , 프론트 펜더 : 탈거 - 장착 참조),
  - 헤드램프 (MR 445 리페어 매뉴얼 , 80B, 프론트 라이팅 시스템 , 프론트 헤드램프 : 탈거 - 장착 참조),
  - 프론트 범퍼 (55A, 외장 보호 트림 , 프론트 범퍼 : 탈거 - 장착 참조),
  - 프론트 펜더 프로텍터 (55A, 외장 보호 트림 , 프론트 펜더 프로텍터 : 탈거 - 장착 참조).

사이드 도어 이외 패널
후드 : 분해 – 재조립

48A

L38

> 참고 :
> 아래에는 후드를 교환하기 위한 작업 순서가 나와 있다.
> 아래에서 설명하는 절차는 차량의 후드에 적용된다.

분해

- 후드 인슐레이터를 탈거한다 (**68A, 방음재 , 후드 인슐레이터 : 탈거 – 장착** 참조).
- 다음을 탈거한다 :
    - 프론트 윈드실드 워셔 노즐 파이프 ,
    - 프론트 윈드실드 워셔 노즐 .
- 후드의 블랭킹 커버들을 탈거한다 .

재조립

- 후드에 블랭킹 커버들을 장착한다 .
- 다음을 장착한다 :
    - 프론트 윈드실드 워셔 노즐 파이프 ,
    - 프론트 윈드실드 워셔 노즐 .
- 후드 인슐레이터를 장착한다 (**68A, 방음재 , 후드 인슐레이터 : 탈거 – 장착** 참조).

사이드 도어 이외 패널
후드 : 조정

48A

L38

조정 값

- 후드 조정 값에 관한 정보는 01C, 바디 제원, 차량 틈새 : 조정 값을 참조한다.

조정

- 후드 조정 시 다음 두 옵션을 사용할 수 있다 :
  - 후드 볼트 사용,
  - 후드 힌지 볼트 사용.
- 후드를 조정하는 경우 후드 스트라이커도 함께 조정해야 한다.

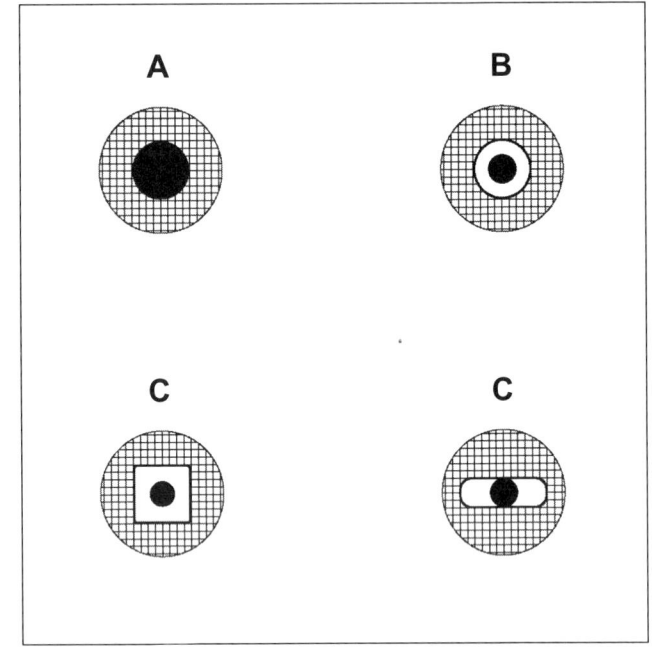

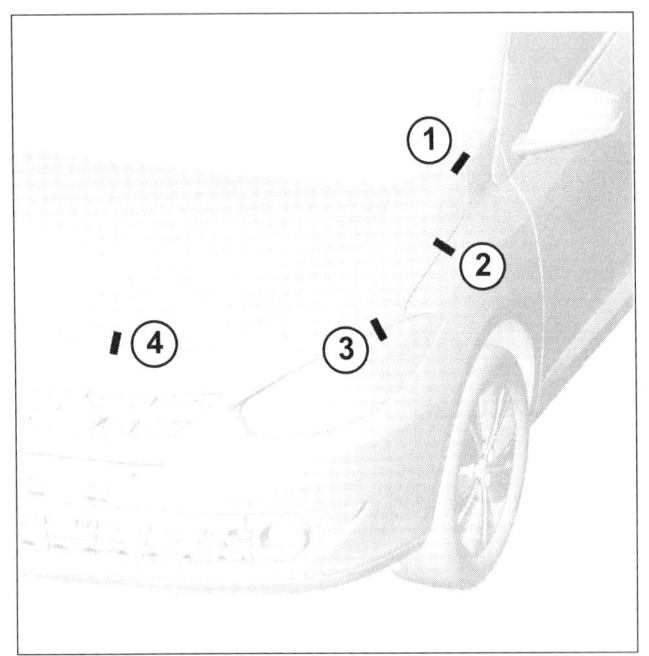

참고 :
A, B, C 및 D 표시는 조정 옵션을 나타낸다.
중앙의 검은색 점은 볼트의 바디를 나타낸다.
회색 부분은 조정할 부품을 나타낸다.
흰색 부분은 조정 부위를 나타낸다.

- (1), (2), (3) 및 (4) 의 조정 순서를 준수한다.

사이드 도어 이외 패널
후드 : 조정

48A

L38

I - 후드 볼트를 사용한 조정

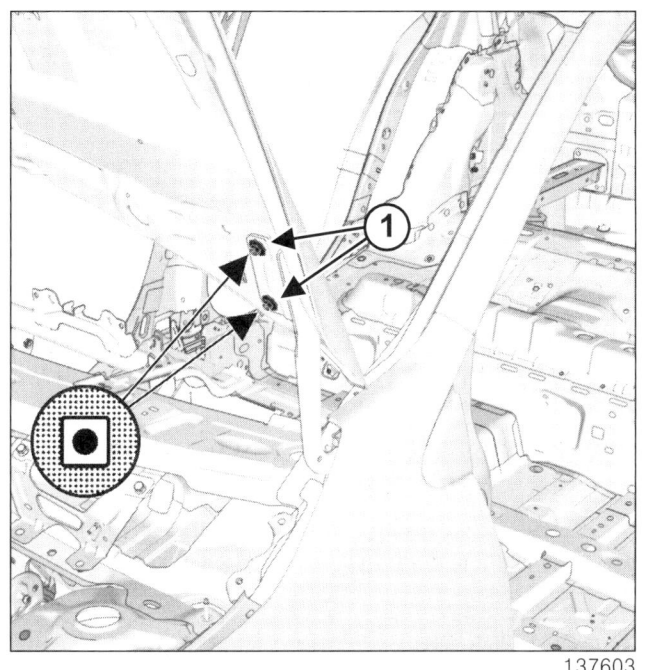

- 볼트 (1) 를 탈거한다 .
- 후드 틈새를 조정한다 .

II - 후드 힌지 볼트를 사용한 조정

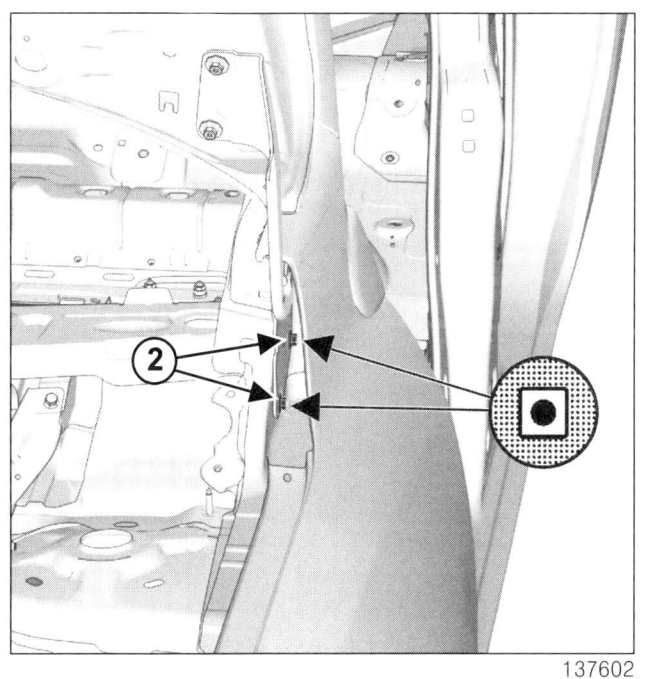

- 후드 힌지 볼트 (2) 를 느슨하게 한다 .
- 후드 틈새를 조정한다 .

III - 후드 스트라이커 조정

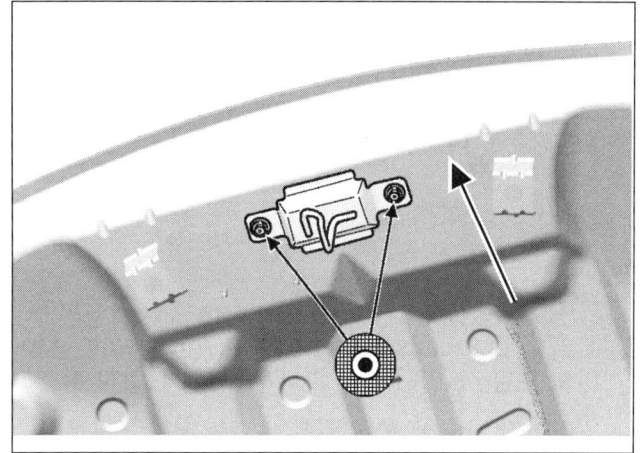

참고 :
후드 스트라이커를 조정하는 경우 스트라이커 플레이트를 탈거한 후 도장 처리를 하여 후드의 부식을 방지한다 .

- 다음을 탈거한다 :
  - 후드 스트라이커 플레이트 볼트 ,
  - 후드 스트라이커 .
- 도장 처리를 한다 .
- 스트라이커 플레이트와 볼트를 장착한다 .
- 후드 록으로 후드 스트라이커를 조정한다 .

사이드 도어 이외 패널
트렁크 리드 : 탈거 – 장착

48A

L38

아래에서 설명하는 두 가지 탈거 – 장착 방법을 사용할 수 있다.

- 탈거 – 장착 (힌지 제외) : 도어를 교환할 때 주로 이 방법을 사용한다.
- 탈거 (힌지 포함) : 바디를 교환하고 도어를 재조립 할 때 주로 이 방법을 사용한다.

I – 장착 – 탈거 (힌지 제외)

1 – 탈거 준비 작업

❏ 트렁크 리드 피니셔를 탈거한다 (73A, 사이드 도어 이외 트림, 트렁크 리드 피니셔 : 탈거 – 장착 참조).

❏ 와이어링 클립을 분리한다.

2 – 탈거

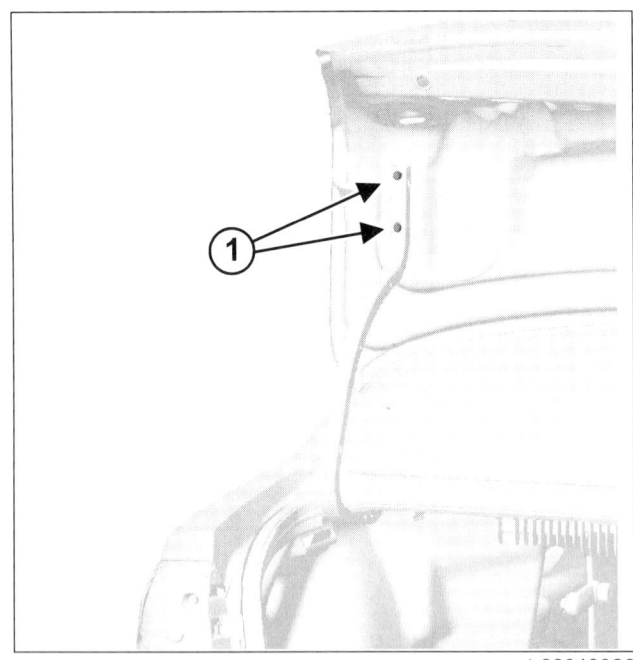

❏ 다음을 탈거한다 :
   - 힌지 마운팅 볼트 (1),
   - 트렁크 리드 (이 작업은 두 사람이 작업한다).

3 – 장착

❏ 다음을 장착한다 :
   - 트렁크 리드 (이 작업은 두 사람이 작업한다),
   - 트렁크 리드 마운팅 볼트 (1).

❏ 트렁크 리드 마운팅 볼트를 규정 토크 (40 N.m) 로 조인다.

4 – 최종 작업

❏ 와이어링 클립을 장착한다.

❏ 트렁크 리드 피니셔를 장착한다 (73A, 사이드 도어 이외 트림, 트렁크 리드 피니셔 : 탈거 – 장착 참조).

II – 장착 – 탈거 (힌지 포함)

1 – 탈거 준비 작업

❏ 다음을 탈거한다 :
   - 하이 레벨 스톱 램프 (MR 445 리페어 매뉴얼, 81A, 리어 라이팅 시스템, 하이 레벨 스톱 램프 : 탈거 – 장착 참조),
   - 리어 파셜 셸프 (57A, 내장 장착 부품, 리어 파셜 셸프 : 탈거 – 장착 참조),
   - 트렁크 리드 메커니즘 (52A, 사이드 도어 이외 메커니즘, 트렁크 리드 메커니즘 : 탈거 – 장착 참조),

❏ 트렁크 리드 와이어링 하네스를 분리한다.

2 – 탈거

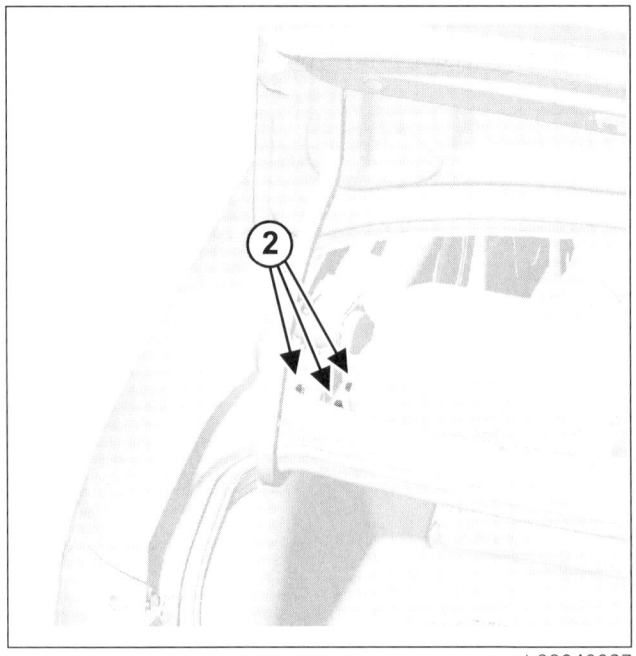

❏ 다음을 탈거한다 :
   - 차량 각 측의 힌지 마운팅 볼트 (2),
   - 트렁크 리드 (이 작업은 두 사람이 작업한다).

사이드 도어 이외 패널
트렁크 리드 : 탈거 - 장착

48A

L38

3 - 장착

❏ 다음을 장착한다 :
- 트렁크 리드 (이 작업은 두 사람이 작업한다),
- 차량 각 측의 힌지 마운팅 볼트 (2).

❏ 규정 토크 (40 N.m) 로 힌지 마운팅 볼트를 조인다 .

4 - 최종 작업

❏ 트렁크 리드 와이어링 하네스를 연결한다 .

❏ 다음을 장착한다 :
- 트렁크 리드 메커니즘 (52A, 사이드 도어 이외 메커니즘 , 트렁크 리드 메커니즘 : 탈거 - 장착 참조),
- 리어 파셜 셀프 (57A, 내장 장착 부품 , 리어 파셜 셀프 : 탈거 - 장착 참조),
- 하이 레벨 스톱 램프 (MR 445 리페어 매뉴얼 , 81A, 리어 라이팅 시스템 , 하이 레벨 스톱 램프 벌브 : 탈거 - 장착 참조).

사이드 도어 이외 패널
트렁크 리드 : 분해 – 재조립

48A

L38

참고 :
아래에는 트렁크 리드를 교환하기 위한 작업 순서가 나와 있다 .
아래에서 설명하는 절차는 차량의 트렁크 리드에 적용된다 .

분해

I – 관련 부품 분해 작업

❏ 다음을 탈거한다 :

- 트렁크 리드 트림 (73A, 사이드 도어 이외 트림 , 트렁크 리드 피니셔 : 탈거 – 장착 참조),
- 트렁크 리드 록 (52A, 사이드 도어 이외 메커니즘 , 트렁크 리드 록 : 탈거 – 장착 참조).
- 트렁크 리드 익스테리어 오프닝 컨트롤 (52A, 사이드 도어 이외 메커니즘 , 트렁크 리드 익스테리어 오프닝 컨트롤 : 탈거 – 장착 참조),
- 번호판 등 (MR 445 리페어 매뉴얼 , 81A, 리어 라이팅 시스템 , 번호판 등 : 탈거 – 장착 참조),
- 리어 램프 (MR 445 리페어 매뉴얼 , 81A, 리어 라이팅 시스템 , 리어 램프 : 탈거 – 장착 참조),
- 트렁크 리드 와이어링 ,
- 리어 엠블렘 (56A, 외장 장착 부품 , 리어 엠블렘 : 탈거 – 장착 참조).

재조립

I – 재조립 준비 작업

❏ 리어 엠블렘은 항상 교환한다 .

II – 재조립

❏ 다음을 장착한다 :

- 리어 엠블렘 (56A, 외장 장착 부품 , 리어 엠블렘 : 탈거 – 장착 참조),
- 트렁크 리드 와이어링 ,
- 리어 램프 (MR 445 리페어 매뉴얼 , 81A, 리어 라이팅 시스템 , 리어 램프 : 탈거 – 장착 참조),
- 번호판 등 (MR 445 리페어 매뉴얼 , 81A, 리어 라이팅 시스템 , 번호판 등 : 탈거 – 장착 참조),
- 트렁크 리드 익스테리어 오프닝 컨트롤 (52A, 사이드 도어 이외 메커니즘 , 트렁크 리드 익스테리어 오프닝 컨트롤 : 탈거 – 장착 참조),
- 트렁크 리드 록 (52A, 사이드 도어 이외 메커니즘 , 트렁크 리드 록 : 탈거 – 장착 참조),
- 트렁크 리드 트림 (73A, 사이드 도어 이외 트림 , 트렁크 리드 피니셔 : 탈거 – 장착 참조).

사이드 도어 이외 패널
트렁크 리드 : 조정

48A

L38

조정 값

- 트렁크 리드 조정 값에 관한 모든 정보는 01C, 바디 제원, 차량 틈새 : 조정 값을 참조한다.

조정

- 다음 두 가지 방법으로 트렁크 리드를 조정할 수 있다 :
  - 트렁크 리드 볼트 사용,
  - 트렁크 리드 힌지 볼트 사용 : 트렁크 리드 피니셔, 리어 파셜 셀프 및 하이 레벨 스톱 램프도 함께 탈거해야 하는 작업.

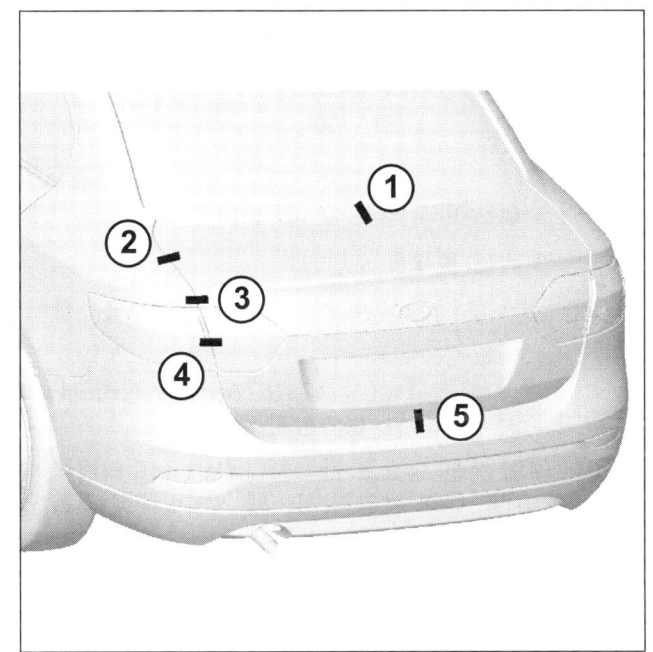

- 조정 순서를 준수한다.

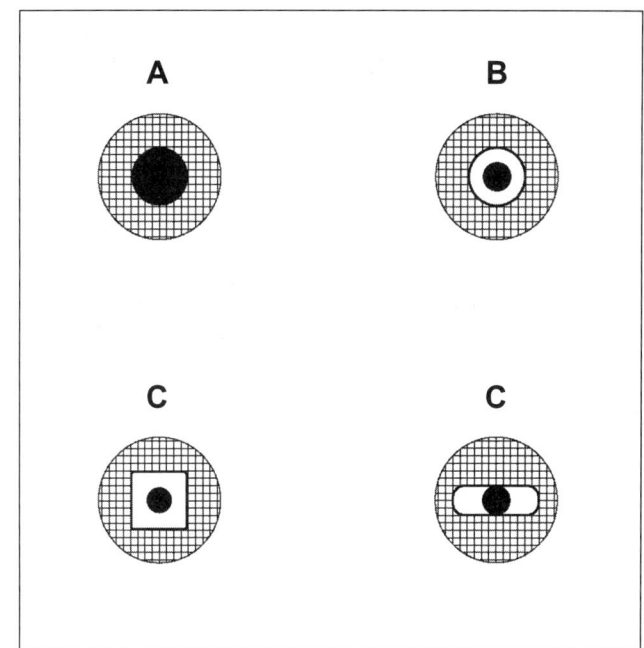

참고 :

A, B, C 및 D 표시는 조정 옵션을 나타낸다.

중앙의 검은색 점은 볼트의 바디를 나타낸다.

회색 부분은 조정할 부품을 나타낸다.

흰색 부분은 조정 부위를 나타낸다.

사이드 도어 이외 패널
트렁크 리드 : 조정

48A

L38

I – 트렁크 리드 볼트를 사용한 조정

- 트렁크 리드 피니셔를 탈거한다 (73A, 사이드 도어 이외 트림 , 트렁크 리드 피니셔 : 탈거 – 장착 참조).

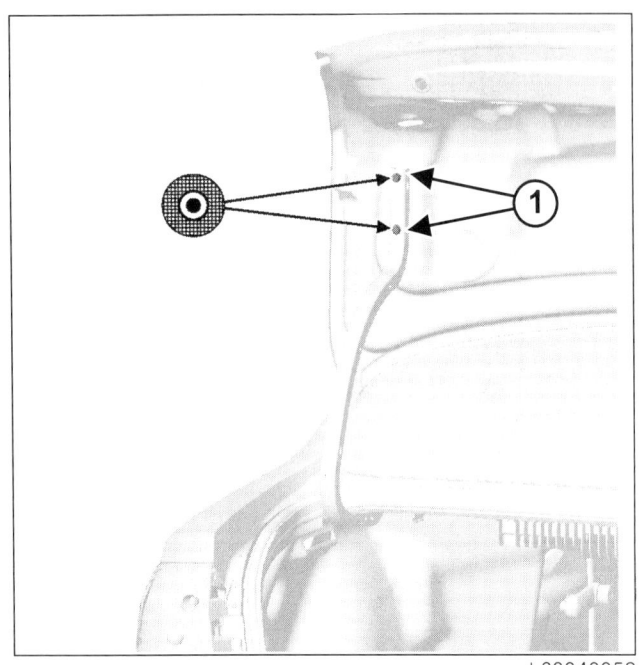

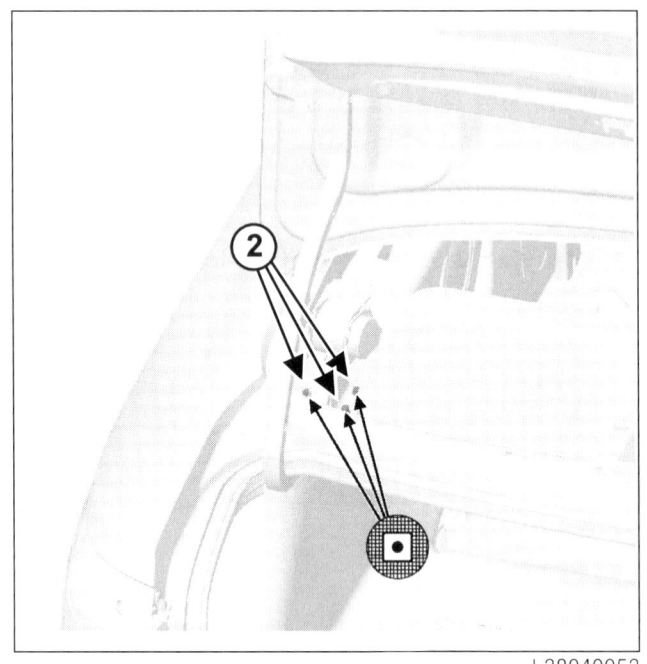

- 트렁크 리드 볼트 (1) 를 탈거한다 .
- 트렁크 리드 틈새를 조정한다 .
- 규정 토크 (21 N.m) 로 트렁크 리드 볼트를 조인다 .

II – 트렁크 리드 힌지 볼트를 사용한 조정

- 하이 레벨 스톱 램프를 탈거한다 (MR 445 리페어 매뉴얼 , 81A, 리어 라이팅 시스템 , 하이 레벨 스톱 램프 : 탈거 – 장착 참조).
- 리어 파셜 셀프를 탈거한다 (57A, 내장 장착 부품 , 리어 파셜 셀프 : 탈거 – 장착 참조).
- 트렁크 리드 힌지 볼트 (2) 를 탈거한다 .
- 트렁크 리드 틈새를 조정한다 .
- 규정 토크 (21 N.m) 로 트렁크 리드 힌지 볼트를 조인다 .
- 리어 파셜 셀프를 장착한다 (57A, 내장 장착 부품 , 리어 파셜 셀프 : 탈거 – 장착 참조).
- 하이 레벨 스톱 램프를 장착한다 (MR 445 리페어 매뉴얼 , 81A, 리어 라이팅 시스템 , 하이 레벨 스톱 램프 : 탈거 – 장착 참조).

사이드 도어 이외 패널
트렁크 리드 : 조정

48A

L38

III – 트렁크 리드 스트라이커 패널 볼트를 사용한 조정

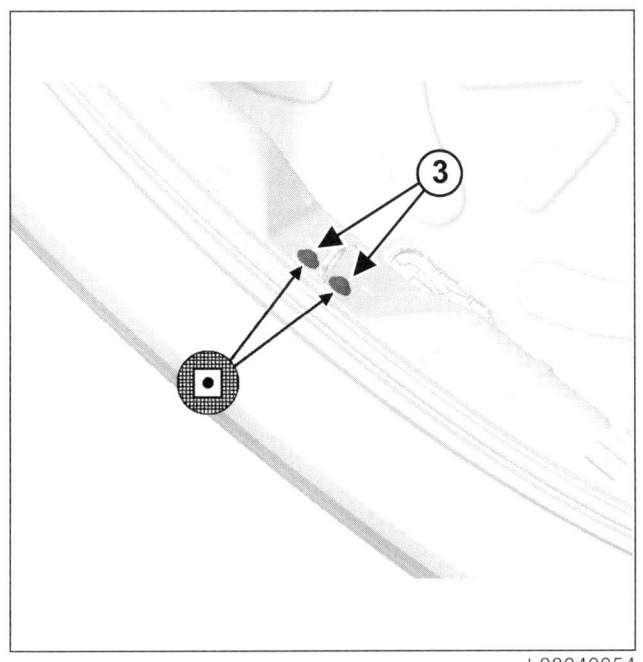

L38040054

- 트렁크 리어 플레이트를 탈거한다 (71A, 인테리어 트림, 트렁크 리어 플레이트 : 탈거 – 장착 참조).

- 트렁크 리드 스트라이커 볼트 (3) 를 탈거한다 .

- 트렁크 리드 록으로 트렁크 리드 스트라이커 플레이트를 조정한다 .

- 트렁크 리어 플레이트를 장착한다 (71A, 인테리어 트림, 트렁크 리어 플레이트 : 탈거 – 장착 참조).

르노삼성자동차

5 메커니즘과 액세서리

51A 사이드 도어 메커니즘

52A 사이드 도어 이외 메커니즘

54A 윈도우

55A 외장 보호 트림

56A 외장 장착 부품

57A 내장 장착 부품

59A 안전 장치

L38

2009. 07

본 리페어 매뉴얼은 2009년 07월의 양산 차량을 기준으로 작성하였으며, 향후 차량의 설계 변경에 따라 실차와 다른 내용이 있을 수 있으므로, 양해를 구합니다.
주 : 설계 변경에 대한 정보는 www.rsmservice.com 을 참조하여 주시기 바랍니다.
이 문서의 모든 권리는 르노삼성자동차에 있습니다.

ⓒ 르노삼성자동차 (주), 2009

L38-Section 5

목차

51A 사이드 도어 메커니즘	페이지
프론트 사이드 도어 체크 링크 : 탈거 - 장착	51A-1
프론트 사이드 도어 스트라이커 플레이트 : 탈거 - 장착	51A-2
프론트 사이드 도어 록: 탈거 - 장착	51A-3
프론트 사이드 도어 록 배럴: 탈거 - 장착	51A-5
도어 익스테리어 핸들 : 탈거 - 장착	51A-7
프론트 사이드 도어 일렉트릭 윈도우 메커니즘 : 탈거 - 장착	51A-9
리어 사이드 도어 스트라이커 플레이트: 탈거 - 장착	51A-11
리어 사이드 도어 록 : 탈거 - 장착	51A-12
리어 사이드 도어 일렉트릭 윈도우 메커니즘 : 탈거 - 장착	51A-14
리어 사이드 도어 체크 링크: 탈거 - 장착	51A-15

52A 사이드 도어 이외 메커니즘	페이지
후드 록 : 탈거 - 장착	52A-1
후드 릴리즈 케이블 : 탈거 - 장착	52A-2
트렁크 리드 메커니즘 : 탈거 - 장착	52A-4
트렁크 리드 록 : 탈거 - 장착	52A-5
트렁크 리드 스트라이커 : 탈거 - 장착	52A-6

52A 사이드 도어 이외 메커니즘	페이지
선루프 : 탈거 - 장착	52A-7
선루프 무빙 글라스 : 탈거 - 장착	52A-8
선루프 디플렉터 : 탈거 - 장착	52A-9
선루프 선 바이저 : 탈거 - 장착	52A-10

54A 윈도우	페이지
윈드실드 : 탈거 - 장착	54A-1
프론트 사이드 도어 슬라이딩 윈도우 글라스 : 탈거 - 장착	54A-3
리어 사이드 도어 고정 윈도우 : 탈거 - 장착	54A-4
리어 사이드 도어 슬라이딩 윈도우 글라스 : 탈거 - 장착	54A-5
리어 글라스 : 탈거 - 장착	54A-7

55A 외장 보호 트림	페이지
프론트 범퍼 : 탈거 - 장착	55A-1
프론트 범퍼 : 분해 - 재조립	55A-3
리어 범퍼 : 탈거 - 장착	55A-5
리어 범퍼 : 분해 - 재조립	55A-7
프론트 사이드 도어 로어 몰딩 : 탈거 - 장착	55A-8
리어 사이드 도어 로어 몰딩: 탈거 - 장착	55A-9
루프 몰딩 : 탈거 - 장착	55A-10

목차

페이지 　　　　　　　　　　　　　　　　　페이지

| 55A | 외장 보호 트림 |

　　프론트 펜더 프로텍터 : 탈거 – 장착　　55A-11

　　리어 펜더 프로텍터 : 탈거 – 장착　　55A-12

　　프론트 사이드 도어 필러 트림 : 탈거 – 장착　　55A-13

　　리어 사이드 도어 필러 트림 : 탈거 – 장착　　55A-15

| 56A | 외장 장착 부품 |

　　카울 탑 익스텐션 : 탈거 – 장착　　56A-1

　　도어 미러 : 탈거 – 장착　　56A-2

　　도어 미러 케이싱 : 탈거 – 장착　　56A-3

　　도어 미러 글라스 : 탈거 – 장착　　56A-4

　　라디에이터 그릴 : 탈거 – 장착　　56A-5

　　카울 탑 커버 : 탈거 – 장착　　56A-6

　　리어 엠블렘 : 탈거 – 장착　　56A-7

| 57A | 내장 장착 부품 |

　　인스트루먼트 패널 : 탈거 – 장착　　56A-1

　　인스트루먼트 패널 로어 트림 : 탈거 – 장착　　56A-6

　　인스트루먼트 패널 트림 : 탈거 장착　　56A-9

　　인스트루먼트 사이드 에어 벤트 : 탈거 – 장착　　56A-10

　　센터 프론트 패널 : 탈거 – 장착　　56A-12

　　글로브 박스 : 탈거 – 장착　　56A-15

　　센터 콘솔 : 탈거 – 장착　　56A-17

　　인사이드 미러 : 탈거 – 장착　　56A-20

　　선 바이저 : 탈거 – 장착　　56A-22

| 57A | 내장 장착 부품 |

　　그립 : 탈거 – 장착　　56A-23

　　리어 파셜 셀프 : 탈거 – 장착　　56A-24

| 59A | 안전 장치 |

　　프론트 시트 벨트 어져스터 : 탈거 – 장착　　59A-1

사이드 도어 메커니즘
프론트 사이드 도어 체크 링크 : 탈거 - 장착

51A

L38

규정 토크	
프론트 사이드 도어 체크 링크 볼트 (바디 측)	21 N.m
프론트 사이드 도어 체크 링크 볼트 (도어 측)	8 N.m

탈거

I - 탈거 준비 작업

❏ 다음을 탈거한다 :

- 프론트 사이드 도어 피니셔 (72A, 사이드 도어 트림 , 프론트 사이드 도어 피니셔 : 탈거 - 장착 참조),
- 프론트 도어 오디오 스피커 (MR 445 리페어 매뉴얼 , 86A, 오디오 시스템 , 프론트 스피커 : 탈거 - 장착 참조).

II - 관련 부품 탈거 작업

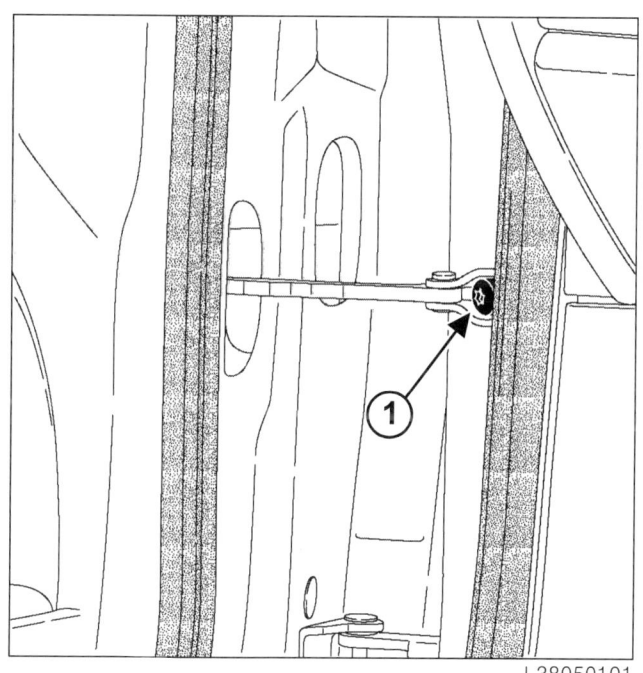

❏ 볼트 (1) 를 탈거한다 .

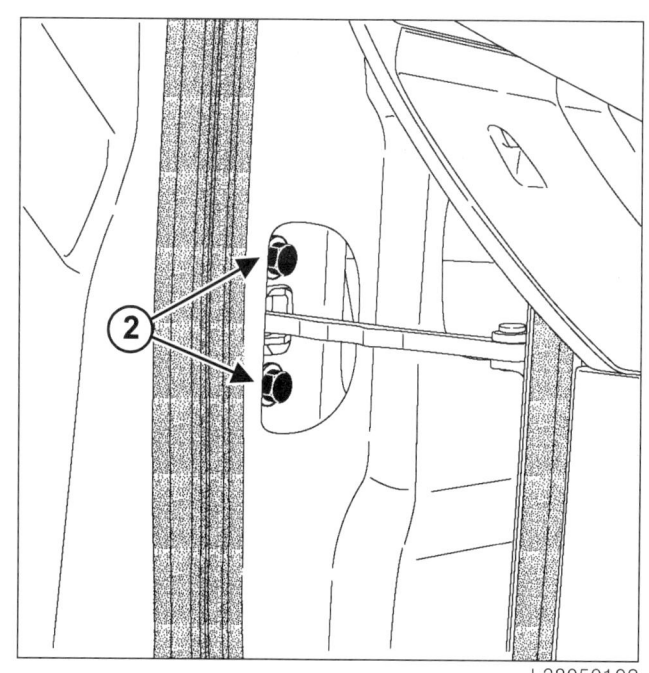

❏ 다음을 탈거한다 :

- 볼트 (2),
- 도어 박스 섹션 내부에서 프론트 사이드 도어 체크 링크 .

장착

I - 관련 부품 장착 작업

❏ 링크를 도어 박스 섹션에 위치시키고 , 도어에 볼트로 임시로 고정한다 .

❏ 다음을 규정 토크로 조인다 :

- 체크 링크 볼트 (8 N.m) (2),
- 체크 링크 볼트 (21 N.m) (1).

II - 최종 작업

❏ 다음을 장착한다 :

- 프론트 도어 오디오 스피커 (MR 445 리페어 매뉴얼 , 86A, 오디오 시스템 , 프론트 스피커 : 탈거 - 장착 참조),
- 프론트 사이드 도어 피니셔 (72A, 사이드 도어 트림 , 프론트 사이드 도어 피니셔 : 탈거 - 장착 참조).

사이드 도어 메커니즘
프론트 사이드 도어 스트라이커 플레이트 : 탈거 – 장착

51A

L38

규정 토크 ⦶	
프론트 사이드 도어 스트라이커 플레이트 볼트	21 N.m

탈거

I – 탈거 준비 작업

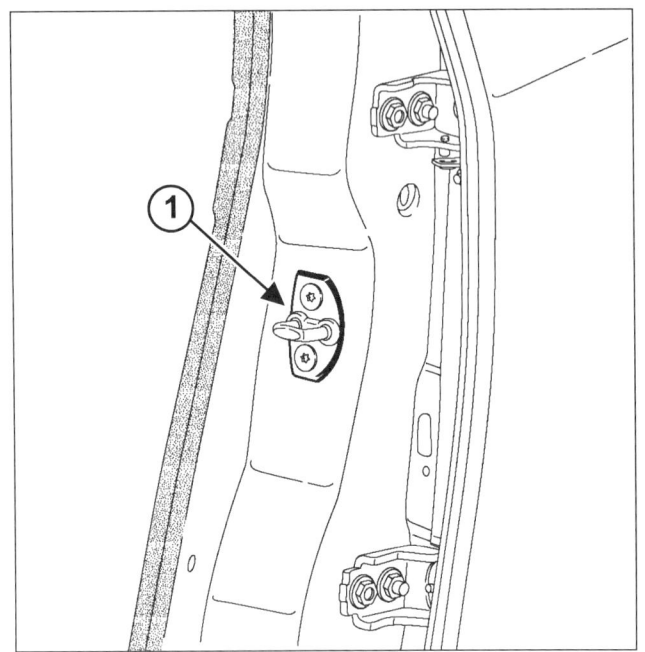

- 다음을 탈거한다 :
  - 볼트 ,
  - 프론트 사이드 도어 스트라이커 플레이트 (1).

장착

I – 관련 부품 장착 작업

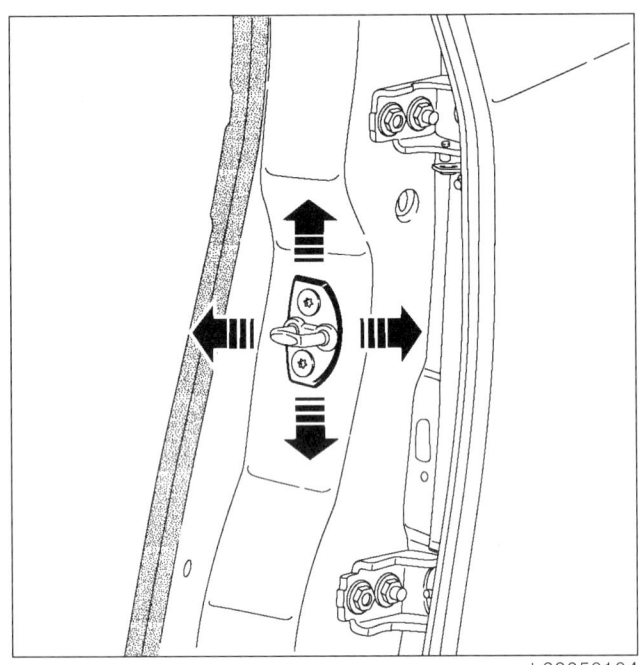

> 참고 :
> 둥근 쪽이 차량 바깥쪽을 향하도록 장착해야 한다.

- 프론트 사이드 도어 스트라이커 플레이트를 임시로 장착하여 위치를 조정한다 .
- 도어가 잘 열리고 닫히는지 점검한다 .
- **프론트 사이드 도어 스트라이커 플레이트 볼트를 규정 토크 (21 N.m) 로 조인다 .**

사이드 도어 메커니즘
프론트 사이드 도어 록 : 탈거 – 장착

51A

L38

규정 토크 ⊘	
프론트 사이드 도어 록 볼트	8 N.m

탈거

I – 탈거 준비 작업

- 배터리 단자를 분리한다 (MR 445 리페어 매뉴얼, 80A, 배터리, 배터리 : 탈거 – 장착 참조).

- 다음을 탈거한다 :
  - 프론트 사이드 도어 피니셔 (72A, 사이드 도어 트림, 프론트 사이드 도어 피니셔 : 탈거 – 장착 참조),
  - 프론트 사이드 도어 실링 스크린 (65A, 도어 실링, 도어 실링 스크린 : 탈거 – 장착 참조),
  - 프론트 사이드 도어 록 배럴 (51A, 사이드 도어 메커니즘, 프론트 사이드 도어 록 배럴 : 탈거 – 장착 참조),
  - 프론트 사이드 도어 익스테리어 핸들 (51A, 사이드 도어 메커니즘, 도어 익스테리어 핸들 : 탈거 – 장착 참조).

II – 관련 부품 탈거 작업

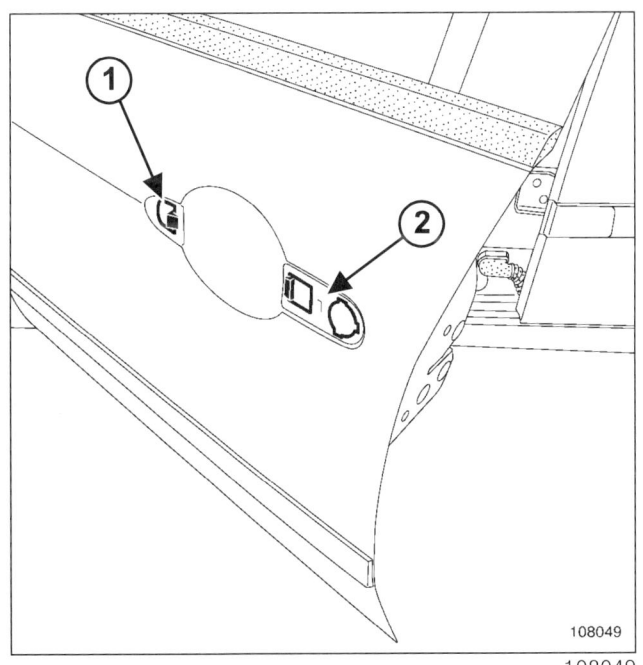

- 다음을 탈거한다 :
  - 프론트 사이드 도어 익스테리어 핸들의 볼트 (1),
  - 씰 (2).

- 프론트 사이드 도어 익스테리어 핸들 모듈을 탈거한다.

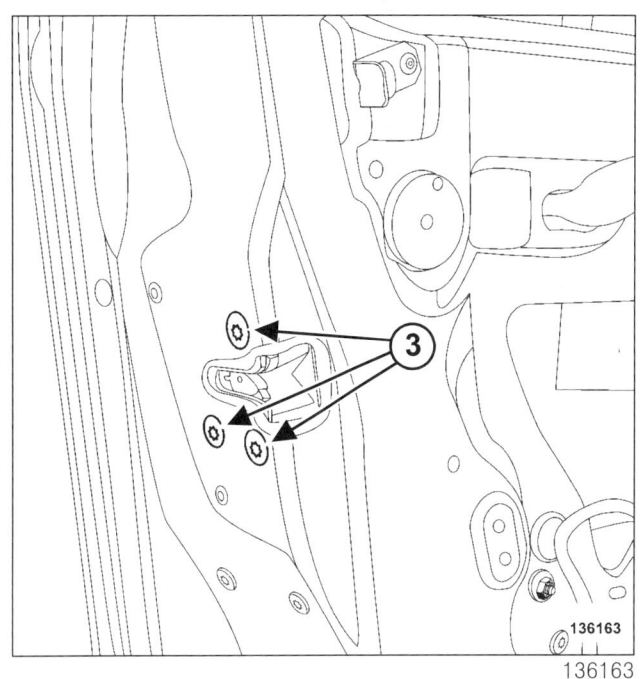

- 프론트 사이드 도어 록 볼트 (3) 를 탈거한다.

> 참고 :
> ≪록 – 익스테리어 도어 핸들 모듈≫ 어셈블리를 탈거시 플라스틱 고정 고리가 파손 되지 않도록 주의하여 작업한다.

- 프론트 사이드 도어 록을 살짝 들고, 고정 고리를 분리한다.
- ≪록 – 익스테리어 도어 핸들 모듈≫ 어셈블리를 부분적으로 탈거한다.
- 커넥터들을 분리한다.
- 익스테리어 도어 핸들 록 모듈에서 케이블을 분리한다.

사이드 도어 메커니즘
프론트 사이드 도어 록 : 탈거 – 장착

51A

L38

장착

I – 관련 부품 장착 작업

- 익스테리어 도어 핸들 록 모듈에서 케이블을 연결한다.
- 커넥터들을 연결한다.
- ≪록 – 익스테리어 도어 핸들 모듈≫ 어셈블리를 장착한다.
- 록을 프론트 사이드 도어 박스 섹션의 고정 고리에 위치시킨다.

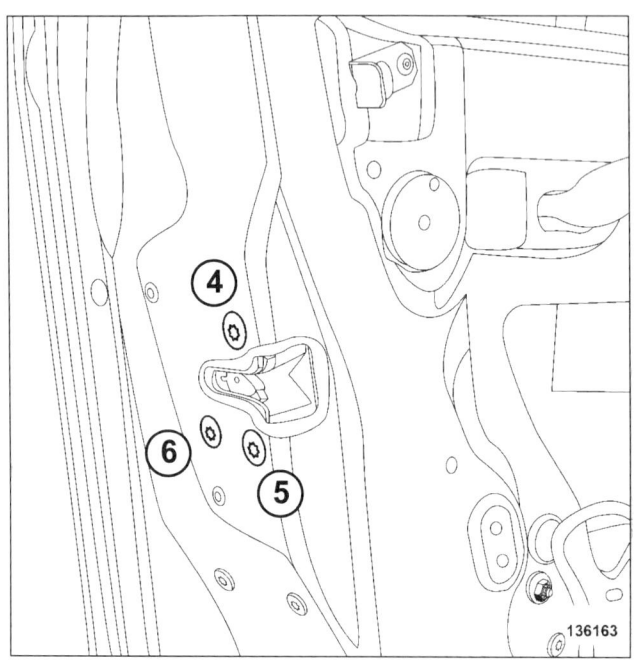

- 프론트 사이드 도어 록 볼트 (3) 를 (6), (4), (5) 순서대로 장착한다.
- 프론트 사이드 도어 록 볼트를 규정 토크 (8 N.m) 로 조인다.
- 익스테리어 도어 핸들 모듈을 장착한다.
- 다음을 장착한다 :
  - 씰 (2),
  - 프론트 사이드 도어 익스테리어 핸들의 볼트 (1).

II – 최종 작업

- 다음을 장착한다 :
  - 프론트 사이드 도어 익스테리어 핸들 (51A, 사이드 도어 메커니즘 , 도어 익스테리어 핸들 : 탈거 – 장착 참조),
  - 프론트 사이드 도어 록 배럴 (51A, 사이드 도어 메커니즘 , 프론트 사이드 도어 록 배럴 : 탈거 – 장착 참조).
- 배터리 단자를 연결한다 (MR 445 리페어 매뉴얼 , 80A, 배터리 , 배터리 : 탈거 – 장착 참조).
- 기능 테스트를 수행한다 .
- 다음을 장착한다 :
  - 프론트 사이드 도어 실링 스크린 (65A, 도어 실링 , 도어 실링 스크린 : 탈거 – 장착 참조),
  - 프론트 사이드 도어 피니셔 (72A, 사이드 도어 트림 , 프론트 사이드 도어 피니셔 : 탈거 – 장착 참조).

사이드 도어 메커니즘
프론트 사이드 도어 록 배럴 : 탈거 – 장착

51A

L38

특수 공구	
RSM 9246	프론트 사이드 도어 록 배럴 탈거 – 장착 공구

탈거

I – 탈거 준비 작업

❏ 프론트 사이드 도어 록 배럴 블랭킹 커버를 탈거한다.

II – 관련 부품 탈거 작업

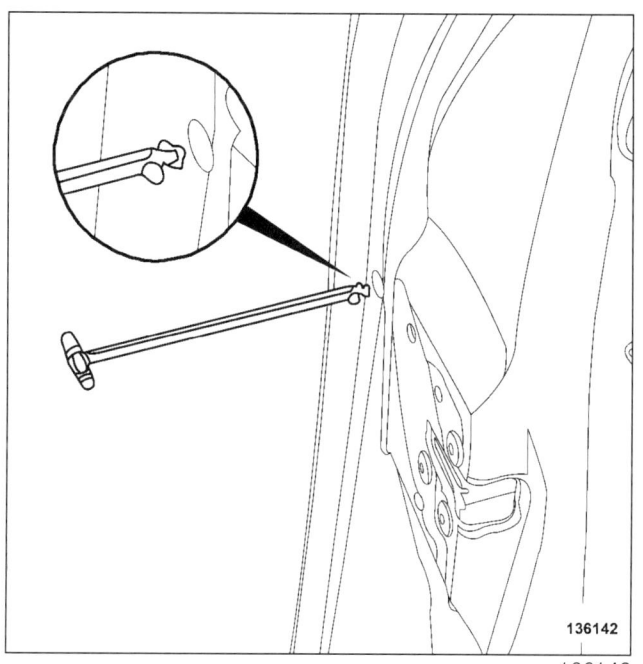

❏ 특수 공구 (RSM 9246) 를 도어 박스 섹션에 삽입한다.

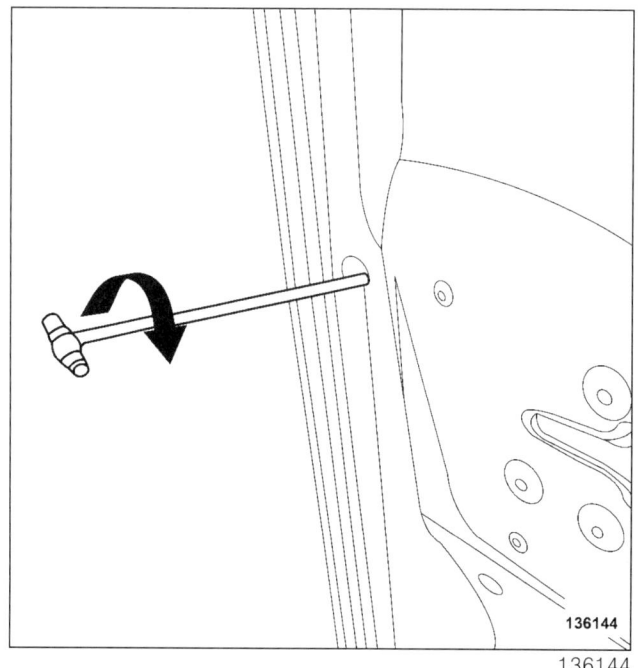

❏ 특수 공구 (RSM 9246) 를 시계방향으로 90 도 회전시킨다.

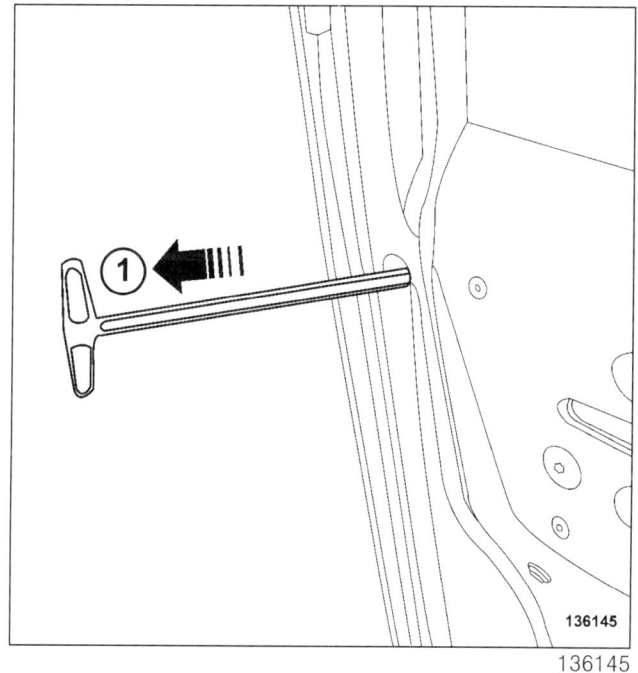

❏ 특수 공구 (RSM 9246) 를 (1) 의 방향으로 잡아당긴다.

사이드 도어 메커니즘
프론트 사이드 도어 록 배럴 : 탈거 - 장착

51A

L38

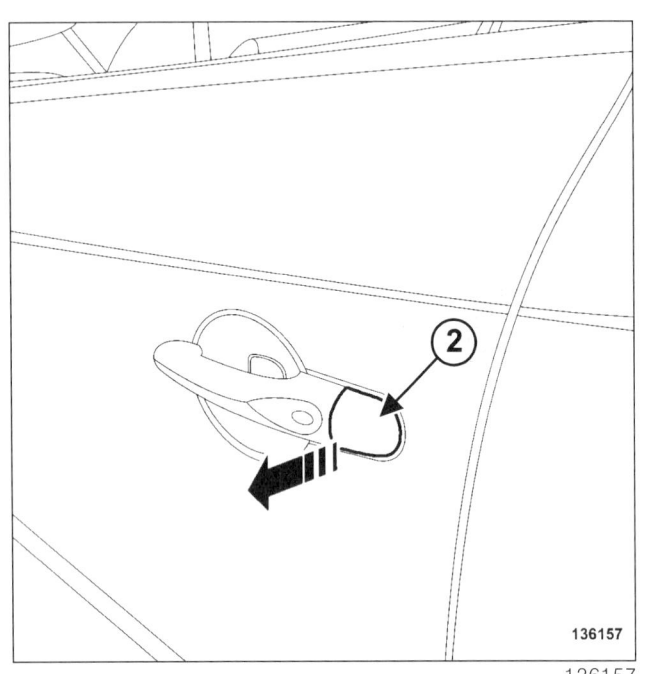

❏ 프론트 사이드 도어 록 배럴 (2) 을 탈거한다 .

장착

I - 관련 부품 장착 작업

❏ 프론트 사이드 도어 록 배럴을 장착한다 .

❏ 특수 공구 (RSM 9246) 를 사용하여 세이프티 메커니즘을 잠근다 .

❏ 기능 테스트를 수행한다 .

II - 최종 작업

❏ 프론트 사이드 도어 록 배럴 블랭킹 커버를 장착한다.

사이드 도어 메커니즘
도어 익스테리어 핸들 : 탈거 – 장착

51A

L38

탈거

I – 탈거 준비 작업

- 프론트 사이드 도어 록 배럴 또는 더미 록을 탈거한다 (51A, 사이드 도어 메커니즘, 프론트 사이드 도어 록 배럴 : 탈거 – 장착 참조).

키리스 엔트리 시스템

- 다음을 탈거한다.
  - 프론트 사이드 도어 피니셔 (72A, 사이드 도어 트림, 프론트 사이드 도어 피니셔 : 탈거 – 장착 참조),
  - 도어 실링 스크린 (65A, 도어 실링, 도어 실링 스크린 : 탈거 – 장착 참조).

II – 관련 부품 탈거 작업

키리스 엔트리 시스템

- 도어 핸들 모듈에서 커넥터를 분리한다.

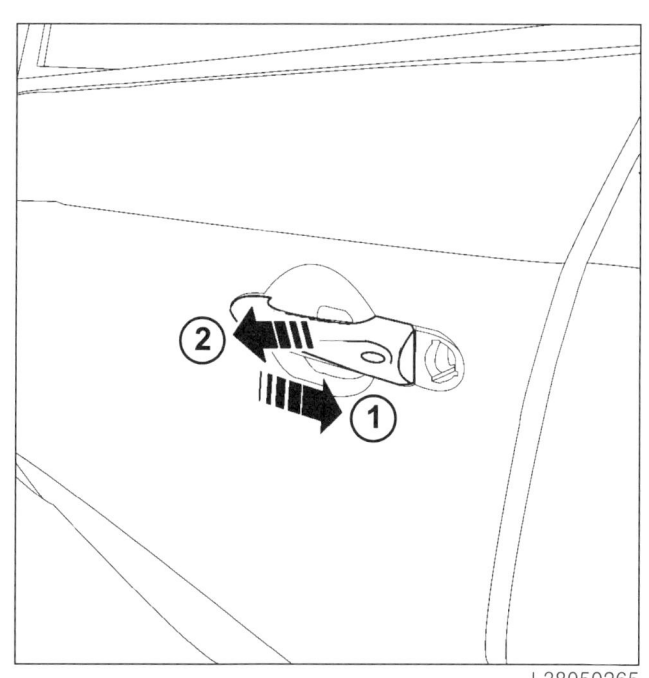

- (1) 및 (2) 에서 도어 익스테리어 핸들을 탈거한다.

장착

I – 장착 준비 작업

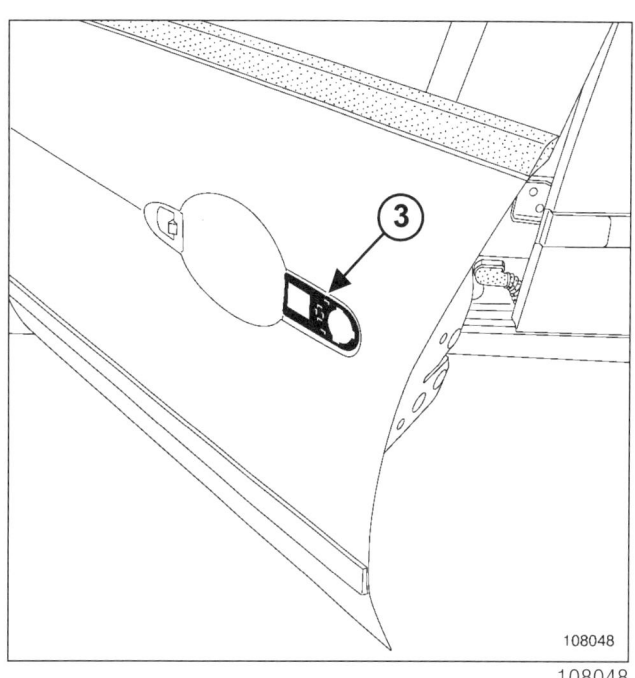

- 씰 (3) 장착 여부와 상태를 점검한다.

II – 관련 부품 장착 작업

- 다음을 장착한다 :
  - 도어 익스테리어 핸들,
  - 프론트 사이드 도어 록 배럴 또는 더미 록 (51A, 사이드 도어 메커니즘, 프론트 사이드 도어 록 배럴 : 탈거 – 장착 참조).

키리스 엔트리 시스템

- 도어 핸들 모듈에 커넥터를 연결한다.

III – 최종 작업

키리스 엔트리 시스템

- 다음을 장착한다 :
  - 도어 실링 스크린 (65A, 도어 실링, 도어 실링 스크린 : 탈거 – 장착 참조),
  - 프론트 사이드 도어 피니셔 (72A, 사이드 도어 트림, 프론트 사이드 도어 피니셔 : 탈거 – 장착 참조).

사이드 도어 메커니즘
도어 익스테리어 핸들 : 탈거 - 장착

51A

L38

❏ 기능 테스트를 수행한다.

사이드 도어 메커니즘
프론트 사이드 도어 일렉트릭 윈도우 메커니즘 : 탈거 – 장착

51A

L38

탈거

I – 탈거 준비 작업

- 배터리를 분리한다 (MR 445 리페어 매뉴얼, 80A, 배터리, 배터리 : 탈거 – 장착 참조).
- 프론트 사이드 도어 피니셔를 탈거한다 (72A, 사이드 도어 트림, 프론트 사이드 도어 피니셔 : 탈거 – 장착 참조).

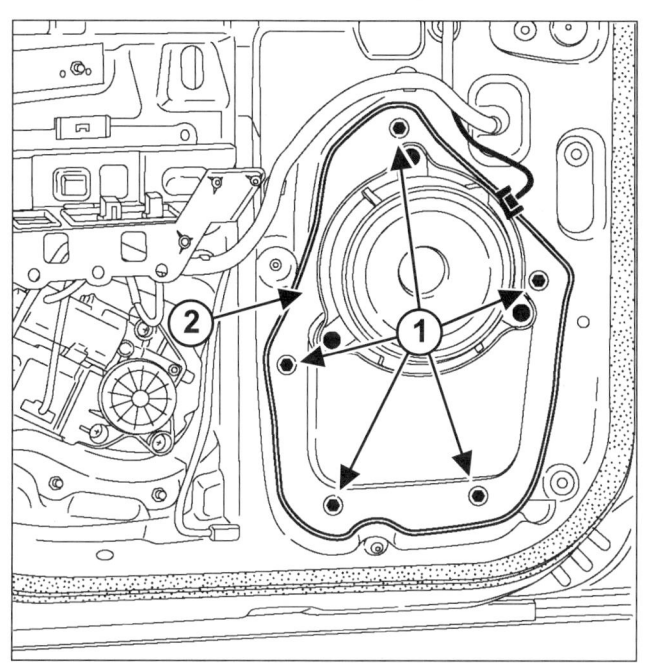

- 볼트 (1) 를 탈거한다.
- 프론트 스피커 와이어링 커넥터를 분리한다.
- 프론트 스피커 브라켓 (2) 을 탈거한다.
- 슬라이딩 윈도우 글라스를 탈거한다 (54A, 윈도우, 프론트 사이드 도어 슬라이딩 윈도우 글라스 : 탈거 – 장착 참조).

II – 관련 부품 탈거 작업

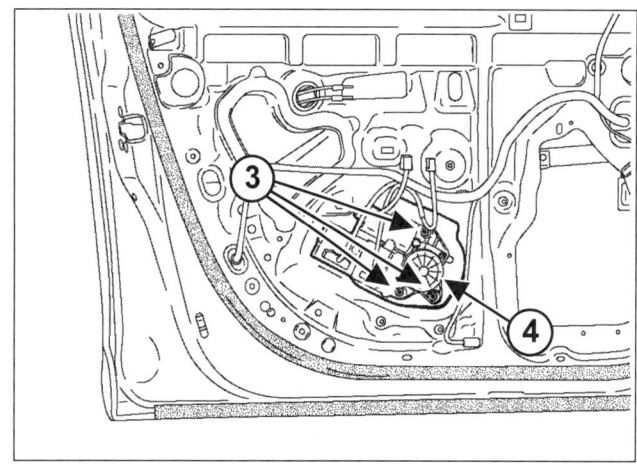

- 커넥터를 분리한다.
- 다음을 탈거한다 :
  - 스크류 (3),
  - 모터 (4).

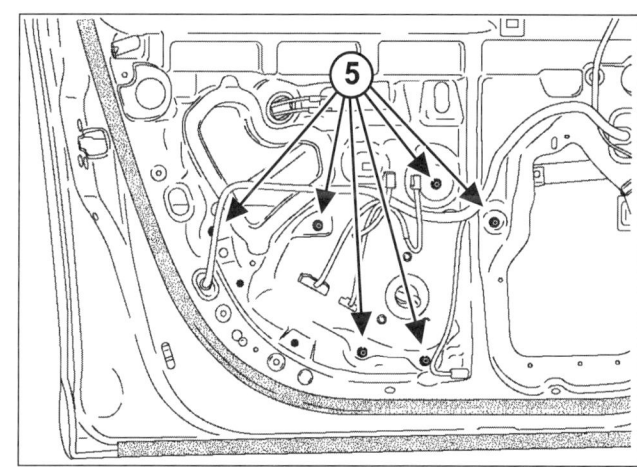

- 너트와 볼트 (5) 를 탈거한다.

사이드 도어 메커니즘
프론트 사이드 도어 일렉트릭 윈도우 메커니즘 : 탈거 – 장착

51A

L38

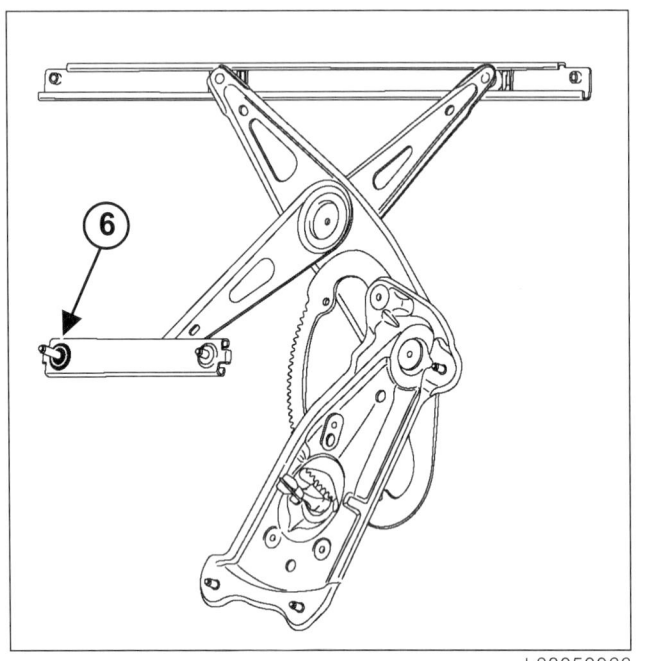

L38050066

- 도어 박스 섹션 내부에서 윈도우 메커니즘을 탈거한다.

장착

I – 관련 부품 장착 작업

- 일렉트릭 윈도우 메커니즘을 교환할 경우 무부하 조건에서 모터를 작동시킨다.

> 참고 :
>
> 무부하 조건에서 작동시키면 윈도우 모터가 초기화되지 않으므로 모터가 스텝 모드로 작동한다.
>
> 조립 시 (6) 위치를 확인 후에 조립한다.

- 도어 박스 섹션 내부에 윈도우 메커니즘을 위치시킨다.
- 다음을 장착한다 :
  - 볼트와 너트 (5),
  - 모터 (4),
  - 볼트 (3).
- 커넥터를 연결한다.
- 다음을 장착한다 :
  - 프론트 스피커 브라켓 (2),
  - 볼트 (1).

II – 최종 작업

- 슬라이딩 윈도우 글라스를 장착한다 (54A, 윈도우, 프론트 사이드 도어 슬라이딩 윈도우 글라스 : 탈거 – 장착 참조).
- 프론트 스피커 브라켓 (2) 을 리벳 (1) 으로 고정한다.
- 프론트 스피커 와이어링 커넥터를 연결한다.
- 도어 피니셔를 장착한다 (72A, 사이드 도어 트림, 프론트 사이드 도어 피니셔 : 탈거 – 장착 참조).
- 기능 테스트를 수행한다.

사이드 도어 메커니즘
리어 사이드 도어 스트라이커 플레이트 : 탈거 – 장착

51A

L38

규정 토크 ⍌	
리어 사이드 도어 스트라이커 플레이트 볼트	21 N.m

탈거

I – 관련 부품 탈거 작업

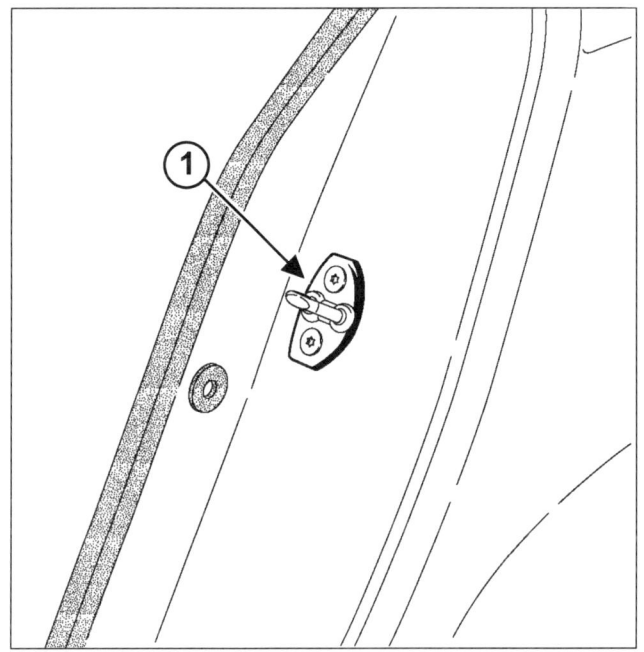

❏ 다음을 탈거한다 :
 – 볼트 ,
 – 리어 사이드 도어 스트라이커 플레이트 (1).

장착

I – 관련 부품 장착 작업

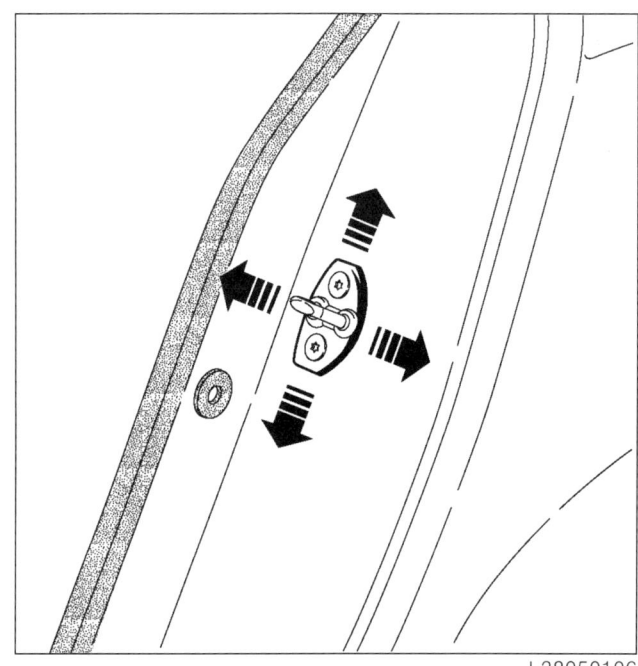

❏

> 참고 :
> 둥근 쪽이 차량 바깥쪽을 향하도록 장착해야 한다 .

❏ 스트라이커 플레이트를 장착하고 조정한다 .

❏ 도어가 잘 열리고 닫히는지 점검한다 .

❏ 리어 사이드 도어 스트라이커 플레이트 볼트를 규정 토크 (21 N.m) 로 조인다 .

사이드 도어 메커니즘
리어 사이드 도어 록 : 탈거 - 장착

51A

L38

규정 토크	
리어 사이드 도어 록 볼트	8 N.m

탈거

I - 탈거 준비 작업

❏ 배터리 단자를 분리한다 (MR 445 리페어 매뉴얼 , 80A, 배터리 , 배터리 : 탈거 - 장착 참조).

❏ 다음을 탈거한다 :
  - 리어 사이드 도어 피니셔 (72A, 사이드 도어 트림 , 리어 사이드 도어 피니셔 : 탈거 - 장착 참조),
  - 리어 사이드 도어 실링 스크린 (65A, 도어 실링 , 도어 실링 스크린 : 탈거 - 장착 참조),
  - 더미 록 ,
  - 리어 사이드 도어 익스테리어 핸들 (51A, 사이드 도어 메커니즘 , 도어 익스테리어 핸들 : 탈거 - 장착 참조),
  - 슬라이딩 윈도우 글라스 (54A, 윈도우 , 리어 사이드 도어 슬라이딩 윈도우 글라스 : 탈거 - 장착 참조).

II - 관련 부품 장착 작업

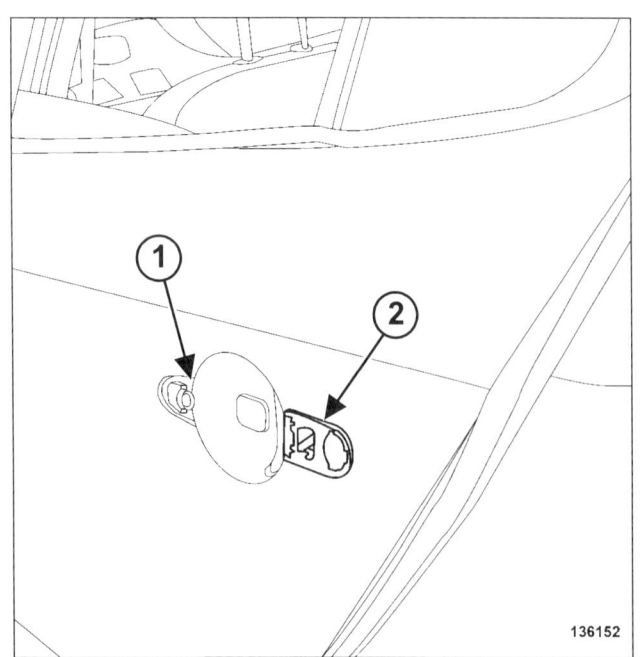

❏ 다음을 탈거한다 :
  - 리어 사이드 도어 익스테리어 핸들의 볼트 (1),
  - 씰 (2).

❏ 리어 사이드 도어 익스테리어 핸들 모듈을 탈거한다 .

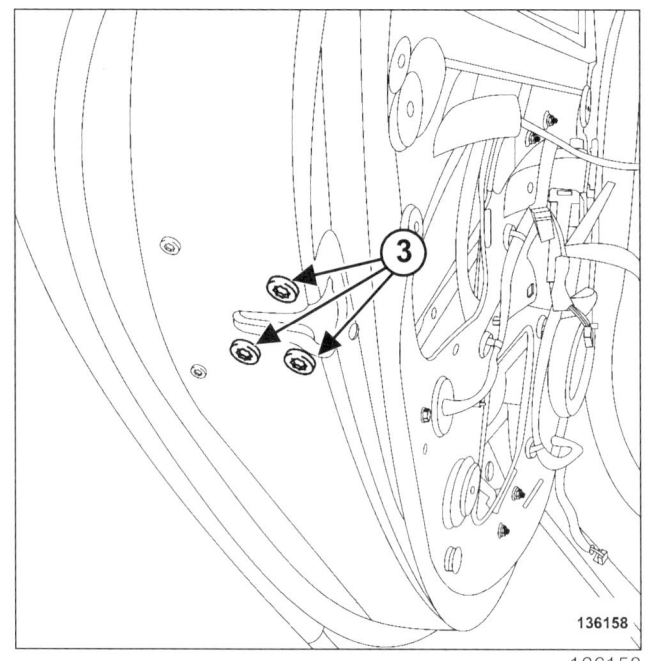

❏ 프론트 사이드 도어 록 볼트 (3) 을 탈거한다 .

❏ 프론트 사이드 도어 록을 분리한다 .

❏ 《록 - 익스테리어 도어 핸들 모듈》 을 부분적으로 탈거한다 .

❏ 커넥터들을 분리한다 .

❏ 익스테리어 도어 핸들 록 모듈에서 케이블을 분리한다 .

사이드 도어 메커니즘
리어 사이드 도어 록 : 탈거 – 장착

51A

L38

장착

I – 관련 부품 장착 작업

- 익스테리어 도어 핸들 록 모듈에서 케이블을 연결한다.
- 커넥터들을 연결한다.
- ≪록 – 익스테리어 도어 핸들 모듈≫ 어셈블리를 부분적으로 장착한다.
- 록을 프론트 사이드 도어 박스 섹션의 고정 고리에 위치시킨다.

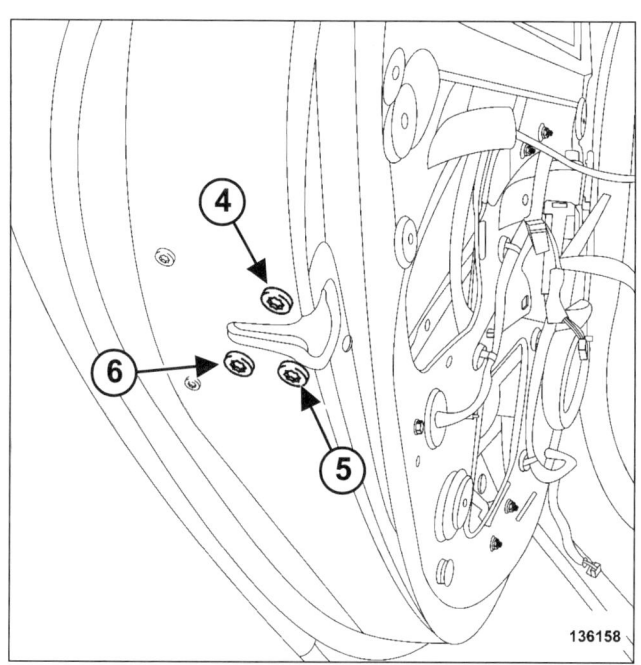

- 리어 사이드 도어 록 볼트 (3) 를 (6), (4), (5) 순서대로 장착한다.
- 리어 사이드 도어 록 볼트를 규정 토크 (8 N.m) 로 조인다.
- 익스테리어 도어 핸들 모듈을 장착한다.
- 다음을 장착한다 :
  - 씰 (2),
  - 리어 사이드 도어 익스테리어 핸들의 볼트 (1).
- 리어 사이드 도어 스트라이커 플레이트의 위치를 조정한다.
- 도어가 잘 열리고 닫히는지 점검한다.

II – 최종 작업

- 다음을 장착한다 :
  - 슬라이딩 윈도우 글라스 (54A, 윈도우 , 리어 사이드 도어 슬라이딩 윈도우 글라스 : 탈거 – 장착 참조),
  - 리어 사이드 도어 익스테리어 핸들 (51A, 사이드 도어 메커니즘 , 도어 익스테리어 핸들 : 탈거 – 장착 참조),
  - 더미 록 .
- 배터리 단자를 연결한다 (MR 445 리페어 매뉴얼 , 80A, 배터리 , 배터리 : 탈거 – 장착 참조).
- 기능 테스트를 수행한다 .
- 다음을 장착한다 :
  - 리어 사이드 도어 실링 스크린 (65A, 도어 실링 , 도어 실링 스크린 : 탈거 – 장착 참조),
  - 리어 사이드 도어 피니셔 (72A, 사이드 도어 트림 , 리어 사이드 도어 피니셔 : 탈거 – 장착 참조).

사이드 도어 메커니즘
리어 사이드 도어 일렉트릭 윈도우 메커니즘 : 탈거 – 장착

51A

L38

탈거

I – 탈거 준비 작업

❏ 다음을 탈거한다 :
- 리어 사이드 도어 피니셔를 탈거한다 (72A, 사이드 도어 트림 , 리어 사이드 도어 피니셔 : 탈거 – 장착 참조),
- 슬라이딩 윈도우 글라스 (54A, 윈도우 , 리어 사이드 도어 슬라이딩 윈도우 글라스 : 탈거 – 장착 참조).

II – 관련 부품 탈거 작업

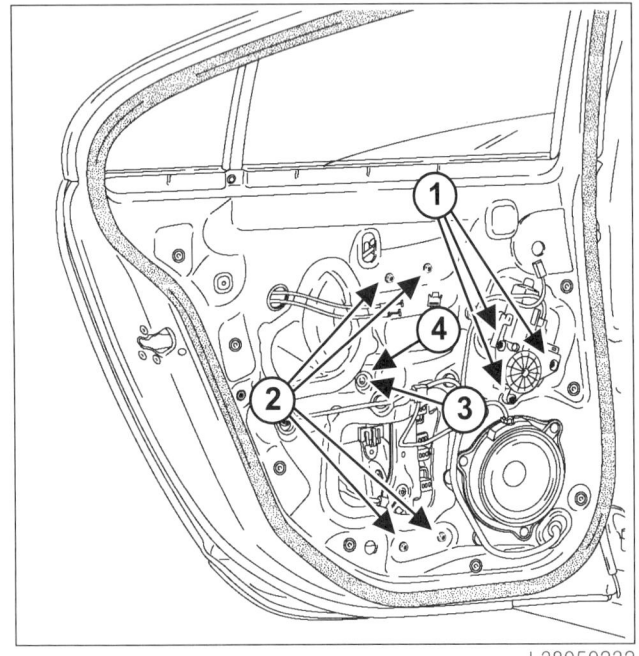

❏ 윈도우 와인더 모터 커넥터를 분리한다 .

❏ 다음을 탈거한다 :
- 볼트 (1),
- 모터 ,
- 너트 (2),
- 클립 (3),
- 씰 (4).

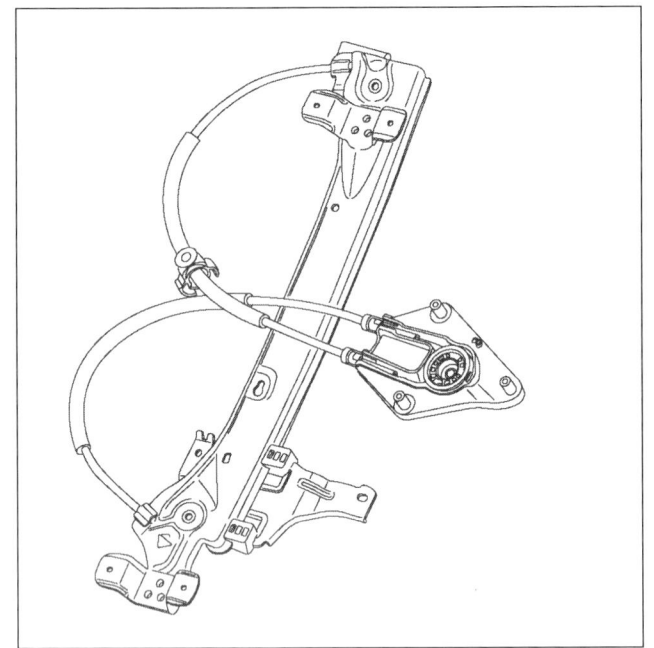

❏ 도어 박스 섹션 내부에서 윈도우 메커니즘을 탈거한다 .

장착

I – 관련 부품 장착 작업

❏ 도어 박스 섹션 내부에 윈도우 메커니즘을 위치시킨다 .

❏ 다음을 장착한다 :
- 씰 (4),
- 클립 (3),
- 너트 (2).
- 모터 ,
- 볼트 (1).

❏ 윈도우 와인더 모터 커넥터를 연결한다 .

II – 최종 작업

❏ 다음을 장착한다 :
- 슬라이딩 윈도우 글라스 (54A, 윈도우 , 리어 사이드 도어 슬라이딩 윈도우 글라스 : 탈거 – 장착 참조),
- 리어 사이드 도어 피니셔 (72A, 사이드 도어 트림 , 리어 사이드 도어 피니셔 : 탈거 – 장착 참조).

사이드 도어 메커니즘
리어 사이드 도어 체크 링크 : 탈거 - 장착

51A

L38

규정 토크	
리어 사이드 도어 체크 링크 볼트 (바디 측)	21 N.m
리어 사이드 도어 체크 링크 볼트 (도어 측)	8 N.m

탈거

I - 탈거 준비 작업

❏ 다음을 탈거한다 :

- 리어 사이드 도어 피니셔 (72A, 사이드 도어 트림, 리어 사이드 도어 피니셔 : 탈거 - 장착 참조),
- 리어 스피커 (MR 445 리페어 매뉴얼 , 86A, 오디오 시스템 , 리어 스피커 : 탈거 - 장착 참조).

II - 관련 부품 탈거 작업

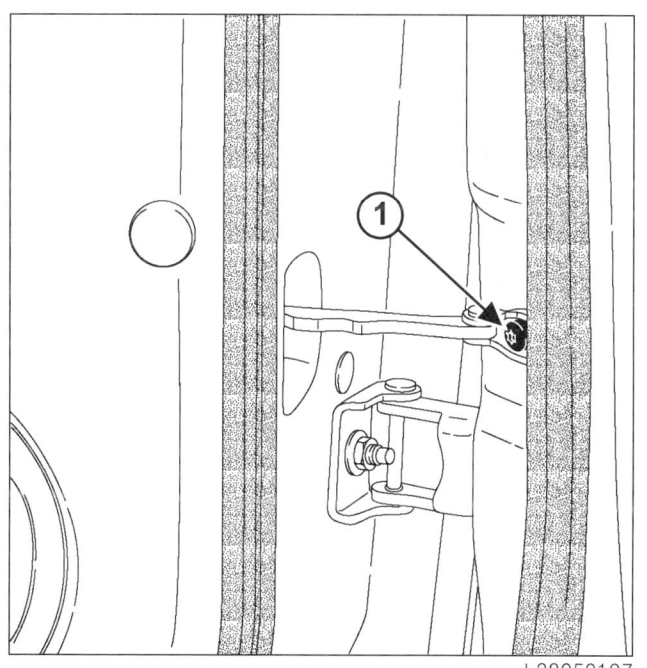

❏ 볼트 (1) 를 탈거한다 .

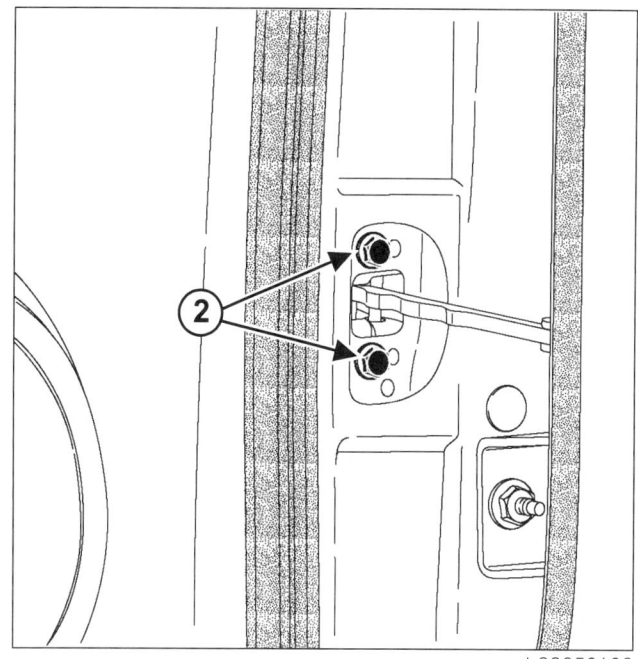

❏ 볼트 (2) 를 탈거한다 .
❏ 도어 박스 섹션 내부에서 리어 사이드 도어 체크 링크를 탈거한다 .

장착

I - 관련 부품 장착 작업

❏ 링크를 도어 박스 섹션에 위치시키고 볼트를 임시로 장착한다 .
❏ 다음을 규정 토크로 조인다 :

- 체크 링크 볼트 (8 N.m) (2),
- 체크 링크 볼트 (21 N.m) (1).

II - 최종 작업

❏ 다음을 장착한다 :

- 리어 스피커 (MR 445 리페어 매뉴얼 , 86A, 오디오 시스템 , 리어 스피커 : 탈거 - 장착 참조),
- 리어 사이드 도어 피니셔 (72A, 사이드 도어 트림, 리어 사이드 도어 피니셔 : 탈거 - 장착 참조).

사이드 도어 이외 메커니즘
후드 록 : 탈거 – 장착

52A

L38

규정 토크 ⊘	
후드 록 볼트	8 N.m

탈거

I – 관련 부품 탈거 작업

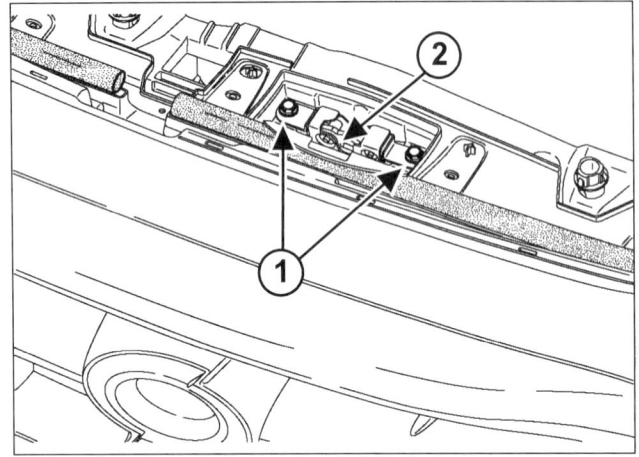

L38050203

❏ 다음을 탈거한다 :
  – 볼트 (1),
  – 브라켓 (2),
  – 후드 록 .

장착

I – 관련 부품 장착 작업

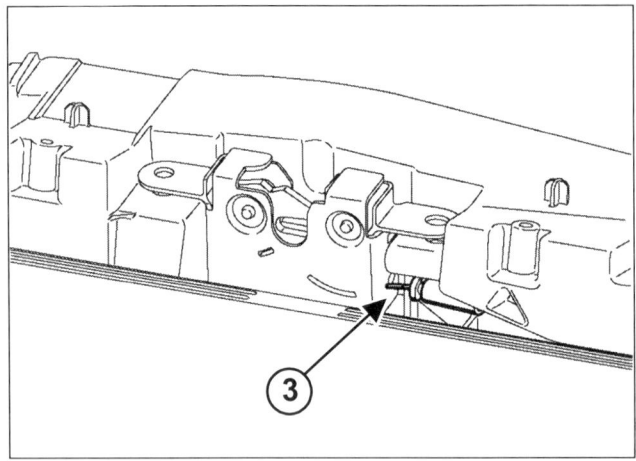

L38050204

❏ 다음을 장착한다 :
  – 후드 릴리즈 케이블 (3),
  – 브라켓 (2),
  – 후드 록 .

❏ 후드 볼트를 가조립한다 .

❏ 후드의 틈새 및 단차를 조정한다 (01C, 바디 제원 , 차량 틈새 : 조정 값 참조).

❏ 후드 록 볼트 (1) 를 규정 토크 (8 N.m) 로 조인다 .

II – 최종 작업

❏ 기능 테스트를 수행한다 .

사이드 도어 이외 메커니즘
후드 릴리즈 케이블 : 탈거 – 장착

52A

L38

탈거

I – 탈거 준비 작업

- 차량을 2 주식 리프트에 위치시킨다 (02A, 리프팅, 차량 : 견인 및 리프팅 참조).

- 다음을 탈거한다 .
  - 프론트 휠 (MR 445 리페어 매뉴얼 , 35A, 휠 및 타이어 , 휠 : 탈거 – 장착 참조),
  - 프론트 펜더 프로텍터의 앞 부분 (55A, 외장 보호 트림 , 프론트 펜더 프로텍터 : 탈거 – 장착 참조),
  - 프론트 범퍼 (55A, 외장 보호 트림 , 프론트 범퍼 : 탈거 – 장착 참조),
  - 프론트 헤드램프 (MR 445 리페어 매뉴얼 , 80B, 프론트 라이팅 시스템 , 프론트 헤드램프 : 탈거 – 장착 참조),
  - 배터리 (MR 445 리페어 매뉴얼 , 80A, 배터리 , 배터리 : 탈거 – 장착 참조),
  - 배터리 트레이 (MR 445 리페어 매뉴얼 , 80A, 배터리 , 배터리 트레이 : 탈거 – 장착 참조),
  - 에어 크리너 (MR 445 리페어 매뉴얼 , 12A, 흡기 및 배기 시스템 , 에어 크리너 : 탈거 – 장착 참조),
  - 대시 사이드 피니셔 (71A, 인테리어 트림 , 대시 사이드 피니셔 : 탈거 – 장착 참조).

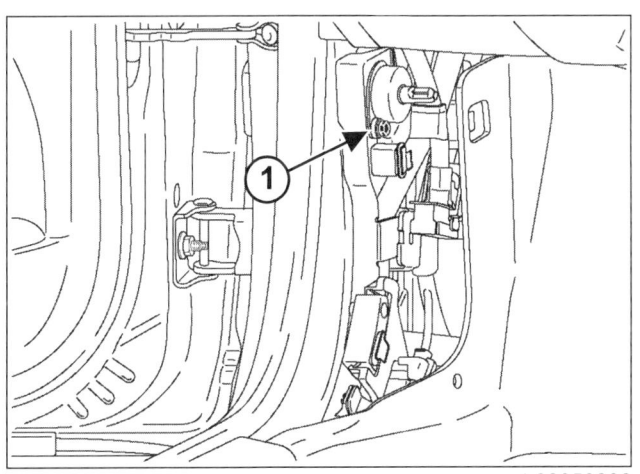

- 다음을 탈거한다 :
  - 볼트 (1),
  - 후드 릴리즈 케이블 .

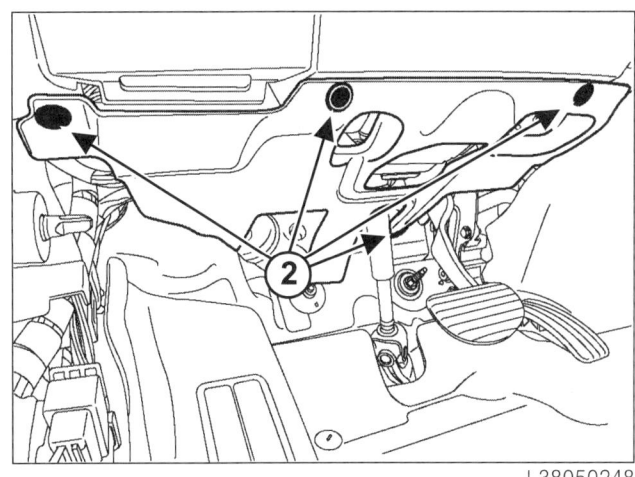

- 클립 (2) 을 탈거한다 .

- 인스트루먼트 패널 로어 언더 커버를 탈거한다 (차량 옵션에 따라 다름).

- 다음을 탈거한다 :
  - 후드 록 (52A, 사이드 도어 이외 메커니즘 , 후드 록 : 탈거 – 장착 참조),
  - 후드 록에서 후드 릴리즈 케이블 .

II – 관련 부품 탈거 작업

- 후드 릴리즈 케이블의 경로를 확인해 둔다 .

- 차량에서 후드 릴리즈 케이블을 완전히 탈거한다 .

52A-2

사이드 도어 이외 메커니즘
후드 릴리즈 케이블 : 탈거 - 장착

52A

| L38 |

장착

I - 관련 부품 장착 작업

❏ 후드 릴리즈 케이블을 차량에 장착한다.

❏ 후드 릴리즈 레버를 장착한다.

❏ 다음을 장착한다 :

 - 후드 록에 후드 릴리즈 케이블,
 - 후드 록 (52A, 사이드 도어 이외 메커니즘, 후드 록 : 탈거 - 장착 참조).

❏ 기능 테스트를 수행한다.

II - 최종 작업

❏ 다음을 장착한다 :

 - 인스트루먼트 패널 로어 언더 커버 (차량 옵션에 따라 다름),
 - 클립 (2),
 - 대시 사이드 피니셔 (71A, 인테리어 트림, 대시 사이드 피니셔 : 탈거 - 장착 참조),
 - 에어 크리너 (MR 445 리페어 매뉴얼, 12A, 흡기 및 배기 시스템, 에어 크리너 : 탈거 - 장착 참조),
 - 배터리 트레이 (MR 445 리페어 매뉴얼, 80A, 배터리, 배터리 트레이 : 탈거 - 장착 참조),
 - 배터리 (MR 445 리페어 매뉴얼, 80A, 배터리, 배터리 : 탈거 - 장착 참조),
 - 프론트 헤드램프 (MR 445 리페어 매뉴얼, 80B, 프론트 라이팅 시스템, 프론트 헤드램프 : 탈거 - 장착 참조),
 - 프론트 범퍼 (55A, 외장 보호 트림, 프론트 범퍼 : 탈거 - 장착 참조),
 - 프론트 펜더 프로텍터의 앞 부분 (55A, 외장 보호 트림, 프론트 펜더 프로텍터 : 탈거 - 장착 참조),
 - 프론트 휠 (MR 445 리페어 매뉴얼, 35A, 휠 및 타이어, 휠 : 탈거 - 장착 참조).

사이드 도어 이외 메커니즘
트렁크 리드 메커니즘 : 탈거 – 장착

52A

L38

탈거

I – 관련 부품 탈거 작업

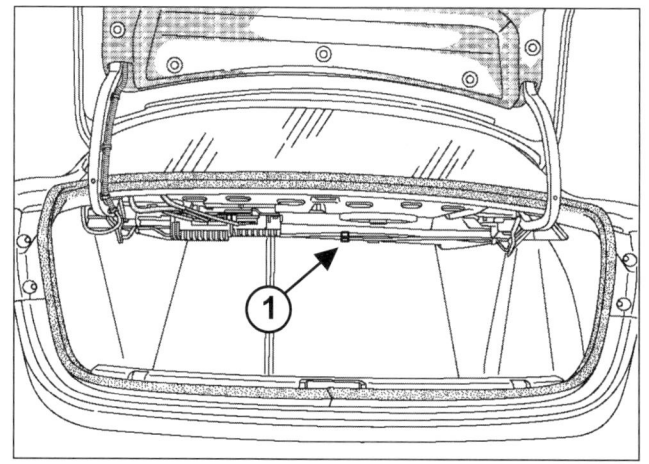

L38050251

❏ 클립 (1) 을 탈거한다.

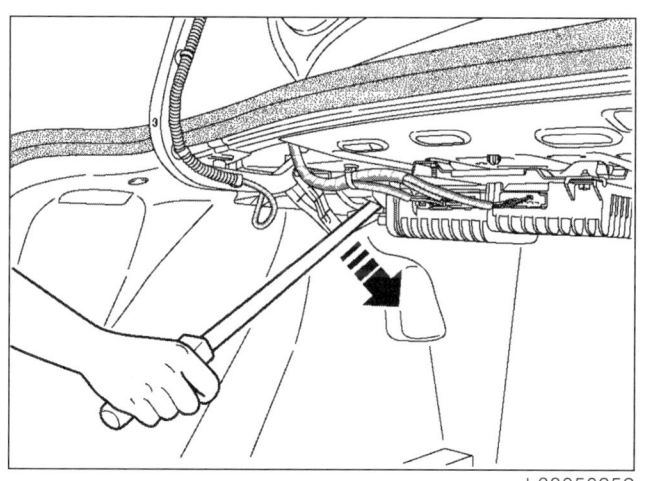

L38050252

❏ 양쪽에서 트렁크 리드 메커니즘을 탈거한다.

장착

I – 관련 부품 장착 작업

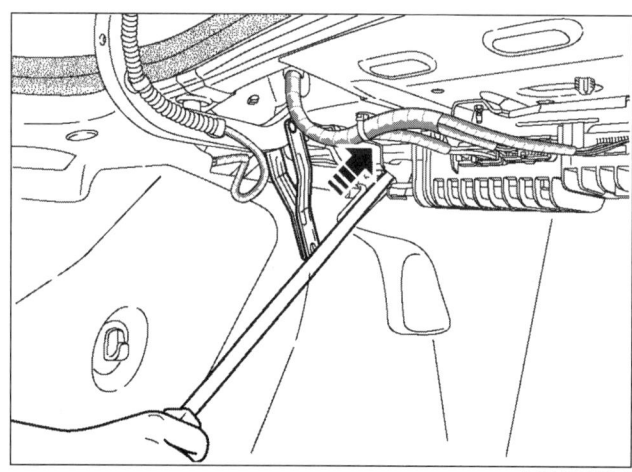

L38050253

❏ 다음을 장착한다 :
  - 트렁크 리드 메커니즘,
  - 클립 (1).

사이드 도어 이외 메커니즘
트렁크 리드 록 : 탈거 – 장착

52A

L38

탈거

I – 탈거 준비 작업

트렁크 리드 록 수동 언록킹

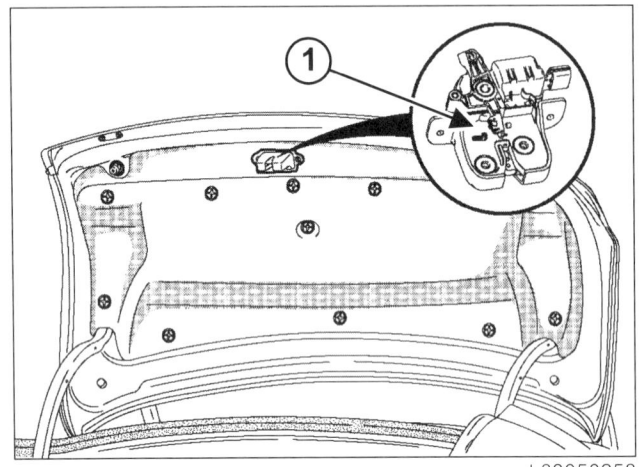

❏

참고 :

전기 고장이 발생한 경우 트렁크 리드를 수동으로 열 수 있다.

이 작업은 차량 안쪽에서 수행한다.

❏ 러그 (1) 를 밀어 트렁크 리드를 잠금 해제한다.

❏ 트렁크 리드 피니셔를 탈거한다 (73A, 사이드 도어 이외 트림, 트렁크 리드 피니셔 : 탈거 – 장착 참조).

II – 관련 부품 탈거 작업

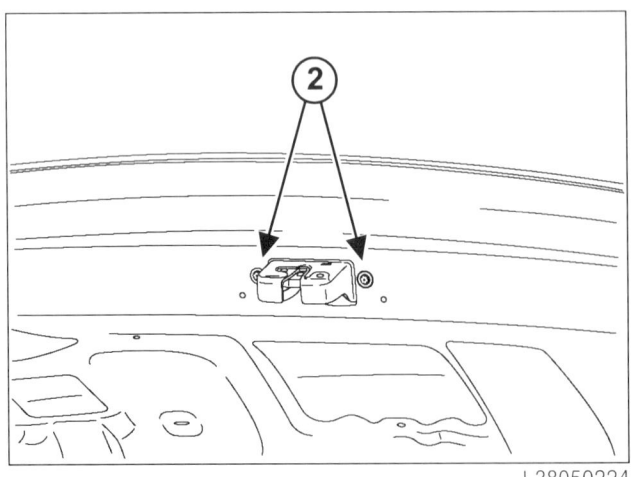

❏ 스크류 (2) 를 탈거한다.
❏ 커넥터를 분리한다.
❏ 트렁크 리드 록을 탈거한다.
❏ 트렁크 리드 록 로드를 분리한다.

장착

I – 관련 부품 장착 작업

❏ 트렁크 리드 록 로드를 연결한다.
❏ 트렁크 리드 록을 위치시킨다.
❏ 커넥터를 연결한다.
❏ 스크류 (2) 를 장착한다.
❏ 기능 테스트를 수행한다.

II – 최종 작업

❏ 트렁크 리드 피니셔를 장착한다 (73A, 사이드 도어 이외 트림, 트렁크 리드 피니셔 : 탈거 – 장착 참조).

사이드 도어 이외 메커니즘
트렁크 리드 스트라이커 : 탈거 – 장착

52A

L38

규정 토크 ⊖	
트렁크 리드 스트라이커 볼트	21 N.m

탈거

I – 탈거 준비 작업

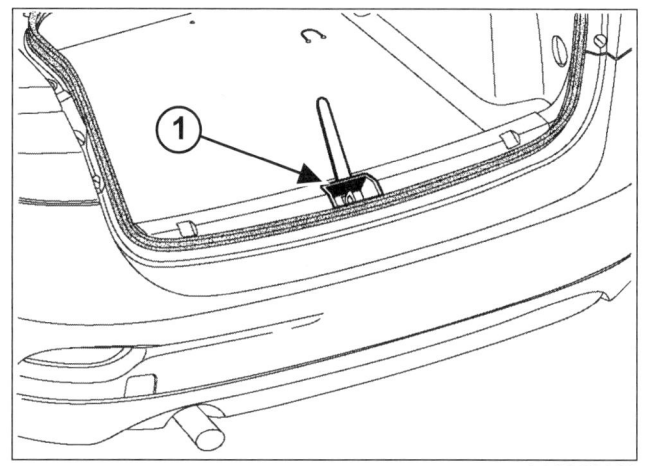

❏ 트림 리무버를 사용하여 커버 (1) 를 탈거한다.

II – 관련 부품 탈거 작업

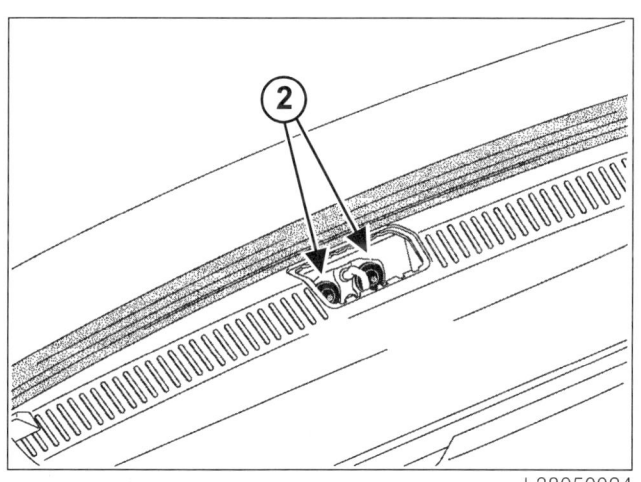

❏ 다음을 탈거한다 :
  - 볼트 (2),
  - 트렁크 리드 스트라이커.

장착

I – 관련 부품 장착 작업

❏ 다음을 장착한다 :
  - 볼트 (2),
  - 트렁크 리드 스트라이커.

❏ 트렁크 리드 볼트 (2) 를 규정 토크 (21 N.m) 로 조인다.

II – 최종 작업

❏ 커버 (1) 를 장착한다.

사이드 도어 이외 메커니즘
선루프 : 탈거 – 장착

52A

L38/ 선루프

탈거

I – 탈거 준비 작업

- 헤드라이닝을 탈거한다 (71A, 인테리어 트림, 헤드라이닝 : 탈거 – 장착 참조).
- 선루프 모터 커넥터를 분리한다.

II – 관련 부품 탈거 작업

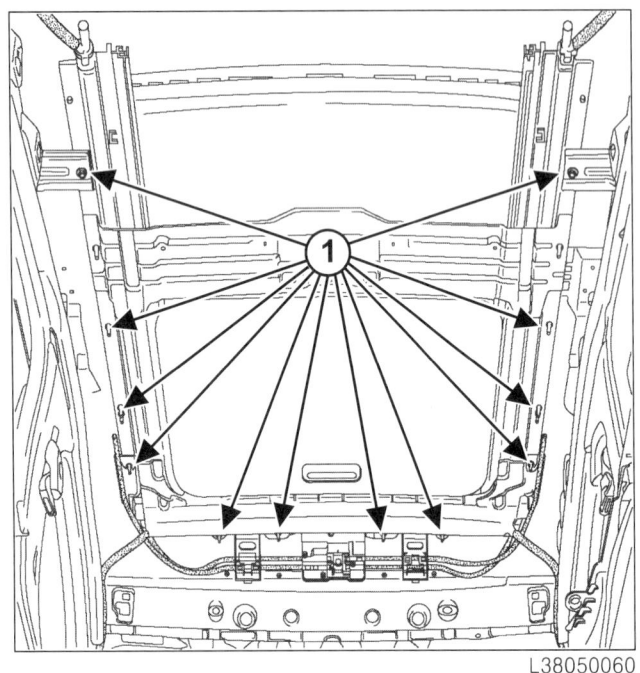

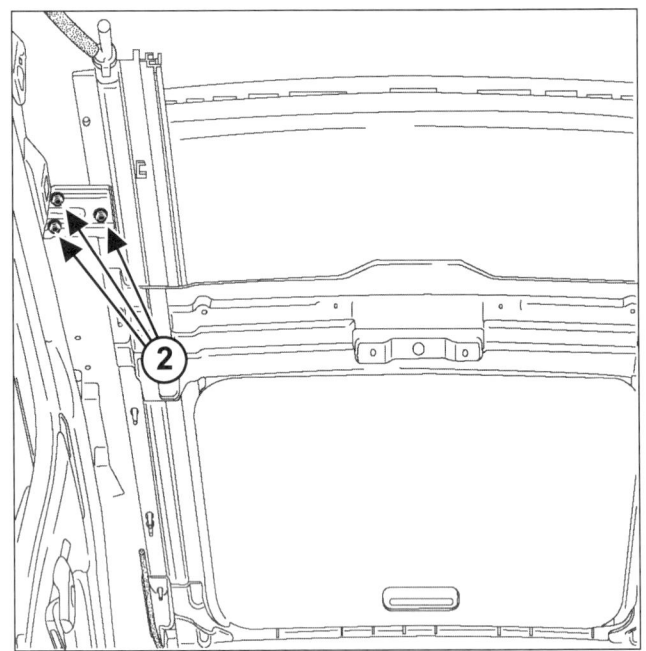

- 다음을 탈거한다 :
  - 호스,
  - 볼트 (1).

- 다음을 탈거한다 :
  - 볼트 (2),
  - 브라켓,
  - 선루프 어셈블리 (이 작업은 2 인 1 조로 한다).

장착

I – 관련 부품 장착 작업

- 다음을 장착한다 :
  - 선루프 어셈블리 (이 작업은 2 인 1 조로 한다),
  - 브라켓,
  - 볼트 (2),
  - 볼트 (1),
  - 호스.

II – 최종 작업

- 선루프 모터 커넥터를 연결한다.
- 헤드라이닝을 장착한다 (71A, 인테리어 트림, 헤드라이닝 : 탈거 – 장착 참조).

사이드 도어 이외 메커니즘
선루프 무빙 글라스 : 탈거 – 장착

52A

L38/ 선루프

규정 토크 ⊽	
선루프 무빙 글라스 마운팅 볼트	6 N.m

탈거

I – 탈거 준비 작업

❏ 선루프 무빙 글라스를 틸팅 시킨다.

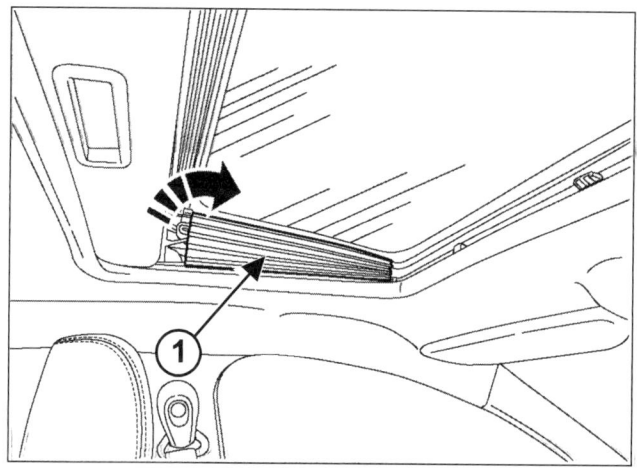

❏ 선루프 사이드 트림 (1) 을 탈거한다.

II – 관련 부품 탈거 작업

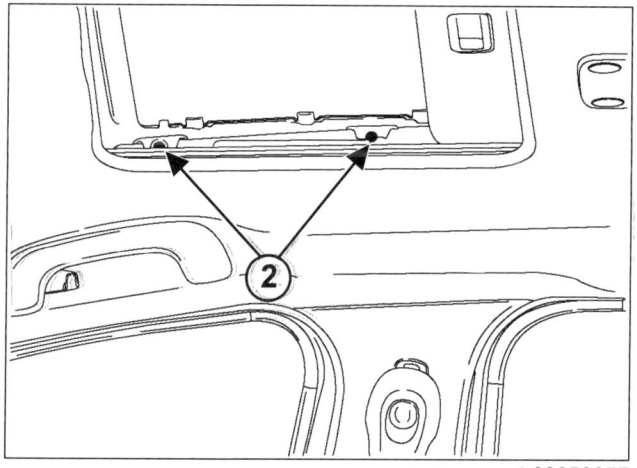

❏ 다음을 탈거한다 :
  - 볼트 (2),
  - 선루프 무빙 글라스 (이 작업은 두 사람이 작업한다).

장착

I – 관련 부품 장착 작업

❏
> 참고 :
> 선루프 무빙 글라스를 교환하는 경우 선루프 무빙 글라스에 체결된 볼트도 교환한다.

❏ 다음을 장착한다 :
  - 레일 링키지 부위와 메커니즘에 그리스를 바른다,
  - 선루프 무빙 글라스 (이 작업은 두 사람이 작업한다).

❏ 선루프 무빙 글라스 프론트 마운팅 볼트 (1) 를 규정 토크 (6 N.m) 로 조인다.

❏ 선루프 사이드 트림 (1) 을 장착한다.

사이드 도어 이외 메커니즘
선루프 디플렉터 : 탈거 - 장착

52A

L38/ 선루프

탈거

I - 탈거 준비 작업
- 선루프 무빙 글라스를 반정도 오픈된 위치까지 연다.

II - 관련 부품 탈거 작업

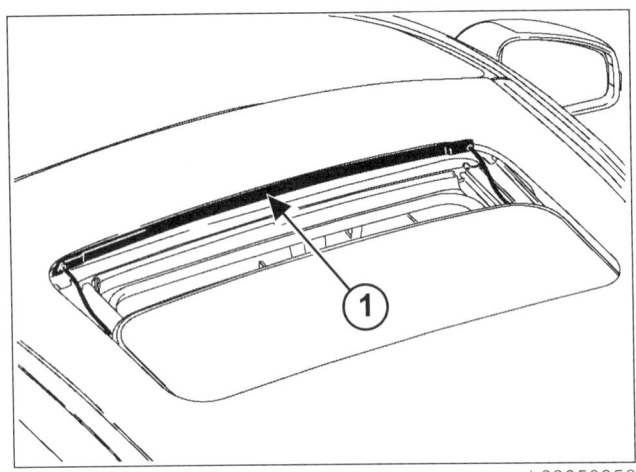

- 선루프 디플렉터 (1) 를 탈거한다.

장착

I - 관련 부품 장착 작업
- 디플렉터 리턴 스프링을 위치시킨다.

II - 최종 작업
- 선루프 디플렉터 (1) 를 장착한다.

사이드 도어 이외 메커니즘
선루프 선 바이저 : 탈거 – 장착

52A

| L38/ 선루프 |

탈거

I – 탈거 준비 작업

- 헤드라이닝을 탈거한다 (71A, 인테리어 트림 , 헤드라이닝 : 탈거 – 장착 참조).

II – 관련 부품 탈거 작업

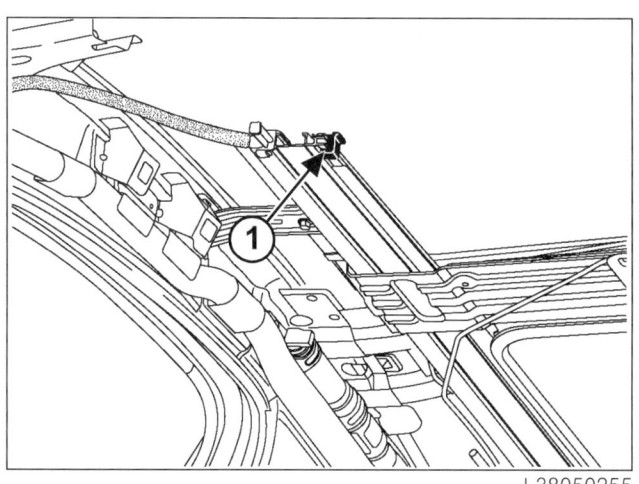

- 클립 (1) 을 탈거한다 .

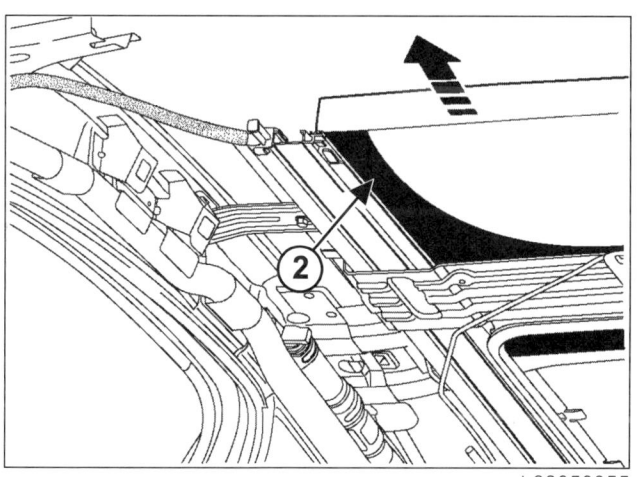

- 선루프 선 바이저 (2) 를 탈거한다 .

장착

I – 관련 부품 장착 작업

- 선루프 선 바이저 (2) 를 장착한다 .
- 클립 (1) 을 장착한다 .

II – 최종 작업

- 헤드라이닝을 장착한다 (71A, 인테리어 트림 , 헤드라이닝 : 탈거 – 장착 참조).

윈도우
윈드실드 : 탈거 – 장착

54A

L38

탈거

I – 탈거 준비 작업

❏ 다음을 탈거한다 :
- 프론트 필러 가니쉬 (71A, 인테리어 트림, 프론트 필러 가니쉬 : 탈거 – 장착 참조),
- 인사이드 미러 (57A, 내장 장착 부품, 인사이드 미러 : 탈거 – 장착 참조),
- 프론트 윈드실드 와이퍼 암 (MR 445 리페어 매뉴얼, 85A, 와이퍼 및 워셔, 프론트 윈드실드 와이퍼 암 : 탈거 – 장착 참조),
- 카울 탑 커버 (56A, 외장 장착 부품, 카울 탑 커버 : 탈거 – 장착 참조).

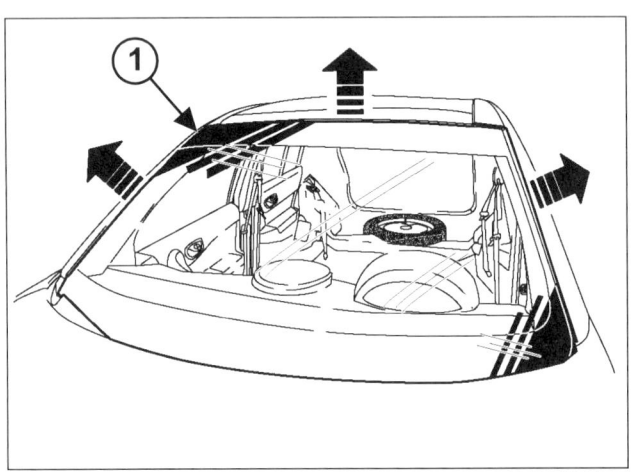

❏ 마스킹 테이프로 윈드실드 주변 부위를 보호한다.

II – 관련 부품 탈거 작업

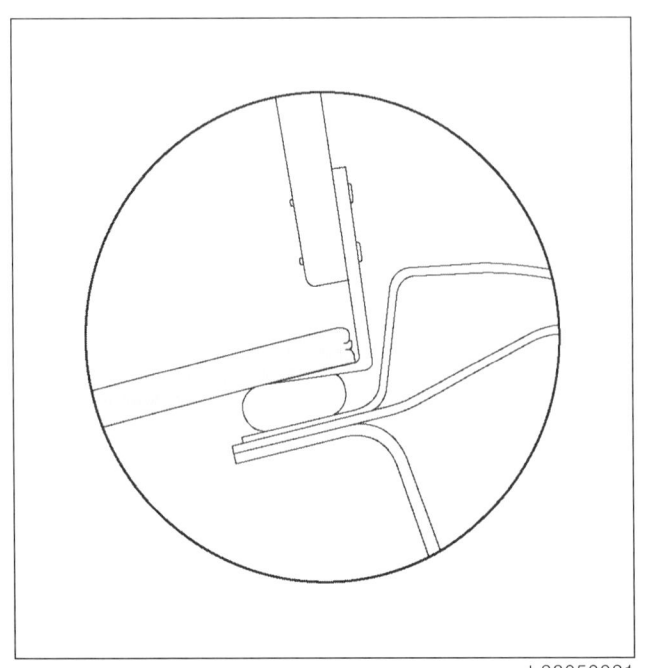

❏ 실런트 비드를 절단한다.
❏ 윈드실드를 탈거한다.

장착

I – 장착 준비 작업

❏ 댐 러버를 장착한다.

II – 관련 부품 장착 작업

❏

> 참고 :
> 윈드실드 접착 시 고점성 실런트를 사용한다.

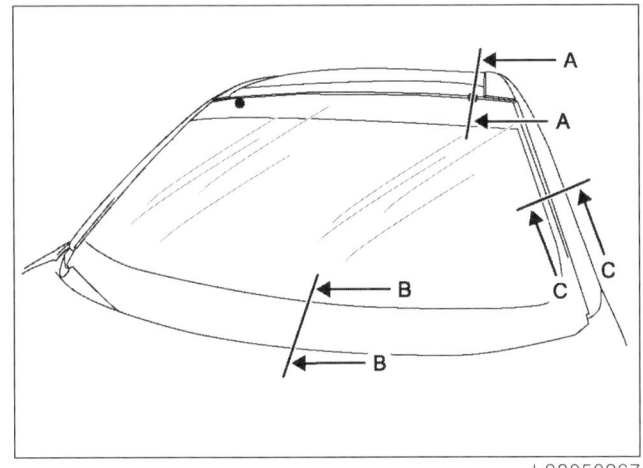

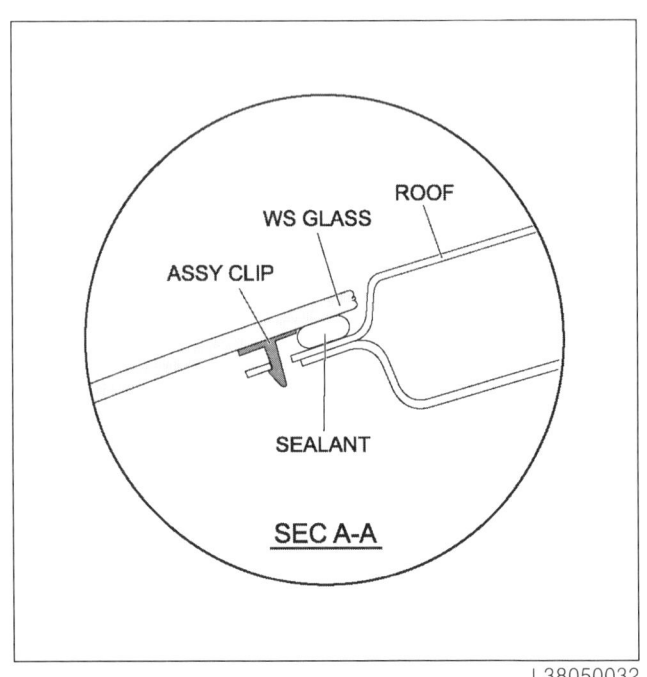

윈도우
윈드실드 : 탈거 – 장착

54A

L38

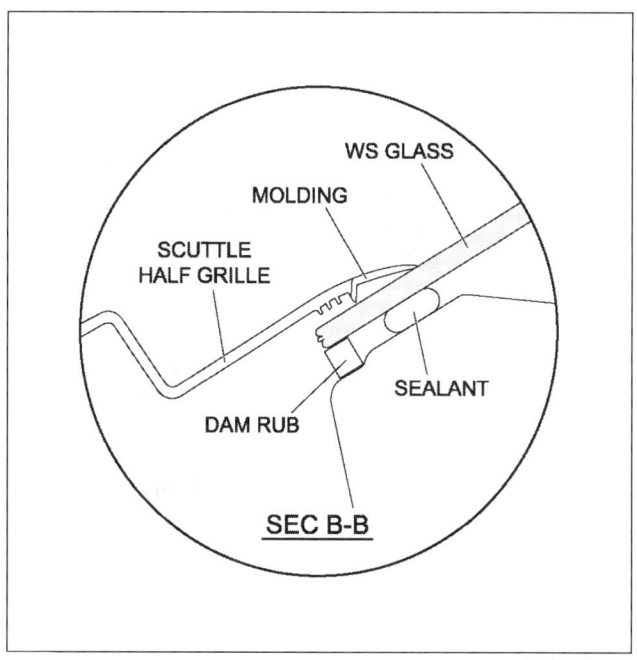

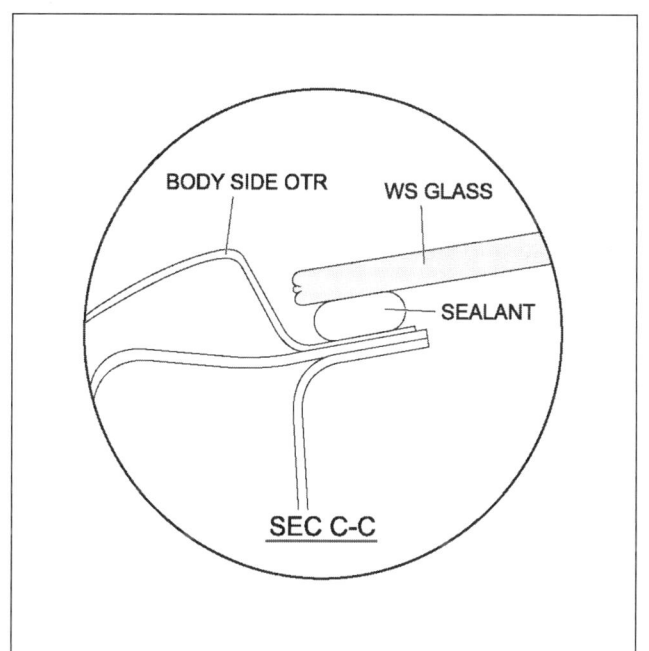

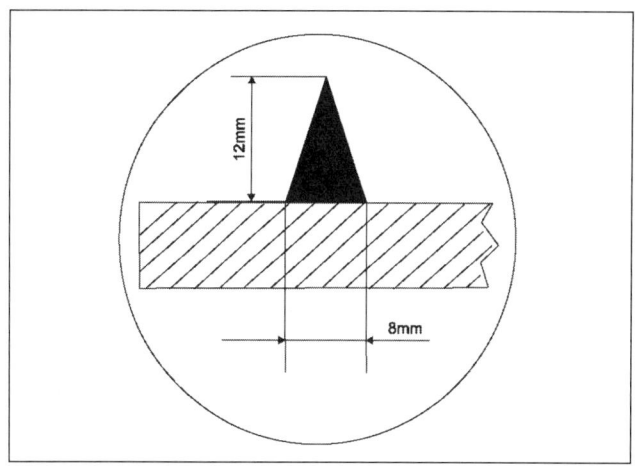

- 정량의 실런트 비드를 사용한다.
- 윈드실드를 접착한다 (이 작업은 두 사람이 작업한다).
- 다음의 틈새 및 단차를 맞춘다 :
  - 윈드실드 – 루프,
  - 윈드실드 – 프론트 필러.

III – 최종 작업

- 다음을 장착한다 :
  - 카울 탑 커버 (56A, 외장 장착 부품, 카울 탑 커버 : 탈거 – 장착 참조),
  - 프론트 윈드실드 와이퍼 암 (MR 445 리페어 매뉴얼, 85A, 와이퍼 및 워셔, 프론트 윈드실드 와이퍼 암 : 탈거 – 장착 참조),
  - 인사이드 미러 (57A, 내장 장착 부품, 인사이드 미러 : 탈거 – 장착 참조),
  - 프론트 필러 가니쉬 (71A, 인테리어 트림, 프론트 필러 가니쉬 : 탈거 – 장착 참조).

윈도우
프론트 사이드 도어 슬라이딩 윈도우 글라스 : 탈거 - 장착

54A

L38

탈거

I - 탈거 준비 작업

❏ 다음을 탈거한다 :

- 프론트 사이드 도어 피니셔 (72A, 사이드 도어 트림, 프론트 사이드 도어 피니셔 : 탈거 - 장착 참조),
- 프론트 스피커 (MR 445 리페어 매뉴얼, 86A, 오디오 시스템, 프론트 스피커 : 탈거 - 장착 참조),
- 프론트 사이드 도어 아웃사이드 몰딩 (66A, 윈도우 실링, 프론트 사이드 도어 아웃사이드 몰딩 : 탈거 - 장착 참조).

II - 관련 부품 탈거 작업

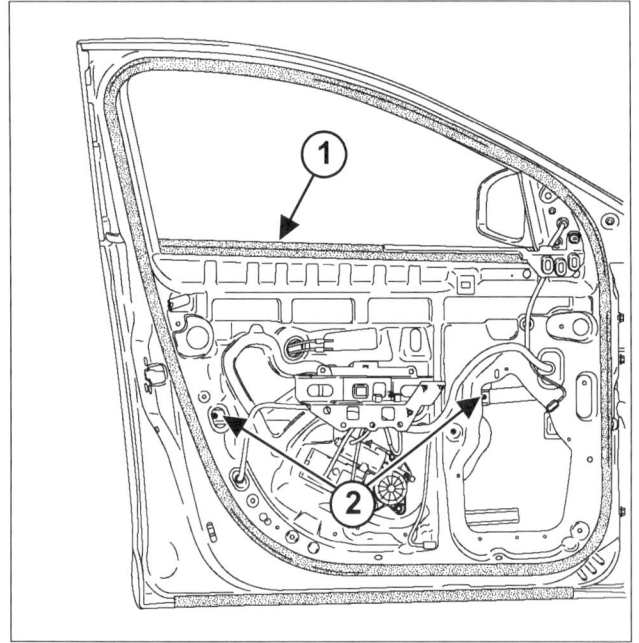

❏ 프레임 씰 (1) 을 탈거한다.

❏ 홀 커버를 탈거한다.

❏ 슬라이딩 윈도우 글라스 마운팅 볼트 (2) 에 접근할 수 있도록 윈도우를 내린다.

❏ 볼트 (2) 를 탈거한다.

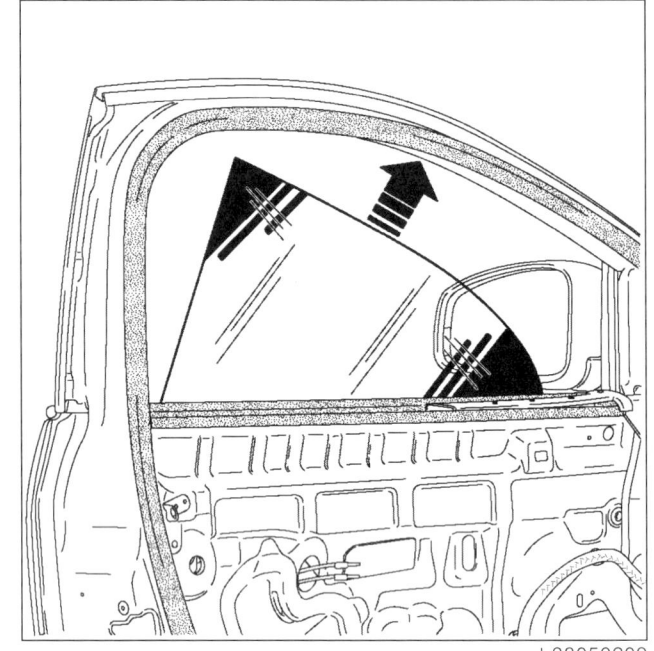

❏ 프론트 사이드 도어 슬라이딩 윈도우 글라스를 탈거한다.

장착

I - 관련 부품 장착 작업

❏ 다음을 장착한다 :

- 프론트 사이드 도어 슬라이딩 윈도우 글라스,
- 프론트 사이드 도어 슬라이딩 윈도우 글라스 마운팅 볼트 (2),
- 홀 커버,
- 프레임 씰 (1).

❏ 기능 테스트를 수행한다.

II - 최종 작업

❏ 다음을 장착한다 :

- 프론트 스피커 (MR 445 리페어 매뉴얼, 86A, 오디오 시스템, 프론트 스피커 : 탈거 - 장착 참조),
- 프론트 사이드 도어 피니셔 (72A, 사이드 도어 트림, 프론트 사이드 도어 피니셔 : 탈거 - 장착 참조).

윈도우
리어 사이드 도어 고정 윈도우 : 탈거 - 장착

54A

L38

탈거

I - 탈거 준비 작업

❏ 다음을 탈거한다 :
- 리어 사이드 도어 피니셔 (72A, 사이드 도어 트림, 리어 사이드 도어 피니셔 : 탈거 - 장착 참조)
- 리어 사이드 도어 윈도우 (54A, 윈도우 , 리어 사이드 도어 슬라이딩 윈도우 글라스 : 탈거 - 장착 참조)

II - 관련 부품 탈거 작업

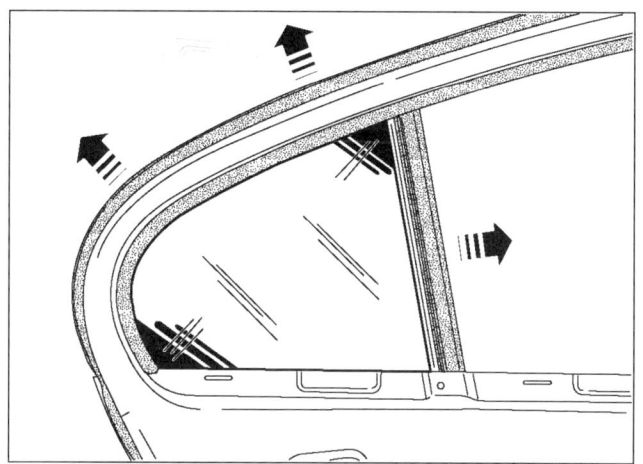

❏ 다음을 탈거한다 :
- 리어 도어 글라스 런 ,
- 리어 도어 파티션 샤시 컴플리트 .

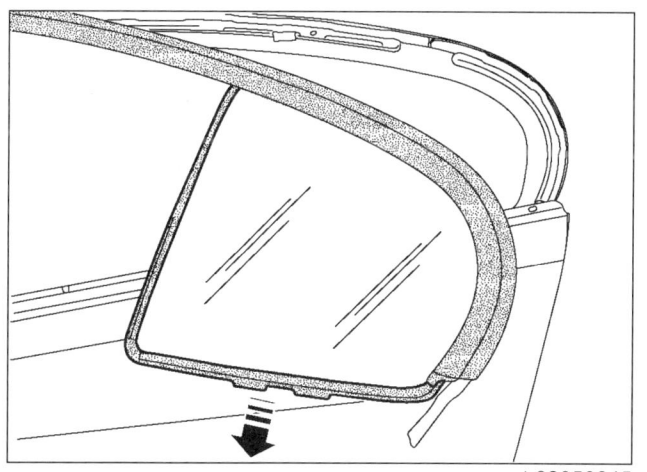

❏ 리어 사이드 도어 고정 윈도우를 탈거한다 .

장착

I - 관련 부품 장착 작업

❏ 다음을 장착한다 :
- 리어 사이드 도어 고정 윈도우 ,
- 리어 도어 글라스 런 .

II - 최종 작업

❏ 다음을 장착한다 :
- 리어 사이드 도어 윈도우 (54A, 윈도우 , 리어 사이드 도어 슬라이딩 윈도우 글라스 : 탈거 - 장착 참조),
- 리어 사이드 도어 피니셔 (72A, 사이드 도어 트림, 리어 사이드 도어 피니셔 : 탈거 - 장착 참조).

윈도우
리어 사이드 도어 슬라이딩 윈도우 글라스 : 탈거 – 장착

54A

L38

탈거

I - 탈거 준비 작업

❏ 다음을 탈거한다 :
- 리어 사이드 도어 피니셔 (72A, 사이드 도어 트림, 리어 사이드 도어 피니셔 : 탈거 – 장착 참조),
- 리어 사이드 도어 아웃사이드 몰딩 (66A, 윈도우 실링 , 리어 사이드 도어 아웃사이드 몰딩 : 탈거 – 장착 참조).

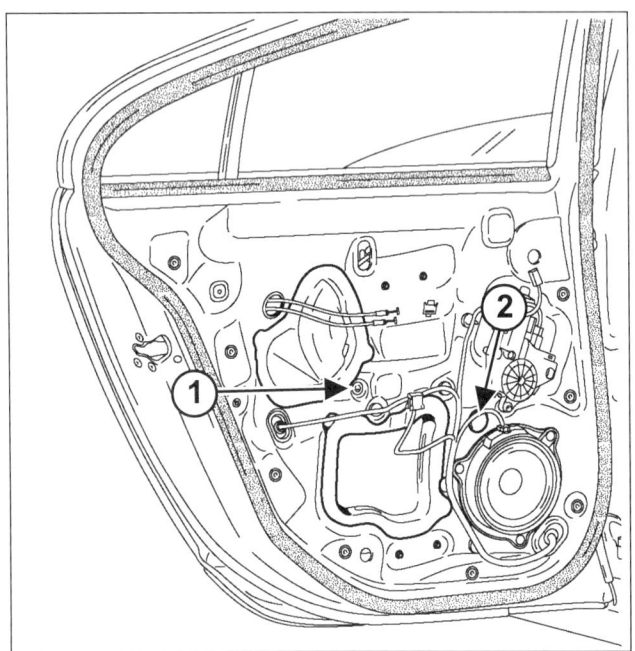

❏ 다음을 탈거한다 :
- 도어 실링 스크린 (1) (65A, 도어 실링 , 도어 실링 스크린 : 탈거 – 장착 참조),
- 플러그 (2).

참고 :
인사이드 몰딩 탈거 시 , 손상되지 않도록 주의하여 작업한다 . 만약 부품이 손상되었다면 , 부품을 교환한다 .

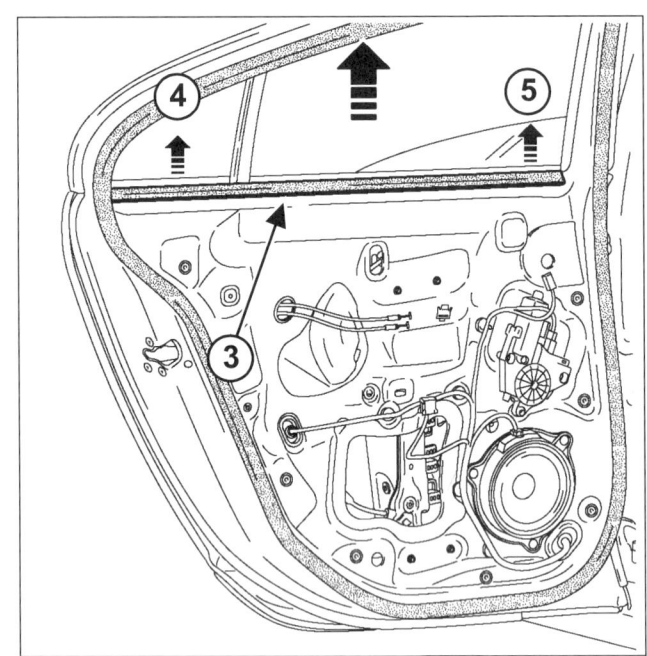

❏ 인사이드 몰딩 (3) 을 (4) 와 (5) 위치에서 탈거한다 .

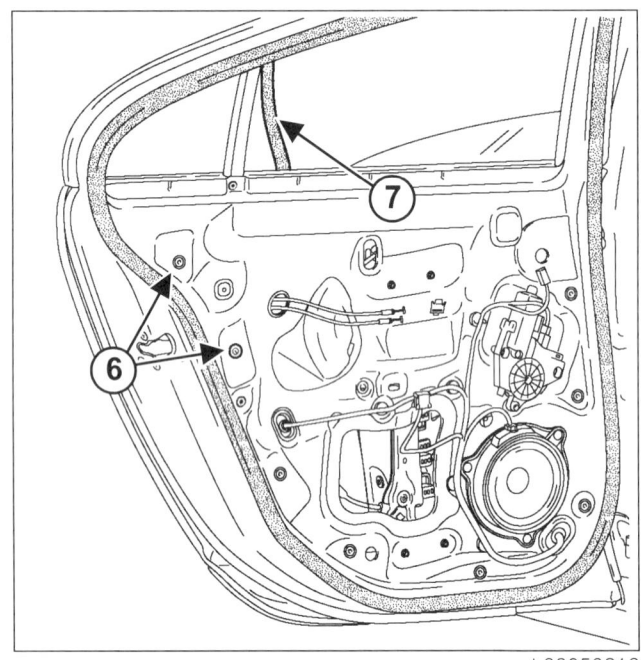

❏ 다음을 탈거한다 :
- 볼트 (6),
- 리어 도어 파티션 샤시 컴플리트 (7) 일부 .

윈도우
리어 사이드 도어 슬라이딩 윈도우 글라스 : 탈거 – 장착

54A

L38

II – 관련 부품 탈거 작업

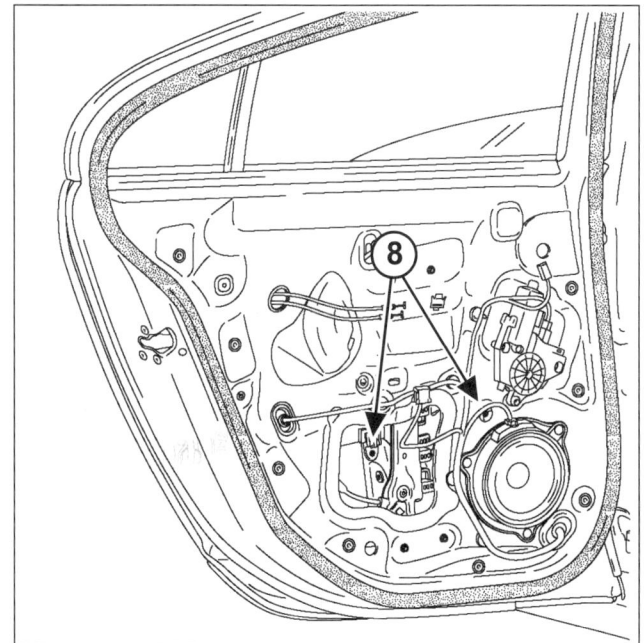

L38050211

- 슬라이딩 윈도우 글라스 마운팅 볼트 (8) 에 접근할 수 있도록 윈도우를 내린다.
- 다음을 탈거한다 :
  - 볼트 (8),
  - 리어 사이드 도어 슬라이딩 윈도우 글라스.

장착

I – 관련 부품 장착 작업

- 슬라이딩 윈도우 글라스 마운팅 볼트 (8) 에 접근할 수 있도록 윈도우를 내린다.
- 리어 사이드 도어 슬라이딩 윈도우 글라스를 위치시킨다.
- 리어 사이드 도어 슬라이딩 윈도우 글라스 마운팅 볼트 (8) 를 장착한다.

II – 최종 작업

- 다음을 장착한다 :
  - 리어 도어 글라스 런,
  - 리어 도어 파티션 샤시 컴플리트 (7),
  - 볼트 (6),
  - 인사이드 몰딩 (5),
  - 플러그 (2),
  - 도어 실링 스크린 (1) (65A, 도어 실링, 도어 실링 스크린 : 탈거 – 장착 참조),
  - 트림.
- 다음을 장착한다 :
  - 리어 사이드 도어 피니셔 (72A, 사이드 도어 트림, 리어 사이드 도어 피니셔 : 탈거 – 장착 참조),
  - 리어 사이드 도어 아웃사이드 몰딩 (66A, 윈도우 실링, 리어 사이드 도어 아웃사이드 몰딩 : 탈거 – 장착 참조).
- 기능 테스트를 수행한다.

윈도우
리어 글라스 : 탈거 - 장착

54A

L38

탈거

I - 탈거 준비 작업

- 리어 필러 피니셔를 탈거한다 (71A, 인테리어 트림, 리어 필러 피니셔 : 탈거 - 장착 참조).
- 리어 글라스의 제빙 장치 커넥터 및 접지를 분리한다.

II - 관련 부품 탈거 작업

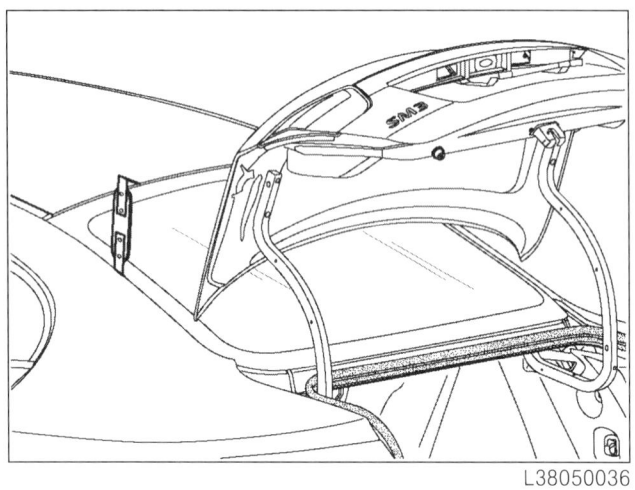

- 실런트 비드를 절단한다.
- 리어 글라스를 탈거한다.

장착

I - 장착 준비 작업

- 댐 러버를 장착한다.
- 마스킹 테이프로 윈드실드 주변 부위를 보호한다.

II - 관련 부품 장착 작업

-

참고 :
리어 글라스 접착 시 고점성 실런트를 사용한다.

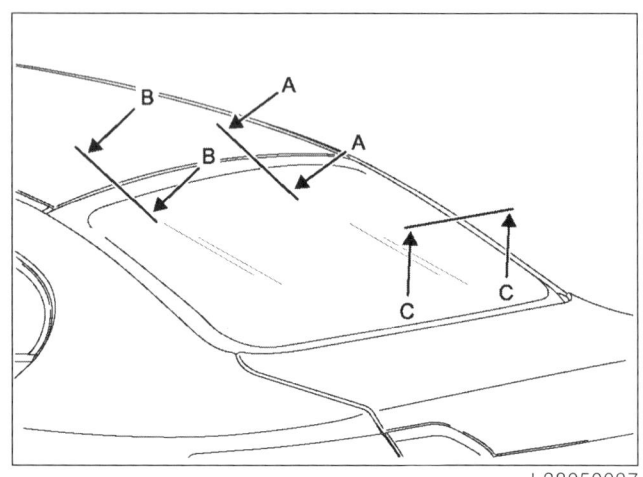

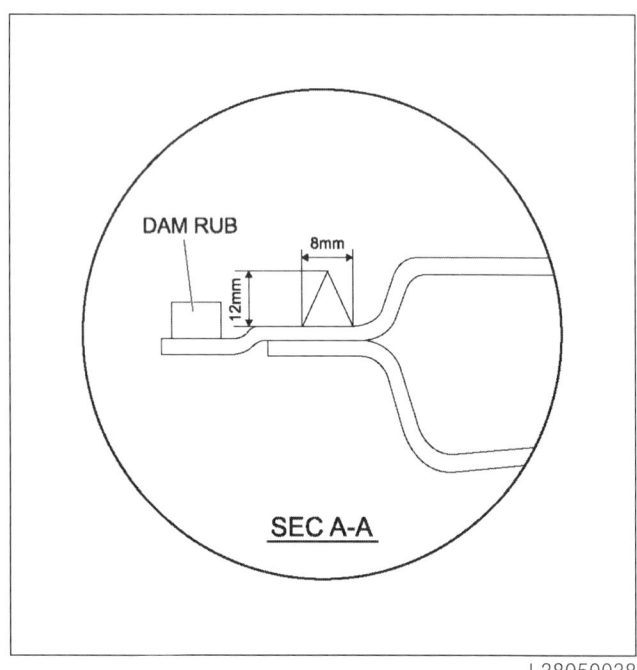

윈도우
리어 글라스 : 탈거 – 장착

54A

L38

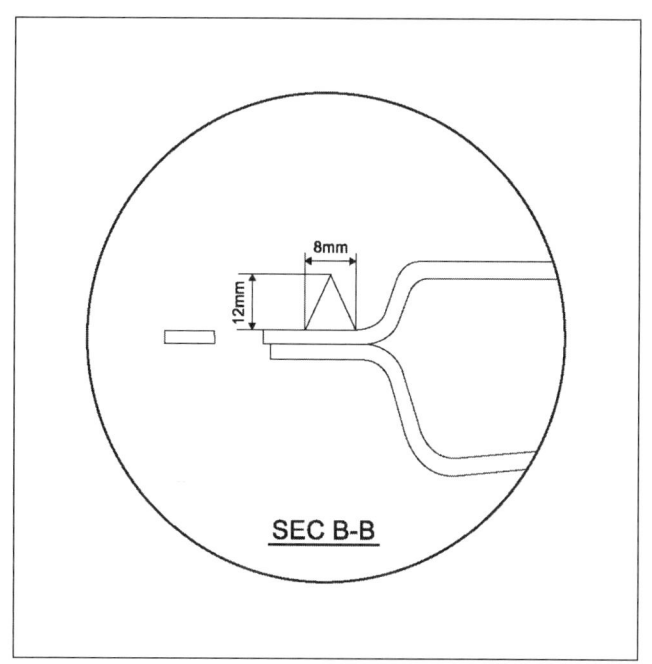

L38050039

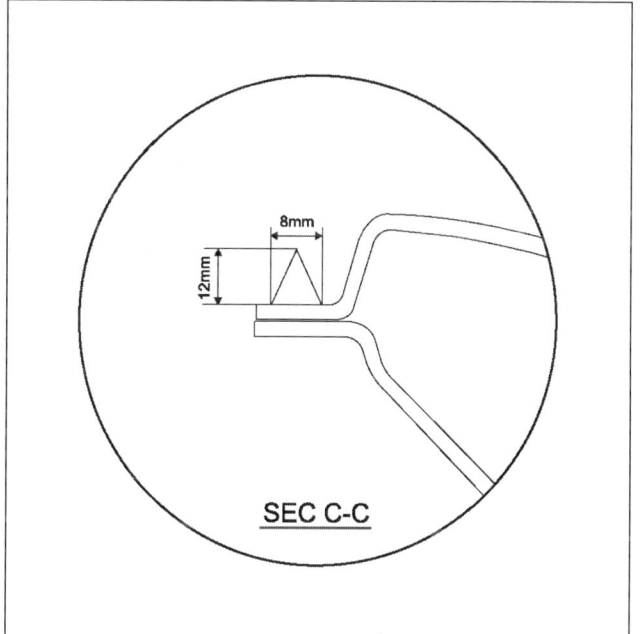

L38050040

- 정량의 실런트 비드를 사용한다.
- 리어 글라스를 접착한다 (이 작업은 두 사람이 작업한다).
- 다음의 틈새 및 단차를 맞춘다 :
    - 리어 글라스 – 루프 ,
    - 리어 글라스 – 리어 펜더 .

III – 최종 작업

- 제빙 장치 커넥터 및 접지를 연결한다 .
- 리어 필러 피니셔를 장착한다 (71A, 인테리어 트림 , 리어 필러 피니셔 : 탈거 – 장착 참조).

외장 보호 트림
프론트 범퍼 : 탈거 – 장착

55A

L38

탈거

I – 탈거 준비 작업

- 차량을 2 주식 리프트에 위치시킨다 (02A, 리프팅, 차량 : 견인 및 리프팅 참조).
- 다음을 탈거한다 :
  - 프론트 휠 (MR 445 리페어 매뉴얼, 35A, 휠 및 타이어, 휠 : 탈거 – 장착 참조),
  - 프론트 펜더 프로텍터의 앞 부분 (55A, 외장 보호 트림, 프론트 펜더 프로텍터 : 탈거 – 장착 참조).

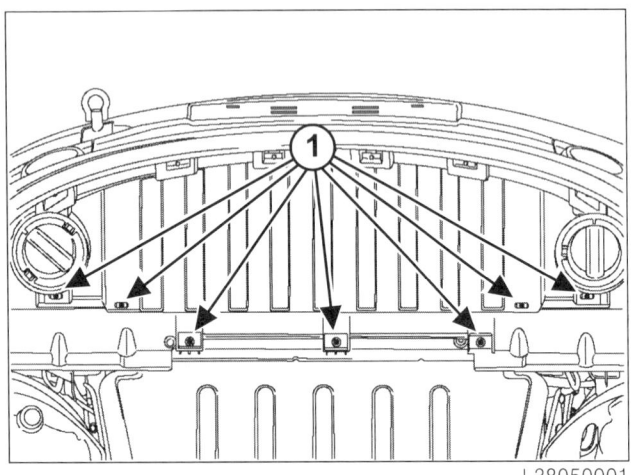

- 다음을 탈거한다 :
  - 클립 (1),
  - 프론트 범퍼 디플렉터.
- 와이어링 하네스의 클립을 탈거한다.

II – 관련 부품 탈거 작업

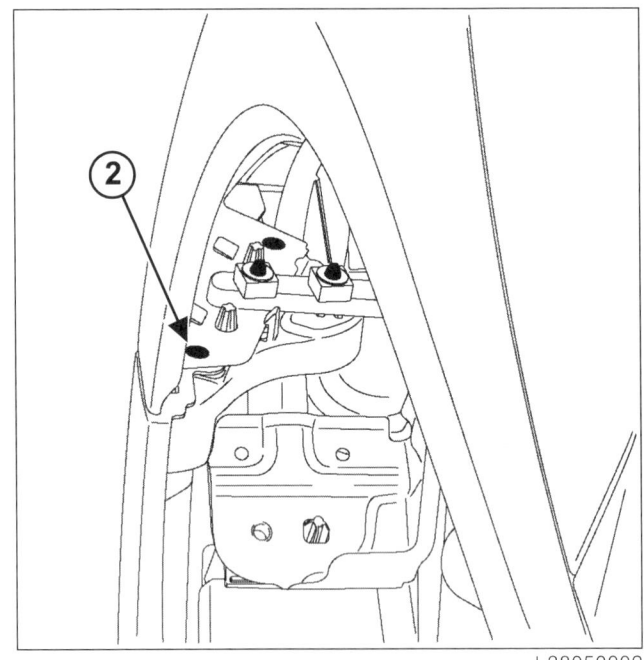

- 볼트 (2) 를 탈거한다.

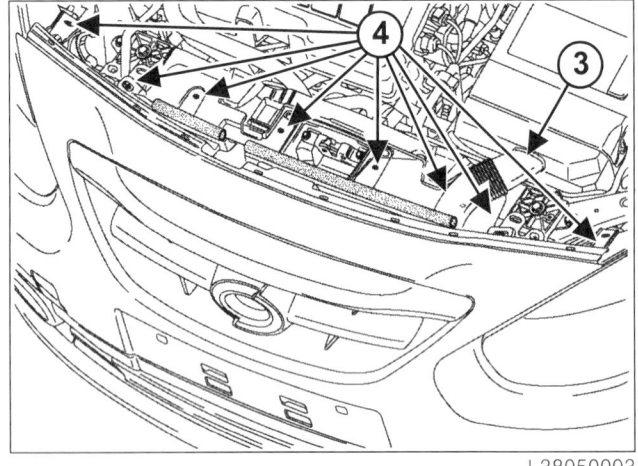

- 다음을 탈거한다 :
  - 에어 덕트 (3) 를 부분적으로,
  - 볼트 (4),
  - 프론트 범퍼 (이 작업은 두 사람이 작업한다).
- 다양한 커넥터를 분리한다 (차량 옵션에 따라 다름).

외장 보호 트림
프론트 범퍼 : 탈거 – 장착

55A

L38

장착

I – 관련 부품 장착 작업

❏ 다양한 커넥터를 연결한다 (차량 옵션에 따라 다름).

❏ 다음을 장착한다 :
  - 프론트 범퍼 (이 작업은 두 사람이 작업한다),
  - 볼트 (4),
  - 에어 덕트 (3),
  - 볼트 (2).

II – 최종 작업

❏ 와이어링 하네스의 클립을 장착한다 .

❏ 다음을 장착한다 :
  - 프론트 범퍼 디플렉터 ,
  - 볼트 (1),
  - 프론트 펜더 프로텍터의 앞 부분 (55A, 외장 보호 트림 , 프론트 펜더 프로텍터 : 탈거 – 장착 참조),
  - 프론트 휠 (MR 445 리페어 매뉴얼 , 35A, 휠 및 타이어 , 휠 : 탈거 – 장착 참조).

외장 보호 트림
프론트 범퍼 : 분해 – 재조립

55A

L38

분해

I – 분해 준비 작업

❏ 다음을 탈거한다 :
- 프론트 범퍼 (55A, 외장 보호 트림 , 프론트 범퍼 : 탈거 – 장착 참조),
- 라디에이터 그릴 (56A, 외장 장착 부품 , 라디에이터 그릴 : 탈거 – 장착 참조).

II – 관련 부품 분해 작업

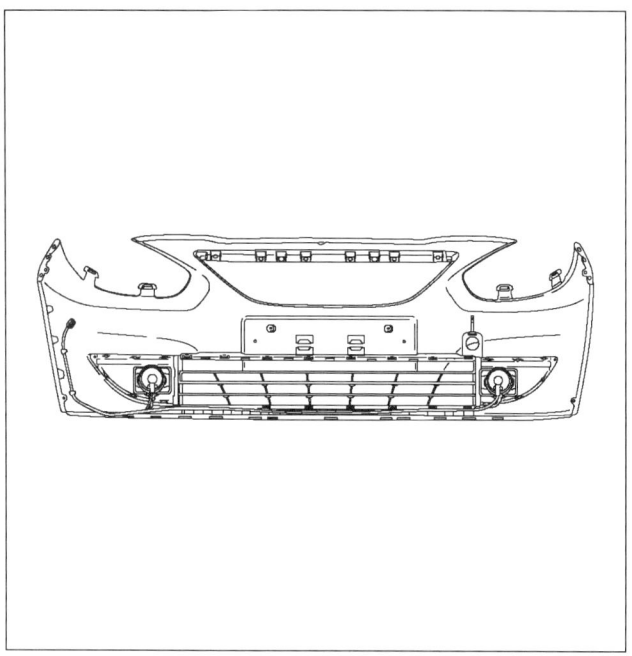

❏ 프론트 범퍼에서 와이어링 하네스를 탈거한다 .

포그램프

❏ 프론트 포그램프 어셈블리를 탈거한다 (MR 445 리페어 매뉴얼 , 80B, 프론트 라이팅 시스템 , 프론트 포그램프 : 탈거 – 장착 참조).

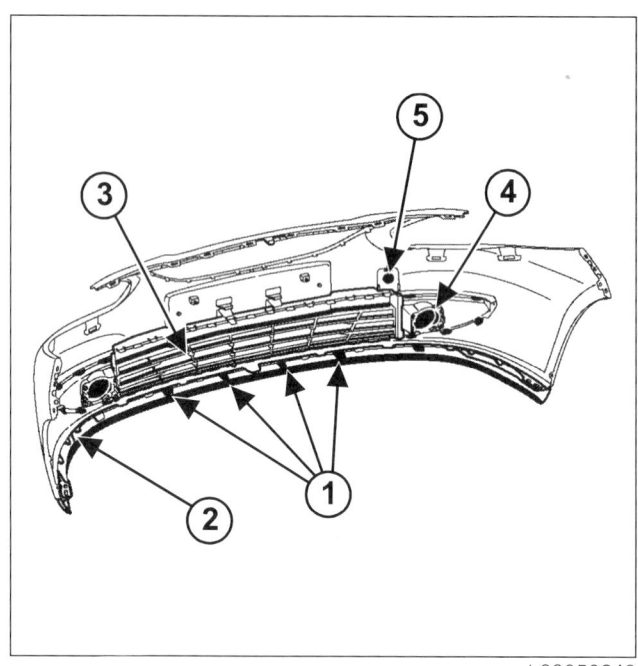

❏ 다음을 탈거한다 :
- 호그링 (1),
- 트림 (2),
- 로어 그릴 (3),
- 포그 램프 피니셔 (4),
- 플러그 (5).

외장 보호 트림
프론트 범퍼 : 분해 – 재조립

55A

L38

재조립

I – 관련 부품 재조립 작업

- 항상 교환 해야 하는 부품 : 프론트 범퍼 호그링 (부품 번호 : 8200083500)
- 다음을 장착한다 :
  - 플러그 (5),
  - 포그 램프 피니셔 (4),
  - 로어 그릴 (3),
  - 트림 (2),
  - 호그링 (1).

포그램프

- 프론트 포그램프 어셈블리를 장착한다 (MR 445 리페어 매뉴얼, 80B, 프론트 라이팅 시스템, 프론트 포그램프 : 탈거 – 장착 참조).

- 프론트 범퍼에 와이어링 하네스를 장착한다.

II – 최종 작업

- 다음을 장착한다 :
  - 라디에이터 그릴 (56A, 외장 장착 부품, 라디에이터 그릴 : 탈거 – 장착 참조),
  - 프론트 범퍼 (55A, 외장 보호 트림, 프론트 범퍼 : 탈거 – 장착 참조).

외장 보호 트림
리어 범퍼 : 탈거 - 장착

55A

L38

탈거

I - 탈거 준비 작업

- 차량을 2 주식 리프트에 위치시킨다 (02A, 리프팅, 차량 : 견인 및 리프팅 참조).
- 리어 램프를 탈거한다 (MR 445 리페어 매뉴얼, 81A, 펜더 측 리어 컴비네이션 램프 : 탈거 - 장착 참조).

II - 관련 부품 탈거 작업

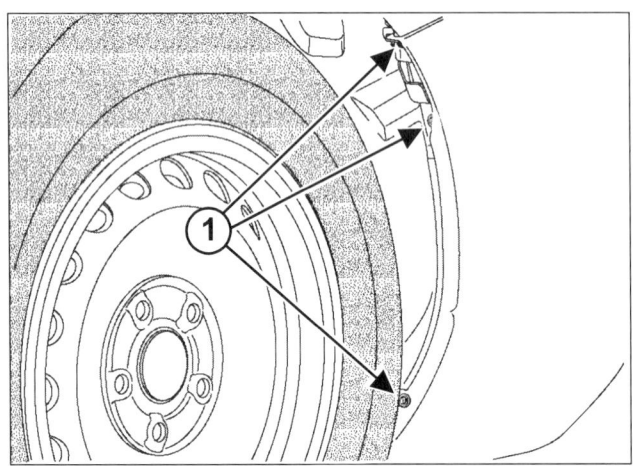

- 볼트 (1) 를 탈거한다.

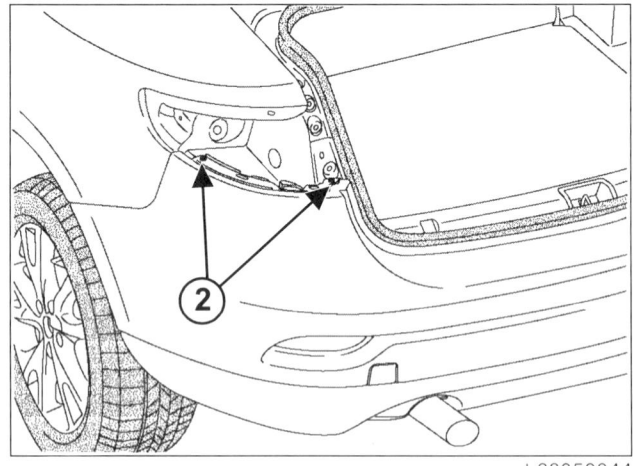

- 클립 (2) 을 탈거한다.

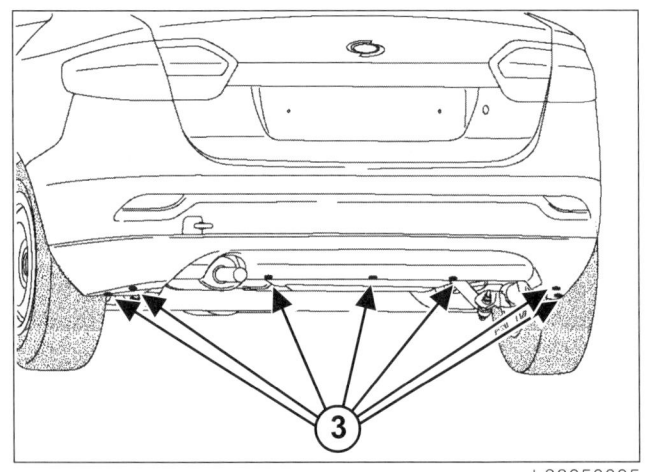

- 볼트 (3) 를 탈거한다.

- 리어 범퍼를 부분적으로 탈거한다.
- 다양한 커넥터를 분리한다 (차량 옵션에 따라 다름).
- 리어 범퍼를 탈거한다 (이 작업은 두 사람이 작업한다).

참고 :

만일 범퍼 브라켓을 탈거 - 장착해야 한다면 리벳 탈거 - 장착 시 MR400, 04F, 차체 제품 및 마운팅, 리벳 사용 조립제품 및 자재 : 사용 및 MR400, 40G, 리벳 사용 접합, 리벳 사용 접합 : 설명을 참조하여 작업을 한다.

본 작업 시 항상 교환 해야 하는 부품 : 리어 범퍼 브라켓 리벳 (부품 번호 : 7705096011)

외장 보호 트림
리어 범퍼 : 탈거 – 장착

55A

L38

장착

I – 관련 부품 장착 작업

- 가이드에 올바르게 위치하도록 프론트 범퍼를 밀어서 장착한다 (이 작업은 두 사람이 작업한다).
- 다양한 커넥터를 연결한다 (차량 옵션에 따라 다름).
- 다음을 장착한다 :
  - 볼트 (3),
  - 클립 (2),
  - 볼트 (1).

II – 최종 작업

- 리어 램프를 장착한다 (MR 445 리페어 매뉴얼 , 81A, 펜더 측 리어 컴비네이션 램프 : 탈거 – 장착 참조).

외장 보호 트림
리어 범퍼 : 분해 – 재조립

55A

L38

분해

I – 분해 준비 작업

- 리어 범퍼를 탈거한다 (55A, 외장 보호 트림 , 리어 범퍼 : 탈거 – 장착 참조) (이 작업은 두 사람이 작업한다).

II – 관련 부품 분해 작업

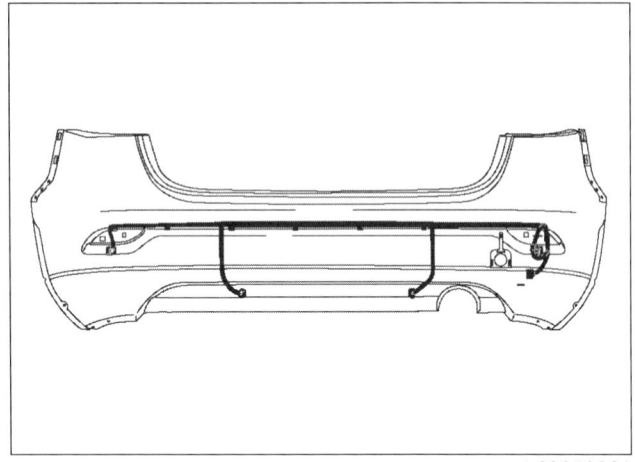

파킹에이드 센서

- 커넥터를 분리한다 .
- 리어 범퍼의 와이어링 하네스를 탈거한다 .
- 파킹에이드 센서를 탈거한다 (87F, 파킹에이드 시스템 , 파킹에이드 센서 : 탈거 – 장착).

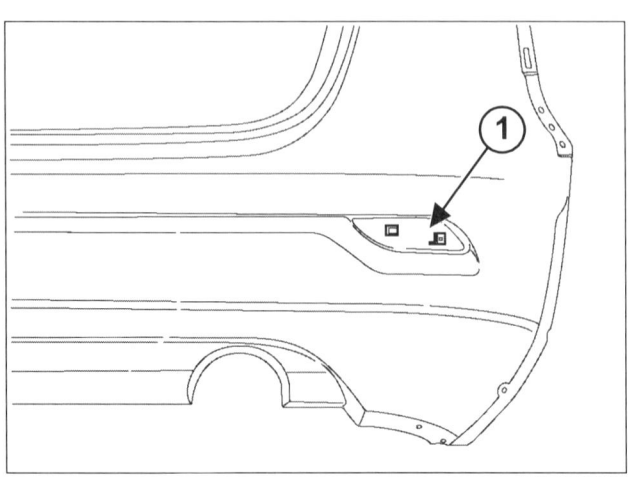

- 리플렉터 (1) 를 탈거한다 .

재조립

I – 관련 부품 재조립 작업

- 리플렉터 (1) 를 장착한다 .

파킹에이드 센서

- 파킹에이드 센서를 장착한다 (87F, 파킹에이드 시스템 , 파킹에이드 센서 : 탈거 – 장착).
- 리어 범퍼의 와이어링 하네스를 장착한다 .
- 커넥터를 연결한다 .

II – 최종 작업

- 리어 범퍼를 장착한다 (55A, 외장 보호 트림 , 리어 범퍼 : 탈거 – 장착 참조) (이 작업은 두 사람이 작업한다).

외장 보호 트림
프론트 사이드 도어 로어 몰딩 : 탈거 - 장착

55A

L38

탈거

I - 관련 부품 탈거 작업

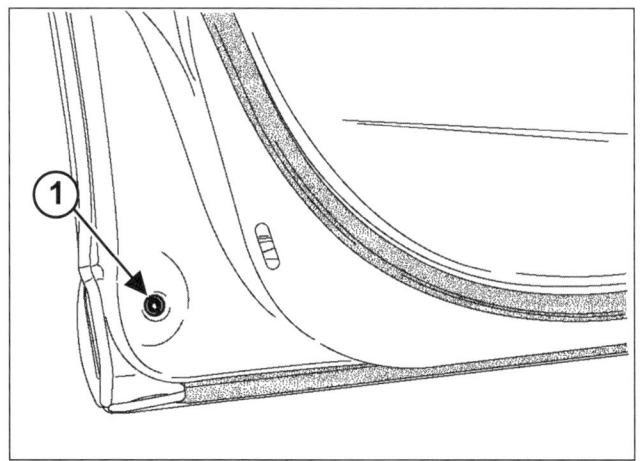

L38050025

❏ 플러그 (1) 를 탈거한다 .

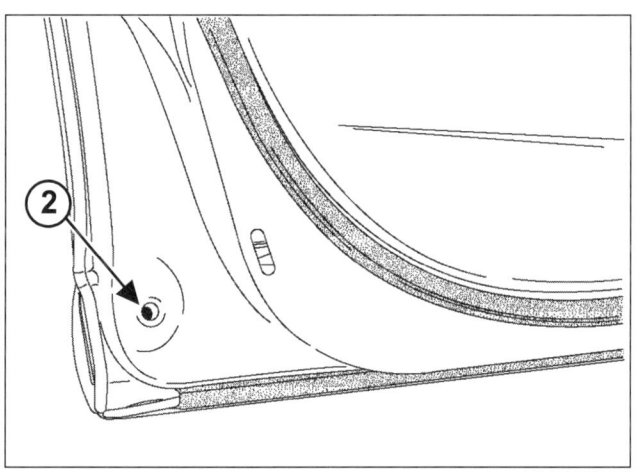

L38050026

❏ 볼트 (2) 를 탈거한다 .

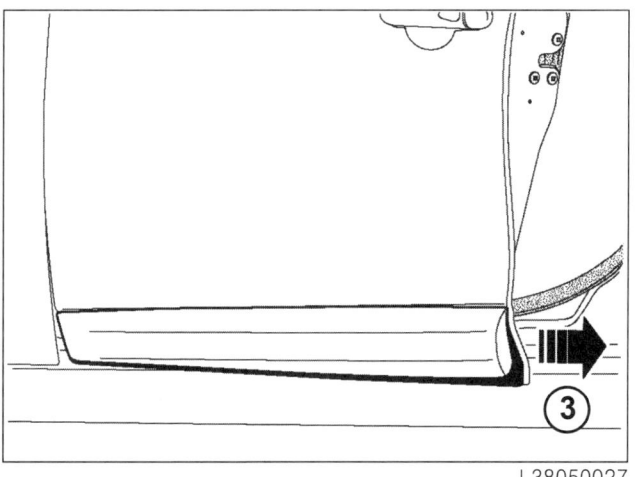

L38050027

❏ 차량 뒤쪽 (3) 으로 로어 몰딩을 민다 .
❏ 프론트 도어 로어 몰딩을 탈거한다 .

장착

I - 장착 준비 작업

❏ 필요한 경우 프론트 도어 로어 몰딩의 클립을 교환한다 .

II - 관련 부품 장착 작업

❏ 다음을 장착한다 :
  - 프론트 도어 로어 몰딩 ,
  - 볼트 (2).
❏ 플러그 (1) 를 장착한다 .

외장 보호 트림
리어 사이드 도어 로어 몰딩 : 탈거 - 장착

55A

L38

탈거

I - 관련 부품 탈거 작업

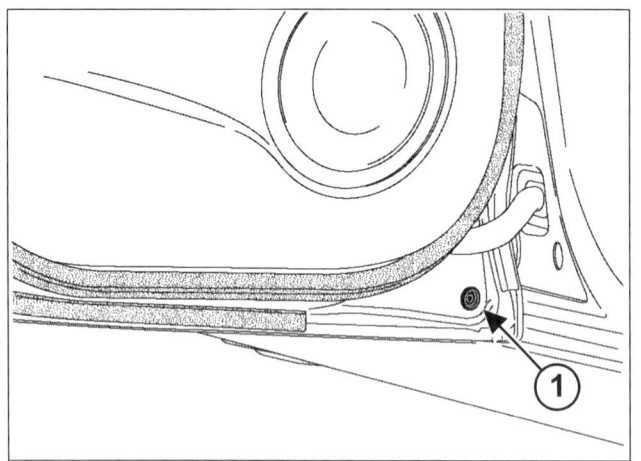

❏ 플러그 (1) 를 탈거한다.

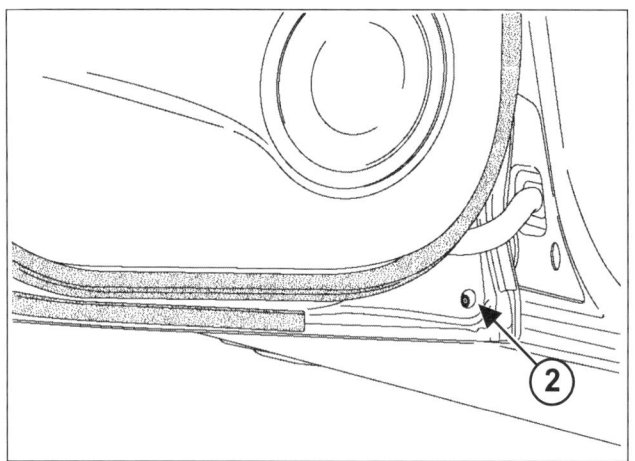

❏ 볼트 (2) 를 탈거한다.

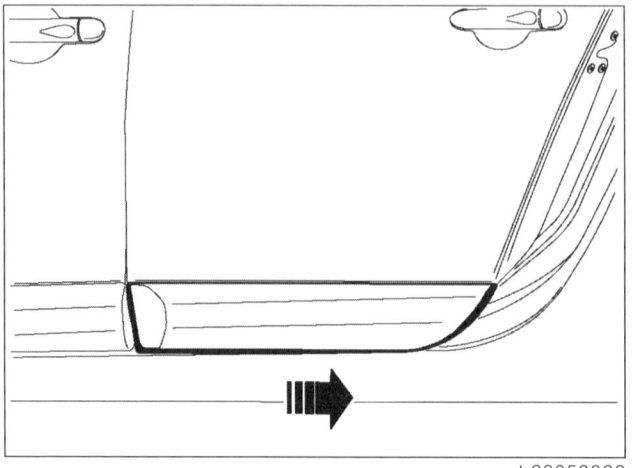

❏ 리어 도어 로어 몰딩을 탈거한다.

장착

I - 장착 준비 작업

❏ 필요한 경우 리어 도어 로어 몰딩의 클립을 교환한다.

II - 장착 준비 작업

❏ 다음을 장착한다 :
  - 리어 도어 로어 몰딩 ,
  - 볼트 (2).

❏ 플러그 (1) 를 장착한다.

외장 보호 트림
루프 몰딩 : 탈거 - 장착

55A

L38

탈거

I - 탈거 준비 작업

❏ 마스킹 테이프로 사이드 바디 패널을 보호한다.

II - 관련 부품 탈거 작업

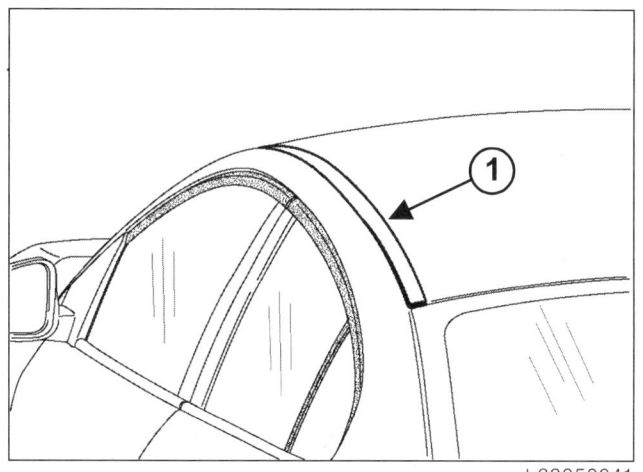

❏ 루프 뒤쪽에서 루프 몰딩 (1) 의 클립을 탈거한다.

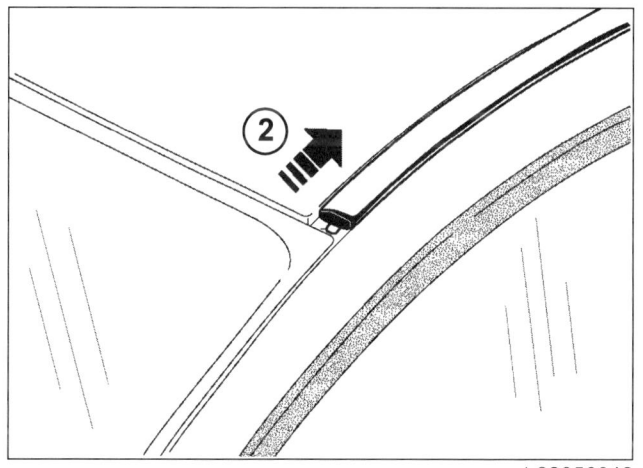

❏ 다음을 탈거한다 :
  - (2) 방향으로 홈 조인트 탈거,
  - 루프 몰딩.
❏ 리어 도어 로어 몰딩을 탈거한다.

장착

I - 장착 준비 작업

❏ 필요한 경우 루프 몰딩의 클립을 교환한다.

II - 관련 부품 장착 작업

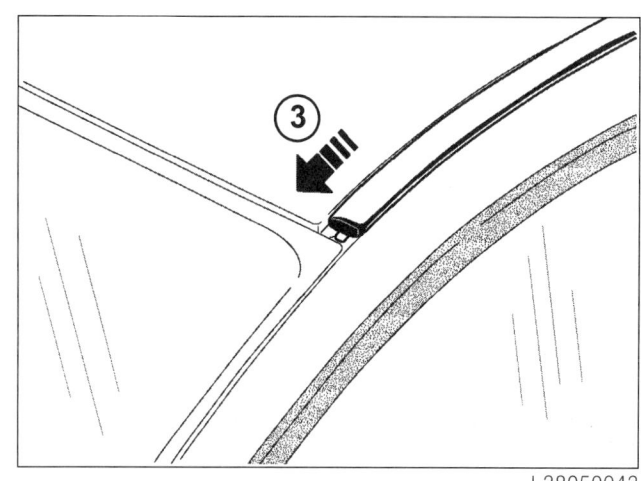

❏ 다음을 장착한다 :
  - 루프 몰딩,
  - (3) 방향으로 홈 조인트 장착.
❏ 마스킹 테이프를 제거한다.

외장 보호 트림
프론트 펜더 프로텍터 : 탈거 – 장착

55A

L38

탈거

I – 탈거 준비 작업

- 차량을 2주식 리프트에 위치시킨다 (02A, 리프팅, 차량 : 견인 및 리프팅 참조).
- 프론트 휠을 탈거한다 (MR 445 리페어 매뉴얼, 35A, 휠 및 타이어, 휠 : 탈거 – 장착 참조).

II – 관련 부품 탈거 작업

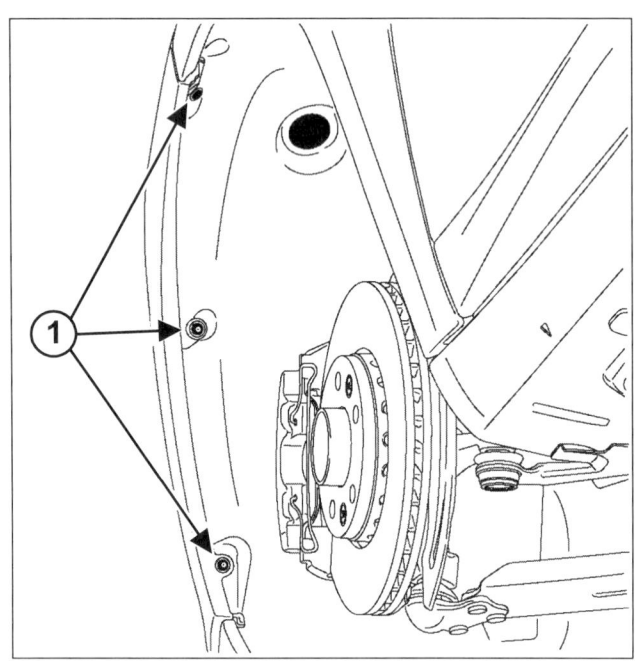

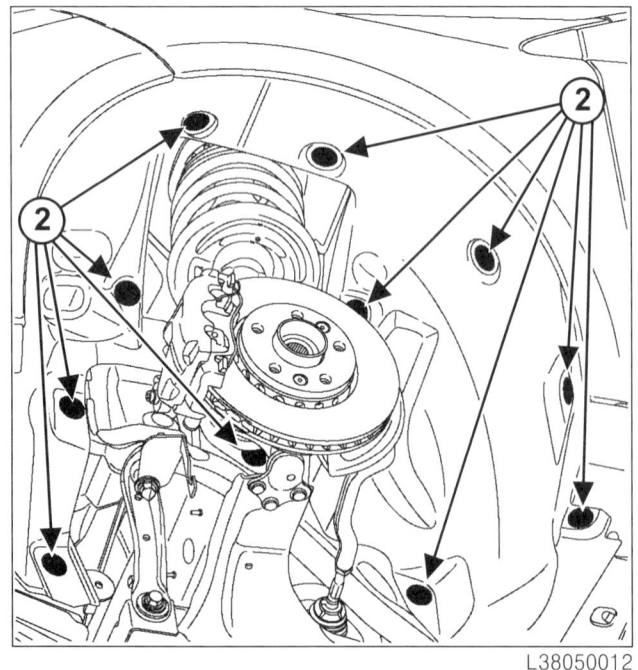

- 다음을 탈거한다 :
  - 볼트 (1),
  - 클립 (2),
  - 프론트 펜더 프로텍터의 앞부분.

장착

I – 장착 준비 작업

- 프론트 펜더 프로텍터 마운팅 클립의 상태를 점검하고 필요한 경우 교환한다.

II – 관련 부품 장착 작업

- 프론트 펜더 프로텍터의 뒷부분부터 장착한다.
- 다음을 장착한다 :
  - 클립 (2),
  - 볼트 (1).

III – 최종 작업

- 프론트 휠을 장착한다 (MR 445 리페어 매뉴얼, 35A, 휠 및 타이어, 휠 : 탈거 – 장착 참조).

외장 보호 트림
리어 펜더 프로텍터 : 탈거 - 장착

55A

L38

탈거

I - 탈거 준비 작업

- 차량을 2주식 리프트에 위치시킨다 (02A, 리프팅, 차량 : 견인 및 리프팅 참조).
- 리어 휠을 탈거한다 (MR 445 리페어 매뉴얼, 35A, 휠 및 타이어, 휠 : 탈거 - 장착 참조).

II - 관련 부품 탈거 작업

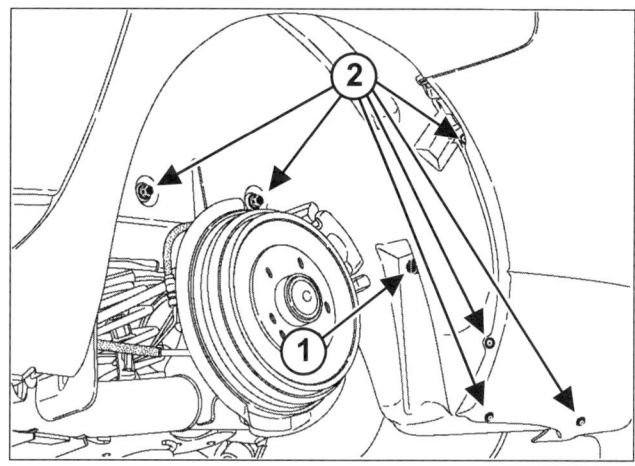

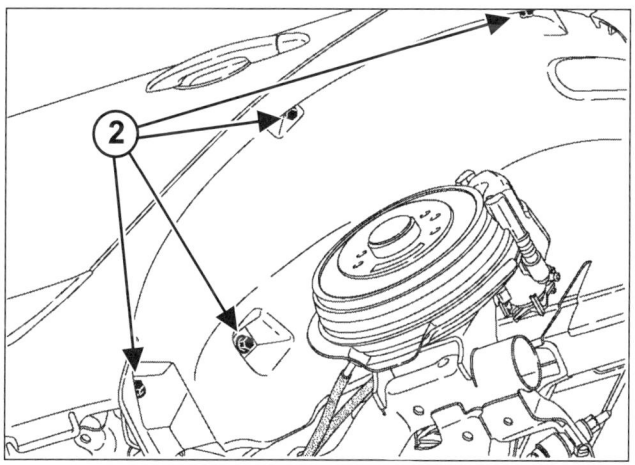

- 다음을 탈거한다 :
  - 클립 (1),
  - 볼트 (2),
  - 리어 펜더 프로텍터.

장착

I - 장착 준비 작업

- 리어 펜더 프로텍터 마운팅 클립의 상태를 점검하고 필요한 경우 교환한다.

II - 관련 부품 장착 작업

- 다음을 장착한다 :
  - 리어 펜더 프로텍터,
  - 볼트 (2),
  - 클립 (1).

III - 최종 작업

- 리어 휠을 장착한다 (MR 445 리페어 매뉴얼, 35A, 휠 및 타이어, 휠 : 탈거 - 장착 참조).

외장 보호 트림
프론트 사이드 도어 필러 트림 : 탈거 - 장착

55A

L38

탈거

I - 탈거 준비 작업

❏ 다음을 탈거한다 :

- 도어 미러 (56A, 외장 장착 부품 , 도어 미러 : 탈거 - 장착 참조),
- 프론트 사이드 도어 아웃사이드 몰딩 (66A, 윈도우 실링 , 프론트 사이드 도어 아웃사이드 몰딩 : 탈거 - 장착 참조),
- 프론트 사이드 도어 피니셔 (72A, 사이드 도어 트림 , 프론트 사이드 도어 피니셔 : 탈거 - 장착 참조),
- 도어 실링 스크린 (65A, 도어 실링 , 도어 실링 스크린 : 탈거 - 장착 참조),
- 프론트 사이드 도어 슬라이딩 윈도우 글라스 (54A, 윈도우 , 프론트 사이드 도어 슬라이딩 윈도우 글라스 : 탈거 - 장착 참조).

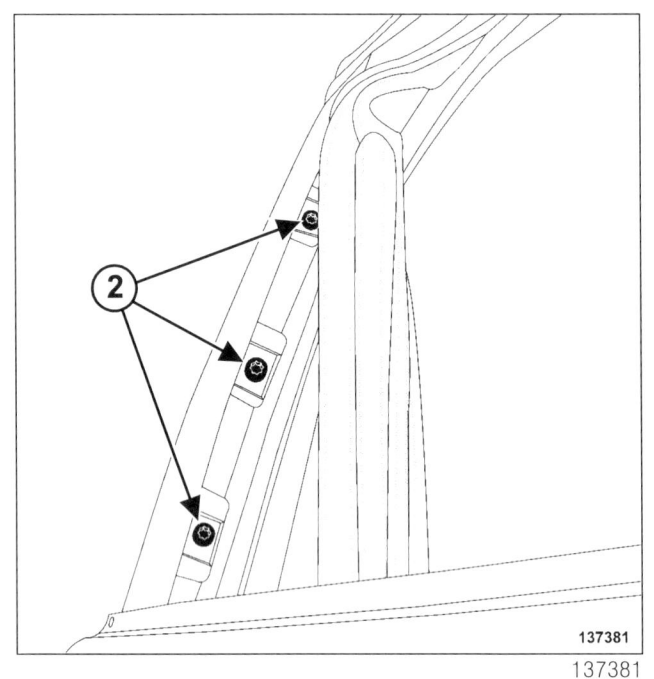

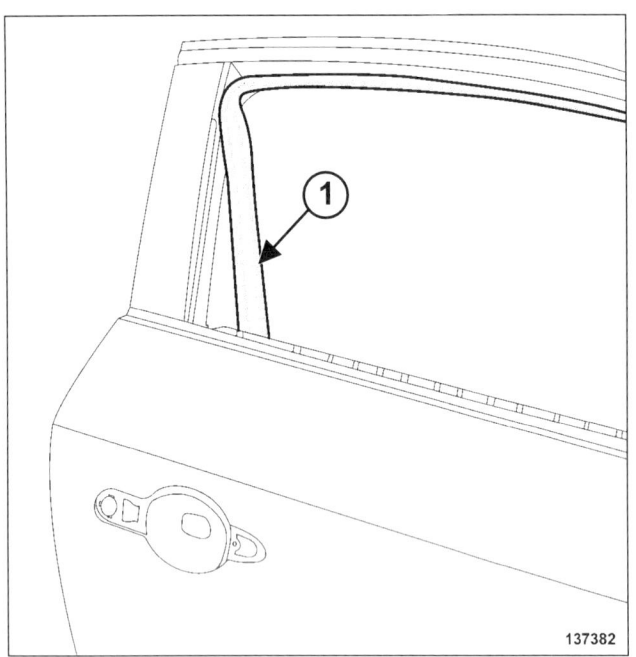

❏ 다음을 탈거한다 :
- 볼트 (2),
- 프론트 사이드 도어 필러 트림 .

❏ (1) 에서 프론트 사이드 도어 윈도우 글라스 런을 부분적으로 탈거한다 .

II - 관련 부품 탈거 작업

❏

> 참고 :
> 프론트 사이드 도어 필러 트림 탈거 시 부품이 손상되지 않도록 주의한다 . 손상된 부품은 교환해야 한다 .

외장 보호 트림
프론트 사이드 도어 필러 트림 : 탈거 – 장착

55A

L38

장착

I – 관련 부품 장착 작업

- 프론트 사이드 도어 필러 트림의 하단부를 장착한다.
- 프론트 사이드 도어 글라스 런의 상단부를 장착한다.
- 글라스 런 상단부에 프론트 사이드 도어 필러 트림을 위치시킨다.

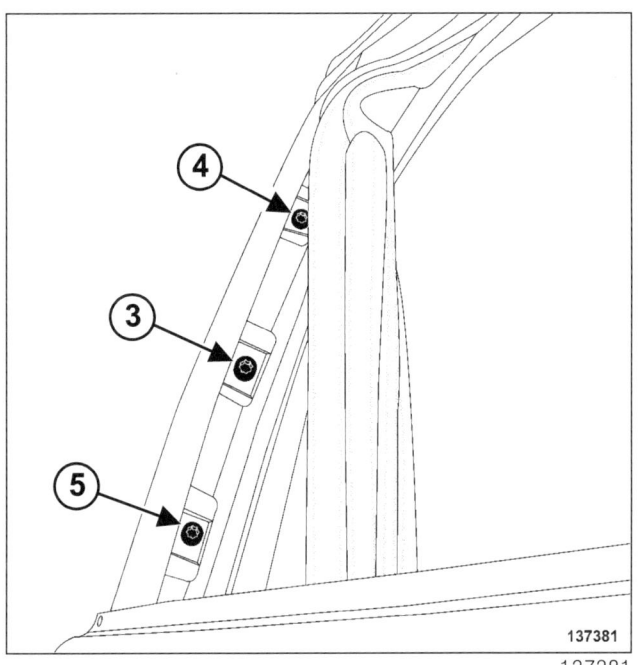

- 다음을 장착한다 :
  - 프론트 사이드 도어 필러 트림을 제 위치에 고정한 상태에서 센터 볼트 (3),
  - 어퍼 (4) 및 로어 볼트 (5).

II – 최종 작업

- 프론트 도어 윈도우 글라스 런을 장착한다.
- 프론트 사이드 도어 필러 트림과 리어 도어 사이의 단차를 점검한다.
- 다음을 장착한다 :
  - 프론트 사이드 도어 슬라이딩 윈도우 글라스 (54A, 윈도우 , 프론트 사이드 도어 슬라이딩 윈도우 글라스 : 탈거 – 장착 참조),
  - 도어 실링 스크린 (65A, 도어 실링 , 도어 실링 스크린 : 탈거 – 장착 참조),
  - 프론트 사이드 도어 피니셔 (72A, 사이드 도어 트림 , 프론트 사이드 도어 피니셔 : 탈거 – 장착 참조),
  - 프론트 사이드 도어 아웃사이드 몰딩 (66A, 윈도우 실링 , 프론트 사이드 도어 아웃사이드 몰딩 : 탈거 – 장착 참조),
  - 도어 미러 (56A, 외장 장착 부품 , 도어 미러 : 탈거 – 장착 참조).

외장 보호 트림
리어 사이드 도어 필러 트림 : 탈거 - 장착

55A

L38

탈거

I - 탈거 준비 작업

❏ 다음을 탈거한다 :

- 리어 사이드 도어 피니셔 (72A, 사이드 도어 트림, 리어 사이드 도어 피니셔 : 탈거 - 장착 참조),
- 도어 실링 스크린 (65A, 도어 실링, 도어 실링 스크린 : 탈거 - 장착 참조),
- 리어 사이드 도어 슬라이딩 윈도우 글라스 (54A, 윈도우, 리어 사이드 도어 슬라이딩 윈도우 글라스 : 탈거 - 장착 참조).

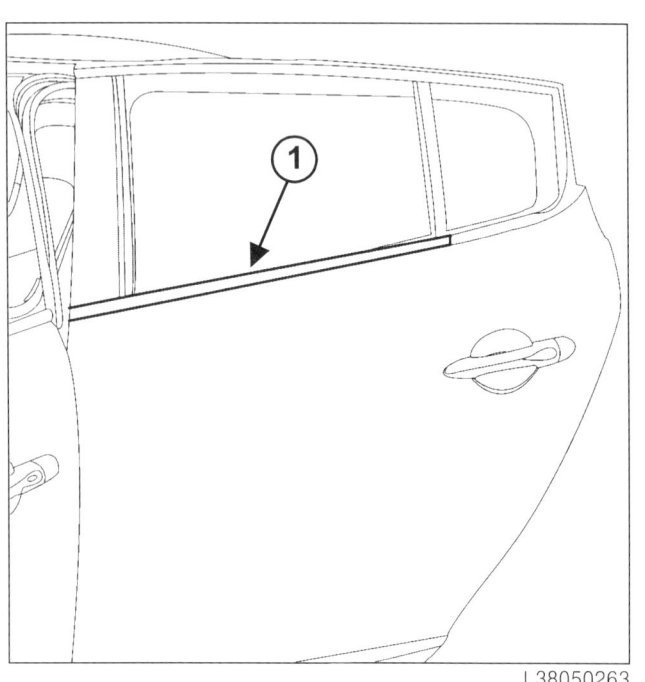

❏ 아웃사이드 몰딩 일부 (1) 를 탈거한다.

II - 관련 부품 탈거 작업

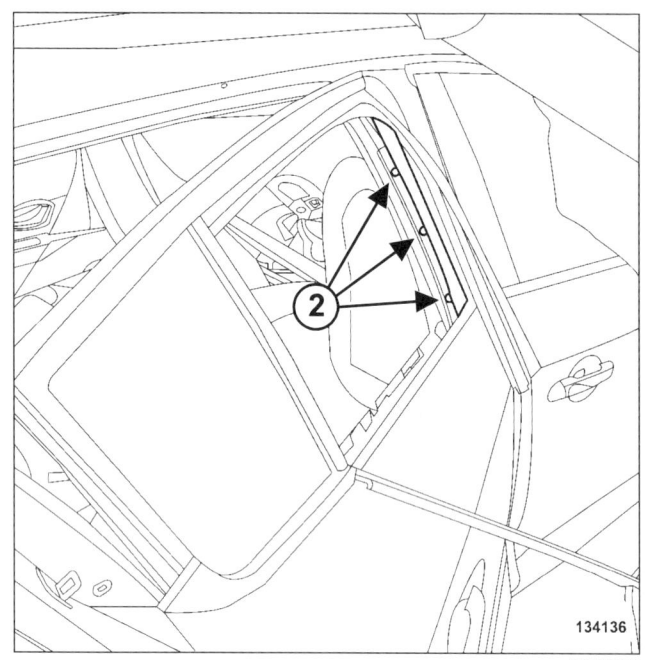

❏ 다음을 탈거한다 :

- 볼트 (2),
- 리어 사이드 도어 필러 트림.

외장 보호 트림
리어 사이드 도어 필러 트림 : 탈거 – 장착

55A

L38

장착

I – 관련 부품 장착 작업

- 리어 사이드 도어 필러 트림의 하단부를 장착한다.
- 리어 사이드 도어 글라스 런의 상단부를 장착한다.
- 글라스 런 상단부에 리어 사이드 도어 필러 트림을 위치시킨다.

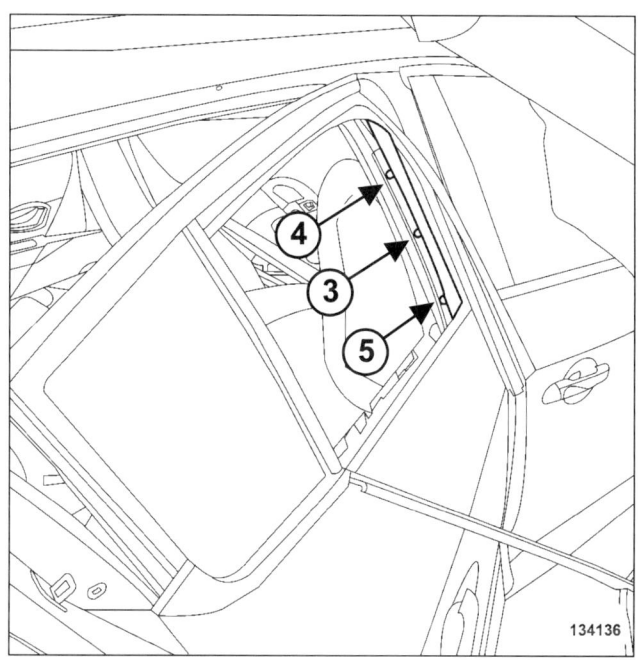

- 다음을 장착한다 :
  - 리어 사이드 도어 필러 트림을 제 위치에 고정한 상태에서 센터 볼트 (3),
  - 어퍼 (4) 및 로어 볼트 (5).

II – 최종 작업

- 다음을 장착한다 :
  - 리어 사이드 도어 글라스 런 (**66A, 윈도우 실링, 리어 사이드 도어 글라스 런 : 탈거 – 장착** 참조),
  - 아웃사이드 몰딩 (1).

- 리어 사이드 도어 필러 트림과 프론트 도어 사이의 단차를 점검한다.

- 다음을 장착한다 :
  - 리어 사이드 도어 슬라이딩 윈도우 글라스 (**54A, 윈도우, 리어 사이드 도어 슬라이딩 윈도우 글라스 : 탈거 – 장착** 참조),
  - 도어 실링 스크린 (**65A, 도어 실링, 도어 실링 스크린 : 탈거 – 장착** 참조),
  - 리어 사이드 도어 피니셔 (**72A, 사이드 도어 트림, 리어 사이드 도어 피니셔 : 탈거 – 장착** 참조).

외장 장착 부품
카울 탑 익스텐션 : 탈거 – 장착

56A

L38

탈거

I – 탈거 준비 작업

❏ 다음을 탈거한다 :
- 프론트 윈드실드 와이퍼 암 (MR 445 리페어 매뉴얼, 85A, 와이퍼 및 워셔, 프론트 윈드실드 와이퍼 암 : 탈거 – 장착 참조),
- 카울 탑 커버 (56A, 외장 장착 부품, 카울 탑 커버 : 탈거 – 장착 참조).

II – 관련 부품 탈거 작업

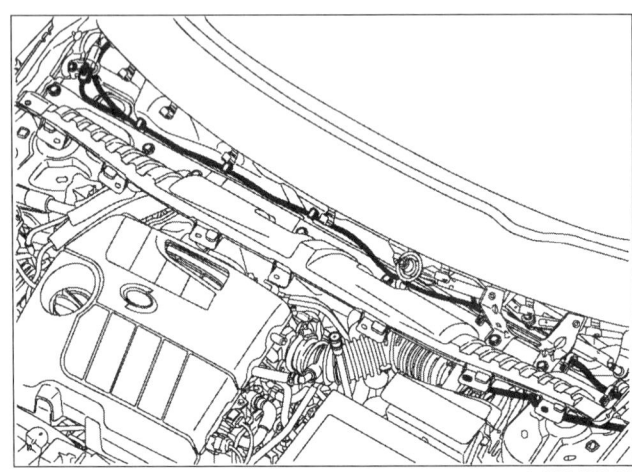

❏ 와이어링 하네스의 클립들을 탈거한다.

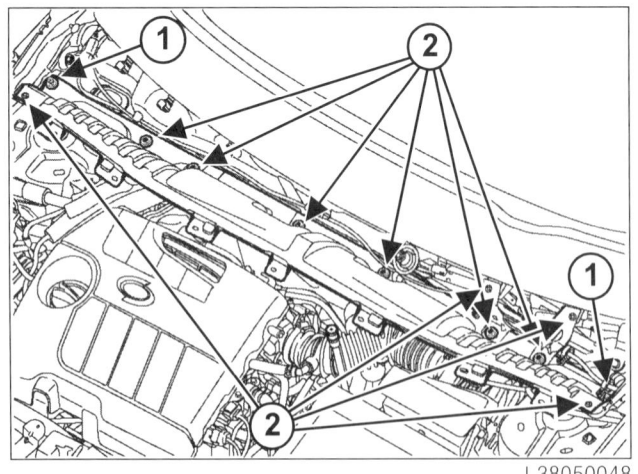

❏ 다음을 탈거한다 :
- 너트 (1),
- 볼트 (2),
- 브라켓,
- 카울 탑 익스텐션.

장착

I – 관련 부품 장착 작업

❏ 카울 탑 익스텐션을 위치시킨다.

❏ 다음을 장착한다 :
- 브라켓,
- 볼트 (2),
- 너트 (1).

❏ 와이어링 하네스의 클립을 장착한다.

II – 최종 작업

❏ 다음을 장착한다 :
- 카울 탑 커버 (56A, 외장 장착 부품, 카울 탑 커버 : 탈거 – 장착 참조),
- 프론트 윈드실드 와이퍼 암 (MR 445 리페어 매뉴얼, 85A, 와이퍼 및 워셔, 프론트 윈드실드 와이퍼 암 : 탈거 – 장착 참조).

외장 장착 부품
도어 미러 : 탈거 - 장착

56A

L38

탈거

I - 탈거 준비 작업

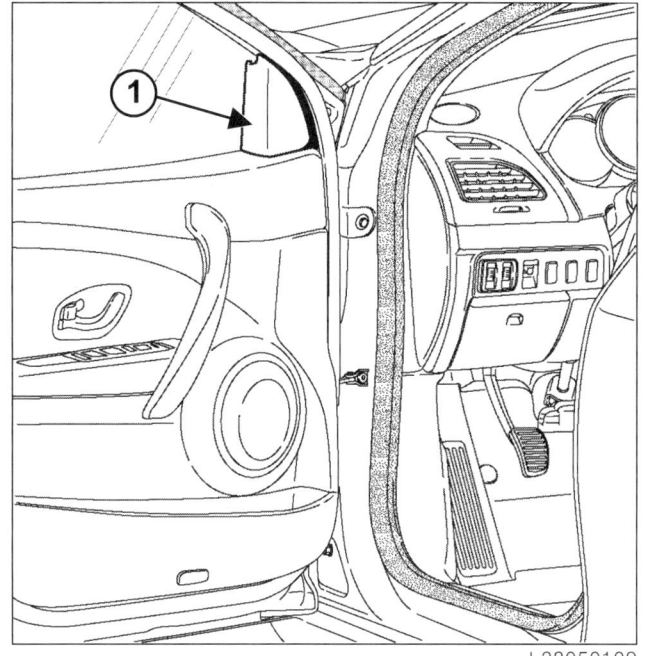

L38050109

❏ 도어 미러 코너 커버 (1) 를 탈거한다.

II - 관련 부품 탈거 작업

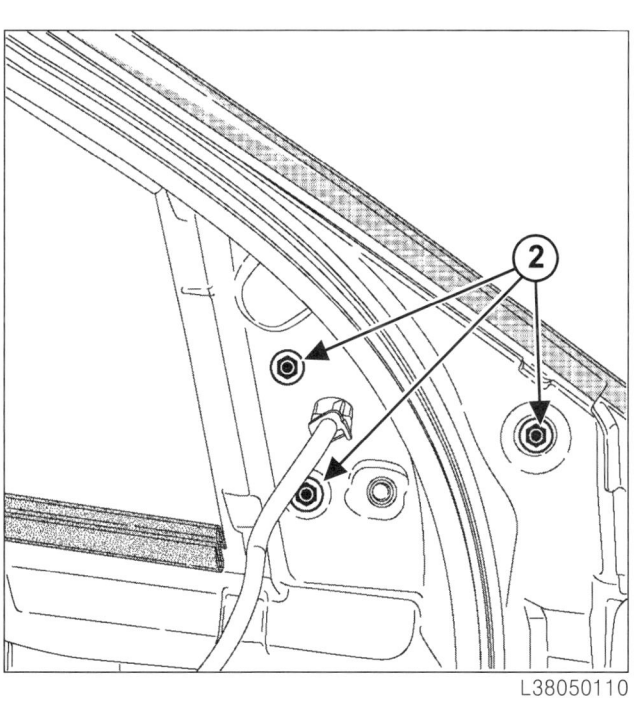

L38050110

❏ 커넥터를 분리한다.

❏ 다음을 탈거한다 :
- 볼트 (2),
- 도어 미러 어셈블리,
- 패드.

장착

I - 장착 준비 작업

❏ 패드의 상태를 확인하고, 손상되었다면 교환한다.

II - 관련 부품 장착 작업

❏ 다음을 장착한다 :
- 도어 미러 어셈블리,
- 패드,
- 볼트 (2).

❏ 커넥터를 연결한다.

❏ 기능 테스트를 수행한다.

III - 최종 작업

❏ 도어 미러 코너 커버 (1) 를 장착한다.

외장 장착 부품
도어 미러 케이싱 : 탈거 - 장착

56A

L38

탈거

I - 탈거 준비 작업

❏ 다음을 탈거한다 :
- 도어 미러 글라스를 탈거한다 (56A, 외장 장착 부품, 도어 미러 글라스 : 탈거 - 장착 참조),
- 사이드 턴 시그널 램프 (MR 445 리페어 매뉴얼, 80B, 프론트 라이팅 시스템, 사이드 턴 시그널 램프 : 탈거 - 장착 참조).

II - 관련 부품 탈거 작업

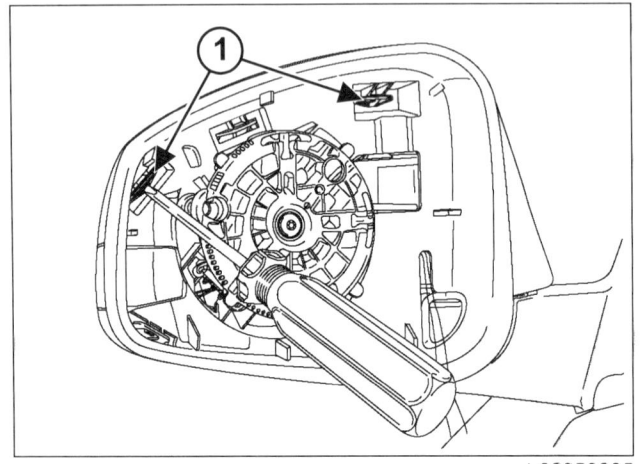

❏ 일자드라이버를 사용하여 리테이닝 클립 (1) 을 분리한다.

III - 관련 부품 탈거 작업

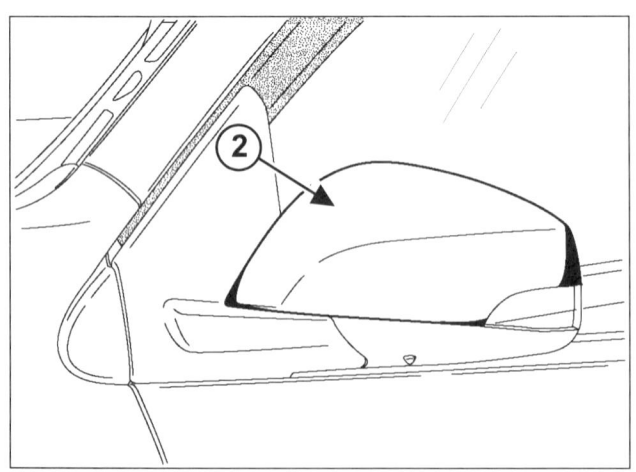

❏ 도어 미러 케이싱 (2) 을 탈거한다.

장착

I - 관련 부품 장착 작업

❏ 도어 미러 케이싱 (2) 을 원래 위치에 장착한다.

II - 최종 작업

❏ 다음을 탈거한다 :
- 사이드 턴 시그널 램프 (MR 445 리페어 매뉴얼, 80B, 프론트 라이팅 시스템, 사이드 턴 시그널 램프 : 탈거 - 장착 참조),
- 도어 미러 글라스를 장착한다 (56A, 외장 장착 부품, 도어 미러 글라스 : 탈거 - 장착 참조).

외장 장착 부품
도어 미러 글라스 : 탈거 – 장착

56A

L38

탈거

I – 관련 부품 탈거 작업

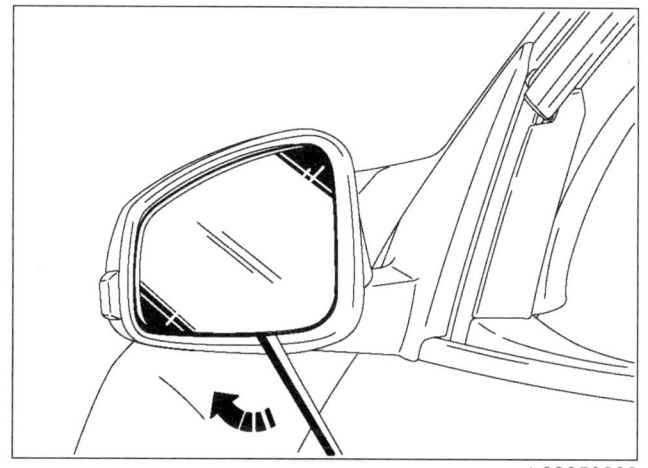

- 마스킹 테이프로 도어 미러의 가장자리를 보호한다.
- 도어 미러 글라스를 탈거한다.

II – 관련 부품 탈거 작업

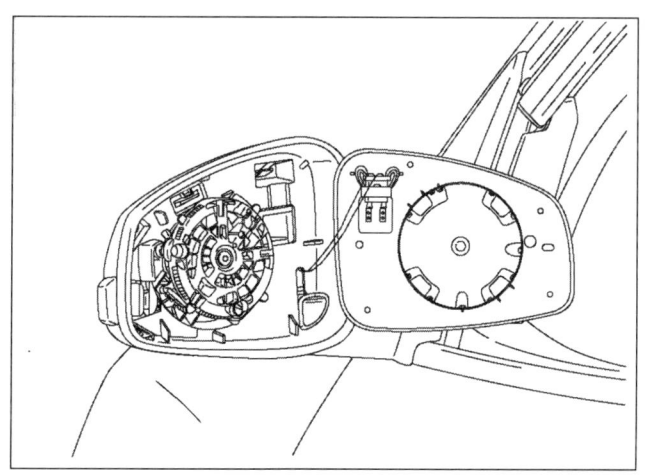

- 커넥터를 분리한다.

장착

I – 관련 부품 장착 작업

- 커넥터를 연결한다.
- 도어 미러 글라스를 장착한다.

외장 장착 부품
라디에이터 그릴 : 탈거 - 장착

56A

L38

탈거

I - 탈거 준비 작업

❏ 차량을 2 주식 리프트에 위치시킨다 (02A, 리프팅, 차량 : 견인 및 리프팅 참조).

❏ 다음을 탈거한다 :

- 프론트 휠 (MR 445 리페어 매뉴얼 , 35A, 휠 및 타이어 , 휠 : 탈거 - 장착 참조),
- 프론트 펜더 프로텍터의 앞 부분 (55A, 외장 보호 트림 , 프론트 펜더 프로텍터 : 탈거 - 장착 참조),
- 범퍼 (55A, 외장 보호 트림 , 프론트 범퍼 : 탈거 - 장착 참조).

❏ 다양한 커넥터를 분리한다 .

❏ 에너지 업서버를 탈거한다 .

II - 관련 부품 탈거 작업

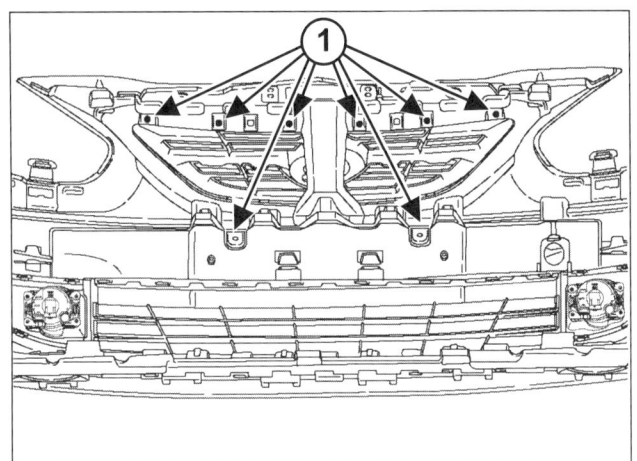

❏ 프론트 범퍼 내부에서 스크류 (1) 를 탈거한다 .

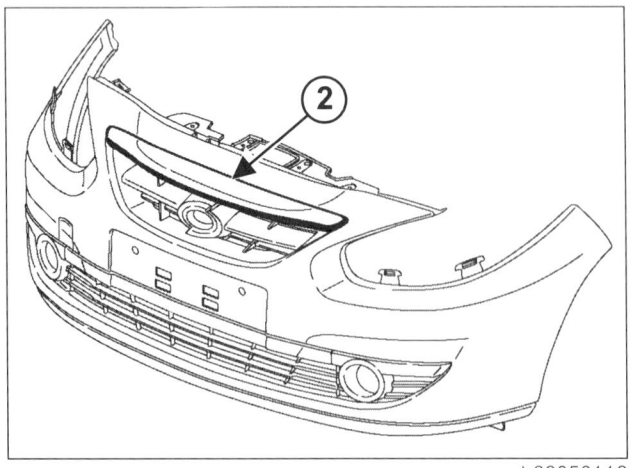

❏ 다음을 탈거한다 :

- 라디에이터 어퍼 그릴 몰딩 (2),
- 프론트 범퍼 센터 리인포스먼트 ,
- 라디에이터 그릴 ,
- 프론트 엠블렘 .

장착

I - 관련 부품 장착 작업

❏ 다음을 장착한다 :

- 프론트 엠블렘 ,
- 라디에이터 그릴 ,
- 프론트 범퍼 센터 리인포스먼트 ,
- 라디에이터 어퍼 그릴 몰딩 (2),
- 스크류 (1).

II - 최종 작업

❏ 에너지 업서버를 장착한다 .

❏ 다양한 커넥터를 연결한다 .

❏ 다음을 장착한다 :

- 에너지 업서버 ,
- 범퍼 (55A, 외장 보호 트림 , 프론트 범퍼 : 탈거 - 장착 참조),
- 프론트 펜더 프로텍터 (55A, 외장 보호 트림 , 프론트 펜더 프로텍터 : 탈거 - 장착 참조),
- 프론트 휠 (MR 445 리페어 매뉴얼 , 35A, 휠 및 타이어 , 휠 : 탈거 - 장착 참조).

외장 장착 부품
카울 탑 커버 : 탈거 - 장착

56A

L38

특수 공구	
RSM 9232	프론트 윈드실드 와이퍼 암 탈거 공구

탈거

I - 탈거 준비 작업

❏ 프론트 윈드실드 와이퍼 암을 탈거한다 (MR 445 리페어 매뉴얼, 85A, 와이퍼 및 워셔, 프론트 윈드실드 와이퍼 암 : 탈거 - 장착 참조).

II - 관련 부품 탈거 작업

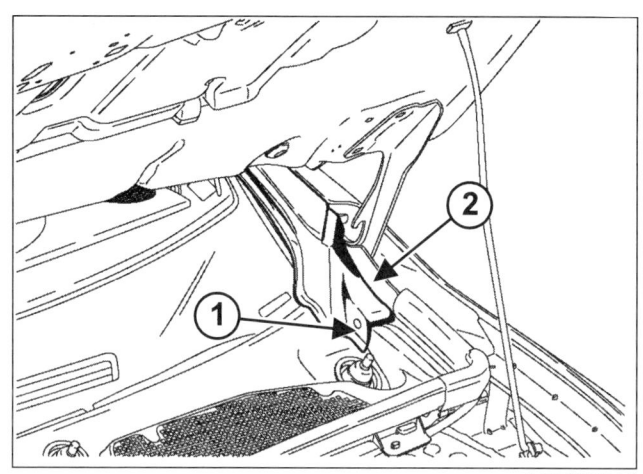

❏ 클립 (1) 을 탈거한다.
❏ 프론트 펜더에서 트림 (2) 의 클립을 탈거한다.

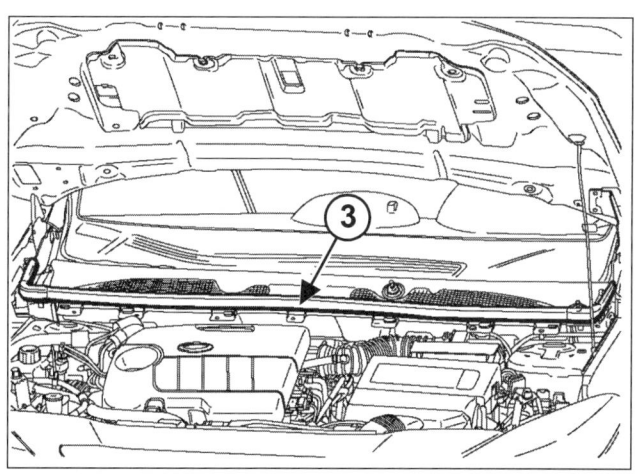

❏ 웨더스트립 (3) 을 탈거한다.

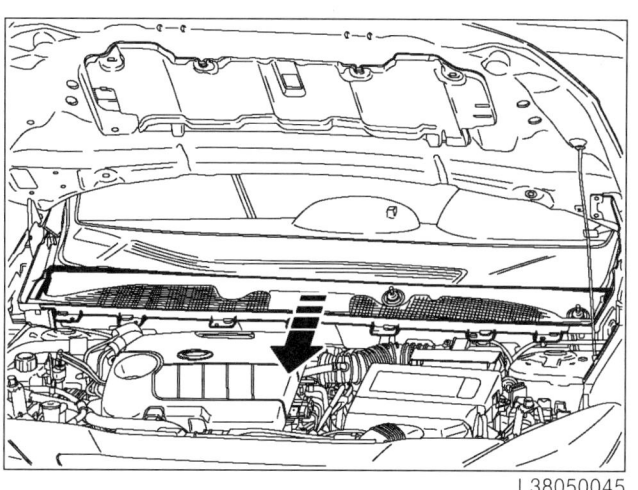

❏ 카울 탑 커버를 탈거한다.

장착

I - 관련 부품 장착 작업

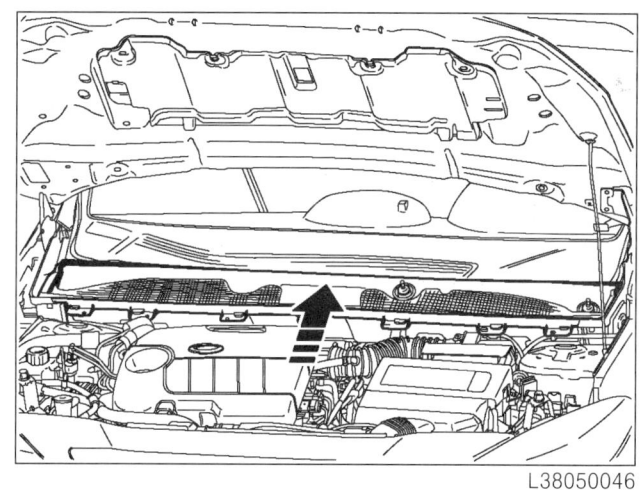

❏ 카울 탑 커버를 장착한다.
❏ 다음을 장착한다 :
  – 웨더스트립 (3),
  – 프론트 펜더에 트림 (2),
  – 클립 (1).

II - 최종 작업

❏ 프론트 윈드실드 와이퍼 암을 장착한다 (MR 445 리페어 매뉴얼, 85A, 와이퍼 및 워셔, 프론트 윈드실드 와이퍼 암 : 탈거 - 장착 참조).

외장 장착 부품
리어 엠블렘 : 탈거 - 장착

56A

L38

특수 공구	
RSM 9209	리어 엠블렘용 템플릿

탈거

I - 관련 부품 탈거 작업

참고 :
리어 엠블렘 탈거 시 패널이 손상되지 않도록 주의한다.

- 히팅 건으로 리어 엠블렘을 가열한다.
- 차량 엠블렘을 탈거한다.

장착

I - 관련 부품 장착 작업

- 템플릿 (RSM 9209) 을 위치시킨다.
- 차량 엠블렘 뒤쪽의 보호지를 탈거한다.
- 차량 엠블렘을 부착한다.
- 템플릿 (RSM 9209) 을 탈거한다.

내장 장착 부품
인스트루먼트 패널 : 탈거 – 장착

57A

L38

규정 토크 ⊖	
크로스 멤버측 조수석 에어백 볼트	8 N.m

탈거

I – 탈거 준비 작업

❏ 배터리 단자를 분리한다 (MR 445 리페어 매뉴얼, 80A, 배터리, 배터리 : 탈거 – 장착 참조).

❏ 다음을 탈거한다 :
- 프론트 이너 어퍼 필러 가니쉬 (71A, 인테리어 트림, 프론트 필러 가니쉬 : 탈거 – 장착 참조),
- 센터 콘솔 (57A, 내장 장착 부품, 센터 콘솔 : 탈거 – 장착 참조),
- 운전석 프론트 에어백 (MR 445 리페어 매뉴얼, 88C, 에어백 및 프리텐셔너, 운전석 프론트 에어백 : 탈거 – 장착 참조),
- 스티어링 휠 (MR 445 리페어 매뉴얼, 36A, 스티어링 어셈블리, 스티어링 휠 : 탈거 – 장착 참조),
- 스티어링 칼럼 스위치 어셈블리 (MR 445 리페어 매뉴얼, 84A, 스위치 장치, 와이퍼 및 라이팅 컨트롤 스위치 어셈블리 : 탈거 – 장착 참조),
- 인스트루먼트 패널 로어 트림 (57A, 내장 장착 부품, 인스트루먼트 패널 로어 트림 : 탈거 – 장착 참조),
- 센터 프론트 패널 (57A, 내장 장착 부품, 센터 프론트 패널 : 탈거 – 장착 참조),
- 카드 리더 (MR 445 리페어 매뉴얼, 82A, 이모빌라이져 시스템, 카드 리더 : 탈거 – 장착),
- 진단 커넥터,
- 글로브 박스 (57A, 내장 장착 부품, 글로브 박스 : 탈거 – 장착 참조).

라디오

❏ 다음을 탈거한다 :
- 오디오 시스템 (MR 445 리페어 매뉴얼, 86A, 오디오 시스템, 라디오 : 탈거 – 장착 참조),
- 디스플레이 (MR 445 리페어 매뉴얼, 86A, 오디오 시스템, 디스플레이 : 탈거 – 장착 참조).

네비게이션

❏ 다음을 탈거한다 :
- 내비게이션 라디오 (MR 445 리페어 매뉴얼, 83C, 내비게이션 시스템, 내비게이션 라디오 : 탈거 – 장착 참조),
- 내비게이션 스크린 (MR 445 리페어 매뉴얼, 83C, 내비게이션 시스템, 내비게이션 스크린 : 탈거 – 장착 참조).

❏ 다음을 탈거한다 :
- 컨트롤 패널 (MR 445 리페어 매뉴얼, 61A, 히팅 시스템, 컨트롤 패널 : 탈거 – 장착 참조),
- 컴비네이션 미터 (MR 445 리페어 매뉴얼, 83A, 컴비네이션 미터, 컴비네이션 미터 : 탈거 – 장착 참조),
- 인스트루먼트 센터 에어 벤트 (57A, 내장 장착 부품, 인스트루먼트 사이드 에어 벤트 탈거 – 장착 참조),
- 인스트루먼트 패널 어퍼 섹션의 트위터 (MR 445 리페어 매뉴얼, 86A, 오디오 시스템, 트위터 : 탈거 – 장착 참조),
- 프론트 사이드 에어 덕트 (MR 445 리페어 매뉴얼, 61A, 히팅 시스템, 프론트 사이드 에어 덕트 : 탈거 – 장착 참조).

❏ 인스트루먼트 패널 와이어링의 라우팅과 조수석 프론트 에어백 유닛 주위의 마운팅 위치를 표시한다.

> **주의**
>
> 장착 작업 후 소음 발생, 심각한 마모, 회로 단락 등을 방지하기 위해 와이어링 경로 및 커넥터 연결 방법을 표시한다.

내장 장착 부품
인스트루먼트 패널 : 탈거 – 장착

57A

L38

II - 관련 부품 탈거 작업

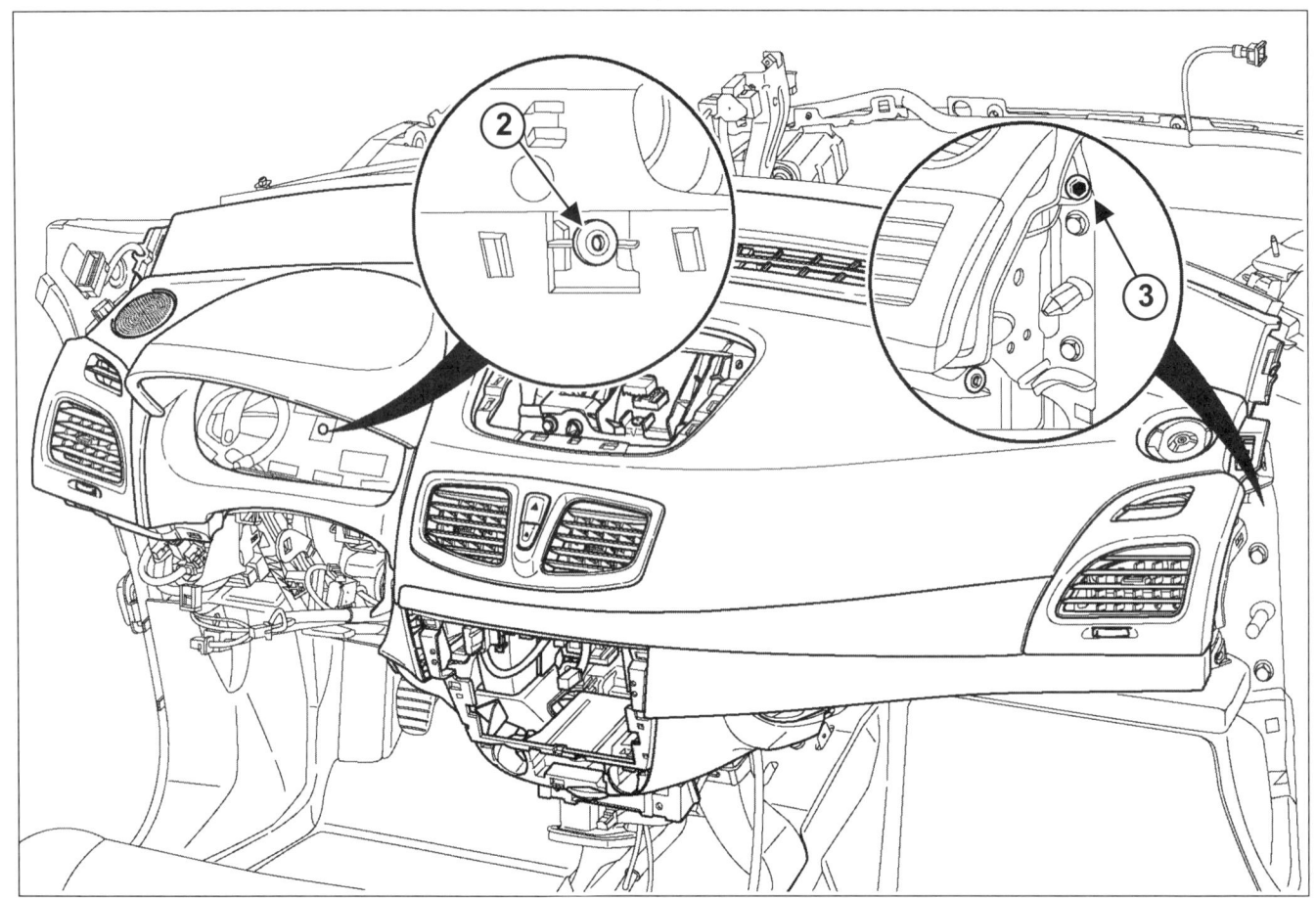

내장 장착 부품
인스트루먼트 패널 : 탈거 - 장착

57A

L38

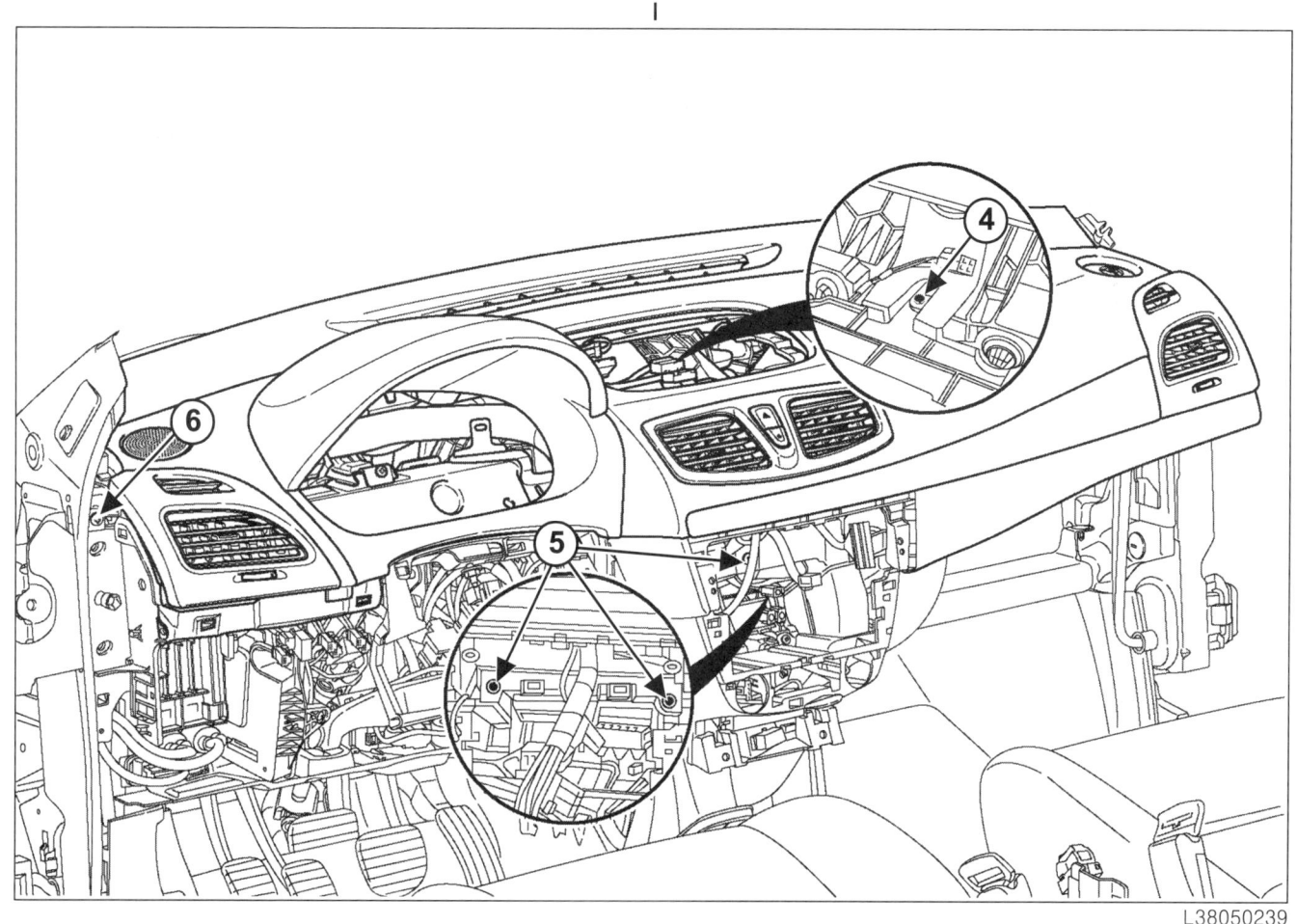

- 인스트루먼트 패널에서 볼트(2), (3), (4), (5) 및 (6)을 탈거한다.
- 인스트루먼트 패널을 한쪽으로 약간 이동시킨다.

> 참고 :
> 인스트루먼트 패널을 탈거하기 전에 다양한 와이어링의 위치를 표시한다.

- 인스트루먼트 패널을 탈거한다 (이 작업은 두 사람이 작업한다).

내장 장착 부품
인스트루먼트 패널 : 탈거 – 장착

57A

L38

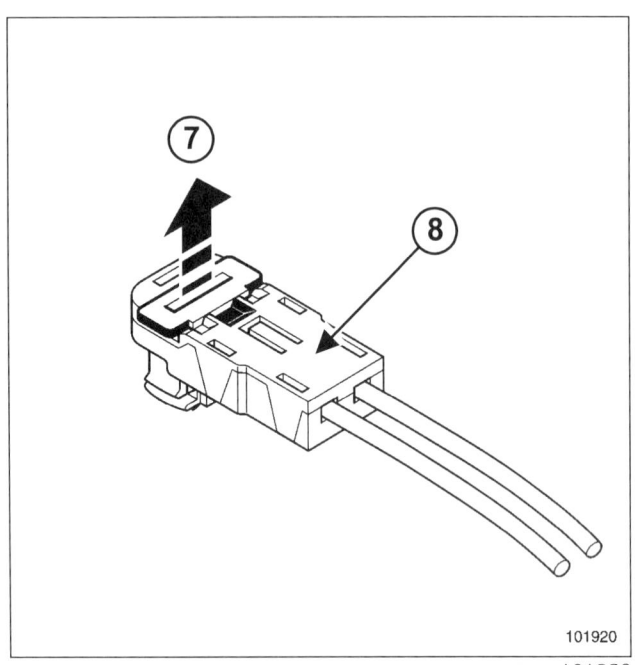

❏ (7) 에서 조수석 프론트 에어백 커넥터 (8) 를 잠금 해제한다.

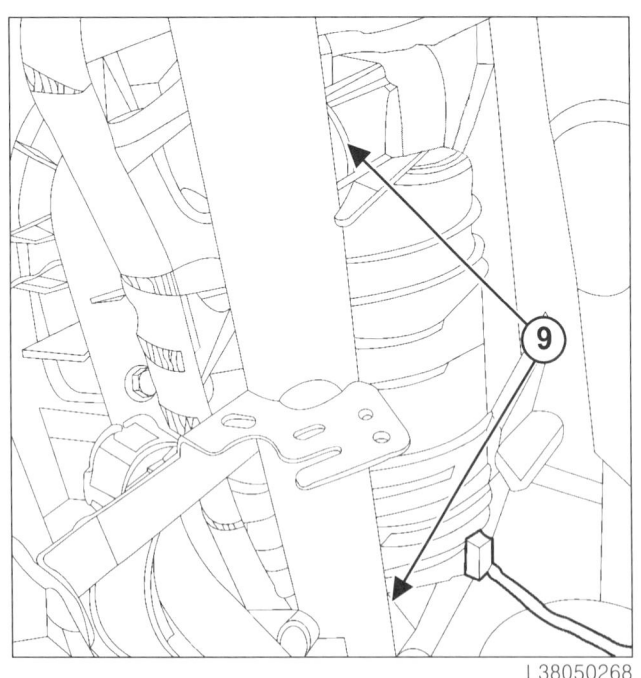

❏ 크로스 멤버 측 조수석 에어백 볼트 (9) 를 탈거한다.

장착

I - 관련 부품 장착 작업

❏ 인스트루먼트 패널을 장착한다 (이 작업은 두 사람이 작업한다).

❏ 인스트루먼트 패널 볼트를 장착한다.

II - 최종 작업

❏ 크로스 멤버 측 조수석 에어백 볼트를 장착한다.

❏ **크로스 멤버측 조수석 에어백 볼트를 규정 토크 (8 N.m) 로 조인다.**

❏ 조수석 프론트 에어백 커넥터를 연결한다.

❏ 조수석 프론트 에어백 커넥터를 잠근다.

❏ 탈거 도중 표시한 위치에 와이어링을 장착한다.

> **주의**
> 장착 시 와이어링 하네스의 손상을 방지하기 위해 원래 배선 경로를 확인한다.

> **주의**
> 적절한 전기 접속을 보장하기 위해 커넥터나 주변 구성부품에 배선 부하가 발생하지 않도록 주의한다.

❏ 다음을 장착한다 :

- 프론트 사이드 에어 덕트 (MR 445 리페어 매뉴얼, 61A, 히팅 시스템, 프론트 사이드 에어 덕트 : 탈거 – 장착 참조),

- 인스트루먼트 패널 어퍼 섹션의 트위터 (MR 445 리페어 매뉴얼, 86A, 오디오 시스템, 트위터 : 탈거 – 장착 참조),

- 인스트루먼트 센터 에어 벤트 (57A, 내장 장착 부품, 인스트루먼트 사이드 에어 벤트 탈거 – 장착 참조),

- 컴비네이션 미터 (MR 445 리페어 매뉴얼, 83A, 컴비네이션 미터, 컴비네이션 미터 : 탈거 – 장착 참조),

- 컨트롤 패널 (MR 445 리페어 매뉴얼, 61A, 히팅 시스템, 컨트롤 패널 : 탈거 – 장착 참조).

내장 장착 부품
인스트루먼트 패널 : 탈거 – 장착

57A

L38

네비게이션

❏ 다음을 장착한다 :

- 내비게이션 스크린 (MR 445 리페어 매뉴얼 , 83C, 내비게이션 시스템 , 내비게이션 스크린 : 탈거 – 장착 참조),

- 내비게이션 라디오 (MR 445 리페어 매뉴얼 , 83C, 내비게이션 시스템 , 내비게이션 라디오 : 탈거 – 장착 참조).

라디오

❏ 다음을 장착한다 :

- 디스플레이 (MR 445 리페어 매뉴얼 , 86A, 오디오 시스템 , 디스플레이 : 탈거 – 장착 참조),

- 오디오 시스템 (MR 445 리페어 매뉴얼 , 86A, 오디오 시스템 , 라디오 : 탈거 – 장착 참조).

❏ 다음을 장착한다 :

- 센터 프론트 패널 (57A, 내장 장착 부품 , 센터 프론트 패널 : 탈거 – 장착 참조),

- 글로브 박스 (57A, 내장 장착 부품 , 글로브 박스 : 탈거 – 장착 참조),

- 진단 커넥터 ,

- 카드 리더 (MR 445 리페어 매뉴얼 , 82A, 이모빌라이져 시스템 , 카드 리더 : 탈거 – 장착),

- 센터 프론트 패널 (57A, 내장 장착 부품 , 센터 프론트 패널 : 탈거 – 장착 참조),

- 인스트루먼트 패널 로어 트림 (57A, 내장 장착 부품 , 인스트루먼트 패널 로어 트림 : 탈거 – 장착 참조),

- 스티어링 칼럼 스위치 어셈블리 (MR 445 리페어 매뉴얼 , 84A, 스위치 장치 , 와이퍼 및 라이팅 컨트롤 스위치 어셈블리 : 탈거 – 장착 참조),

- 스티어링 휠 (MR 445 리페어 매뉴얼 , 36A, 스티어링 어셈블리 , 스티어링 휠 : 탈거 – 장착 참조),

- 운전석 프론트 에어백 (MR 445 리페어 매뉴얼 , 88C, 에어백 및 프리텐셔너 , 운전석 프론트 에어백 : 탈거 – 장착 참조),

- 센터 콘솔 (57A, 내장 장착 부품 , 센터 콘솔 : 탈거 – 장착 참조),

- 프론트 이너 어퍼 필러 가니쉬 (71A, 인테리어 트림 , 프론트 필러 가니쉬 : 탈거 – 장착 참조).

❏ 배터리 단자를 연결한다 (MR 445 리페어 매뉴얼 , 80A, 배터리 , 배터리 : 탈거 – 장착 참조).

❏ 모든 기능 테스트를 수행한다 .

내장 장착 부품
인스트루먼트 패널 로어 트림 : 탈거 - 장착

57A

L38

탈거

I - 탈거 준비 작업

❏ 대시 사이드 피니셔를 탈거한다 (71A, 인테리어 트림, 대시 사이드 피니셔 : 탈거 - 장착).

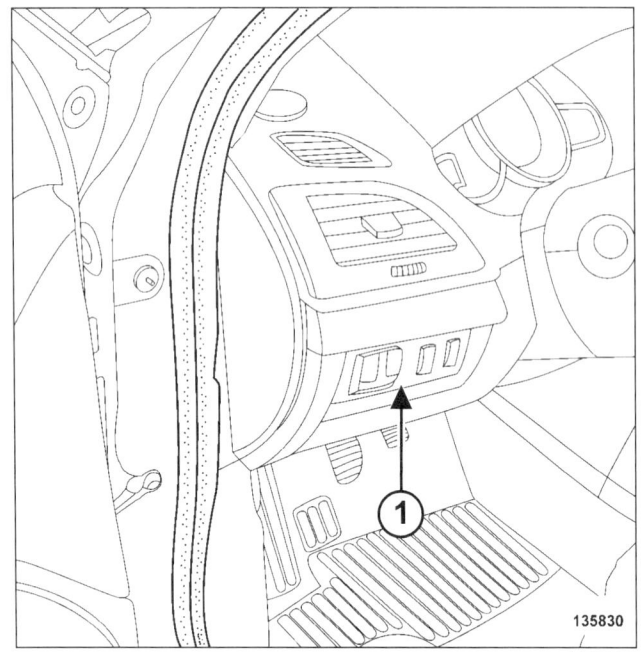

❏ 스위치 플레이트 (1) 를 탈거한다.
❏ 스위치 플레이트 커넥터를 분리한다.
❏ 운전석 도어 웨더스트립을 부분적으로 탈거한다.

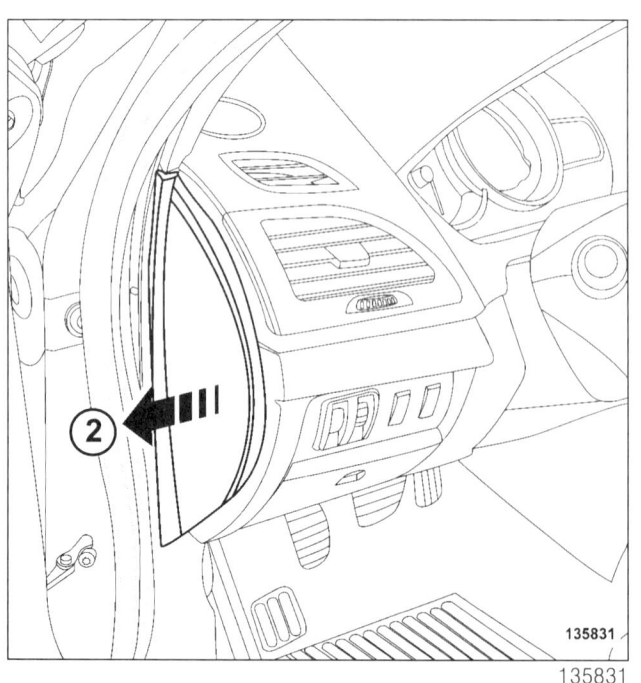

❏ 화살표 (2) 를 따라 인스트루먼트 사이드 패널을 탈거한다.

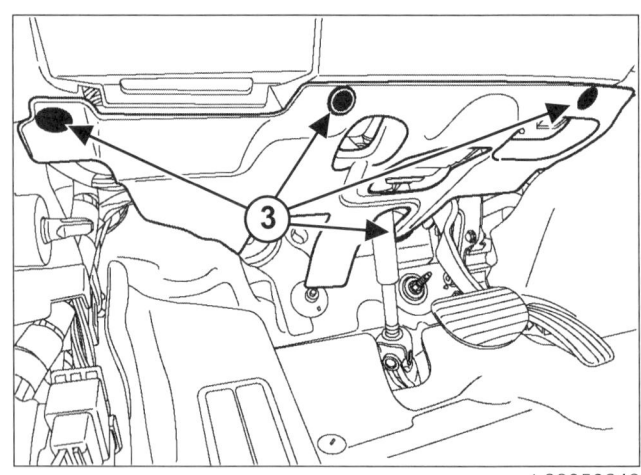

❏ 클립 (3) 을 탈거한다.
❏ 인스트루먼트 패널 로어 언더 커버를 탈거한다 (차량 옵션에 따라 다름).

II - 관련 부품 탈거 작업

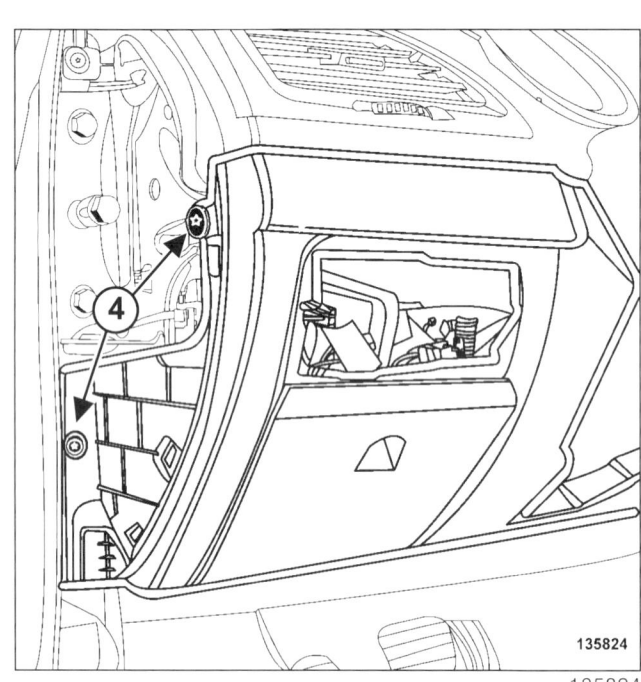

❏ 인스트루먼트 패널 로어 트림 볼트 (4) 를 탈거한다.

내장 장착 부품
인스트루먼트 패널 로어 트림 : 탈거 - 장착

57A

L38

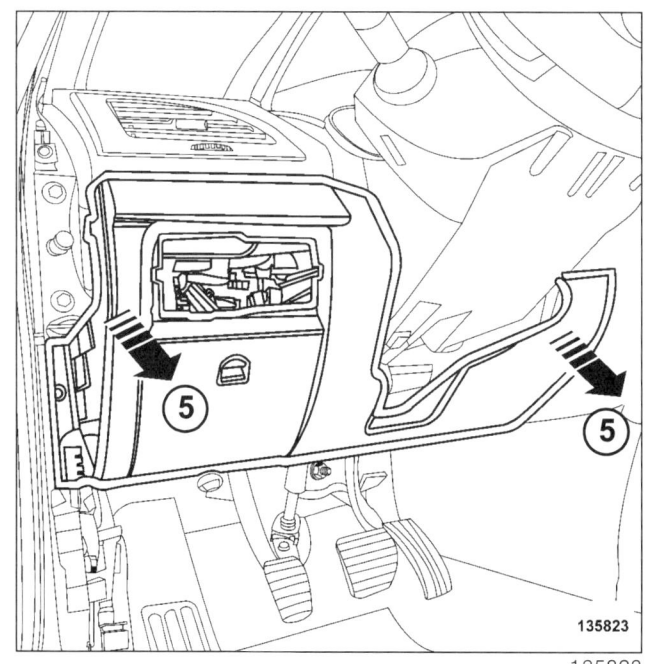

- 화살표 (5) 를 따라 인스트루먼트 패널 로어 트림을 탈거한다.

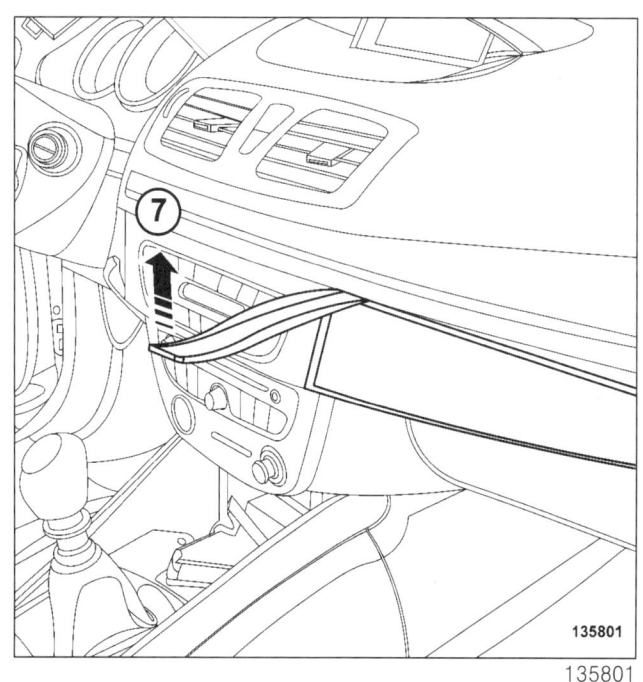

- (6) 및 (7) 에서 조수석 인스트루먼트 패널 로어 트림을 탈거한다.

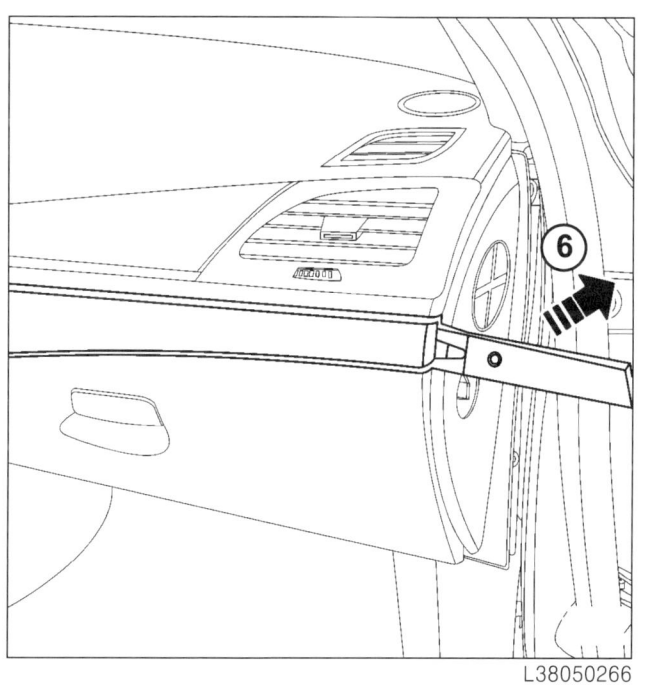

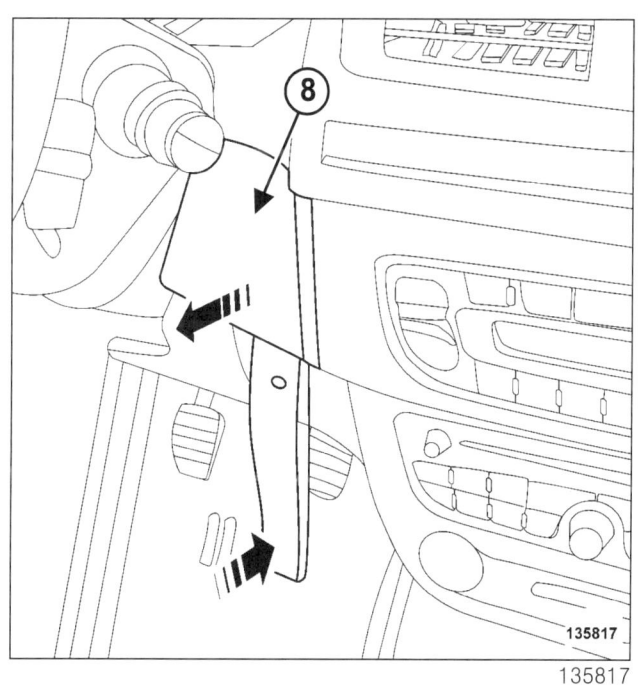

- 운전석 인스트루먼트 패널 로어 트림 (8) 을 탈거한다.

내장 장착 부품
인스트루먼트 패널 로어 트림 : 탈거 – 장착

57A

L38

장착

I – 관련 부품 장착 작업

❏ 인스트루먼트 패널 로어 트림을 장착한다.

❏ 인스트루먼트 패널 로어 트림 볼트를 장착한다.

❏ 다음을 장착한다 :
  - 조수석 인스트루먼트 패널 로어 트림,
  - 운전석 인스트루먼트 패널 로어 트림.

II – 최종 작업

❏ 인스트루먼트 패널 로어 언더 커버를 장착한다 (차량 옵션에 따라 다름).

❏ 인스트루먼트 사이드 패널을 장착한다.

❏ 운전석 도어 웨더스트립을 장착한다.

❏ 스위치 플레이트 커넥터를 연결한다.

❏ 인스트루먼트 패널 로어 트림에 스위치 플레이트를 장착한다.

❏ 대시 사이드 피니셔를 장착한다 (71A, 인테리어 트림, 대시 사이드 피니셔 : 탈거 – 장착).

내장 장착 부품
인스트루먼트 패널 트림 : 탈거 - 장착

57A

L38

탈거

I - 관련 부품 탈거 작업

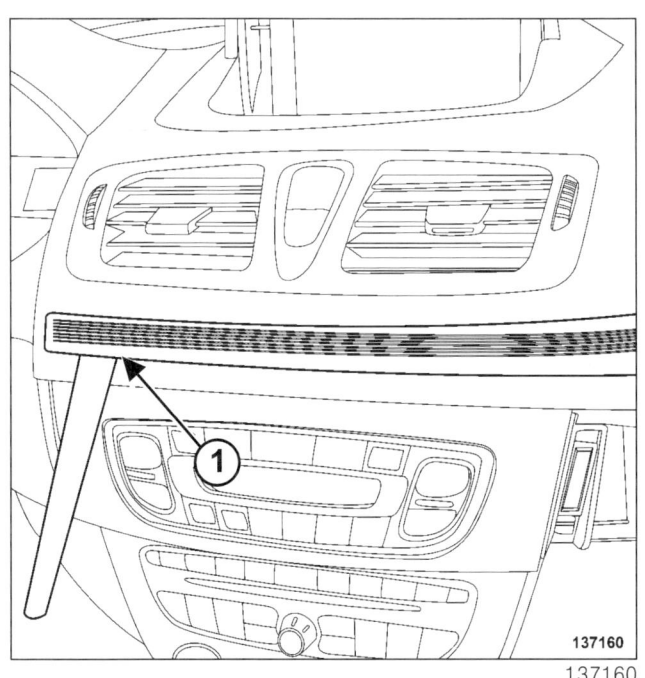

- (1) 에서 인스트루먼트 패널 트림을 탈거한다.

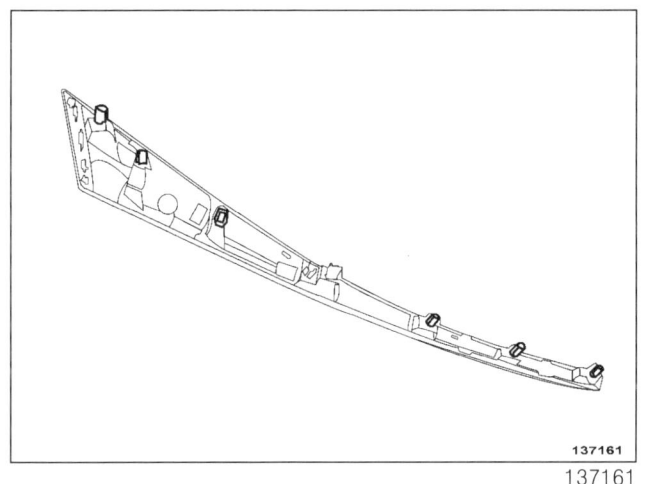

장착

I - 관련 부품 장착 작업

- 인스트루먼트 패널 트림을 장착한다.

내장 장착 부품
인스트루먼트 사이드 에어 벤트 : 탈거 – 장착

57A

L38

탈거

I – 탈거 준비 작업

- 인스트루먼트 패널 트림을 탈거한다 (57A, 내장 장착 부품, 인스트루먼트 패널 트림 : 탈거 – 장착 참조).

II – 관련 부품 탈거 작업

-

> 참고 :
> 에어 벤트 탈거 시, 클립이 손상되지 않도록 주의하여 작업한다.

운전석 에어 벤트

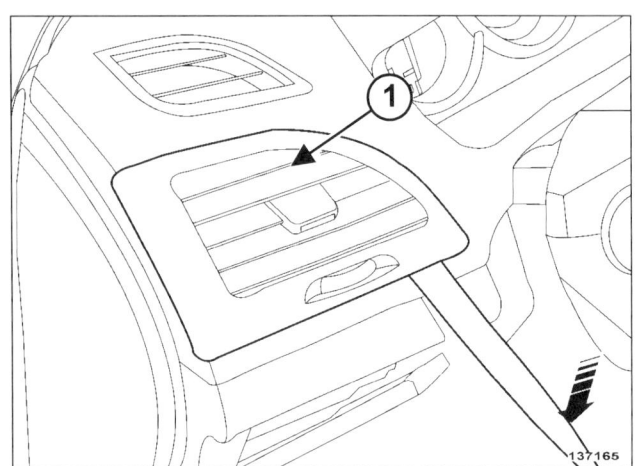

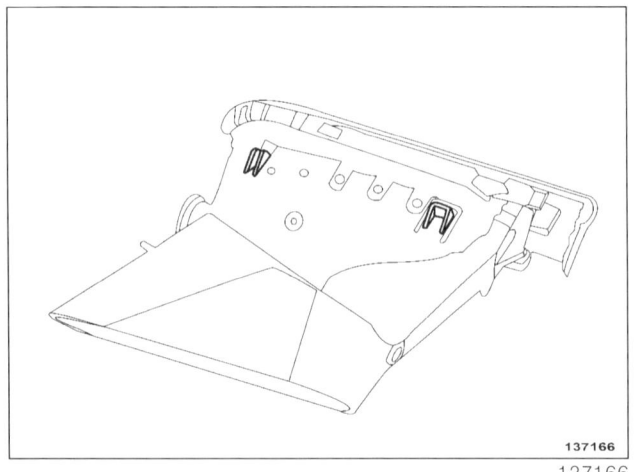

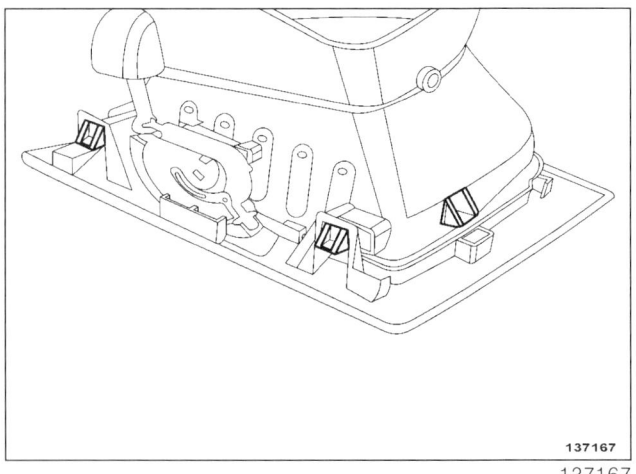

- 인스트루먼트 패널에서 에어 벤트 (1) 를 탈거한다.

센터 에어 벤트

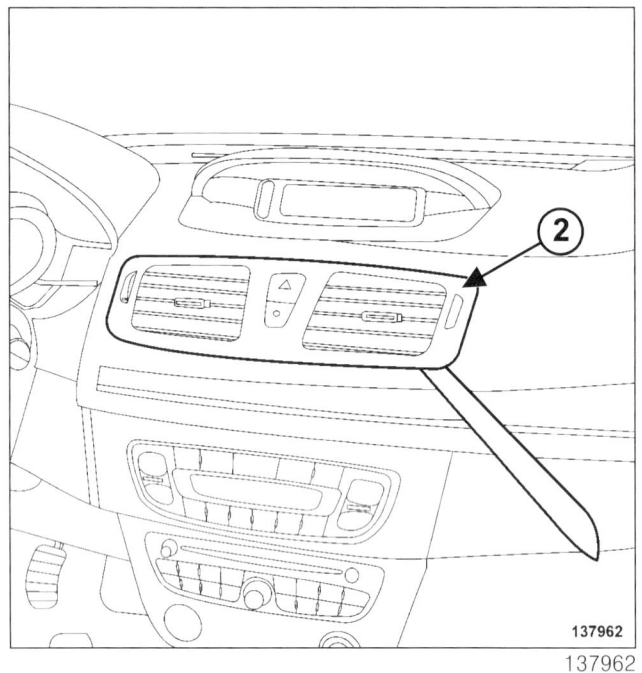

- 인스트루먼트 패널에서 에어 벤트 (2) 를 탈거한다.
- 비상등과 센터 도어 록 스위치 커넥터를 분리한다.

57A-10

내장 장착 부품
인스트루먼트 사이드 에어 벤트 : 탈거 - 장착

57A

L38

조수석 에어 벤트

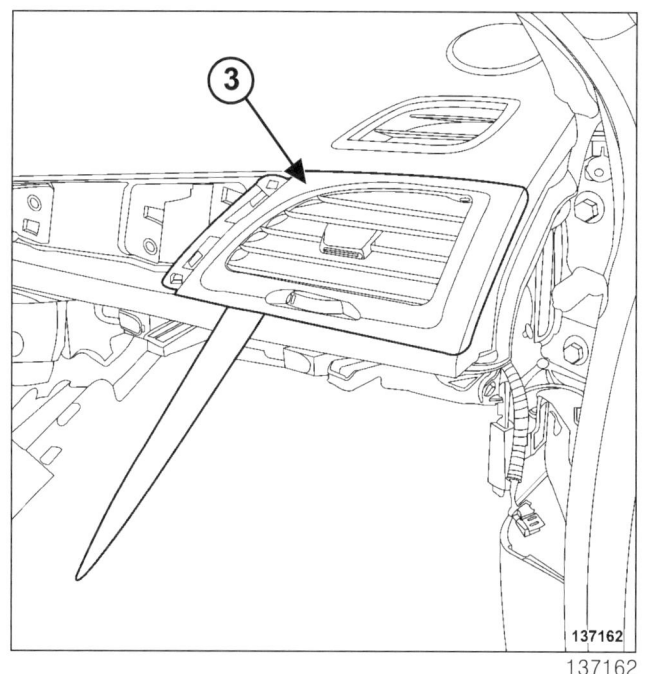

❏ 인스트루먼트 패널에서 에어 벤트 (3) 를 탈거한다 .

장착

I - 관련 부품 장착 작업

❏ 인스트루먼트 패널 트림을 장착한다 .

1 - 인스트루먼트 센터 에어 벤트

❏ 비상등과 센터 도어 록 스위치 커넥터를 연결한다 .

2 - 모든 인스트루먼트 사이드 에어 벤트

❏ 인스트루먼트 사이드 에어 벤트를 장착한다 .

II - 최종 작업

❏ 인스트루먼트 패널 트림을 장착한다 (57A, 내장 장착 부품 , 인스트루먼트 패널 트림 : 탈거 - 장착 참조).

내장 장착 부품
센터 프론트 패널 : 탈거 – 장착

57A

L38

탈거

I - 탈거 준비 작업

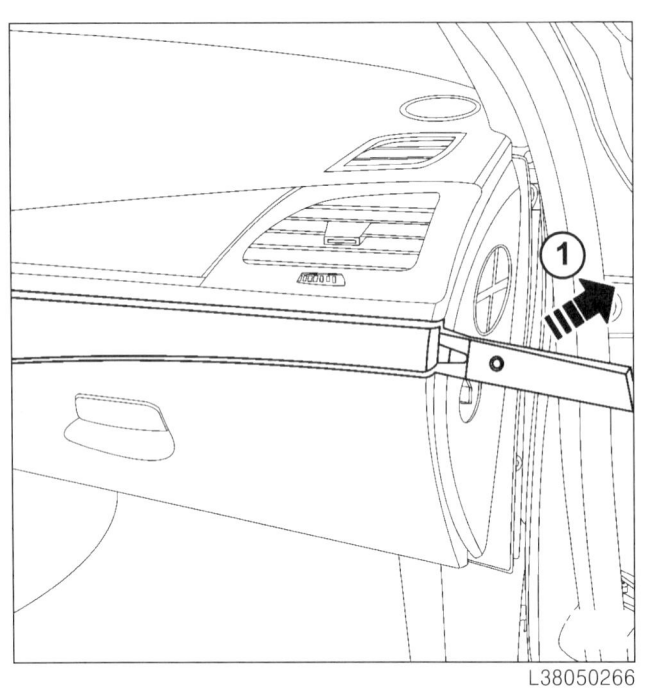

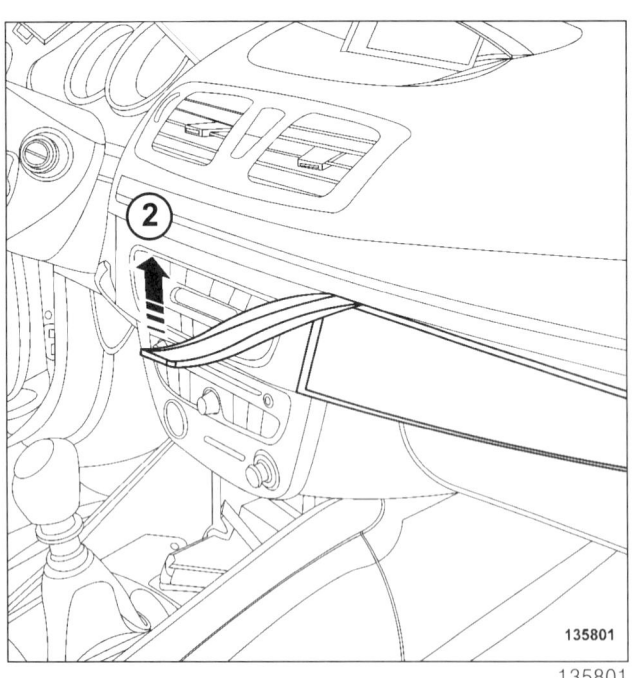

❏ (1) 및 (2) 에서 조수석 인스트루먼트 패널 로어 트림을 탈거한다.

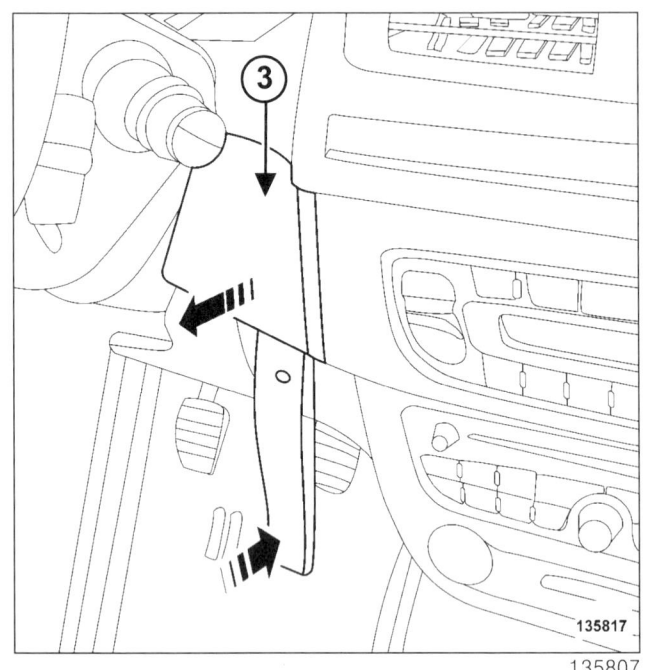

❏ 운전석 인스트루먼트 패널 로어 트림 (3) 을 탈거한다.

II - 관련 부품 탈거 작업

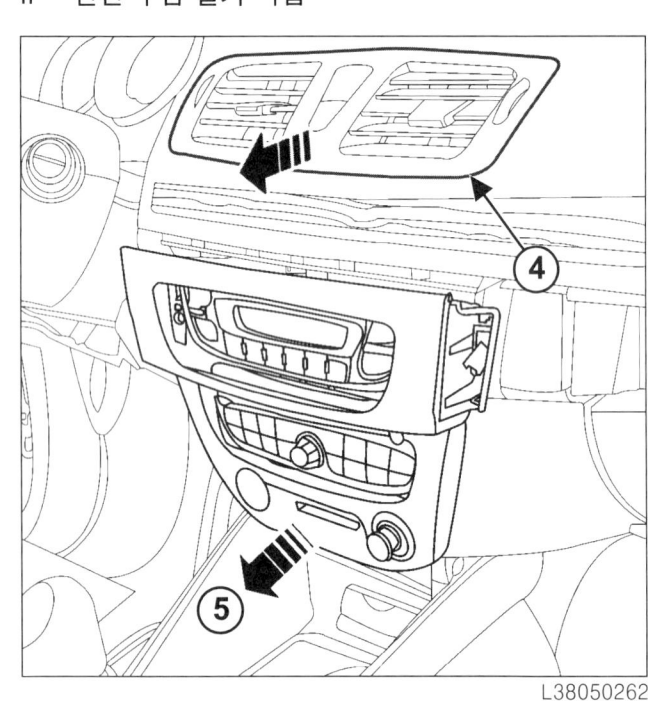

57A-12

내장 장착 부품
센터 프론트 패널 : 탈거 - 장착

57A

L38

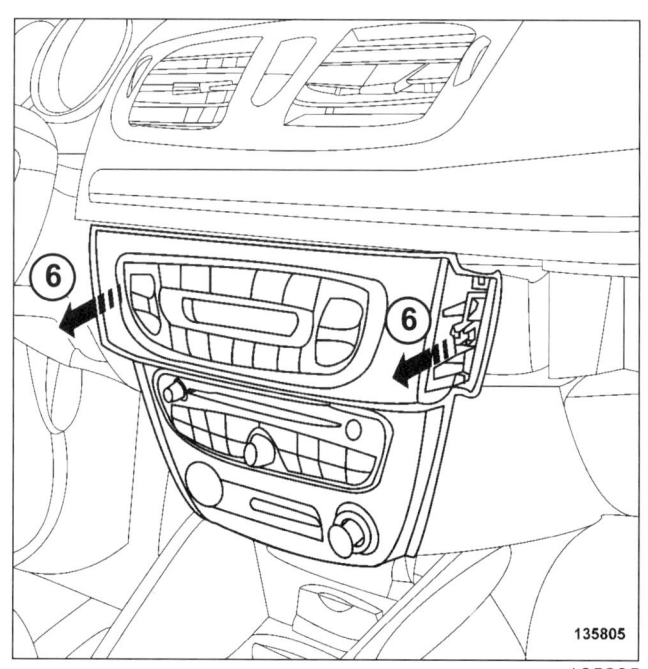

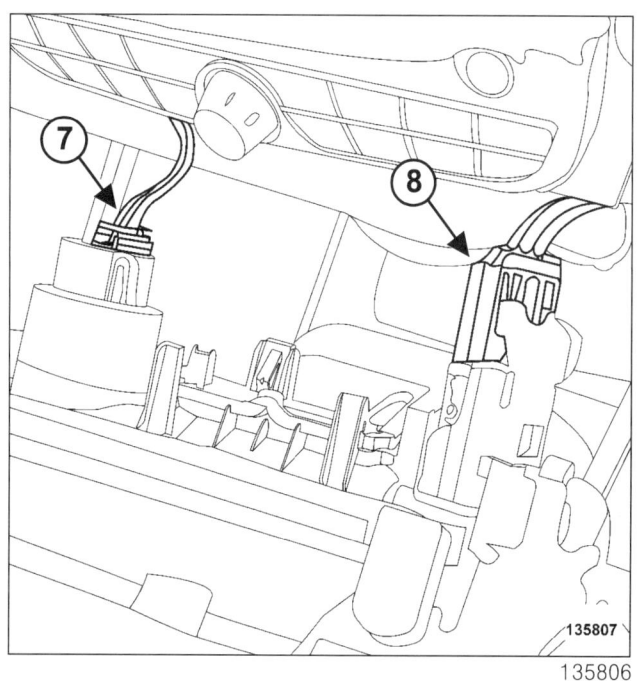

❏ 다음을 분리한다 :
- 스타트 버튼 커넥터 (7),
- 시가 라이터 커넥터 (8).

❏ 다음을 탈거한다 :
- 스타트 버튼 (MR 445 리페어 매뉴얼 , 82A, 이모빌라이져 시스템 , 키 실린더 어셈블리 : 탈거 - 장착 참조),
- 시가 라이터 (MR 445 리페어 매뉴얼 , 88D, 시가 잭 , 시가 라이터 : 탈거 - 장착 참조).

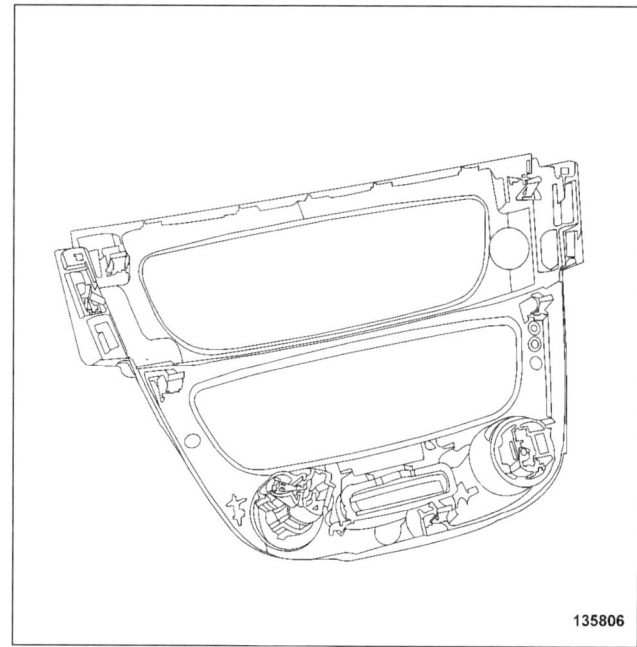

❏ 어퍼 센터 프론트 패널 (4) 을 탈거한다 .
❏ 와이어링 커넥터를 분리한다 .
❏ (5) 및 (6) 에서 로어 센터 프론트 패널을 탈거한다 .

내장 장착 부품
센터 프론트 패널 : 탈거 - 장착

57A

L38

장착

I - 관련 부품 장착 작업

❏ 다음을 장착한다 :

- 시가 라이터 (MR 445 리페어 매뉴얼, 88D, 시가 잭, 시가 라이터 : 탈거 - 장착 참조),
- 스타트 버튼 (MR 445 리페어 매뉴얼, 82A, 이모빌라이져 시스템, 키 실린더 어셈블리 : 탈거 - 장착 참조).

❏ 다음을 연결한다 :

- 시가 라이터 커넥터,
- 스타트 버튼 커넥터.

❏ 센터 프론트 패널을 장착한다.

II - 최종 작업

❏ 다음을 장착한다 :

- 조수석 인스트루먼트 패널 로어 트림,
- 운전석 인스트루먼트 패널 로어 트림 (3).

내장 장착 부품
글로브 박스 : 탈거 – 장착

57A

L38

탈거

I – 관련 부품 탈거 작업

- 프론트 사이드 도어 웨더스트립을 부분적으로 탈거한다.

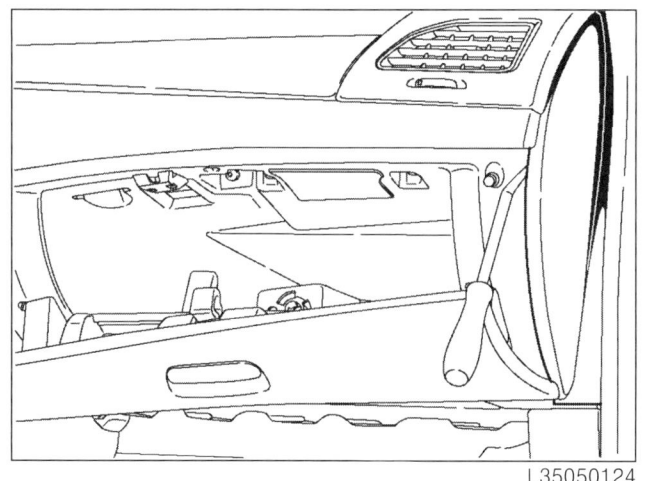

- 사이드 커버를 탈거한다.

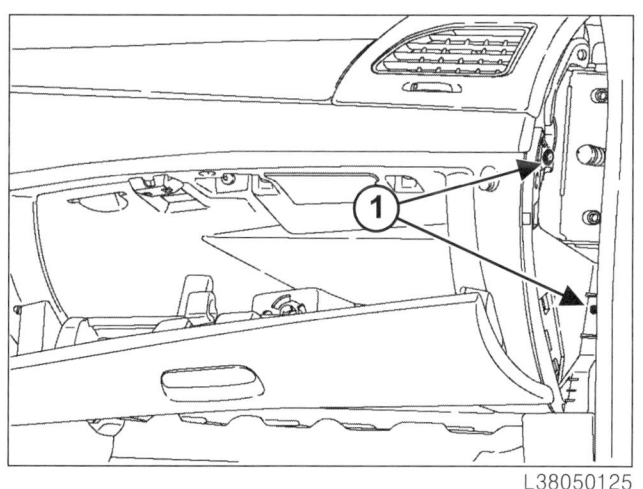

- 볼트 (1) 를 탈거한다.

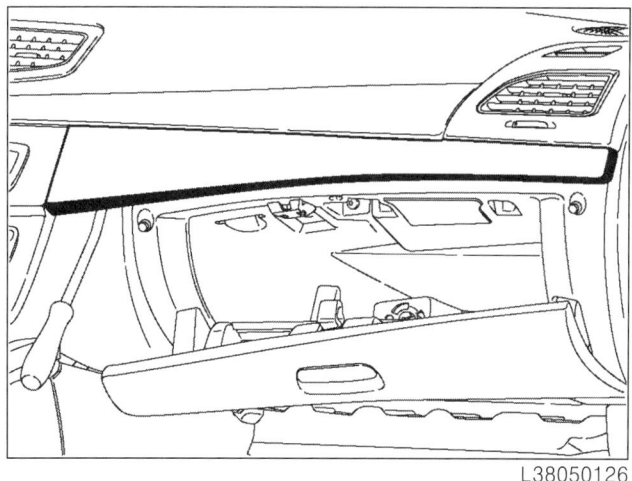

- 어퍼 커버를 탈거한다.

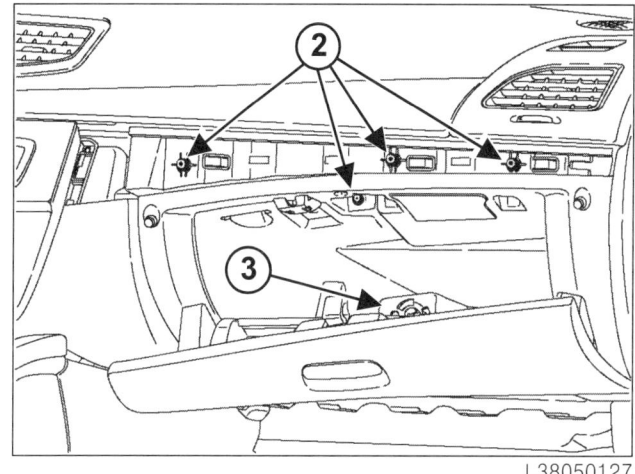

- 다음을 탈거한다 :
    - 볼트 (2),
    - 글로브 박스,
    - 덕트 (3) (차량 옵션에 따라 다름).
- 커넥터를 분리한다.

57A-15

내장 장착 부품
글로브 박스 : 탈거 – 장착

57A

L38

장착

I – 관련 부품 장착 작업

❏ 다음을 연결한다 :
  – 커넥터 ,
  – 덕트 (3) (차량 옵션에 따라 다름).

❏ 다음을 장착한다 :
  – 글로브 박스 ,
  – 볼트 (2),
  – 어퍼 커버 ,
  – 볼트 (1).

II – 최종 작업

❏ 다음을 장착한다 :
  – 사이드 커버 ,
  – 프론트 사이드 도어 웨더스트립 .

L38

장착

내장 장착 부품
센터 콘솔 : 탈거 - 장착

57A

L38

탈거

I - 탈거 준비 작업

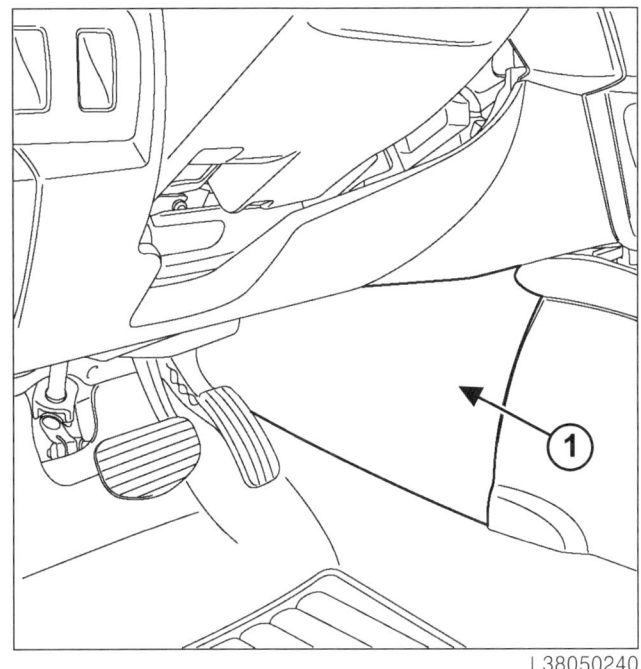

❏ 센터 콘솔 사이드 트림 (1) 을 탈거한다.

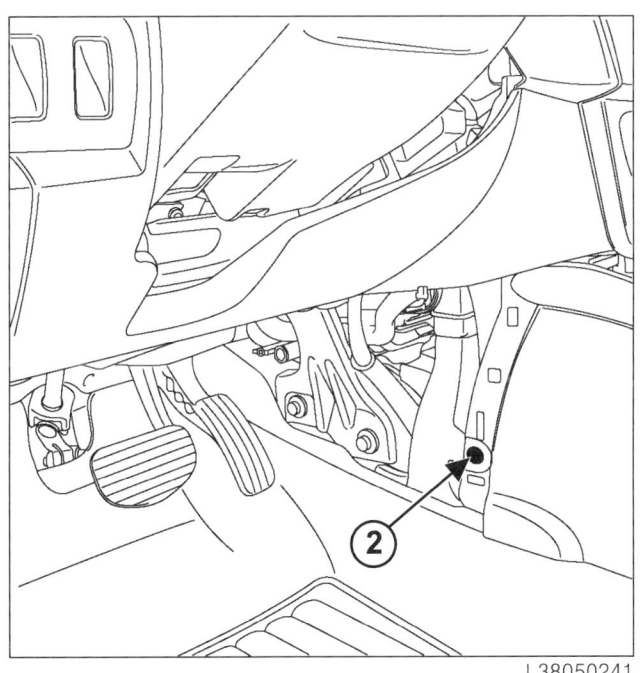

❏ 클립 (2) 을 탈거한다.

참고 :
트림 리무버를 헝겊으로 감아 트림이 손상되지 않도록 주의하여 작업한다.

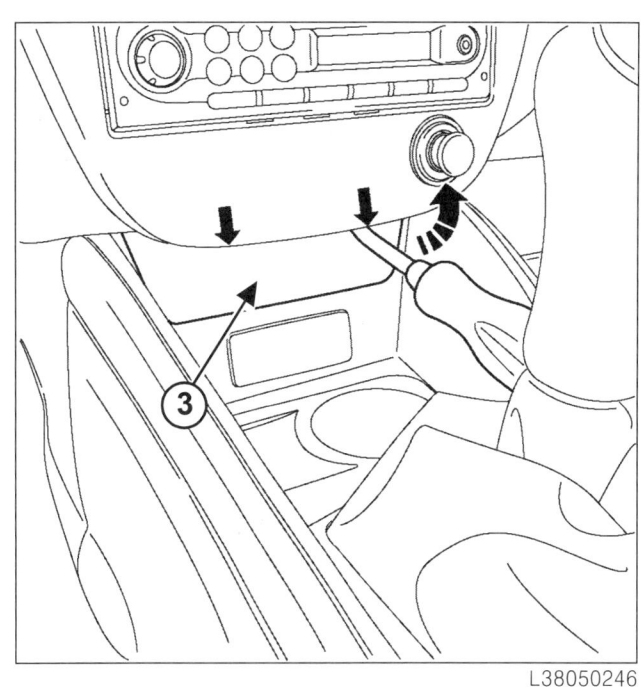

❏ 진단 소켓 트림 (3) 을 탈거한다.

수동 변속기

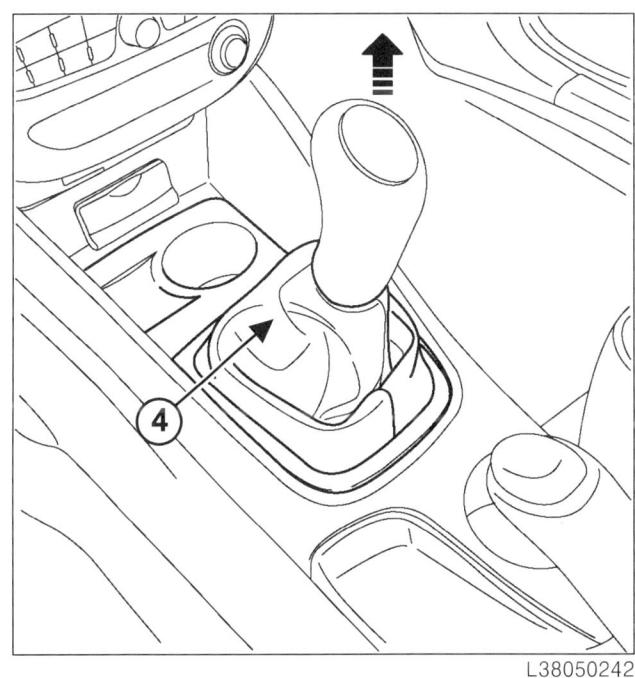

❏ 컨트롤 레버 트림 (4) 을 분리한다.
❏ 컨트롤 레버 노브를 탈거한다.

내장 장착 부품
센터 콘솔 : 탈거 - 장착

57A

L38

자동 변속기

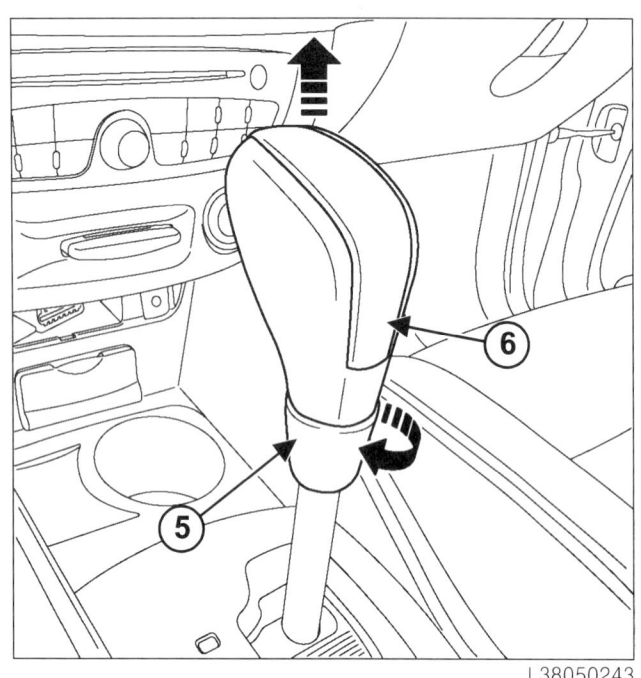

❑ 컨트롤 레버 커버 (5) 를 시계 방향으로 90 도 회전시켜 아래 방향으로 탈거한다.

❑ 컨트롤 레버 (6) 를 탈거한다.

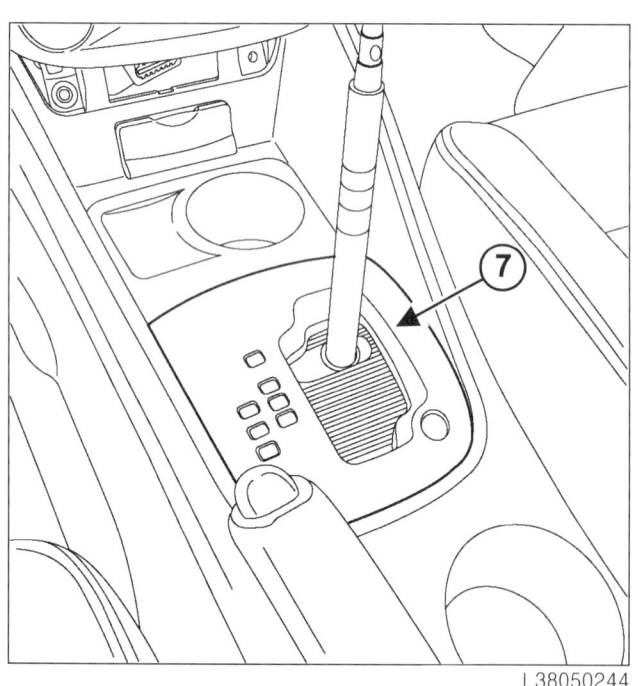

❑ 컨트롤 레버 커버 (7) 를 탈거한다.

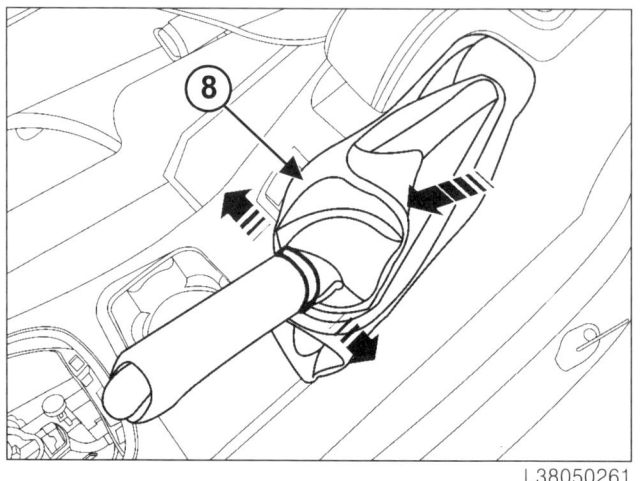

❑ 파킹 브레이크 커버 (8) 를 탈거한다.

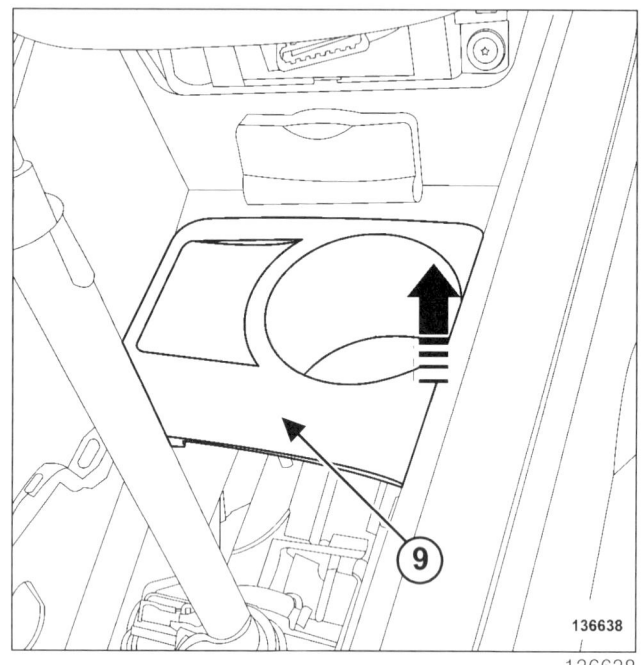

❑ 컵 홀더 (9) 를 탈거한다.

내장 장착 부품
센터 콘솔 : 탈거 - 장착

57A

L38

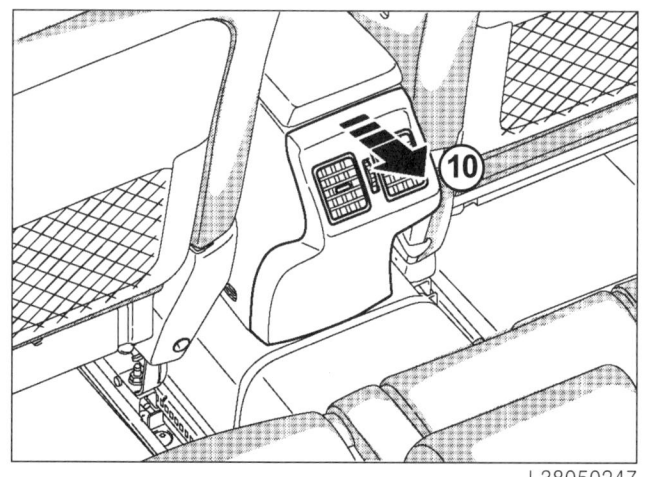

❏ 화살표 방향 (10) 으로 센터 콘솔 리어 트림을 탈거한다 .

II - 관련 부품 탈거 작업

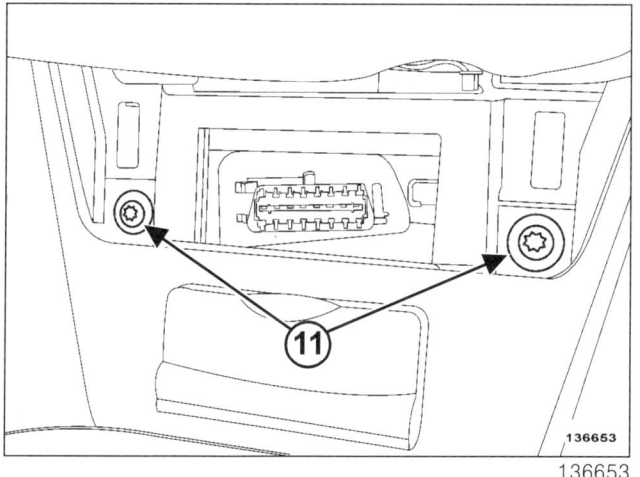

❏ 센터 콘솔의 앞부분 볼트 (11) 를 탈거한다 .
❏ 프론트 시트를 앞으로 이동시킨다 .

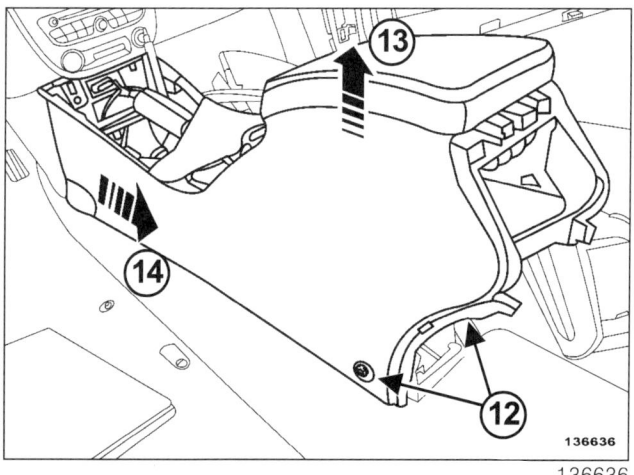

❏ 센터 콘솔의 리어 볼트 (12) 를 탈거한다 .

❏ 센터 콘솔의 화살표 (13) 과 (14) 방향으로 움직여 부분적으로 탈거한다 .
❏ 커넥터를 분리한다 .

장착

I - 관련 부품 장착 작업

❏ 센터 콘솔을 장착한다 .
❏ 커넥터를 연결한다 .
❏ 센터 콘솔의 앞부분 볼트 (11) 를 장착한다 .

II - 최종 작업

❏ 센터 콘솔 리어 트림을 장착한다 .
❏ 다음을 장착한다 :
  - 컵 홀더 (9).
  - 파킹 브레이크 커버 (8).

자동 변속기

❏ 다음을 장착한다 :
  - 컨트롤 레버 커버 (5),
  - 컨트롤 레버 (6).

수동 변속기

❏ 컨트롤 레버 (4) 를 장착한다 .

❏ 다음을 장착한다 :
  - 진단 소켓 트림 (3),
  - 클립 (2),
  - 센터 콘솔 사이드 트림 (1).

내장 장착 부품
인사이드 미러 : 탈거 – 장착

57A

L38

탈거

I – 탈거 준비 작업

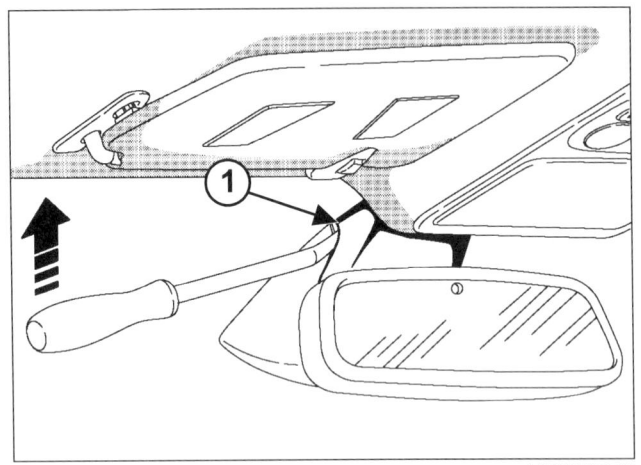

❏ 어퍼 커버 (1) 를 탈거한다 .

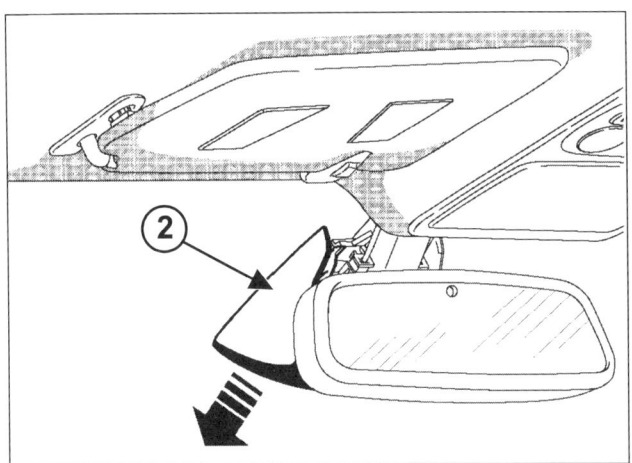

❏ 로어 커버 (2) 를 탈거한다 .

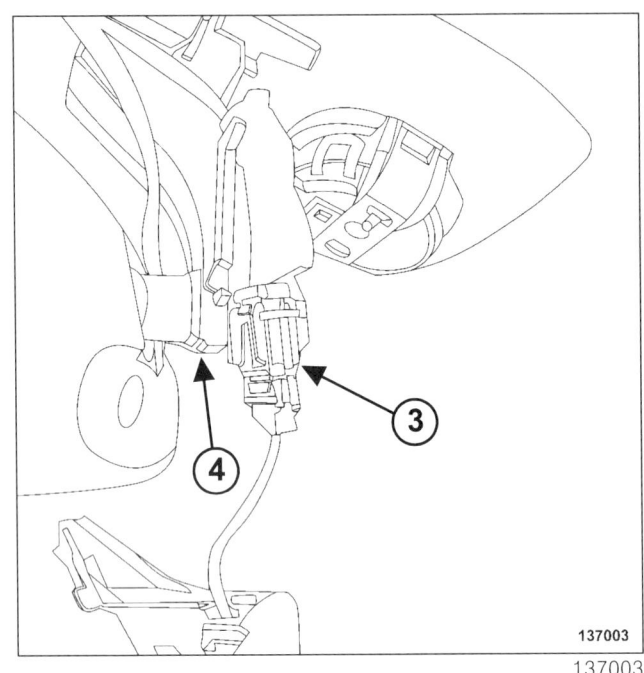

❏ 다음을 분리한다 :
  - 커넥터 (3),
  - 인사이드 미러 커넥터 (4) (차량 옵션에 따라 다름).

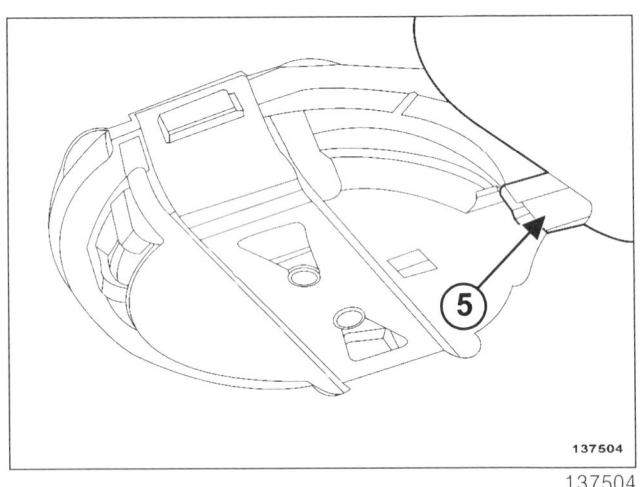

❏ 레인센서의 커넥터 (5) 를 분리 한다 (차량 옵션에 따라 다름).

내장 장착 부품
인사이드 미러 : 탈거 – 장착

57A

L38

II - 관련 부품 탈거 작업

> **주의**
> 인사이드 리어 – 뷰 미러 베이스의 유리가 파손되지 않도록 주의하여 작업한다.

> **참고 :**
> 인사이드 미러 탈거 시 인접한 레인 센서가 손상되지 않도록 주의한다.

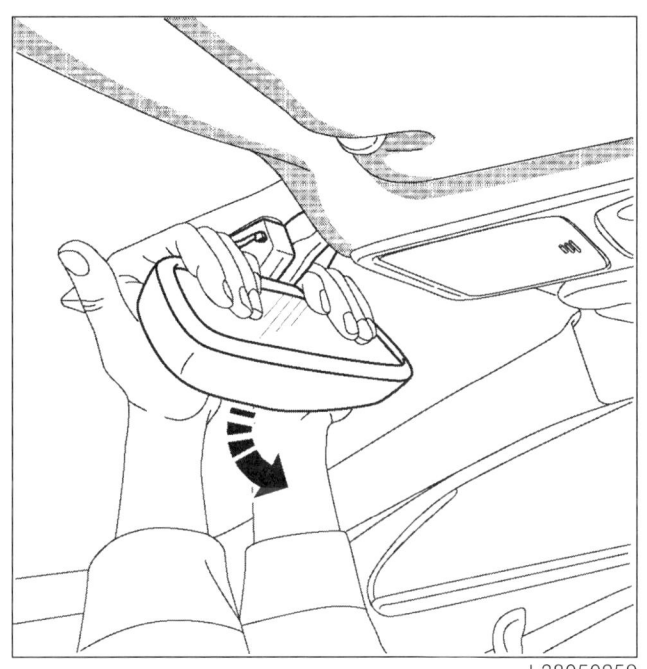

L38050259

- 인사이드 미러를 탈거한다.

장착

I - 관련 부품 장착 작업

- 인사이드 미러를 장착한다.

II - 최종 작업

- 레인 센서 커넥터 (5) 를 연결한다 (차량 옵션에 따라 다름).
- 다음을 연결한다 :
  - 인사이드 미러 커넥터 (4) (차량 옵션에 따라 다름),
  - 커넥터 (3).
- 다음을 장착한다 :
  - 로어 커버 (2),
  - 어퍼 커버 (1).

내장 장착 부품
선 바이저 : 탈거 – 장착

57A

L38

탈거

I – 관련 부품 탈거 작업

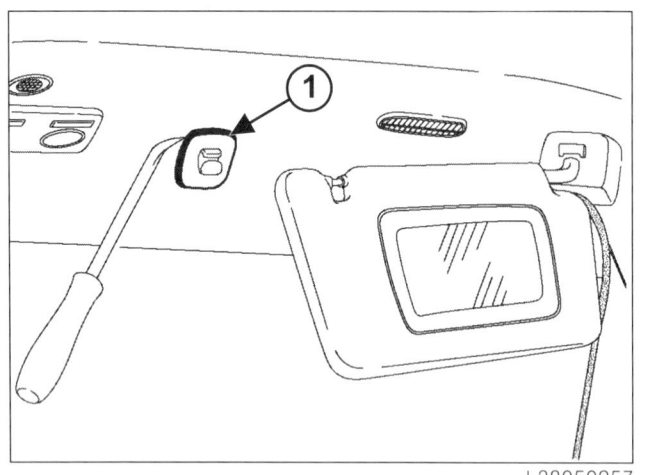

❏ 선 바이저 블랭킹 커버 (1) 를 탈거한다.

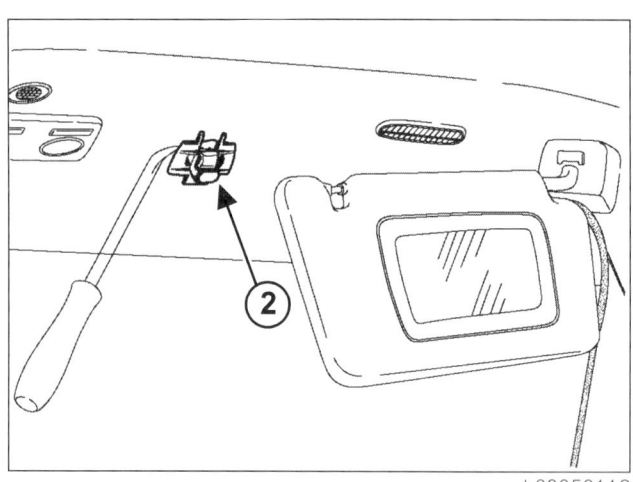

❏ 선 바이저 마운팅 트림 (2) 을 탈거한다.

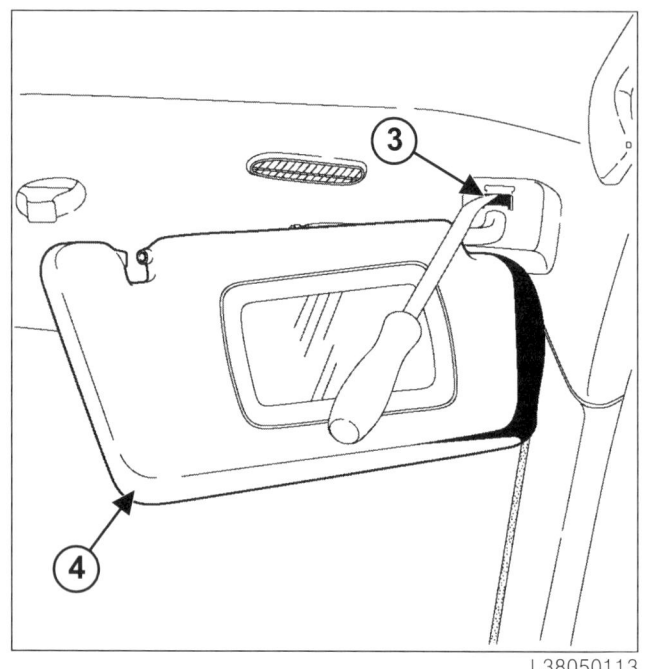

❏ 다음을 탈거한다 :
  – 클립 (3),
  – 선 바이저 마운팅.
❏ 선 바이저 램프 커넥터를 분리한다 (차량 옵션에 따라 다름).
❏ 선바이저를 탈거한다.

장착

I – 관련 부품 장착 작업

❏ 선 바이저 램프 커넥터를 연결한다 (차량 옵션에 따라 다름).
❏ 다음을 장착한다 :
  – 선 바이저 (4),
  – 클립 (3),
  – 선 바이저 마운팅 트림 (2),
❏ 선 바이저 블랭킹 커버 (1) 를 장착한다.

내장 장착 부품
그립 : 탈거 - 장착

57A

L38

탈거

I - 관련 부품 탈거 작업

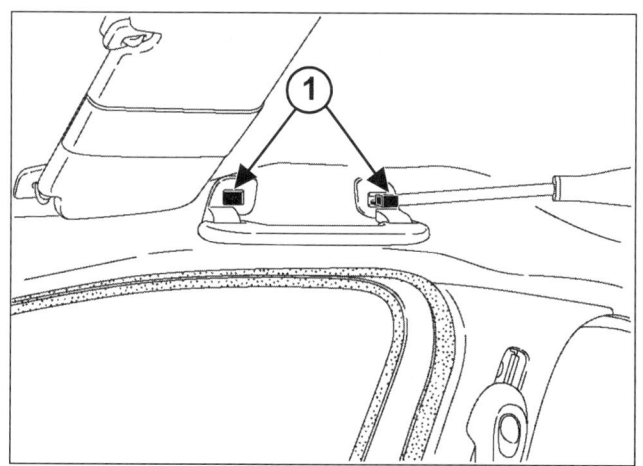

❏ 클립 (1) 을 탈거한다.

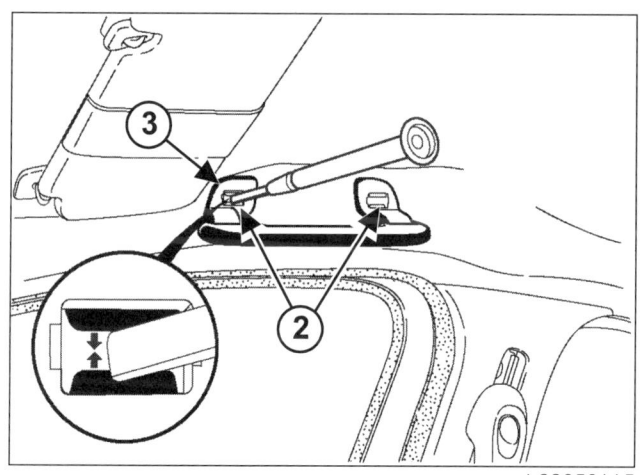

❏ 양쪽의 클립 부위 (2) 를 화살표 방향으로 눌러서 분리한다.

❏ 그립 (3) 을 탈거한다.

장착

I - 관련 부품 장착 작업

❏ 다음을 장착한다 :
- 그립 (2),
- 그립 클립 (1).

내장 장착 부품
리어 파셜 셸프 : 탈거 - 장착

57A

L38

규정 토크 ⊘	
리어 사이드 시트 벨트 로어 마운팅 볼트	21 N.m

탈거

I - 탈거 준비 작업

일반 시트

❏ 다음을 탈거한다 :
- 싱글 유닛 리어 벤치 시트 베이스 (76A, 리어 시트 프레임과 러너 , 싱글 유닛 리어 벤치 시트 : 탈거 - 장착),
- 싱글 유닛 리어 벤치 시트 백 (76A, 리어 시트 프레임과 러너 , 싱글 유닛 리어 벤치 시트 백 : 탈거 - 장착).

폴딩 시트

❏ 분할 리어 벤치 시트 쿠션을 탈거한다 (76A, 리어 시트 프레임과 러너 , 분할 리어 벤치 시트 : 탈거 - 장착).

❏ 리어 벤치 시트 백을 접는다 .

❏ 다음을 탈거한다 :
- 하이 마운팅 스톱 램프 (MR 445 리페어 매뉴얼 , 81A, 리어 라이팅 시스템 , 하이 마운팅 스톱 램프 : 탈거 - 장착 참조),
- 리어 이너 킥킹 플레이트 어퍼 피니셔 (71A, 인테리어 트림 , 리어 이너 킥킹 플레이트 어퍼 피니셔 : 탈거 - 장착 참조),
- 리어 필러 피니셔 (71A, 인테리어 트림 , 리어 필러 피니셔 : 탈거 - 장착 참조).

II - 관련 부품 탈거 작업

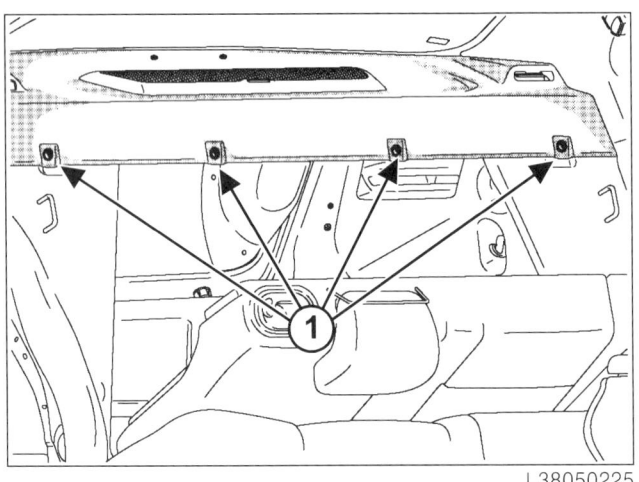

❏ 클립 (1) 을 탈거한다 .

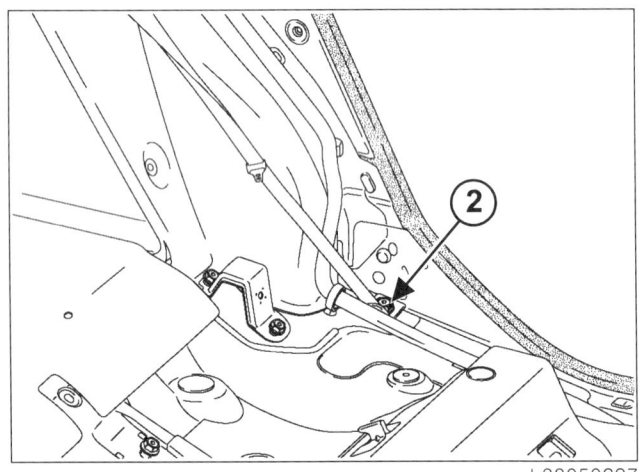

❏ 다음을 탈거한다 :
- 리어 이너 킥킹 플레이트를 부분적으로 ,
- 리어 시트 벨트 로어 마운팅 볼트 (2),
- 리어 파셜 셸프에서 리어 시트 벨트 ,
- 리어 파셜 셸프 .

내장 장착 부품
리어 파셜 셸프 : 탈거 - 장착

57A

L38

장착

I - 관련 부품 장착 작업

❏ 리어 파셜 셸프를 위치시킨다.

❏ 다음을 장착한다 :
 - 리어 시트 벨트를 리어 파셜 셸프에,
 - 리어 시트 벨트 로어 마운팅 볼트 (2).

❏ 리어 시트 벨트 로어 마운팅 볼트 볼트를 규정 토크 (21 N.m) 로 조인다.

❏ 다음을 장착한다 :
 - 리어 이너 킥킹 플레이트,
 - 클립 (1).

II - 최종 작업

❏ 다음을 장착한다 :
 - 리어 필러 피니셔 (71A, 인테리어 트림, 리어 필러 피니셔 : 탈거 - 장착 참조),
 - 리어 이너 킥킹 플레이트 어퍼 피니셔 (71A, 인테리어 트림, 리어 이너 킥킹 플레이트 어퍼 피니셔 : 탈거 - 장착 참조),
 - 하이 마운팅 스톱 램프 (MR 455 리페어 매뉴얼, 리어 라이팅 시스템, 하이 마운팅 스톱 램프 : 탈거 - 장착).

폴딩 시트

❏ 분할 리어 벤치 시트 쿠션을 장착한다 (76A, 리어 시트 프레임과 러너, 분할 리어 벤치 시트 : 탈거 - 장착).

❏ 분할 리어 벤치 시트 백을 원위치에 위치 시킨다.

일반 시트

❏ 다음을 장착한다 :
 - 싱글 유닛 리어 벤치 시트 백 (76A, 리어 시트 프레임과 러너, 싱글 유닛 리어 벤치 시트 백 : 탈거 - 장착).
 - 싱글 유닛 리어 벤치 시트 베이스 (76A, 리어 시트 프레임과 러너, 싱글 유닛 리어 벤치 시트 : 탈거 - 장착).

안전 장치
프론트 시트 벨트 어져스터 : 탈거 - 장착

59A

L38

규정 토크 ⊽	
프론트 시트 벨트 어져스터 마운팅 볼트	21 N.m

탈거

I - 탈거 준비 작업

❏ 다음을 탈거한다 :
- 센터 필러 로어 가니쉬 (71A, 인테리어 트림, 센터 필러 로어 가니쉬 : 탈거 - 장착 참조),
- 센터 필러 어퍼 가니쉬 (71A, 인테리어 트림, 센터 필러 어퍼 가니쉬 : 탈거 - 장착 참조).

II - 관련 부품 탈거 작업

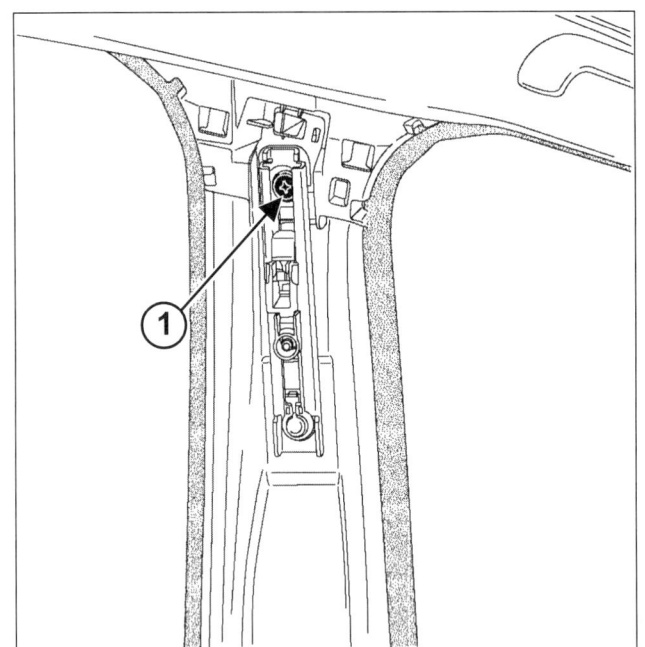

❏ 다음을 탈거한다 :
- 볼트 (1),
- 프론트 시트 벨트 어져스터.

장착

I - 관련 부품 장착 작업

❏ 프론트 시트 벨트 어져스터를 장착한다.

❏ 프론트 시트 벨트 어져스터 마운팅 볼트 (1) 을 규정 토크 (21 N.m) 로 조인다.

II - 최종 작업

❏ 다음을 장착한다 :
- 센터 필러 어퍼 가니쉬 (71A, 인테리어 트림, 센터 필러 어퍼 가니쉬 : 탈거 - 장착 참조),
- 센터 필러 로어 가니쉬 (71A, 인테리어 트림, 센터 필러 로어 가니쉬 : 탈거 - 장착 참조).

르노삼성자동차

6 실링과 방음재

65A 도어 실링

66A 윈도우 실링

68A 방음재

L38

2009. 07

본 리페어 매뉴얼은 2009 년 07 월의 양산 차량을 기준으로 작성하였으며 , 향후 차량의 설계 변경에 따라 실차와 다른 내용이 있을 수 있으므로 , 양해를 구합니다 .
주 : 설계 변경에 대한 정보는 www.rsmservice.com 을 참조하여 주시기 바랍니다 .
이 문서의 모든 권리는 르노삼성자동차에 있습니다 .

ⓒ 르노삼성자동차 (주), 2009

L38-Section 6

목차

페이지

65A 도어 실링

도어 실링 스크린 : 탈거 – 장착	65A-1
프론트 사이드 도어 웨더스트립 : 탈거 – 장착	65A-2
리어 사이드 도어 웨더스트립 : 탈거 – 장착	65A-3
선루프 실 : 탈거 – 장착	65A-4
트렁크 리드 웨더스트립 : 탈거 – 장착	65A-5

66A 윈도우 실링

프론트 사이드 도어 글라스 런 : 탈거 – 장착	66A-1
프론트 사이드 도어 아웃사이드 몰딩 : 탈거 – 장착	66A-2
리어 사이드 도어 아웃사이드 몰딩 : 탈거 – 장착	66A-3
리어 사이드 도어 글라스 런 : 탈거 – 장착	66A-4

68A 방음재

후드 인슐레이터 : 탈거 – 장착	68A-1
프론트 플로어 패드 : 탈거 – 장착	68A-2
리어 플로어 패드 : 탈거 – 장착	68A-4
엔진룸 인슐레이터 : 탈거 – 장착	68A-6

도어 실링
도어 실링 스크린 : 탈거 – 장착

65A

L38

탈거

I – 탈거 준비 작업

❏ 프론트 사이드 도어 피니셔 (72A, 사이드 도어 트림, 프론트 사이드 도어 피니셔 : 탈거 – 장착) 또는 리어 사이드 도어 피니셔 (72A, 사이드 도어 트림, 리어 사이드 도어 피니셔 : 탈거 – 장착 참조) 를 탈거한다.

II – 관련 부품 탈거 작업

프론트 도어

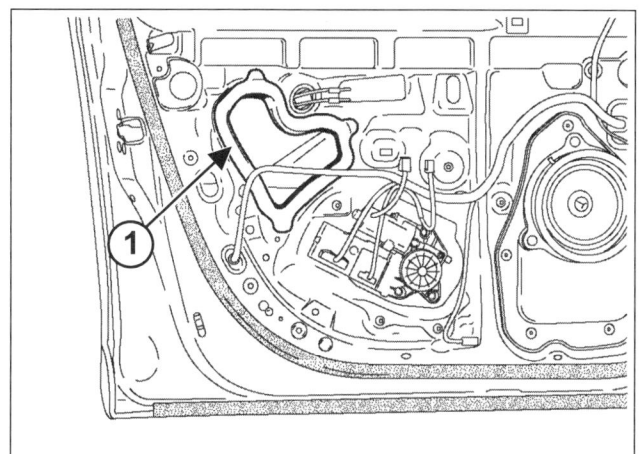

❏ 프론트 도어 실링 스크린 (1) 을 탈거한다.

리어 도어

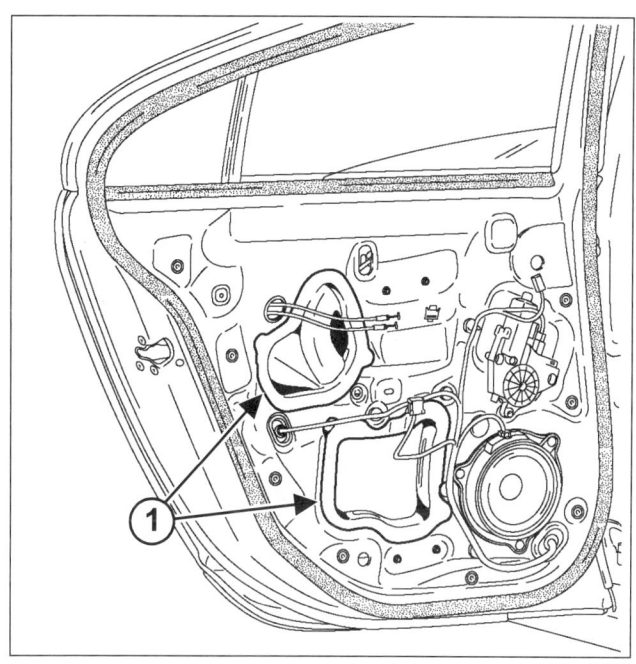

❏ 리어 도어 실링 스크린 (1) 을 탈거한다.

장착

I – 관련 부품 장착 작업

❏ 리어 도어 실링 스크린 (1) 또는 프론트 도어 실링 스크린 (1) 을 장착한다.

II – 최종 작업

❏ 프론트 사이드 도어 피니셔 (72A, 사이드 도어 트림, 프론트 사이드 도어 피니셔 : 탈거 – 장착) 또는 리어 사이드 도어 피니셔 (72A, 사이드 도어 트림, 리어 사이드 도어 피니셔 : 탈거 – 장착 참조) 를 탈거한다.

도어 실링
프론트 사이드 도어 웨더스트립 : 탈거 - 장착

65A

L38

탈거

I - 관련 부품 탈거 작업

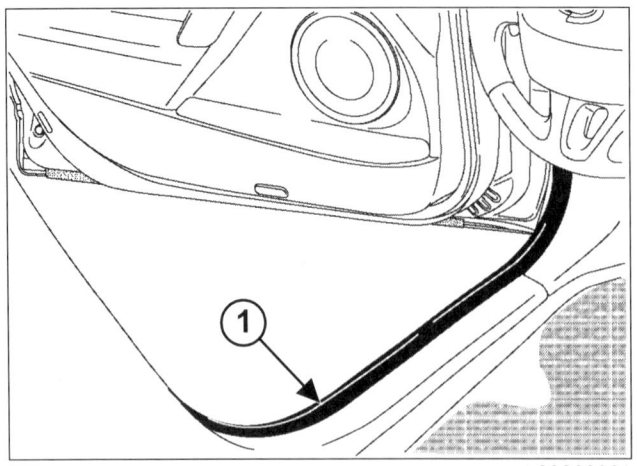

L38060001

❏ 프론트 사이드 도어 웨더스트립 (1) 을 탈거한다 .

장착

I - 관련 부품 장착 작업

❏ 프론트 사이드 도어 웨더스트립 (1) 을 장착한다 .

도어 실링
리어 사이드 도어 웨더스트립 : 탈거 - 장착

65A

| L38 |

탈거

I - 관련 부품 탈거 작업

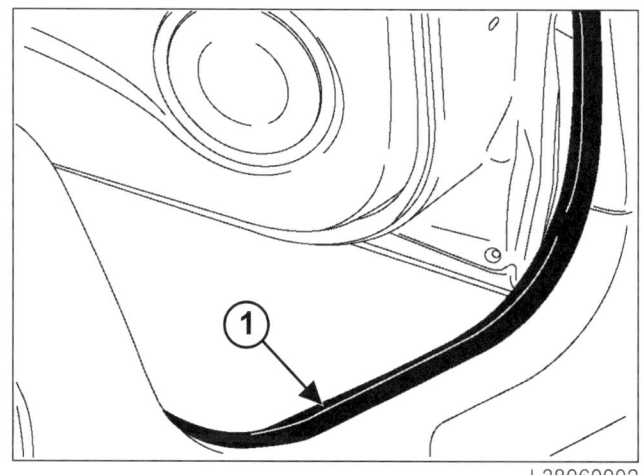

❏ 리어 사이드 도어 웨더스트립 (1) 을 탈거한다.

장착

I - 관련 부품 장착 작업

❏ 리어 사이드 도어 웨더스트립 (1) 을 장착한다.

도어 실링
선루프 실 : 탈거 – 장착

65A

L38

탈거

I – 관련 부품 탈거 작업

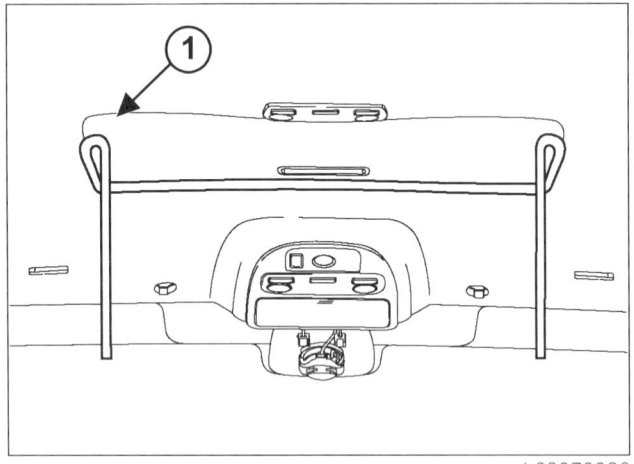

- 선루프 실 (1) 을 탈거한다.

장착

I – 관련 부품 장착 작업

- 선루프 실 (1) 을 장착한다.

도어 실링
트렁크 리드 웨더스트립 : 탈거 - 장착

65A

L38

탈거

I - 관련 부품 탈거 작업

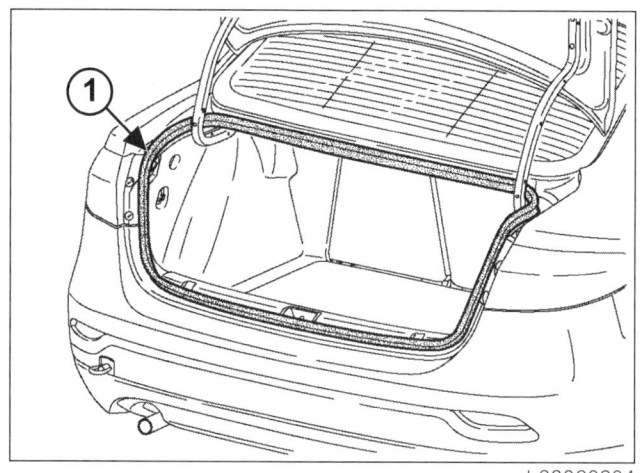

❑ 트렁크 리드 웨더스트립 (1) 을 탈거한다.

장착

I - 관련 부품 장착 작업

❑ 트렁크 리드 웨더스트립 (1) 을 장착한다.

윈도우 실링
프론트 사이드 도어 글라스 런 : 탈거 - 장착

66A

L38

탈거

I - 탈거 준비 작업

❏ 다음을 탈거한다 :

- 도어 미러 (56A, 외장 장착 부품, 도어 미러 : 탈거 - 장착 참조),
- 프론트 사이드 도어 피니셔 (72A, 사이드 도어 트림, 프론트 사이드 도어 피니셔 : 탈거 - 장착 참조),
- 도어 실링 스크린 (65A, 도어 실링, 도어 실링 스크린 : 탈거 - 장착 참조),
- 프론트 사이드 도어 슬라이딩 윈도우 글라스(54A, 윈도우, 프론트 사이드 도어 슬라이딩 윈도우 글라스 : 탈거 - 장착 참조),
- 프론트 사이드 도어 필러 트림 (55A, 외장 보호 트림, 프론트 사이드 도어 필러 트림 : 탈거 - 장착 참조).

II - 관련 부품 탈거 작업

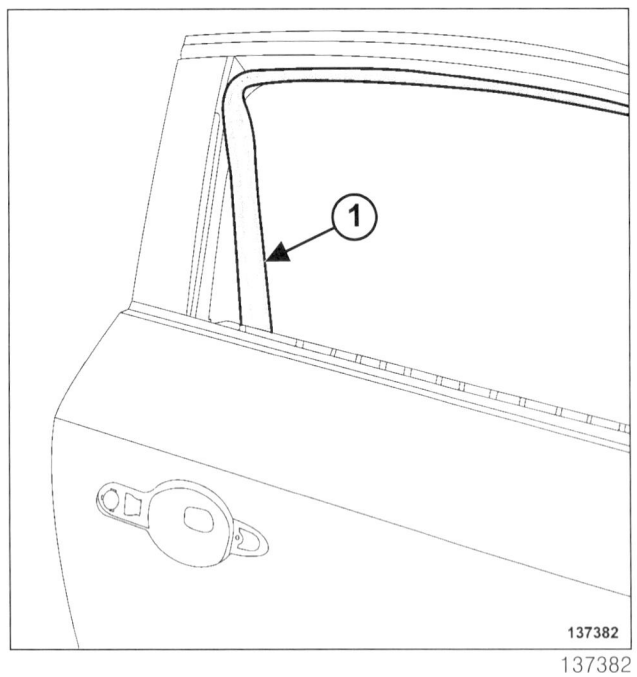

❏ 프론트 사이드 도어 글라스 런 (1) 을 분리한다.

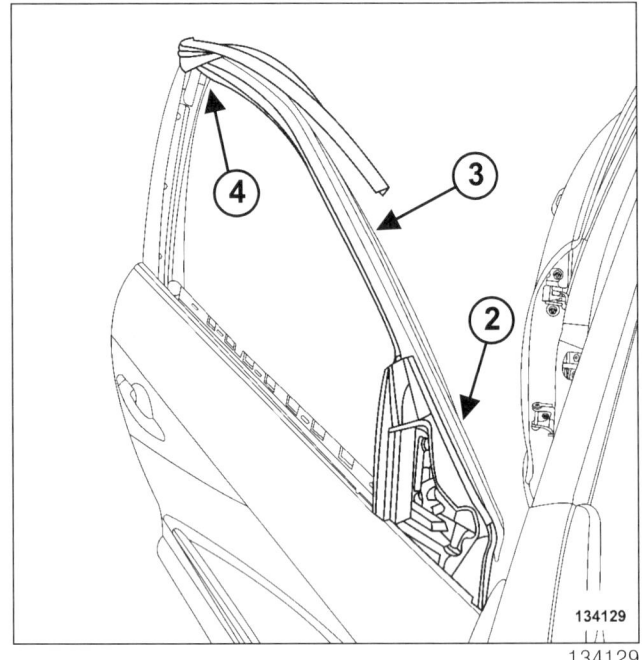

❏ 프론트 사이드 도어 글라스 런을 (2), (3) 그리고 (4) 의 위치에서 분리한다.

❏ 프론트 사이드 도어 글라스 런을 탈거한다.

장착

I - 관련 부품 장착 작업

❏ 프론트 사이드 도어 글라스 런을 (2), (3) 그리고 (4) 의 위치에서 장착한다.

❏ 프론트 사이드 도어 필러 트림을 장착한다 (55A, 외장 보호 트림, 프론트 사이드 도어 필러 트림 : 탈거 - 장착 참조).

❏ 프론트 도어 윈도우 글라스 런 (1) 을 장착한다.

II - 최종 작업

❏ 다음을 장착한다 :

- 프론트 사이드 도어 슬라이딩 윈도우 글라스(54A, 윈도우, 프론트 사이드 도어 슬라이딩 윈도우 글라스 : 탈거 - 장착 참조),
- 도어 실링 스크린 (65A, 도어 실링, 도어 실링 스크린 : 탈거 - 장착 참조),
- 프론트 사이드 도어 피니셔 (72A, 사이드 도어 트림, 프론트 사이드 도어 피니셔 : 탈거 - 장착 참조),
- 도어 미러 (56A, 외장 장착 부품, 도어 미러 : 탈거 - 장착 참조).

❏ 기능 테스트를 수행한다.

윈도우 실링
프론트 사이드 도어 아웃사이드 몰딩 : 탈거 - 장착

66A

L38

탈거

I - 탈거 준비 작업

- 도어 미러를 탈거한다 (56A, 외장 장착 부품, 도어 미러 : 탈거 - 장착 참조).

II - 관련 부품 탈거 작업

- (1) 방향으로 아웃사이드 몰딩을 조심스럽게 탈거한다.

장착

I - 관련 부품 장착 작업

- (2) 방향으로 아웃사이드 몰딩을 장착한다.

II - 최종 작업

- 도어 미러를 장착한다 (56A, 외장 장착 부품, 도어 미러 : 탈거 - 장착 참조).

윈도우 실링
리어 사이드 도어 아웃사이드 몰딩 : 탈거 - 장착

66A

L38

탈거

I - 관련 부품 탈거 작업

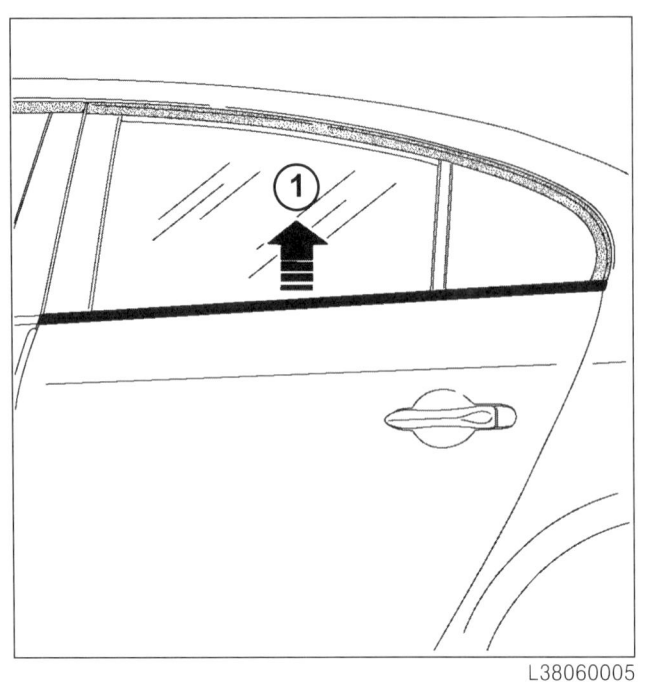

❏ (1) 방향으로 아웃사이드 몰딩을 조심스럽게 탈거한다.

장착

I - 관련 부품 장착 작업

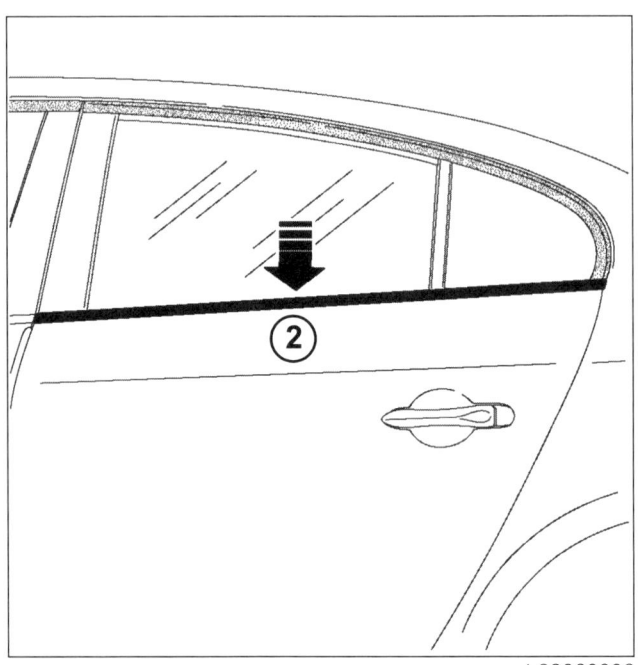

❏ (2) 방향으로 아웃사이드 몰딩을 장착한다.

윈도우 실링
리어 사이드 도어 글라스 런 : 탈거 – 장착

66A

L38

탈거

I – 탈거 준비 작업

❏ 다음을 탈거한다 :
- 리어 사이드 도어 피니셔 (72A, 사이드 도어 트림, 리어 사이드 도어 피니셔 : 탈거 – 장착 참조),
- 슬라이딩 윈도우 글라스 (54A, 윈도우 , 리어 사이드 도어 슬라이딩 윈도우 글라스 : 탈거 – 장착 참조).

II – 관련 부품 탈거 작업

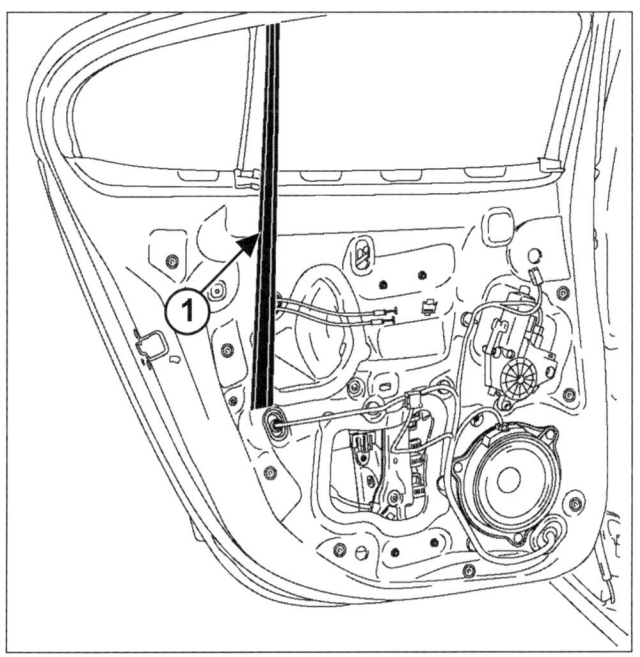

❏ 리어 사이드 도어 윈도우 글라스 런 (1) 을 탈거한다 .

장착

I – 관련 부품 장착 작업

❏ 리어 사이드 도어 윈도우 글라스 런 (1) 을 장착한다 .

II – 최종 작업

❏ 다음을 장착한다 :
- 슬라이딩 윈도우 글라스 (54A, 윈도우 , 리어 사이드 도어 슬라이딩 윈도우 글라스 : 탈거 – 장착 참조),
- 리어 사이드 도어 피니셔 (72A, 사이드 도어 트림, 리어 사이드 도어 피니셔 : 탈거 – 장착 참조).

방음재
후드 인슐레이터 : 탈거 - 장착

68A

L38

탈거

I - 관련 부품 탈거 작업

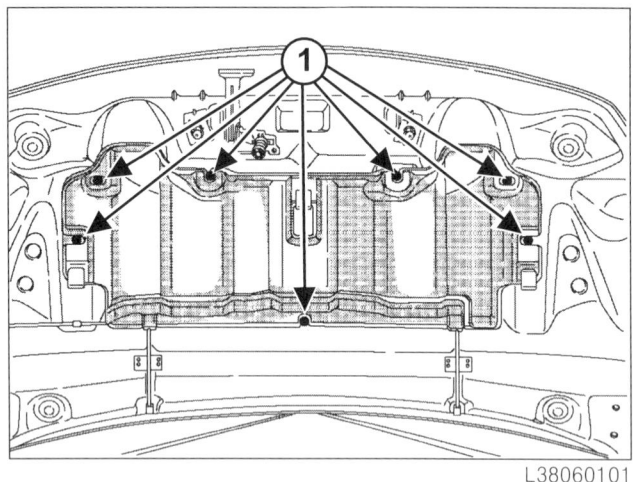

- 클립 (1) 을 탈거한다.
- 후드 인슐레이터를 탈거한다.

장착

I - 장착 준비 작업

- 필요한 경우 후드 인슐레이터의 클립을 교환한다.

II - 관련 부품 장착 작업

- 후드 인슐레이터를 장착한다.
- 클립 (1) 을 장착한다.

방음재
프론트 플로어 패드 : 탈거 - 장착

68A

L38

탈거

I - 탈거 준비 작업

- 배터리를 분리한다 (MR 445 리페어 매뉴얼, 80A, 배터리, 배터리 : 탈거 - 장착 참조).

- 다음을 탈거한다 :
  - 프론트 시트 어셈블리 (75A, 프론트 시트 프레임과 러너, 프론트 시트 어셈블리 : 탈거 - 장착 참조),
  - 센터 콘솔 (57A, 내장 장착 부품, 센터 콘솔 : 탈거 - 장착 참조),
  - 센터 필러 로어 가니쉬 (71A, 인테리어 트림, 센터 필러 로어 가니쉬 : 탈거 - 장착 참조),
  - 프론트 이너 킥킹 플레이트 (71A, 인테리어 트림, 프론트 이너 킥킹 플레이트 : 탈거 - 장착 참조),
  - 대시 사이드 피니셔 (71A, 인테리어 트림, 대시 사이드 피니셔 : 탈거 - 장착 참조),
  - 플로어 카페트 부분적으로 (71A, 인테리어 트림, 플로어 카페트 : 탈거 - 장착 참조).

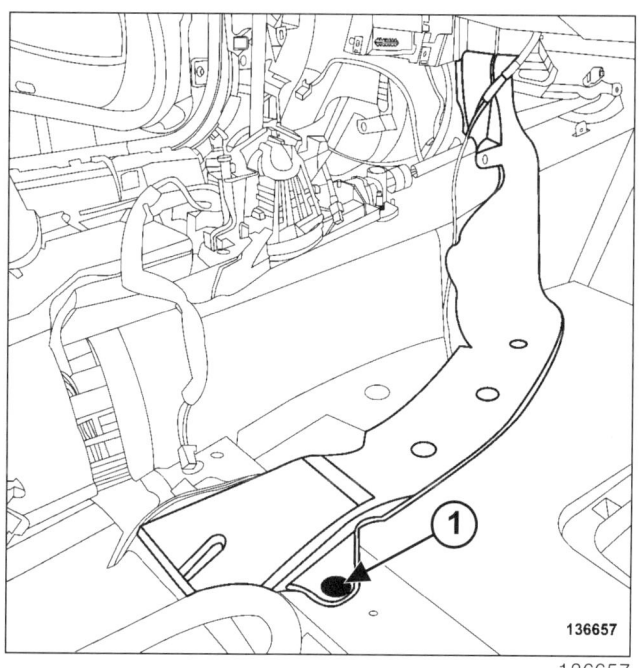

- 클립 (1) 을 탈거한다.
- 에어 덕트를 탈거한다.

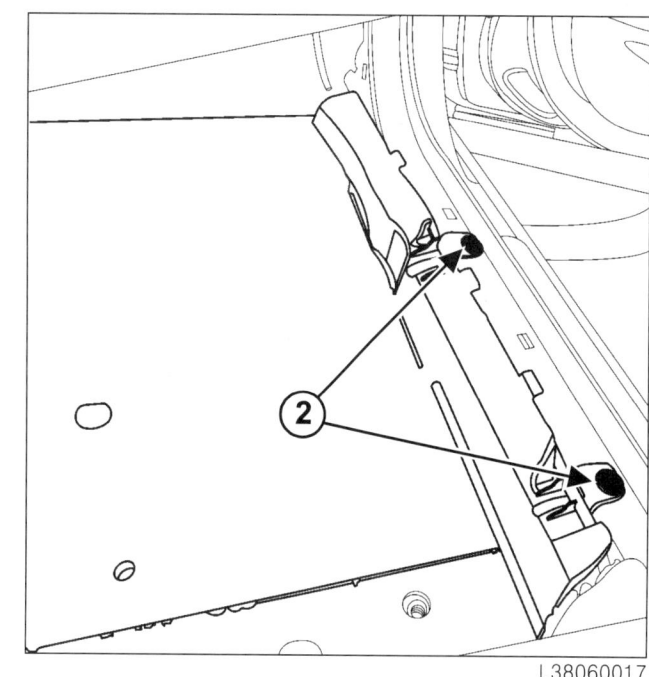

- 다음을 탈거한다 :
  - 클립 (2),
  - 트림,
  - 변속기 컨트롤 유닛 (MR 445 리페어 매뉴얼, 37A, 샤시 컨트롤 유닛, 변속기 컨트롤 유닛 : 탈거 - 장착 참조).

- 커넥터를 분리한다.

II - 관련 부품 탈거 작업

- 프론트 플로어 패드를 탈거한다.

방음재
프론트 플로어 패드 : 탈거 – 장착

68A

| L38 |

장착

I – 관련 부품 장착 작업

❏ 프론트 플로어 패드를 장착한다.

II – 최종 작업

❏ 커넥터를 연결한다.

❏ 다음을 장착한다 :
- 변속기 컨트롤 유닛 (MR 445 리페어 매뉴얼, 37A, 샤시 컨트롤 유닛, 변속기 컨트롤 유닛 : 탈거 – 장착 참조),
- 트림,
- 클립 (2),
- 에어 덕트,
- 클립 (1),
- 플로어 카펫.

❏ 다음을 장착한다 :
- 대시 사이드 피니셔 (71A, 인테리어 트림, 대시 사이드 피니셔 : 탈거 – 장착 참조),
- 프론트 이너 킥킹 플레이트 (71A, 인테리어 트림, 프론트 이너 킥킹 플레이트 : 탈거 – 장착 참조),
- 센터 필러 로어 가니쉬 (71A, 인테리어 트림, 센터 필러 로어 가니쉬 : 탈거 – 장착 참조),
- 센터 콘솔 (57A, 내장 장착 부품, 센터 콘솔 : 탈거 – 장착 참조),
- 프론트 시트 어셈블리 (75A, 프론트 시트 프레임과 러너, 프론트 시트 어셈블리 : 탈거 – 장착 참조).

❏ 배터리를 연결한다 (MR 445 리페어 매뉴얼, 80A, 배터리, 배터리 : 탈거 – 장착 참조).

방음재
리어 플로어 패드 : 탈거 – 장착

68A

L38

탈거

I – 탈거 준비 작업

❏ 배터리를 분리한다 (MR 445 리페어 매뉴얼, 80A, 배터리, 배터리 : 탈거 – 장착 참조).

❏ 다음을 탈거한다 :
- 프론트 시트 어셈블리 (75A, 프론트 시트 프레임과 러너, 프론트 시트 어셈블리 : 탈거 – 장착 참조),
- 센터 콘솔 (57A, 내장 장착 부품, 센터 콘솔 : 탈거 – 장착 참조).

일반 시트

❏ 다음을 탈거한다 :
- 싱글 유닛 리어 벤치 시트 (76A, 리어 시트 프레임과 러너, 싱글 유닛 리어 벤치 시트 : 탈거 – 장착 참조),
- 싱글 유닛 리어 벤치 시트 백 (76A, 리어 시트 프레임과 러너, 싱글 유닛 리어 벤치 시트 백 : 탈거 – 장착 참조).

접이식 시트

❏ 분할 리어 벤치 시트를 탈거한다 (76A, 리어 시트 프레임과 러너, 분할 리어 벤치 시트 : 탈거 – 장착 참조).

❏ 리어 이너 킥킹 플레이트 어퍼 피니셔 (71A, 인테리어 트림, 리어 이너 킥킹 플레이트 어퍼 피니셔 : 탈거 – 장착 참조),
- 센터 필러 로어 가니쉬 (71A, 인테리어 트림, 센터 필러 로어 가니쉬 : 탈거 – 장착 참조),
- 리어 이너 킥킹 플레이트 (71A, 인테리어 트림, 리어 이너 킥킹 플레이트 : 탈거 – 장착 참조),
- 프론트 이너 킥킹 플레이트 (71A, 인테리어 트림, 프론트 이너 킥킹 플레이트 : 탈거 – 장착 참조).

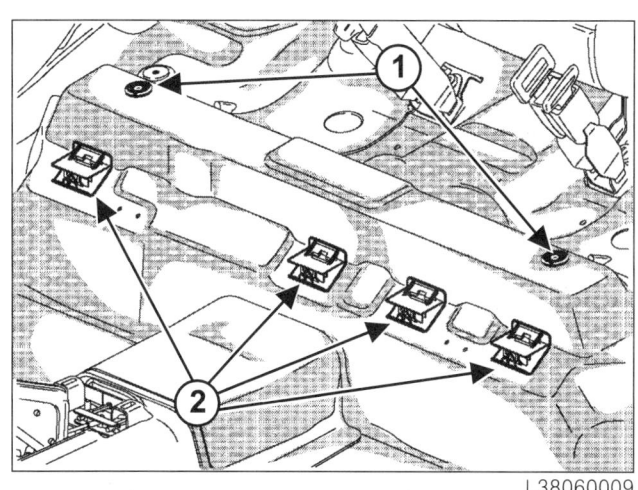

❏ 다음을 탈거한다 :
- 클립 (1),
- 클립 (2).

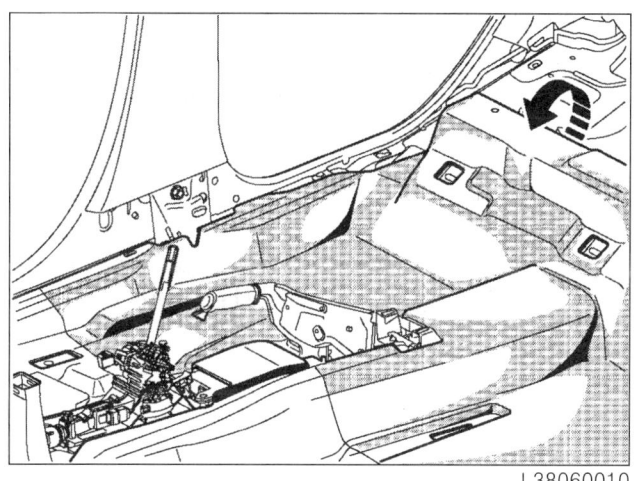

❏ 플로어 카펫을 부분적으로 벗겨낸다.

II – 관련 부품 탈거 작업

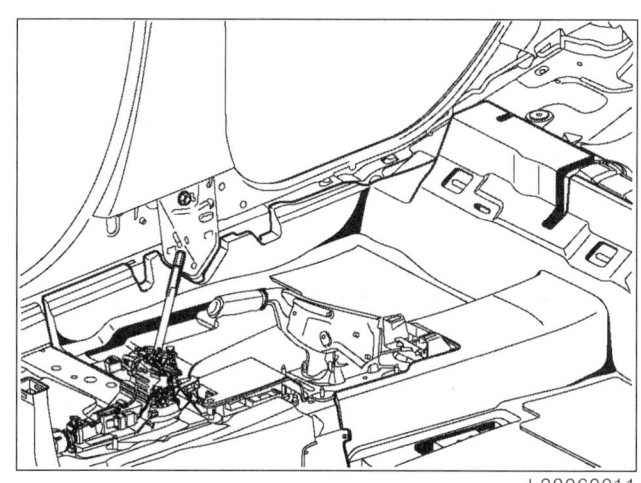

❏ 리어 플로어 패드를 탈거한다.

방음재
리어 플로어 패드 : 탈거 - 장착

68A

L38

장착

I - 관련 부품 장착 작업

❏ 리어 플로어 패드를 장착한다.

II - 최종 작업

❏ 플로어 카펫을 장착한다.

❏ 다음을 장착한다 :
  - 클립 (2),
  - 클립 (1).

❏ 다음을 장착한다 :
  - 프론트 이너 킥킹 플레이트 (71A, 인테리어 트림, 프론트 이너 킥킹 플레이트 : 탈거 - 장착 참조),
  - 리어 이너 킥킹 플레이트 (71A, 인테리어 트림, 리어 이너 킥킹 플레이트 : 탈거 - 장착 참조),
  - 센터 필러 로어 가니쉬 (71A, 인테리어 트림, 센터 필러 로어 가니쉬 : 탈거 - 장착 참조),
  - 리어 이너 킥킹 플레이트 어퍼 피니셔 (71A, 인테리어 트림, 리어 이너 킥킹 플레이트 어퍼 피니셔 : 탈거 - 장착 참조).

접이식 시트

❏ 분할 리어 벤치 시트를 장착한다 (76A, 리어 시트 프레임과 러너, 분할 리어 벤치 시트 : 탈거 - 장착 참조).

일반 시트

❏ 다음을 장착한다 :
  - 싱글 유닛 리어 벤치 시트 백 (76A, 리어 시트 프레임과 러너, 싱글 유닛 리어 벤치 시트 백 : 탈거 - 장착 참조),
  - 싱글 유닛 리어 벤치 시트 (76A, 리어 시트 프레임과 러너, 싱글 유닛 리어 벤치 시트 : 탈거 - 장착 참조).

  - 센터 콘솔 (57A, 내장 장착 부품, 센터 콘솔 : 탈거 - 장착 참조),
  - 프론트 시트 어셈블리 (75A, 프론트 시트 프레임과 러너, 프론트 시트 어셈블리 : 탈거 - 장착 참조).

❏ 배터리를 연결한다 (MR 445 리페어 매뉴얼, 80A, 배터리, 배터리 : 탈거 - 장착 참조).

방음재
엔진룸 인슐레이터 : 탈거 − 장착

68A

L38

탈거

I − 탈거 준비 작업

- 차량을 2 주식 리프트에 위치시킨다 (02A, 리프팅, 차량 : 견인 및 리프팅 참조).
- 다음을 탈거한다 :
  - 프론트 휠 (MR 445 리페어 매뉴얼, 35A, 휠 및 타이어, 휠 : 탈거 − 장착 참조),
  - 프론트 윈드실드 와이퍼 암 (MR 445 리페어 매뉴얼, 85A, 와이퍼 및 워셔, 프론트 윈드실드 와이퍼 암 : 탈거 − 장착 참조),
  - 카울 탑 커버 (56A, 외장 장착 부품, 카울 탑 커버 : 탈거 − 장착 참조),
  - 카울 탑 익스텐션 (56A, 외장 장착 부품, 카울 탑 익스텐션 : 탈거 − 장착 참조),
  - 엔진 언더 커버.

II − 관련 부품 탈거 작업

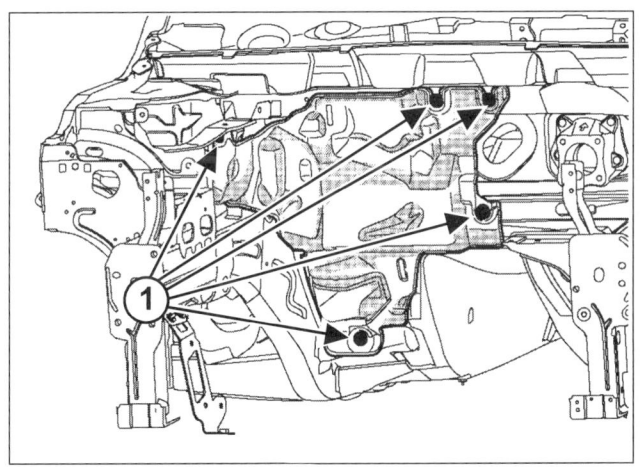

- 클립 (1) 을 탈거한다.
- 엔진룸 인슐레이터를 탈거한다.

장착

I − 장착 준비 작업

- 필요한 경우 엔진룸 인슐레이터의 클립을 교환한다.

II − 관련 부품 장착 작업

- 엔진룸 인슐레이터를 장착한다.
- 클립 (1) 을 장착한다.

III − 최종 작업

- 다음을 장착한다 :
  - 엔진 언더 커버,
  - 카울 탑 익스텐션 (56A, 외장 장착 부품, 카울 탑 익스텐션 : 탈거 − 장착 참조),
  - 카울 탑 커버 (56A, 외장 장착 부품, 카울 탑 커버 : 탈거 − 장착 참조),
  - 프론트 윈드실드 와이퍼 암 (MR 445 리페어 매뉴얼, 85A, 와이퍼 및 워셔, 프론트 윈드실드 와이퍼 암 : 탈거 − 장착 참조),
  - 프론트 휠 (MR 445 리페어 매뉴얼, 35A, 휠 및 타이어, 휠 : 탈거 − 장착 참조).

르노삼성자동차

7 내·외장 트림

- **71A** 인테리어 트림
- **72A** 사이드 도어 트림
- **73A** 사이드 도어 이외 트림
- **75A** 프론트 시트 프레임과 러너
- **76A** 리어 시트 프레임과 러너
- **77A** 프론트 시트 트림
- **78A** 리어 시트 트림
- **79A** 시트 액세서리

L38

2009. 07

본 리페어 매뉴얼은 2009년 07월의 양산 차량을 기준으로 작성하였으며, 향후 차량의 설계 변경에 따라 실차와 다른 내용이 있을 수 있으므로, 양해를 구합니다.
주 : 설계 변경에 대한 정보는 www.rsmservice.com 을 참조하여 주시기 바랍니다.
이 문서의 모든 권리는 르노삼성자동차에 있습니다.

ⓒ 르노삼성자동차 (주), 2009

L38-Section 7

목차

페이지 페이지

71A 인테리어 트림

플로어 카펫 : 탈거 – 장착	71A-1
러기지 컴파트먼트 플로어 카펫 : 탈거 – 장착	71A-3
헤드라이닝 : 탈거 – 장착	71A-4
대시 사이드 피니셔 : 탈거 – 장착	71A-7
프론트 이너 킥킹 플레이트 : 탈거 – 장착	71A-8
센터 필러 로어 가니쉬 : 탈거 – 장착	71A-9
리어 이너 킥킹 플레이트 : 탈거 – 장착	71A-10
트렁크 사이드 피니셔 : 탈거 – 장착	71A-11
프론트 필러 가니쉬 : 탈거 – 장착	71A-13
센터 필러 어퍼 가니쉬 : 탈거 – 장착	71A-15
리어 이너 킥킹 플레이트 어퍼 피니셔 : 탈거 – 장착	71A-17
리어 필러 피니셔 : 탈거 – 장착	71A-18
트렁크 리어 플레이트 : 탈거 – 장착	71A-19

72A 사이드 도어 트림

프론트 사이드 도어 피니셔 : 탈거 – 장착	72A-1
리어 사이드 도어 피니셔 : 탈거 – 장착	72A-3

73A 사이드 도어 이외 트림

트렁크 리드 피니셔 : 탈거 – 장착	73A-1

75A 프론트 시트 프레임과 러너

프론트 시트 쿠션 프레임 : 탈거 – 장착	75A-1
프론트 시트 백 프레임 : 탈거 – 장착	75A-3
프론트 시트 스위치 패드 : 탈거 – 장착	75A-5
프론트 시트 어셈블리 : 탈거 – 장착	75A-6

76A 리어 시트 프레임과 러너

리어 시트 백 로킹 : 탈거 – 장착	76A-1
싱글 유닛 리어 벤치 시트 백 : 탈거 – 장착	76A-3
분할 리어 벤치 시트 백 : 탈거 – 장착	76A-4
싱글 유닛 리어 벤치 시트 쿠션 : 탈거 – 장착	76A-6
분할 리어 벤치 시트 쿠션 : 탈거 – 장착	76A-7
리어 벤치 시트 백 프레임 : 탈거 – 장착	76A-8
리어 시트 싱글 시트 백 프레임 : 탈거 – 장착	76A-9

목차

페이지

77A	프론트 시트 트림	
	프론트 시트 사이드 트림 : 탈거 – 장착	77A-1

78A	리어 시트 트림	
	리어 시트 쿠션 커버 : 탈거 – 장착	78A-1
	리어 시트 백 커버 : 탈거 – 장착	78A-2

79A	시트 액세서리	
	프론트 시트 헤드레스트 : 탈거 – 장착	78A-1
	프론트 시트 헤드레스트 가이드 : 탈거 – 장착	78A-2
	리어 센터 암 레스트 : 탈거 – 장착	78A-3
	리어 시트 헤드레스트 가이드 : 탈거 – 장착	78A-4

인테리어 트림
플로어 카펫 : 탈거 – 장착

71A

L38

탈거

I – 탈거 준비 작업

- 배터리를 분리한다 (MR 445 리페어 매뉴얼, 80A, 배터리, 배터리 : 탈거 – 장착 참조).
- 다음을 탈거한다 :
  - 프론트 시트 어셈블리 (75A, 프론트 시트 프레임과 러너, 프론트 시트 어셈블리 : 탈거 – 장착 참조),
  - 센터 콘솔 (57A, 내장 장착 부품, 센터 콘솔 : 탈거 – 장착 참조).

접이식 시트

- 분할 리어 벤치 시트 쿠션을 탈거한다 (76A, 리어 시트 프레임과 러너, 분할 리어 벤치 시트 쿠션 : 탈거 – 장착 참조).

일반 시트

- 다음을 탈거한다 :
  - 싱글 유닛 리어 벤치 시트 쿠션 (76A, 리어 시트 프레임과 러너, 싱글 유닛 리어 벤치 시트 쿠션 : 탈거 – 장착 참조),
  - 싱글 유닛 리어 벤치 시트 백 (76A, 리어 시트 프레임과 러너, 싱글 유닛 리어 벤치 시트 백 : 탈거 – 장착 참조).

  - 리어 이너 킥킹 플레이트 어퍼 피니셔 (71A, 인테리어 트림, 리어 이너 킥킹 플레이트 어퍼 피니셔 : 탈거 – 장착 참조),
  - 센터 필러 로어 가니쉬 (71A, 인테리어 트림, 센터 필러 로어 가니쉬 : 탈거 – 장착 참조),
  - 리어 이너 킥킹 플레이트 (71A, 인테리어 트림, 리어 이너 킥킹 플레이트 : 탈거 – 장착 참고),
  - 프론트 이너 킥킹 플레이트 (71A, 인테리어 트림, 프론트 이너 킥킹 플레이트 : 탈거 – 장착 참조),
  - 대시 사이드 피니셔 (71A, 인테리어 트림, 대시 사이드 피니셔 : 탈거 – 장착 참조).

II – 관련 부품 탈거 작업

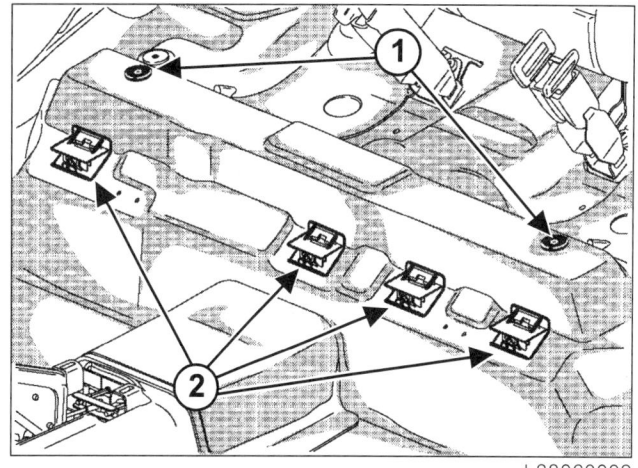

- 다음을 탈거한다 :
  - 클립 (1),
  - 리어 벤치 시트 베이스 마운팅 서포트 (2).

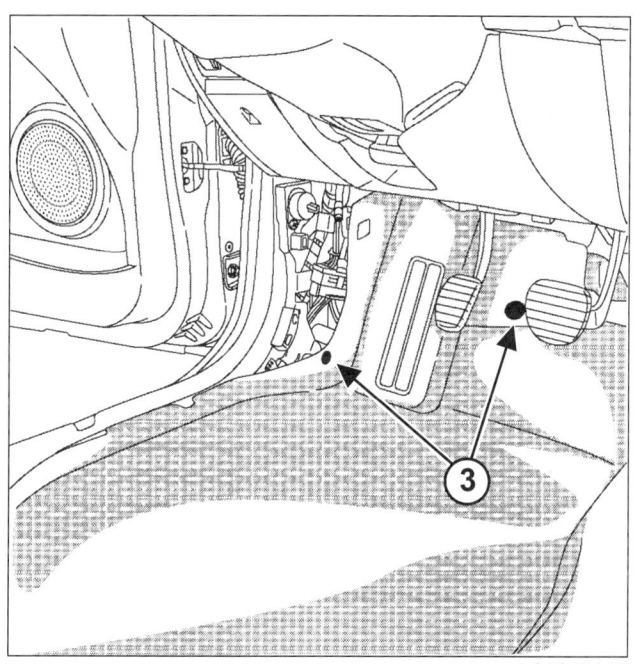

- 클립 (3) 을 탈거한다.

인테리어 트림
플로어 카펫 : 탈거 - 장착

71A

L38

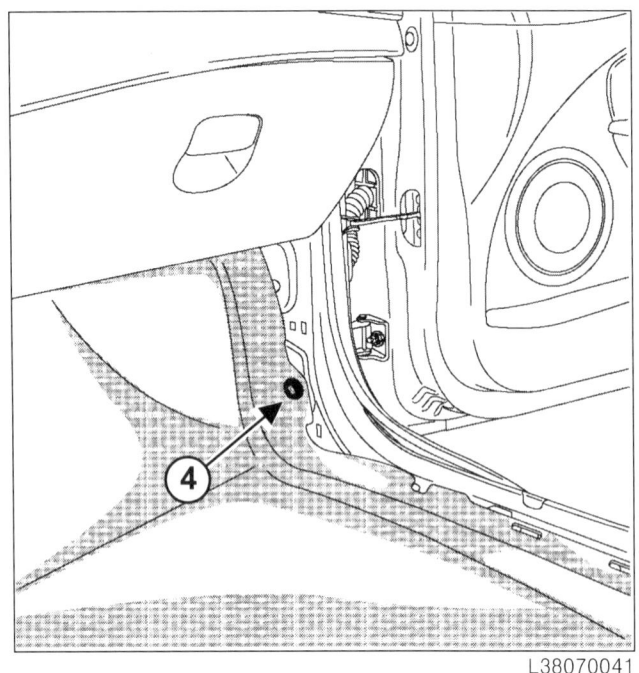

L38070041

❏ 다음을 탈거한다 :
- 클립 (4),
- 플로어 카펫 .

장착

I - 관련 부품 장착 작업

❏ 다음을 장착한다 :
- 플로어 카펫 ,
- 클립 (4),
- 클립 (3),
- 리어 벤치 시트 베이스 마운팅 서포트 (2),
- 클립 (1).

II - 최종 작업

❏ 다음을 장착한다 :
- 대시 사이드 피니셔 (71A, 인테리어 트림 , 대시 사이드 피니셔 : 탈거 - 장착 참조),
- 프론트 이너 킥킹 플레이트 (71A, 인테리어 트림 , 프론트 이너 킥킹 플레이트 : 탈거 - 장착 참조),
- 리어 이너 킥킹 플레이트 (71A, 인테리어 트림 , 리어 이너 킥킹 플레이트 : 탈거 - 장착 참고),
- 센터 필러 로어 가니쉬 (71A, 인테리어 트림 , 센터 필러 로어 가니쉬 : 탈거 - 장착 참조),
- 리어 이너 킥킹 플레이트 어퍼 피니셔 (71A, 인테리어 트림 , 리어 이너 킥킹 플레이트 어퍼 피니셔 : 탈거 - 장착 참조).

일반 시트

❏ 다음을 장착한다 :
- 싱글 유닛 리어 벤치 시트 백 (76A, 리어 시트 프레임과 러너 , 싱글 유닛 리어 벤치 시트 백 : 탈거 - 장착 참조).
- 싱글 유닛 리어 벤치 시트 쿠션 (76A, 리어 시트 프레임과 러너 , 싱글 유닛 리어 벤치 시트 쿠션 : 탈거 - 장착 참조).

접이식 시트

❏ 분할 리어 벤치 시트 쿠션을 장착한다 (76A, 리어 시트 프레임과 러너 , 분할 리어 벤치 시트 쿠션 : 탈거 - 장착 참조).

❏ 다음을 장착한다 :
- 센터 콘솔 (57A, 내장 장착 부품 , 센터 콘솔 : 탈거 - 장착 참조),
- 프론트 시트 어셈블리 (75A, 프론트 시트 프레임과 러너 , 프론트 시트 어셈블리 : 탈거 - 장착 참조).

❏ 배터리를 연결한다 (MR 445 리페어 매뉴얼 , 80A, 배터리 , 배터리 : 탈거 - 장착 참조).

인테리어 트림
러기지 컴파트먼트 플로어 카펫 : 탈거 - 장착

71A

L38

탈거

I - 관련 부품 탈거 작업

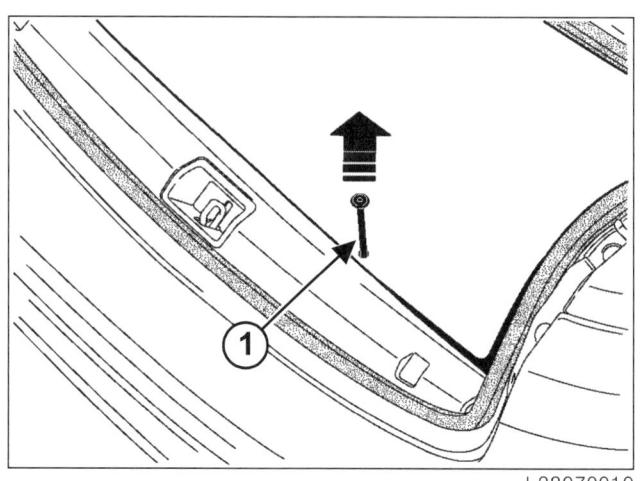

- 탭 (1) 을 당긴다 .
- 러기지 컴파트먼트 플로어 카펫을 벗긴다 .

장착

I - 관련 부품 장착 작업

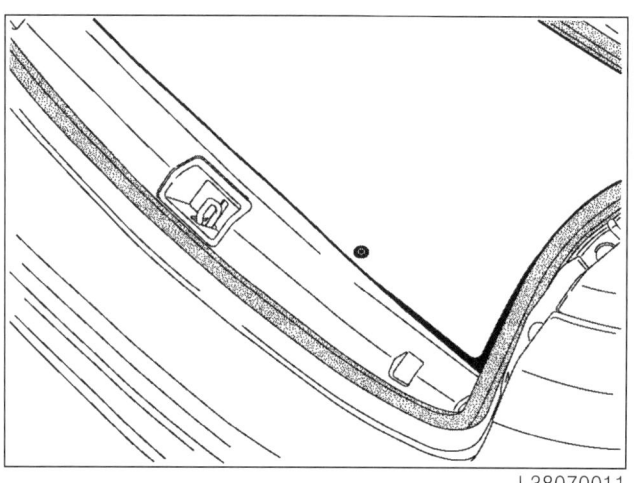

- 러기지 컴파트먼트 플로어 카펫을 장착한다 .

인테리어 트림
헤드라이닝 : 탈거 - 장착

71A

L38

경고
시스템 손상 위험을 방지하려면 수리 작업 전 안전, 청결 지침 및 작업 권장 사항을 확인한다 (MR 445 리페어 매뉴얼, 88C, 에어백 및 프리텐셔너, 사전 주의사항 참조).

탈거

I - 탈거 준비 작업

❏ 배터리를 분리한다 (MR 445 리페어 매뉴얼, 80A, 배터리, 배터리 : 탈거 - 장착 참조).

❏ 다음을 탈거한다 :
 - 프론트 사이드 도어 웨더스트립 (65A, 도어 실링, 프론트 사이드 도어 웨더스트립 : 탈거 - 장착 참조),
 - 리어 사이드 도어 웨더스트립 (65A, 도어 실링, 리어 사이드 도어 웨더스트립 : 탈거 - 장착 참조),
 - 프론트 필러 가니쉬 (71A, 인테리어 트림, 프론트 필러 가니쉬 : 탈거 - 장착 참조),
 - 센터 필러 로어 가니쉬 (71A, 인테리어 트림, 센터 필러 로어 가니쉬 : 탈거 - 장착 참조),
 - 센터 필러 어퍼 가니쉬 (71A, 인테리어 트림, 센터 필러 어퍼 가니쉬 : 탈거 - 장착 참조).

일반 시트

❏ 다음을 탈거한다 :
 - 싱글 유닛 리어 벤치 시트 쿠션 (76A, 리어 시트 프레임과 러너, 싱글 유닛 리어 벤치 시트 쿠션 : 탈거 - 장착 참조),
 - 싱글 유닛 리어 벤치 시트 백 (76A, 리어 시트 프레임과 러너, 싱글 유닛 리어 벤치 시트 백 : 탈거 - 장착 참조).

접이식 시트

❏ 분할 리어 벤치 시트 쿠션을 탈거한다 (76A, 리어 시트 프레임과 러너, 분할 리어 벤치 시트 쿠션 : 탈거 - 장착 참조).

❏ 리어 벤치 시트 백을 접는다.

❏ 다음을 탈거한다 :
 - 리어 이너 킥킹 플레이트 (71A, 인테리어 트림, 리어 이너 킥킹 플레이트 : 탈거 - 장착 참조),
 - 리어 필러 피니셔 (71A, 인테리어 트림, 리어 필러 피니셔 : 탈거 - 장착 참조),
 - 실내 라이팅 (MR 445 리페어 매뉴얼, 81B, 실내 라이팅, 맵 램프 : 탈거 - 장착 참조),
 - 인사이드 미러 어퍼 및 로어 커버 (57A, 내장 장착 부품, 인사이드 미러 : 탈거 - 장착 참조) (차량 옵션에 따라 다름).

❏ 인사이드 미러 와이어링 커넥터들을 분리한다 (차량 옵션에 따라 다름).

❏ 다음을 탈거한다 :
 - 선 바이저 (57A, 내장 장착 부품, 선 바이저 : 탈거 - 장착 참조),
 - 배니티 램프 (MR 445 리페어 매뉴얼, 81B, 실내 라이팅, 배니티 램프 : 탈거 - 장착) (차량 옵션에 따라 다름),
 - 그립 (57A, 내장 장착 부품, 그립 : 탈거 - 장착 참조).

II - 관련 부품 탈거 작업

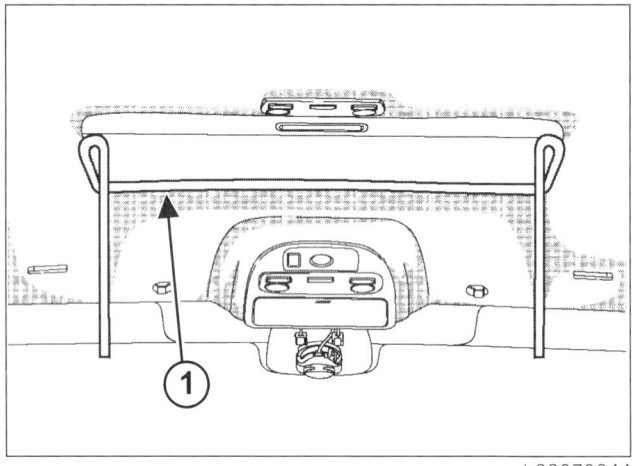

L38070044

❏ 선루프 웨더스트립 (1) 을 탈거한다 (차량 옵션에 따라 다름).

인테리어 트림
헤드라이닝 : 탈거 – 장착

71A

L38

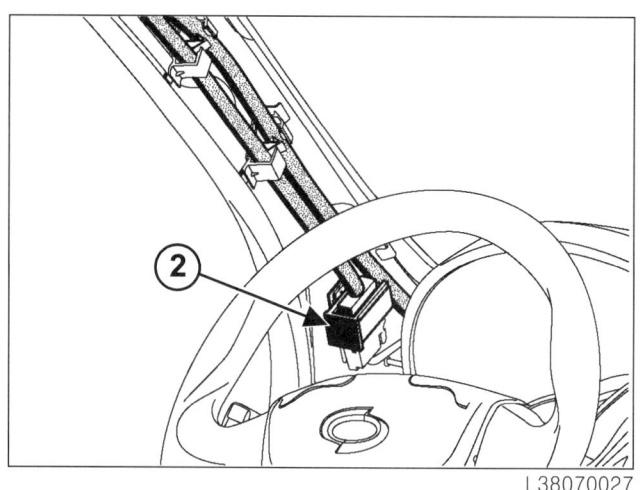

❏ 커넥터 (2) 를 분리한다 .

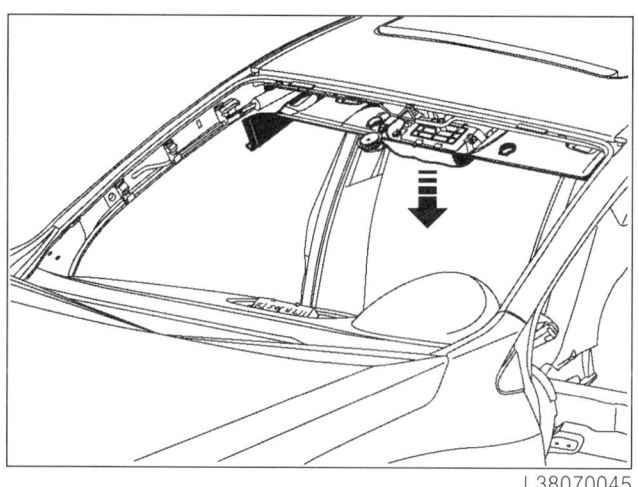

❏ 헤드라이닝을 부분적으로 탈거한다 .
❏ 다음을 분리한다 :
  - 가운데 부분의 클립 ,
  - 선루프 모터 커넥터 .

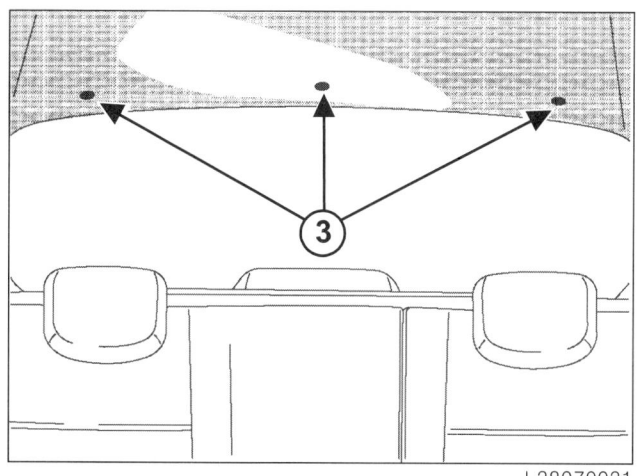

❏ 클립 (3) 을 탈거한다 .
❏ 헤드라이닝을 꺼낸다 (이 작업은 두 사람이 작업한다).

장착

I – 관련 부품 장착 작업

❏ 헤드라이닝을 차량에 넣는다 (이 작업은 두 사람이 작업한다).

> 참고 :
> 선루프는 양 사이드 부분이 약하게 설계되었으므로 선루프가 장착된 차량의 경우 헤드라이닝을 주의하여 취급해야 한다 .

❏ 다음을 장착한다 :
  - 클립 (3),
  - 가운데 부분의 클립 ,
  - 커넥터 (2).

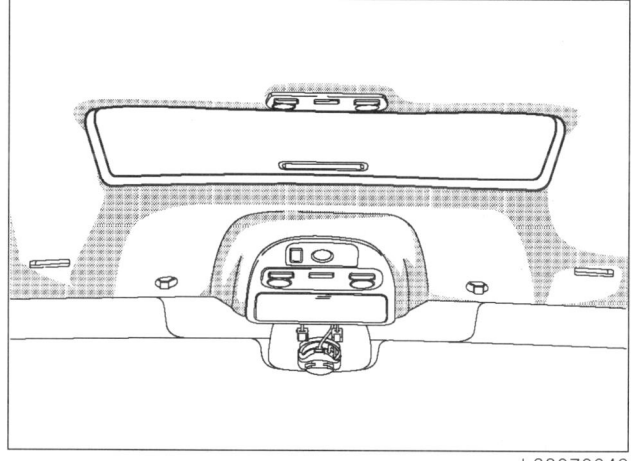

❏ 선루프 웨더스트립 (1) 을 장착한다 (차량 옵션에 따라 다름).

II – 최종 작업

❏ 다음을 장착한다 :
  - 그립 (57A, 내장 장착 부품 , 그립 : 탈거 – 장착 참조),
  - 배니티 램프 (MR 445 리페어 매뉴얼 , 81B, 실내 라이팅 , 배니티 램프 : 탈거 – 장착) (차량 옵션에 따라 다름),
  - 선 바이저 (57A, 내장 장착 부품 , 선 바이저 : 탈거 – 장착 참조).

❏ 인사이드 미러 와이어링 커넥터들을 연결한다 (차량 옵션에 따라 다름).

인테리어 트림
헤드라이닝 : 탈거 - 장착

71A

L38

❏ 다음을 장착한다 :

- 인사이드 미러 어퍼 및 로어 커버 (57A, 내장 장착 부품 , 인사이드 미러 : 탈거 – 장착 참조) (차량 옵션에 따라 다름),
- 실내 라이팅 (MR 445 리페어 매뉴얼 , 81B, 실내 라이팅 , 맵 램프 : 탈거 – 장착 참조),
- 리어 필러 피니셔 (71A, 인테리어 트림 , 리어 필러 피니셔 : 탈거 – 장착 참조),
- 리어 이너 킥킹 플레이트 (71A, 인테리어 트림 , 리어 이너 킥킹 플레이트 : 탈거 – 장착 참조).

접이식 시트

❏ 분할 리어 벤치 시트 쿠션을 장착한다 (76A, 리어 시트 프레임과 러너 , 분할 리어 벤치 시트 쿠션 : 탈거 – 장착 참조).

❏ 리어 시트 백을 원래 위치로 위치시킨다 .

일반 시트

❏ 다음을 장착한다 :

- 싱글 유닛 리어 벤치 시트 백 (76A, 리어 시트 프레임과 러너 , 싱글 유닛 리어 벤치 시트 백 : 탈거 – 장착 참조),
- 싱글 유닛 리어 벤치 시트 쿠션 (76A, 리어 시트 프레임과 러너 , 싱글 유닛 리어 벤치 시트 쿠션 : 탈거 – 장착 참조).

- 센터 필러 어퍼 가니쉬 (71A, 인테리어 트림 , 센터 필러 어퍼 가니쉬 : 탈거 – 장착 참조),
- 센터 필러 로어 가니쉬 (71A, 인테리어 트림 , 센터 필러 로어 가니쉬 : 탈거 – 장착 참조),
- 프론트 필러 가니쉬 (71A, 인테리어 트림 , 프론트 필러 가니쉬 : 탈거 – 장착 참조),
- 리어 사이드 도어 웨더스트립 (65A, 도어 실링 , 리어 사이드 도어 웨더스트립 : 탈거 – 장착 참조),
- 프론트 사이드 도어 웨더스트립 (65A, 도어 실링 , 프론트 사이드 도어 웨더스트립 : 탈거 – 장착 참조).

❏ 배터리를 연결한다 (MR 445 리페어 매뉴얼 , 80A, 배터리 , 배터리 : 탈거 – 장착 참조).

❏ 기능 테스트를 수행한다 .

인테리어 트림
대시 사이드 피니셔 : 탈거 – 장착

71A

| L38 |

탈거

I – 탈거 준비 작업

❏ 다음을 일부 탈거한다 :
- 프론트 사이드 도어 웨더스트립 (65A, 도어 실링, 프론트 사이드 도어 웨더스트립 : 탈거 – 장착 참조),
- 프론트 이너 킥킹 플레이트 (71A, 인테리어 트림, 프론트 이너 킥킹 플레이트 : 탈거 – 장착 참조).

II – 관련 부품 탈거 작업

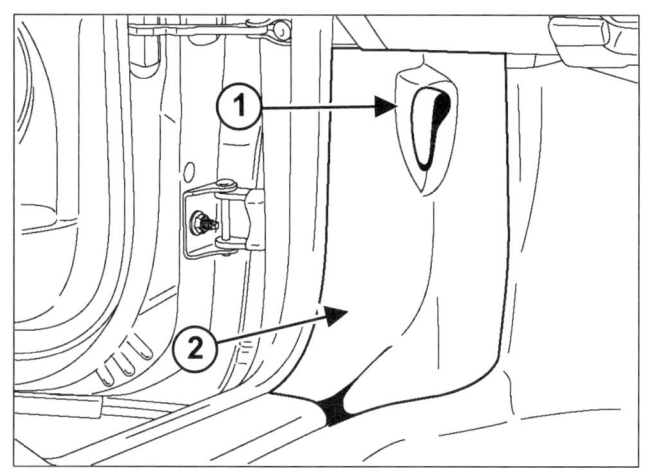

L38050201

❏ 다음을 탈거한다 :
- 후드 릴리즈 핸들 (1),
- 대시 사이드 피니셔 (2).

장착

I – 관련 부품 장착 작업

❏ 다음을 장착한다 :
- 대시 사이드 피니셔 (2),
- 후드 릴리즈 핸들 (1).

II – 최종 작업

❏ 다음을 장착한다 :
- 프론트 이너 킥킹 플레이트 (71A, 인테리어 트림, 프론트 이너 킥킹 플레이트 : 탈거 – 장착 참조),
- 프론트 사이드 도어 웨더스트립 (65A, 도어 실링, 프론트 사이드 도어 웨더스트립 : 탈거 – 장착 참조).

인테리어 트림
프론트 이너 킥킹 플레이트 : 탈거 – 장착

71A

L38

탈거

I – 탈거 준비 작업

❏ 다음을 탈거한다 :

- 프론트 사이드 도어 웨더스트립 일부 ,
- 센터 필러 로어 가니쉬 (71A, 인테리어 트림 , 센터 필러 로어 가니쉬 : 탈거 – 장착 참조),
- 리어 사이드 도어 이너 킥킹 플레이트 일부 (71A, 인테리어 트림 , 리어 사이드 도어 이너 킥킹 플레이트 : 탈거 – 장착 참조).

II – 관련 부품 탈거 작업

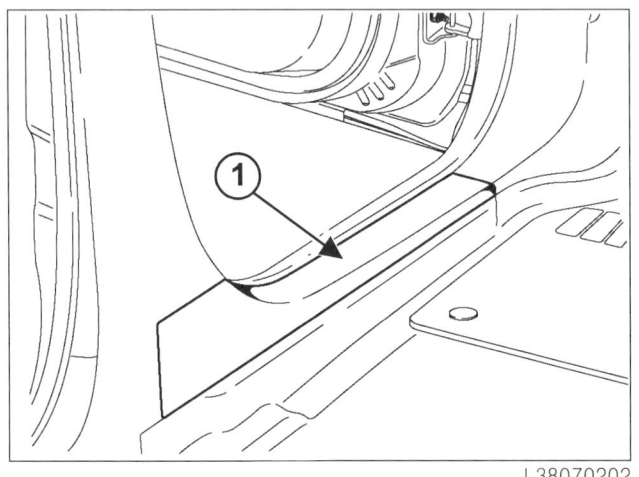

L38070202

❏ 프론트 이너 킥킹 플레이트 (1) 클립을 탈거한다 .

장착

I – 장착 준비 작업

❏ 필요한 경우 프론트 이너 킥킹 플레이트의 클립을 교환한다 .

❏ 프론트 이너 킥킹 플레이트 (1) 를 장착한다 .

II – 최종 작업

❏ 다음을 장착한다 :

- 리어 사이드 도어 이너 킥킹 플레이트 (71A, 인테리어 트림 , 리어 사이드 도어 이너 킥킹 플레이트 : 탈거 – 장착 참조),
- 센터 필러 로어 가니쉬 (71A, 인테리어 트림 , 센터 필러 로어 가니쉬 : 탈거 – 장착 참조),
- 프론트 사이드 도어 웨더스트립 .

인테리어 트림
센터 필러 로어 가니쉬 : 탈거 − 장착

71A

L38

탈거

I − 탈거 준비 작업

❏ 다음을 탈거한다 :
 − 프론트 사이드 도어 웨더스트립 일부,
 − 리어 사이드 도어 웨더스트립 일부.

II − 관련 부품 탈거 작업

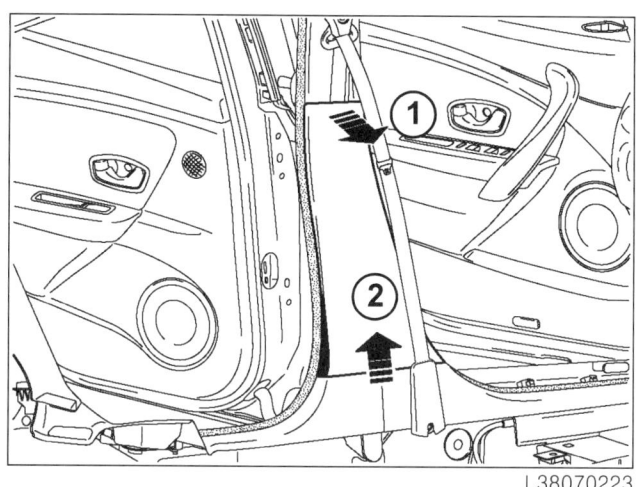

L38070223

❏ 클립을 주의하여 탈거한다.

❏ (1) 및 (2) 방향으로 센터 필러 로어 가니쉬를 탈거한다.

장착

I − 장착 준비 작업

❏ 필요한 경우 센터 필러 로어 가니쉬의 클립을 교환한다.

II − 관련 부품 장착 작업

❏ 센터 필러 로어 가니쉬를 장착한다.

III − 최종 작업

❏ 다음을 장착한다 :
 − 프론트 사이드 도어 웨더스트립 일부,
 − 리어 사이드 도어 웨더스트립 일부.

인테리어 트림
리어 이너 킥킹 플레이트 : 탈거 – 장착

71A

L38

탈거

I – 탈거 준비 작업

접이식 시트

- 분할 리어 벤치 시트 쿠션을 탈거한다 (76A, 리어 시트 프레임과 러너, 분할 리어 벤치 시트 쿠션 : 탈거 – 장착 참조).
- 리어 벤치 시트 백을 접는다.

일반 시트

- 다음을 탈거한다 :
  - 싱글 유닛 리어 벤치 시트 쿠션 (76A, 리어 시트 프레임과 러너, 싱글 유닛 리어 벤치 시트 쿠션 : 탈거 – 장착 참조),
  - 싱글 유닛 리어 벤치 시트 백 (76A, 리어 시트 프레임과 러너, 싱글 유닛 리어 벤치 시트 백 : 탈거 – 장착 참조).

- 다음을 탈거한다 :
  - 리어 사이드 도어 웨더스트립 일부,
  - 센터 필러 로어 가니쉬 (71A, 인테리어 트림, 센터 필러 로어 가니쉬 : 탈거 – 장착 참조),
  - 리어 이너 킥킹 플레이트 어퍼 피니셔 (71A, 인테리어 트림, 리어 이너 킥킹 플레이트 어퍼 피니셔 : 탈거 – 장착 참조).

II – 관련 부품 탈거 작업

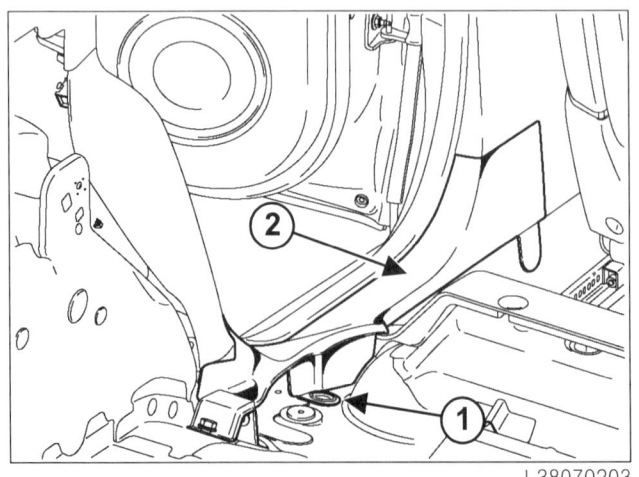

- 다음을 탈거한다 :
  - 클립 (1),
  - 리어 사이드 도어 이너 킥킹 플레이트 (2).

장착

I – 장착 준비 작업

- 필요한 경우 리어 사이드 도어 이너 킥킹 플레이트의 클립을 교환한다.

II – 관련 부품 장착 작업

- 다음을 장착한다 :
  - 리어 사이드 도어 이너 킥킹 플레이트 (2),
  - 클립 (1).

III – 최종 작업

- 다음을 장착한다 :
  - 리어 이너 킥킹 플레이트 어퍼 피니셔 (71A, 인테리어 트림, 리어 이너 킥킹 플레이트 어퍼 피니셔 : 탈거 – 장착 참조),
  - 센터 필러 로어 가니쉬 (71A, 인테리어 트림, 센터 필러 로어 가니쉬 : 탈거 – 장착 참조),
  - 리어 사이드 도어 웨더스트립.

일반 시트

- 다음을 장착한다 :
  - 싱글 유닛 리어 벤치 시트 백 (76A, 리어 시트 프레임과 러너, 싱글 유닛 리어 벤치 시트 백 : 탈거 – 장착 참조),
  - 싱글 유닛 리어 벤치 시트 쿠션 (76A, 리어 시트 프레임과 러너, 싱글 유닛 리어 벤치 시트 쿠션 : 탈거 – 장착 참조).

접이식 시트

- 분할 리어 벤치 시트 쿠션을 장착한다 (76A, 리어 시트 프레임과 러너, 분할 리어 벤치 시트 쿠션 : 탈거 – 장착 참조).
- 리어 벤치 시트 백을 원래 위치에 위치시킨다.

인테리어 트림
트렁크 사이드 피니셔 : 탈거 – 장착

71A

L38

탈거

I – 탈거 준비 작업

일반 시트

❏ 다음을 탈거한다 :

- 싱글 유닛 리어 벤치 시트 쿠션 (76A, 리어 시트 프레임과 러너, 싱글 유닛 리어 벤치 시트 쿠션 : 탈거 – 장착 참조),
- 싱글 유닛 리어 벤치 시트 백 (76A, 리어 시트 프레임과 러너, 싱글 유닛 리어 벤치 시트 백 : 탈거 – 장착 참조).

접이식 시트

❏ 리어 벤치 시트 백을 접는다.

❏ 다음을 탈거한다 :

- 리어 사이드 도어 웨더스트립 일부,
- 리어 이너 킥킹 플레이트 (71A, 인테리어 트림, 리어 이너 킥킹 플레이트 : 탈거 – 장착 참조),
- 리어 필러 피니셔 (71A, 인테리어 트림, 리어 필러 피니셔 : 탈거 – 장착 참조),
- 러기지 컴파트먼트 플로어 카펫 (71A, 인테리어 트림, 러기지 컴파트먼트 플로어 카펫 : 탈거 – 장착 참조),
- 트렁크 리드 웨더스트립 (65A, 도어 실링, 트렁크 리드 웨더스트립 : 탈거 – 장착 참조),
- 트렁크 리어 플레이트 (71A, 인테리어 트림, 트렁크 리어 플레이트 : 탈거 – 장착 참조).

II – 관련 부품 탈거 작업

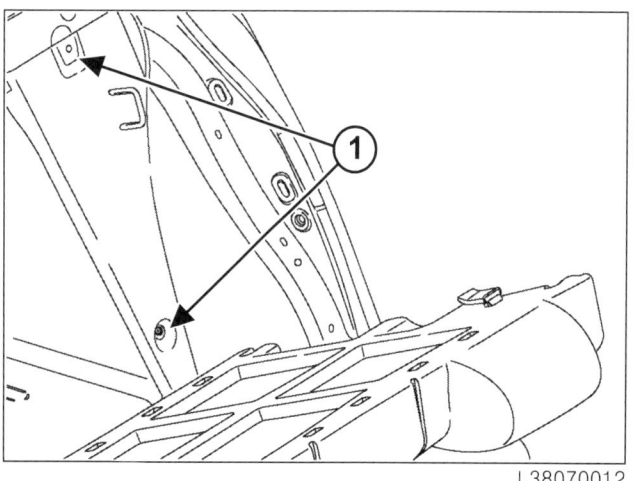

❏ 클립 (1) 을 탈거한다.

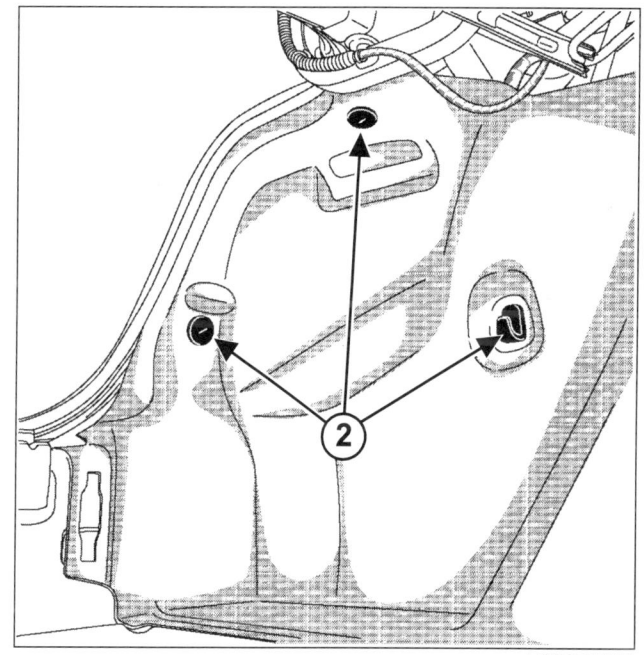

❏ 클립 (2) 을 탈거한다.

❏ 트렁크 사이드 피니셔를 탈거한다.

인테리어 트림
트렁크 사이드 피니셔 : 탈거 - 장착

71A

L38

장착

I - 관련 부품 장착 작업

❏ 트렁크 사이드 피니셔를 조립할 위치에 위치시킨다.

❏ 다음을 장착한다 :
- 클립 (2),
- 클립 (1).

II - 최종 작업

접이식 시트

❏ 리어 벤치 시트 백을 원래의 위치에 위치시킨다.

일반 시트

❏ 다음을 장착한다 :
- 싱글 유닛 리어 벤치 시트 백 (76A, 리어 시트 프레임과 러너, 싱글 유닛 리어 벤치 시트 백 : 탈거 - 장착 참조),
- 싱글 유닛 리어 벤치 시트 쿠션 (76A, 리어 시트 프레임과 러너, 싱글 유닛 리어 벤치 시트 쿠션 : 탈거 - 장착 참조).

❏ 다음을 장착한다 :
- 트렁크 리어 플레이트 (71A, 인테리어 트림, 트렁크 리어 플레이트 : 탈거 - 장착 참조),
- 트렁크 리드 웨더스트립 (65A, 도어 실링, 트렁크 리드 웨더스트립 : 탈거 - 장착 참조),
- 러기지 컴파트먼트 플로어 카펫 (71A, 인테리어 트림, 러기지 컴파트먼트 플로어 카펫 : 탈거 - 장착 참조),
- 리어 필러 피니셔 (71A, 인테리어 트림, 리어 필러 피니셔 : 탈거 - 장착 참조),
- 리어 사이드 도어 이너 킥킹 플레이트 (71A, 인테리어 트림, 리어 사이드 도어 이너 킥킹 플레이트 : 탈거 - 장착 참조),
- 리어 사이드 도어 웨더스트립.

인테리어 트림
프론트 필러 가니쉬 : 탈거 - 장착

71A

L38

탈거

I - 탈거 준비 작업

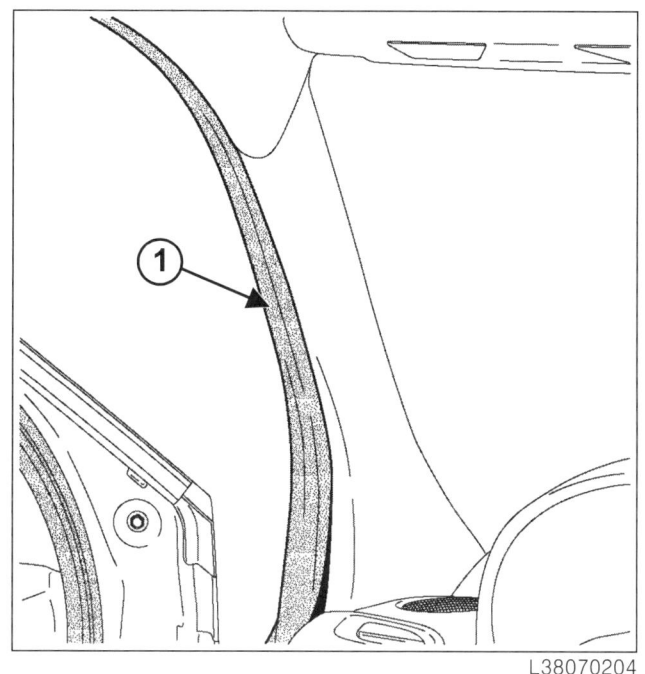

- 프론트 사이드 도어 웨더스트립 (1) 을 부분적으로 탈거한다.

II - 관련 부품 탈거 작업

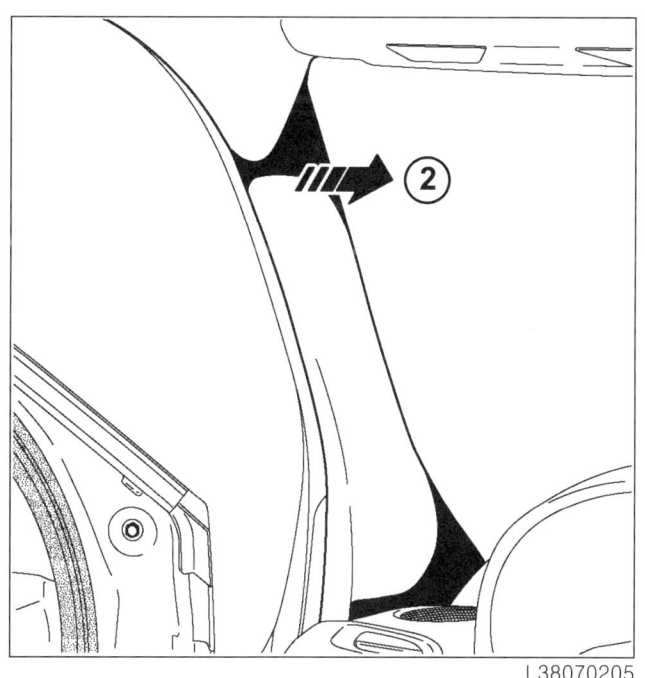

- (2) 위치에서 프론트 필러를 탈거한다.

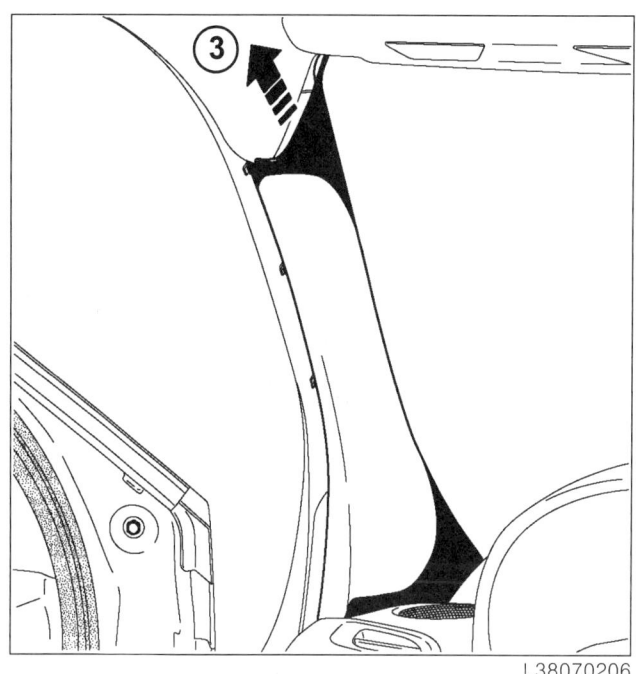

- 프론트 필러 가니쉬를 위쪽 (3) 으로 당겨 탈거한다.

인테리어 트림
프론트 필러 가니쉬 : 탈거 - 장착

71A

L38

장착

I - 장착 준비 작업

- 필요한 경우 프론트 필러 가니쉬의 클립을 교환한다.

II - 관련 부품 장착 작업

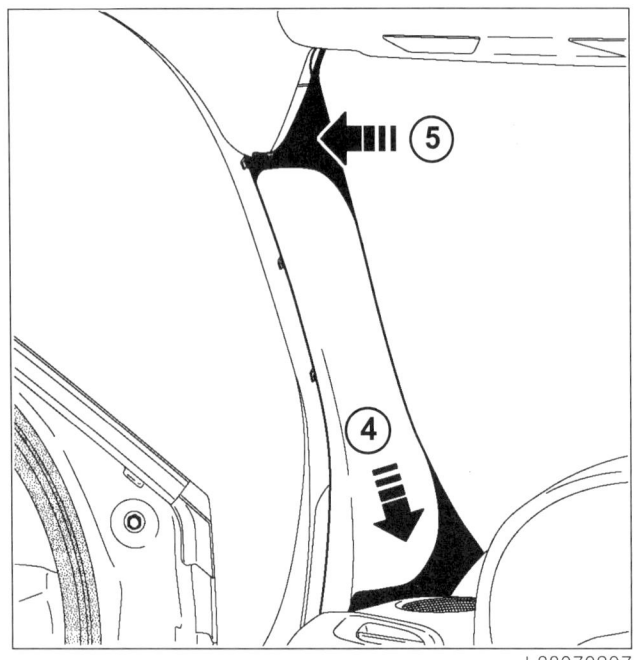

L38070207

- (4) 와 (5) 순서로 필러 가니쉬를 장착한다.

III - 최종 작업

- 프론트 사이드 도어 웨더스트립 (1) 을 장착한다.

인테리어 트림
센터 필러 어퍼 가니쉬 : 탈거 - 장착

71A

L38

규정 토크	
시트 벨트 마운팅 볼트	21 N.m

탈거

I - 탈거 준비 작업

❏ 다음을 탈거한다 :

- 프론트 사이드 도어 웨더스트립의 어퍼 섹션 일부,
- 리어 사이드 도어 웨더스트립의 어퍼 섹션 일부,
- 센터 필러 로어 가니쉬 (71A, 인테리어 트림 , 센터 필러 로어 가니쉬 : 탈거 - 장착 참조).

II - 관련 부품 탈거 작업

❏

> 참고 :
> 커버 (1) 탈거 시 파손 되지 않도록 주의하여 작업한다 .

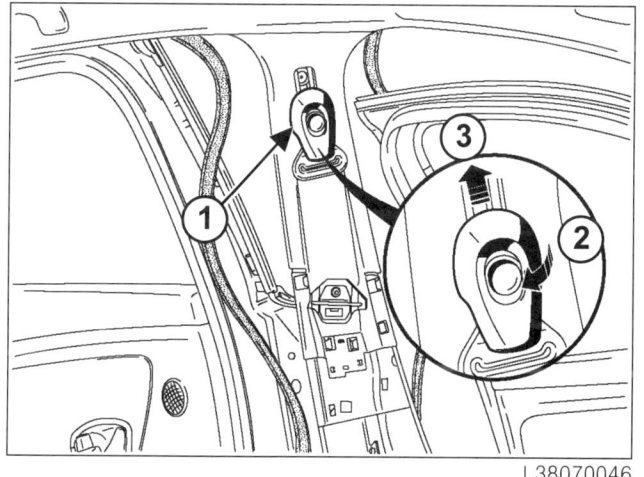

❏ 커버 (1) 를 (2) 와 (3) 의 방향으로 탈거한다 .

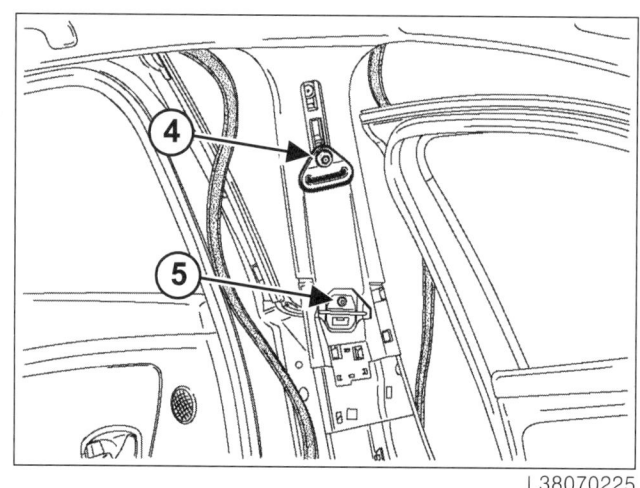

❏ 다음을 탈거한다 :
- 시트 벨트 마운팅 볼트 (4),
- 시트 벨트 마운팅 볼트 (5),
- 시트 벨트 위쪽 일부 .

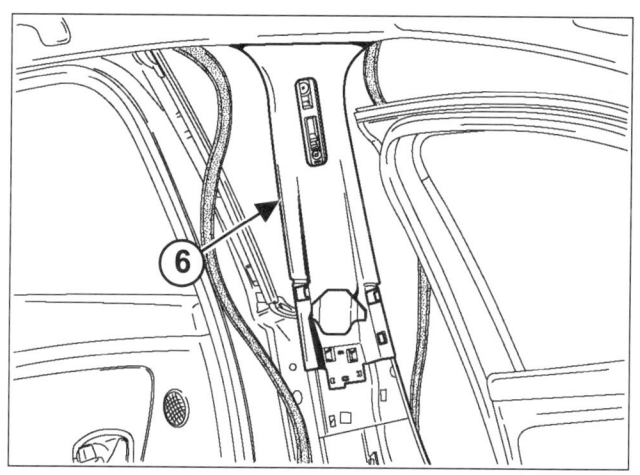

❏ 센터 필러 어퍼 가니쉬 (6) 를 탈거한다 .

인테리어 트림
센터 필러 어퍼 가니쉬 : 탈거 - 장착

71A

L38

장착

I - 장착 준비 작업

❏ 필요한 경우 센터 필러 어퍼 가니쉬의 클립을 교환한다.

II - 관련 부품 장착 작업

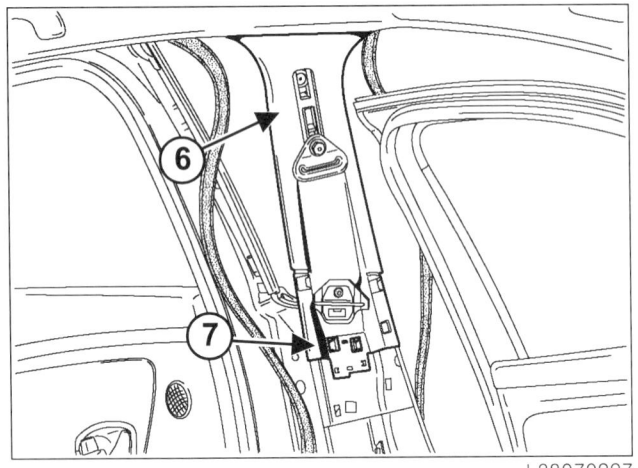

L38070227

❏ 다음을 장착한다 :

- 센터 필러 어퍼 가니쉬 (6) 를 (7) 에 ,
- 볼트 (4) 와 (5).

❏ 시트 벨트 마운팅 볼트 (4) 를 규정 토크 (21 N.m) 로 조인다 .

❏ 커버 (1) 를 장착한다 .

III - 최종 작업

❏ 다음을 장착한다 :

- 센터 필러 로어 가니쉬 (71A, 인테리어 트림 , 센터 필러 로어 가니쉬 : 탈거 - 장착 참조),
- 프론트 사이드 도어 웨더스트립 (65A, 도어 실링 , 프론트 사이드 도어 웨더스트립 : 탈거 - 장착 참조),
- 리어 사이드 도어 웨더스트립 (65A, 도어 실링 , 리어 사이드 도어 웨더스트립 : 탈거 - 장착 참조).

인테리어 트림
리어 이너 킥킹 플레이트 어퍼 피니셔 : 탈거 – 장착

71A

L38

탈거

I – 탈거 준비 작업

접이식 시트

- 분할 리어 벤치 시트 쿠션을 탈거한다 (76A, 리어 시트 프레임과 러너 , 분할 리어 벤치 시트 쿠션 : 탈거 – 장착 참조).
- 리어 벤치 시트 백을 접는다 .

일반 시트

- 다음을 탈거한다 :
  - 싱글 유닛 리어 벤치 시트 쿠션 (76A, 리어 시트 프레임과 러너 , 싱글 유닛 리어 벤치 시트 쿠션 : 탈거 – 장착 참조),
  - 싱글 유닛 리어 벤치 시트 백 (76A, 리어 시트 프레임과 러너 , 싱글 유닛 리어 벤치 시트 백 : 탈거 – 장착 참조).

- 리어 사이드 도어 웨더스트립 일부를 탈거한다 .

II – 관련 부품 탈거 작업

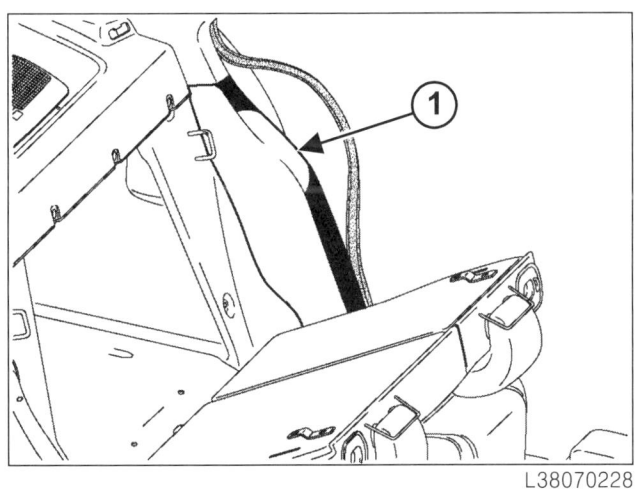

- 리어 이너 킥킹 플레이트 어퍼 피니셔 (1) 을 탈거한다 .

장착

I – 장착 준비 작업

- 필요한 경우 리어 이너 킥킹 플레이트 어퍼 피니셔의 클립을 교환한다 .

II – 관련 부품 장착 작업

- 리어 이너 킥킹 플레이트 어퍼 피니셔 (1) 를 장착한다 .

III – 최종 작업

- 리어 사이드 도어 웨더스트립을 장착한다 .

일반 시트

- 다음을 장착한다 :
  - 싱글 유닛 리어 벤치 시트 백 (76A, 리어 시트 프레임과 러너 , 싱글 유닛 리어 벤치 시트 백 : 탈거 – 장착 참조),
  - 싱글 유닛 리어 벤치 시트 쿠션 (76A, 리어 시트 프레임과 러너 , 싱글 유닛 리어 벤치 시트 쿠션 : 탈거 – 장착 참조).

접이식 시트

- 분할 리어 벤치 시트 쿠션을 장착한다 (76A, 리어 시트 프레임과 러너 , 분할 리어 벤치 시트 쿠션 : 탈거 – 장착 참조).
- 리어 벤치 시트 백을 원래 위치에 위치시킨다 .

인테리어 트림
리어 필러 피니셔 : 탈거 - 장착

71A

L38

탈거

I - 탈거 준비 작업

일반 시트

❏ 다음을 탈거한다 :
- 싱글 유닛 리어 벤치 시트 쿠션 (76A, 리어 시트 프레임과 러너, 싱글 유닛 리어 벤치 시트 쿠션 : 탈거 - 장착 참조),
- 싱글 유닛 리어 벤치 시트 백 (76A, 리어 시트 프레임과 러너, 싱글 유닛 리어 벤치 시트 백 : 탈거 - 장착 참조).

접이식 시트

❏ 리어 벤치 시트 백을 접는다.

❏ 다음을 탈거한다 :
- 리어 사이드 도어 웨더스트립 일부,
- 리어 이너 킥킹 플레이트 어퍼 피니셔 (71A, 인테리어 트림, 리어 이너 킥킹 플레이트 어퍼 피니셔 : 탈거 - 장착 참조).

II - 관련 부품 탈거 작업

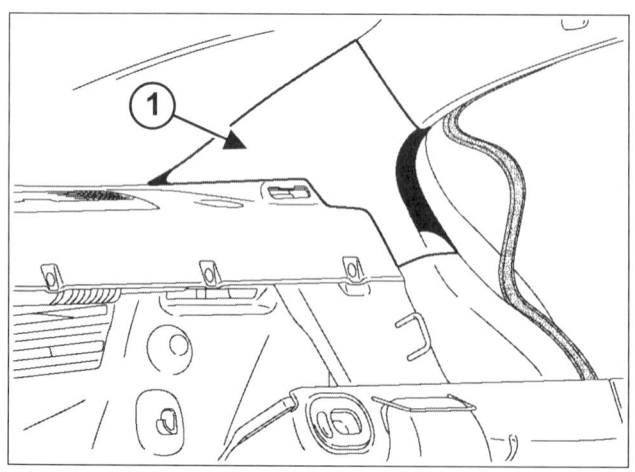

L38070229

❏ 리어 필러 피니셔 (1) 를 탈거한다.

장착

I - 장착 준비 작업

❏ 필요한 경우 리어 필러 피니셔의 클립을 교환한다.

II - 관련 부품 장착 작업

❏ 리어 필러 피니셔 (1) 를 장착한다.

III - 최종 작업

❏ 다음을 장착한다 :
- 리어 이너 킥킹 플레이트 어퍼 피니셔 (71A, 인테리어 트림, 리어 이너 킥킹 플레이트 어퍼 피니셔 : 탈거 - 장착 참조),
- 리어 사이드 도어 웨더스트립.

접이식 시트

❏ 리어 벤치 시트 백을 원래 위치에 위치시킨다.

일반 시트

❏ 다음을 장착한다 :
- 싱글 유닛 리어 벤치 시트 백 (76A, 리어 시트 프레임과 러너, 싱글 유닛 리어 벤치 시트 백 : 탈거 - 장착 참조),
- 싱글 유닛 리어 벤치 시트 쿠션 (76A, 리어 시트 프레임과 러너, 싱글 유닛 리어 벤치 시트 쿠션 : 탈거 - 장착 참조).

인테리어 트림
트렁크 리어 플레이트 : 탈거 - 장착

71A

L38

탈거

I - 탈거 준비 작업
- 트렁크 리드 웨더스트립 일부를 탈거한다.

II - 관련 부품 탈거 작업

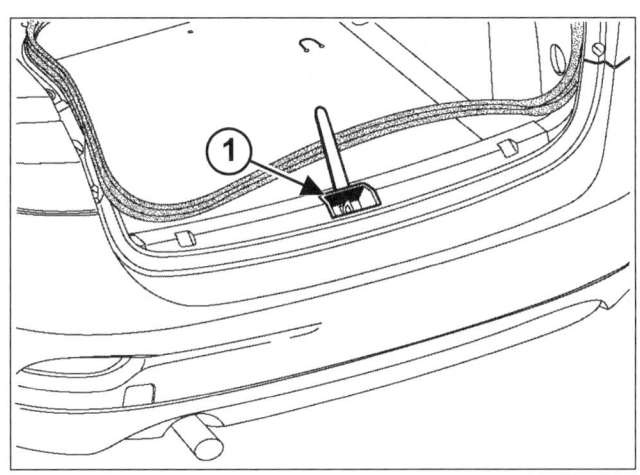

- 록 스트라이커 커버 (1) 를 탈거한다.

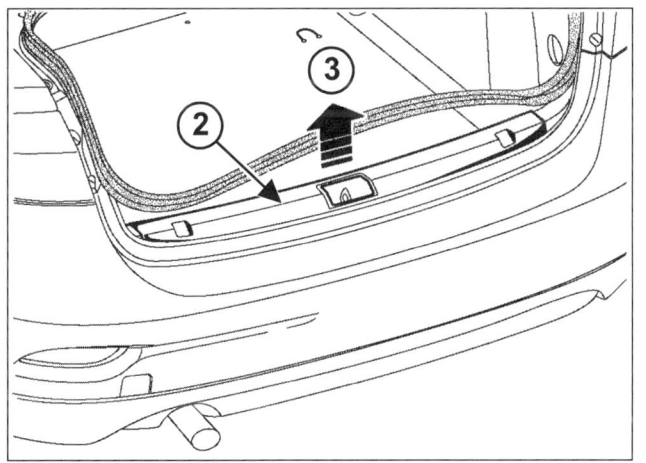

- 트렁크 리어 플레이트 (2) 를 (3) 방향으로 당겨서 탈거한다.

장착

I - 장착 준비 작업
- 필요한 경우 트렁크 리어 플레이트의 클립을 교환한다.

II - 관련 부품 장착 작업
- 트렁크 리어 플레이트 (2) 장착한다.
- 록 스트라이커 커버 (1) 를 장착한다.

III - 최종 작업
- 트렁크 리드 웨더스트립을 장착한다.

사이드 도어 트림
프론트 사이드 도어 피니셔 : 탈거 – 장착

72A

L38

탈거

I – 탈거 준비 작업

- 프론트 윈도우 스위치를 탈거한다 (MR 445 리페어 메뉴얼, 87D, 윈도우 및 선루프 시스템, 운전석 프론트 윈도우 스위치 : 탈거 – 장착 참조).

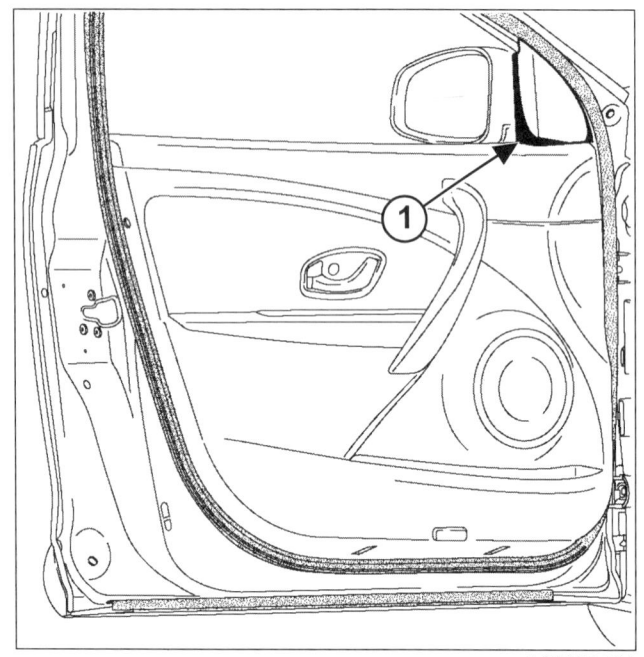

- 도어 미러 트림 (1) 을 탈거한다.

II – 관련 부품 탈거 작업

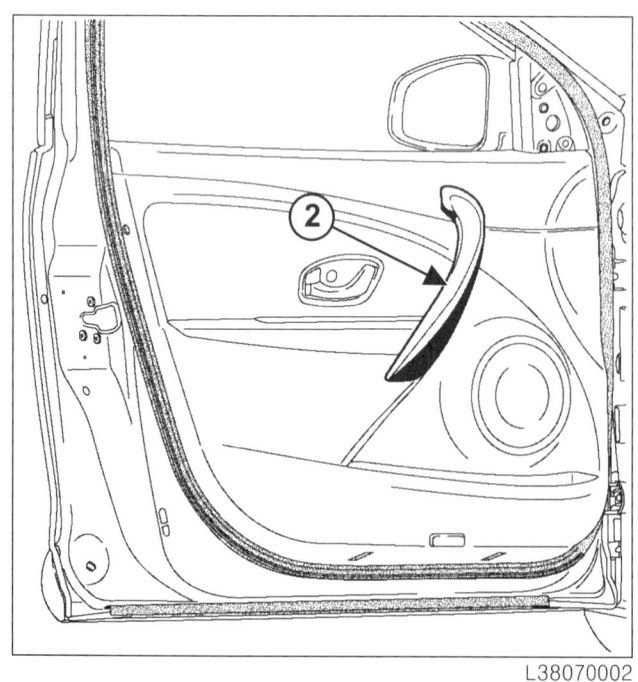

- 트림 (2) 을 탈거한다.

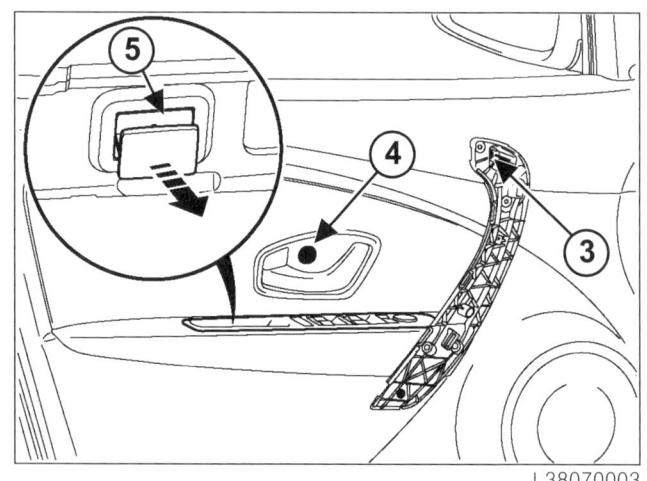

- 다음을 탈거한다 :
  - 볼트 (3),
  - 커버 (4).
- 클립 (5) 을 분리한다.

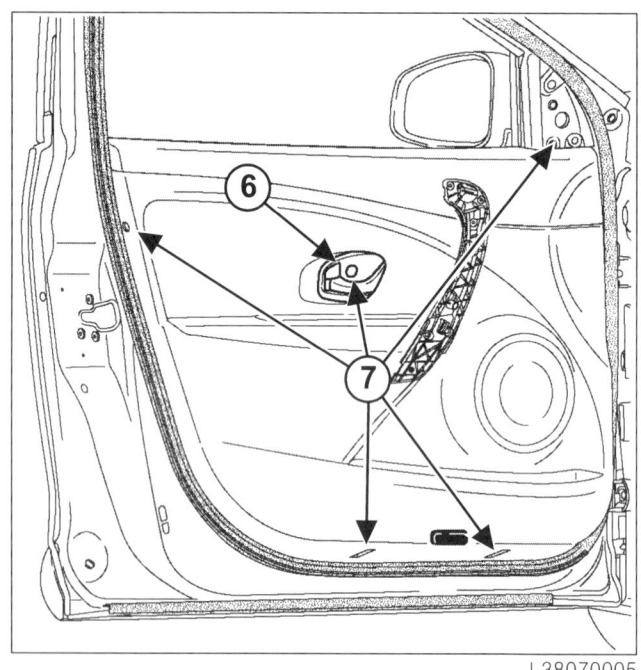

- 프론트 사이드 도어 인사이드 핸들 (6) 을 프론트 사이드 도어 피니셔에서 일부 탈거하고 도어 박스 섹션 내부에 남겨둔다.
- 볼트 (7) 를 탈거한다.
- 프론트 사이드 도어 피니셔를 탈거한다.
- 일자드라이버를 사용하여 프론트 사이드 도어 인사이드 오프닝 릴리즈 케이블을 분리한다.
- 프론트 사이드 도어 인사이드 핸들 (6) 을 탈거한다.

사이드 도어 트림
프론트 사이드 도어 피니셔 : 탈거 - 장착

72A

L38

장착

I - 장착 준비 작업

- 필요한 경우 프론트 사이드 도어 피니셔의 클립을 교환한다.

II - 관련 부품 장착 작업

- 프론트 사이드 도어 인사이드 오프닝 릴리즈 케이블을 체결한다.

> 참고 :
>
> 케이블이 꺾이면 도어가 열리지 않을 수 있으므로, 꺾이지 않도록 확인 후 장착한다.

- 프론트 사이드 도어 인사이드 핸들 (6) 을 장착한다.
- 프론트 사이드 도어 피니셔를 장착한다.
- 볼트 (7) 를 장착한다.
- 프론트 사이드 도어 인사이드 핸들 (6) 을 프론트 사이드 도어 피니셔에 장착한다.
- 커넥터를 연결한다.
- 다음을 장착한다 :
  - 클립 (5),
  - 커버 (4),
  - 볼트 (3),
  - 트림 (2).

III - 최종 작업

- 기능 테스트를 수행한다.
- 프론트 윈도우 스위치를 장착한다 (MR 445 리페어 메뉴얼, 87D, 윈도우 및 선루프 시스템, 운전석 프론트 윈도우 스위치 : 탈거 - 장착 참조).
- 도어 미러 트림 (1) 을 장착한다.

사이드 도어 트림
리어 사이드 도어 피니셔 : 탈거 – 장착

72A

L38

탈거

I – 관련 부품 탈거 작업

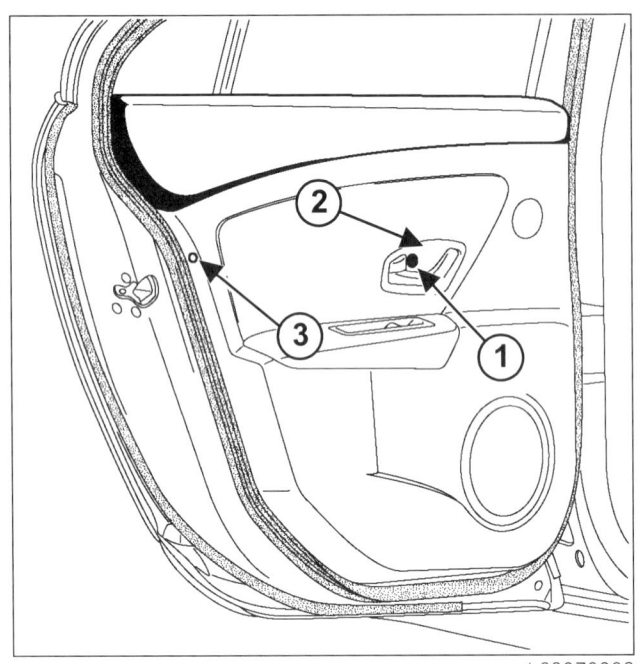

L38070008

- 다음을 탈거한다 :
  - 커버 (1),
  - 볼트,
  - 볼트 (3).
- 리어 사이드 도어 인사이드 핸들 (2) 을 리어 사이드 도어 피니셔에서 일부 탈거하고 도어 박스 섹션 내부에 남겨둔다.

II – 관련 부품 탈거 작업

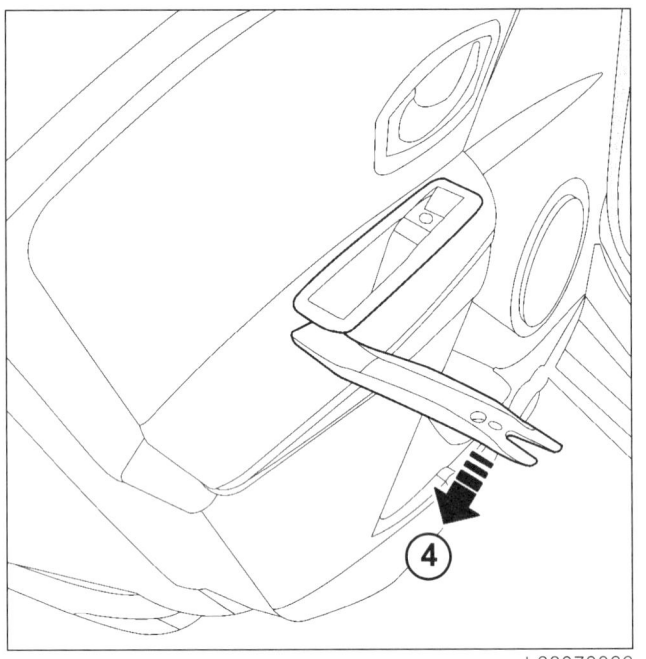

L38070066

- 트림 리무버를 사용하여 리어 윈도우 스위치 플레이트를 (4) 의 방향으로 탈거한다 (MR 445 리페어 메뉴얼, 87D, 윈도우 및 선루프 시스템, 리어 윈도우 스위치 : 탈거 – 장착 참조).
- 커넥터를 분리한다 (차량 옵션에 따라 다름).
- 일자드라이버를 사용하여 리어 사이드 도어 인사이드 오프닝 릴리즈 케이블을 분리한다.
- 리어 사이드 도어 인사이드 핸들을 탈거한다.

사이드 도어 트림
리어 사이드 도어 피니셔 : 탈거 – 장착

72A

| L38 |

장착

I – 장착 준비 작업

- 필요한 경우 리어 사이드 도어 피니셔의 클립을 교환한다.

II – 관련 부품 장착 작업

- 리어 사이드 도어 인사이드 핸들 (2) 을 장착한다.
- 리어 사이드 도어 인사이드 오프닝 릴리즈 케이블 클립을 체결한다.
- 리어 사이드 도어 피니셔를 장착한다.
- 커넥터를 연결한다 (차량 옵션에 따라 다름).
- 다음을 장착한다 :
  - 리어 윈도우 스위치 플레이트 (MR 445 리페어 매뉴얼, 87D, 윈도우 및 선루프 시스템, 리어 윈도우 스위치 : 탈거 – 장착 참조),
  - 볼트 (3),
  - 리어 사이드 도어 인사이드 핸들 (2),
  - 볼트,
  - 커버 (1).

III – 최종 작업

- 기능 테스트를 수행한다.

사이드 도어 이외 트림
트렁크 리드 피니셔 : 탈거 – 장착

73A

L38

탈거

I – 관련 부품 탈거 작업

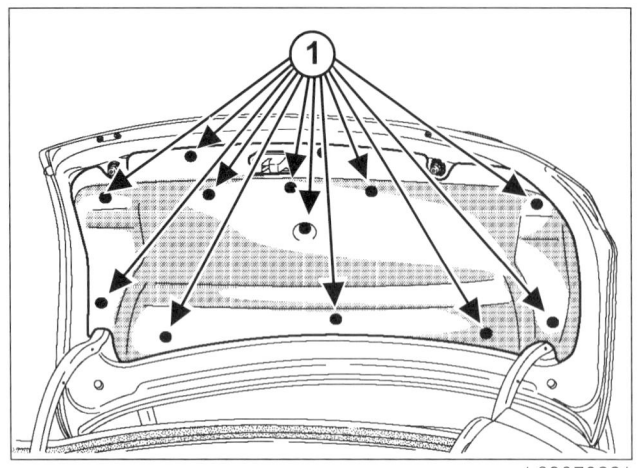

❏ 다음을 탈거한다 :
- 클립 (1),
- 트렁크 리드 피니셔 .

장착

I – 장착 준비 작업

❏ 필요한 경우 트렁크 리드 피니셔의 클립을 교환한다 .

II – 관련 부품 장착 작업

❏ 다음을 장착한다 :
- 트렁크 리드 피니셔 ,
- 클립 (1).

III – 최종 작업

❏ 기능 테스트를 수행한다 .

프론트 시트 프레임과 러너
프론트 시트 쿠션 프레임 : 탈거 – 장착

75A

L38

규정 토크 ⊖	
시트 백과 프론트 시트의 시트 베이스 프레임 간 볼트	45 N.m

탈거

I – 탈거 준비 작업

❏ 배터리를 분리한다 (MR 445 리페어 매뉴얼 80A, 배터리 , 배터리 : 탈거 – 장착 참조).

❏ 다음을 탈거한다 :

- 프론트 시트 헤드레스트 (79A, 시트 액세서리 , 프론트 시트 헤드레스트 : 탈거 – 장착 참조),
- 프론트 시트 (75A, 프론트 시트 프레임과 러너 , 프론트 시트 어셈블리 : 탈거 – 장착 참조),
- 프론트 시트 사이드 트림 (77A, 프론트 시트 트림 , 프론트 시트 사이드 트림 : 탈거 – 장착 참조),
- 프론트 시트 벨트 버클 (MR 445 리페어 매뉴얼 , 88C, 에어백 및 프리텐셔너 , 프론트 시트 벨트 버클 : 탈거 – 장착 참조).
- 와이어링 .

II – 관련 부품 탈거 작업

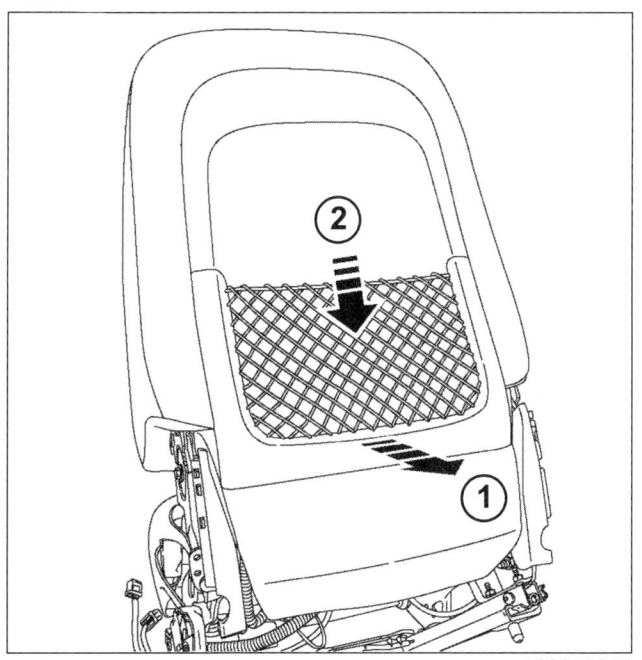

❏ 다음을 탈거한다 :
- 프론트 시트 백 트림을 (1) 과 (2) 방향으로 ,
- 시트 백 커버의 플라스틱 스트랩 ,
- 프론트 시트 쿠션 커버 일부 .

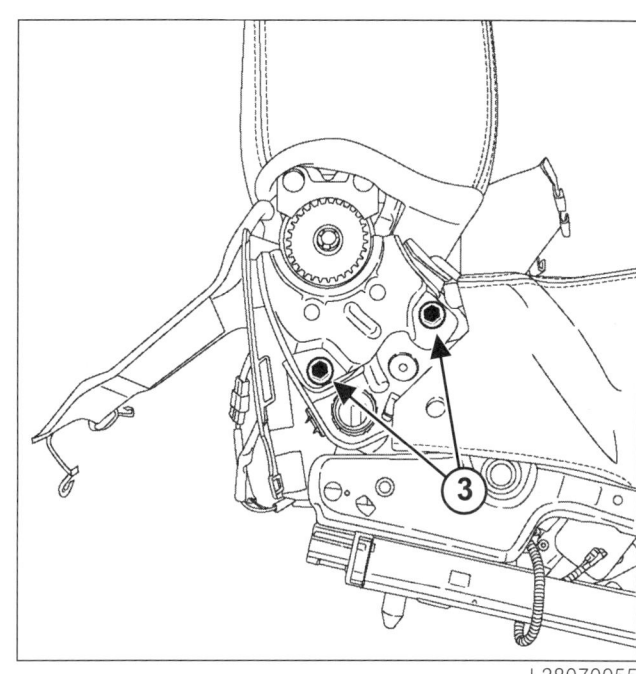

❏ 다음을 탈거한다 :
- 볼트 (3),
- 프론트 시트 쿠션의 ≪폼 – 커버≫ 어셈블리 ,
- 프론트 시트 베이스 프레임 .

프론트 시트 프레임과 러너
프론트 시트 쿠션 프레임 : 탈거 - 장착

75A

L38

장착

I - 장착 준비 작업

> 참고 :
> 프론트 시트 백 프레임 마운팅 볼트는 항상 새로운 볼트를 사용한다.

II - 관련 부품 장착 작업

- 프론트 시트 베이스 프레임을 장착한다.
- 프론트 시트의 시트 백과 시트 베이스 프레임 간 볼트를 규정 토크 (45 N.m) 로 조인다.
- 다음을 장착한다 :
  - 프론트 시트 쿠션 커버,
  - 시트 백 커버의 플라스틱 스트랩,
  - 프론트 시트 백 트림.

III - 최종 작업

- 다음을 장착한다 :
  - 와이어링,
  - 프론트 시트 벨트 버클 (MR 445 리페어 매뉴얼, 88C, 에어백 및 프리텐셔너, 프론트 시트 벨트 버클 : 탈거 - 장착 참조),
  - 프론트 시트 사이드 트림 (77A, 프론트 시트 트림, 프론트 시트 사이드 트림 : 탈거 - 장착 참조),
  - 프론트 시트 (75A, 프론트 시트 프레임과 러너, 프론트 시트 어셈블리 : 탈거 - 장착 참조),
  - 프론트 시트 헤드레스트 (79A, 시트 액세서리, 프론트 시트 헤드레스트 : 탈거 - 장착 참조).
- 배터리를 연결한다 (MR 445 리페어 매뉴얼 80A, 배터리, 배터리 : 탈거 - 장착 참조).
- 기능 테스트를 수행한다.

프론트 시트 프레임과 러너
프론트 시트 백 프레임 : 탈거 - 장착

75A

L38

규정 토크 ⊘	
시트 백과 프론트 시트의 시트 베이스 프레임 간 볼트	45 N.m

탈거

I - 탈거 준비 작업

❏ 배터리를 분리한다 (MR 445 리페어 매뉴얼 80A, 배터리 , 배터리 : 탈거 - 장착 참조).

❏ 다음을 탈거한다 :
- 프론트 시트 헤드레스트 (79A, 시트 액세서리 , 프론트 시트 헤드레스트 : 탈거 - 장착 참조),
- 프론트 시트 (75A, 프론트 시트 프레임과 러너 , 프론트 시트 어셈블리 : 탈거 - 장착 참조),
- 프론트 시트 사이드 트림 (77A, 프론트 시트 트림 , 프론트 시트 사이드 트림 : 탈거 - 장착 참조).

II - 관련 부품 탈거 작업

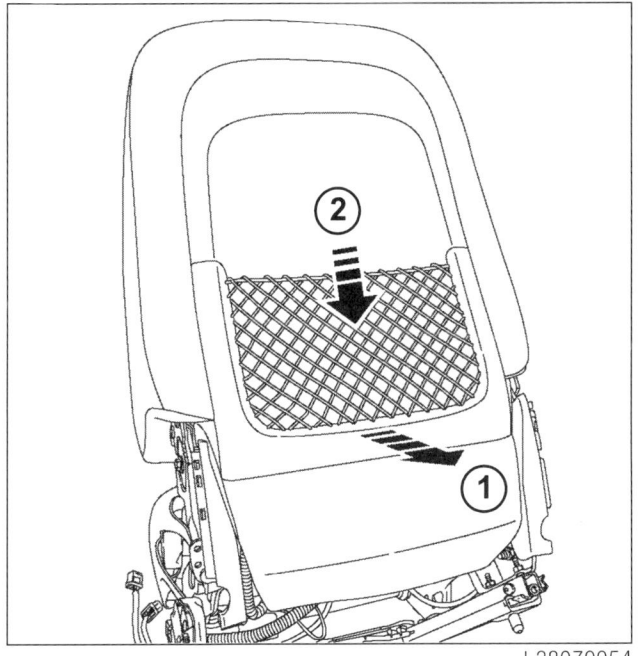

❏ 다음을 탈거한다 :
- 프론트 시트 백 트림을 (1) 과 (2) 의 방향 ,
- 프론트 시트 백 요추 조정 레버 (운전석).

❏ 헤드레스트 가이드를 탈거한다 (79A, 시트 액세서리 , 프론트 시트 헤드레스트 가이드 : 탈거 - 장착 참조).

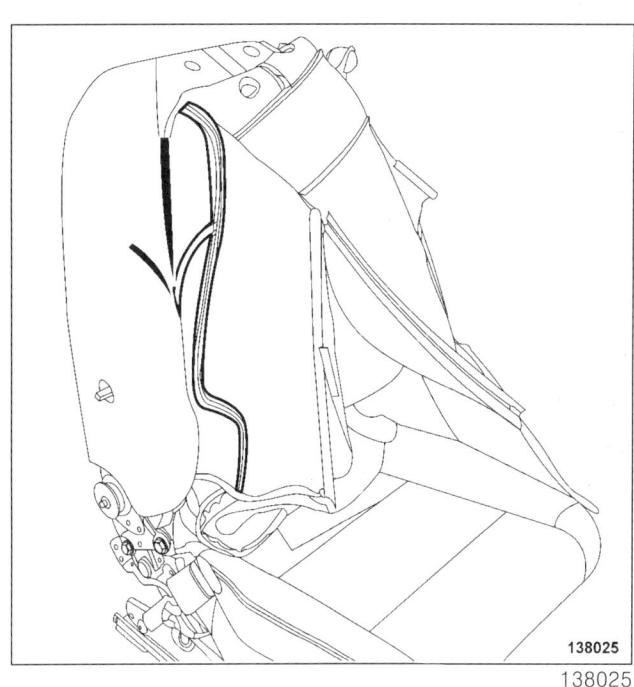

❏ 다음을 탈거한다 :
- 프론트 시트 백 커버 일부 ,
- 프론트 사이드 에어백 (MR 445 리페어 매뉴얼 , 88C, 프론트 사이드 에어백 : 탈거 - 장착 참조).

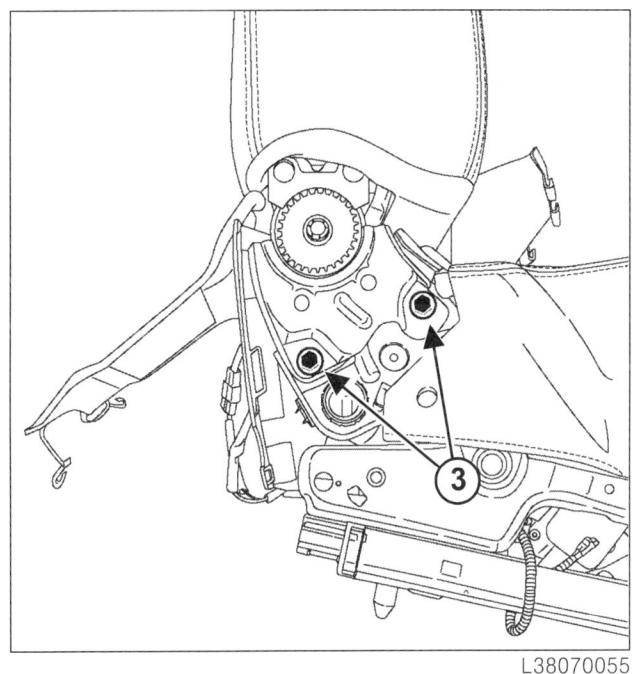

❏ 다음을 탈거한다 :
- 볼트 (3),
- 프론트 시트 백 ≪ 폼 - 커버 ≫ 어셈블리 ,
- 프론트 시트 백 프레임 .

프론트 시트 프레임과 러너
프론트 시트 백 프레임 : 탈거 – 장착

75A

L38

장착

I – 장착 준비 작업

❑

> 참고 :
> 프론트 시트 백 프레임 마운팅 볼트는 항상 새로운 볼트를 사용한다.

II – 관련 부품 장착 작업

❑ 프론트 시트 백 프레임을 장착한다.

❑ 프론트 시트의 시트 백과 시트 베이스 프레임 간 볼트를 규정 토크 (45 N.m) 로 조인다.

❑ 다음을 장착한다 :
 - 프론트 시트 백 ≪폼 – 커버≫ 어셈블리,
 - 프론트 사이드 에어백 (MR 445 리페어 매뉴얼 88C, 에어백 및 프리텐셔너, 프론트 사이드 에어백 : 탈거 – 장착 참조),
 - 헤드레스트 가이드 (79A, 시트 액세서리, 프론트 시트 헤드레스트 가이드 : 탈거 – 장착 참조),
 - 프론트 시트 백 커버,
 - 프론트 시트 백 요추 조정 레버 (운전석),
 - 프론트 시트 백 트림.

III – 최종 작업

❑ 다음을 장착한다 :
 - 프론트 시트 사이드 트림 (77A, 프론트 시트 트림, 프론트 시트 사이드 트림 : 탈거 – 장착 참조),
 - 프론트 시트 (75A, 프론트 시트 프레임과 메커니즘, 프론트 시트 어셈블리 : 탈거 – 장착 참조),
 - 프론트 시트 헤드레스트 (79A, 시트 액세서리, 프론트 시트 헤드레스트 : 탈거 – 장착 참조).

❑ 배터리를 연결한다 (MR 445 리페어 매뉴얼 80A, 배터리, 배터리 : 탈거 – 장착 참조).

❑ 기능 테스트를 수행한다.

프론트 시트 프레임과 러너
프론트 시트 스위치 패드 : 탈거 - 장착

75A

L38/ 전동 시트 적용

탈거

I - 탈거 준비 작업

- 프론트 시트 익스테리어 사이드 트림을 탈거한다 (77A, 프론트 시트 트림, 프론트 시트 사이드 트림 : 탈거 - 장착 참조).

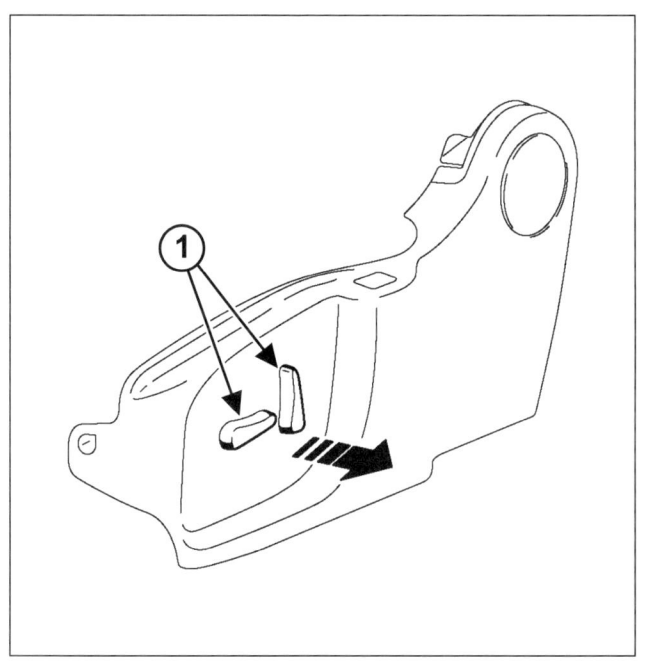

- 프론트 시트 스위치 (1) 를 탈거한다.

II - 관련 부품 탈거 작업

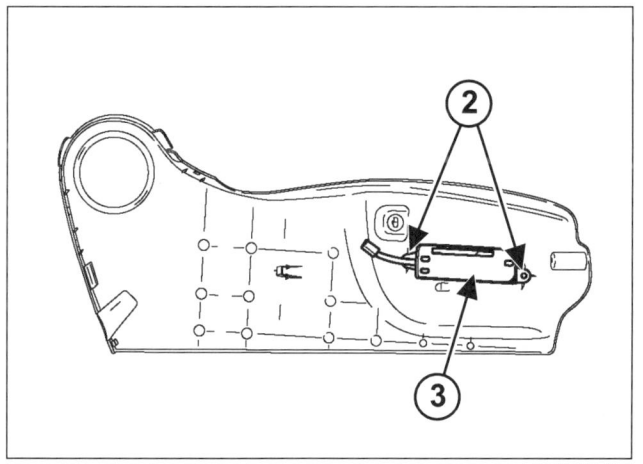

- 다음을 탈거한다 :
  - 볼트 (2),
  - 프론트 시트 스위치 패드 (3).

장착

I - 관련 부품 장착 작업

- 다음을 장착한다 :
  - 프론트 시트 스위치 패드 (3),
  - 볼트 (2).

II - 최종 작업

- 프론트 시트 스위치 (1) 를 장착한다.
- 프론트 시트 익스테리어 사이드 트림을 장착한다 (77A, 프론트 시트 트림, 프론트 시트 사이드 트림 : 탈거 - 장착 참조).

프론트 시트 프레임과 러너
프론트 시트 어셈블리 : 탈거 – 장착

75A

L38

규정 토크
프론트 시트 어셈블리 마운팅 볼트　　35 N.m

탈거

I – 탈거 준비 작업

> **경고**
> 에어백 또는 프리텐셔너의 결함 또는 오작동을 방지하기 위해 배터리를 분리한 후 최소 3 분 이상 기다린다 .

- 배터리를 분리한다 (MR 445 리페어 매뉴얼 , 80A, 배터리 , 배터리 : 탈거 – 장착 참조) (수동 시트).

II – 관련 부품 탈거 작업

- 프론트 시트 벨트 하단부를 부분적으로 탈거한다 (MR 445 리페어 매뉴얼 , 88C, 에어백 및 프리텐셔너 , 프론트 시트 벨트 : 탈거 – 장착 참조).

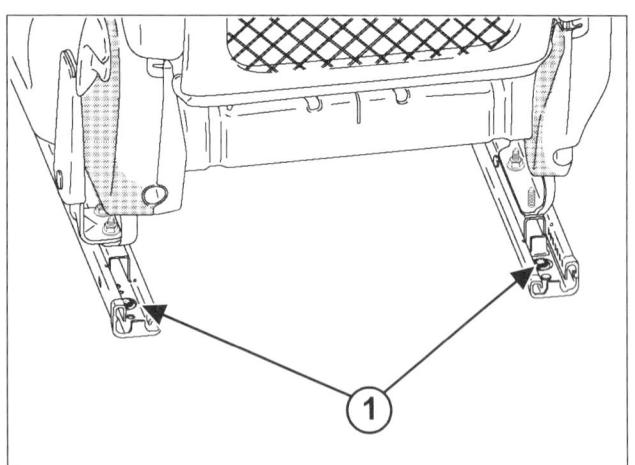

- 시트를 최대한 전진시킨다 .
- 볼트 (1) 를 탈거한다 .

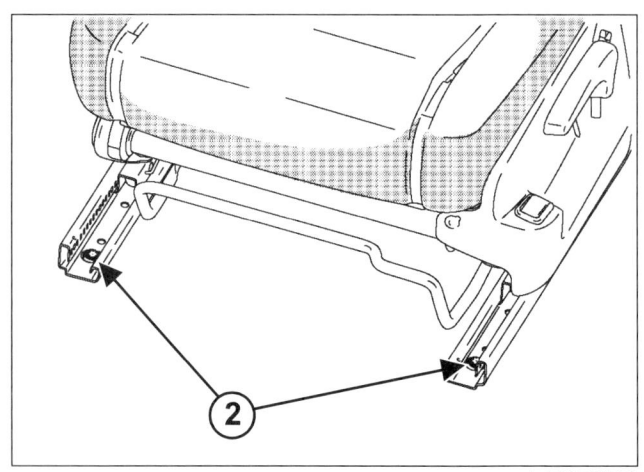

- 시트를 최대한 후진시킨다 .
- 볼트 (2) 를 탈거한다 .
- 시트 아래에 있는 커넥터를 분리한다 (차량 옵션에 따라 다름).
- 시트를 탈거한다 (이 작업은 두 사람이 작업한다).

프론트 시트 프레임과 러너
프론트 시트 어셈블리 : 탈거 – 장착

75A

L38

장착

I – 관련 부품 장착 작업

- 차량의 시트를 장착한다 (이 작업은 두 사람이 작업한다).
- 시트 아래에 있는 커넥터를 다시 연결한다 (차량 옵션에 따라 다름).
- 센터 터널 측 볼트 (1) 를 임시로 조인다 .
- 시트를 최대한 후진시킨다 .

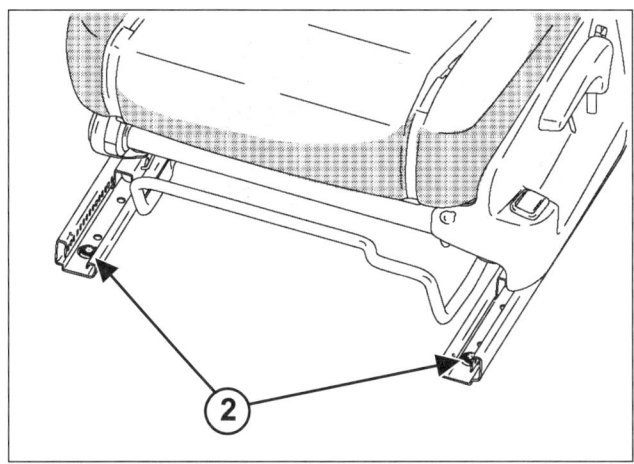

- 규정 토크로 시트 볼트 (35 N.m) (2) 를 조인다 .

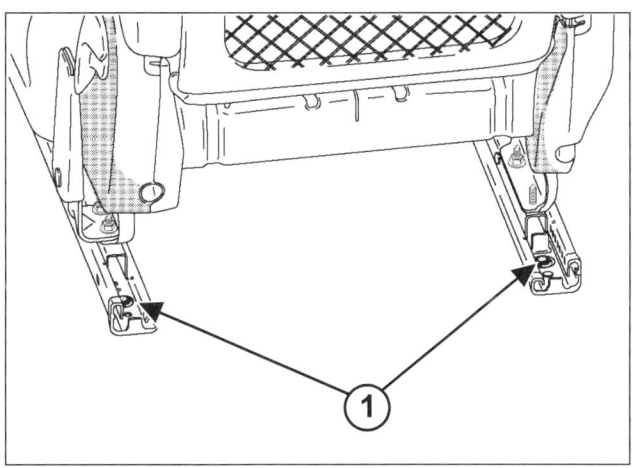

- 시트를 최대한 전진시킨다 .
- 규정 토크로 시트 볼트 (35 N.m) (1) 를 조인다 .
- 프론트 시트 벨트 하단부를 장착한다 (MR 445 리페어 매뉴얼 , 88C, 에어백 및 프리텐셔너 , 프론트 시트 벨트 : 탈거 – 장착 참조).

II – 최종 작업

- 배터리를 연결한다 (MR 445 리페어 매뉴얼 , 80A, 배터리 , 배터리 : 탈거 – 장착 참조).

리어 시트 프레임과 러너
리어 시트 백 록킹 : 탈거 – 장착

76A

L38

탈거

I – 탈거 준비 작업

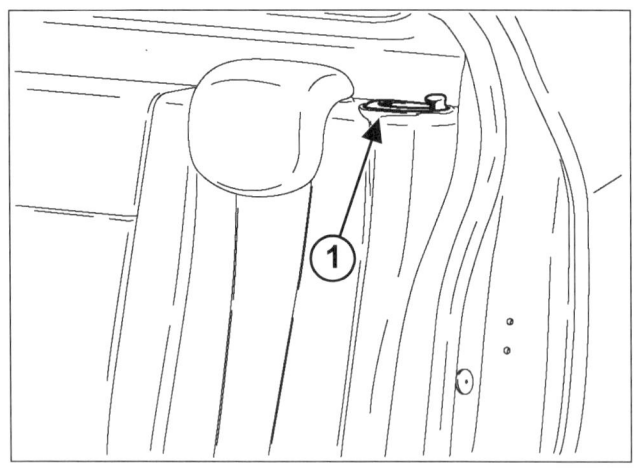

- 커버 (1) 를 탈거한다.
- 다음을 탈거한다 :
  - 분할 리어 벤치 시트 쿠션 (76A, 리어 시트 프레임과 러너 , 분할 리어 벤치 시트 쿠션 : 탈거 – 장착 참조),
  - 분할 리어 벤치 시트 백 (76A, 리어 시트 프레임과 러너 , 분할 리어 벤치 시트 백 : 탈거 – 장착 참조),
  - 시트 백 커버 일부 (78A, 리어 시트 트림 , 시트 백 커버 : 탈거 – 장착 참조).

II – 관련 부품 탈거 작업

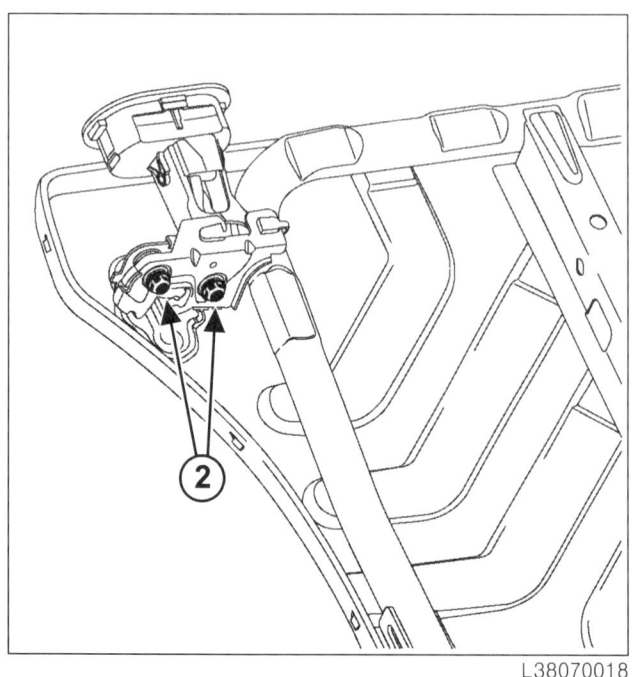

- 다음을 탈거한다 :
  - 볼트 (2),
  - 시트 백 록킹 메커니즘 .

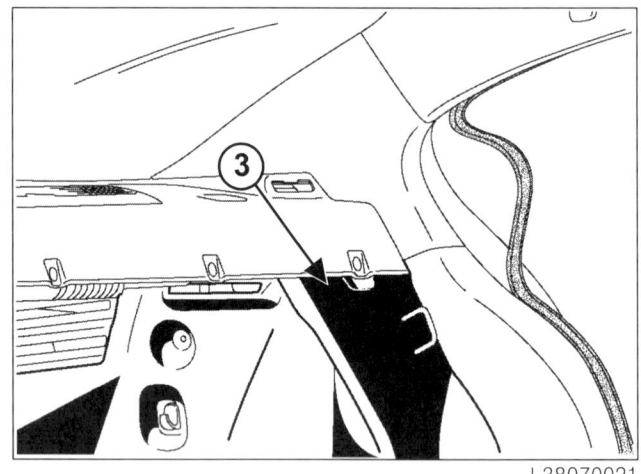

- 트렁크 사이드 피니셔 (3) 일부를 탈거한다 (71A, 인테리어 트림 , 트렁크 사이드 피니셔 : 탈거 – 장착 참조).

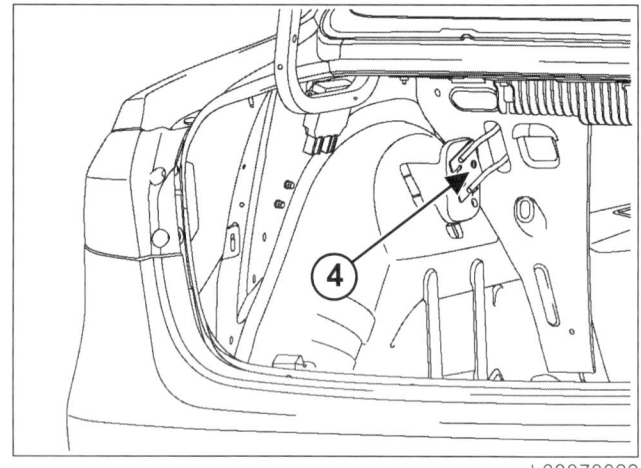

- 다음을 탈거한다 :
  - 볼트 (4),
  - 시트 백 록킹 스트라이커 .

76A-1

리어 시트 프레임과 러너
리어 시트 백 록킹 : 탈거 – 장착

76A

L38

장착

I – 관련 부품 장착 작업

❏ 시트 백 록킹 스트라이커를 장착할 위치에 위치시킨다.

❏ 스트라이커 패널 마운팅 볼트 (4) 를 조인다.

❏ 트렁크 사이드 피니셔 (3) 를 장착한다 (71A, 인테리어 트림, 트렁크 사이드 피니셔 : 탈거 – 장착 참조).

❏ 시트 백 록킹 메커니즘을 위치시킨다.

❏ 시트 백 록킹 메커니즘 마운팅 볼트 (2) 를 조인다.

II – 최종 작업

❏ 다음을 장착한다 :

- 시트 백 커버 (78A, 리어 시트 트림, 시트 백 커버 : 탈거 – 장착 참조),
- 분할 리어 벤치 시트 백 (76A, 리어 시트 프레임과 러너, 분할 리어 벤치 시트 백 : 탈거 – 장착 참조),
- 분할 리어 벤치 시트 쿠션 (76A, 리어 시트 프레임과 러너, 분할 리어 벤치 시트 쿠션 : 탈거 – 장착 참조),
- 커버 (1).

리어 시트 프레임과 러너
싱글 유닛 리어 벤치 시트 백 : 탈거 – 장착

76A

L38

규정 토크	
리어 벤치 시트 백의 볼트	21 N.m

탈거

I – 탈거 준비 작업

❏ 싱글 유닛 리어 벤치 시트 쿠션을 탈거한다 (76A, 리어 시트 프레임과 러너 , 싱글 유닛 리어 벤치 시트 쿠션 : 탈거 – 장착 참조).

II – 관련 부품 탈거 작업

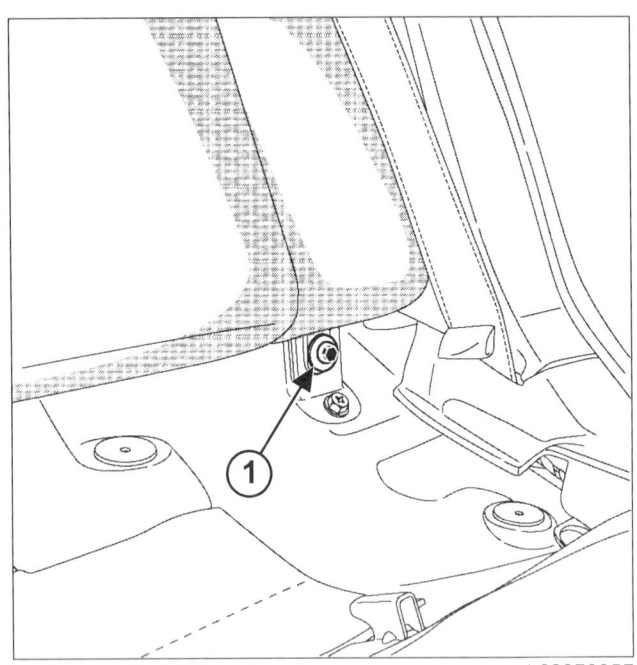

❏ 싱글 유닛 리어 벤치 시트 백의 볼트 (1) 를 탈거한다 .

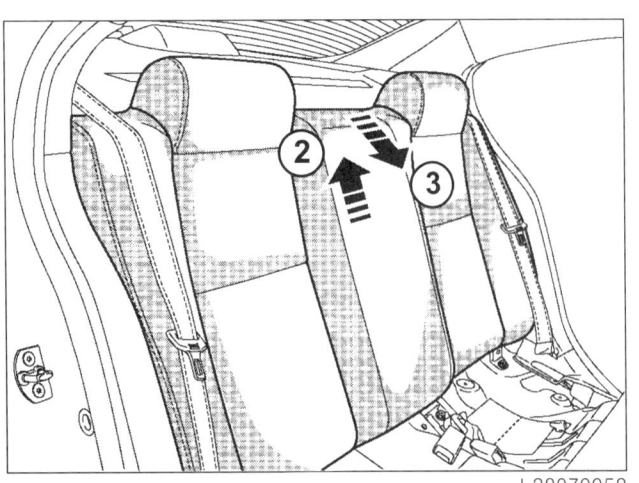

❏ 싱글 유닛 리어 벤치 시트 백을 (2) 와 (3) 의 방향으로 탈거한다 (이 작업은 두 사람이 작업한다).

장착

I – 관련 부품 장착 작업

❏ 다음을 장착한다 :
  - 싱글 유닛 리어 벤치 시트 백 (이 작업은 두 사람이 작업한다),
  - 싱글 유닛 리어 벤치 시트 백의 볼트 .

❏ 싱글 유닛 리어 벤치 시트 백의 볼트 (1) 를 규정 토크 (21 N.m) 로 조인다 .

II – 최종 작업

❏ 싱글 유닛 리어 벤치 시트 쿠션을 장착한다 (76A, 리어 시트 프레임과 러너 , 싱글 유닛 리어 벤치 시트 쿠션 : 탈거 – 장착 참조).

리어 시트 프레임과 러너
분할 리어 벤치 시트 백 : 탈거 – 장착

76A

L38/ 분할 리어 벤치 기능

규정 토크 ⊘	
분할 리어 벤치 시트 백 앞 부분 볼트	21 N.m
리어 시트 벨트 버클 볼트	21 N.m

탈거

I – 탈거 준비 작업

❏ 다음을 탈거한다 :

- 리어 센터 암 레스트 (79A, 시트 액세서리, 리어 센터 암 레스트 : 탈거 – 장착 참조),
- 분할 리어 벤치 시트 쿠션 (76A, 리어 시트 프레임과 러너, 분할 리어 벤치 시트 쿠션 : 탈거 – 장착 참조),
- 리어 시트 헤드레스트.

II – 관련 부품 탈거 작업

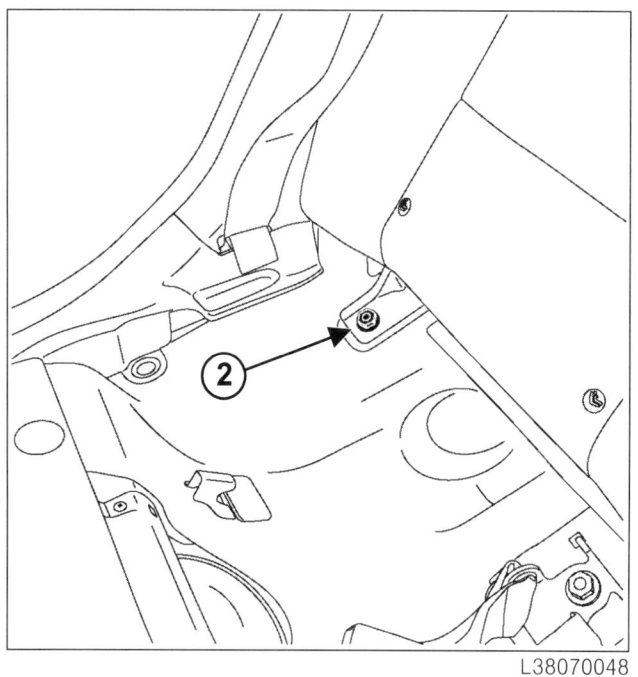

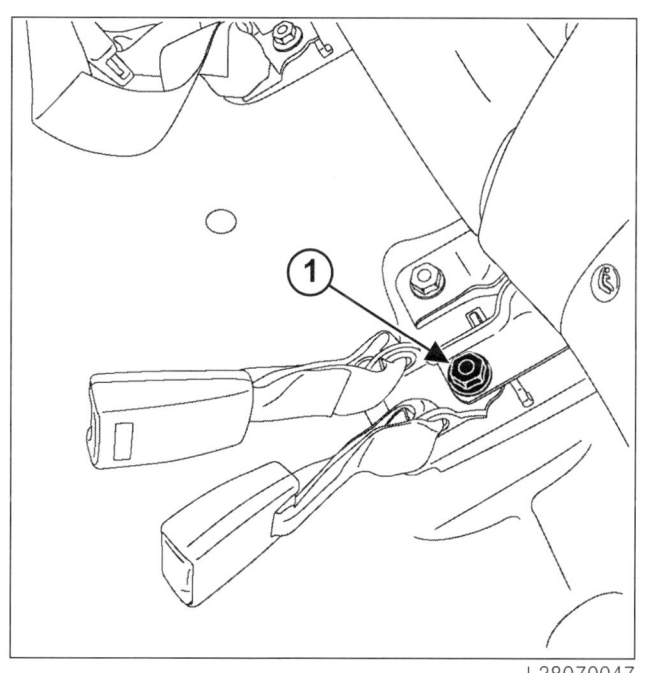

❏ 리어 시트 벨트 버클 볼트 (1) 를 탈거한다.

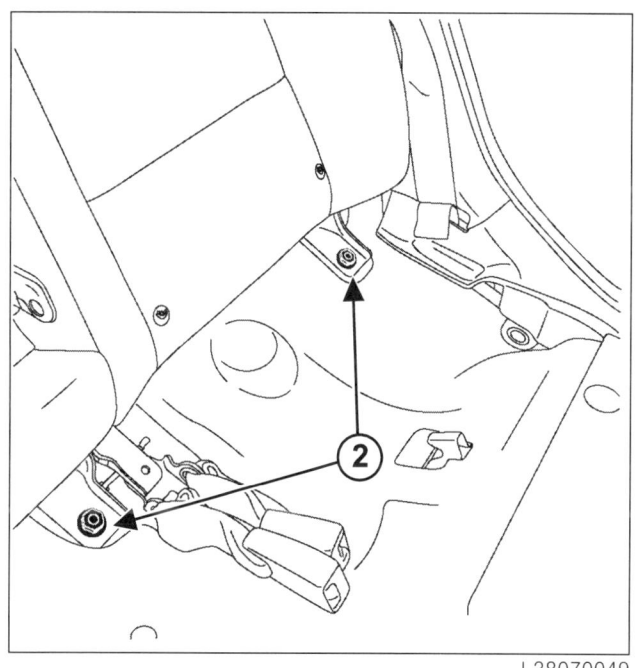

❏ 분할 리어 벤치 시트 백의 앞쪽 볼트 (2) 를 탈거한다.
❏ 분할 리어 벤치 시트 백을 접는다.

리어 시트 프레임과 러너
분할 리어 벤치 시트 백 : 탈거 – 장착

76A

L38/ 분할 리어 벤치 기능

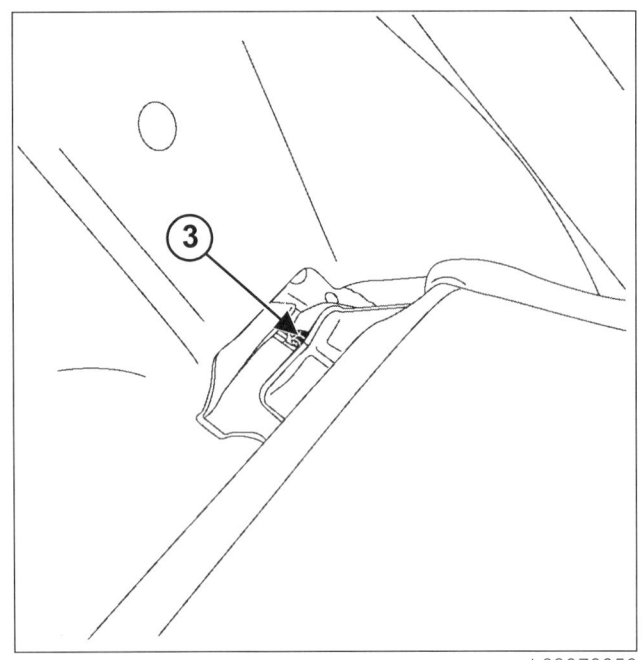

❏ 와이어 클립 (3) 을 탈거한다 .

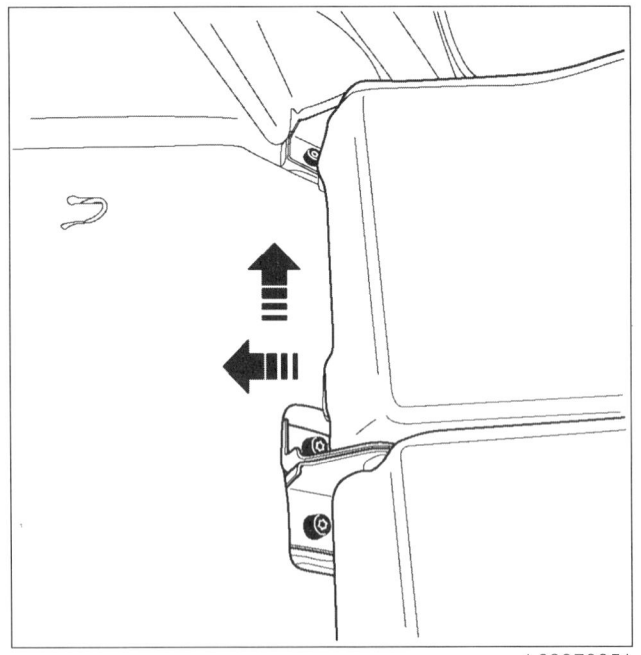

❏ 분할 리어 벤치 시트 백을 (4) 와 (5) 의 방향으로 탈거한다 .

장착

I – 관련 부품 장착 작업

❏ 다음을 장착한다 :
 – 분할 리어 벤치 시트 백 ,
 – 와이어 클립 (3).

❏ 분할 리어 벤치 시트 백을 원래 상태로 기울여 고정한다 .

❏ 분할 리어 벤치 시트 백의 앞 부분 고정 볼트 (2) 를 장착한다 .

❏ 분할 리어 벤치 시트 앞 부분 고정 볼트를 규정 토크 (21 N.m) 로 조인다 .

II – 최종 작업

❏ 리어 시트 벨트 버클 고정 볼트 (1) 를 장착한다 .

❏ 리어 시트 벨트 버클 고정 볼트 (1) 를 규정 토크 (21 N.m) 로 조인다 .

❏ 다음을 장착한다 :
 – 리어 시트 헤드레스트 ,
 – 분할 리어 벤치 시트 쿠션 (76A, 리어 시트 프레임과 러너 , 분할 리어 벤치 시트 쿠션 : 탈거 – 장착 참조),
 – 리어 센터 암 레스트 (79A, 시트 액세서리 , 리어 센터 암 레스트 : 탈거 – 장착 참조).

리어 시트 프레임과 러너
싱글 유닛 리어 벤치 시트 쿠션 : 탈거 – 장착

76A

L38

탈거

I – 탈거 준비 작업

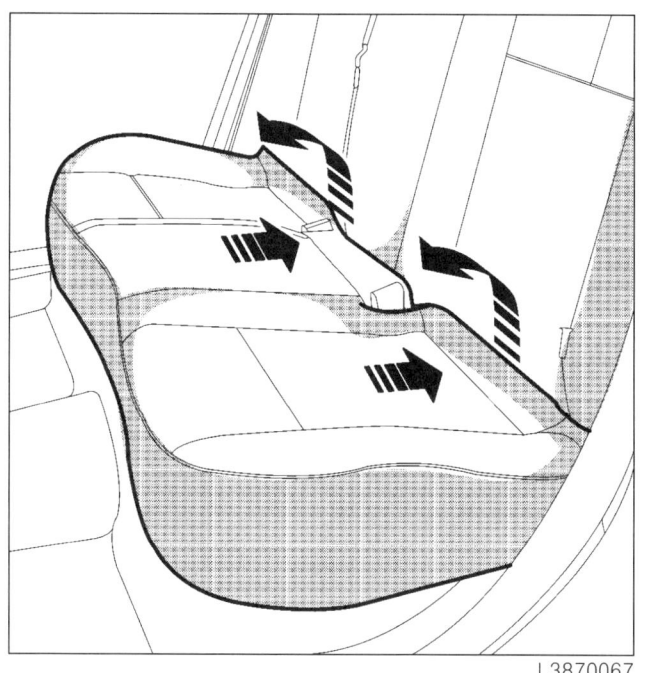

❏ 싱글 유닛 리어 벤치 시트 쿠션을 기울인다.

II – 관련 부품 탈거 작업

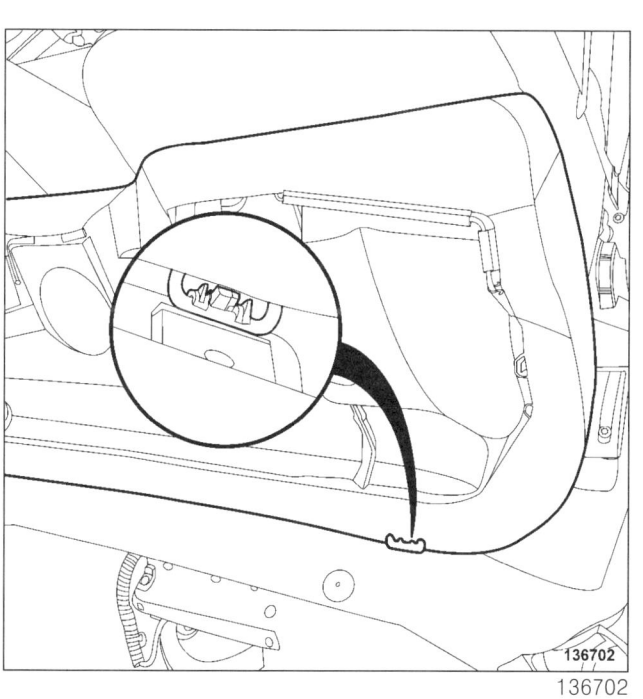

❏ 싱글 유닛 리어 벤치 시트 쿠션을 탈거한다.

장착

I – 관련 부품 장착 작업

❏ 싱글 유닛 리어 벤치 시트 쿠션을 장착한다.

II – 최종 작업

❏ 싱글 유닛 리어 벤치 시트 쿠션을 내려 누른다.

리어 시트 프레임과 러너
분할 리어 벤치 시트 쿠션 : 탈거 - 장착

76A

L38

탈거

I - 관련 부품 탈거 작업

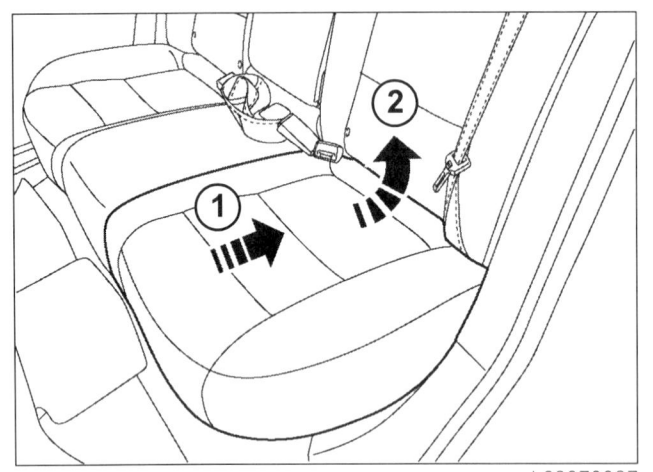

L38070037

- 분할 리어 벤치 시트 쿠션 (1/3) 을 (1) 과 (2) 의 방향으로 탈거한다.

II - 관련 부품 탈거 작업

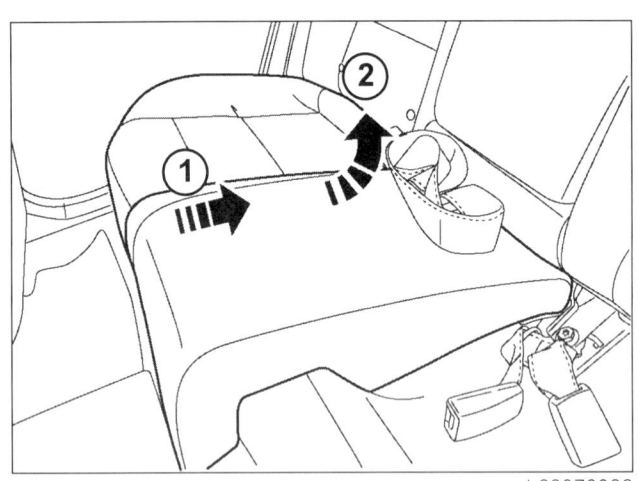

L38070038

- 분할 리어 벤치 시트 쿠션 (2/3) 을 (1) 과 (2) 의 방향으로 탈거한다.

장착

I - 관련 부품 장착 작업

- 분할 리어 벤치 시트 쿠션을 장착한다.

리어 시트 프레임과 러너
리어 벤치 시트 백 프레임 : 탈거 – 장착

76A

| L38/ 분할 리어 벤치 기능 |

탈거

I - 관련 부품 탈거 작업

❏ 다음을 탈거한다 :

- 리어 시트 헤드레스트 ,
- 리어 센터 암 레스트 (79A, 시트 액세서리 , 리어 센터 암 레스트 : 탈거 – 장착 참조),
- 분할 리어 벤치 시트 쿠션 (76A, 리어 시트 프레임과 러너 , 분할 리어 벤치 시트 쿠션 : 탈거 – 장착 참조),
- 분할 리어 벤치 시트 백 (76A, 리어 시트 프레임과 러너, 분할 리어 벤치 시트 백 : 탈거 – 장착 참조),
- 리어 시트 백 커버 일부 (78A, 리어 시트 트림 , 리어 시트 백 커버 : 탈거 – 장착 참조),
- 리어 시트 헤드레스트 가이드 (79A, 시트 액세서리 , 리어 시트 헤드레스트 가이드 : 탈거 – 장착 참조),
- 리어 벤치 시트 백 프레임 ,
- 리어 벤치 시트 백 로킹 일부 (76A, 리어 시트 프레임과 러너 , 리어 벤치 시트 백 로킹 : 탈거 – 장착 참조).

장착

I - 관련 부품 장착 작업

❏ 다음을 장착한다 :

- 리어 벤치 시트 백 로킹 일부 (76A, 리어 시트 프레임과 러너 , 리어 벤치 시트 백 로킹 : 탈거 – 장착 참조),
- 리어 벤치 시트 백 프레임 ,
- 리어 시트 헤드레스트 가이드 (79A, 시트 액세서리 , 리어 시트 헤드레스트 가이드 : 탈거 – 장착 참조),
- 리어 시트 백 커버 일부 (78A, 리어 시트 트림 , 리어 시트 백 커버 : 탈거 – 장착 참조),
- 분할 리어 벤치 시트 백 (76A, 리어 시트 프레임과 러너, 분할 리어 벤치 시트 백 : 탈거 – 장착 참조),
- 분할 리어 벤치 시트 쿠션 (76A, 리어 시트 프레임과 러너 , 분할 리어 벤치 시트 쿠션 : 탈거 – 장착 참조),
- 리어 센터 암 레스트 (79A, 시트 액세서리 , 리어 센터 암 레스트 : 탈거 – 장착 참조),
- 리어 시트 헤드레스트 .

리어 시트 프레임과 러너
리어 시트 싱글 시트 백 프레임 : 탈거 – 장착

76A

| L38/ 리어 벤치 기능 |

탈거

I – 관련 부품 탈거 작업

❏ 다음을 탈거한다 :

- 리어 시트 헤드레스트 (리어 시트 헤드레스트 : 탈거 – 장착 참조),
- 싱글 유닛 리어 벤치 시트 백 (76A, 리어 시트 프레임과 러너 , 싱글 유닛 리어 벤치 시트 백 : 탈거 – 장착 참조),
- 리어 시트 백 커버 (78A, 리어 시트 트림 , 리어 시트 백 커버 : 탈거 – 장착 참조),
- 리어 시트 헤드레스트 가이드 (79A, 시트 액세서리 , 리어 시트 헤드레스트 가이드 : 탈거 – 장착 참조),
- 리어 시트 싱글 시트 백 프레임 .

장착

I – 관련 부품 장착 작업

❏ 다음을 장착한다 :

- 리어 시트 싱글 시트 백 프레임 ,
- 리어 시트 헤드레스트 가이드 (79A, 시트 액세서리 , 리어 시트 헤드레스트 가이드 : 탈거 – 장착 참조),
- 리어 시트 백 커버 (78A, 리어 시트 트림 , 리어 시트 백 커버 : 탈거 – 장착 참조),
- 싱글 유닛 리어 벤치 시트 백 (76A, 리어 시트 프레임과 러너 , 싱글 유닛 리어 벤치 시트 백 : 탈거 – 장착 참조),
- 리어 시트 헤드레스트 (리어 시트 헤드레스트 : 탈거 – 장착 참조).

프론트 시트 트림
프론트 시트 사이드 트림 : 탈거 – 장착

77A

L38

탈거

I – 탈거 준비 작업

❏ 배터리를 분리한다 (MR 445 리페어 매뉴얼 , 80A, 배터리 , 배터리 : 탈거 – 장착 참조).

II – 관련 부품 탈거 작업

1 – 프론트 시트 인테리어 케이스

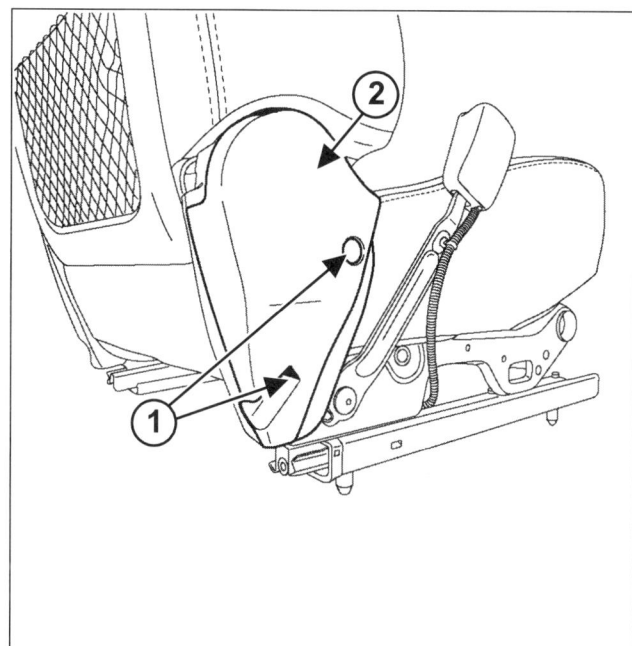

L38070064

❏ 다음을 탈거한다 :
- 볼트 (1),
- 프론트 시트 인테리어 케이스 (2).

참고 :
고정 클립 2 개 (3) 부분이 파손되지 않도록 주의하여 작업한다 .

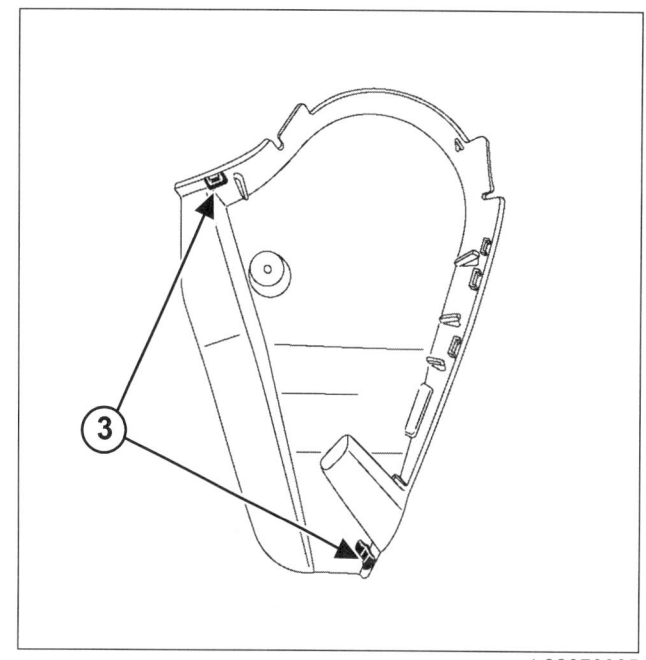

L38070035

2 – 프론트 시트 익스테리어 트림

매뉴얼 시트

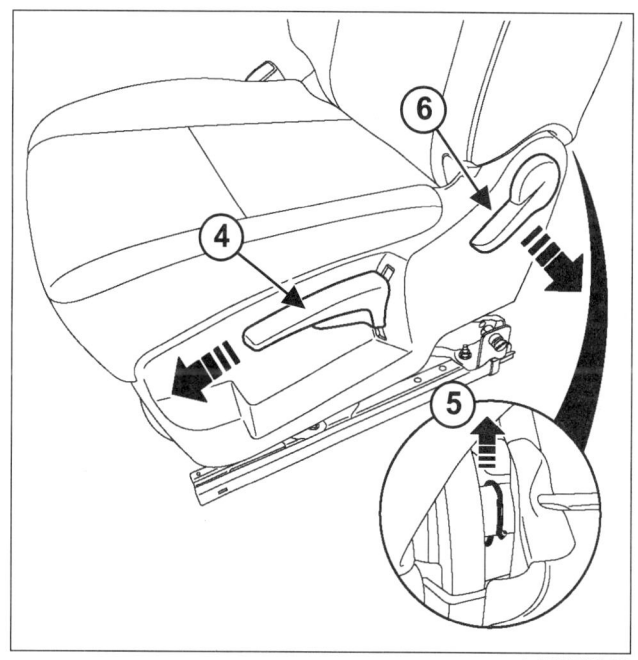

L38070039

❏ 다음을 탈거한다 :
- 레버 (4),
- 클립 (5),
- 레버 (6).

프론트 시트 트림
프론트 시트 사이드 트림 : 탈거 - 장착

77A

L38

참고 :
프론트 시트 사이드 커버가 손상되지 않도록 주의하여 작업한다.

매뉴얼 시트

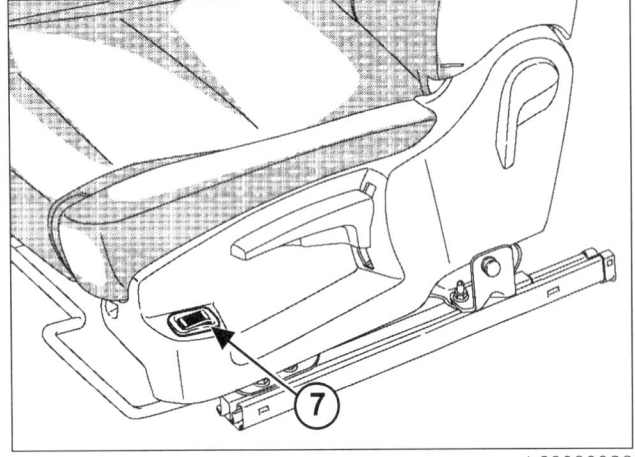

L38080023

- 시트 열선 스위치 (7) 를 분리한다.
- 시트 열선 스위치의 커넥터를 분리한다.
- 시트 열선 스위치를 탈거한다.

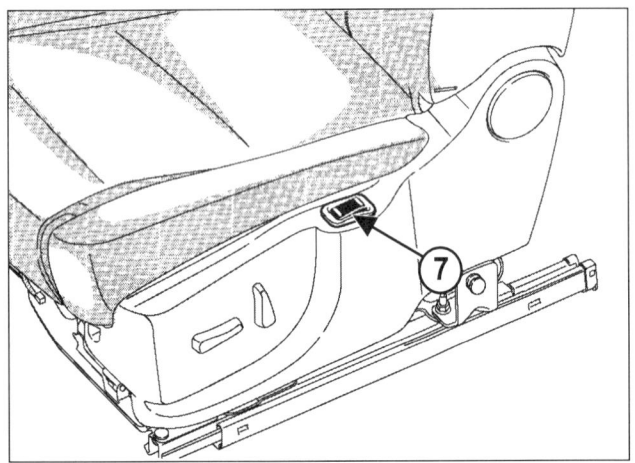

L38080024

- 시트 열선 스위치 (7) 를 분리한다.
- 시트 열선 스위치의 커넥터를 분리한다.
- 시트 열선 스위치를 탈거한다.

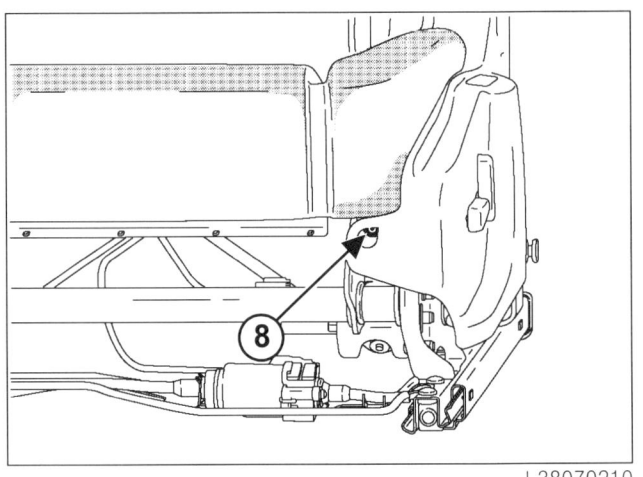

L38070210

- 프론트 시트 사이드 트림 볼트 (8) 를 탈거한다.

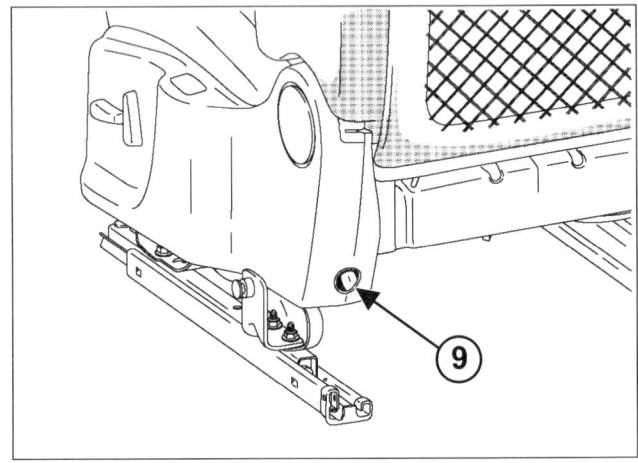

L38070211

- 시트를 최대한 앞으로 이동 시킨다.
- 프론트 시트 사이드 트림 볼트 (9) 를 탈거한다.
- 프론트 시트 사이드 트림을 분리한다.
- 커넥터를 분리한다.

프론트 시트 트림
프론트 시트 사이드 트림 : 탈거 – 장착

77A

| L38 |

장착

I – 관련 부품 장착 작업

1 – 프론트 시트 익스테리어 트림

- 커넥터를 연결한다.
- 프론트 시트 사이드 트림을 장착한다.
- 다음을 장착한다 :
  - 프론트 시트 사이드 트림 마운팅 볼트 (9),
  - 프론트 시트 사이드 트림 마운팅 볼트 (8).

매뉴얼 시트

- 시트 열선 스위치의 커넥터를 연결한다.
- 시트 열선 스위치를 장착한다 (7).

- 시트 열선 스위치의 커넥터를 연결한다.
- 시트 열선 스위치를 장착한다 (7).

매뉴얼 시트

-

  > 참고 :
  > 고정 클립 (5) 을 먼저 레버 (4) 끼우고 밀어 장착한다.

- 다음을 장착한다 :
  - 레버 (6).
  - 클립 (5),
  - 레버 (4).

2 – 프론트 시트 인테리어 트림

- 다음을 장착한다 :
  - 프론트 시트 인테리어 케이스 (2),
  - 볼트 (1).

II – 최종 작업

- 배터리를 연결한다 (MR 445 리페어 매뉴얼, 80A, 배터리, 배터리 : 탈거 – 장착 참조).

리어 시트 트림
리어 시트 쿠션 커버 : 탈거 - 장착

78A

L38

탈거

I - 탈거 준비 작업

- 분할 리어 벤치 쿠션을 탈거한다 (76A, 리어 시트 프레임과 러너, 분할 리어 벤치 시트 쿠션 : 탈거 - 장착 참조).

II - 관련 부품 탈거 작업

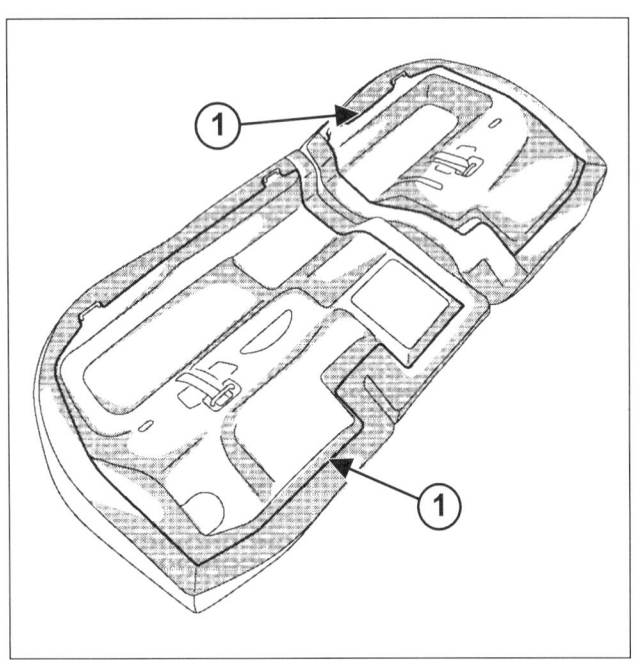

- 다음을 탈거한다 :
  - 고정 부위 (1),
  - 리어 시트 쿠션 의 ≪폼 - 트림≫ 어셈블리.

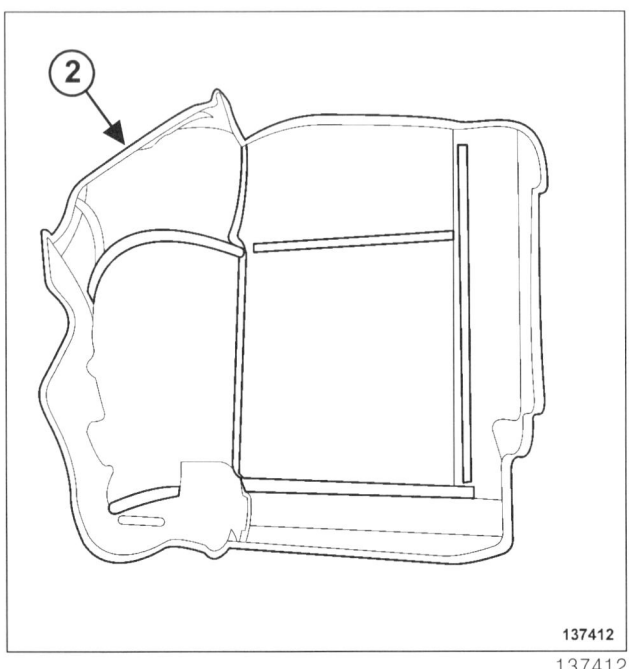

- 리어 시트 쿠션 커버 (2) 를 탈거한다.

장착

I - 장착 준비 작업

-
  > 참고 :
  > 리어 시트 쿠션 커버를 장착하기 전에, 폼에 스트립이 올바르게 부착되었는지 확인한다.

II - 관련 부품 장착 작업

- 다음을 장착한다 :
  - 리어 시트 쿠션 커버를 폼에,
  - ≪폼 - 트림≫ 어셈블리와 리어 시트 쿠션.

III - 최종 작업

- 분할 리어 벤치 쿠션을 장착한다 (76A, 리어 시트 프레임과 러너, 분할 리어 벤치 시트 쿠션 : 탈거 - 장착 참조).

리어 시트 트림
리어 시트 백 커버 : 탈거 - 장착

78A

L38

탈거

I - 탈거 준비 작업

❏ 다음을 탈거한다 :

- 리어 센터 암레스트 (79A, 시트 액세서리, 리어 센터 암레스트 : 탈거 - 장착 참조),
- 리어 시트 헤드레스트,
- 분할 리어 벤치 시트 쿠션 (76A, 리어 시트 프레임과 러너, 분할 리어 벤치 시트 쿠션 : 탈거 - 장착 참조),
- 분할 리어 벤치 시트 백 (76A, 리어 시트 프레임과 러너, 분할 리어 벤치 시트 백 : 탈거 - 장착 참조).

❏ 분할 폴딩식 리어 벤치 시트 백 (1/3) 을 기울인다.

❏ 분할 리어 벤치 시트 백을 분리한다.

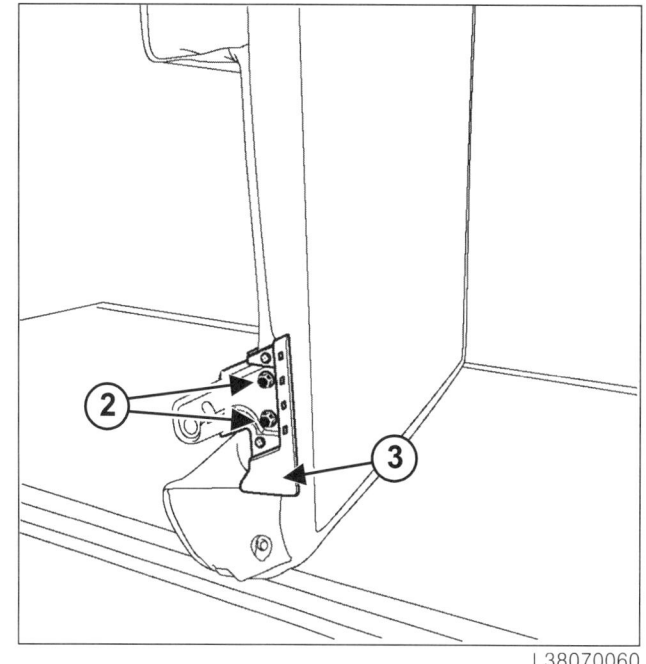

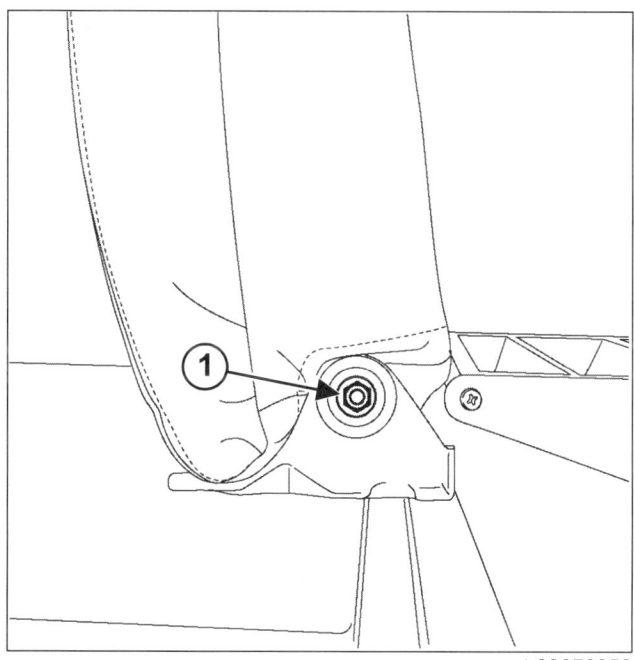

❏ 다음을 탈거한다 :
- 볼트 (1),
- 분할 리어 벤치 시트 서포트.

❏ 다음을 탈거한다 :
- 볼트 (2),
- 리어 센터 암레스트 브라켓 (3),
- 리어 시트 헤드레스트 가이드 (79A, 시트 액세서리, 리어 시트 헤드레스트 가이드 : 탈거 - 장착 참조).

II - 관련 부품 탈거 작업

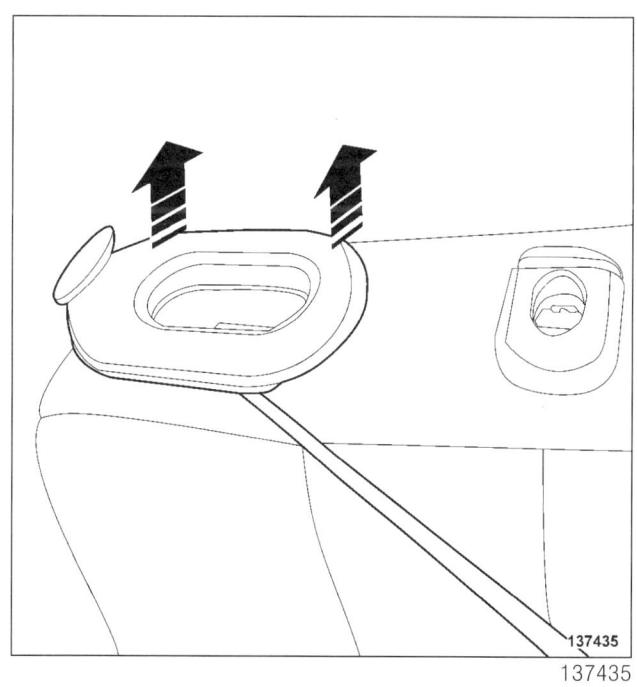

❏ 리어 벤치 시트 메커니즘 컨트롤 트림의 클립을 탈거한다.

리어 시트 트림
리어 시트 백 커버 : 탈거 – 장착

78A

L38

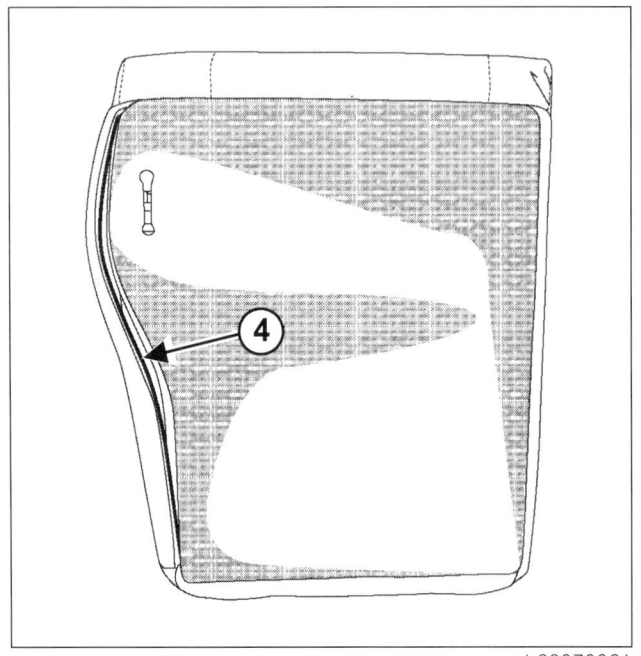

◻ 플라스틱 스트랩을 분리한다 (4).

◻ 리어 시트 백 커버 ≪커버 – 패드≫ 어셈블리를 탈거한다.

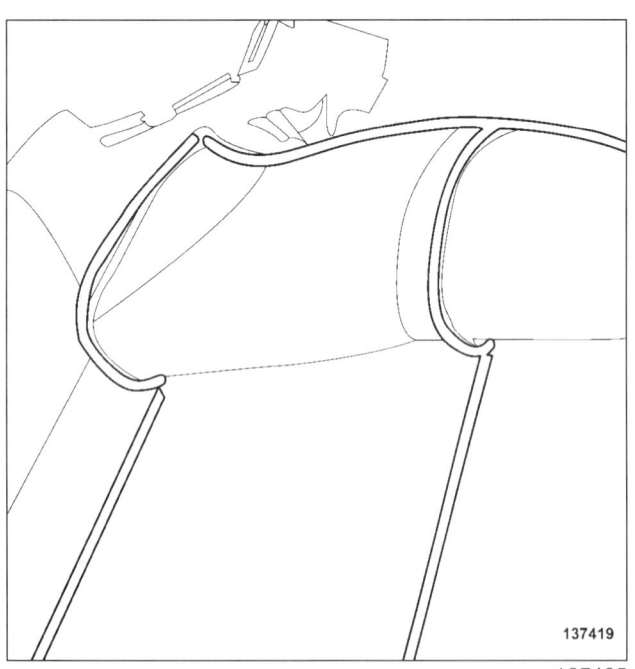

◻ 패드에서 리어 시트 백 커버를 분리한다.

◻ 리어 시트 백 커버를 탈거한다.

장착

I – 관련 부품 장착 작업

◻ 다음을 장착한다 :

- 리어 시트 백 커버,
- 분할 리어 벤치 시트 백 ≪커버 – 패드≫ 어셈블리,
- 리어 시트 헤드레스트 가이드 (79A, 시트 액세서리, 리어 시트 헤드레스트 가이드 : 탈거 – 장착 참조),
- 플라스틱 스트랩 (4),
- 리어 벤치 시트 메커니즘 컨트롤 트림.

II – 최종 작업

◻ 다음을 장착한다 :

- 리어 센터 암레스트 브라켓 (3),
- 볼트 (2),
- 리어 벤치 시트 마운팅 서포트,
- 볼트 (1).

◻ 분할 리어 벤치 시트 백을 연결한다.

◻ 다음을 장착한다 :

- 리어 시트 헤드레스트,
- 분할 리어 벤치 시트 백 (76A, 리어 시트 프레임과 러너, 분할 리어 벤치 시트 백 : 탈거 – 장착 참조),
- 분할 리어 벤치 시트 쿠션 (76A, 리어 시트 프레임과 러너, 분할 리어 벤치 시트 : 탈거 – 장착 참조),
- 리어 센터 암레스트 (79A, 시트 액세서리, 리어 센터 암레스트 : 탈거 – 장착 참조).

시트 액세서리
프론트 시트 헤드레스트 : 탈거 – 장착

79A

L38

탈거

I – 관련 부품 탈거 작업

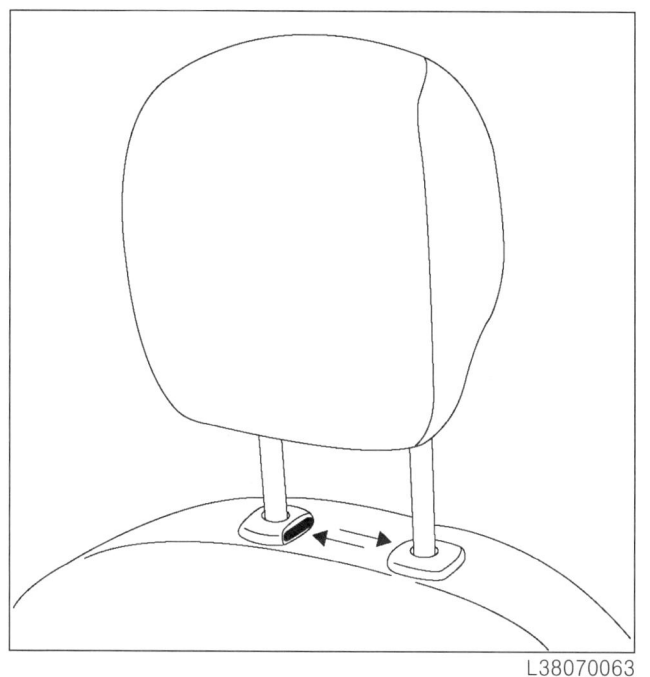
L38070063

- 헤드레스트 가이드를 누른다.
- 프론트 시트 헤드레스트를 탈거한다.

장착

I – 관련 부품 장착 작업

- 프론트 시트 헤드레스트를 장착한다.

시트 액세서리
프론트 시트 헤드레스트 가이드 : 탈거 – 장착

79A

L38

탈거

I – 탈거 준비 작업

프론트 시트 백 트림 미장착 차량

- 배터리를 분리한다 (MR 445 리페어 매뉴얼 80A, 배터리, 배터리 : 탈거 – 장착 참조).

- 다음을 탈거한다 :
  - 프론트 시트 헤드레스트 (79A, 시트 액세서리, 프론트 시트 헤드레스트 : 탈거 – 장착 참조),
  - 프론트 시트 (75A, 프론트 시트 프레임과 러너, 프론트 시트 어셈블리 : 탈거 – 장착 참조),
  - 프론트 시트 사이드 트림 (77A, 프론트 시트 트림, 프론트 시트 사이드 트림 : 탈거 – 장착 참조),
  - 프론트 시트 요추 조정 레버 (운전석),
  - 프론트 시트 백 프레임 (75A, 프론트 시트 프레임과 러너, 프론트 시트 백 프레임 : 탈거 – 장착 참조),
  - 프론트 시트 백 커버 일부.

프론트 시트 백 트림 장착 차량

- 다음을 탈거한다 :
  - 프론트 헤드레스트 (79A, 시트 액세서리, 프론트 시트 헤드레스트 : 탈거 – 장착 참조),
  - 프론트 시트 백 트림 일부.

II – 관련 부품 탈거 작업

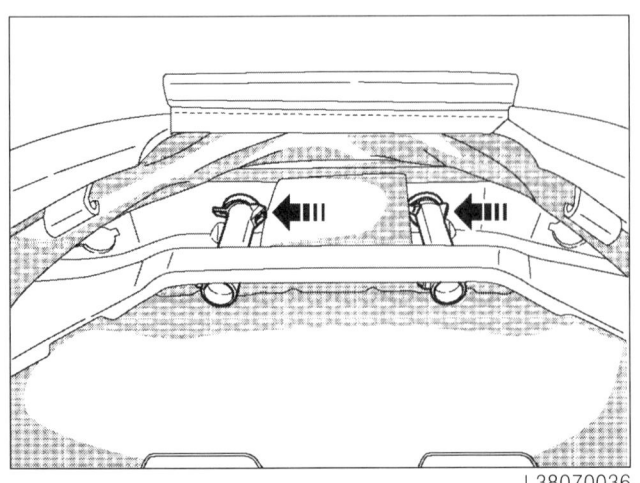

- 클립 부위를 눌러 프론트 시트 헤드레스트 가이드를 분리한다.
- 프론트 시트 헤드레스트 가이드를 탈거한다.

장착

I – 관련 부품 장착 작업

- 프론트 시트 헤드레스트 가이드를 장착한다.

II – 최종 작업

프론트 시트 백 트림 장착 차량

- 다음을 장착한다 :
  - 프론트 시트 백 커버,
  - 프론트 헤드레스트 (79A, 시트 액세서리, 프론트 시트 헤드레스트 : 탈거 – 장착 참조).

프론트 시트 백 트림 미장착 차량

- 다음을 장착한다 :
  - 프론트 시트 백 커버,
  - 프론트 시트 백 프레임 (75A, 프론트 시트 프레임과 러너, 프론트 시트 백 프레임 : 탈거 – 장착 참조),
  - 프론트 시트 요추 조정 레버 (운전석),
  - 프론트 시트 사이드 트림 (77A, 프론트 시트 트림, 프론트 시트 사이드 트림 : 탈거 – 장착 참조),
  - 프론트 시트 (75A, 프론트 시트 프레임과 러너, 프론트 시트 어셈블리 : 탈거 – 장착 참조),
  - 프론트 시트 헤드레스트 (79A, 시트 액세서리, 프론트 시트 헤드레스트 : 탈거 – 장착 참조).

- 배터리를 연결한다 (MR 445 리페어 매뉴얼 80A, 배터리, 배터리 : 탈거 – 장착 참조).

시트 액세서리
리어 센터 암 레스트 : 탈거 - 장착

`L38`

탈거

I - 탈거 준비 작업

❏ 분할 리어 벤치 시트 백을 내려 누른다.

II - 관련 부품 탈거 작업

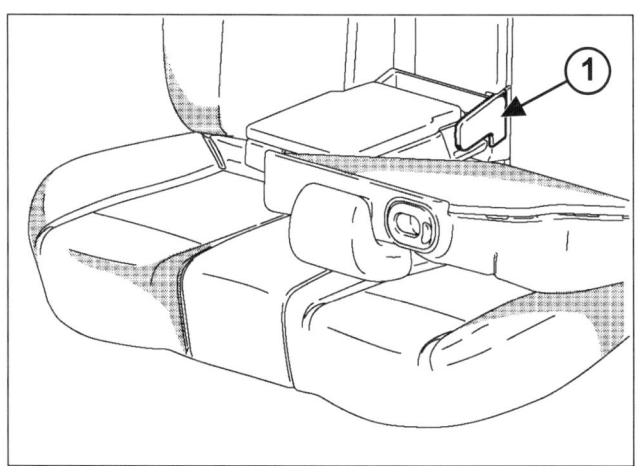

L38070218

❏ 커버 (1) 를 탈거한다.

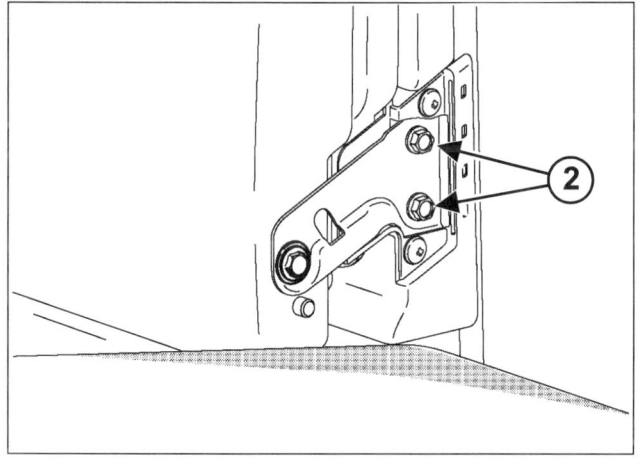

L38070219

❏ 다음을 탈거한다 :
  - 볼트 (2),
  - 리어 센터 암레스트.

장착

I - 관련 부품 장착 작업

❏ 다음을 장착한다 :
  - 리어 센터 암레스트,
  - 볼트 (2),
  - 커버 (1).

II - 최종 작업

❏ 분할 리어 벤치 시트 백을 원래 위치에 위치시킨다.

시트 액세서리
리어 시트 헤드레스트 가이드 : 탈거 – 장착

79A

| L38 |

탈거

I – 탈거 준비 작업

❏ 리어 시트 헤드레스트를 탈거한다 (리어 시트 헤드레스트 : 탈거 – 장착 참조).

일반 시트

❏ 다음을 탈거한다 :

- 싱글 유닛 리어 벤치 시트 쿠션 (76A, 리어 시트 프레임과 러너 , 싱글 유닛 리어 벤치 시트 쿠션 : 탈거 – 장착 참조),
- 싱글 유닛 리어 벤치 시트 백 (76A, 리어 시트 프레임과 러너 , 싱글 유닛 리어 벤치 시트 백 : 탈거 – 장착 참조),
- 싱글 유닛 리어 벤치 시트 백의 커버 일부 .

접이식 시트

❏ 다음을 탈거한다 :

- 분할 리어 벤치 시트 쿠션 (분할 리어 벤치 시트 쿠션 : 탈거 – 장착 참조),
- 분할 리어 벤치 시트 백 (76A, 리어 시트 프레임과 러너, 분할 리어 벤치 시트 백: 탈거 – 장착 참조),
- 분할 리어 벤치 시트 백 커버 (78A, 리어 시트 트림 , 리어 시트 백 커버 : 탈거 – 장착 참조).

II – 관련 부품 탈거 작업

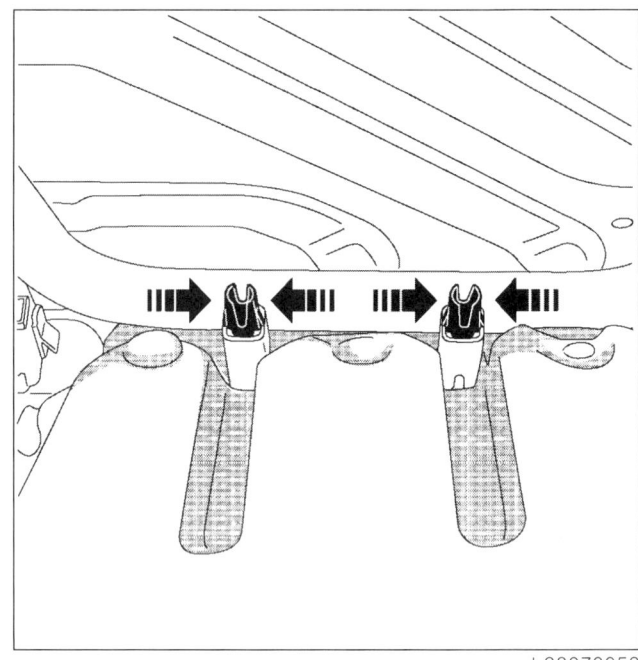

L38070053

❏ 리어 시트 헤드레스트 가이드의 클립을 눌러 분리한다 .

❏ 리어 시트 헤드레스트 가이드를 탈거한다 .

시트 액세서리
리어 시트 헤드레스트 가이드 : 탈거 – 장착

79A

| L38 |

장착

I – 관련 부품 장착 작업

❏ 리어 시트 헤드레스트 가이드를 장착한다.

II – 최종 작업

접이식 시트

❏ 다음을 장착한다 :

- 리어 시트 백 커버 (78A, 리어 시트 트림, 리어 시트 백 커버 : 탈거 – 장착 참조),
- 분할 리어 벤치 시트 백 (76A, 리어 시트 프레임과 러너, 분할 리어 벤치 시트 백 : 탈거 – 장착 참조),
- 분할 리어 벤치 시트 쿠션 (분할 리어 벤치 시트 쿠션 : 탈거 – 장착 참조).

일반 시트

❏ 다음을 장착한다 :

- 싱글 유닛 리어 벤치 시트 커버,
- 싱글 유닛 리어 벤치 시트 백 (76A, 리어 시트 프레임과 러너, 싱글 유닛 리어 벤치 시트 백 : 탈거 – 장착 참조),
- 싱글 유닛 리어 벤치 시트 쿠션 (76A, 리어 시트 프레임과 러너, 싱글 유닛 리어 벤치 시트 쿠션 : 탈거 – 장착 참조).

❏ 리어 시트 헤드레스트를 장착한다 (리어 시트 헤드레스트 : 탈거 – 장착 참조).

르노삼성자동차

첨부판 (판금 작업 데이터)

1. 재질 변환표 및 고장력 강판 (HSS) 작업 방법 : 일반 설명

2. 바디 얼라인먼트 : 일반 설명

3. 차체 용접점 : 설명

4. 바디 실링 : 설명

5. 언더 바디 코팅 : 설명

L38

2009. 07

본 리페어 매뉴얼은 2009 년 07 월의 양산 차량을 기준으로 작성하였으며 , 향후 차량의 설계 변경에 따라 실차와 다른 내용이 있을 수 있으므로 , 양해를 구합니다 .
주 : 설계 변경에 대한 정보는 www.rsmservice.com 을 참조하여 주시기 바랍니다 .
이 문서의 모든 권리는 르노삼성자동차에 있습니다 .

ⓒ 르노삼성자동차 (주), 2009

L38- 첨부판
(판금 작업 데이터)

목차

페이지

첨부판

재질 변환표 및 고장력 강판 (HSS) 작업 방법 : 일반 설명	1-1
바디 얼라인먼트 : 일반 설명	2-1
차체 용접점 : 설명	3-1
바디 실링 : 설명	4-1
언더 바디 코팅 : 설명	5-1

첨부판
재질 변환표 및 고장력 강판 (HSS) 작업 방법 : 일반 설명

L38

1.1. 냉간 압연강

(기준단위 : MPa)

	NES specification				Renault specification			
	NISSAN	RSM	기계적 특성			RENAULT	기계적 특성		
			최소 인장 강도	최소 항복 강도점	최대 항복 강도점		최소 인장 강도	최소 항복 강도점	최대 항복 강도점
냉간 압연 강판						X C	280	160	240
	SP129	SPCG	270	135	255	X E	300	180	230
	SP121	SPCC	270	125	215	X ES	280	160	200
	SP122	SPCD	270	120	195	X SES	270	140	180
	SP123	SPCE	270	110	175				
	SP124	SPCE(E)	260	100	165				
	SP125	SPCT	270	125	215	X E BH	300	180	230
냉간 압연 고장력 강판	SP131-340	APFC340	340	195	295	X E235P	355	235	275
	SP132-340	APFC340X	340	155	245	X E220P	340	220	260
	SP135-340	APFC340T	340	175	275	X E220 BH	340	220	260
	SP131-370	APFC370	370	195	295	X E260P	370	260	310
	SP132-370	APFC370X	370	165	255				
		APFC390X				X E280P SL	385	280	330
		APFC390				X E280D	375	280	330
						X E320D	415	320	380
	SP152-440	APFC440X	440	275	380				
						X E360D	450	360	430
						X E300B	500	300	370
	SP151-590	APFC590	590	420	570				
	SP153-590N	APFC590Y	590	310	410	XE360B	590	360	430
	SP154-590		590	360	465				
	RP153-780	APFC780Y	780	440	560	XE450B	780	450	550
						XE450T	780	450	550
	RP153-980		980	600	750	XE550M	980	550	700
	SP153-1180	APFC1180Y	1180	835	1225				
	SP151-1350H(V)		1350	1000	-	22MnB5	1300	1000	1250

첨부판
재질 변환표 및 고장력 강판 (HSS) 작업 방법 : 일반 설명

L38

1.2. 열간 압연강

	NES specification					Renault specification			
	NISSAN	RSM	기계적 특성			RENAULT	기계적 특성		
			최소 인장 강도	최소 항복 강도점	최대 항복 강도점		최소 인장 강도	최소 항복 강도점	최대 항복 강도점
열간 압연 강판	SP211	SS330	330	205	–	H ES	320	220	280
	SP212	SS400	400	245	–				
	SP221	SPHC	270	185	305				
	SP222	SPHD	270	175	285	H C	280	170	330
	SP223	SPHE	270	155	255				
열간 압연 고장력 강판	SP231-370	APFH370	370	215	335	H E280M	370	280	340
						H E320D	410	320	385
	SP231-440	APFH440	440	275	390				
						H E320M	450	320	380
						H E360D	445	360	435
	SP251-540	APFH540	540	420	560	H E400M	540	400	485
	SP252-540	APFH540X	540	365	500				
	RP253-590N	APFH590Y	590	330	480				
	RP254-590	APFH590D	590	420	550	H E450M	560	450	530
						H E620M	750	620	720
						H E450T	780	450	600
						H E660M	830	680	830

첨부판
재질 변환표 및 고장력 강판 (HSS) 작업 방법 : 일반 설명

L38

1.3. 냉간 및 열간 압연 코팅강

	NES specification					Renault specification			
	NISSAN	RSM	기계적 특성			RENAULT	기계적 특성		
			최소 인장 강도	최소 항복 강도점	최대 항복 강도점		최소 인장 강도	최소 항복 강도점	최대 항복 강도점
냉간 압연 코팅강						X C	280	160	240
	SP789	SGACG 45/45	270	175	295	X E	300	180	230
	SP781	SGACC 45/45	270	125	215	X ES	280	160	200
	SP782	SGACD 45/45	270	120	195	X SES	270	140	180
	SP783	SGACE 45/45	270	110	175				
	SP784	SGACE(E) 45/45	260	100	175				
	SP785	SGACT 45/45	270	125	215	X E BH	300	180	230
냉간 압연 고장력 강판 코팅강	SP7811-340	SGAC340 45/45	340	205	305	X E235P	355	235	275
	SP782-340	SGAC340X 45/45	340	165	255	X E220P	340	220	260
	SP785-340		340	185	285	X E220 BH	340	220	260
	SP781-390	SGAC390 45/45	390	245	355	X E260P	370	260	310
	SP782-390	SGAC390X 45/45	390	205	305				
						X E260 BH	370	260	310
						X E280P SL	385	280	330
						X E280D	375	280	330
						X E320D	415	320	380
	SP781-440	SGAC440 45/45	440	280	390				
	SP782-440	SGAC440X 45/45	–	–	–				
						X E360D	450	360	430
						X E300B	500	300	370
	RP783-590N	SGAC590Y 45/45	590	310	410	X E360B	590	360	430
	RP783-780		780	440	560	X E450B	780	450	550
						XE450T	780	450	550
	RP783-980		980	600	750	XE550B	980	550	700
열간 압연 코팅강						H ES	320	220	280
	SP791	SGHC 45/45	270	195	315				
	SP792	SGHD 45/45	270	185	295	H C	280	170	330
	SP793	SGHE 45/45	270	165	265				
	SP791-370	SGAH370 45/45	370	225	345	H E280M	370	280	340
						H E320D	410	320	385
	RP791-440	SGAH440 45/45	440	280	390	H E320M	450	320	380
						H E360D	445	360	435
						H E400M	540	400	485
						H E450M	560	450	530
						H E620M	750	620	720
						H E450T	780	450	600
						H E660M	830	680	830
						H E830M	950	830	950
						22MnB5 AlSi	1300	1000	1250

첨부판
재질 변환표 및 고장력 강판 (HSS) 작업 방법 : 일반 설명

L38

1.4. 아웃터 패널용 냉간 압연 및 코팅강

	NES specification					Renault specification			
	NISSAN	RSM	기계적 특성			RENAULT	기계적 특성		
			최소 인장 강도	최소 항복 강도점	최대 항복 강도점		최소 인장 강도	최소 항복 강도점	최대 항복 강도점
냉간 압연 강판	SP121	SPCC	270	125	215	Z ES	280	160	200
	SP122	SPCD	270	120	195	Z SES	270	140	180
	SP123	SPCE	270	110	175				
	SP125	SPCT	270	125	215	Z E BH	300	180	230
						Z E	300	180	230
연강 코팅강	SP781	SGACC 45/45	270	125	215	Z ES	280	160	200
	SP782	SGACD 45/45	270	120	195	Z SES	270	140	180
	SP783	SGACE 45/45	270	110	175				
	SP785	SGACT 45/45	270	125	215	Z E BH	300	180	230
고장력 코팅강						Z E220P	340	220	260
	SP785-340	SGAC340T 45/45	340	185	285	Z E220 BH	340	220	260
						Z E235P	355	235	275

첨부판
재질 변환표 및 고장력 강판 (HSS) 작업 방법 : 일반 설명

L38

고장력 강판 (High Strength Steel) 의 작업 방법

참고 :
고장력 강판 (HSS) 을 수리하고자 할 때 다음의 사항들을 숙지한 후 작업하도록 한다 .

1 - 고려되어야 할 사항

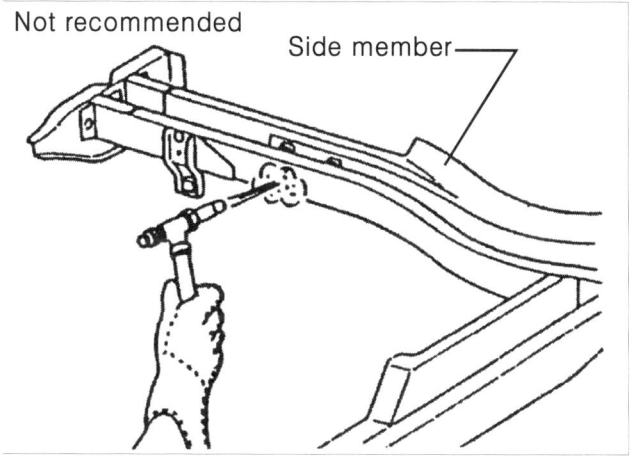

❏ 열을 가하며 작업하는 리인포스먼트 (예를들어 사이드 멤버류) 의 수리는 부품을 약화시키기 때문에 가능하면 피해야한다 .
불가피하게 열에 의한 수리를 하고자 할 때 고장력 강판 (HSS) 에 550° 가 넘는 열을 가하지 않아야 한다 .
온도계를 준비한 뒤 , 열 온도를 다양하게 하여 작업을 한다 (Crayon 타입이나 다른 유사한 타입의 온도계가 적합하다).

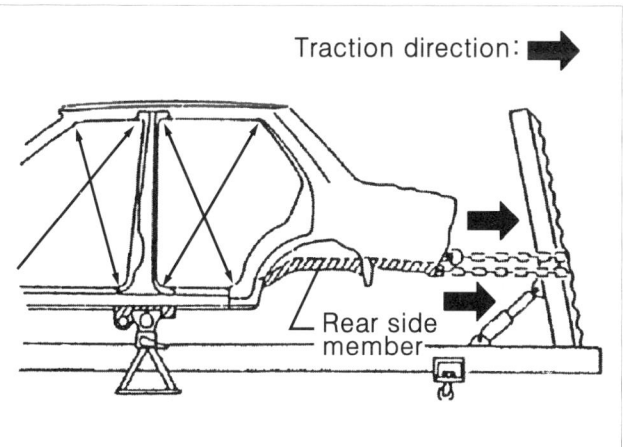

❏ 고장력 강판 (HSS) 을 펴고자 할 때 주의하여 작업을 하라 .
고장력 강판 (HSS) 은 매우 강하기 때문에 패널을 펴는 것은 인접한 부위의 패널을 변형시킬 수 있다 .

이러한 경우에 측정 포인트의 수를 증가시키고 , 고장력 강판 (HSS) 을 조심스럽게 잡아당긴다 .

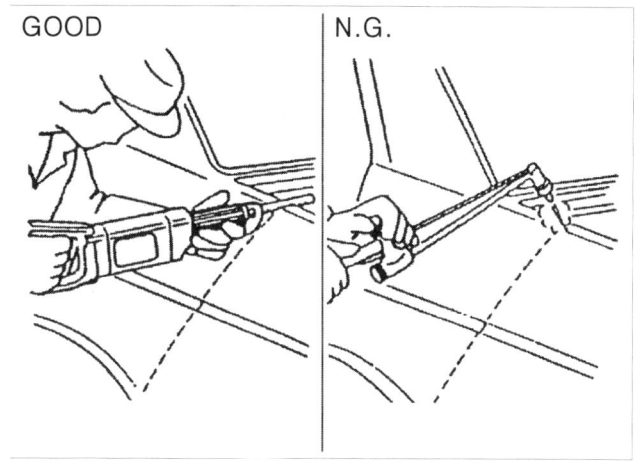

❏ 고장력 강판 (HSS) 을 커팅할 때 가능하다면 가스 커팅을 피해야 한다 .
대신 열에 의한 주위의 손상을 피하기 위하여 톱을 사용한다 .
만약 가스 커팅이 불가피하다면 최소 50mm 의 여유를 확보한다 .

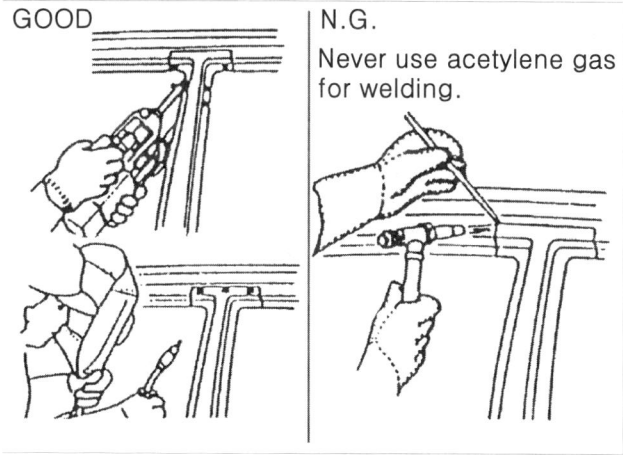

❏ 고장력 강판 (HSS) 을 용접할 때 , 열에 의한 인접 부위의 손상을 최소화 하려면 가능한 스포트 용접을 한다 .
가스 용접은 용접 강도가 낮기 때문에 만약 스포트 용접이 불가능하다면 MIG 용접을 한다 .

첨부판
재질 변환표 및 고장력 강판 (HSS) 작업 방법 : 일반 설명

L38

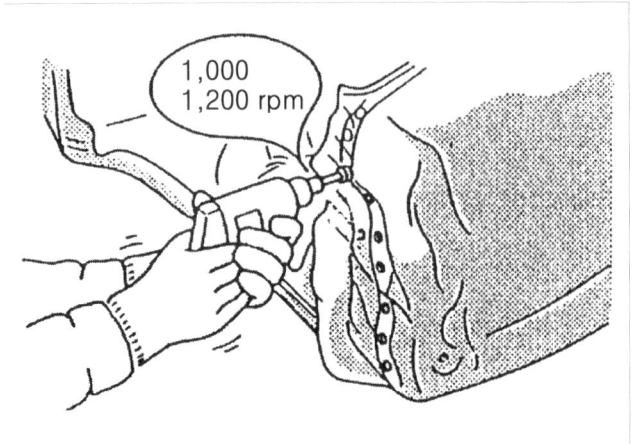

- 고장력 강판 (HSS) 에서의 스포트 용접은 일반 강판에서의 스포트 용접보다 더 강하다.
 따라서 고장력 강판 (HSS) 에서의 스포트 용접을 커팅할 때 작업을 용이하게 하고, 드릴의 내구성을 높이기 위해 낮은 속도의 높은 토크 (1,000~1,200rpm) 의 드릴을 사용한다.

2 - 고장력 강판 (HSS) 스포트 용접시 주의사항

참고 :
이 작업은 일반적인 작업 상태에서 행해져야 한다.

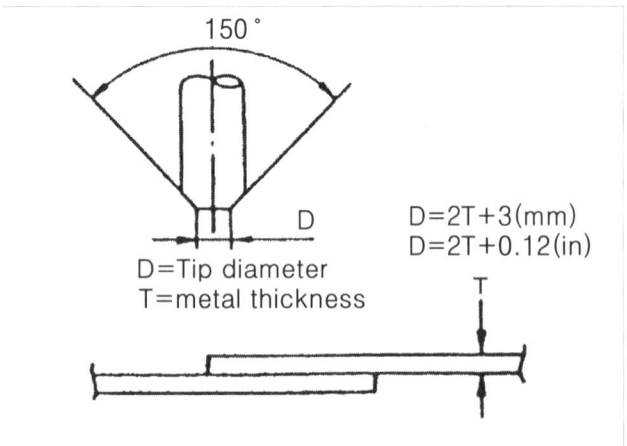

- 전극봉 끝의 지름은 금속 두께에 따라서 적합한 크기이어야 한다.

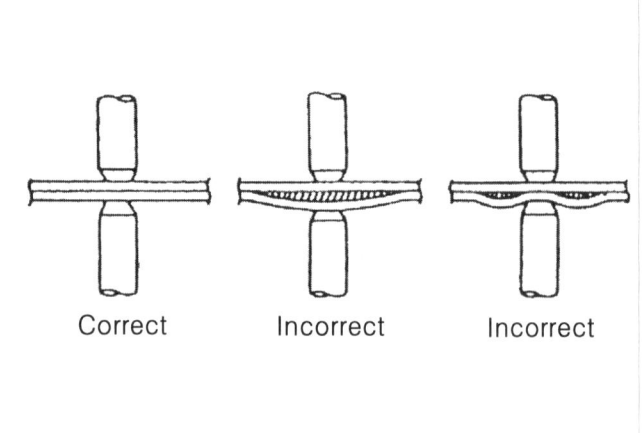

- 패널 표면은 서로 동일한 평면에 맞추어야 하며 틈이 없어야 한다.

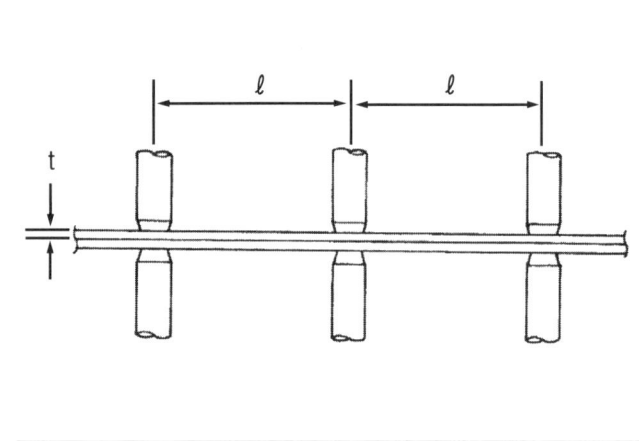

Thickness (t)	Minimum pitch (ℓ)
0.6 (0.024)	10 (0.39) or over
0.8 (0.031)	12 (0.47) or over
1.0 (0.039)	18 (0.71) or over
1.2 (0.047)	20 (0.79) or over
1.6 (0.063)	27 (1.06) or over
1.8 (0.071)	31 (1.22) or over

- 적합한 용접 피치를 위해 다음의 상세사항을 따라 작업을 하도록 한다.

첨부판
재질 변환표 및 고장력 강판 (HSS) 작업 방법 : 일반 설명

L38

교체 작업

설명

❏ 본 페이지에서는 사고차량을 수리하는데 많은 경험과 기술을 가지고 있으며, 최신 서비스 도구와 설비를 사용하고 있는 기술자를 위해 기술되었다.

Symbol marks	Description	
●	2-spot welds	
◉	3-spot welds	
■	MIG plug weld	For 3 panels plug weld method ■ A ■ B
⌒⌒⌒	MIG seam weld / Point weld	

첨부판
재질 변환표 및 고장력 강판 (HSS) 작업 방법 : 일반 설명

L38

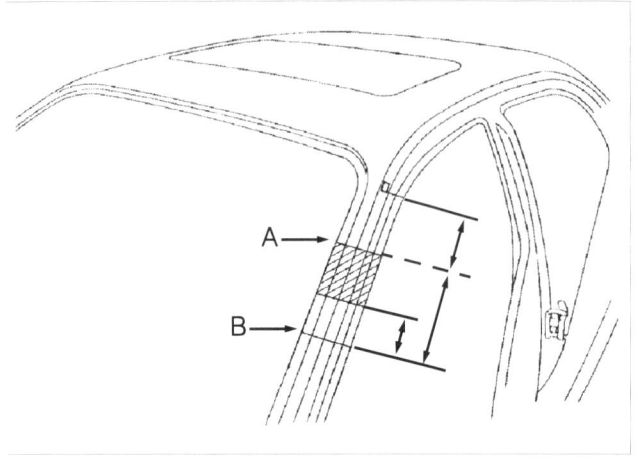

H450740449

- 프론트 필러의 맞대기 용접은 그림에서와 같이 보여지는 것처럼 빗금친 부위 내에서 행해져야 한다.

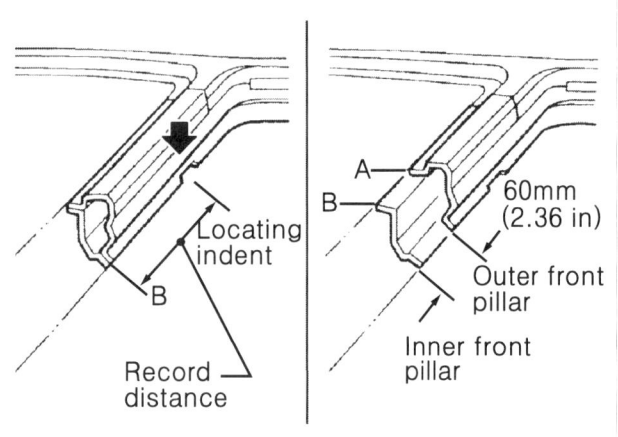

H450740450

- 로케이팅 인덴트로부터 커팅 위치와 레코드 위치를 결정하고 서비스 부품을 커팅할 때 이 거리를 사용한다.
  이너프론트 필러 커팅 위치에서 60mm 이상 떨어진 곳에서 아웃터 프론트 필러를 커팅한다.

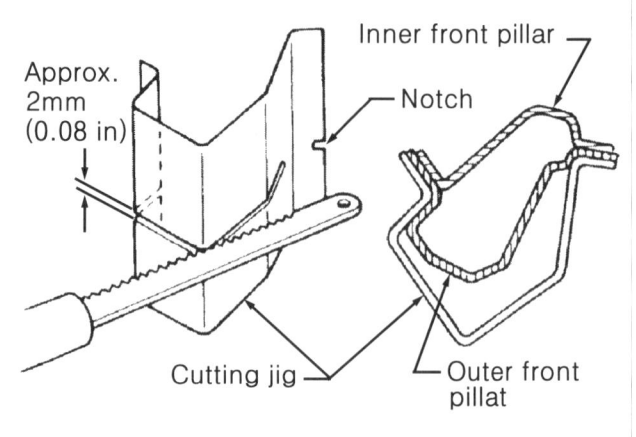

H450740451

- 아웃터 필러를 더 쉽게 커팅하기 위해서 커팅 지그를 준비해라.
  이것은 조인트 결합 상태에서 서비스 부품을 정확하게 커팅하게 만든다.

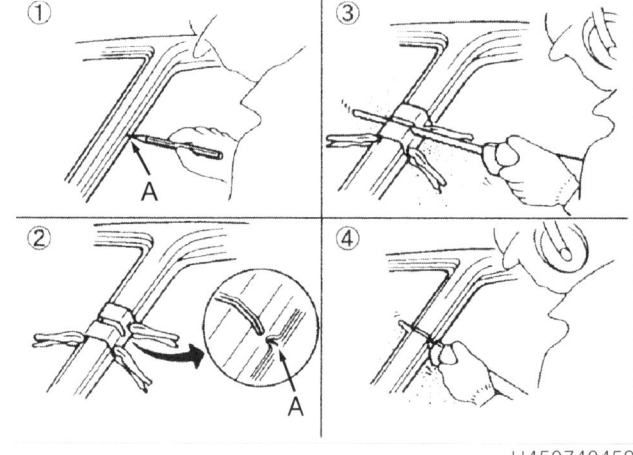

H450740452

- 다음은 커팅 지그를 이용하여 커팅 작업을 하는 예이다.

  1. 커팅 라인에 마킹을 한다.

     A: 아웃터 필러의 커팅 위치.

  2. 지그 위의 노치에 커팅 라인을 정렬한다.

  3. 지그의 홈을 따라서 아웃터 필러를 커팅한다.

  4. 지그를 제거하고 남아있는 부분을 커팅한다.

  5. 같은 방법으로 위치 B에 있는 이너 필러를 커팅한다.

첨부판
바디 얼라이먼트 : 일반 설명

L38

엔진룸

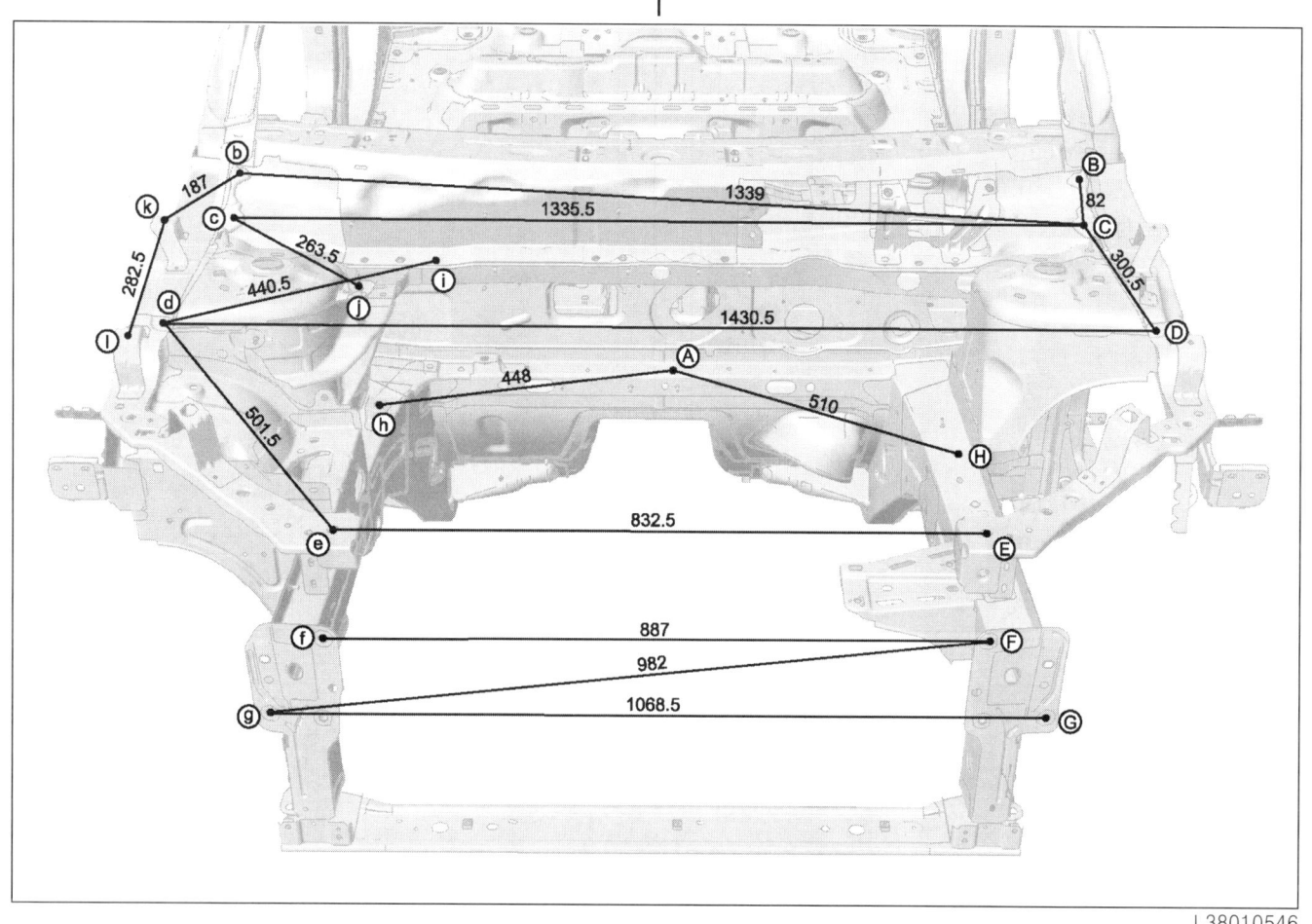

L38010546

주 : (*) 마크는 좌우대칭을 나타냄.

* 기준치수 : mm

측정점	기준치수	실측치수
A ~ H	510	
A ~ h	488	
B ~ C	82	
b ~ C	1339	
C ~ D	300.5	
c ~ C	1335.5	
c ~ j	263.5	
d ~ i	440.5	
b ~ k	187	
k ~ l	282.5	
d ~ D	1430.5	

측정점	기준치수	실측치수
d ~ e	501.5	
e ~ E	832.5	
f ~ F	887	
F ~ g	982	
g ~ G	1068.5	

2-1

첨부판
바디 얼라이먼트 : 일반 설명

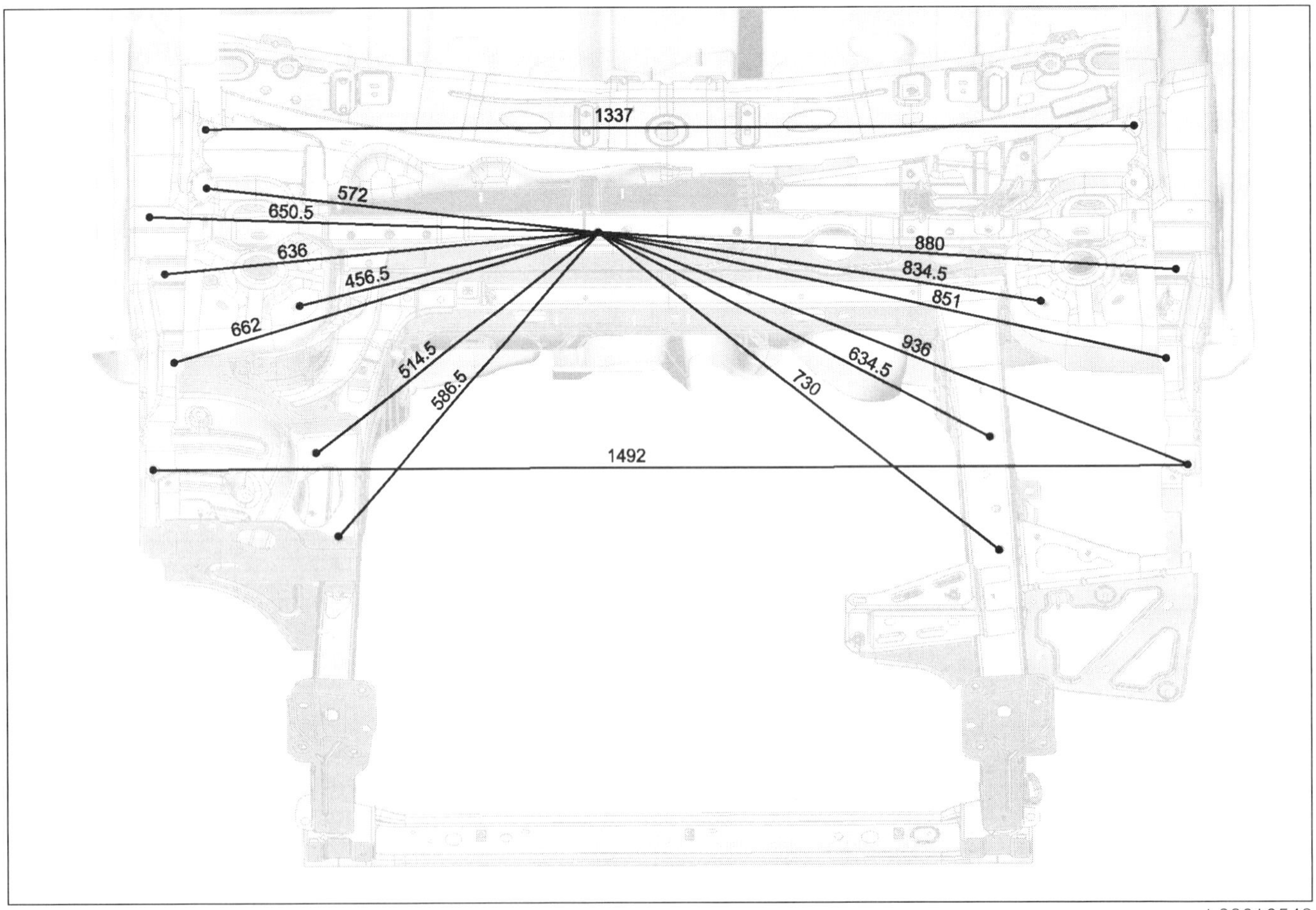

L38

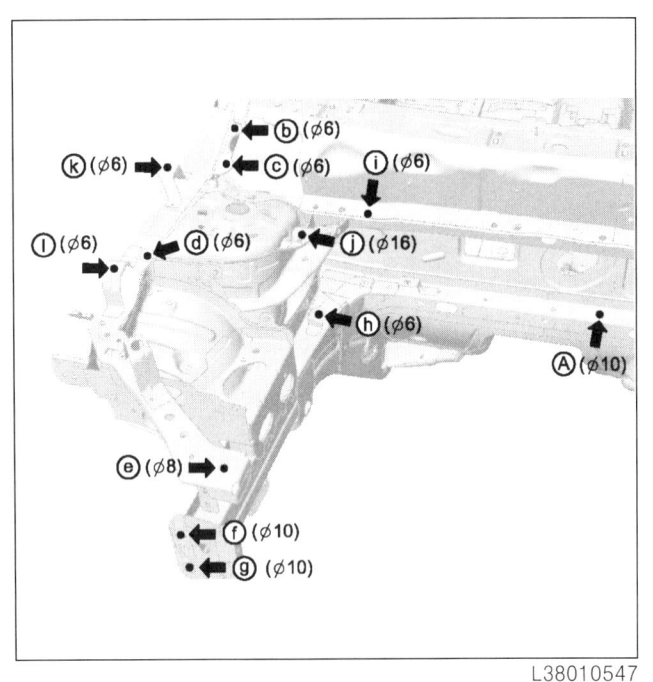
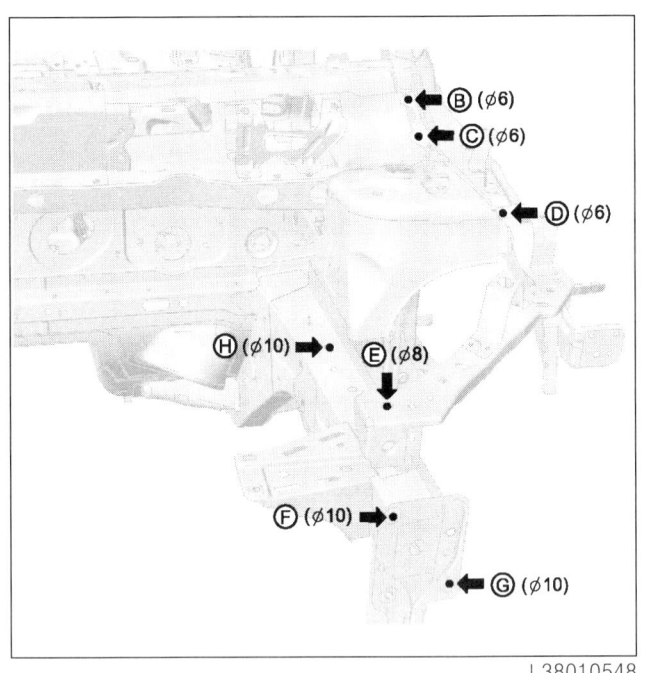

첨부판
바디 얼라이먼트 : 일반 설명

2

L38

윈드쉴드

L38010550

첨부판
바디 얼라이먼트 : 일반 설명

L38

리어바디

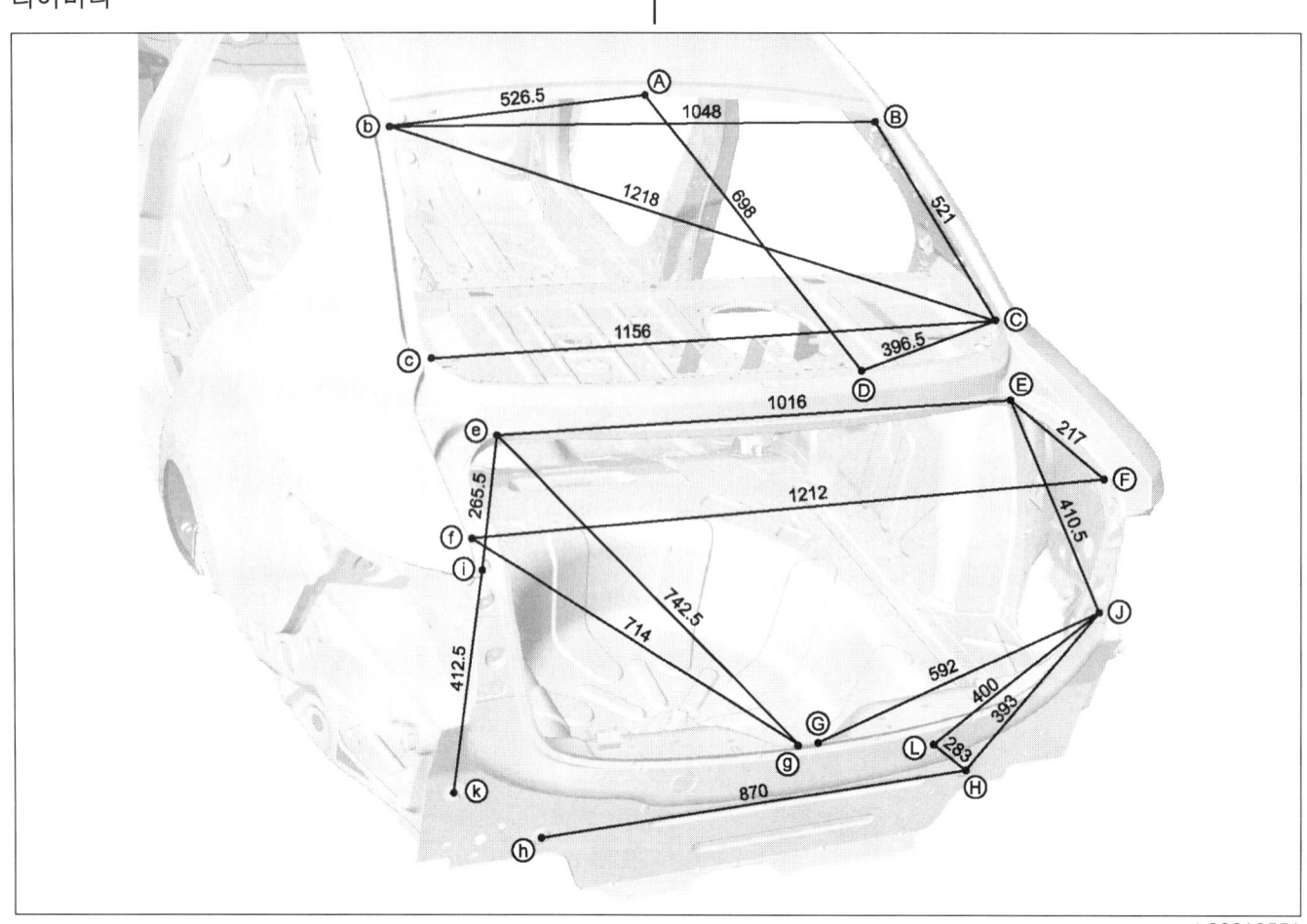

주 : (*) 마크는 좌우대칭을 나타냄.

* 기준치수 : mm

측정점	기준치수	실측치수
A ~ b	526.5	
b ~ B	1048	
b ~ C	1218	
C ~ D	396.5	
A ~ D	698	
c ~ C	1156	
C ~ D	396.5	
E ~ F	217	
E ~ e	1016	
E ~ j	410.5	
e ~ g	742.5	

측정점	기준치수	실측치수
e ~ i	265.5	
f ~ F	1212	
f ~ g	714	
i ~ k	412.5	
j ~ G	592	
j ~ L	400	
j ~ H	393	
L ~ H	283	
h ~ H	870	

첨부판
바디 얼라이먼트 : 일반 설명

L38

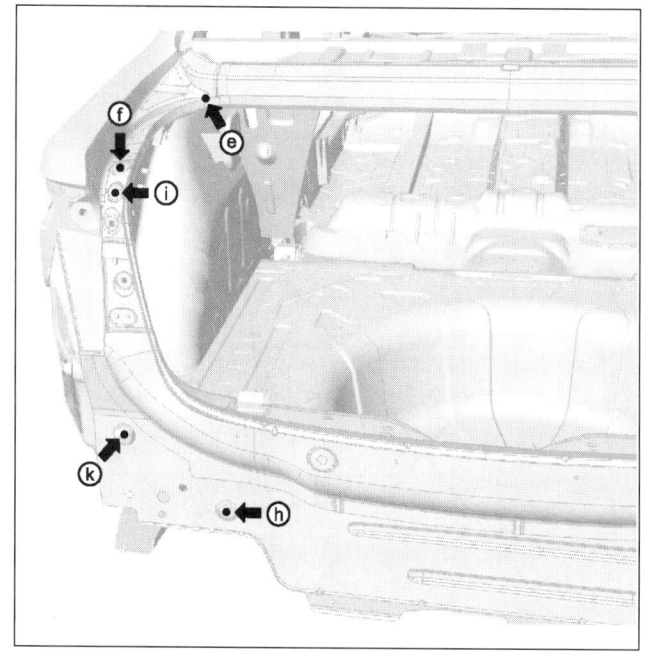
L38010552

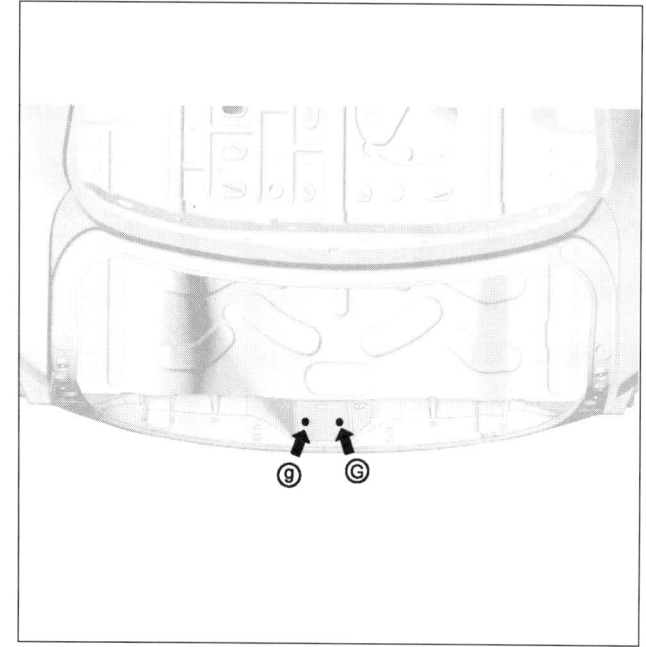
L38010570

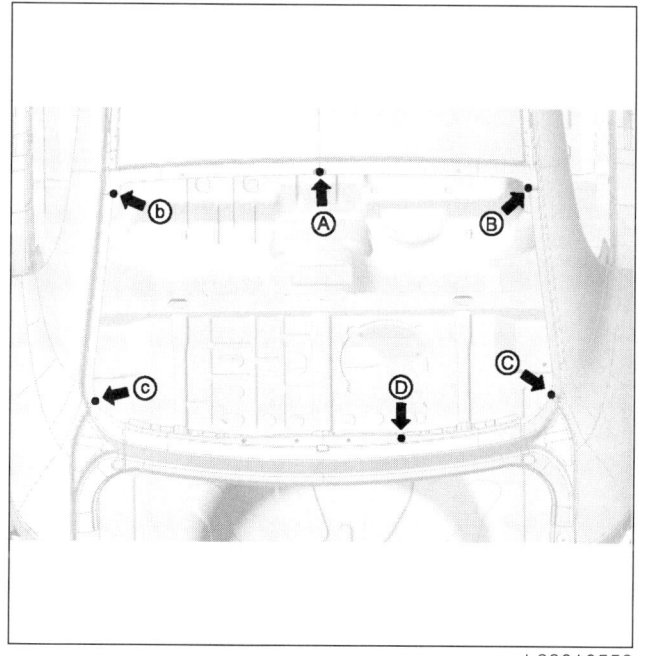
L38010553

첨부판
바디 얼라이먼트 : 일반 설명

| L38 |

사이드 바디

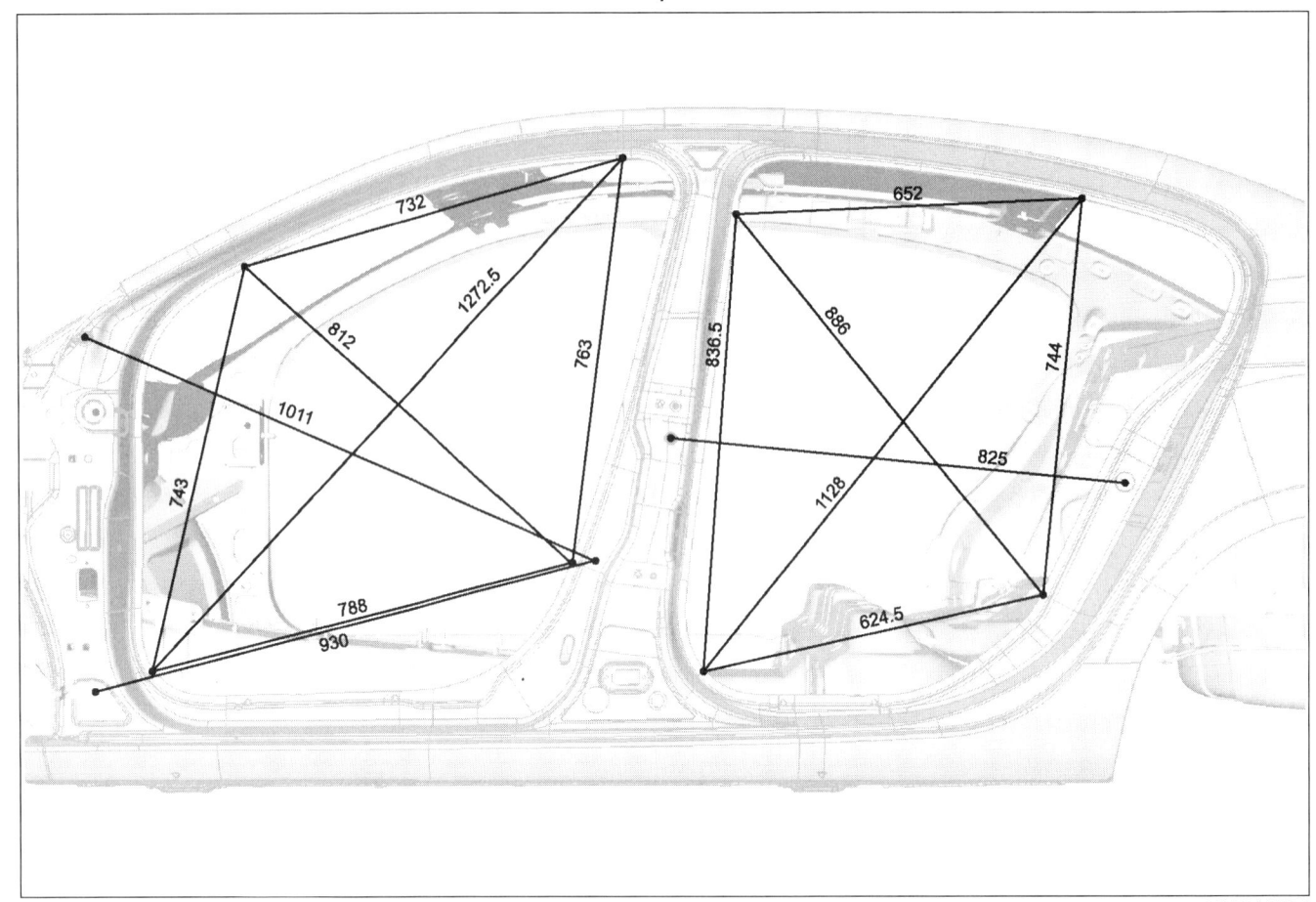

첨부판
바디 얼라이먼트 : 일반 설명

| L38 |

실내

첨부판
바디 얼라이먼트 : 일반 설명

L38

트렁크 룸

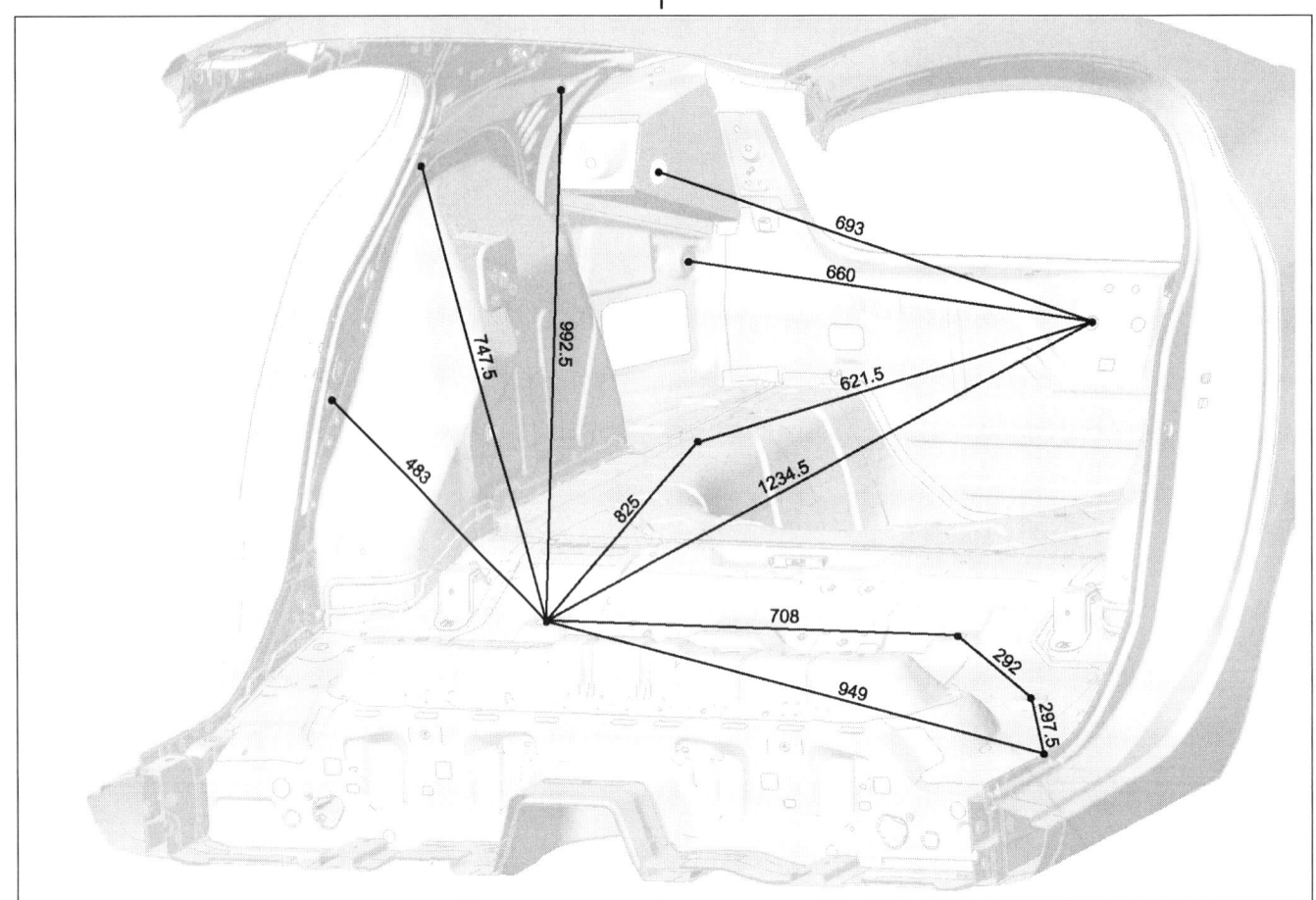

트렁크 룸

첨부판
바디 얼라이먼트 : 일반 설명

L38

언더 바디

1 - 언더 바디 직선 치수 (기준치수 : mm)

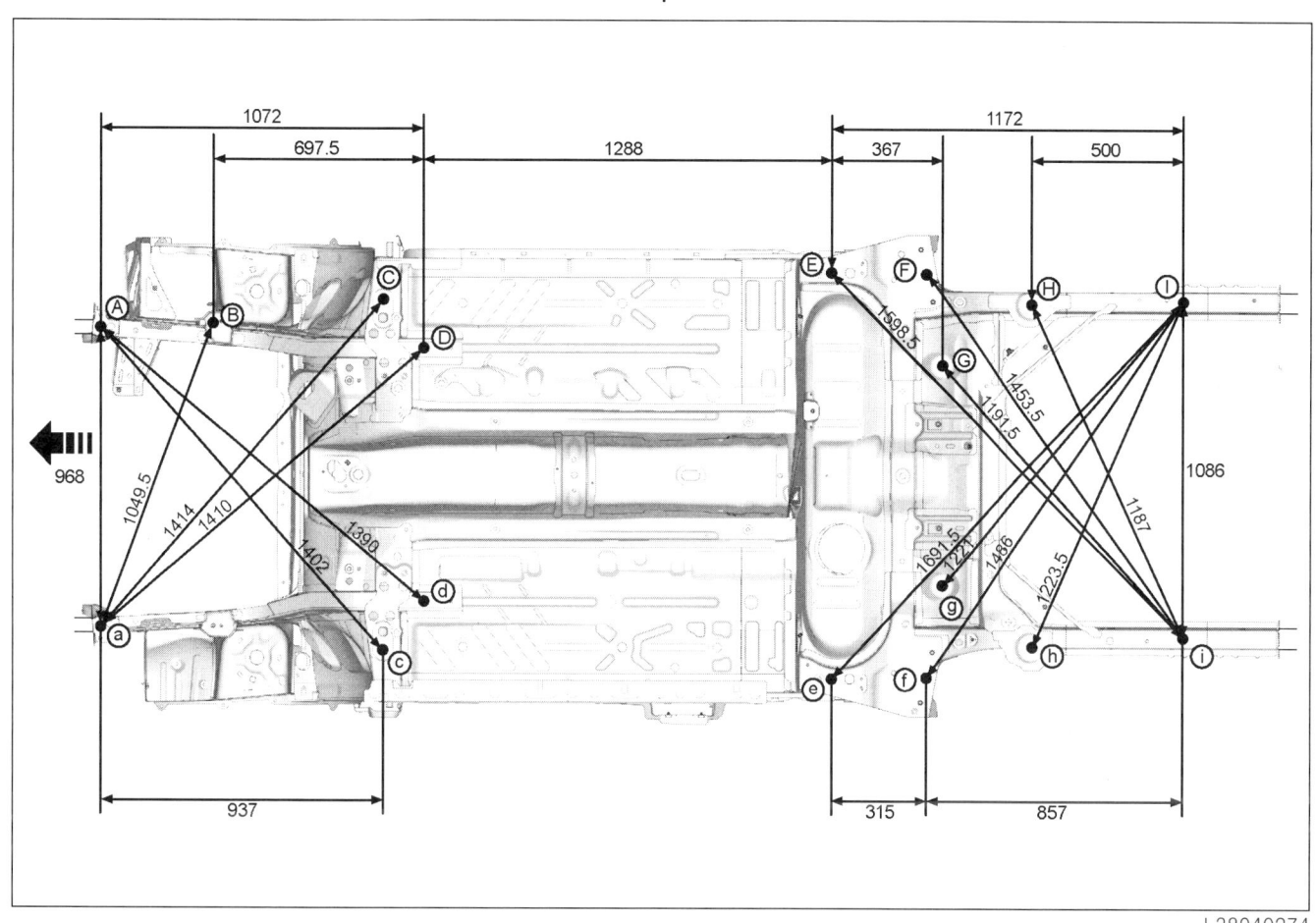

← 차량 앞쪽

첨부판
바디 얼라이먼트 : 일반 설명

L38

2 - 언더 바디 투영 치수 (기준치수 : mm)

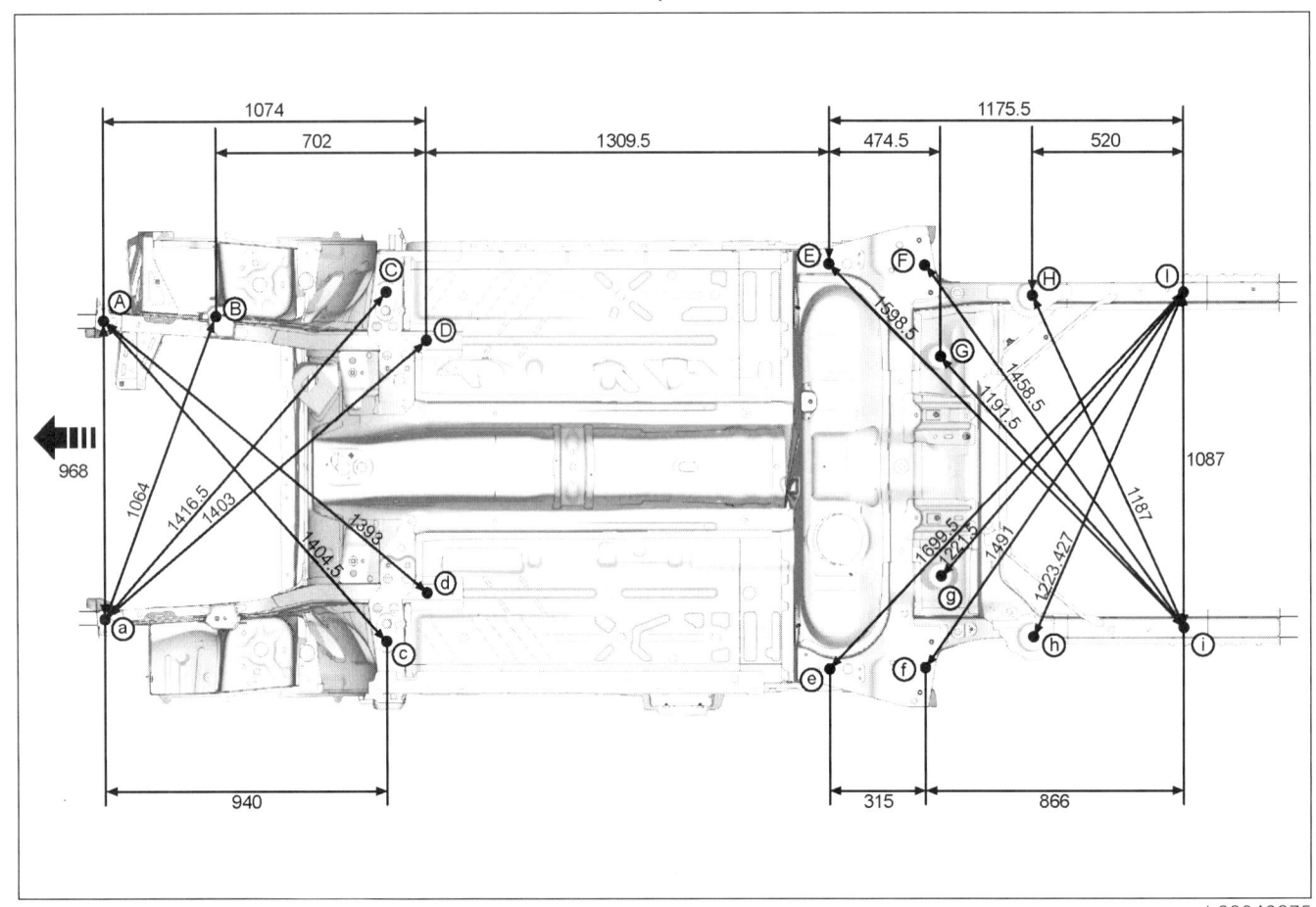

차량 앞쪽

첨부판
바디 얼라이먼트 : 일반 설명

L38

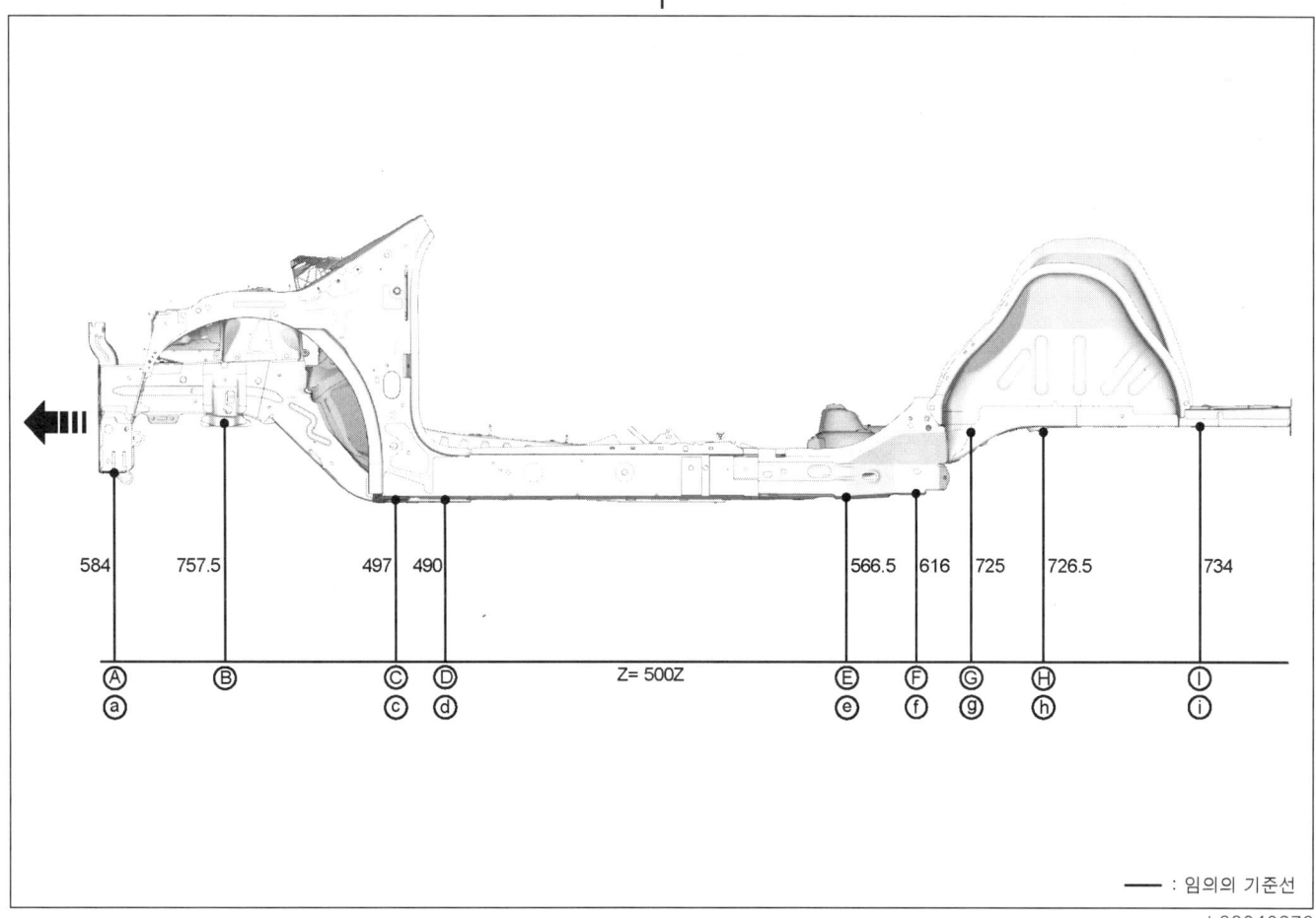

— : 임의의 기준선

L38040276

첨부판
차체 용접점 : 설명

L38

- 부품 교환 요령

(1) 본 항은 교환부품의 작업을 확실하고 효율적으로 진행할 수 있도록 부위별로 부품 장착 시 작업할 부위의 용접점의 위치를 설명하고 있다. 부품의 부착 표준 순서는 바디 수리 지침서를 참고 할 것.

(2) 패널 교환 시 용접부위에는 부식방지 전착 프라이머를 반드시 도포한다.

프론트

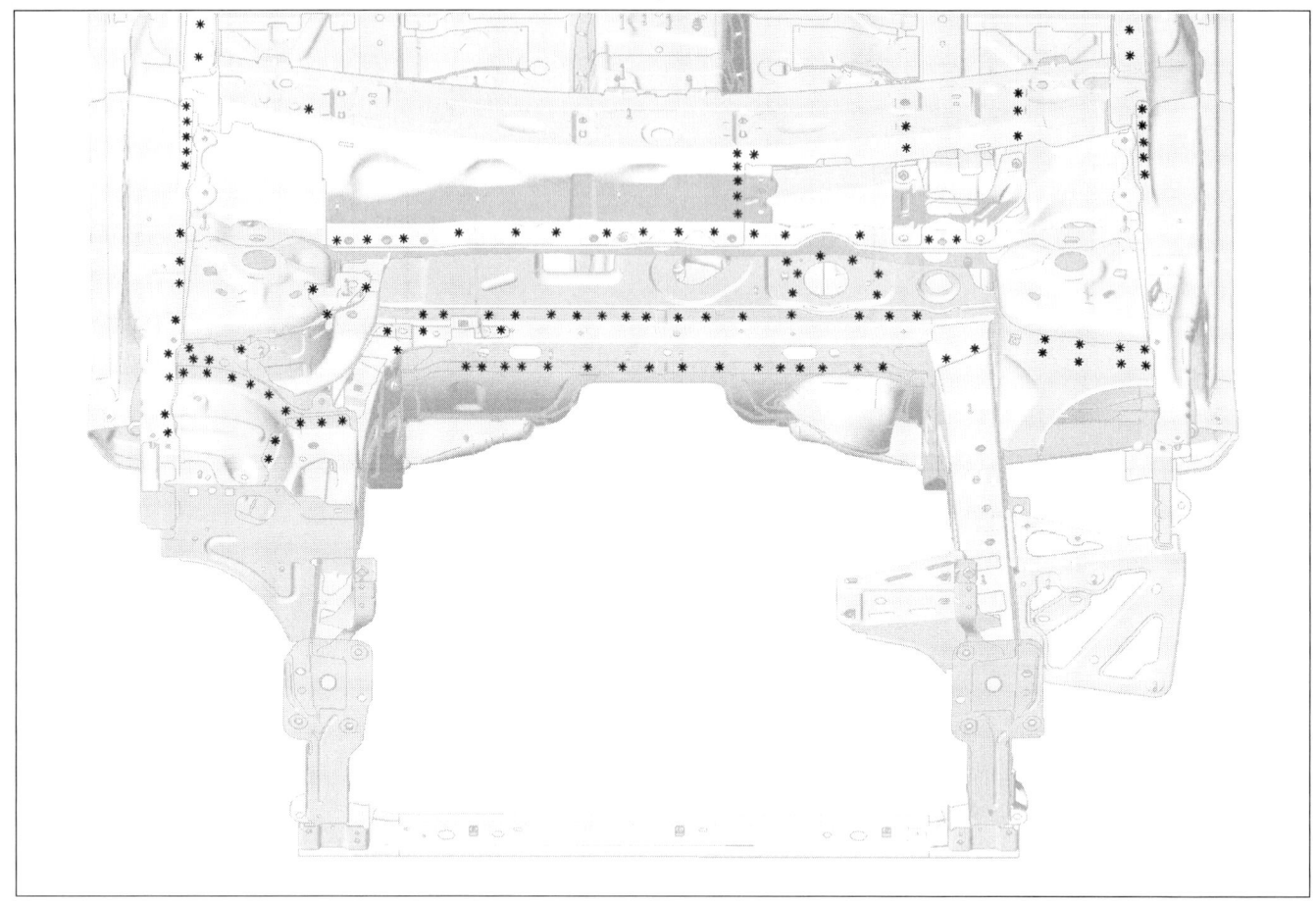

L38010557

첨부판
차체 용접점 : 설명

3

L38

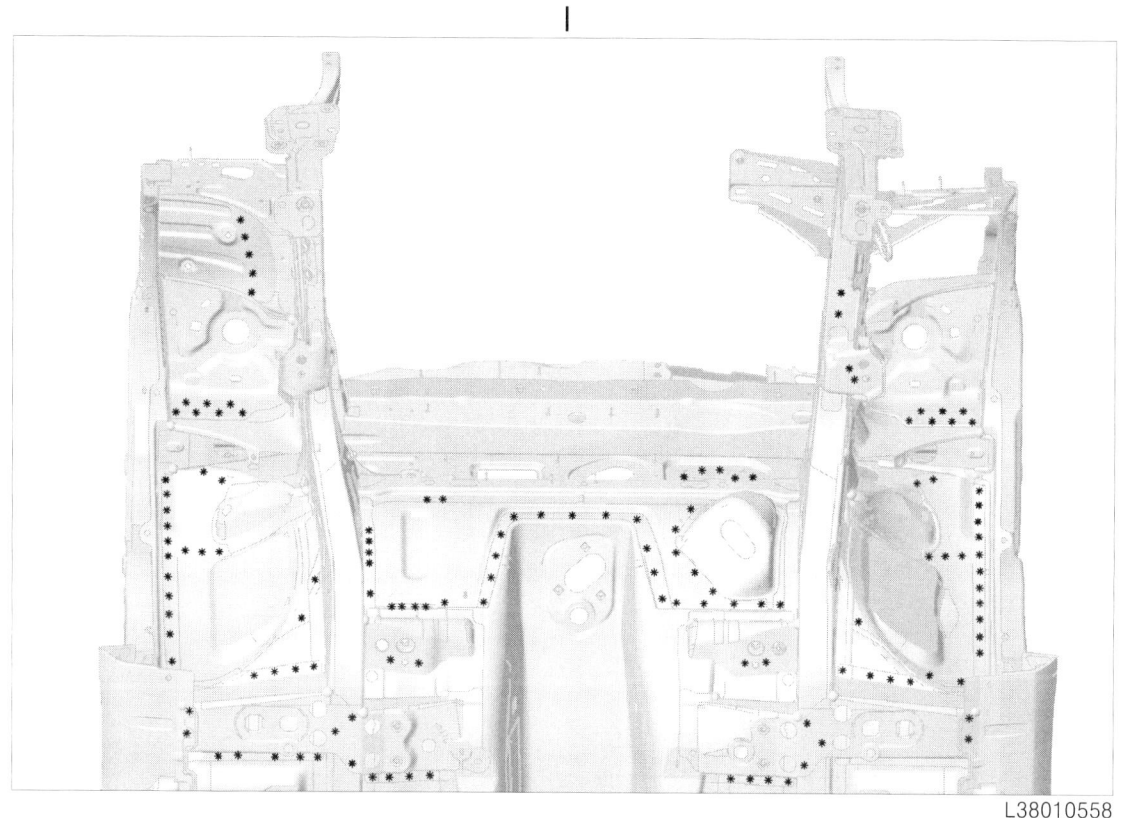

L38010558

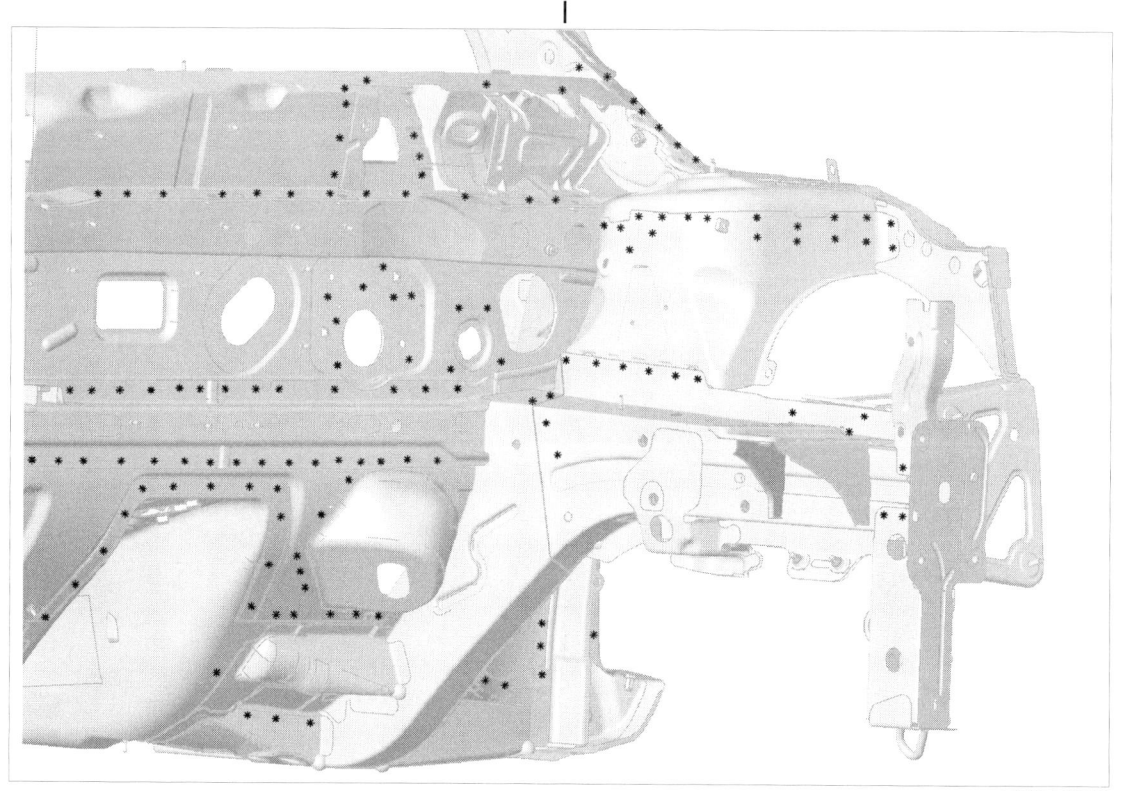

L38010559

첨부판
차체 용접점 : 설명

3

L38

대시 컴플리트

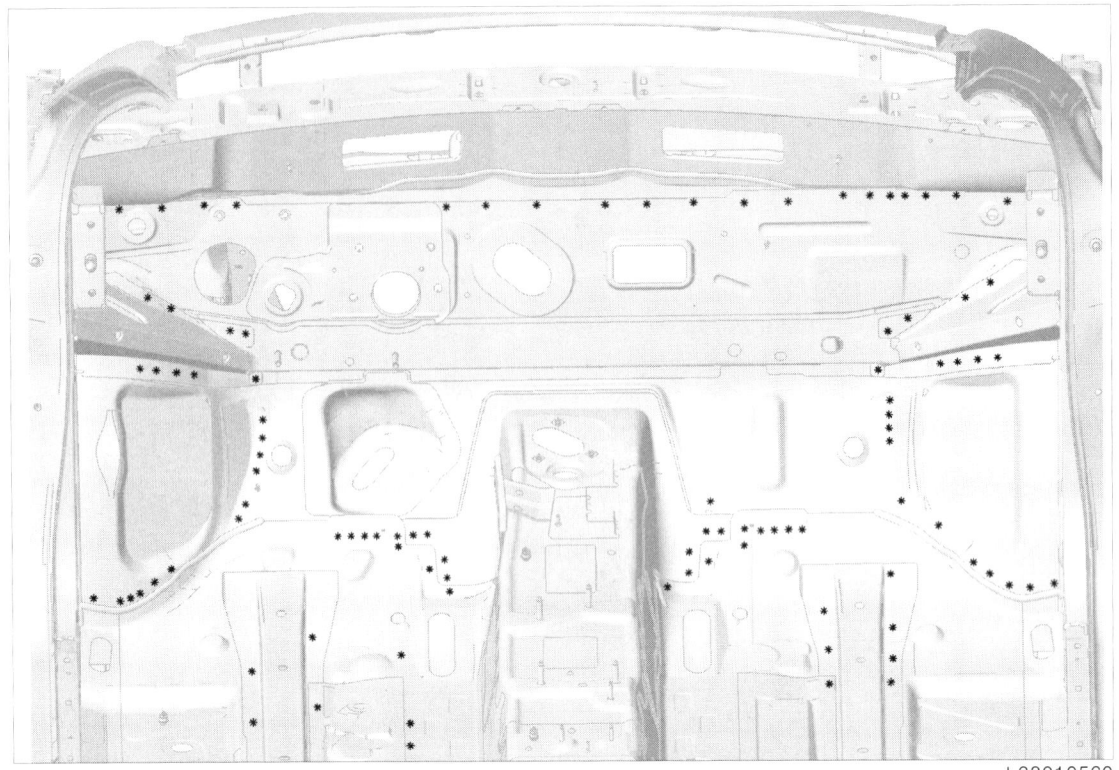

사이드 바디

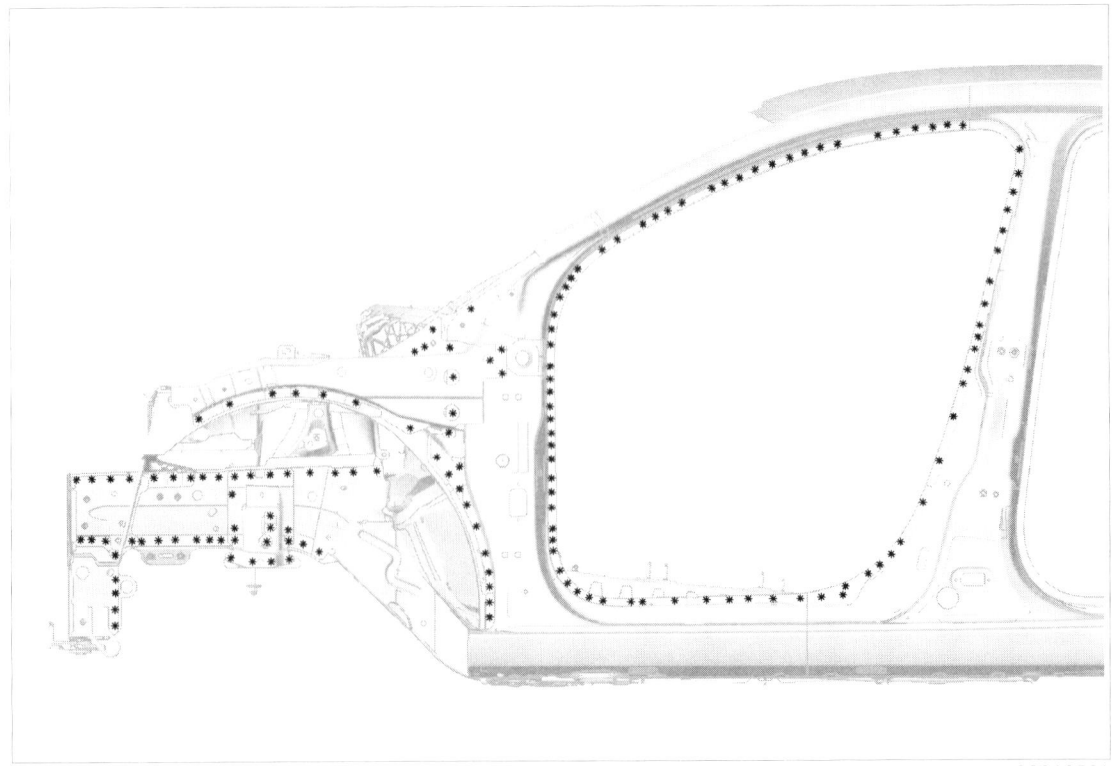

첨부판
차체 용접점 : 설명

L38

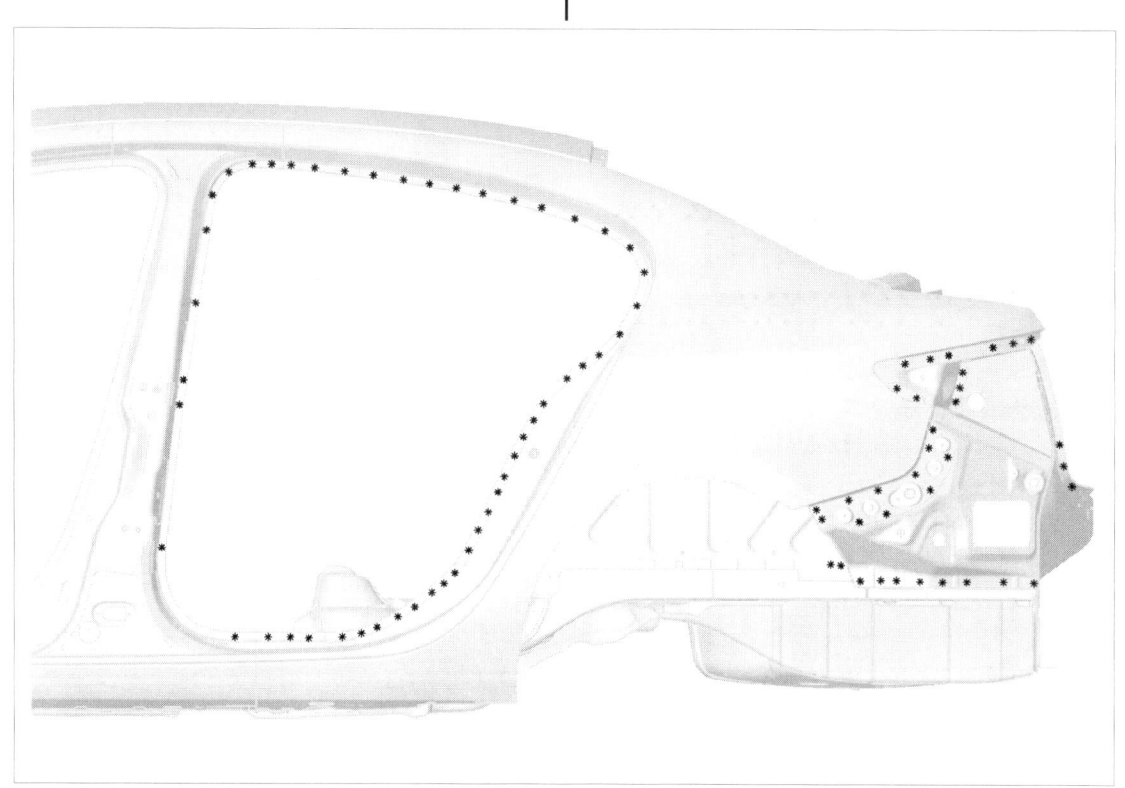

플로어

(실내)

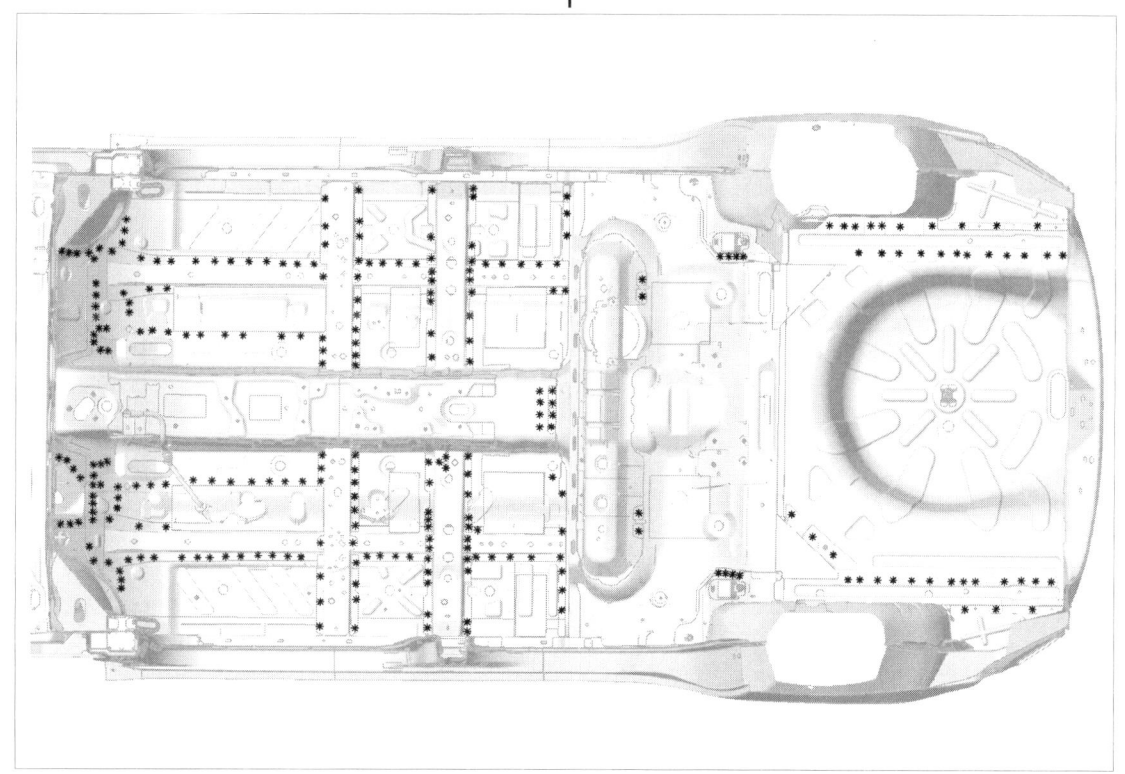

첨부판
차체 용접점 : 설명

3

L38

(언더바디)

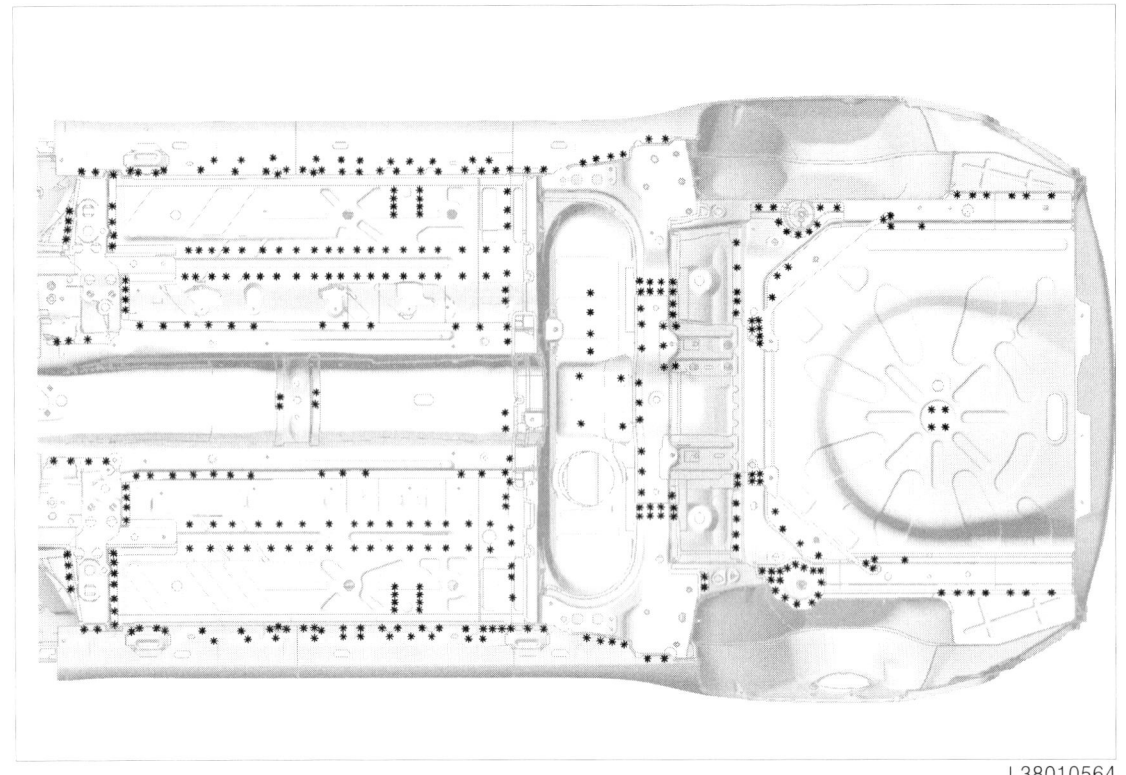

L38010564

루프

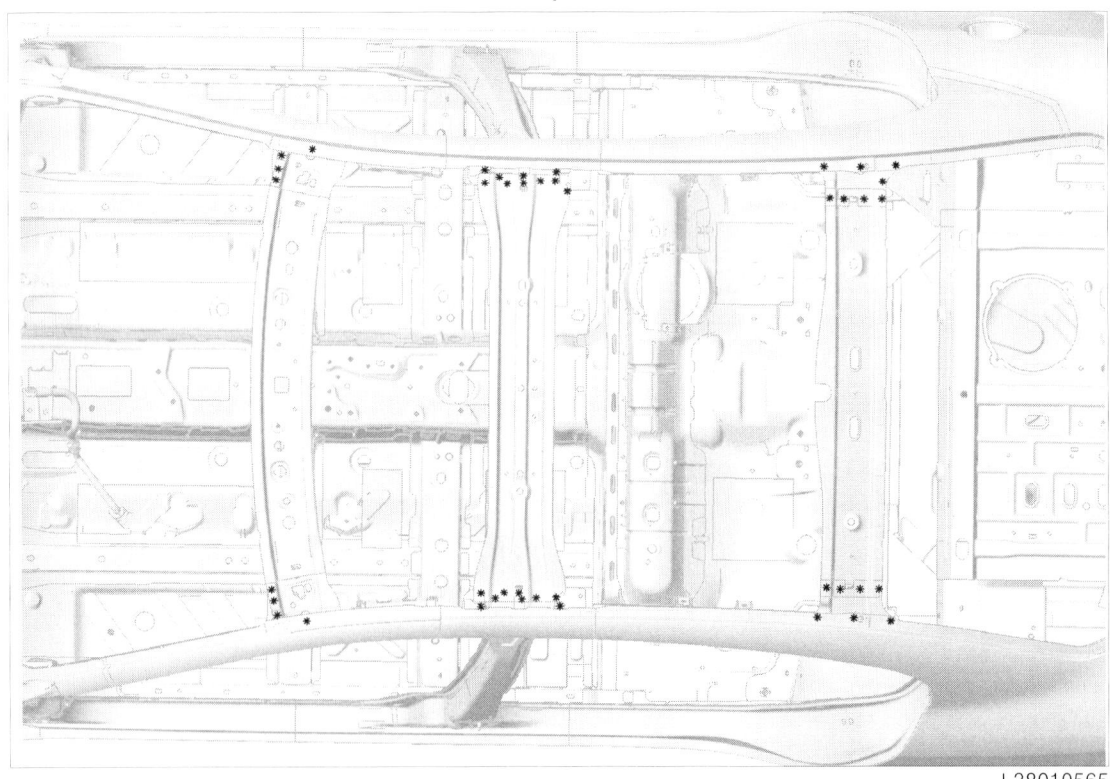

L38010565

3-5

첨부판
차체 용접점 : 설명

L38

I

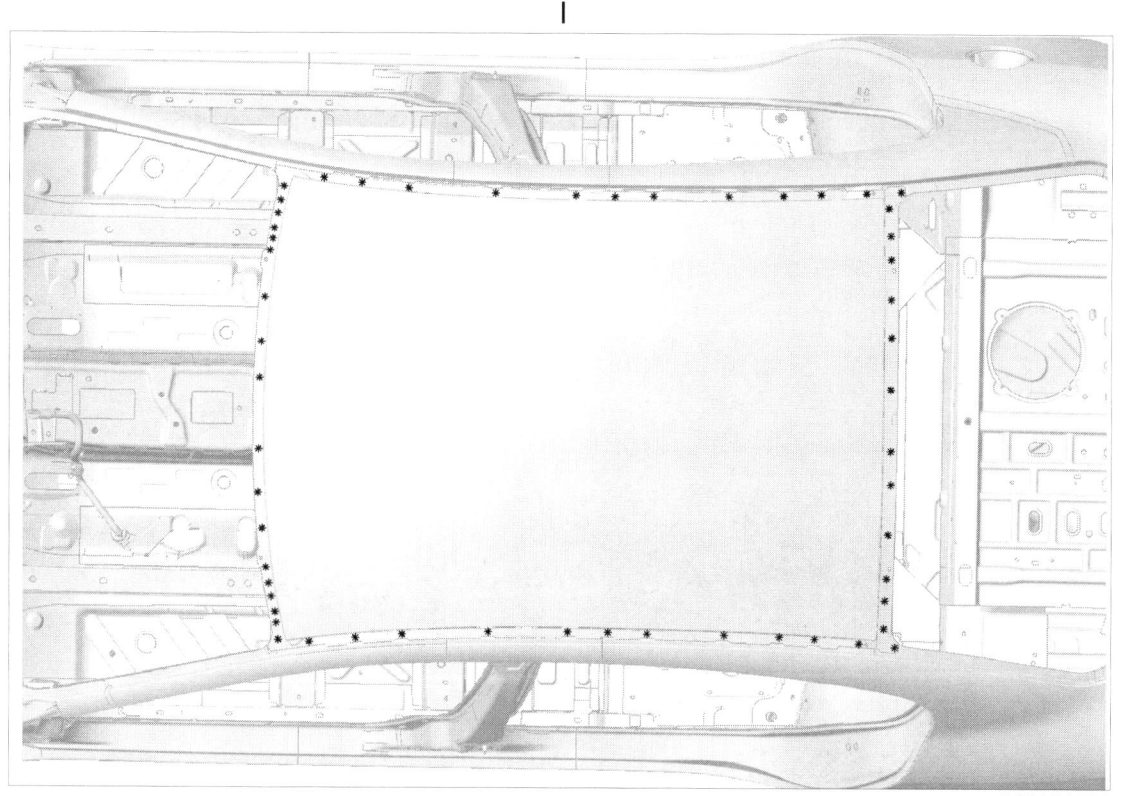

L38010566

리어

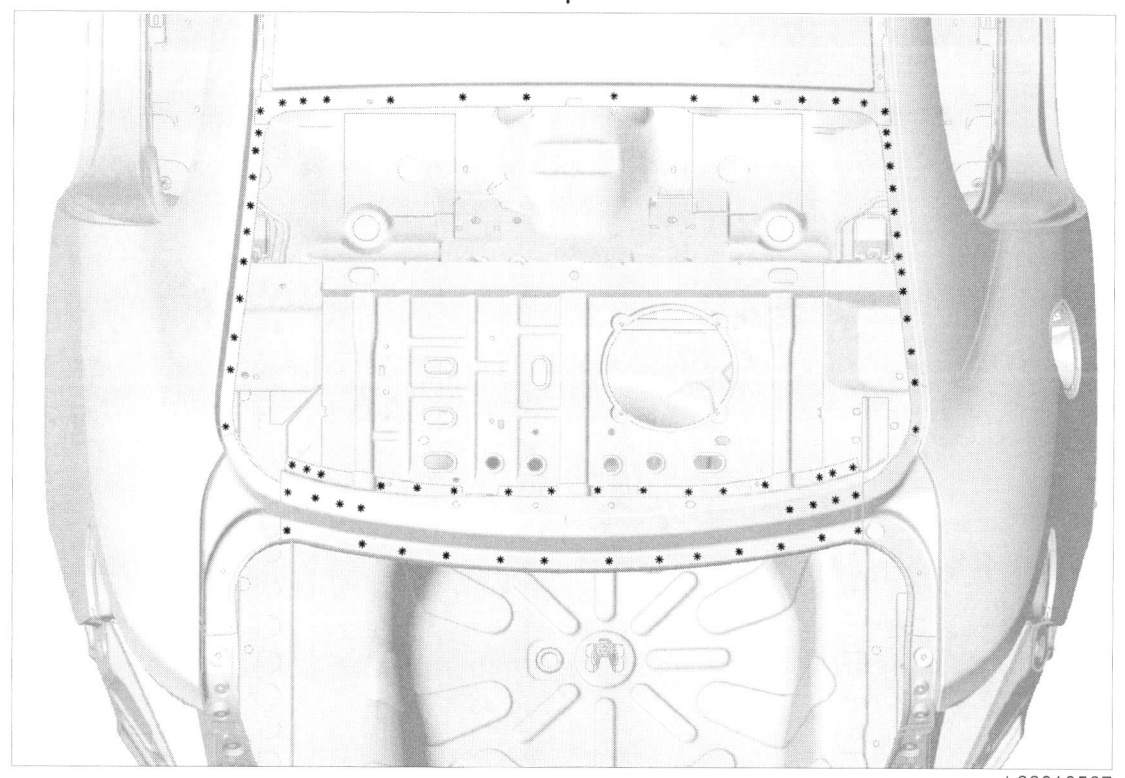

L38010567

첨부판
차체 용접점 : 설명

L38

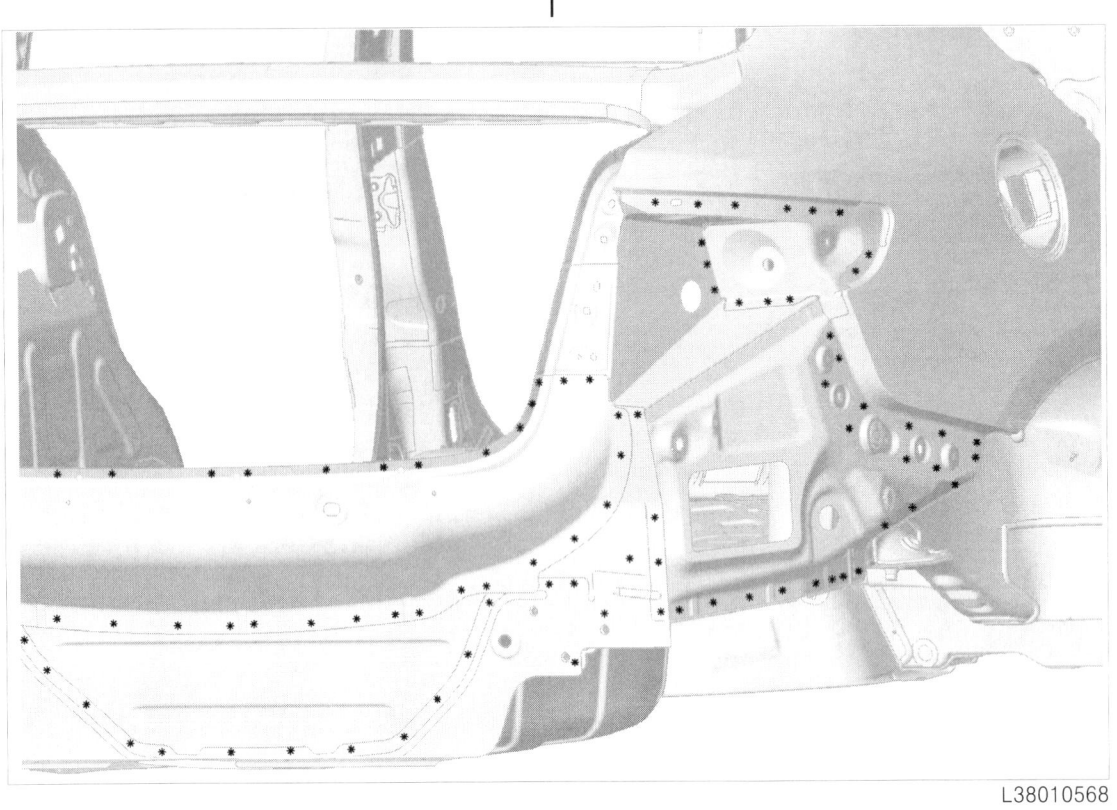

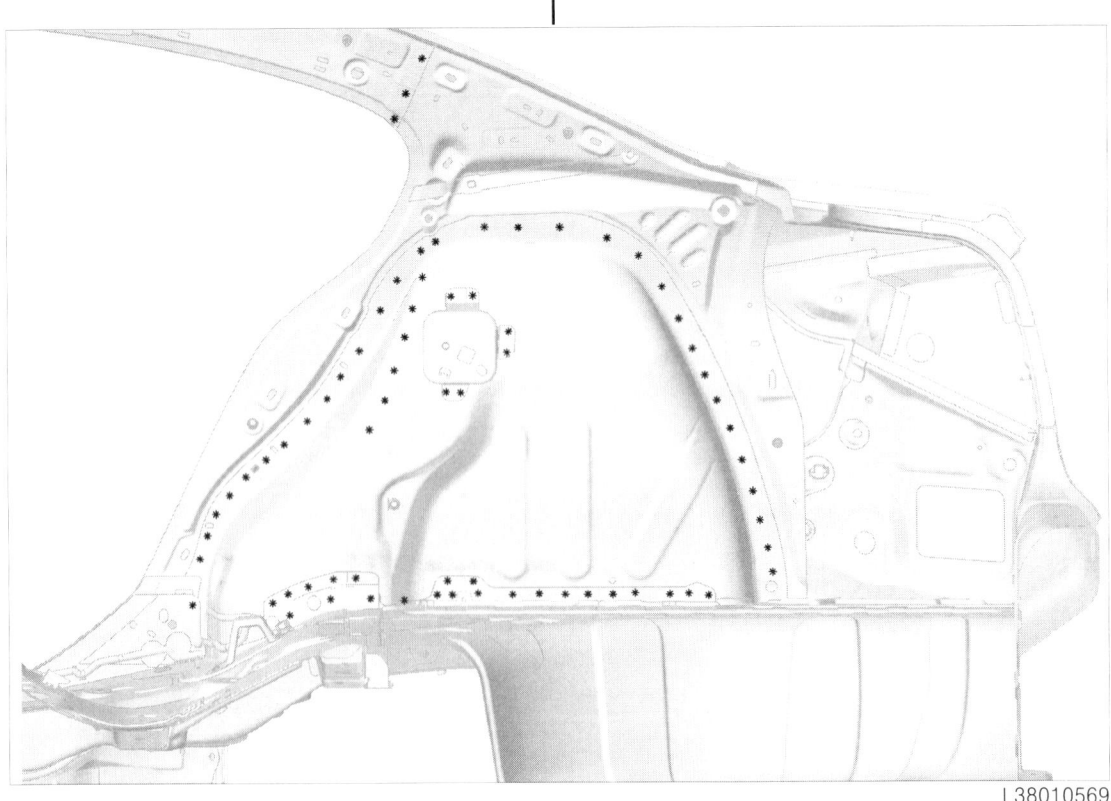

첨부판
바디 실링 : 설명

L38

- 바디 실링

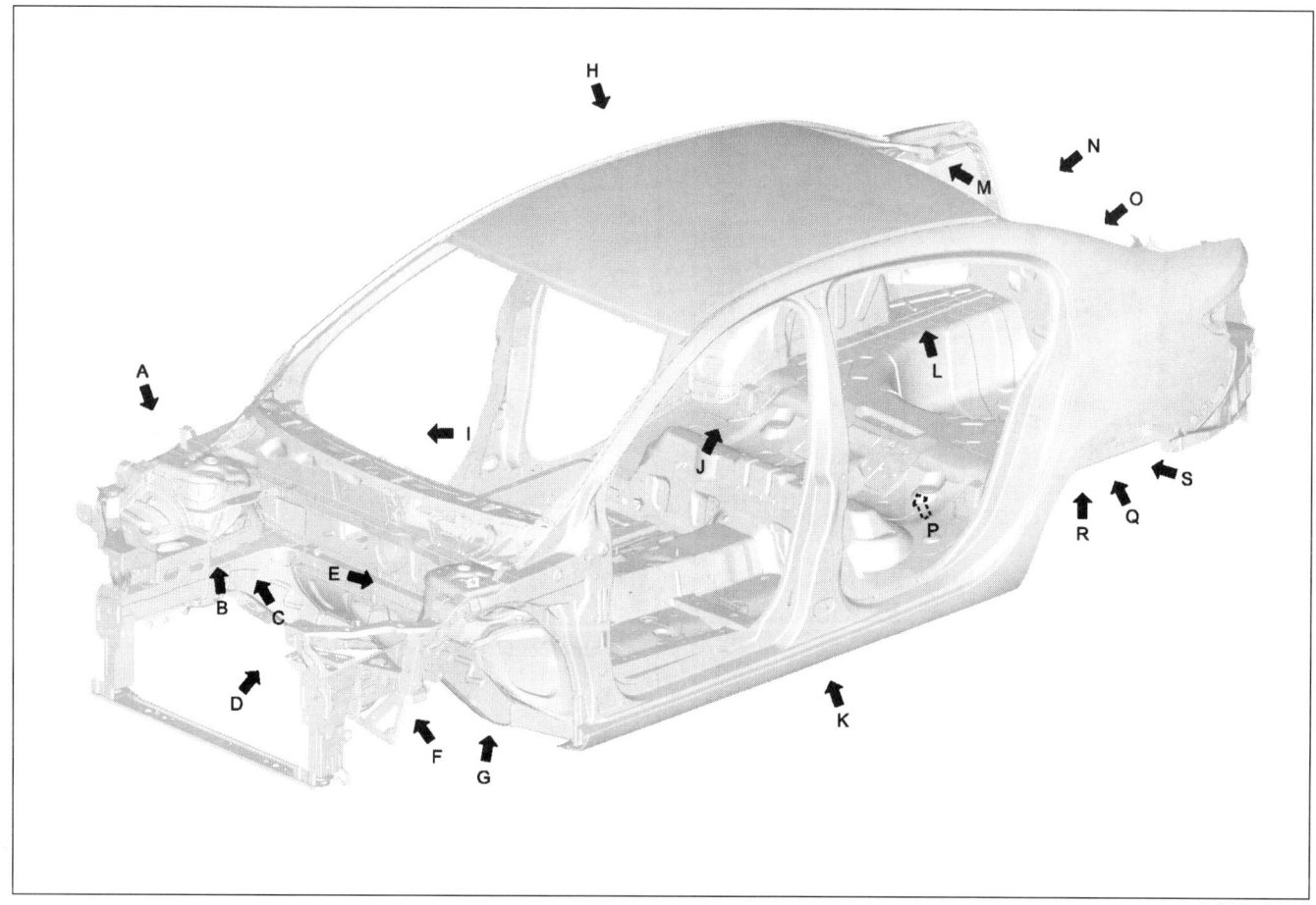

L38010526

- 바디 실링의 목적

1) 부식 방지

2) 외부의 소음 감소

3) 수분의 실내 침투 방지 및 수분에 의한 부식 방지

위의 목적을 위하여 판금 작업 후 반드시 해당부위엔 실링 작업을 실시한다.

작업 시 패널 사이의 갭은 확실히 메우도록 한다.

첨부판
바디 실링 : 설명

L38

──── 표시는 실링 도포부위를 나타낸다.

A 부분

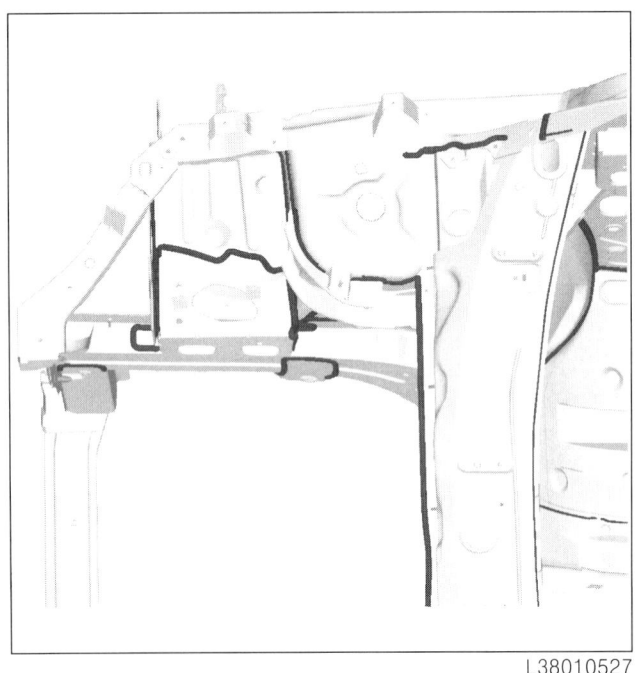

L38010527

B 부분

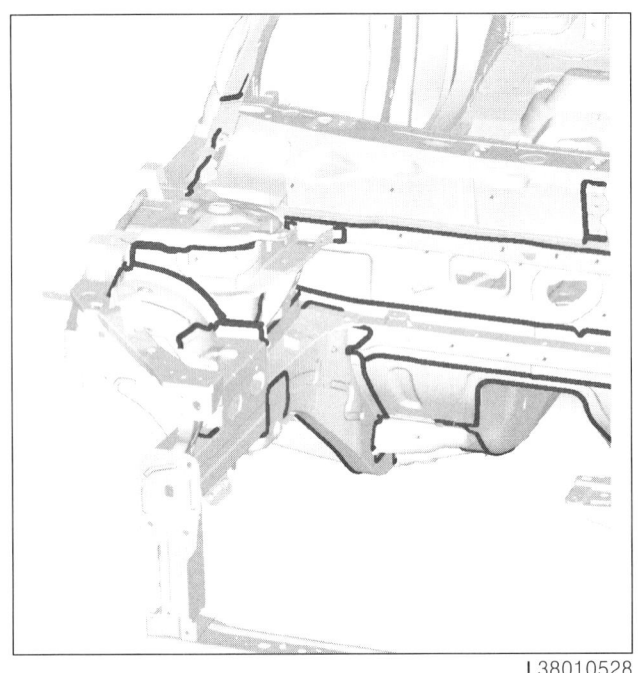

L38010528

C 부분

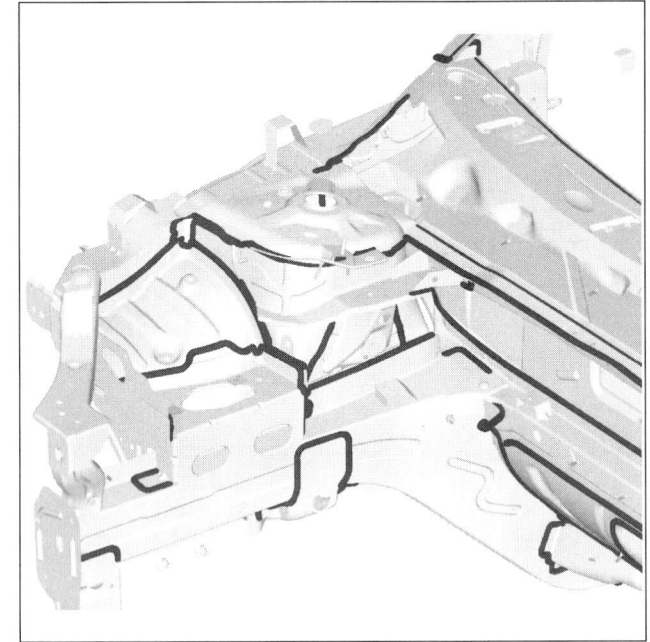

L38010529

D 부분

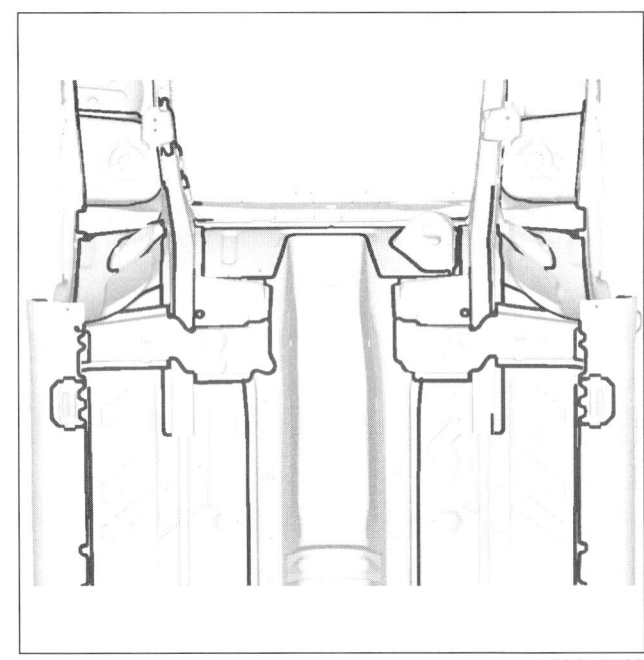

L38010530

첨부판
바디 실링 : 설명

L38

E 부분

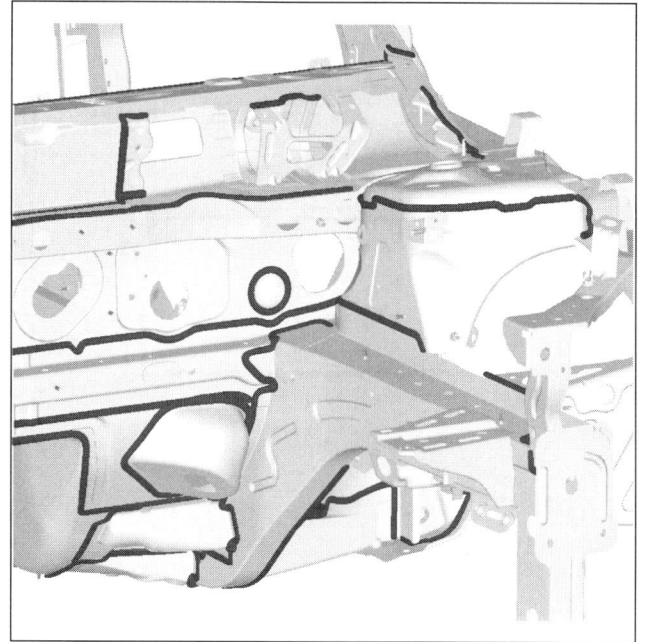

L38010531

F 부분

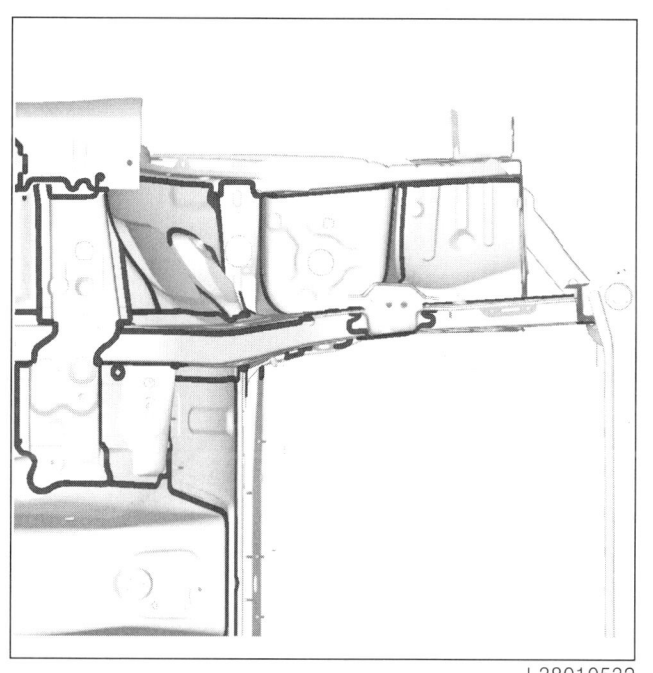

L38010532

G 부분

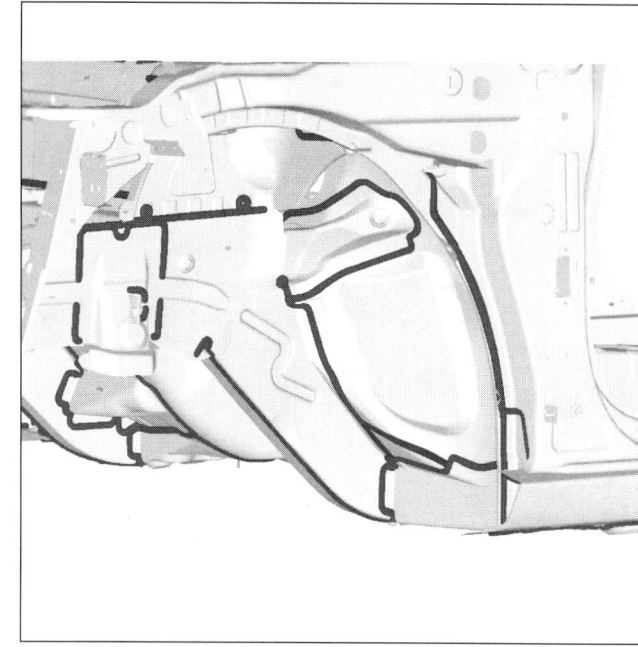

L38010533

H 부분

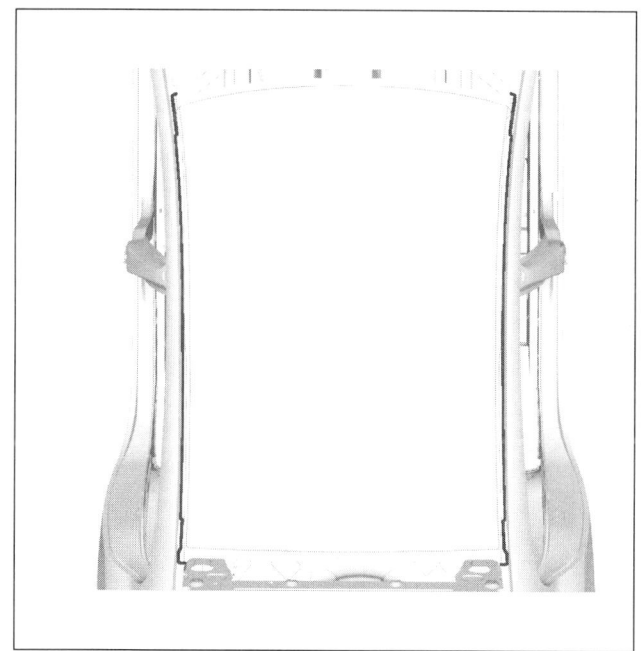

L38010534

첨부판
바디 실링 : 설명

4

L38

I 부분

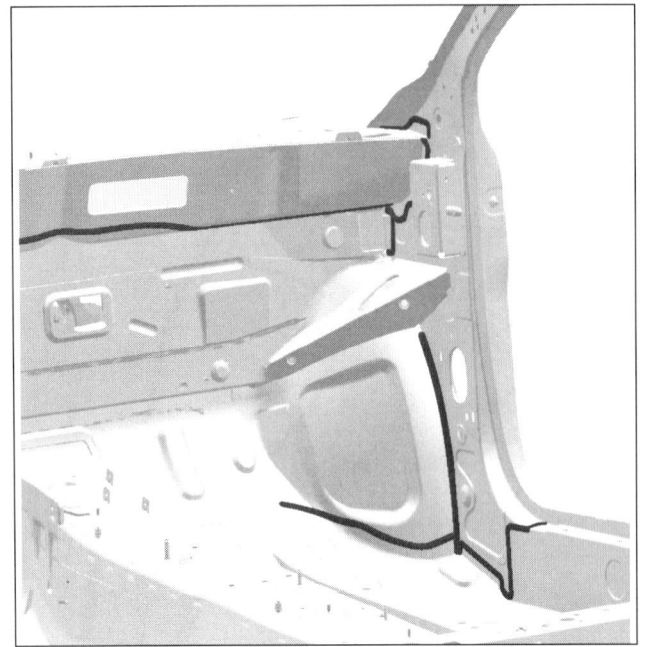

L38010535

K 부분

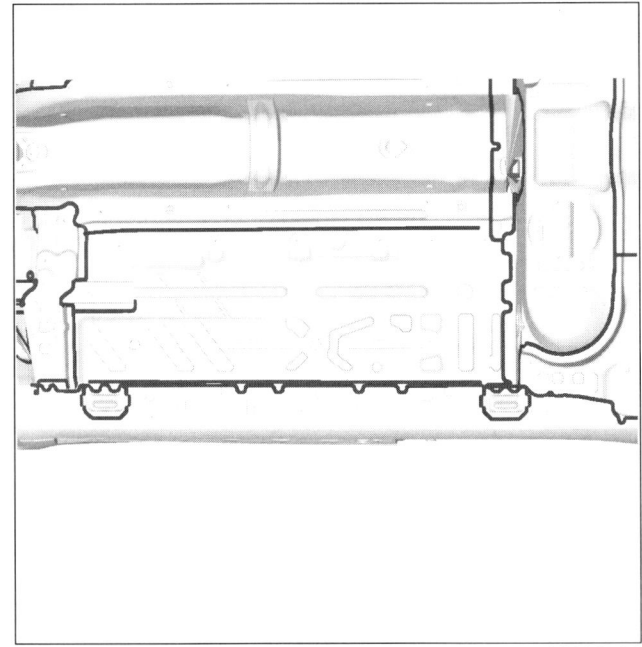

L38010537

J 부분

L38010536

L 부분

L38010538

첨부판
바디 실링 : 설명

L38

M 부분

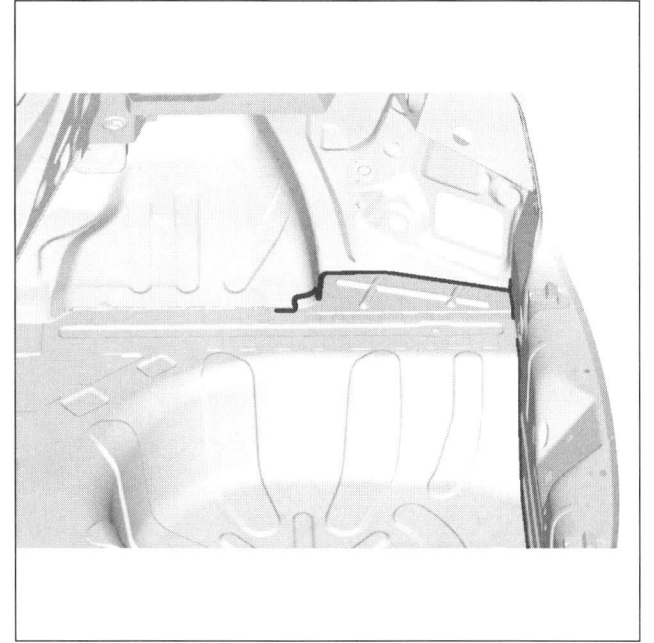

L38010539

N 부분

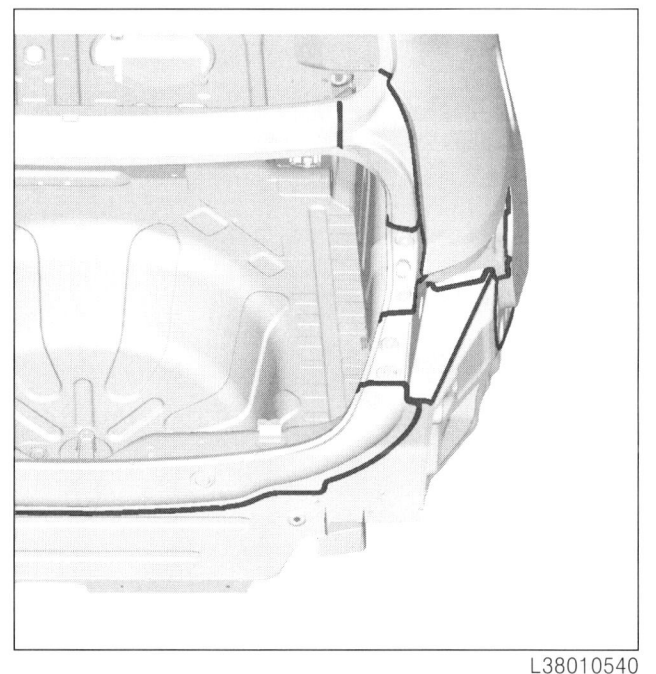

L38010540

O 부분

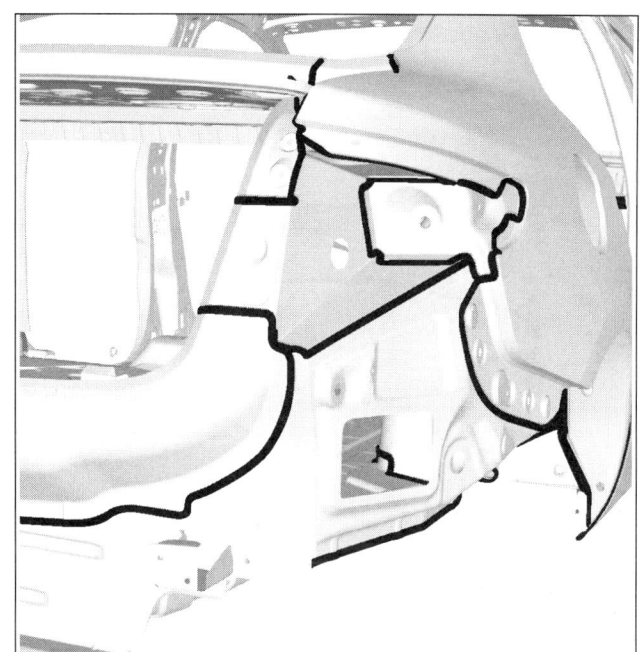

L38010541

P 부분

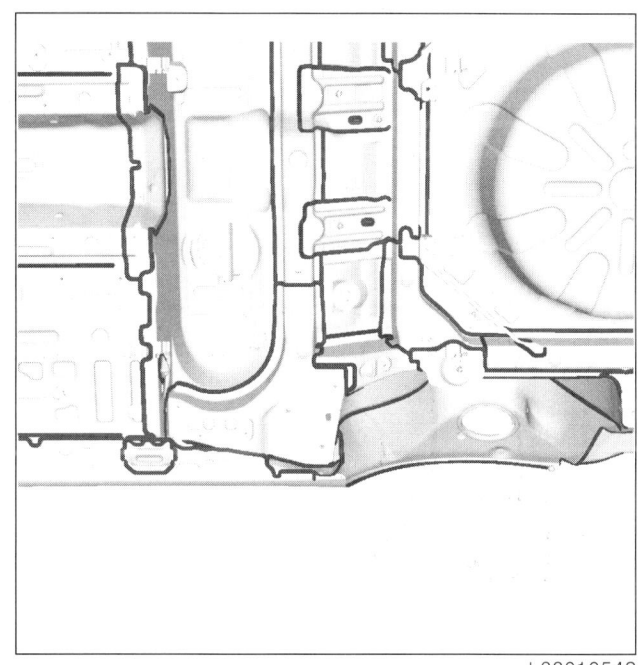

L38010542

첨부판
바디 실링 : 설명

L38

Q 부분

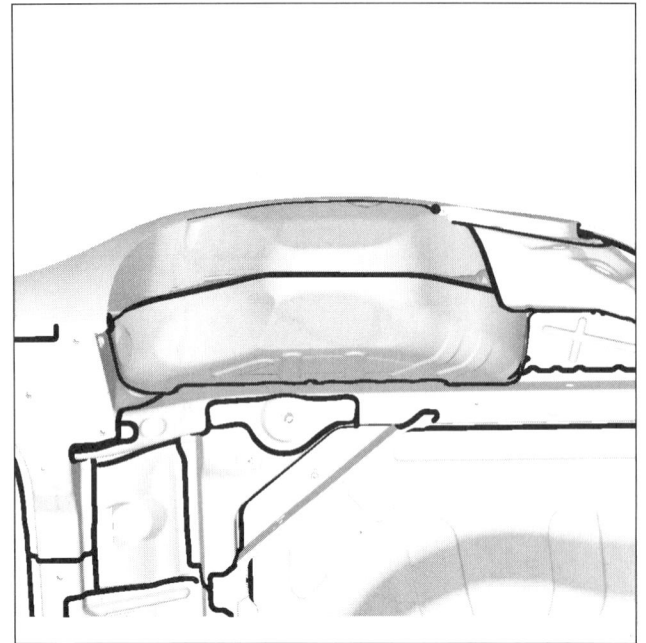

S 부분

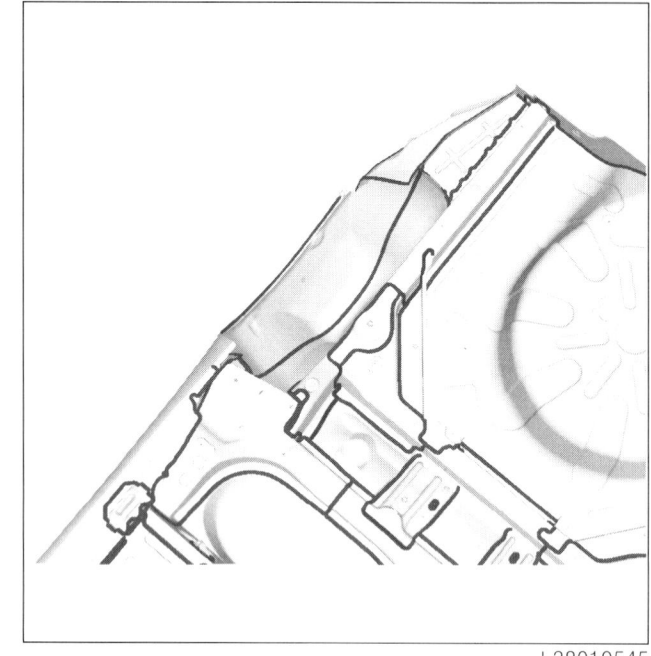

R 부분

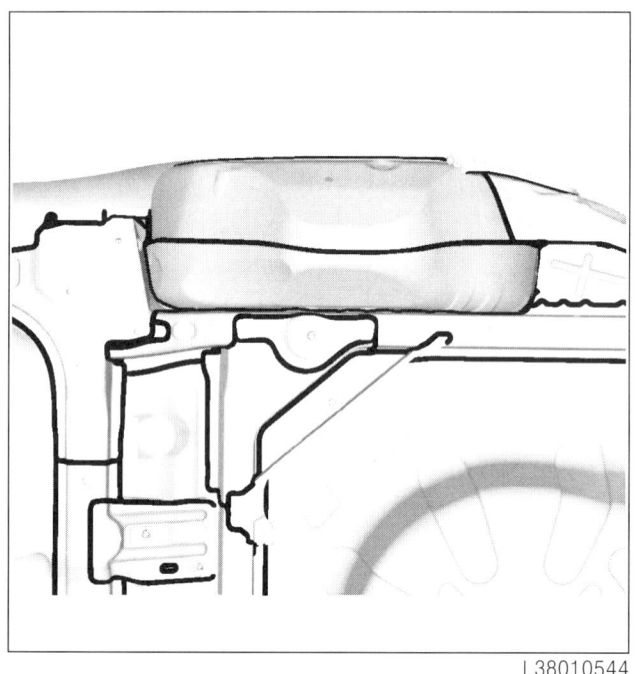

첨부판
언더 바디 코팅 : 설명

5

L38

- 바디 언더 코팅

프론트 플로어

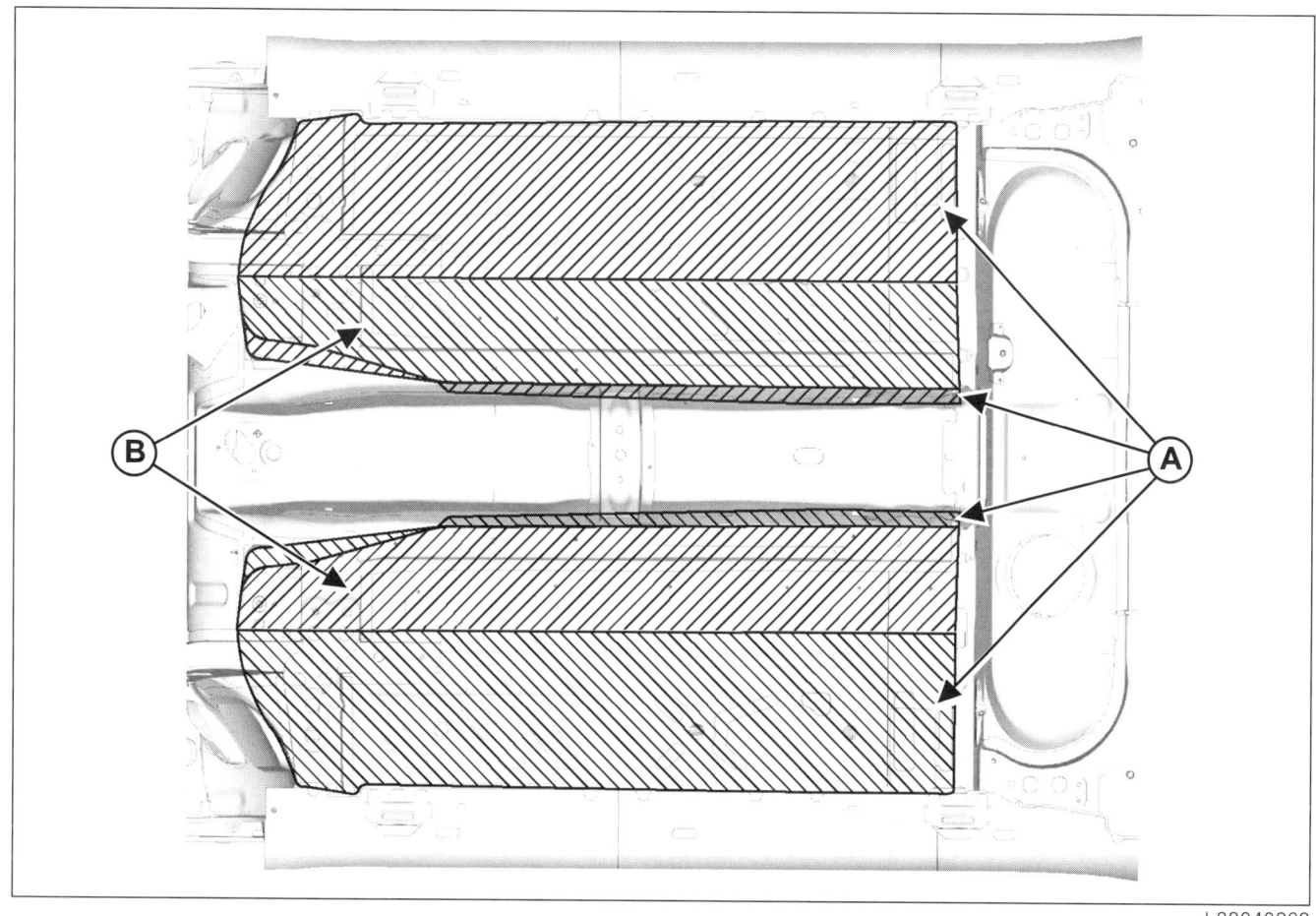

A : 0.500 mm min
B : 0.350 mm min

첨부판
언더 바디 코팅 : 설명

L38

- 리어 플로어

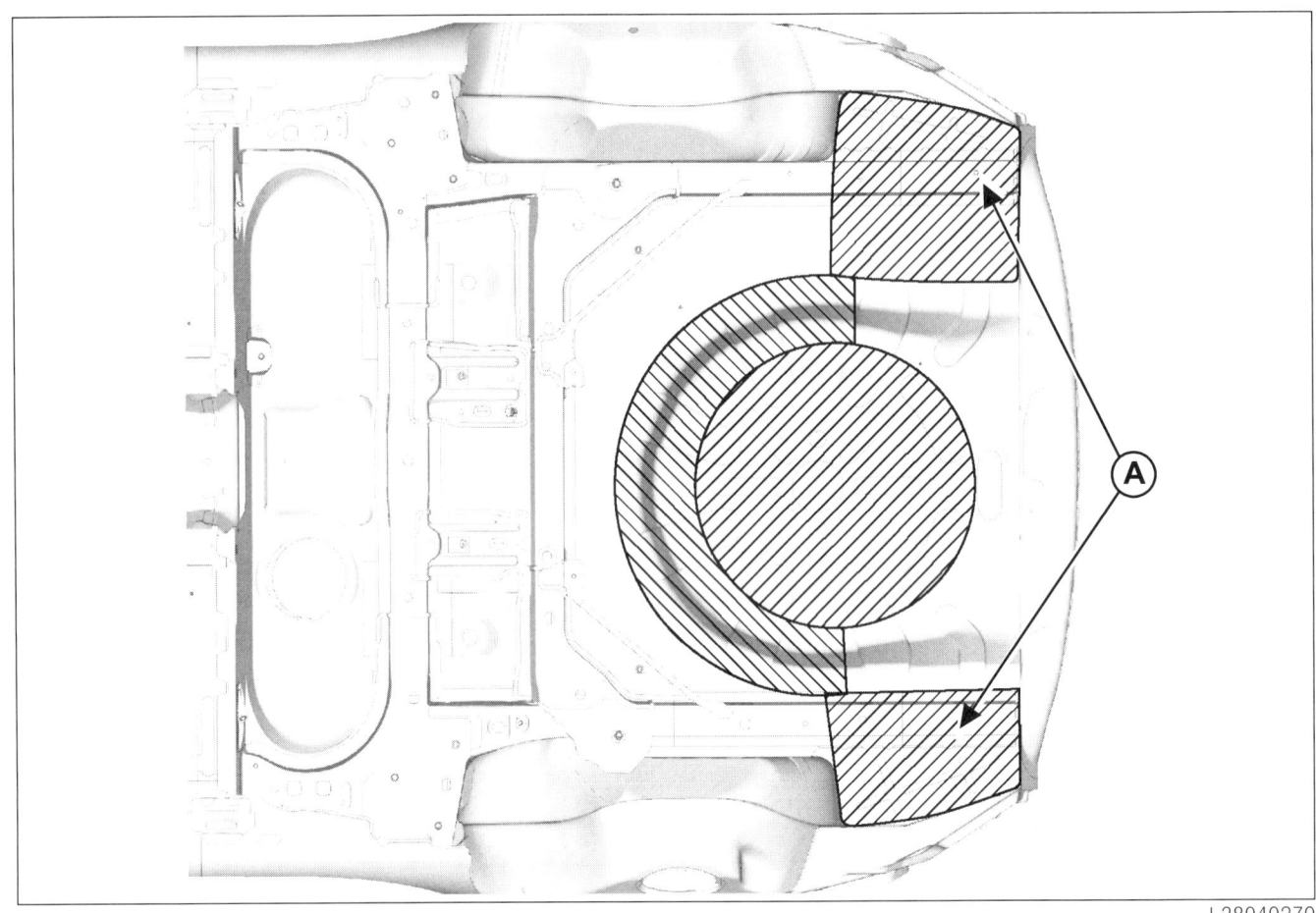

A : 0.500 mm min

첨부판
언더 바디 코팅 : 설명

5

L38

- 스톤 가드용 도료 도포 작업

Front fender

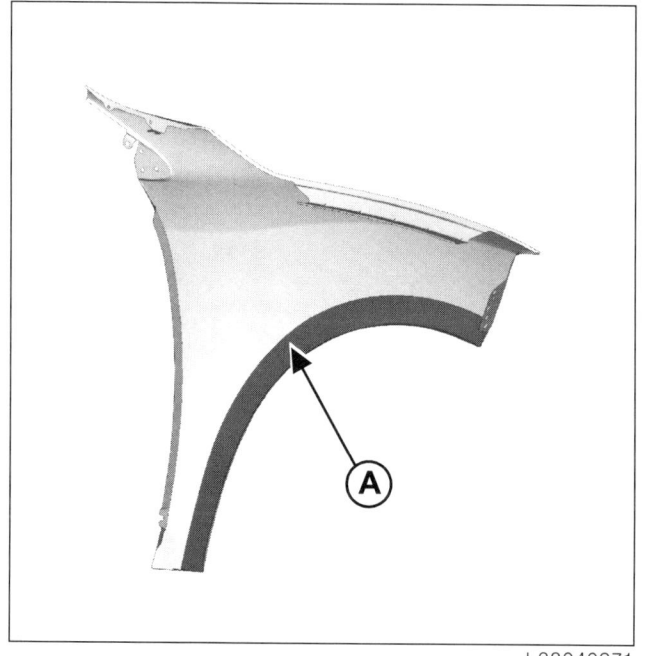

L38040271

도포 범위 : 최소 50 mm

A : 0.500 mm min

Rear fender

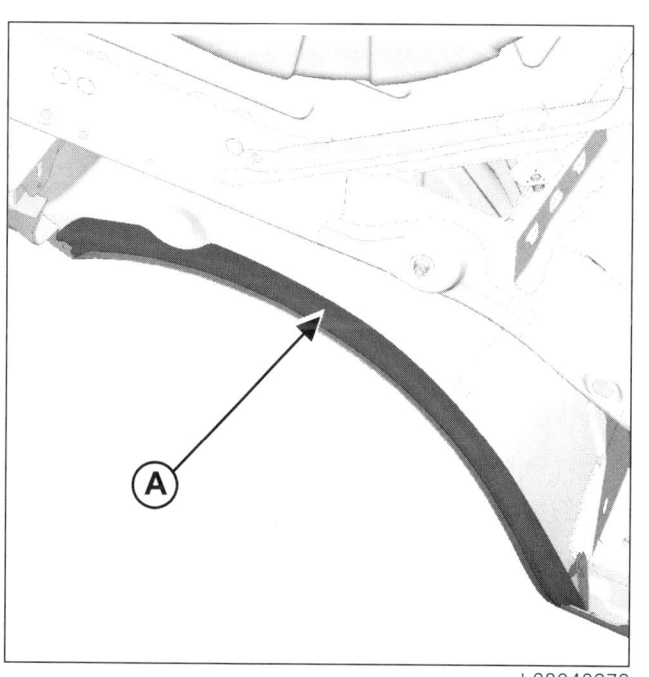

L38040272

A : 0.500 mm min

Sill side

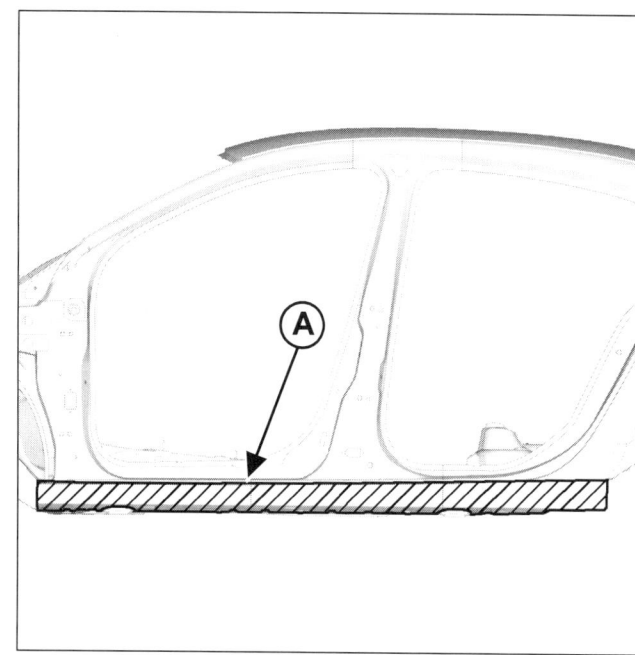

L38040273

A : 0.500 mm min

르노삼성자동차 도서목록

승용차			승용차		
차 종	도 서 명	정 가	차 종	도 서 명	정 가
SM5 서비스 매뉴얼	엔 진	15,000			
	섀 시	16,000			
	전 장	14,000			
	LPG	25,000			
	전기배선도	28,000			
	가솔린편(보충판 I)	16,000			
	보충판(Ⅱ: KLEV)	9,700			
	보충판(Ⅲ: NPQ)	10,500			
	New LPG	43,000			
	보충판(I: DF M1G/LPG)	28,000			
	배선도북(DF)	19,000			
SM3 서비스 매뉴얼	엔진·전장	17,000			
	섀 시	15,500			
	보충판(I: KGN-E)	9,500			
	보충판(Ⅱ: QG16)	23,000			
	보충판(Ⅲ: CF QG15/16)	32,500			
뉴 SM3 서비스 매뉴얼	SM3리페어매뉴얼(MR445)	40,000			
	SM3바디리페어매뉴얼(MR446)	25,000			
	SM3오버홀매뉴얼 H4M엔진(TN6049E) / JH3TM(TN6029A)	11,500			
SM7 서비스 매뉴얼	엔 진	30,000			
	섀 시	39,000			
	전장회로도(I편)	35,000			
	전장회로도(Ⅱ편)	35,000			
	보충판(I: KOBD)	13,000			
	보충판(I: LF 엔진, 섀시,전장)	12,500			
	배선도북(LF)	21,000			
QM5 리페어 매뉴얼	정비 I (MR420)	41,000			
	정비 Ⅱ (MR420)	42,000			
	정비 (MR421)	25,000			

구입방법

♣ 전화 「(02) 713-4135」로 주문(책명, 수령자의 주소, 성명, 전화번호, 송금은행)하십시오.

♣ 송료는 수신자 부담입니다.

은 행 명	계 좌 번 호	예 금 주
농 협	065-12-078080	김 길 현
우 체 국	012021-02-023279	골 든 벨

제　　목 :	**SM3** 바디 리페어 매뉴얼(MR446)
발행일자 :	2009년 11월 1일 발행
저　　자 :	르노삼성자동차(주) 서비스기술팀
발 행 인 :	김 길 현
발 행 처 :	도서출판 골든벨
	서울시 용산구 문배동 40-21
	◆ http : // www.gbbook.co.kr
	◆ E-mail : gbpub@gbbook.co.kr
등　　록 :	제 3-132호(1987. 12. 11)
대표전화 :	02) 713-4135
F A X :	02) 718-5510
정　　가 :	25,000원
PUB NO:	BREK0907-R1
I S B N :	978-89-7971-864-5

※ 본 책에서 저자 및 발행처의 동의없이 내용의 일부 또는 도해를 무단복제할 경우 저작권법에 저촉됩니다.